제2판

새농업경제학

농업의 가치와 영역 확장

성진근 지음

도서출판 해남

제2판 **새농업경제학:** 농업의 가치와 영역 확장

제2판1쇄 인쇄 2014년 2월 26일
제2판1쇄 발행 2014년 3월 7일

저 자 성진근
발행인 노현철
발행처 도서출판 해남

출판등록 1995. 5. 10 제 1-1885호
주소 서울특별시 서대문구 충정로 38-12 우리타워 6F
전화 739-4822 **팩스** 720-4823
이메일 haenamin30@naver.com
홈페이지 www.hpub.co.kr

ISBN 978-89-6238-074-3 93320

제2판을 내면서

이 책이 출간된(2007) 이후, 7년간 세상은 엄청나게 변하였다. 정치적으로는 대통령이 두 번 바뀌었고(노무현→이명박→박근혜), 세상 경영의 틀도 요동치면서 변화되고 있다. 2007/2008년의 세계 식량위기와 2008/2009년의 세계 금융경제위기는 수습 국면에 들어서고 있지만 경기회복을 위한 경제강국(미국, 일본)들의 양적 완화 정책 속에서 경제의 불확실성이 심화되고 있다.

선진국 시장을 중심으로 진행되어 왔던 세계화가 문득 신흥경제국 시장 중심으로 변하고 있다. 기후변화에 의한 환경위기가 자원위기와 맞물리면서 자원낭비적이고 환경훼손적인 전통적인 경제성장이론을 무력화시키고 있다. 수익극대화를 추구하는 신자유주의적 자본주의 체계도 공정한 분배를 요구하는 대다수 국민들의 저항에 부딪혀서 상생적 자본주의로 방향을 전환하고 있다.

도시화 · 산업화를 중심으로 하여 지난 40여 년간 진행된 경제의 고도성장 과정에서 우리 경제의 뒷방살이 신세로 전락한 한국 농업의 가치를 새롭게 정립해야 한다. 전 지구적인 기후변화와 식량 및 에너지 등 자원위기에 대응하여 식량안보와 녹생성장산업의 원천으로서 농업의 전략적 가치가 중요해지고 있기 때문이다. 20%대 초반으로 떨어지고 있는 식량자급률, 도시근로자 가구소득의 절반 수준으로 떨어지고 있는 농가소득과, 농가소득의 30% 이하 수준으로 떨어지고 있는 농업 소득 문제, 그리고 전체 농업 취업인력의 60% 수준에 육박하고 있는 노령화된 농업 노동력 문제 등 농업경제학이 당면하고 있는 새로운 도전 극복에 힘을 보태야 한다고 생각하였다.

진행되고 있는 세계 경제질서의 변화 속에서 국내 농업의 새로운 역할을 중심으로 농업경제학의 서야 할 자리를 뚜렷이 하는 방향으로 전반적인 개정작업이 필요하다고 판단하였다. 물론 각종 통계도 최근 자료로 업데이트해야 할 필요성도 컸다.

7년 전 현역 교수직을 물러나면서 정년기념 논문집 발행 대신에 새농업경제학의 집필을 선택하였다. 생산경제학적인 공급관리에 초점을 맞추고 있는 전통적인 농업경제학 교재의 논의주제를 시장수요 위주로 전환해야 한다는 평소의 생각을 정년기념 저술 형태로 정리하고자 하였다. 그런데 이 책이 전국 유수의 대학에서 강의교재로 선택되어 재판 발간에 이르게 된 것은 정말 망외(望外)의 보람이었다.

교재로 선택해 주신 농과대학의 교수님들과 독자들에게 감사하는 마음을 담아서 제2판의 내용을 보다 알차게 정리하고자 애썼다.

초판의 내용은 전면적으로 수정 · 보완되었다. 제3장에서는 농업경제학을 공부하기 위해서 필수적인 경제학의 기본 개념을 소개하고 농업경제학 연구영역의 확장방향 및 농업경제학 연구의 중요성을 새로 논하였다. 제5장에서는 농업정책의 미래지향적인 전환방향에 관해서 논하였다. 제3부에서는 농업경제학의 새로운 지평을 열기 위한 연구 패러다임의 전환방향을 논하면서, 농업경제학이 지향해야 할 구체적인 영역 확장 부문에 대하여 논하였다. 제11장에서는 세계 경제 위기와 한국 농업의 새로운 가치를 그리고 제12장과 제13장에서는 농산물 유통 개선 정책과 농촌개발 정책의 방향을 논하였으며, 제14장에서는 농가소득 정책과 직불제 정책에 관한 논의를 새로 추가하였다. 책 속의 책 형태로 게재한 「경제이론과 농업 이해」도 내용을 새로 다듬었다.

국민행복시대를 내세운 박근혜 정부가 출범하였다. 새 정부의 경제 정책의 핵심은 성장(경제부흥)과 형평(국민행복)의 조화로운 추진으로 해석할 수 있다. 이를 위해서는 고도성장시대를 거쳐오면서 위축되어 왔던 농업의 새로운 성장동력 확보와 복지사각지대에 처해 있는 농촌주민의 복지향상 문제가 중시되어야 한다. 한국 농업의 가치와 영역의 확장을 이끌 새로운 비전과 전략도 간추려서 제시함으로써 농업이 국민경제의 부담 산업으로 전락하는 것을 막아내야 한다. 이를 위해서 조그만 지혜라도 보태야 한다는 절박한 심정으로 제2판을 마무리하였다.

초판 내용에 대한 충고를 주신 교수님들과 독자들에게도 이 기회에 감사의 말씀을 드리면서 앞으로도 질책과 충고를 겸허히 수용하여 기회가 닿는 대로 수정 · 보완할 것임을 다짐한다. 초판의 내용을 수정하는 과정에서 자료를 수집, 편집하는 등 헌신적인 수고를 아끼지 않은 (사)한국농업경영포럼의 김수혜 연구원의 노고에 감사의 마음을 전한다. 또한 예쁘고 읽기 쉬운 책을 제한된 시간 내에 간행해 준 도서출판 해남의 노현철 사장님과 직원 여러분의 노고에도 감사드린다.

한국 농업을 가치 혁신과 영역 확장의 길로 인도하는 디딤돌의 하나로 이 책이 쓰임받기를 소망하면서 …….

2014년 2월

수서 연구실에서

머리말

세상이 하루가 다르게 변하고 있습니다.

"환경의 변화에 적응할 수 있었던 種만이 살아남는다"라는 찰스 다윈(C. R. Darwin)의 지적(『種의 起源』)이 그야말로 생생하게 실감나는 시대입니다. 변화를 두려워해서는 안됩니다. 쥐꼬리만한 기득권을 붙들고 주저하고 있는 사이에 우리가 서 있는 터 자체가 허물어지고 있는 세상입니다. 도전하는 자세로 있어야 할 자리를 찾아 앞으로 나서야만 살아남을 수 있는 세상입니다.

20여 년 전에 사업가에서 교수로 변신하는 행운을 얻었습니다.

선비다운 선비로 살리라. 상아탑의 이론을 현장에 접목시키는 일에 최선을 다하리라, 다짐하고 또 다짐했습니다. 읽고 쓰고 그리고 국내외 농업 현장을 누볐습니다. 개방은 대세이고 Global 경쟁시대는 필연입니다. 시장개방의 태풍 속에서 위기에 처한 우리 농업의 활로를 찾아서 제시하고 싶었습니다. 치열한 시장경쟁에서 꿋꿋하게 살아남을 수 있는 경영체질을 우리 농가들이 갖추는 일에 기여하고 싶었습니다.

그러는 사이에 어언 정년(停年, 定年?)이 다가왔습니다. 그리고 내가 서 있는 자리인 농업경제학 분야가 봄 날씨의 얼음덩어리처럼 녹아 사라지고 있는 것을 문득 볼 수 있었습니다. 뽕나무밭(桑田)이 푸른바다(碧海)로 변해 버린 최근 십수년 사이에 농업경제학도들의 지혜와 역량을 간절히 요구하는 새로운 바다(blue ocean)가 언뜻언뜻 모습을 드러내고 있는 것도 볼 수 있었습니다.

현역 교수시절을 마감하기 전에 흔들리고 있는 농업경제학의 정체성을 세우고 가야 할 길을 정리해 보고 싶었습니다. 마치 UR 협상이 본격화되고 있었던 1992년 봄에 「農사람, 일, 터의 가치와 역할」을 발간하면서 우리 농업이 추구해야 할 새로운 가치와 역할을 논한 것처럼, 새로워져야 할 농업경제학의 가치와 역할을 그 동안의 생각들을 모아서 제시하고 싶었습니다.

새농업경제학의 초점은 단연코 시장과 수요이어야 합니다.

닫힌 국내시장에서 농업 생산과 유통의 효율성 실현에만 천착(穿鑿)하고 있는 한, UR 협상 이후 본격화되고 있는 농업의 시장화 혁명시대에서 날로 왜소화되고 있는 위상을 별 수 없이 감수할 수밖에 없기 때문입니다.

이 책은 4부 14장으로 구성되어 있습니다.

제1부에서는 농업경제학에 대한 사회적 수요가 어떻게 달라져 왔으며, 어떤 방향으로 그 영역이 확장되어야 하는지를 논의하였습니다. 제2부에서는 산업화 경제성장과 시장개방 과정에서 농업 · 농촌 부문이 어떻게 위축되어 왔으며 개방시대의 농정이 어떻게 달라져야 하는지를 논의하였습니다.

제3부에서는 변화되는 여건에 적응하여 확장되어야 할 농업경제학의 새로운 지평(地平)을 애그리비즈니스 분야, 농식품 분야, 농업 통상 및 해외 농업 분야 그리고 환경 · 자원경제학 분야로 나누어서 논의하였습니다.

제4부에서는 농업 · 농촌의 신수요(新需要)와 관련하여 새로운 성장동력으로서 바이오 연료산업과 농촌녹색관광산업에 대하여 논의하였습니다.

이 책을 집필하는 과정에서 경제학원론 정도를 수강한 독자들에게 경제학 이론을 농업의 입장에서 설명하는 작업이 필요하다는 동료 · 후배 학자들의 지적을 수용하여 「경제이론과 농업 이해」 37편을 「책속의 책」 형태로 중간 중간에 삽입하여 경제이론을 이해하고, 이론을 통하여 농업 문제를 읽는 통찰력을 기르고자 노력하였습니다.

이 책은 저의 현역교수 시절을 정리하고 마감하는 별다른 뜻이 있습니다. 저에게 강단과 연구실을 제공하면서 있어야 할 자리를 제공해 준 충북대학교에 보은하는 심정으로 충북대학교 출판부(도서출판 개신)를 통하여 33권째의 저술을 간행합니다. 출판부장 김영기 교수님, 직원들의 노고에 깊은 감사를 드립니다. 또한 한 번도 제대로 하지 않았던 출판기념회도 정년기념행사를 겸해서 하려고 합니다.

강산이 두 번이나 변했던 21년간의 세월 동안 채찍과 격려를 통해서 흔들림 없이 저의 편이 되어 주셨던 동료교수님과 학자, 농정관료와 농업인들에게 감사드립니다. 짠 학점과 까다로운 숙제에도 불구하고 제 강의를 열심히 수강해 주고 성원해 준 제자들에게도 감사의 말씀 전합니다. 바쁜 시간을 쪼개어 원고를 꼼꼼히 읽고 빠진 부분의 지적과 함께 글을 다듬어 주신 서울대 이태호 교수, 충북대 박종섭, 윤병삼, 서상택 교수님께 감사드립니다. 그리고 지난 3개월 간의 집필과정에서 입력과 편집작업을 수행한 김재훈 조교와 한국농업경영포럼의 박한림 연구원에게도 감사의 말씀 전합니다.

무엇보다 성공적으로 교수생활을 마칠 수 있도록 뒷바라지해 온 아내 조숙자에게, 그리고 자랑스러운 아들로 성장한 용주, 형주, 기주에게 진심으로 사랑과 감사의 뜻을 전합니다.

저의 인생 모래시계 속에 남은 모래알이 얼마나 되는지는 모르지만 되도록 천천히, 그리고 남김없이 떨어뜨리면서 여태까지와는 전혀 다르게 서둘지 않고 남은 삶을 찬찬히 음미하면서 살겠다고 다짐합니다.

여러분, 감사합니다.

2006년 10월

수서 연구실에서

차례

경제이론과 농업 이해 차례

표 차례

그림 차례

제1부 농업 위축과 농업경제학

농업경제학의 정체성이 크게 위협받으면서 존립기반 자체가 흔들리고 있다. 농업경제학의 기반이 되는 대학의 농업경제학과가 학과명의 변경, 다른 학과와의 통합 등으로 급격하게 줄어들고 있다. 입학지원자 수가 감소하는 가운데 재학생들은 기회만 되면 다른 학과로 전출하고 있고, 졸업생들도 사회에서 전공 분야를 제대로 살릴 수 있는 기회를 찾지 못하고 있다.

농업경제학이 태동하였던 미국이나 일본 등 선진국에서도 농업경제학의 정체성에 대한 논의가 1990년대 후반부터 활발하게 진행되어 왔으며, 우리나라에서도 2002년에는 농업경제학회 차원에서 이 문제를 특별 취급할(『농업경제연구』 43호 특별호) 정도로 중요한 현안 과제의 하나로 인정하고 있다.

국경이 따로 없는 개방사회, 하루가 다르게 변하고 있는 지식 정보사회에서 전통적인 농업경제학이 당면하고 있는 정체성의 위기는 어디에서 연유되고 있으며, 새로운 정체성을 어떻게 찾아서 확립해 나갈 것인가.

산업화 경제성장을 뒷받침해 온 농업경제학은 변화된 환경에 처하여 어떤 비전과 패러다임으로 새로운 활로를 준비해야 하는가.

Chapter 1

경제발전과 농업의 상대적인 위축

경제발전과 농업의 상대적인 위축

1 시장신호와 농업 위축

1) 시장신호에 의한 자원배분의 결과 농업 부문의 위축이 진행되었다

일반적으로 농업 부문은 산업의 특성상 수익성, 안정성, 성장성 등 경영상의 지표가 다른 산업(제조업이나 서비스산업)과 비교해서 상대적으로 떨어진다. 이 때문에 경제발전 과정에서 사람도, 땅도, 돈도 농업 부문으로부터 다른 산업 분야로 이동하게 된다. 시장신호(market signal)가 가리키는 방향으로 생산자원이 움직이는 자원배분이 이루어진 결과, 경제발전 과정의 산업 구조조정 차원에서 농업 부문의 상대적인 위축이 진행되어 온 것이다.

우리나라의 경우, 1970년부터 2010년까지 지난 40년 동안에 농림업 부문은 불변가격 기준으로 연평균 2.1% 성장해 왔다. 그러나 광공업 부문은 같은 기간 동안에 연평균 10.3%, 그리고 서비스업 등 3차산업 부문은 6.9%로 농업 부문보다는 3~5배의 높은 성장률을 보이며 성장해 왔다. 이 때문에 농림업 부문의 국내총생산에 대한 비중은 1970년의 26.2%에서 2010년에는 2.3%로 줄어든 대신에, 광공업 부문은 18.1%에서 27.7%로, 그리고 서비스업 등 3차산업 부문은 45.6%에서 60.1%로 비중이 늘어나는 등 산업구조 개편이 진행되어 왔다.

2) 농업 위축은 협상현상으로 상징된다

산업 간 성장률이나 수익률의 차이가 발생하게 되면 해당 산업 부문에 고용

그림 1-1 농업 · 비농업 부문 간 소득의 협상현상

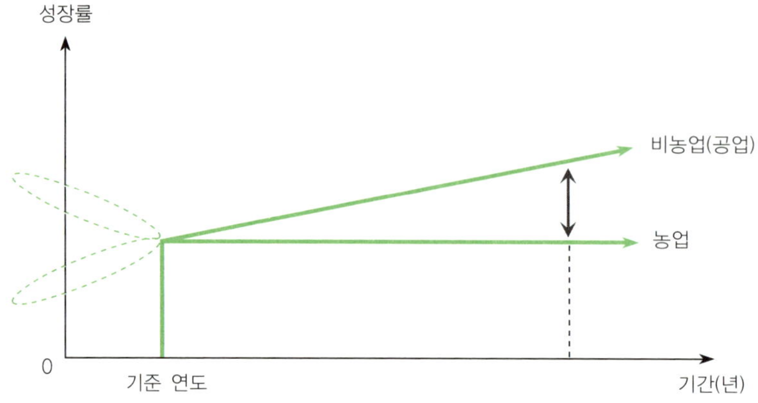

되어 있는 생산요소에 대한 소득분배도 차이가 발생하게 되어 산업 부문 간 소득격차가 불가피해진다.

농업 부문과 비농업 부문 간의 소득격차를 극명하게 표현하고 있는 것이 소위 협상(鋏狀, schere, scissor)현상이다. 그림 1-1에서 보는 바와 같이 농업 부문과 비농업 부문 간의 소득격차는 마치 가위날처럼 해가 갈수록 벌어지게 된다는 것이다. 실제로 산업화 경제성장이 본격화된 지난 40년간(1970~2010) 실질 국민총소득(GNI)은 연평균 6.9%씩 향상되어 왔다. 그러나 이 기간 동안 농림어업 소득은 연평균 2.1%씩 성장함으로써 광공업(연평균 10.3%), 서비스업(연평균 7.0%)보다 성장률 격차가 훨씬 저조함으로써 산업 간 발전격차가 현저하였다.

한국 농업은 경제개발연대 동안 비농업 부문의 성장보다는 낮지만 지속적인 실질성장을 계속해 왔다. 그러나 농산물 시장개방이 본격적으로 진행되고 있는 최근 3년간(2009~2012) 실질 산업 생산액이 감소하고 있다. 이에 따라 농업과 비농업 부문 간의 소득격차는 더욱 확대될 전망이다.

3) 시장개방으로 농업 위축은 더욱 가속화될 전망이다

UR 협정에 의한 시장개방 이후 지난 14년간(1995~2009) 농림어업 생산액은 국민총소득 성장률(3.63%)의 절반수준인 연평균 1.73%씩 실질성장해 왔다. 그러나 2009년을 고비로 하여 2010년에는 −4.4%, 2011년에는 −2.1%, 2012년에는 −0.6%씩 농림어업 생산액은 3년째 실질적으로 위축되고 있다.

수입 농산물에 부과되었던 관세는 매년 일정한 속도로 감축되고 있고 낮은 양허관세율에 의한 의무수입량도 점차 늘어나고 있다. 농가소득의 원천이 되어 왔던 농산물 가격 지지 정책이나 농업 자재에 대한 가격 보조 정책은 날로 감축되어 유명무실한 정책수단으로 소멸될 상황에 처하게 되었다. 값싼 해외 농산물의 국내시장 점유율이 높아지면서, 우리 농산물을 선호해 왔던 국내 소비자나 식품가공산업 및 외식산업 분야에서의 해외 농산물 선택 폭도 날로 확대되고 있다. 2012년 3월 발효된 한 · 미 FTA의 영향으로 한국 농업 생산액은 개방 15년차까지 축산 7조 2,000억 원, 과수 3조 6,000억 원, 채소, 특작 1조 원, 곡물 3,000억 원 등 총 12조 2,000억 원의 생산액 감소가 유발될 것으로 추정되는 등 농업 위축 추세는 앞으로도 계속될 것으로 우려되고 있다(최세균, 2011).

바야흐로 한국의 농업 경영자들은 날로 줄어들고 있는 시장수요를 지키기 위하여 이웃 농가뿐만 아니라 해외 농가들과 어우러져서 차디찬 적자생존의 논리가 지배하는 치열한 시장경쟁 속으로 내몰리고 있는 것이다. 경제발전 과정에서 산업 간의 성장률, 수익률, 안정성 등의 격차 때문에 진행되어 왔던 농업 부문의 상대적인 위축현상은 시장개방 폭의 확대가 불가피한 개방경제시대에 처하여 산업으로서의 존립기반마저 위협받을 수밖에 없는 심각한 위기로 내몰리면서 새로운 농업 회생의 길[1)]을 개척해 나가야 한다는 시대적인 요구에 직면해 있는 것이다.

1) 2011년 10월 일본은 농정개혁의 설계도로서 농림수산성이 「食과 농림어업의 재생을 위한 기본방침 · 행동계획」을 정리하였다. 여기에는 지속 가능하며 강한 농업의 실현 · 농업의 6차 산업화 · 성장산업화 · 유통효율화, 에너지 생산에 농산어촌 자원 활용 촉진 등 7개 전략이 포함되어 있다.

2 농업의 전통적 역할의 한계

1) 농업은 경제성장을 위한 기본 조건이었다

인간사회의 생산이 농업뿐이었던 문명 초기는 말할 것도 없고, 산업혁명으로 경제발전 단계에 접어들면서 농업은 물적 성장, 즉 경제발전을 위한 기본 조건으로서 그 중요성이 강조되어 왔다.

쿠츠네츠는 경제발전에 있어서 농업의 역할을 다음과 같은 네 가지 측면에서 논의한 바 있다(S. Kutnetz, 1984).

첫째, 비농업 부문에 대하여 식량과 원료를 생산 · 공급함으로써 비농업 부문의 성장을 촉진하는 데 이바지하는 산출물 측면의 기여(product contribution)이다. 경제성장의 초기 단계에서는 일반적으로 소득증가에 따라서 식료품의 수요가 급속하게 증가하는 경향이 있는데, 만약 농업 부문이 식료품의 공급을 제대로 충족시키지 못한다면 식료품 가격은 상승하게 되고 임금은 인상되어 기업이윤 축소와 함께 투자를 감소시켜서 성장속도를 위축시키게 된다. 또한 식료품의 공급 부족을 수입에 의해서 충당할 경우에는 제한된 소중한 외화를 낭비하게 된다. 그러므로 농업의 식량과 원료공급 기능은 경제발전을 위한 필수적인 역할이었다.

둘째, 비농업 부문의 급속한 성장에 필요한 자본과 노동을 제공하는 등 생산요소를 원활하게 공급한다(factor contribution). 경제성장 초기에는 농업 부문의 비중이 크므로 공업이나 사회간접자본 부문의 성장을 위해서 농업 부문에 고용되어 있는 자본과 노동력을 농업 부문으로부터 공업 부문으로 이동시키는 형태로 경제성장을 추진하게 된다. 생산성이 낮은 농업 부문으로부터 상대적으로 높은 산업 부문(제조업, 서비스업)으로의 자원 이동은, 궁극적으로 제한된 생산자원 이용의 효율성을 증가시킴으로써 국민경제의 발전을 촉진시키는 동력으로서의 역할을 수행해 왔다.

셋째, 비농업 부문에 대하여 수요 또는 시장을 제공한다(market contribution). 경제성장 초기에 있어서 농촌이 전체 내수시장(內需市場)에서 차지하는 비중은 상대적으로 높고 중요하다. 농민들의 의식주와 관련된 소비재뿐만 아니라 비료, 농약, 농기구 등 생산자재 및 공업화 초기 단계의 저질(低質) 내지 저급(低級) 상품에 대한 내수시장을 제공함으로써 비농업 부문의 성장과 자본축적에 기여한다는 것이다.

넷째, 농업 부문은 농산물 수출과 식량수입 억제 등으로 국제수지의 안정과 균형에 이바지한다(balance payment contribution). 농업 부문은 경제성장 초기에 농산물을 수출함으로써 외화를 벌어들일 뿐만 아니라 식량과 원료 농산물 등 수입대체를 통하여 외화를 절약함으로써 국제수지의 개선에 기여한다는 것이다.

이러한 여러 가지 농업의 역할 중에서도 경제발전을 위해서 한국 농업은 식량과 노동력의 공급을 주된 기능으로 하여 기여해 왔다는 실증적인 연구결과(Ban, Moon, and Perkins, 1980)나, 농촌의 막대한 교육투자에 의한 인적 자본(human capital)의 형성을 통한 기여 정도가 높았다는 연구결과(박진환, 1985)도 제시된 바가 있다.

2) 왜소해진 농업의 역할론과 농업경제학의 정체성 위기

그 동안의 전통적인 농업에 관한 인식은 경제성장을 위한 농업의 거시적인 역할을 중심으로 하여 강조되어 왔으며, 이를 통해서 국민경제에서 차지하는 농업의 존재 의의와 중요성에서 농업경제학의 고유한 영역이 발견되고 있었다고 할 수 있다. 이러한 농업의 거시적 역할의 수행에 충실히 기여하기 위해서 농업경제학은 증산 정책을 뒷받침하기 위한 생산경제론, 농업경영론, 농산물가격론, 농업금융론, 농산물유통론 등과 이에 관련된 농업 정책을 논의하는 학문으로서 정체성과 독자성을 인정받아 왔다. 그러나 성장론적인 시각에서 강조되어 온 농업의 전통적인 역할은 국제 농업 환경변화와 산업화 성장 이후 국민경제에서 차지하는 농업의 위상변화에 따라서 그 중요성이 크게 변화되면서 한계가 분명해지고 있다.

"비싼 국내 농산물의 생산을 포기하는 대신에 값싼 해외 농산물을 수입하여 공급함으로써 소비자 잉여를 늘려야 한다." "농업은 경제성장 과정에서 상대적인 쇠퇴산업(declining industry)일 뿐이다." "농업 부문 보호를 위한 사회적 투자는 밑 빠진 독에 물 붓기처럼 무용하다." 하는 등의 시각이나 주장이 여기저기에서 돌출하고 있는 것도 따지고 보면, 한계에 봉착한 한국 농업의 전통적인 역할론에 대응할 만한 새로운 역할이 변변히 제시되지도 않았고, 설혹 있었다 하더라도 이에 대한 사회적 공감대 형성이 취약하기 때문에 유발된 것이라 할 수 있다.

농업의 전통적인 역할론의 한계는 바로 농업경제학에 대한 사회적 수요의 감소와 정체성의 위기로 이어지고 있음은 두말할 나위도 없다.

3) 전통적인 역할론[2)]의 설득력 한계가 분명해졌다

첫째, 값싼 식량을 공급함으로써 공업화 성장을 뒷받침해 왔던 국내 농업의 기본적인 기능은 농산물 시장개방의 확대에 따라 국내 농산물 값과 국제 농산물 값의 격차가 현저해지면서 무력화되고 있다. 즉, 싼 임금재(賃金財)인 식량을 생산·공급함으로써 경제성장에 기여해 왔던 농업의 기본적인 역할이 설득력을 잃게 된 것이다. 오히려 상대적으로 값비싼 농산물을 생산하고 있는 경쟁력 약한 국내 농업을 보호한다는 것은, 국내 소비자 잉여를 희생시킴은 물론 공산품의 수출시장마저 무역보복 조치를 통하여 잃게 될 위험이 가시화되는 등, 국내 농업을 보호하기 위한 시책의 선택이 경제성장과 국민경제에 부담을 지우게 하는 것이 아닌가 하는 인식마저 빠르게 확산되고 있다.

둘째, 경제발전 초기에 농업 부문으로부터 비농업 부문으로 유출된 자본은 상당한 규모로서 초기 공업화 단계의 국내 자본 형성에 큰 도움을 주었으나, 공업화가 성공적으로 진행된 산업화 후기시대에는 농업 부문으로부터 비농업 부문으로 유출되는 자본의 규모는 점차 작아지고 오히려 비농업 부문으로부터의 유입(정부 재정에 의한 보조금의 형태)이 늘어나고 있어서, 국내 자본 형성에 기여한 농업의 전통적인 역할이 한계에 이르고 있다.[3)]

2) 성진근(1992), pp. 74~77.
3) 총예산액에 대한 농림 예산의 비중은 국내총생산에 대한 농림업 총생산에 대한 비중보다 경제개발연대 동안 계속 낮았다. 그러나 UR 협상이 타결된 직후인 1995년부터는 오히려 높아졌다.

선행 연구에 의하면 1964~1976년간에 농업 부문으로부터 비농업 부문으로 순유출된 자본액은 2,367억 원이었고, 여기에다 교육비 유출액 9,375억 원을 포함시키면 총 1조 1,753억 원의 순유출효과가 발생한 것으로 평가되고 있다. 그러나 1981~1989년 기간 동안에는 농업 부문에 대한 정부 보조금의 증가로 인하여 오히려 4조 2,952억 원의 자본이 농업 부문으로 순유입(純流入)되었다. 그러나 교육 투자액 6조 588억 원 때문에 순유출 효과액은 1조 7,636억 원이 되는 것으로 평가되고 있다(이정환 외, 1991).

그러나 이러한 순유출액(純流出額)조차도 국내 농업 보호로 인하여 비싼 국내 농산물을 소비해야 하는 소비자 잉여의 감소 부분을 고려한다면 오히려 부(負)의 크기로 평가될 수 있을 것이므로, 전통적인 농업의 역할이 한계에 도달하고 있다고 할 수 있는 것이다.

셋째, 공업화 경제성장의 추진에 기여해 온 농업 부문의 노동력 공급 역할도 크게 축소되었다. 1970년에는 총취업자의 49.5%가 농림업 취업자였으나, 1990년에는 17.1%로 다시 2010년에는 6.0%로 그 비율이 크게 낮아졌고, 그나마도 대부분 새로운 취업기회에 대한 적응력이 상대적으로 약한 노령층 노동력으로 구성되어 있으며, 비농업 부문에서 선호되고 있는 15~29세 사이의 젊은 노동력은 2012년 현재 전체 농림어업 취업자의 2.2%에 불과한 3만 4,000명에 지나지 않는 상태이다. 이에 따라서 농번기(農繁期)에는 오히려 도시 부문으로부터 농촌으로의 노동력 유입이 역방향으로 이루어지고 있기 때문에 값싼 양질의 노동력 공급을 통한 경제성장에의 농업 부문의 기여 기능은 이미 옛날 이야기가 되고 있는 것이다.

넷째, 공산품의 내수시장을 제공해 오던 농업 부문의 전통적인 역할과 중요성은 크게 축소되었다. 즉, 공업화 성장과정에서 농업 부문의 전체 국민경제에 대한 중요성은 상대적으로 축소되어 2012년 현재 국민총소득(GNI)에 대한 농림어업의 비중은 2.3%이고, 총농가인구는 전체 인구의 5.8%로 크게 줄고 있다. 이에 따라 농업 생산과 농가인구에 의한 내수시장 규모 역시 크게 축소됨으로써 그 중요성에 대한 사회적 관심이 희박해지고 있는 것이다.

다섯째, 공업 생산을 위한 농업의 원료 생산 기능 역시 거의 무시되어도 좋을 만큼 축소되었다. 산업화 초기 단계와는 달리 오늘날의 공업 성장은 반도체, 자동차, 중화학공업 분야가 주도하고 있고, 농산물을 원료로 하는 공산물은 겨우 내수시장의 일부를 충당할 정도로 크게 위축되고 있는 현실이기 때문이다.

만약 성장론적인 시각에서 논의되고 있는 바와 같이 농업 부문의 역할이 공업화 경제성장을 위한 기초 조건으로서만 국한된다면, 이미 선진국 수준의 안정적인 산업성장 단계로 진입하고 있는 한국의 경우 농업 부문은 쇠퇴산업이 아니라 소멸되어야 할 산업이라는 손쉬운 결론에도 우리는 도달할 수 있다. 이러한 결론에 따라 일부의 주장처럼 국제경쟁력이 취약한 국내 농업의 유지와 육성을 위해서 아까운 재원을 낭비할 것이 아니라 우리 농업을 포기하는 대신에 값싼 해외 농산물을 수입자유화하는 것이 보다 유리한 선택일 수도 있다. 또한 전통적인 농업의 역할론을 뒷받침하는 데 충실해 왔던 한국의 농업경제학에 대한 급격한 사회적 수요의 위축에도 속수무책일 수밖에 없다.

3 농업의 새로운 역할과 기능

1) 농업의 공익적 가치는 국가 유지의 기본 요건이다

산업규모나 경제활동인구 측면에서 대단히 보잘 것 없이 왜소화된 농업 발전을 위해서 미국, EU, 일본 등 시장경제 선진국들이 막대한 재정을 쏟아 붓고 있는 이유는 무엇이겠는가? 그것은 시장경제의 크기로 환산하기 어려운 농업이 생산하고 있는 공익적 가치 때문이다.

인류가 국가라는 통치조직을 형성한 이래 농업이 수행해 온 조직사회를 위한 공익적 기능은 식량의 안정적인 공급과 자연환경의 보전 및 사회적 · 문화적 전통의 유지와 발전이라고 요약할 수 있다. 그리고 이 기능은 글로벌 경쟁시대에 있어서도 여전히 중요하다.

국민에게 안전한 식품을 안정적으로 공급하는 식량안보 기능은 자유 무역시대 하에서도 변함없이 중요하다. 외국으로부터의 공급 차질이나 급격한 국제 곡물가격 변동의 충격을 흡수할 수 있을 정도의 식량공급 기반 유지의 필요성은 여전히 크고 중요하기 때문이다.[4] 국민에게 녹색공간을 제공하고 환경을 정화시키며 자연생태계를 유지하는 농업의 외부경제 효과(externality)는 국민의 삶의 질 향상에 필요불가결한 기능을 수행한다. 논의 홍수조절 기능이나 토양보전 기능 및 지하수 함양 기능과 함께 농작물의 광합성 기능을 통한 대기정화 기능 등은 대표적인 외부경제 효과로서 전체 국민들은 무임승차자(free rider)로서 혜택을 누리게 된다. 또한 농촌의 자연공간을 더욱 아름답고 가치 있는 공간으로 가꾸는 농업의 자연보전과 지역 사회 유지 기능은 농촌 지역 사회가 전승해 오던 전통문화를 계승시키는 바탕이 되고 있다.

이러한 농업의 역할과 기능은 앞으로도 변함없이 계속되어야 안정적인 국가 운영이 가능하게 될 것이다. 단지 시대적 환경이 변함에 따라서 새로운 역할이 추가로 요구되거나 다양한 농업의 역할의 중요성에 대한 우선순위는 달라지고 있다. 이에 따라 농업 발전을 위한 농업경제학 연구의 접근방법도 변하고 있다.

2) 바이오 경제시대 주도산업으로서의 중요성이 커지고 있다

2030년경에는 글로벌 경제가 바이오 경제(bio-economy)[5]시대로 진입하게 될 것으로 전망된다. 2030년 바이오 기술에 의한 산업 생산액은 OECD 회원국 총 GDP의 2.7%를 차지하게 될 것이고, 바이오 작물이 농업 생산에서 차지하는 비중은 50%, 화학제품 생산에서 바이오 공정제품이 차지하는 비중은 35%에 달할 것으로 전망하고 있는 것이다(OECD, 2009).

바이오산업은 IT/NT 분야와의 융합을 통하여 농림수산식품 분야와 보건의료 분야 및 바이오산업 분야 등 크게 세 가지 분야로 발전하게 될 전망이다.

바이오 경제시대가 열리면서 농식품산업도 빠르게 진화하고 있다. 과거의

4) 2008년 국제 식량위기 발생시에 일어났던 러시아와 우크라이나의 밀수출제한조치(embago)는 북아프리카 지역의 빵값 상승으로 이어져 튀니지의 쟈스민 혁명을 유발시켰으며, 이는 이집트, 리비아의 정권전복으로 확대되었다.

5) 바이오 경제란 바이오 기술에 의한 새로운 발견들이 관련 제품의 보급이나 서비스 향상을 통하여 인류에 편익을 가져다주는 다양한 경제활동을 포괄한다.

식품은 농산물, 축산물, 수산물 등을 단순가공하는 형태로 제조·유통되었지만 미래의 식품은 질병의 예방과 치료효능을 보유한 개인맞춤형 식품으로 진화하게 될 전망이다.

농업은 단순한 식량생산 기능을 수행하는 식량안보적 산업으로만 인식되어서는 안 된다. 앞으로 도래하고 있는 바이오 경제시대의 미래 녹색성장을 이끌어 나갈 핵심산업으로서의 중요성에 주목하고 과감한 R&D 투자와 인력양성을 통하여 바이오 경제기반을 강화해 나가야 한다.

자원투입비용 대비 산출액의 크기로 계측되는 효율성 실현을 기준으로 할 때, 농업은 상대적인 쇠퇴산업의 처지를 감수할 수밖에 없었다. 그러나 지구촌의 자원과 환경 위기에 대응하기 위한 저탄소 녹색산업의 원천산업이 바로 농업 부문이라는 인식의 전환이 바야흐로 이루어지고 있는 것이다.

3) 농업·농촌의 새로운 역할과 기능

세상이 달라지고 있다. 시장개방의 가속화에 따른 글로벌 경쟁의 심화, 과학기술의 급속한 발달, 지식·정보화 사회의 도래, 생활과 소비 행태의 변화, 삶의 질을 중시하는 가치관의 확대, 환경악화와 지구의 자원고갈 심화 등은 농업과 농촌에게 새로운 역할과 기능의 수행을 요구하고 있다.

국제 농산물 가격의 변동에 따른 충격을 완화시킬 수 있는 국내 식량의 안정적인 공급 기능과 수요가 증가하고 있는 고품질·안전식품의 공급 기능을 국내 농업이 감당해야 한다. 화석연료의 고갈에 따른 석유류 가격 상승과 지구온난화에 의한 기후변화 대응력 강화 차원에서 바이오 에너지 원료 생산업으로서의 농업의 역할도 새롭게 중시되고 있다. 지구의 환경악화 문제가 지구촌의 뜨거운 관심사로 등장하면서 농업 생산의 탄소감축과 대기와 용수정화 등 환경보전 기능과 함께 저탄소 녹색성장을 위한 기반산업으로서의 농업의 중요성에 대한 인식이 새로워지고 있다. 기능성 의약품 소재산업, 종자산업, 미생물, 애완, 관상동식물 산업 등 고부가가치 생명산업으로서의 농업의 가치도 재평가되고 있다.

개발도상국의 인구증가와 빈곤해소에 기여하기 위한 해외 농업 개발 협력의

경제이론과 농업 이해

1. 수요이론의 검증

수요이론은 타당한가? 사람들은 수요이론대로 행동하는가?

어떤 이론의 타당성 여부는 현실에 대한 예측 능력에 의해서 검증될 수 있다. 베블린(Thorstein Veblen, 1857~1939)의 유한계급론(The Theory of the Leisure Class, 1899)에 의하면 극히 부유한 사람들은 과시적인 소비(conspicuous consumption)를 위하여 값비싼 재화를 사는데, 만약 재화의 가격이 내리면 다른 과시소비의 대상을 찾기 위해서 이 재화의 수요량을 줄이게 된다. 오늘날 우리나라에도 명품만을 찾는 과시소비자들이 늘고 있다. 과시소비의 경우에는 가격이 비싸면 수요량이 늘어나므로 수요곡선은 우하향(右下向)하는 것이 아니라, 우상향(右上向)하는 모습을 띠게 된다. 쌀소비의 경우에도 값이 비싼 경기미는 수요가 증가하여 가짜 경기미 문제가 심심치 않게 화제가 되고 있는 반면에 값싼 호남미는 수요가 줄어들어 가격차가 더욱 확대되고 있다.

그렇다면 우리는 수요이론을 배격해야 하는가. 그렇지 않다. 경제학에서 수요이론은 전체 가계의 수요행위를 이해하기 위한 것이 주된 용도이므로 일부의 가계가 수요이론과 다른 방향으로 행동하더라도 대부분의 가계가 이론이 예측한대로 행동한다면 수요이론은 현실과 부합된다고 할 수 있다.

소비자 수요이론은 소비주체인 가계가 효용극대화를 목표로 1원당 한계효용균등의 법칙(law of equal marginal utilities per won)이 성립하도록 소비행위를 하도록 가르치고 있다.

소비자가 A와 B 두 가지 재화를 수요하고 있으며, 각 재화의 가격은 P_A와 P_B이고 각 재화의 마지막 소비단위가 가져오는 한계효용을 MU_A, MU_B라고 하고 소비자의 소득수준을 Y_0라 할 때, 소비자 균형조건(consumer's equilibrium condition)은 다음과 같이 표시된다.

$MU_A/P_A=MU_B/P_B$ 또는 $MU_A/MU_B=P_A/P_B$, 여기에서, $Y_0=Q_A \cdot P_A+Q_B \cdot P_B$이다.

즉, A재의 1원어치의 한계효용과 B재의 1원어치의 한계효용이 같아지는 점에서 소비자의 효용은 극대가 되는 균형조건에 이르게 된다는 것이다.

그러나 현실 세계에서 소비자들의 의사결정은 소비자수요이론대로 따르지 않는 경우가 많다. 모든 경제주체의 의사결정은 미래에 대한 불완전한 정보(imperfect information)로 말미암은 불확실성(uncertainty)과 위험(risk)부담 하에서 이루어지기 때문이다.

일반적으로 사람들은 불확실성 하에서 위험부담을 꺼린다.

예컨대, 동전의 앞면이 나오면 10만 원을 따고 뒷면이 나오면 10만 원을 잃는 게임이 있을 때 게임의 기대치(expected value)는 0이므로 공정한 게임(fair bet)이다. 그러나 사람들은 이러한 게임에 응하지 않고 위험기피적이 된다. 왜냐하면 한계효용체감의 원칙에 의해서 10만 원을 땄을 때의 한계효용 증가보다 10만 원을 잃었을 때의 한계효용 감소가 더 크기 때문이다. 보험(insurance)은 사람들의 위험기피적인 소비행위로 인해서 발생하는 위험부담을 받아들여서 수많은 사람들에게 확산시켜 적은 위험부담으로 바꾸는 역할을 한다.

신토불이(身土不二)란 무엇인가? 사람과 땅은 둘이 아니다. 즉, 그 땅에서 나온 농산물을 먹어야 사람들이 건강해진다는 국산 농산물 애용운동이다. 과학적인 근거는 미약하지만 많은 국민들이 신토불이 운동에 참가하여 가격으로 표시된 우리 농산물의 한계효용이 수입 농산물보다 작더라도 우리 농산물을 소비하려고 한다. 수입 쌀값은 가마니당 9만 원인데 우리 쌀값은 18만 원이다. 왜 이런 일이 생기는가?

많은 국민들은 쌀농사가 이 땅에서 사라졌을 때의 식량안보와 국토와 환경보전상의 위험과 불확실성을 기피하려고 하기 때문이다. 그런데도 불구하고 많은 농민들이 왜 아스팔트로 뛰쳐나오는가? 시간이 지나면 신토불이 운동의 열기는 사라지고 1원어치의 한계효용이 보다 큰 수입쌀을 국민들이 더 소비하게 될 것이라고 우려하기 때문이라고 해석할 수 있다.

그런 의미에서 본다면 수요이론은 미래를 제대로 예측하고 있다고 말할 수 있다.

중요성이 커지면서 국내 유휴농업자원(인력, 기술, 자본)의 해외 진출 수요도 커지고 있다. 이 밖에도 국토의 균형적 이용과 농촌지역 경제 및 전통문화의 유지 기능, 도시민에 대한 휴식공간 제공 기능, 도시과밀화에 따른 사회적 비용 억제 기능, 한계적 자원(고령노동자와 한계농지)의 고용 기능 등 국민소득 추계상의 부가가치로 제대로 반영되지 않은 농업의 소위 비교역적(non-tradable)이며, 공공적인(public) 기능을 보다 중시하는 방향으로 농업의 새로운 역할과 기능이 중시되고 있다.

Chapter 2

농업경제학 정체성의 위기

1. 농업경제학에 대한 사회적 수요
2. 농업경제학의 위상에 영향을 미치는 농업 환경변화
3. 농업경제학 방법론의 한계

농업경제학 정체성의 위기

1 농업경제학에 대한 사회적 수요

농업경제학의 정체성(identity)이란 다른 학문 분야와 구별되는 본질적인 특성을 가리키는 말로 대상 문제의 성격과 방법론적 전통에서 찾을 수 있다. 농업경제학은 농업을 주된 대상으로 하여 최근에는 자연자원 및 환경, 식품의 안전성 등을 중요 연구대상 분야로 하고 있는데, 이러한 응용 분야에서 일반경제학보다 비교우위성이 있었기 때문에 그 정체성이 인정받을 수 있었다는 의미이다. 그 이유는 현실 문제의 해결을 요구하는 대상 분야의 성격과 처음부터 문제해결을 위해서 태어난 농업경제학의 방법론적 전통 때문이다(김영식, 2003).

그러나 농업경제학의 주된 대상으로서의 농업 부문의 급속한 위축과 농업경제학의 주류적인 방법론의 한계 등의 요인이 겹쳐지면서 농업경제학에 대한 사회적 수요가 위축되고 있다.

인류사회는 농경사회로부터 산업사회 그리고 지식정보사회로의 진화를 거듭하고 있다. 농경사회로부터 산업사회로 진화하는 과정에서 농업은 중요한 기여자로서의 역할을 수행하였으며, 농업경제학도 학문으로서의 정체성을 확립하면서 발전해 올 수 있었다. 그러나 시장화 · 개방화라는 경제환경의 변화와 민주화 · 지방자치화라는 정치환경의 변화 속에서 농업의 위상과 전통적인 역할은 크게 위축되고 있으며, 이에 따라 농업경제학의 존립 근거가 되는 정체성도 크게 위협받고 있다.

농업경제학의 학문적 성격과 연구대상에 대하여 여러 가지 의견이 제시될 수 있으나, "농업경제학은 농업 문제를 경제학적 시각에서 접근하는 응용경제학의 한 분야이고 농업경제학의 비교우위는 경제학 이론의 응용성(J. P. Houck, 1992)"으로 보는 데는 이의가 없는 것 같다. 농업경제학의 학문적 성격을 이와 같이 규정한다면 "농업경제학의 장점과 독자성(uniqueness)은 이론의 개발보다는 경제학 이론의 응용성에 있으며, 이론 응용 내지 연구의 대상은 농업 문제이고 농업 문제의 범위를 어떻게 규정할 것인지"(김호탁, 1996)에 따라서 농업경제학의 정체성이나 중요성이 결정될 것이다.

우리나라 농업경제학 교육은 1946년 서울대학교 농과대학에 농업경제학과가 설치된 이후, 1970년대에 이르러 농업경제학과의 설립이 크게 증가하기 시작하여 1990년대에는 농업경제학과가 설립되어 있는 4년제 대학 수는 15개로 늘어났으며, 농업경제학 관련 학과까지 합하면 20개 대학에 이를 정도로 팽창하였다.

그러나 시장개방이 가속화된 1990년대 후반부터 농과대학의 명칭이 농업생명과학대학, 생명환경과학대학 등으로 개칭되기 시작하면서, 농업경제학과의 명칭도 농업자원경제학과(강원대), 식품자원경제학과(고려대), 산업경제학과(중앙대), 농업응용경제학과(제주대) 등으로 바뀌고, 농업경제학과의 명칭을 그대로 유지하고 있는 대학은 2009년 현재 9개 국립대학에 그치고 있다.

최근 들어서 대학의 농업경제학과들이 명칭을 바꾸거나 다른 학과(경제학과 등)와의 통합이 이루어지고 있는 이유를, 입시생들의 학과 선호도 하락과 졸업생들의 전공 분야 취업률 저하 등의 표면적 현상에서 찾는 견해가 많다. 그러나 보다 본질적인 이유는 다음의 두 가지 측면에서 찾아져야 한다.

첫째, 농업경제학의 주된 연구대상으로서의 농업 부문의 급격한 위축에 따른 농업경제학에 대한 사회적 수요의 감소와, 둘째 농업경제학 연구방법론의 현실 설명력 내지 실용성 약화로 인한 유사학문 분야와의 차별성의 약화가 그것이다.

2 농업경제학의 위상에 영향을 미치는 농업 환경변화

농업경제학과의 교과과정은 크게 세 영역으로 나누어 편성되고 있다. 농업경제학의 이론적 기초가 되는 경제학원론, 미시경제학, 거시경제학 등 경제이론 부분과 현실 농업 문제에 대한 이해와 처방능력을 기르기 위한 농업경영학, 농산물 유통, 농업 정책, 지역 농업, 농업 생산경제학 등 농업경제학 고유 분야 및 위의 두 영역에 대한 이해를 바탕으로 하여 현실 문제에 접근하는 데 필요한 통계학, 계량분석기법 등을 포함한 연구방법론 등 세 가지 영역이 그것이다.

이 세 가지 영역 중에서 농업경제학의 고유한 연구대상 분야에 대한 사회적 수요가 농업 부문의 급속한 위축 때문에 줄어들고 있으며, 앞으로 새로운 수요를 발굴하여 줄어들고 있는 수요에 효과적으로 대체하게 될 것으로 기대하기 어렵다면 농업경제학의 학문적 정체성이나 존립 근거는 약화될 수밖에 없다. 왜냐하면 일반경제학 분야에서 발전되고 있는 경제이론과 연구방법론을 특별히 응용할 수 있는 농업 분야에서의 수요가 줄어든다면 농업경제학의 입지나 위상은 왜소화될 수밖에 없기 때문이다.

농업경제학 고유 분야의 사회적인 위상과 관심영역이 환경변화에 따라 어떻게 변화되고 있는지를 농업경제학에 대한 시장수요에 초점을 맞추어 대표적인 환경변화 요인별로 나누어서 살피기로 하자.

1) 본격화되고 있는 농산물 시장개방

다자간 협상과 실질적인 개방 폭의 확대

WTO/DDA 협상은 2001년 시작된 이래 2008년도에 타결 직전까지 갔다가 좌절된 이후에는 추진동력을 잃고 2013년 제9차 각료회의까지 지지부진하게 진행되고 있다. DDA 협상이 지지부진하게 전개되는 원인을 주 제네바 최석영 대사는 경제적 자신감 부족, 협상파트너 간 신뢰 부족, 정치적 동력 부족을 꼽고 있다.

그림 2-1 DDA 협상의 주요 과정(2001~2013)

과정	주요 내용
DDA 협상 출범 (2001. 11)	• 도하 WTO 4차 각료회의 개최 • 개도국의 협상 영향력 강화와 뉴라운드 명칭을 Doha Development Agenda로 명명 • DDA 출범에 따른 협상 목표 및 일정 확정
하빈슨 초안 채택 무산 (2003. 3)	• 농산물 수출국과 수입국 간의 의견대립으로 세부 원칙 수립시한(2003. 3. 31) 내 채택 무산
칸쿤 WTO 5차 각료회의 (2003. 9)	• 싱가포르 이슈에 대한 선진국(미국 · EU)과 개도국 간 이해대립으로 결렬 • G20이 제3의 협상세력으로 등장
기본 골격 합의 (2004. 8)	• 세부 원칙보다 낮은 단계의 초안으로 세부 원칙의 접근방식과 원칙을 제시 • 관세와 보조금 감축원칙에 조화 개념 도입
홍콩 WTO 6차 각료회의 (2005. 12)	• 세부 원칙에 대한 기본 방향 구체화 (관세 및 보조금 감축의 기본 방향이 문서화된 합의로 도출, 수출보조금 2013년까지 철폐) • DDA 협상의 새로운 일정 제시(2006년 4월까지 세부 원칙 도출)
DDA 협상 중단 (2006. 7)	• 라미 사무총장, 협상 일정/계획을 정하지 않고 DDA 의제에 관한 논의 중단 선언
DDA 협상 재개 (2006. 11)	• 라미 사무총장, 무역협상위원회(TNC)에서 DDA 협상 정상화 선언 • G4 양자협상과 20여 국간 다자협상 병행(Room F 회의)
세부 원칙 초안 배포 (2001. 11)	• 농업협상회의 팔코너 의장이 세부 원칙 초안 제시(특별품목 등 일부 쟁점은 지침만 제안) • 30여 개국 참여 Room E 회의 논의 진행
7월 소규모 각료회의 결렬	• SSM(UR 양허관세 초과 허용 여부)에 대한 미국과 인도의 대립 • NAMA 분야 합의 결렬
세부 원칙 4차 수정안 (2008. 12. 6)	• Waik in the Woods 논의, 라미 세부 원칙 패키지에서 합의된 분야 중심으로 작성
2010년 협상	• SSM에 대한 기술적 논의를 중심으로 실무협상 진행, 양허표 작성 논의 지속 • 2011년 1/4분기까지 새로운 세부 원칙 수정안 제시 계획(라미 총장, 11월)
세부 원칙 5차 수정안 도출 실패 (2011. 4. 21)	• 수정 텍스트를 대신에 그간의 협상 진행상황을 정리한 협상그룹별 의장보고서 회람 • NAMA의 분야별 자유화(sectoral)에 대한 미국과 중국의 첨예한 대립
Small Package 논의 (2011. 5~)	• DDA 협상의 연내 타결 불가 선언(2011. 5. 31) • 라미 사무총장의 Small Package 협상방식 제시
제8차 각료회의 (2011. 12)	• 조기수확방식 제안 • 무역원활화/TRQ 관리 강화, 개도국 식량안보 등 논의
제9차 각료회의 (2013. 12)	• 인도네시아 발리(Bali) 패키지 타결(10개 이슈) 중 농업 분야 4개 이슈 ① TRQ 관리 개선 ② 개도국의 식량안보 목적 평화조항 ③ 수출경쟁 약속 이행 촉구 ④ 일반서비스 확대

즉, 세계적인 경기불황과 실업 문제로 인해 글로벌한 무역자유화를 주장하기 쉽지 않고, 개도국의 목소리가 커지고 특별대우를 요구하면서 이해조정이 쉽지 않은 점, 그리고 미국과 EU 등이 다자협상보다 비교적 이해조정이 용이한 지역무역협정에 더 치우치는 점 등 때문에 DDA가 정체되고 있다는 것이다.[1)]

그 동안 진행되어 왔던 DDA 협상의 주요 과정을 요약하면 그림 2-1과 같다.

점진적인(progressive) 관세상당치(tariff equivalent: TE)의 감축에 의한 UR 방식[2)]의 농산물 시장개방은 이미 정해진 기간 동안 관세 감축이 진행되었다.

우리나라 농축산물 총품목 수는 2012년 현재 2,050개 품목인데 이 중에서 수입 자동승인 품목은 2,034개 품목으로 수입자유화율은 99.2%이고 수입제한 품목은 16개 품목에 불과하다.

우리나라는 쌀 이외의 모든 농산물의 수입이 자유화되었지만, 2006년 현재 평균 양허관세율은 63%이고 평균 실행관세율은 55% 수준으로 일본의 24%, 중국의 38%보다 훨씬 높은 수준이다. 관세구간별로 이를 나누어서 살펴보면, 저율(18~45%) 관세구간과 고율(135~400%) 관세구간에 주요 농산물이 집중적으로 분포되어 있음을 알 수 있는데, 저율 관세구간(50% 이하)에 대부분의 품목이 분포되어 있기 때문에 모든 관세가 감축기간(10~15년) 동안 모두 감축된다고 하더라도 수입 농산물의 국내 도착 가격은 10~30% 낮아지는 결과로 나타날 것이기 때문에, 품질경쟁력 등 비가격경쟁력을 어떻게 강화해 나가는가에 따라서 수입개방의 영향은 우려할 정도로 크지 않을 수도 있다. 그러나 고율 관세율 구간에 속한 주요 농산물의 개방 폭이 더 클 것이기 때문에 품목에 따라서는 여태까지와는 달리 가시적인 시장개방의 효과가 나타날 것으로 전망할 수 있다(그림 2-2).

그러나 100% 이상의 고율관세 품목 중에서도 메니옥, 녹두, 메밀, 잣, 생강 등의 부가가치가 100억 원에도 미치지 못하는 농산물은 관세 감축의 영향이 미미할 것이다. 단지 고부가가치 농산물(고추: 1조 1,030억 원, 우유: 6,490억 원, 인삼: 3,850억 원, 마늘: 3,830억 원, 감귤: 3,350억 원, 양파: 2,240억 원)의 농산물의 관세 감축 폭 하락에

1) 한국농촌경제연구원(2013. 2).
2) 1993년 말 타결된 UR 협상에서는 농산물 가격의 국내외(國內外) 가격차를 관세상당치로 정한 후 이를 정해진 기간 동안(선진국 5년, 개도국 10년) 정해진 감축률을 매년 점진적으로 감축해 나가는 소위 예외 없는 관세화(tariffication without exception) 개방원칙에 합의하였다.

그림 2-2 관세구간별 농산물 품목 수(2006년 현재 HSK 10단위)

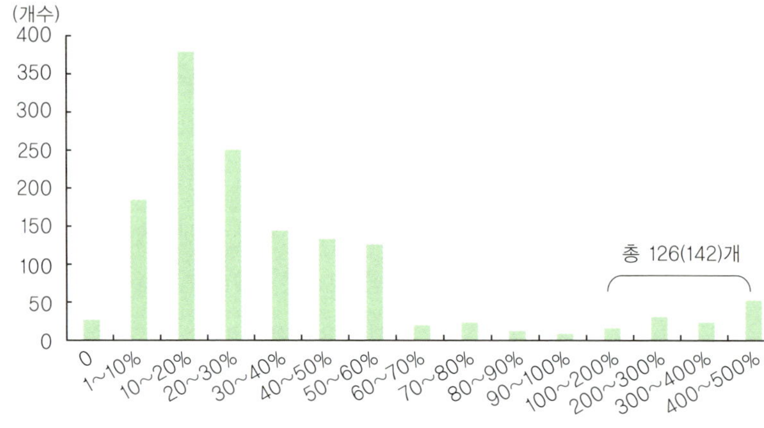

따른 영향을 최소화하기 위한 전략적인 개방대응 정책선택이 필요하다.

동시다발적으로 진행되고 있는 FTA 협상

WTO에 의한 다자간 협상이 몇 년간 진통을 겪고 있는 가운데 지역주의에 입각한 자유무역체제(free trade agreement: FTA) 선호 분위기가 국제적으로 확산되고 있다. 2013년 3월 현재 동시다발적으로 진행되고 있는 FTA 협상 중에서 발효된 FTA는 8건 45개국이고, 체결되어 발효를 앞둔 FTA는 2건 2개국이며, 협상이 진행되고 있는 FTA는 6건 16개국이다. FTA 체결로 인해서 한국 농업에 가장 중요한 영향을 미칠 국가는 중국, 미국, EU, 일본 등 국가의 순이라 할 수 있다.

진행되고 있는 다양한 통상협상이 어떤 형태로 타결되든지 간에 국내 농산물의 시장개방 폭은 더욱 확대되어 갈 것이다. 그러므로 농산물 시장개방은 한국 농업에 주어진 움직일 수 없는 외생조건이 되고 있으며, 이에 따라 농업경제학에 대한 사회적 수요내용도 변화되고 있다.

그림 2-3 우리나라 FTA 추진 현황 지도

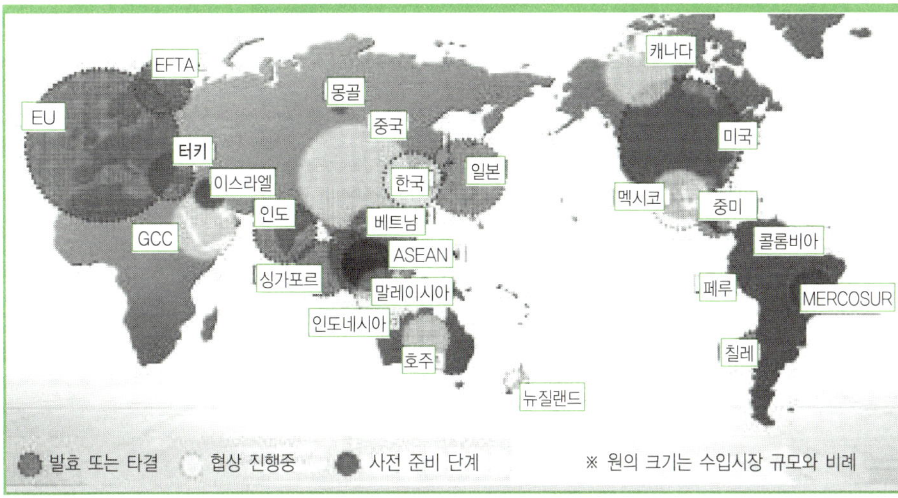

자료: 외교통상부.

2) 시장개방 확대와 농업경제학에 대한 사회적 수요

농산물은 인간의 건강과 관련된 식품이므로 소비자의 식품선택 기준이 가격조건뿐만 아니라 품질이나 안전성 등 비가격 조건을 더욱 중시하는 방향으로 바뀌고 있다. 그러나 비가격 조건은 계량화되기 어렵다는 점, 그리고 주류 경제학의 분석방법의 한계 때문에, 일반적으로 농산물의 국제경쟁력은 가격조건을 기준으로 하여 평가된다.[3] 이에 따라서 개방 폭이 확대되는 만큼 값비싼 농산물을 생산하는 한국 농업은 위축될 수밖에 없다라는 다양한 연구결과가 발표되고 있다. 그러나 비가격 조건을 포함해서 다양한 기준으로 한국 농산물의 경쟁력을 종합적으로 평가한다면 현재까지의 분석결과는 상당 부분 달라질 수도 있다. UR 협상 결과 개방 폭이 컸던 축산 분야(특히, 한우)가 지난 15년간(1995~2010)의 개방과정에서 취약한 가격경쟁력에도 불구하고 품질경쟁력을 무기로 개방 초기인 1995

3) 국제무역이론이나 계량분석에서는 교역되는 상품이 동질적(homogeneous products)이기 때문에 소비자의 기호(preference)가 각 나라에서 동일하다라는 기본 가정을 조건으로 하고 있다. 그러나 해외 농산물과 국내 농산물은 같은 상품이라고 보기가 어렵다. 예컨대, 미국 쌀과 중국 쌀은 같은 쌀인데도 불구하고 가마니당 8~10만 원에 판매되고 있는데, 한국 쌀은 18~20만 원에 판매되고 있다.

그림 2-4 관세의 점진적 하락과 수입 농산물의 국내 도착 가격

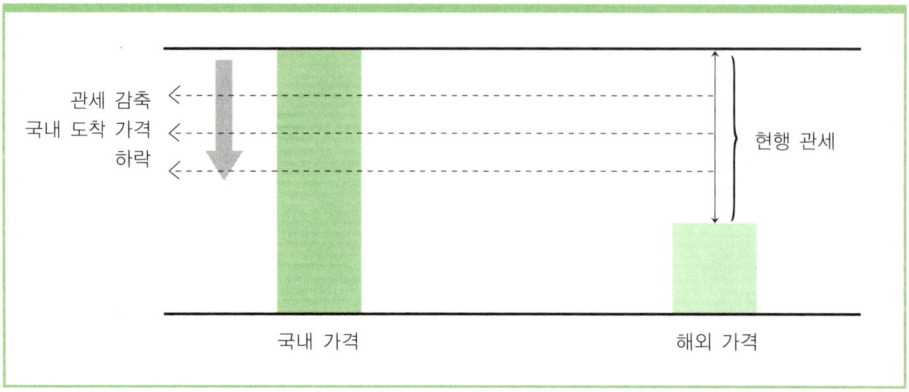

년 사육두수(259만 4,000두)를 능가하는 사육규모(2012년 305만 9,000두)를 유지하고 있는 것이 좋은 예이다.

한국의 농산물 생산비 구성에서 70% 이상의 비중을 차지하고 있는 지대와 임금은 경쟁상대국(중국, 미국 등)보다 대단히 비싸기 때문에 한국 농산물 생산비는 수입 농산물 생산비보다 3~4배 높은 것이 사실이다. 농산물의 해외 가격과 국내 가격 간의 격차를 메꾸어서 국내시장을 보호해 주던 관세 등 국경조치가 시장개방 협상의 결과에 의해서 점진적으로 감축되어 갈수록 수입 농산물의 국내 도착 가격은 해마다 낮아지게 된다(그림 2-4).

시장개방 확대는 경제의 대외의존도가 지나치게 높은 우리 경제의 특성상 피할 수 없는 선택이 되고 있다. 그렇다면 농산물 시장개방 폭의 확대가 요구하고 있는 농업경제학 연구에 대한 새로운 사회적 수요는 무엇인가?

① 관세의 삭감 · 감축이 해외 농산물의 수입 원가에 미치는 영향은 농산물 각 품목별로 얼마나 되는가? 그리고 국산 농산물에 대한 수입 농산물의 대체효과는 어떤 정도인가?

② 과연 가격 · 비가격적 조건을 모두 고려할 때 한국 농산물의 국제경쟁력은 어떤 수준인가? 이를 제대로 계측하기 위하여 전통적인 분석방법은 어떻게 보완되어야 할 것이고, 한국 농산물의 비교우위 요인을 적극적으로 강

화시켜 나가기 위한 정책수단의 선택방향은 어떠해야 하는가?

③ 세계 각국의 자원부존 정도에 비추어서 품목별 국제경쟁력을 구성하는 비교우위 조건은 무엇이고 어떻게 변화하고 있는가? 또한 각국의 통상 정책의 핵심은 무엇이고 어떤 요인에 의해서 중요한 영향을 받아서 결정되고 있는가?[4)]

④ 열리고 있는 국내외 시장에서 한국 농산물의 시장 몫(share)을 확대할 수 있는 차별화된 농산물 유통전략은 어떠해야 할 것인가? 수입이 늘어갈 값싼 해외 농산물과 차별화시킬 수 있는 농산물의 생산과 유통질서를 어떻게 구축해야 할 것인가? 궁극적으로 대량생산, 대량유통체제로 특화된 다국적 기업의 지배력이 강화되고 있는 국제 농산물 시장에서 소농경영적인 한국 농업의 활로는 무엇인가?

위의 질문들에 대한 통찰력 있는 해답이야말로 시장개방 확대와 관련된 한국 농업경제학에 대한 시대적 요구이자 새로운 사회적 수요라고 할 수 있다.

3) 다원적 기능과 농업경제학에 대한 수요

농산물 시장의 개방화와 교역자유화를 처음으로 국제 다자간 협상의 의제로 삼았던 UR 협상과정에서 수입국들은 수출국의 논리에 대응하여 자국 농업 생산이 행하는 다양한 기능이 계속 유지되어야 할 필요성을 강조하면서, 소위 농업의 비교역적 기능(non trade concerns: NTC)이란 개념을 제기하였으며, UR 협정(Article 20)과 DDA 협상 의제 및 OECD 등 국제기구에서도 주요 협상 의제의 하나로 이를 논의해 왔다.

농업의 다원적 기능은 그 가치가 가격으로 표시되지 않으므로 시장에서 거래가 이루어지지 않는다(non trade)는 특징이 있다. 따라서 가격기준에 의한 시장

4) 국제적인 통상협정의 체결은 체약국들의 경제적인 이유보다는 정치·사회적인 이유가 더 중요한 역할을 수행해 온 것이 사실이었다. 2006년 6월에 협상이 개시된 후 우여곡절 끝에 2011년 11월에 타결된 한·미 FTA 협상도 미국 기업과 자본의 유치를 통해서 한국의 정치적 안보를 도모하려는 비경제적인 이유가 더 돋보이는 것이 숨길 수 없는 사실이다.

기구(market mechanism)에 방임하면 농업의 위축과 함께 동반 위축될 수밖에 없다. 농업경제학의 주된 관심 분야가 전통적인 경제이론인 가격에 의한 자원배분의 효율화와 소득분배의 극대화 논리에서 머무르고 있는 한, 농업의 다기능성에 대하여 증가하고 있는 사회적인 관심을 농업경제학의 차별성 강화의 기회로 활용하기 어렵다.

비단 통상협상에서 뿐만 아니라 생산경제학, 환경경제학, 자원경제학 등 농업경제학 분야의 연구와 강의에서 다원적 기능의 경제적 가치를 설득력 높은 방법으로 적극적으로 추정 · 개발하고 다원적 기능의 유지와 실현을 위한 정책설계 등을 주도해야 한다는 것이 농업경제학에 대한 시대적 수요인 것이다.

농업은 산업적 기능과 공익적 기능을 동시적으로 수행하면서 국민경제의 발전과 안정적 운용을 뒷받침하는 산업이다. 그러나 농업경제학이 신고전학파적 이론과 분석방법의 영향으로 가격의 크기로 표시되는 농업의 산업적인 기능만을 중시하는 대신에, 가격의 크기로 환산되지 않는 다원적 기능으로 대표되는 공익적 기능을 소홀히 함으로써 농업경제학의 정체성 위기를 불러왔다고 할 수 있다.

수요가 증가하고 있는 새로운 영역에 대한 연구와 강의보다는 관행적으로 시행되어 왔던 전통적인 영역, 즉 닫힌 국내시장 조건을 전제로 하는 생산과 경영 효율화 실현, 가격과 유통이론 그리고 소득결정과 분배이론 그리고 토지 · 노동 등 생산요소이론 및 이를 배경으로 하는 정책수단 등 모든 농업경제학 관련 강의의 사회적 설득력은 당연히 낮아질 수밖에 없다. 또한 동질적인 기호와 상품, 동일한 요소집약도(factor intensity)와 완전고용과 완전경쟁을 가정한 신고전학파 종합적인 이론 틀에 의한 분석방법만을 추종하는[5] 연구결과로서는 농업 현실에 대한 설명력이나 예측력에 대한 사회적 공감대 형성이 어려워질 수밖에 없다. 이에 따라서 농업경제학의 존재 근거와 위상은 날로 왜소해질 수밖에 없음도 자명하다.

5) "농업경제학에는 스스로의 독자적인 이론보다는 오직 신고전학파적 경제이론을 농업 문제의 설명이나 해결에 응용하는 학문 분야라고 정의한 데서부터 정체성 상실이 비롯된 것이라 말할 수 있다" (최양부, 1999. 5).

3 농업경제학 방법론의 한계

1) 응용과학으로서 농업경제학의 태동과 발전

응용과학으로 출발한 농업경제학

농업경제학은 응용과학으로서의 학문적인 정체성이 있다.

응용 분야의 학문은 과학적인 엄밀성(rigor)과 현실성(realism)을 요구한다. 이론이 강한 논리적인 엄밀성을 가지고 있다고 하더라도 현실성이 없거나, 현실성이 높다고 하더라도 엄밀성 내지 정확성(precision)이 없으면 응용적인 학문으로서는 의미가 없다.

응용학문은 이러한 엄밀성과 현실성의 조화로 유용한 지식을 생산할 수 있어야 한다(김영식, 2003).

경제이론의 논리적 엄밀성은 아직도 타 학문의 모범이 되고 있으나, 응용적인 현실성과 실용성은 실제 실험을 할 수 없다는 경제학 이론의 태생적인 한계 때문에 자연과학 분야에 비해 예측력의 취약성이란 문제를 안고 있다.

경제이론은 가정(postulates)으로부터 연역적으로 유도된 것이다. 가정은 인간 행동의 동기 또한 의도에 관한 것으로 인간의 내적 경험(introspection)에 의한 자명한 것으로 직접적인 검증을 요구받지 않는다. 가정이 참(true)이면 이론도 참이며, 이론의 예측과 현실 간에 괴리가 있으면 자료에 문제가 있다는 것이다. 이러한 연역적 경제이론의 구조는 인과론을 중시하는 사후적 설명방법으로는 적합할 수 있어도 사전적 예측력은 취약할 수밖에 없다. 이런 점에서 인과적 설명력은 취약하지만 높은 예측력을 가지고 있는 자연과학 분야의 귀납적 이론과 차이가 있는 것이다. 이 때문에 일반경제학 분야는 1930년대 초반까지만 하더라도 논리적 이론구조에 머물러 있었고, 문제해결을 위한 응용연구(research)의 개념은 거의 없었다고 지적되고 있다(K. A. Fox, 1989).

현실 문제의 해결을 위하여 1900년대 초반에 농업경제학이 두 부류의 학자들에 의해서 태동되었다. 한 부류는 1920년에 조직된 미국농장경영학회(American Farm Management Association)의 농학자들이었고, 다른 한 부류는 1916년에 조직된 농업경제학회(National Association of Agricultural Economics) 중심의 응용경제학자들이었다. 이 두 학회는 1919년에 미국농장경제학회(American Farm Economics Association)로 통합되었고, 정부(농업경제국)의 자료기반의 확충 등 적극적인 기여에 힘입어서 농업경제학은 응용과학으로서의 독립적 학문의 영역으로 빠르게 발전할 수 있었다.

당시 자료기반이 극히 취약한 상태에서 이론적 발전에만 머무르고 있었던 경제학, 통계학 분야의 학자들이 응용연구 분야인 농업경제학에 많은 관심을 보였으며 농업경제학자들은 응용계량경제학 분야의 선두적 역할을 수행하였다.

이론모형과 현실 설명력의 벌어지고 있는 괴리

이미 1920년대부터 농업경제학은 자료에 의존하는 기존의 농업경영학 성격에서 경제이론이 가미된 생산경제학으로 발전되고 있었다. 헤디(Heady)는 농업경제학은 현실 문제로부터 출발하여 경제이론에 기초한 응용모형을 유도하고 필요한 경험적 자료를 이용하여 문제해결을 위한 분석을 하는 응용경제학이라 정의하고 있다(E. O. Heady, 1949). 헤디에 의한 생산경제학 연구는 응용연구자들에 의해서 다양한 함수 형태로 발전되었다. 특히, 초월대수함수와 일반화된 선형함수가 일반경제학 분야에서도 많이 응용되기 시작하였다.

갤브레이드(J. K. Galbraith, 1993)는 1930년대 초기의 농업경제학자들만큼 현실문제의 해결에 강력한 영향력을 미치고 있었던 경제학자들을 그 이후에는 볼 수 없었다고 지적하고 있다. 레온티에프(Wassily W. Leontief, 1971)는 일반경제학은 현실성과 실용성의 문제로 학문적 인기가 떨어지고 있지만, 농업경제학은 이론과 경험적 분석이 균형을 이루고 있으며, 농업경제학자들은 수리적 또는 통계적 방법을 경험적 연구의 대용으로서가 아니라 문제해결을 위한 보완적 수단으로 활용하고 있다는 점을 강조하고 있다.

추상적인 논리적 이론구조에 머물러 있던 일반경제학 분야에서는 1940년대 후반에 이론적 모형을 현실 자료로부터 검증하고 예측하는 계량경제학 방법이 개발되었고(Cowles 연구소), 1950년대 초반에는 프리드먼(M. Friedman, 1953)의 실증경제학의 방법론, 즉 이론은 그 가정의 경험적 검증은 필요 없고 오로지 그 예측력에 의해서만 평가되어야 한다는 도구주의적인 방법론이 발표되었다.

이러한 실증경제학의 방법론은 점점 교과서적인 방법론으로 자리를 잡으면서 1960년대 후반에는 주류적인 방법이 되었고, 1970년대를 거치면서 일반경제학의 응용 분야와 농업경제학의 차이가 점점 없어지기 시작하였다.

1980년대 이후에는 농업경제학도 복잡한 수리적 모형과 통계적 기법을 선호하는 경향으로 바뀌면서 이론적 모형을 높게 평가하는 대신에 경험적 분석을 낮게 평가하는 것으로 지적받고 있으며(J. P. Houck, 1992), 연구자와 연구결과의 사용자 간에 괴리가 발생하고, 이에 따라 현실성이 제한되어 소위 상아탑적인 지식으로 인식되고 있다는 평가를 받게 된다.

농업경제학의 주류적 연구방법이 일반경제학 분야와 큰 차이가 없이 좁혀졌으며, 현실 설명력이 약해졌다는 점에서 농업경제학의 방법론적인 성격은 독자성을 잃고 있고 정체성마저 위축되고 있다는 것이 농업경제학이 당면하고 있는 현안 과제인 것이다.

2) 농업경제학 방법론의 갈등

실용성의 한계에 직면하고 있는 이론모형 연구

경제학의 인기가 하락하고 있는 것은 어느 한 분야의 문제에 대해서도 신빙성 있는 해결책을 내놓지 못하고 있다는 실용성의 문제, 즉 문제해결을 위한 방법론의 부적절성에 그 원인이 있으며, 응용경제학자들은 이론적인 모형으로 논문을 쓰기 위한 연구를 하지 말고 자료의 정확성을 중시하고 반복적인 연구를 통하여 예측력을 높일 수 있는 연구를 하라는 권유를 받고 있다(Wassily W. Leontief, 1993). 또한 문제해결을 위한 응용연구로 특화되어 태동한 농업경제학은 이론적 또는 테크닉 위주로 변하지 말고, 대상 문제의 범위를 넓히고 깊이 있는 사고 위에서 사회적 공감을 얻을 수 있는 규범적 연구를 강화하라는 주문을 받고 있다(J. K. Galbraith, 1993).

농업경제학 초기의 방법론은 자료와 통계적 방법에 의존하는 기술적이고 귀납적이며 가치가 부하된 처방적인 방법이었다. 즉, 어느 한 방법에 의존하지 않고 다양한 방법의 장점을 취하여 조정 · 융화시키는 절충적인 방법을 선택함으로써 학문적 엄밀성보다는 문제해결을 위한 실용성에 더욱 중점을 두어 왔다(김영식, 2003). 실용적 응용연구를 위해서는 문제에 대한 예측과 요인분석이 필요하다. 이에 따라 회귀분석, 상관분석 등 통계적 방법이 처음부터 중요한 방법론으로 도입되었으며, 확률이론에 의한 통계적 추리와 응용적 회귀모형의 발전으로 농업경제학은 계량경제학의 발전을 선도해 올 수 있었다.

대부분의 계량경제학 교과서에서 설명하고 있는 하벨모(T. Haavelmo)의 방법을 이용하여 응용연구의 주류적인 방법을 검토해 보자.

이 방법은 경제이론, 확률이론 그리고 가설을 검증하는 통계적 방법을 종합한 것으로, ① 경제이론적 모형을 먼저 설명하고, ② 이론적 모형으로부터 이론과 자료의 불완전성을 고려한 확률모형을 설명하며, ③ 이론적 가설을 검정하기 위한 Neymom-Person 검증이론을 이용, ④ 추정치와 예측치의 확률적 추리를 위한 확률이론을 이용하는 방법이다.

이 방법에서 자료는 이론적 가설을 검증하는데 이용될 뿐, 자료로부터 가설을 탐색하는 자료 탐색(data mining) 또는 모형설정 탐색(specification search)은 허용하지 않고 있다. 즉, 이론의 확증(verification)은 가능하지 않고, 불완전 상태의 이론을 반증을 통해서 점진적으로 개선해 가는 것이 최선의 방법이란 입장으로 자료보다는 이론적 모형을 중요시 하는 방법인 것이다.

그러나 20세기 초반에는 학문적 엄밀성을 중시하는 논리적 이론구조보다 현실성, 즉 자료를 중시하며 자료로부터 상관과 회귀분석을 통하여 문제해결을 위한 지식을 생산해 내는 귀납적 방법이 세(勢)를 얻게 되었으며, 이론적 모형을 중시하는 입장과 자료를 중시하는 경험주의 입장을 가진 학자들 사이에 방법론적 논쟁도 있었다.

이 과정에서 이론 없는 측정도 문제이지만 자료에 대한 이해도 없이 이론을 자료에 적용만 하는 것도 문제라는 인식이 확산되어 자료분석과 모형 탐색이 표준 교과서의 중요한 내용으로 자리잡게 되었다.

실용성과 과학적 엄밀성을 갖춘 방법론의 확립

농업경제학에서도 이론과 자료의 상대적 중요성에 대한 방법론적 입장 차이가 태동 초기 단계부터 있어 왔다.

농업 경영 문제에 중점을 두고 있는 농학자 그룹은 이론은 위험한 선입관을 가져올 수 있고, 자료를 중시하는 경험주의적인 방법이 더욱 실용적이라는 입장이었다. 이에 대해서 생산경제학을 발전시킨 그룹은 이론 없이 자료에 의존하는 방법은 불완전하고 허위일 수 있다는 입장이었다(H. R. Jensen, 1977). 그러나 이론을 중시하는 방법론은 새로운 이론적 기법의 적용 문제에만 관심을 집중시킨 나머지 실용적인 문제해결 능력 내지 현실성은 점점 떨어지는데 반해서, 이론 없는 자료 위주의 경험적 방법은 유용한 개념과 이론을 개발 · 축적하는 데 실패하고 있으므로, 이론을 중시하는 연역적 방법과 자료를 중시하는 귀납적 방법이 균형을 이루도록 하는 것이 더욱 생산적이라는 평가이다(G. L. Jonson, 1971).

자료에 의한 경험적 뒷받침이 수반되지 않는 상태에서 이론적 모형과 통계적 기법만 쌓이고 있는 일반경제학 분야에서는 경험적 연구를 경시하고 실용적으로는 보잘 것 없더라도 새롭고 복잡한 모형이나 통계적 기법만 높게 평가하고 있기 때문에, 경제학자들의 예측에 대한 신뢰성과 학문적 인기가 최근 들어 점차 떨어지고 있는 것이 사실이다.

이론 없는 응용연구의 문제도 수없이 지적되고 있다. 문제해결을 위한 깊이 있는 이론적 사고도 없이 다양한 메뉴와 추정방법으로 추정을 하고 논문의 정해진 의도와 통계적 적합도를 고려하여 그 중 하나를 선택하는 예측력을 중요시 하는 도구주의적인 방법론은, 이론적 모형의 가정에 대한 현실성을 문제시 하지 않는다는 것이다.

농업 문제를 분석하고 예측하는 데 사용되는 확실한 메뉴식 응용모형은 없다. 단지 현대적 계량경제학적인 방법에 의한 메뉴식 모형으로 자료의 질이나 문

경제이론과 농업 이해

2. 수요와 공급, 그리고 가격결정

어떤 재화의 가격이 내리면 수요량은 증가하고 가격이 오르면 수요량은 감소한다. 이 때문에 수요곡선은 음(-)의 기울기를 가진다. 수요는 해당 재화의 가격이 변함에 따라서 변화되지만, 대체재(subsititute goods)나 보완재(complementary goods)의 가격변화에 의해서도 영향을 받아서 변하게 된다. 휘발유 값이 오르면 자동차 수요량이 감소하는 것이 좋은 예이다. 이 밖에도 소비자의 소득, 기호, 그리고 소비자의 수(인구) 등의 변화에 따라서 수요량은 변하게 된다. 이와는 반대로 어떤 재화의 가격이 내리면 공급량은 감소하고 가격이 오르면 공급량은 증가한다. 이 때문에 공급곡선은 양(+)의 기울기를 가진다. 공급은 해당 재화의 가격변화뿐만 아니라 여타 재화의 가격, 생산요소의 가격, 기술수준, 정부의 조세나 보조 정책 등의 변화에 영향을 받아서 변하게 된다.

그림① 수요 · 공급에 의한 균형가격과 수량의 결정

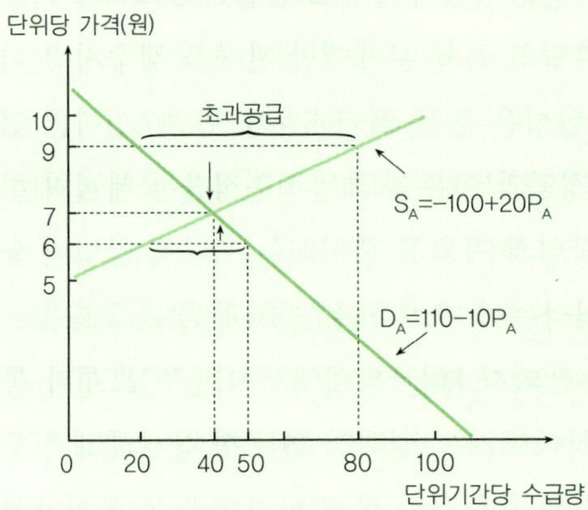

일정 시점에서 어떤 재화(A)의 수요와 공급함수가 다음과 같이 선형의 모습을 가지고 있다고 하자.

$$D_A = 110 - 10P_A$$
$$S_A = -100 + 20P_A$$

시장가격이 A재화 한 단위당 7원보다 크면 공급량이 수요량을 초과하는 초과공급(excess supply)이 발생하므로 가격은 내리게 된다. 반대로 시장가격이 7원보다 낮으면 수요량이 공급량을 초과하는 초과수요(excess demand)가 발생하여 가격은 오르게 된다. 오직 가격이 7원인 경우에만 모든 소비자가 원하는 수요량과 모든 생산자가 의도하는 공급량이 일치하게 되므로 시장가격은 더 변하지 않고 균형 상태(equilibrium state)에 이르게 된다.

이때의 균형가격은 7원이고 균형 수급량은 40단위이다. 소비자 지불액은 (지불가격×구입량)으로 계산되며(280원) 이는 생산자의 판매수입과 일치하게 된다.

경제학자들은 균형 개념을 매우 중시한다. 경제 현실은 일시적으로는 불균형 현상을 보일 수 있으나 궁극적으로는 시장기구(market mechanism)라고 불리우는 "보이지 않는 손(invisible hand)"에 의해서 균형 상태로 되돌아가고 만다는 것이다(그림①).

농산물의 수요는 연중 비교적 일정하지만 농산물의 공급은 생산의 계절성(季節性) 때문에 수확기에만 생산된다. 쌀은 연중 일정량씩 소비되지만 추수 때에만 생산된다. 그러므로 생산이 집중되는 수확기에는 공급이 늘어나서(초과공급 상태) 가격이 하락하게 되는 현상이 발생한다.

그림② 농산물 공급량 증가가 농가소득에 미치는 영향

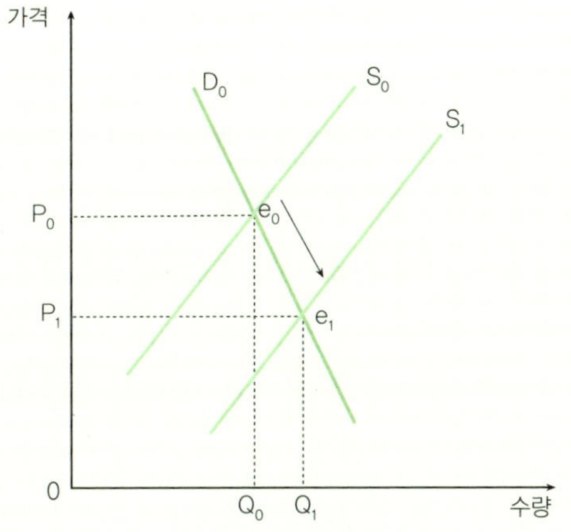

그림②에서 보는 바와 같이 수요는 일정한데, 공급이 증가하게 되면($S_0 \rightarrow S_1$) 새로운 균형점(e_1)에서 형성되는 농산물 가격은 떨어지게 되고($P_0 \rightarrow P_1$), 증산($Q_0 \rightarrow Q_1$)에도 불구하고 농가소득은 줄어질 수도 있다.

(□$0P_0e_0Q_0 \rightarrow$ □$0P_1e_1Q_1$)이를 풍년기근현상이라고 한다.

이 때문에 정부의 시장개입 정책이 일어나게 된다. 농산물 시장개방으로 농산물 공급량이 Q_0Q_1 만큼 증가하게 되면 개방 이전보다 농가소득은 감소하게 된다.

제해결을 위한 깊이 있는 이론적 사고도 없이 이 문제, 저 문제로 옮겨가면서 논문만 생산해 내는 연구방법으로는 실용적인 현실성과 과학적 엄밀성을 동시에 높여 나가야 하는 농업경제학의 방법론적 정체성을 훼손시켜서 농업경제학의 위상을 왜소화(矮小化)시키고 있는 것이다.

오늘날의 농업경제학에 대한 인기 하락을 유발하고 있는 요인 중의 하나는, 지나치게 복잡하고 현학적(衒學的)인 상아탑적인 지식에도 불구하고 현실 문제에 대한 설명력이나 예측력이 떨어지고 있는 연구방법론에 있음을 누구도 부인할 수가 없다.

농산물은 일반상품과는 전혀 다른 특성을 지닌 재화이다. 그러므로 이론모형의 성립요건인 가정 자체가 비현실적일 경우가 많다. 문제의 성격에 대한 깊은 사고와 통찰력을 통하여 가정을 구체적으로 확장·조정하여 응용모형을 구성하고, 인접 기술학문(농학 등)과의 협조 속에 신뢰성 높은 자료기반을 구축하는 등 일반경제학 분야와 차별화된 연구방법을 확립함으로써, 실용성과 과학적 엄밀성을 높일 수 있는 방법론의 확립으로 응용과학으로서의 정체성을 세워나갈 수 있어야 농업경제학의 학문적 정체성을 뚜렷이 할 수 있을 것이다.

Chapter 3

농업경제학 입문

1. 경제학의 기본 개념
2. 식품산업의 주요 영역
3. 농업경제학 연구영역의 변화
4. 왜 농업경제학인가?

농업경제학 입문

1 경제학의 기본 개념

경제학은 의사결정에 관한 학문이다. 경제학은 다양한 조건과 환경변화 속에서 경제주체들이 어떠한 결정을 해야 하는가, 그리고 주어진 입장에서 내린 선택적인 의사결정은 어떤 의미를 가지고 있으며 어떻게 평가할 수 있는가 하는 문제를 다룬다. 의사결정은 일상생활에서 줄곧 행해지는 일이기 때문에 경제학은 우리가 행하는 모든 일상적인 행동에서 우리와 함께 해야 하는 생활과학이라고 말할 수 있다.

경제학도들이 합리적인 의사결정에 접근하기 위해서 반드시 이해해야 할 경제학의 기본 개념은 다음의 여섯 가지이다.

1) 수요와 공급

수요와 공급은 경제의 중추신경 조직과 같다. 수요와 공급은 시장가격을 결정하는 핵심적 역할을 한다.

해마다 입시철이 되면 수험생들은 대학과 전공 분야를 선택하게 된다. 수험생들의 예상 성적을 주어진 조건으로 할 때, 대학과 전공선택을 위한 의사결정은 대학졸업 이후의 해당 분야에서 얻을 수 있는 잠재적 기대수입과 크게 관련되어 있다.

대학졸업자의 잠재적 수입은 해당 분야 전공자에 대한 사회적 수요의 크기와 취업희망자의 크기, 즉 전공 분야 졸업자에 대한 수요와 공급에 의해서 결정된다. 인기학과란 해당 분야의 현재와 장래에 있어서의 사회적인 수요와 공급의 크기에 의해서 결정된다고 할 수 있다.

2) 기회비용

경제학의 두 번째 기초 개념은 자원의 희소성으로 인한 기회비용(opportunity cost)이다. 어떤 경제적 자원(resource)이 일정한 경제활동을 위해서 사용되면 다른 대체적 용도로는 사용될 수가 없다. 어떤 일을 행하면 다른 일은 포기해야 한다. 그러므로 어떤 일의 가치는 포기된 다른 가치를 얻기 위한 비용과 같다.

일반적으로 말해서 X라는 재화를 한 단위 생산하는데 소요되는 기회비용은 X재를 생산하기 위하여 희소한 자원을 투입하였기 때문에 생산이 포기될 수밖에 없었던 다른 재화 Y의 생산량이라고 정의할 수 있다.

기회비용은 현시적 비용(explicit cost)과 암묵적 비용(implicit cost)을 모두 포함한다. 현시적 비용은 노동자에게 지급된 비용과 원재료 구입비 등과 같이 비용으로 쉽게 추정할 수 있는 것이다. 그러나 암묵적 비용은 자기 소유의 자원이 다른 어떤 최선의 용도에서 받을 수 있는 금액이다. 예컨대, 북한이 2013년 초에 발사에 성공한 위성 개발비용은 북한이 자세한 정보를 공개하지 않으므로 현시적 비용은 알 수가 없다. 그러나 보도에 의하면 북한 주민의 2년분에 해당하는 식량부족량을 구입할 수 있는 정도의 비용이 소요되었다고 한다. 그러므로 북한 위성발사의 암묵적인 기회비용은 북한 주민의 2년치 부족식량 수입비용이라고 말할 수 있다.

3) 수확체감

경제학의 세 번째 기초 개념은 수확체감(diminishing returns)이다. 다른 모든 조건이 동일할 경우, 어떤 일을 계속 증가해 가면 증가하는 만큼 추가적으로 얻게 되는 이익은 감소하게 된다는 것이다. 이를 생산에 적용해서 해석하면, 일정한 고정요소(예컨대, 토지)를 가지고 생산할 때, 가변요소(예컨대, 비료)의 투입량을 계속해서 증대시키면 총산출량은 체감하는 율로서 증가하게 된다는 것이다.

즉, 가변요소의 투입량이 일정 수준을 넘어서고부터는 가변요소의 추가 투입에 의한 한계산출물은 감소하게 된다는 것이다. 이를 수확체감의 법칙(law of diminishing returns) 또는 한계산출량체감의 법칙(law of diminishing marginal physical product)이라고 한다. 수확체감 현상은 우리가 행하는 모든 경제적 활동에서 발생한다. 식사, 수면, 운동 등 모든 활동의 효과는 궁극적으로 체감하는 율로서 발생하게 된다.

4) 한계성(marginality) 개념

경제학에서는 한계 개념의 도입을 한계혁명(marginal revolution)이라고 부를 정도로 중요하게 생각하고 있다.

1870년도 초에 제본스(W. S. Jevons), 맹거(C. Menger), 왈라스(L. Walas) 등이 거의 동시에 고전학파의 노동가치설을 부정하고 한계효용이론을 제시함으로써 고전학파 경제학과 뚜렷이 구별되는 근대경제학이 출발되었기 때문이다. 노동만을 가치의 유일한 원천이라고 생각하는 고전학파의 노동가치설은 교환 가치와 사용 가치 간의 모순을 해결할 수 없었다. 즉, 다이아몬드의 사용 가치는 아주 작으나 교환 가치는 매우 큰 것을 노동가치학설로는 설명할 수 없었다(Adam Smith's Paradox). 그러나 한계효용이론에 의하면 어떤 재화의 가치는 총효용에 의해서 결정되는 것이 아니라 한계효용에 의해서 결정된다. 그러므로 물의 경우에는 공급량이 거의 무한대로 크기 때문에 물을 한 단위 더 소비하는 데서 얻는 한계효용은 매우 작고 따라서 물의 가치는 매우 싸다는 것이다.

경제학에서 많이 이용하는 각종의 한계 개념, 예컨대 한계효용, 한계비용, 한계생산성 등은 총효용, 총비용, 총생산성이 소비, 산출량 및 생산요소의 투입량을 각각 한 단위씩 추가로 더 증가시킬 때, 각각 얼마나 더 늘어나는가를 보이는 것이다. 여기에서 접두어 '한계'라는 말은 추가적(additional)이라는 뜻이다.

이는 곧 경제적 변수들이 조금씩 서서히 변화하는 것을 전제로 하며, 도약이 없음을 가정하는 것이고 수학적으로 표현하면 경제적인 함수가 연속적이고 미분이 가능함을 가정하는 것이다.

5) 비용과 보수

대부분의 경제학은 비용(costs)과 보수(returns) 간의 상관관계(trade off) 문제를 다룬다. 자원의 희소성에 입각하여 경제학에서 뜻하는 비용은 기회비용이다. 기회비용은 현시적 비용과 암묵적 비용을 모두 포함하는데, 기업 회계에서 의미하는 비용(accounting cost)은 현시적 비용만을 포함하는 것이 보통으로 경제적 비용과는 차이가 있다.

비용을 개별 기업이나 개인의 입장에서 볼 때는 사적 비용(private cost), 그리고 사회 전체적인 입장에서 볼 때에는 사회적 비용(social cost)으로 구분할 수 있다.

경제학에서 보수는 여러 가지 용어로 쓰여지고 있다. 기업이론(the theory of firm)에서는 수익(revenue)이라 쓰이고 있고, 소비자이론(the theory of consumer)에서는 효용(utility)이라고 쓰이고 있으며, 투자분석(investment analysis)에서는 보수(returns), 그리고 자원 · 환경경제학(resource and environment economics)에서는 이익(benefits)이란 용어로 쓰이고 있다.

보수의 크기를 계측하기 위해서는 보수 발생시점, 발생기간, 그리고 보수의 가치 등에 관한 가정이 전제되어야 한다. 중요한 점은 우리는 순간순간마다 비용과 보수를 비교하면서 양자택일적인 의사결정을 하고 있다는 점이다. 이것이 인간생활에서 경제학이 중요한 이유이다.

6) 외부효과

경제학자는 경제적 활동을 상거래의 조건으로 인식한다. 전형적인 상거래에는 판매자와 구매자가 존재한다. 판매자와 구매자가 행하는 상거래로 개인 또는 개별 기업에게는 사적인 비용과 편익이 발생하게 된다. 그러나 이 상거래로 판매자와 구매자가 속한 사회에도 사회적 비용과 사회적 편익이 발행하게 된다.

예컨대, 어떤 기업이 생산과정에서 하천을 오염시켰을 경우, 개별 기업의 입장에서는 오염된 하천은 비용이 안 될지 모르지만 사회 전체의 입장에서는 사회적 비용이 발생하게 되는 것이다. 일반적으로 외부효과(externality)는 어떤 개인, 기업 또는 집단의 행위가 그 사회 내의 다른 개인이나 기업 또는 집단을 이롭게 하거나 또는 해롭게 할 때 발생하는 것이다. 외부효과가 존재할 때, 사적인 비용이 사회적인 비용보다 클 경우에는 외부경제(external economies)를 창출한다고 하고, 반대의 경우에는 외부 비경제(external diseconomies)를 창출한다고 말한다.

경제학에서 이용하는 단기 비용, 장기 비용, 평균 비용, 한계비용, 가변비용, 고정비용 등 비용분석은 외부효과가 존재하지 않아서 사적인 비용이 사회적 비용과 동일하다는 전제 하에서 이루어진다.

2 식품산업의 주요 영역

1) 농업의 영역 확장

동식물을 키우는 농업의 생산영역(farming)은 소비자의 수요가 변함에 따라서 점차 식품산업 영역으로 확장되고 있다.

농장에서 생산된 농산물을 원물(元物) 그대로 소비하는 경우보다 그리고 농장에서 직접 구입해서 소비하는 경우보다, 가공품 형태로 또는 일정한 유통 단계를 거쳐서 소비하는 경우가 일반적이기 때문이다. 따라서 농업도 그 생산영역이 확장되고 있다.

식품산업은 원료인 농산물을 생산하고 가공해서 소비자에게 배분하는 복합산업으로서 오늘날 세계에서 가장 큰 산업의 하나이다.

미국의 경우에도 원료 생산자인 농부는 전체 인구의 2%에 불과하지만 식품산업 전체에서 고용하고 있는 근로자 수는 전체 취업자의 23%를 차지하고 있다. 식품산업에는 네 가지 중요한 영역이 포함된다. 즉, 농장 서비스 영역(farm service), 농산물 생산영역(producers), 농산물 가공영역(processor), 식품 유통영역(marketers) 등

그림 3-1 식품산업의 구성주체

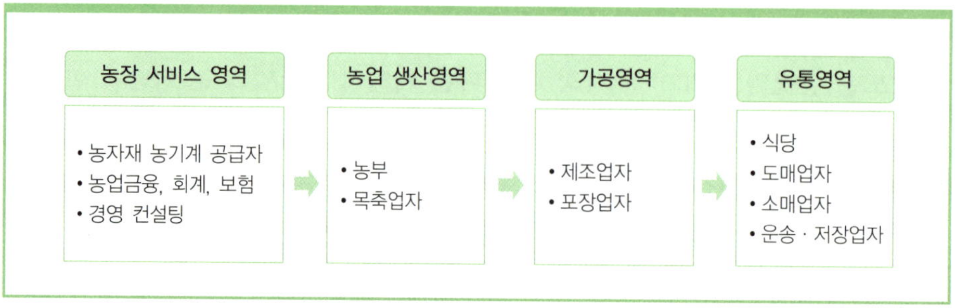

이 그것이다.[1)]

농장 서비스 영역

농장 서비스 영역(farm service sector)은 사료, 비료, 연료, 농약 등 자재와 농기계 · 기구 등 장비 및 농용시설 등을 농업 생산자인 농장에 공급하는 생산요소산업(input industry)에 속하는 영역이 포함된다. 이러한 재화(goods)의 공급 기능 외에도 금융, 회계, 보험, 법률 서비스, 경영 컨설팅 등 제반 용역(services) 공급 기능도 농장 서비스 영역에 포함된다.

농산물 생산영역

농산물 생산영역(producing)에서는 식품과 섬유의 생산과 관련된 생물학적인 생산과정에 종사하는 모든 개인과 기업활동(farming)이 포함된다. 농부, 목축업자, 임업 경영자, 양식장(종묘, 어류) 경영자 등이 이에 속한다.

생산영역 주체(농산물 생산자, farmer)는 원료 농산물을 생산하는 과정에서 농장 서비스 영역으로부터 재화와 용역을 구매하여 생산한 제품을 가공영역으로 판매한다.

1) 식품산업(food industry)이란 음식물, 섬유 및 기타 농산물을 생산하고 가공하며 배분하는 일에 종사하는 모든 기업으로 구성된다(H. E. Drummond and J. W. Goodwin, 2004, p. 1).

과거의 농업경제학은 주로 농산물 생산영역, 즉 농사짓기에 연구와 분석의 초점을 맞추어 왔다. 즉, 농가구조(경영규모, 농지소유와 이용, 농장노동력 등)와 농업 생산성, 농가소득, 생산요소 결합구조와 기술개발 등이 농업경제학의 중요한 분석대상이었다.

경제가 발전하고 식품소비 추세가 달라지면서 농사짓기 전후방산업(농자재산업, 서비스산업과 가공 · 유통산업)의 중요성이 커지게 되었다. 이에 따라 농업경제학의 학문영역도 보다 넓어지게 된 것이다.

농산물 가공영역

농산물 가공영역(processing)은 원료 농산물을 소비자가 원하는 상품으로 전환시키면서 새로운 가치를 창출하는 분야이다. 가공업체는 식품 형태를 바꿈으로써 가공과정에서 가치를 창출한다.

가공영역은 두 가지 형태로 크게 구분할 수 있다. 하나는 농산물가공업체(예컨대, 밀을 밀가루로 가공하는 제분업체)이고 나머지는 식품제조업체(예컨대, 밀가루로 빵을 생산하는 제빵업체)이다. 가공업체 중에서는 이 두 가지 가공활동을 동시에 수행하고 있는 것도 흔히 볼 수 있다. 예컨대, 미국의 식품기업 콘아그라 푸즈(Conagra Foods)사는 대두를 가공해서 대두유를 생산하면서 동시에 대두유로서 마가린(margarine)을 Blue Bonnet 과 Parkay 브랜드 제품으로 생산하고 있다.

최근 들어서 관심이 집중되고 있는 미국의 농산물 가공영역의 문제는 87%의 조식용 곡물 가공품(breakfast cereal) 시장이 4대 기업 제품이고, 85%의 쇠고기가 4개 육류포장업체(meat packing business)에 의해서 생산되고 있는 등 식품산업의 기업집중 현상이다.

식품제조업체의 기업집중 현상은 좋지 않은 현상인가?

소수의 대규모 기업으로의 집중현상은 규모화에 의한 경영비용 절감으로 소비자에게 유리할 수 있다는 주장도 있지만, 비정상적인 거대기업의 시장지배력으로 원료 농산품 구매협상 과정에서 거래교섭력이 취약한 소규모의 농가를 착취할 수도 있다는 주장도 있다. 그러나 식품가공 분야는 국제화의 선두자리에 위치하면서 사업 집중화를 가속화시키고 있는 것이 사실이다.

세계 3대 식품가공회사는 코카콜라(Coca-cola), 유니레버(Unilever), 네슬레(Nestle) 등이다. 개방화 · 세계화 추세가 진전되면서 식품소비 경향도 급속히 세계화되고 있다. 많은 식품가공업체 등이 세계화 추세를 타고 대규모화되면서 세계시장으로 제품시장을 확장하고 있는 추세인 것이다.

농식품 유통영역

유통영역(marketing) 주체는 최종식품 소비자와 가공주체를 연결시켜 주는 역할을 수행한다. 식품유통 지출의 대략 절반은 가정소비로 이루어진다. 가정에서 소비되는 식품은 주로 식품소매상에서 구입되고 식품소매상의 식품은 가공업체로부터 식품을 대량으로 구입한 도매상으로부터 구입된다. 도매와 소매 기능은 하나의 기업으로 기능이 결합되기도 한다. 특히, 식품공급 시스템은 생산에서부터 유통에 이르기까지의 서로 다른 사업영역이 한 개의 경영체제로 결합되는 수직통합(vertical integration)체제로 이행되기도 한다. 예컨대, (주)하림은 농장 서비스 분야에 참여하여 사료와 병아리를 생산하여 이를 계약 양계농가에게 공급하여 닭을 생산한 뒤, 생산된 닭을 수매하여 도계 · 가공브랜드 상품으로 유통시키고 있는 한국의 대표적인 수직통합 경영체제인 것이다.

식품유통 지출의 나머지 절반은 가정 밖의 소비, 즉 외식(外食)에서 이루어진다. 식당과 학교, 군대 등 단체급식업체들은 음식 서비스 제공주체로부터(food service distributors) 대부분의 원료식품을 공급받고 있다. 그러나 맥도날드와 같은 대규모 식당은 자체의 원료공급 조직을 통하여 원료식품을 수직통합적으로 공급받기도 한다.

2) 식품안전 관리

박근혜 새 정부에서는 대형화되는 추세인 식품사고에 대한 선제적 대응 차원에서 먹거리 안전관리를 일원화하기 위하여 보건사회부 소속의 식약청을 국무총리 소속의 신설 식품의약품안전처로 이관하는 정부 조직 개편방안을 단행하였다.

정부의 식품행정은 산업진흥 차원에서 행하는 소위 조장(助長)행정과 식품안전 관리 차원에서 행하는 규제(規制)행정으로 나눌 수 있다. 원론적으로 말하면, 조장과 규제행정을 동일 부처에서 행하는 것은 불공정성의 문제 발생 소지가 높고 안전성 관리에 도덕적 해이(moral hazard) 발생 소지가 높을 수 있다. 그러나 업무의 효율성 강화를 우선시하여 생산담당 부처에서 산업진흥과 안전 업무를 동시에 관장하도록 하는 것이 국제적인 정책관행이 되고 있다.

많은 선진국들은 농장에서 식탁까지(from farm to table)의 식품안전을 농업·식품부서가 일괄관리하면서 식품안전성 평가 기능만 별도로 분리·운영하고 있다. 독일은 연방소비자보호식품농업부 내에 속한 소비자식품보호청에서 식품안전 관리 업무를 맡고 있으며, 안전성 평가 기능은 위해성 평가연구소로 독립·운영시키고 있다. 덴마크는 식품농수산부 수의식품청에서 안전관리 업무를 맡되 국립식품연구원에서 평가 업무를 수행하고 있다. 캐나다는 농업식품부 내의 식품검사청에서 안전관리 업무를 일원화하면서 안전성 평가기준은 보건부에서 평가하도록 하고 있다. 미국에서는 모든 식품의 안전성 관리는 식약청(FDA)에서 관리하되 축산물은 농무부(USDA-FSIS)에서 특별관리하도록 하고 있다.

우리나라에서는 정부수립 이후(특히, 축산물) 위생안전 업무는 농림부에서 계속 담당해 오다가 1985년 식품위생 업무 일원화 명분으로 당시 보건사회부로 위생 업무가 이관되었다. 그러나 소비자 단체 등의 거센 요구에 따라 1998년 7월부터 농림부가 축산물 안전관리 업무를 다시 이관받아서 현재에 이르고 있으나, 18대 대통령직인수위원회의 정부 조직 개편방안에 의해서 식품위생과 안전관리 업무가 다시 신설되는 식품의약품안전처로 이관되도록 되었다.

식품안전성 관리의 일원화는 표면적으로는 식품안전 업무의 엄격화와 효율화를 도모할 수 있을 것으로 기대되지만, 내부적으로는 생산과 유통 과정에 대한 이원화된 관리로 인한 비효율성이 크고, 특히 축산물의 안전관리에 있어서 사각지대가 발생할 수 있는 우려가 높다.

생산 단계를 관리하는 농식품부를 배제하고 안전관리를 독립시킬 경우, 농장의 질병관리와 도축장, 가공장 등의 질병 감사와 위생검사가 이원화되어 행정 비용이 추가적으로 발생하게 되어 기업의 비용부담이 커지게 된다. 또한 축산물 생산 이후의 사후 안전관리에 치중함으로써 사육 단계에서부터의 일관된 안전성 확보를 위한 사전예방적 안전관리가 소홀해질 우려도 크다. 그러므로 국제기구(FAO/WHO)에서도 사후 안전관리의 한계를 인식하고 생산 단계부터 사전예방적 위생관리의 중요성을 강조하고 있는 것이다.

식품 안전성 확보는 국민행복시대를 열어가는 기초적인 조건임은 분명하다. 그러므로 정책개선은 필요하다. 그러나 축산물은 농장에서 가공 · 유통 단계를 거쳐서 식탁까지 현행의 생산담당부처가 산업진흥과 안전 업무를 일괄관리하도록 하는 것이 바람직하다.

3 농업경제학 연구영역의 변화

1) 선진국의 농업경제학 교육 및 연구 동향

산업으로서 농업 분야가 국민경제에서 차지하는 비중이 지속적으로 축소되는 추세는 전 세계적인 현상이다. 농업 부문의 상대적 위축으로 상징되는 산업화 · 개방화 등 경제적 환경의 변화에 따라 농업의 범위와 역할에 대한 학계 및 관련주체들의 인식이 크게 변화되고 있고, 농업경제학에 대한 사회적 수요가 현저하게 줄어들면서 농업경제학 교육계 내부에서도 큰 변화가 일어나고 있다.

농업경제학은 농업을 대상으로 하는 응용경제학 분야로 태동되었다.

응용과학으로서 농업경제학이 대상 분야인 농업 부문의 지속적인 위축과 관련하여 경제사회에 제공해 왔던 기능과 역할의 축소와 단절에 대하여 능동적으로 대응하지 못할 경우, 학문으로서의 존재가치는 그만큼 축소될 수밖에 없다. 즉, 농업경제학과에 재학 중인 학부, 대학원 학생 및 농업경제학자들 사이에서 농업 발전을 위한 정책연구와 지식경쟁력을 가진 유능한 인력양성 등의 분야가 위축되고 있기 때문에, 불안한 장래에 대한 위기의식이 커지고 있다는 것이다.

농업경제학과 관련된 교육과 연구주제 및 내용상의 발전방향 모색을 위한 국내 연구는 과거로부터 꾸준한 논의가 이어져 왔으며,[2)] 2002년에는 농업경제학회의 특별위원회에 의한 공동 연구결과가 발표되기도 하였다. 이러한 논의들은 미국, 독일, 일본 등 선진국 농업경제학계의 대응사례를 벤치마킹함으로써 한국 농업경제학의 발전방향을 모색하고 있는 것으로 요약할 수 있다.

이 절에서는 2002년 발표된 논문(『농업경제연구』 43권 특별호)을 중심으로 농업경제학의 영역 확대에 초점을 맞추어서 선진국의 변화 동향을 요약하기로 한다.

미국의 농업경제학과의 변화

미국 농업경제학 관련 학과의 강의과목 변화는 학과 명칭의 변경으로 이어지고 있다. 1995년 이후 학과 명칭 변경 대학 수는 최근 7년 사이에 무려 33개에 달하였고, 주로 농업 및 응용경제학(Agricultural & Applied Economics), 농관련산업(Agribusiness Economics), 환경과 자원(Environmental & Natural Resource Economics) 등의 분야를 포함하고 있다. 이러한 변화는 농업경제학 관련 학과가 생존하기 위해서는 입학생 수로 표시되는 시장수요를 충족시키는 상품(교육내용과 관련된 설강과목)을 계속해서 제공하기 위해서 비농업 분야에 대한 설강과목의 증가와 함께 학과 명칭을 새로 설강하는 과목에 맞추어서 다각화하는 선택의 결과라고 보여진다.

미국 농업경제학 연구의 주요 관심 분야는 사회적 수요에 부응하여 변화를 거듭하고 있다. 전통적으로 중심적인 위치를 차지하고 있던 농업 경영 및 생산경제학 관련 연구와 농산물 유통 관련 연구의 비중은 1990년대 이후 급격히 감소하고 있는 반면에 자원, 환경경제학 관련 연구와 농관련산업 관련 연구의 비중이 급격히 확대되고 있는 것이 최근의 두드러진 변화이다(김석현, 2002).

미국 농업경제학계에서 나타나고 있는 이러한 현상은 자연자원 및 환경의 중요성에 대한 대중의 인식이 높아지고 있고, 농관련산업이 전체 산업에서 차지

2) 농업경제학의 발전방향에 대한 논의는 권택진(1978), 박진환(1988), 강봉순(1994), 김상기 외(1996), 김호탁(1996), 김영식(1996, 2003), 박정근(1994, 2001), 현공남(1996), 이경원 외(1996), 이병오 외(1996), 유영봉(2001), 이명헌(2001), 최정섭(2001) 등으로 1996년도와 2001년도의 학회학술대회 주제논문 등으로 발표되었다.

표 3-1 미국 농업경제학 관련 분야의 학과 명칭

학과 명칭	수요	비중(%)
Agricultural Economics	18	31.1
Resource and Agri-economics	13	22.4
Applied Economics	3	5.2
Agricultural and Applied Economics	6	10.3
Agri-Economics and Agribusiness/Food	9	15.5
Resource Economics and Agribusiness/Food	4	6.9
Agribusiness	1	1.7
Agribusiness and Applied Economics	1	1.7
Economics · Economics and Statistics · Agri-Economics and Management	3	5.2
합계	58	100.0

자료: A. Heiman, *et al.*(2002), pp. 1~30.

하는 비중이 농업 생산액의 4~5배에 이를 정도로 크다는 점에 기인한다.

독일 농업경제학과의 변화

독일에서는 EC 공통농업정책(CAP)의 실행과 함께 이루어진 농업 부문에 대한 대대적인 투자로 인한 1970년대 농업 부문의 붐으로 농학계 전공 분야의 세분화가 이루어지고 학생 수가 증가하였다. 그러나 유럽의 다른 국가들이 농학계 대학을 1개씩 선정하여 집중 육성하고 있는 반면에 독일에서는 8개 종합대학에 농학계 대학이 분산됨으로써 대외적인 경쟁력의 약화가 불가피해진 것으로 판단하고 있다. 이에 따라 소규모 학부의 폐쇄와 통합 또는 대학 간 협력체제 구축 등 대학 구조조정이 이루어지고 있다.

최근 들어서 농업경제학 교육 분야에서 강화되고 있는 분야는 다음과 같은 두 분야이다(김경량, 2002).

첫째, 농관련산업 경제론 분야이다. 농관련산업 중에서 특히 식품가공산업과 유통산업의 비중은, 전체 GDP의 20%에 육박할 정도로 빠르게 성장하고 있는 정도로 사회적인 수요가 증가하여 졸업생의 취업기회가 높은 분야이기 때문이다. 이 분야의 주요 과목은 산업경제이론, 농업관련산업 및 식품산업경영론, 농관련산업 관리자경영학 등이다.

둘째, 환경 및 자원경제학 분야이다. 농학계 대학에 대한 정부의 감축 정책에도 불구하고 환경 · 자원경제 분야는 농경제학 계열에서 새로운 수요가 크게 발생하고 있다. 이 분야의 주요 강의는 지속 가능 농업, 영농 형태에 따른 적정 입지, GIS를 활용한 공간계획, 환경농업의 활용, 경관관리를 위한 경영학적 접근 등이다.

일본 농업경제학과의 변화

일본의 농업경제학 관련 학과의 교육제도는 1990년대부터 변화하기 시작하였다. 일차적인 변화는 강좌제의 변화와 학과 명칭의 변화로서 학부제 도입과 연계되어 농업 · 자원경제학, 생물자원경제학 등의 명칭으로 변화되었고, 농업경제학과의 명칭을 고수하고 있는 대학도 다수 있다. 강좌제는 많이 약화되어 교수-조교수-조교-대학원생-학부생의 연결조직이 과거와는 달리 느슨한 형태로 운영되고 있다. 교과과정의 운영에서는 교양 및 기초강좌, 전공강좌 등의 체계적 구성은 물론 농업 일반에 관한 교육과 농업 현장실습, 조사분석 · 실습, 세미나, 졸업논문의 전통적 강좌구성 등은 과거와 같이 유지되고 있다.

1990년대 이후에는 개방 확대가 진전되면서 종래의 농업 개념과 범주로서는 현실 문제의 설명뿐만 아니라 농업경제학의 역할마저 한계에 이르고 있다는 자성의 목소리가 높아지고 있다. 이에 따라 농업뿐만 아니라 식료(食料), 환경 등을 포함하는 광범위한 연구활동으로 농업경제학 연구의 범위를 넓히고 있다. 일본 농업경제학계는 농업경제학의 고유요소를 뚜렷이 정립함을 통해서 일본 농업경제학계의 비교우위를 확보할 수 있다고 판단하고, 최근에 새로운 방향으로의 발전을 도모하려고 노력하고 있는 것이다. 이를 요약하면 다음과 같다(유영봉, 2002).

첫째, 고유성과 보편성을 정립하려는 성향이다. 이를 위하여 농업경제학을 핵(核)으로 하고 농업경제학 관련 분야를 부가하여 학문연구의 영역을 확대해 간다. 이 과정에서 농업경제학의 고유성을 확보하여야만 농업경제학계가 우위성을 유지 · 발전할 수 있다.

둘째, 농업경제학의 학문적 강점을 유지하면서, 푸드시스템학회와 같은 형태의 영역 확대를 통하여 농업과 식료, 환경, 지역 개발 등의 영역을 포함하는 새로운 농업경제학의 영역 확대를 도모하려는 성향이다.

셋째, 학문의 방향성과 기초 능력을 키우는 교육은 축소되는 대신에 의욕고취를 위해서 재미있는 강의 위주로 기울어지고 있어서 교육의 질 저하현상이 초래되고 있다. 젊은 연구자들의 자질을 향상시키는 토대를 구축하기 위해서 학부 및 대학원 교육의 강화를 도모하고 있다.

넷째, 마르크스(Karl Marx) 경제학과 근대 경제학의 균형 발전이다. 일본 농업경제학자들의 약 80%가 마르크스 경제학과 관련된 연구자라는 점에서 농업에 대한 문제인식과 분석방법 분야에서 설득력이 현실적으로 부족해지고 있으므로 질적 전환이 긴요하다는 것이다.

2) 우리나라 농업경제학 연구영역의 확장방향

전통적인 농업 질서의 대전환과 농업경제학

농업경제학의 주변 여건은 급변하고 있고 앞으로도 변화가 지속될 것으로 전망되고 있다. 국내적으로는 고도경제성장 과정에서 전통적인 농업 생산업의 비중은 급속히 감소하고 있는 반면에, 농업의 전후방 연관산업의 비중은 커지고 있다. 국민소득 증가에 따라 원료 농산물에 대한 수요는 줄어드는 대신에 가공농산물과 고품질 농산물에 대한 수요는 증가하는 등 소비자의 식품소비 행태도 크게 변화되고 있다. 전통적인 토지와 노동집약적인 자급자족적 농업 질서가 생산성 향상 위주의 자본과 기술집약적인 상업적 영농질서로, 증산 위주의 농업에서 생태질서와 환경보전이 강조되는 지속적 농업이 강조되고 있다.

대외적으로는 농산물 시장의 개방 확대 추세에 따라 한국 농업의 국제경쟁력 제고가 지상 과제로 등장하게 되었고, 농업 생산의 위축에 따라 동반하여 위축될 수밖에 없는 농업 생산의 다원적 기능에 대한 사회적 관심도 커지고 있다.

정보기술(IT)의 발달이 선도하고 있는 세계화는 생명공학기술(BT), 나노기술(NT), 문화기술(CT) 및 환경기술(ET) 등 첨단기술에 대한 연구와, 이를 응용한 다양한 신제품의 개발과 유통으로 바야흐로 세계는 새로운 지식기반 사회의 지식경쟁시대로 돌입하고 있다.

생활의 질에 대한 수요자의 관심이 높아짐에 따라 전통적인 농업 기술에 새로운 첨단 5T기술을 접목한 신상품이 속속 출현하면서, 토지에 노동력을 결합하여 식량과 섬유원료를 생산하는 1차산업이란 전통적인 농업 개념 자체가 달라지고 있다. 생명공학기술을 응용한 다기능성 농산품, 나노기술을 응용한 화장품 원료 농산물, 다양한 문화를 농산품과 가공식품에 포함시키는 문화상품 및 다양한 기능을 가진 친환경 농산품이 생산 · 가공되어 정보기술의 뒷받침으로 다양한 틈새시장과 세계시장으로 유통되는 시대가 바야흐로 열리고 있는 것이다.

한국 농업경제학의 연구와 교육영역의 확대방향을 선진국의 사례 및 경제환경의 변화 등을 종합하여 요약하면, 시장수요가 확대되고 있는 식품산업과 애그리비즈니스 분야 및 자원과 환경경제학 분야 그리고 농산물 통상과 국제 협력 및 해외 농업 개발 분야 등이라고 할 수 있다.

위의 논의를 다음 그림 3-2로 요약해서 표시할 수 있다.

농업 생산의 효율성 실현을 주로 추구해 왔던 전통적인 농업경제학 분야는 산업화 이후, 그리고 개방화라는 외부 여건의 변화에 따라서 연구와 교육영역이 전통적인 시장 재생산(식량과 섬유생산) 분야와 농업의 다원적 기능으로 대표되는 비시장재 생산 부문으로 나누어지고 있다.

경제발전과 국민소득 향상에 따라 식품수요가 변화되고 환경보전과 지속적 농업에 대한 사회적 수요가 커지면서 전통적 농업경제학 분야는 식품산업과 애그리비즈니스 분야를 모두 포함하는 농산업(agri-industry) 분야로 확장되어야 하고, 개방 확대와 관련하여 농산물 통상과 국제 협력, 식량 생산 잠재력 강화를 위한 해외 농업 개발 및 환경과 자원경제학 분야까지를 연구와 교육영역으로 받아들이는 영역 확대를 지향하는 것이 바람직하다.

농업경제학의 영역이 확장되고 다양해진다는 것은 농업경제학을 전공하는

그림 3-2 농업경제학 영역의 확대방향

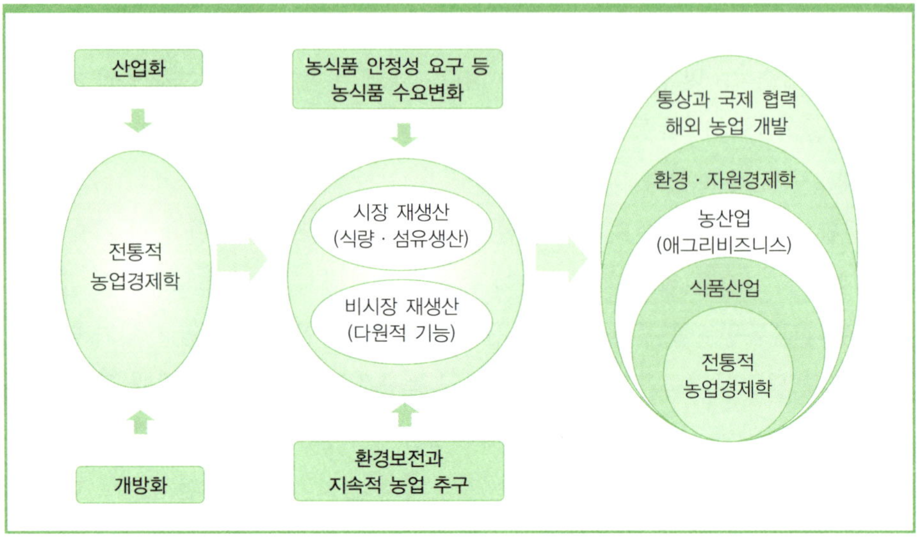

학생들의 역할과 사회진출 범위가 커진다는 점에서 위축되고 있는 농업경제학의 위상을 새롭게 한다는 데 중요한 의의가 있다.

4 왜 농업경제학인가?

시장화 · 개방화라는 경제환경의 변화와 민주화 · 지방자치화란 정치환경의 변화 속에서 농업경제학의 주된 대상으로서 농업의 위상과 전통적인 역할은 급속히 위축되고 있으며, 이에 따라서 농업경제학에 대한 사회적 수요는 급속하게 줄어들어 학문적인 정체성마저 크게 위협받고 있다.

왜 농업경제학을 공부해야 하는가? 그리고 농업경제학 교육을 통한 인재양성의 사회적 필요성에 대한 설득력을 어떻게 높일 수 있을 것인가? 근본적으로 일반경제학으로부터 농업경제학을 굳이 분리시켜서 차별적으로 존립시켜 나가야 할 이유는 무엇인가?

그 이유는 농업경제학의 대상 분야가 특수성을 인정받아야 한다는 점과 농업경제학의 이론체계가 추구하는 주요 목적의 특수성을 인정받아야 한다는 점으로 나누어서 설명할 수 있다.

1) 대상의 특수성

생명산업을 관리하는 학문이다

농업경제학은 생명산업을 관리하는 학문 분야란 점부터 강조해야 한다. 태양에너지를 광합성(光合成) 작용을 통하여 에너지로 바꾸어 내는 농업은 어떤 환경변화에도 불구하고 인류의 생존과 번영을 위해서 필수적인 생명산업이다.

먹거리를 생산하고 의식주에 필요한 생활용품의 원료를 생산하며 나아가서 연료 생산을 위한 에너지 작물을 생산해 내는 생명산업의 발전 문제는, '적정 생산을 위한 자원배분의 효율화'란 차갑고 기계적인 투입-산출의 경제이론만으로 해석되고 실현될 수 있는 문제가 결코 아니다. 경제적 효율성의 실현에만 집중한 미국, EU 등 선진국의 대규모 축산 경영이 결국 광우병(BSE) 파동으로 연결되어 소비자들로부터 외면당하고 있는 것이 좋은 예이다. 유전자조작식품(GMO)의 경우도 이와 크게 다르지 않다.

생명을 키워서 인류의 생명과 건강을 유지하게 하는 농업은 경제적 효율성뿐만 아니라 자연순환적 질서를 중시하는 산업이므로, 생명의 소중한 가치가 인정되는 한 그 가치가 시장가치의 상대적인 크기에 의해서 과소평가되어서는 안 된다는 인식이 널리 공감대를 형성하고 있다. 따라서 생명산업의 적정수준 유지와 발전을 위한 자원배분을 담당하는 농업경제학 분야는 차별적으로 존립시켜 나갈 필요가 있다. 단지 식량 절대부족시대를 관통해 오면서 중시되었던 양(量) 위주의 생산경제학적인 연구와 교육영역의 범위를 정비하여 질(質) 위주로 변화되고 있는 새로운 수요와 시장에 부응하는 방향으로 확장해야 한다는 현실적인 요구는 충분히 수용되어야 한다.

전통적인 토지와 노동의존적인 농업 경영질서는 자본과 기술의존적인 경영체제로 전환되고 있다. 농산물의 주력 소비층도 가정주부로부터 가공업체 등 대량소비업체로 바뀌고 있다. 가격보다는 품질과 안전성을 우선시 하는 방향으로 소비자의 농식품 선호체계도 달라지고 있다.

이러한 농산물 생산과 유통환경의 변화를 적극 수용하여 농업 생산활동뿐만 아니라 농관련산업(agri-business)과 환경, 국제화 시대에 대처하기 위한 통상협력과 식량위기에 대처하기 위한 해외 농업 개발 등 분야로 농업경제학의 연구와 교육영역의 확대가 이루어져야 한다. 이를 통해서 우리 농업의 경쟁력 향상에 적극적으로 기여함은 물론, 배출된 고급인력의 새로운 일자리도 확보할 수 있을 것이기 때문이다.

넓은 농촌공간을 관리하는 학문이다

비록 농업 총생산액이 국민경제에서 차지하는 비중은 2% 내외로 왜소해지고 있지만, 여전히 농촌공간은 급속한 도시화의 진전에도 불구하고 전 국토의 85%를 점하고 있다. 좁은 도시지역에 총인구의 82%가 살고 나머지 광대한 농촌지역에 총인구의 18%가 살고 있는 인구의 지역 간 불균등 분포는 그 동안의 성장거점이론으로 대표되는 불균형 성장이론이 적극적으로 선택된 결과라고 해석할 수 있다.

과도한 농·도간 인구이동(migration)에 따른 폐해를 시정하기 위해서 선진국들은 최근에 들어서 다양한 농촌지역 개발 정책을 선택하고 있으며,[3] 우리나라도 1990년대 이후로 수도권 과밀화를 해소하기 위한 다양한 정책을 수립·집행하여 왔다. 특히, 행정수도 이전을 비롯한 공공기관의 지방이전 정책을 통하여 수도권으로 사람과 돈을 집중시키고 있는 수요를 지방으로 분산시키는 일에 적극적으로 나서고 있다. 이러한 지역 균형 발전을 위한 시책들은 도시지역의 인구과밀(過密)로 인한 사회적 비용이 우리 사회가 감내할 수 있는 수준을 지나치고 있다는 인식의 발로인 것이다. 따라서 국토의 대부분을 차지하고 있는 농촌지역

3) 미국의 과도한 농업 보호 정책은 인구가 감소하고 있는 농촌지역을 유지하기 위한 정책수단의 선택으로 설명되고 있다.

을 전 국민을 위한 정주(定住)와 휴양공간으로 가꾸는 등 국토공간 이용의 효율성을 향상시키는 역할을 담당하는 농업경제학 분야의 차별적인 존립 이유는 여전히 뚜렷하고 중요하다.

환경을 보전하는 지속성에 기반을 둔 학문이다

농업의 윤리는 땅에 뿌리를 박고 사는 사람들의 윤리이지, 유목민과 같은 나그네의 윤리가 아니다. 무엇이든 부족하면 외부 세계로 진출하여 가져오면 되고 훼손된 자연과 환경은 버려두고 다른 데로 이주(移住)하면 되었던 서구 유목민의 윤리는 오늘날의 물질문명의 발전을 가능하게 하였지만, 그 대가로 자연자원 고갈과 심각한 환경악화를 가져왔다.

원유(原油)가격의 폭등과 잦아지고 있는 기상이변 등 예상치 못했던 경제성장의 폐해와 역효과를 경험하면서 신 · 재생 대체에너지의 개발이 활성화되고 지구의 환경보호를 위한 다양한 국제협약들이 체결되고 있는 것이 좋은 예이다.

농업은 자연환경 변화에 순응하며 점진적으로 진화하면서 장래의 생산잠재력을 유지해 나가는 지속성을 추구하는 산업이다. 농업은 식량안보나 국토와 환경보전 등을 비롯한 엄청난 크기의 공익적인 기능을 시장가격의 크기로 반영되지 않은 가치 형태로 무보수로 생산하는 공공재 생산적 기능이 큰 산업이다. 비록 생산성은 뒤떨어지지만 내일의 잠재 생산능력을 희생시키지 않는 지속적 성장(sustainable growth)을 추구하는 산업이 농업이고, 이를 경제이론으로 뒷받침하는 학문이 바로 농업경제학인 것이다.

농업경제학은 자원고갈과 환경악화를 무릅쓰고라도 경제의 효율적인 성장을 추구해야 한다는 논리에 체질적으로 거부감을 가지고 있다. 지속적인 경제성장의 동력을 확보하기 위하여 농산물 시장을 완전개방하고, 국내 농업의 무차별적인 위축마저 감수할 수밖에 없다는 경제이론의 귀결도 무조건적인 수용을 거부하고 있다. 오히려 농업의 비시장적 가치인 다원적 기능(multi-functionality)을 유지해 나가는 것이 우리 사회의 지속적인 발전을 담보하는 길이기 때문에 개방에도 불구하고 최소한의 먹거리 생산능력을 유지하며, 생태계 순환 시스템의 확충으로 자원고갈시대에 대비하자는 것이 농업경제학의 주류적인 대응논리인 것이다.

농촌을 유지하고 있는 대부분의 영세소경영적인 가족농의 가치를 효율 실현을 뛰어넘는 평가기준으로 중시하고 농촌지역 사회를 발전시키는 필수적인 요소로 농지를 보존하고 가꾸어 나가자는 것이 농업경제학의 기본적인 체질인 것이다. 국민의 먹거리 확보와 관련된 최소한의 국내 농업 규모 유지의 문제는 경제적 효율성 이론이나 정태적인 무역자유화 이론으로 쉽게 다루어져서는 안 된다는 것이 농업경제학의 체질인 것이다. 그러므로 농업의 다기능성으로 대표되는 공익적인 기능, 즉 자연과 환경보전에 대한 증가하고 있는 사회적 수요를 중심으로 하여 새로운 농업에 대한 수요를 개발하고 이를 위한 전문인력의 양성으로 일자리를 창출해 나가는 것이 농업경제학에 주어진 시대적 과제인 것이다.

2) 이론응용 과정의 특수성

농업경제학은 경제이론을 농업과 농촌 문제 해결에 응용하는 응용과학 분야로 출발하였다. 그러므로 경제이론에 기초한 응용모형으로 농업 문제를 분석하고 예측하면서 학문적 독자성을 인정받으면서 발전해 왔다.

일반경제이론의 핵심은 가격기구에 의한 자원배분의 효율화가 경제성장을 위한 최선의 선택이라는 논리의 귀결에 있다. 경제이론에 입각한 자본주의적 질서는 오늘날 물질문명의 발전과 지구촌의 번영을 가져올 수 있었던 동인(動因)이 되었다는 점을 결코 부인할 수 없다. 80여 년간 계속되어 왔던 치열한 체제경쟁시대가 공산사회주의의 몰락으로 귀결된 역사적 사실이 이를 입증한다.

시장신호에 의한 자원배분의 위대한 성과는 농업 부문에서도 예외 없이 일어났다. 급속히 증가하고 있는 인류를 충분히 부양할 수 있을 정도로 지구촌의 식량 생산은 확대되어 왔기 때문이다.

그렇다면 농업경제학 분야가 일반경제학 분야로부터 왜 차별적으로 존립해야 하는가?

그것은 한마디로 경제이론이 시장의 효율성 실현에 초점을 맞추고 있는 반면에 농업경제학은 시장의 실패(market failure)의 억제 내지 완화에 초점을 맞추고 있다는 사실 때문이다.

경제이론에 따른 시장실패는 어떠한 양상으로 농업 부문에서 진행되어 왔는가?

농업 생산의 지역 간 경영체 간 편중화(偏重化)

시장신호에 따라 자원배분이 이루어진 결과 농업은 부존자원의 비교우위가 있는 일부의 지역과 경영체에 집중되어 대규모화 되는 방향으로 발전할 수 있었지만, 나머지 대부분의 지역과 소농경영체가 경영하는 농업은 급속한 위축이 불가피하게 되었다. 오늘날 국제적으로 농산물을 수출할 수 있는 지역은 북남미대륙과 호주 등 일부 지역에 국한되어 있으며 대부분의 지역, 특히 개발도상국들은 식량수입국가로 전락하여 심각한 식량안보(food security)상의 위기에 노출되어 있다. 더구나 국제 농산물 시장은 완전시장이 아니고 대표적인 불완전 경쟁시장 구조이므로 식량의 해외 의존도가 높은 국가들의 식량안보적 위기감은 더욱 확대되고 있다. 식량무기화(食糧武器化)는 가상적인 개념이 아니고 실체적인 현실이 아닌가?

시장신호에 의해서 경쟁력 있는 경영체로 자원이 집중된 결과는 전통적인 소농경영체인 가족농의 몰락과 붕괴로 이어지고 있다. 예컨대, 세계에서 가장 경쟁력이 높은 미국 농업에서도 10%의 자본주의적인 기업농의 생산량이 전 농업생산량의 80%를 점하고 있기 때문에 가족농은 붕괴되어 도시빈민(homeless)으로 전락하여 미국 사회의 가장 큰 사회 문제로 등장하고 있는 것이다.

이러한 시장실패 현상을 완화 내지 억제하고 치유하는 논리에 초점을 맞추면서 사회적 비용지출의 억제를 통하여 국민경제의 성장잠재력 훼손에 대응하고 있는 것이 농업경제학의 특수성이라 할 수 있다.

도시의 과밀화와 농촌의 과소화로 대표되는 지역 불균형 성장

오늘날 전 세계적으로 진행되고 있는 도시의 과밀화 현상은 시장신호에 의한 사람들의 지역 선택의 결과이다. 특히, 농촌사회를 지탱해 오던 소농경영적인 가족농은 시장경쟁에서 패퇴한 결과 새로운 일자리를 찾아서 도시로 몰려들 수밖에 없었고, 이들이 도시의 현대 부문(modern sector)보다는 주로 생존 부문(urban subsistence sector)에 취업하면서 도시의 과밀화로 인한 다양한 사회 문제를 야기하고 있는 것이다. 이 문제를 해결하기 위해서 여러 정책들이 수립 · 시행되고 있지만 문제의 핵심은 농촌에서 살아남지 못하여 떠날 수밖에 없도록 만들고 있는 지역 중심 산업인 농업의 과도한 위축과 농촌지역의 상대적인 저발전 문제인 것이다. 말하자면, 효율 실현을 추구하는 경제논리에 의한 시장실패 현상인 농업 · 농촌의 과도한 위축을 어떻게 완화 내지 억제하고 교정할 것인가 하는 문제가 점차 중요한 사회적 이슈로 등장하고 있는 것이다. 이러한 사회적인 현안 과제를 담당할 학문 분야는 농업경제학일 수밖에 없다.

환경악화와 자원고갈로 지속적 성장잠재력 위축

경제이론은 효율적인 경제성장을 위해서 주어진 자원을 효과적으로 결합하여 이용하는 방법에 초점을 맞추고 있다. 이 결과 지구의 주어진 자원은 고갈되고 있으며, 환경악화는 기상이변 등의 형태로 새로운 사회적 비용부담을 요구하고 있다.

경제이론은 지구의 부존자원이 무한히 존재하고 있다는 암묵적인 가정 하에서, 또한 인류가 만든 자본(인조자본)이 자연자본을 완벽하게 대체할 수 있다는 가정 하에서 생산요소 이용과 결합의 효율화를 통하여 오늘날 눈부신 지구촌의 경제성장을 뒷받침해 왔다. 그러나 국제 자원가격은 지속적으로 오르고 있으며 지구 환경악화는 지구촌의 번영을 위협하는 현실 문제로 대두되고 있는 것이다. 농업은 생태순환적인 질서에 의해서 자연자본의 재고량을 적정수준으로 유지해 나가는 산업이며, 동시에 산업화에 따른 환경오염 물질을 농업 생산과정을 통하여 흡수 · 정화하는 환경친화적(環境親和的)인 산업적 특성을 가지고 있다.

농업경제학의 이론적 배경은 물론 경제적 효율성의 실현이다. 그러나 효율성 실현으로 나타나는 시장의 가치에 의한 경제적 성과에 못지않게 농업 생산과정에서 발생하는 비시장 가치인 농업의 다원적 기능도 동등하게 중시한다. 말하자면, 광범위하게 발생하고 있는 시장실패 현상을 억제하기 위하여 자연자원과 환경을 보전함으로써 국민경제의 지속적인 발전을 위한 기반의 구축에 초점을 맞추고 있다는 점에서, 농업경제학의 존재 이유가 설명될 수 있는 것이다.

경제이론과 농업 이해

3. 수요 · 공급의 탄력성과 농가소득-왜 농가소득은 불안정한가?

어떤 충격이 가해졌을 때 반응이 클수록 탄력성이 높다고 한다. 바람이 빠진 공은 탄력성이 낮은 공이다. 가격이 변화할 때 수요량이나 공급량이 얼마나 변화하는가를 알기 위해서는 마샬(A. Marshall)이 고안한 탄력성(coefficient of elasticity)의 개념을 이해해야 한다. 탄력성이란 독립변수의 변화율로 종속변수의 변화율을 나눈 것이다. 예컨대, Y=f(x)라는 함수에서 Y는 종속변수이고 x는 독립변수이므로 탄력성(e)은 다음과 같이 정의된다.

$$e=\frac{\Delta Y}{Y}/\frac{\Delta X}{X}$$

독립변수의 변화율($\frac{\Delta X}{X}$)과 종속변수의 변화율($\frac{\Delta Y}{Y}$)이 같으면 e=1이 되는데, 이를 단위 탄력적(unitary elastic)이라 하고, e>1일 때는 탄력적(elastic)이라 하며, e<1일 때 비탄력적(inelastic)이라 한다. 여기에서 X가 가격이고 Y가 수요량이면 e는 수요의 가격탄력성이 되고 Y가 공급량이면 e는 공급의 가격탄력성이 된다. X가 소득이고 Y가 수요량이면 수요의 소득탄력성(income elasticity)이 되고 X가 다른 재화(대체재나 보완재)의 가격일 때는 수요의 교차탄력성(cross elasticity)이 된다.

일반적으로 농산물은 가격의 변화에도 불구하고 수요량이나 공급량의 변화가 작다. 소비자들은 가격이 올랐다고 먹는 양을 쉽게 줄이지 않고, 가격이 내렸다고 먹는 양을 쉽게 늘리지도 않는다. 마찬가지로 생산자도 가격이 올랐다고 밤샘작업을 통해서 농산물 공급량을 늘릴 수도 없고 가격이 내렸다고 생산을 쉽게 중지할 수도 없다. 농업 생산은 생물을 생산하는 유기적(有機的)인 산업이기 때문이다.

그림①에서 D_1은 농산물 수요곡선으로 비탄력적이고 D_2는 비농산물 수요곡선으로 탄력적이다. 또한 S_1은 농산물 공급곡선으로 비탄력적이고 S_2는 비농산물 공급곡선으로 탄력적이다.

가격이 P_2에서 P_0로 내렸을 때, 농산물 수요량과 공급량의 변동량은 ΔQ_1이었으나 비농산물 수요량과 공급량의 변동량은 ΔQ_2로 비농산물의 변동률이 상대적으로 크다. 거꾸로 공급량의

그림① 농산물과 비농산물의 수요곡선

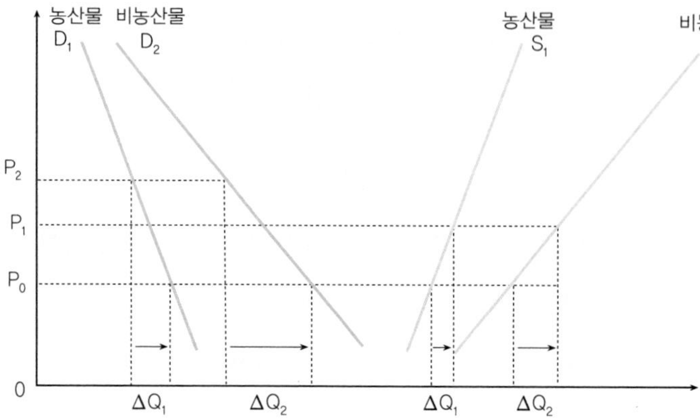

변동(ΔQ_1)에 따른 가격의 변화 폭은 농산물($P_0 \rightarrow P_2$)의 가격변화가 비농산물($P_0 \rightarrow P_1$)보다 훨씬 크다.

농산물의 수요와 공급이 비탄력적이기 때문에 농가소득은 비농가소득에 비해서 불안정한 특성이 있다.

왜 농가소득은 불안정한가?

그림②에서 S_{a0}는 농산물 공급곡선으로 비탄력적이고 S_{n0}는 비농산물 공급곡선으로 탄력적이다. 농산물과 비농산물의 공급량은 Q_0일 때 농산물과 비농산물의 가격은 P_0였으나, 공급량이 $Q_0 \rightarrow Q_1$으로 늘어나자 비농산물의 가격은 조금 떨어지지만 농산물의 가격은 많이 떨어진다.

그림② 농산물과 비농산물의 공급곡선

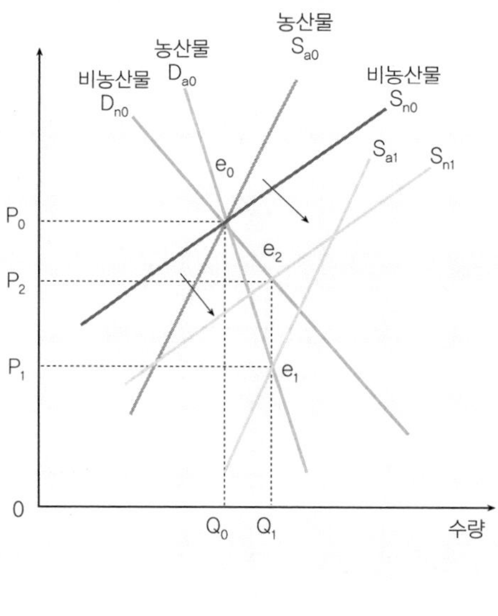

쌀 소비는 가격이 오르거나 내리더라도 크게 줄거나 늘어나지 않는다. 그러나 공산품은 가격변화에 따라서 소비량의 증감이 탄력적으로 이루어진다. 이러한 농산물 소비의 비탄력성 때문에 풍흉에 따른 공급량의 증감에 따라 가격변동이 심하게 일어나게 되고 이에 따라 농가소득(가격×수량)도 불안정하게 된다.

만약 어떤 이유로 공급량이 같은 양만큼 증가($S_{a0} \rightarrow S_{a1}$, $S_{n0} \rightarrow S_{n1}$)했다고 하자. 농산물 공급곡선은 S_{a1}으로, 그리고 비농산물 공급곡선은 S_{n1}으로 변하게 되어, 농산물은 e_1에서, 비농산물은 e_2에서 새로운 균형이 이루어진다. 이때 농가소득은 □$OP_1e_1Q_1$으로 크게 변화되지만 비농산물 소득은

□$OP_2e_2Q_1$으로 크게 변하지 않는다. 농산물의 수요 · 공급이 비탄력적이기 때문에 농가소득이 상대적으로 크게 변화되는 불안정한 모습을 보이게 되는 것이다.

오늘날 한국 농업은 전반적으로 과잉공급 상태에 처해 있다. 시장개방의 진전으로 해외 농산물의 국내시장 점유율이 높아지고 있으며, 기술발전으로 농업 생산성도 지속적으로 향상되어 왔기 때문이다. 농산물 과잉공급으로 인한 농가소득의 불안정과 하락현상은 한국 농정의 핵심되는 현안 과제이고, 이는 농산물 수요와 공급의 비탄력성에서 근원적인 이유를 찾을 수가 있다.

참고문헌

김경량, "독일 농업경제학계의 교육 및 연구동향," 『농업경제연구』 제43권 특별호, 한국농업경제학회, 2002.

김석현, "미국의 농업경제학 교육 및 연구동향," 『농업경제연구』 제43권 특별호, 한국농업경제학회, 2002.

김영식, "농업경제학의 방법론적 전통과 응용모형 및 자료의 문제," 『농업경제연구』 44-1, 한국농업경제학회, 2003. 3.

김호탁, "농업경제학 교육의 위상과 진로," 『농업경제연구』 제27권, 한국농업경제학회, 1996. 8.

박진환, "국가발전과 농촌의 역할," 지역농업종합개발 심포지엄 논문집, 농협중앙회, 1985.

성진근, 『농사람, 일. 터의 가치와 역할』, 을유문화사, 1992.

______, 『한국농업 리모델링』, 도서출판 해남, 2012.

성진근 외, 「GAP. Traceability 제도 장기발전방향」, 국립농산물 품질관리원, 2005. 12.

유영봉, "일본 농업경제학의 교육 및 연구동향," 『농업경제연구』 제43권 특별호, 한국농업경제학회, 2002.

이정환 외, 『경제 사회 발전과 농림수산업의 역할 변화』, 연구보고 236, 한국농촌경제연구원, 1991. 7.

최세균, "한 · 미 FTA 농업분야의 영향과 과제," 『KREI 농정포커스』 제4호, 한국농촌경제연구원, 2011.

최양부, "한국농업경제학의 위기와 새 비전," 경북대 농업경제학과 창립 20주년 심포지엄 논문집, 1999. 5.

하서현 외, 『농업경제학』, 강원대학교 출판부, 1995. 5.

한국농촌경제연구원, 『세계농업』 150호, 2013. 2.

Ban, Moon, Perkins, *Rural Development, Studies in the modernization of Republic of*

Korea 1945~1975, Harvard Univ. Press, 1980.

Evan, Drummond H. and John W. Goodwin, *Agricultural Economics*, 2nd, Pretice-Hall Inc., 2004.

Fox, K. A., "Agricultural Economists in the Econometric Revolution: Institutional Background, Literature and Leading Figures," Oxford Economic Paper, 1989.

Friedman, M., *Essay in Positive Economics*, Univ. of Chicago press, 1953.

Galbraith, J. K., "Introduction to American Journal of Agricultural Economics," *75th Anniversary issue*, *AJAE*, Vol. 75, 1993.

Heady, E. O., "Implication of Particular Economics in Agricultural Economic Methodology," *JFE*, Vol. 31, 1949.

Heiman, A. *et al.*, "The increasing of Agribuiss in Agricultural Economics," *Journal of Agribusiness*, 20(1), 2002.

Houck, J. P., "The comparative advantage of Agricultural Economics," *AJAE*, Vol. 74, 1992.

Jensen, H. R., "Farm management and Production Economics in Traditional Fields of Agricultural Economics," *AAEA*, 1977.

Jonson, G. L., "The Quest for Relevance in Agriculture Economics," *AJAE*, Vol. 53, 1971.

Kutnetz, S., "Economic growth and Contribution of Agriculture," *Subrata Gahatatak & Ken Ingersent Agriculture and Economic Development*, The Johns Hopkins Univ. Press, 1984.

Leontief, W., "Theoretical Assumption and Nonobserved Facts," *AEK*, Vol. 61, 1971.

______, "Can economics be reconstructed as empirical Science?," *AJAE*, Vol. 75, 1993.

OECD, *The Bioeconomy to 2030*, 2009.

Veblen, Thorstein, *The Theory of Leisure Class*, 1899.

제2부 농업 · 농촌 문제와 정책전환 방향

세계무역기구(WTO) 체제 하에서 점진적인(progressive) 시장개방을 이행해 온지 18년(1995~2013)이 지났다. 이제는 지역 간 양자협상 형태의 자유무역협상(FTA)마저 동시다발적으로 체결되어 농산물 시장의 전면개방시대가 바야흐로 가시화되고 있다.

경제의 해외 의존도가 높은 우리나라로서는 개방을 통하여 신시장을 개척하고 경제의 질적 전환을 추구함으로써 새로운 성장동력을 확보해 나갈 수밖에 없다. 그러나 국제경쟁력이 취약한 농업 부문은 개방수준이 높아지면서 어려움이 가중되고 있으므로 개방 확대라는 국가적 경제성장 전략과 심각해지고 있는 농업 · 농촌 문제를 어떻게 조화시키느냐가 국가적 현안 과제가 되고 있다.

산업화, 자본주의화, 이익사회화를 의미하는 근대화 과정에서 농업은 '돈되지 않는 산업'으로, 그리고 농촌은 '떠나지 못해 남은 사람들이 사는 곳'으로 인식되어졌다.

농업 · 농촌은 산업화 과정에서 어떻게 위축되고 있으며 정부의 시장개입 정책은 어떻게 변화되고 있는가? 그리고 개방시대 농업 정책의 바람직한 미래지향적인 모습은 어떠해야 할 것인가?

Chapter 4

산업화 · 개방화와 농업 · 농촌의 위축

산업화 · 개방화와 농업 · 농촌의 위축

1 거시적 지표를 통해서 본 농업 · 농촌의 위상변화

우리 농업과 농촌이 어렵다는 사실에 동의하지 않는 사람은 아무도 없다. 젊은이가 떠나버린 활기 잃은 농촌, 개방 반대와 소득보장을 외치며 아스팔트로 나서는 농민…….

"농업이 망한 바탕 위에서 나라 발전은 있을 수 없다"라는 주장과 "농업은 나라 성장의 발목을 잡는 귀찮은 걸림돌"이라는 시각이 뒤엉켜 있다. 보릿고개의 터널을 지나면서 농업의 중요성을 몸으로 체험한 세대와 헬스클럽에서 살을 빼기 위해 땀을 흘리면서 "농업은 하찮은 것"이라 생각할 수밖에 없는 세대가 한 지붕 아래에서 얼굴을 맞대고 함께 살고 있는 것이 오늘날의 우리 사회 현실이다.

과연 농업은 "희망 없는 산업"이고 농촌은 "떠나지 못한 나머지 사람들이 사는 곳"인가?

국민경제적인 시각에서 우리 농업과 농촌의 위상변화를 몇 가지 거시적인 지표의 변화를 통해서 살펴보기로 하자.

1) 농업 생산의 위축과 성장동력의 약화

국민총생산에서 농업 총생산이 차지하는 비중은 1970년의 25.4%에서 40년 만에 2012년에는 2.3%로 줄어들었다. 또한 전체 인구 중에서 농가인구가 차지하는 비중은 44.7%에서 5.8%로 크게 줄어들었다(그림 4-1).

지난 40년간(1970~2010) 국민총소득은 연평균 6.9%씩 실질성장해 왔으나 농림

그림 4-1 근대화와 농업·농촌의 위상변화

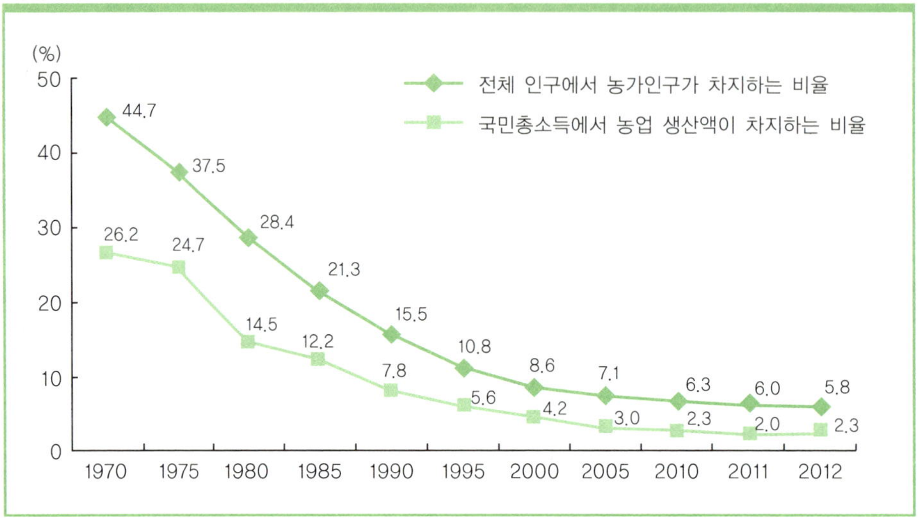

어업은 연평균 2.1%씩 성장해 왔다. 중요한 점은 국민경제의 다른 부문(예컨대, 광공업 성장률 연평균 10.3%)과 비교해서 상대적으로 훨씬 낮은 비율로 농업 부문이 성장해 왔기 때문에 국내 경제 내의 위상이 왜소화(矮小化)되었다는 점이다.

농업 부문의 상대적인 위축에 따라서 농가소득 중에서 차지하고 있는 농업소득의 비중도 1980년의 65.2%에서 2012년에는 29.4%로 절반 이하 수준으로 위축되고 있다.

국민경제에 대한 농업 부문의 상대적인 위축이 진행되어 오는 동안 농업 성장을 앞에서 이끌어 왔던 성장동력(engine)마저 지속적으로 위축되고 있다는 점에서 농업인들의 패배감과 절망감이 깊어지고 있다.

1980년부터 2010년까지 5년 간격으로 파악한 농업 조수입의 연평균 성장률(명목가격 기준)은 1980~1985년 사이의 20% 수준에서 2005~2010년의 0.5% 수준으로 지속적으로 감소해 왔다. 농업 부문 소득성장을 앞에서 이끌어 왔던 축산과 채소류 부문의 성장률마저 과잉생산과 가격폭락 현상이 빈발하면서 낮아지게 됨에 따라 농업 부문의 성장동력이 최근 들어서 더욱 왜소화되고 있는 것이다(그림 4-2).

그림 4-2 농업 조수입의 기간별 연평균 성장률 추이(1980~2010), 명목가격

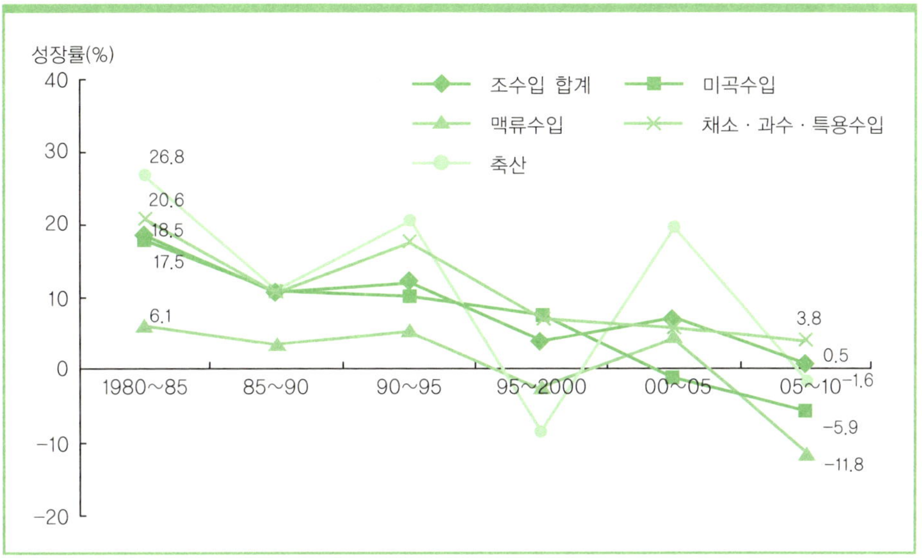

2) 농촌인구의 감소와 농업 인력의 노령화

산업화 · 도시화의 진전과 함께 농촌인구와 농가인구는 지난 35년간 급속하게 감소해 왔다. 농촌인구는 1975년의 1,791만 명에서 2010년에는 875만 8,000명으로 35년 만에 절반수준으로 줄어들었다.

농가인구 역시 1975년의 1,442만 2,000명에서 2010년에는 306만 3,000명으로 35여 년 만에 1/5 수준으로 줄어들었으며 농가구의 총가구에 대한 비율 역시 35.4%에서 6.7%로 줄어들었다. 이에 따라 총인구에 대한 농가인구 및 농촌인구의 비율은 1975년의 37.5%와 50.8%에서 2010년에는 6.4%와 18.0%로 급격하게 줄어들었다.

2010년 현재의 농가인구 비중 6.3%는 2010년의 OECD 국가들 중에서 뉴질랜드(7.7%)보다는 낮았으나 미국(1.7%), 캐나다(1.9%), 영국(1.5%), 프랑스(2.0%), 일본(2.1%), 호주(3.9%)보다는 약간 높은 수준이므로 이미 선진국 수준에 육박하고 있다고 할 수 있다.

최근 20년간(1992~2012), 농림어업 취업인구는 절반 수준으로 줄어들었고(302

그림 4-3 농가인구 중 청소년층과 노년층의 비율변화

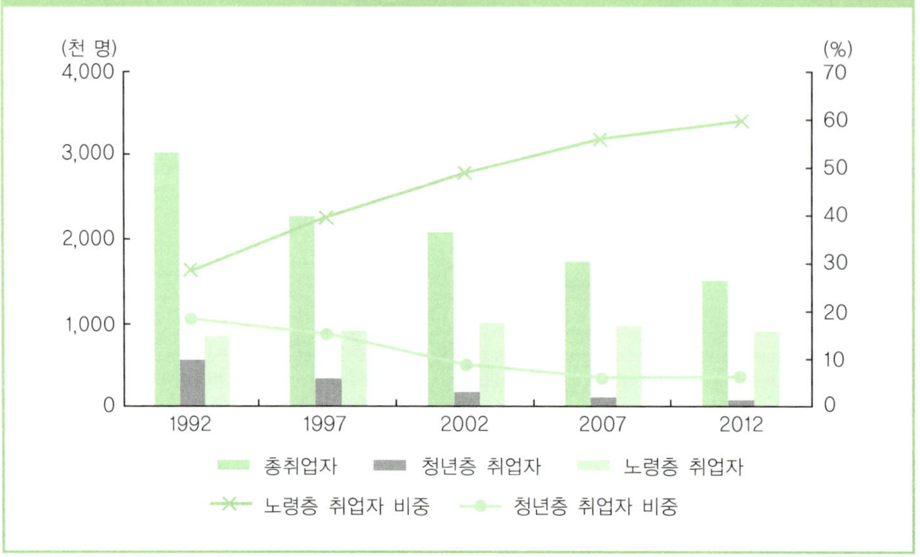

만 5,000명→152만 8,000명), 40세 미만의 젊은층 취업자는 1/6 수준으로 격감(55만 9,000명→9만 9,000명)한 반면에, 60세 이상의 고령층 취업인구는 약간(85만 8,000명→90만 8,000명) 늘어났다. 이에 따라 농림어업 분야 전체 취업인구 중에서 젊은층 취업인구가 차지하는 비중은 18.5%에서 6.5%로 줄어든 대신에 고령층 취업자의 비중은 28.4%에서 59.4%로 두 배 늘어났다(그림 4-3).

산업화·도시화의 진전과정에서 농림어업 취업인구의 감소도 두드러진다. 1970년부터 2010년까지 전체 취업인구는 연평균 2.3%씩 증가하였으나 농림어업 취업인구는 오히려 2.8%씩 감소해 왔다. 이에 따라 전체 산업 취업인구 중에서 농림어업 취업인구가 차지하는 비중은 1970년의 49.5%에서 2010년에는 6.3%로 감소하였다.

농업 취업인구 중에서 경영주의 연령도 빠른 속도로 노령화되고 있다. 경영주 평균 연령은 1995년의 56.3세에서 2010년에는 62.3세로 6세가 증가하였다. 40세 미만의 젊은 농업 경영주의 비율은 1995년의 27.9%에서 2010년에는 14.7%로 줄어든 대신에, 60세 이상의 노령 경영주의 비중은 1995년의 42.3%에서 2010년에

그림 4-4 농가부채의 소득에 대한 비중과 농가소득의 도시근로자 소득에 대한 비중

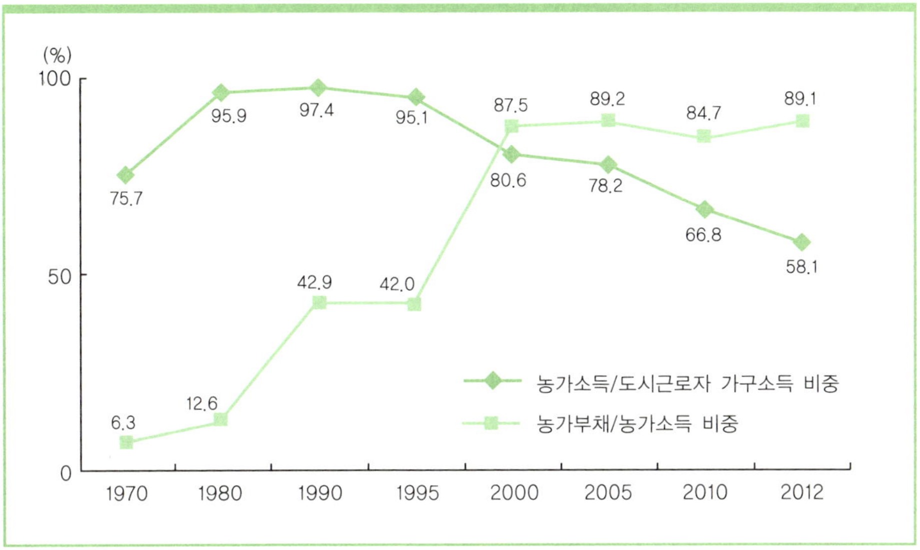

는 60.9%로 빠른 속도로 증가하고 있는 것이다.

농가소득의 도시근로자 소득에 대한 비중은 1990년의 97.4%를 정점으로 하여 2012년에는 58.1%로 떨어지고 있다. 특히, 농가소득과 농가경제 잉여에 대한 농가부채의 비중은 1990년의 42.9%와 191.0%에서 2012년에는 89.1%와 787.6%로 크게 증가하고 있어서 평균적으로 말할 때, 농가가 1년 중 벌어들인 농가소득의 90%나, 소득에서 경영비를 제외한 잔액인 농가경제 잉여액만으로는 8년이 지나서야 겨우 농가부채를 상환할 수 있을 정도로 농가경제가 악화되고 있다는 것을 뜻한다[1](그림 4-4).

1) 같은 기간(1990~2012) 중에 농가자산 규모는 5.1배 규모로 늘어났다. 농가부채의 농가자산에 대한 비중은 6.0%에서 6.8%로 약간 늘어나긴 하였지만 자산규모에 비해서 농가부채는 크게 우려할 수준이 아닌 것도 사실이다.

2 산업화·개방화와 농업·농촌의 위축

1) 산업화와 농업·농촌의 위축

경제성장에 따른 농업 위축과 농촌인구의 감소현상은 선·후진국에서 공통적으로 일어나고 있는 현상이다. 그러나 한국의 농업 및 농촌인구의 감소는 선진국의 경험과는 달리 지나치게 짧은 기간 동안에 급속히 진행되어 왔다.[2)]

유례없이 빠른 속도로 진행된 한국의 농업·농촌 위축현상은 1960년대 중반부터 채택되었던 경제개발을 위한 산업 정책과 1990년대 들어서 강화되기 시작한 시장개방 정책에 영향을 입은 바가 크다.

산업 정책[3)]은 재정 정책 및 금융 정책과 같은 무차별성의 특징을 가지는 총수요 관리 정책과는 달리 산업 간의 자원배분뿐만 아니라 산업 내의 자원배분에도 정부가 개입함으로써, 산업 간 발전격차를 조정하고 산업 간 및 산업 내의 구조조정을 촉진시킨다.

정부가 개별 산업에 직접적으로 개입하는 산업 정책은 1960년대 후반과 1970년대 초에 프랑스와 일본에서 경제 정책의 한 유형으로 등장한 이래, 1970년대에 일어났던 두 차례의 세계 석유파동 이후 새로운 경제 정책의 수단으로 자리잡게 되었으며, 한국과 일본이 대표적인 산업 정책의 성공사례로 인식되고 있다.

전통적인 농업국가를 공업국가로 전환시키는 데 결정적으로 기여한 한국의 산업 정책은 어떤 특징을 가지는가?

농업 부문에서 비농업 부문으로 강제적인 자원 이동

가장 큰 특징은 국민경제의 자원을 농업 부문으로부터 제조업과 수출산업으

2) 농업 취업자의 전체 취업자에 대한 비중이 40%에서 16%로 감소하는데 소요된 기간은 한국이 14년(1977~1991)인데 비해서 미국은 95년, 영국은 70년, 일본은 31년이 소요되었다(이정환, 1998).

3) "시장실패를 보정하거나 동태적 비교우위를 확보하기 위하여 정부가 특정 산업활동이나 시장기구에 개입하여 자원배분을 효율화시킴으로써 자국의 산업특화를 목표하는 방향으로 유도하는 일련의 정책체계(policy mix)"라고 정의되고 있다(김세원 외, 2003, p. 6).

그림 4-5 국민총소득(GNI)과 전체 예산에서 농림어업 부문의 비중변화

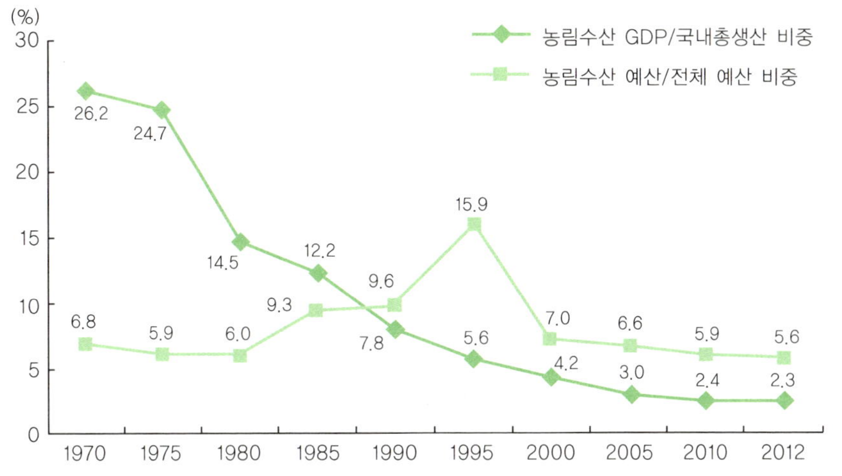

로 강제로 이동시킴으로써 공업화 경제성장의 추진에 기여하였다. 예컨대, 국민총생산에서 농림수산업이 차지하는 비중이 20%를 넘었던 1980년대 이전까지의 농림 예산이 전체 예산에서 차지하는 비중은 5~6% 수준에 불과하였다. 농림어업의 국민총생산 기여율의 1/4~1/5 수준에 불과한 예산배분과 함께 수출산업과 중화학공업 등 전략산업 부문에 대한 차별적인 투융자 정책[4]으로 농업 · 농촌의 급속한 위축이 진행되었으며, 이를 배경으로 공업화 경제성장이 성공할 수 있었던 것이다. 그러나 UR 협상 등으로 급속한 시장개방이 진전된 1990년대 이후에는 농림어업 구조개선 대책 등의 시급한 필요성 때문에 산업생산에 대한 기여율보다 높은 농림어업 예산배분이 이루어지고 있음을 알 수 있다(그림 4-5).

내수 중심에서 무역의존적인 경제구조로의 전환

두 번째 특징은 수출드라이브 산업 정책의 선택결과, 내수(內需) 중심 국가였던 한국을 짧은 기간 동안에 무역의존적인 경제구조로 전환시켰다.

4) 이 때문에 경제개발연대 동안 소위 특혜금융에 대한 시비가 끊이질 않았다.

그림 4-6 국민경제의 무역의존도와 교역의 농수산물 의존도

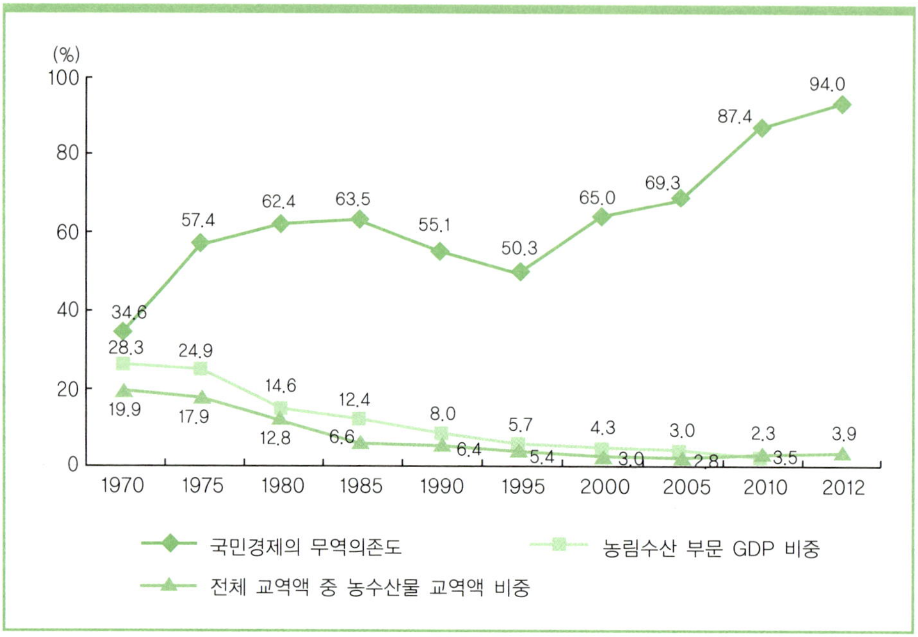

국내총생산에서 교역(수출+수입)이 차지하는 비중은 1970년의 34.6%에서 1985년에는 63.5%로 증가하였고, 잠시 주춤하였다가 2005년에는 69.3%, 2010년에는 87.4% 그리고 2012년에는 94.0%에 이르고 있다. 이 기간 동안에 농림수산물 교역액이 전체 교역액에서 차지하는 비중은 1970년의 19.9%에서 2010년에는 3.5% 수준으로 지속적으로 떨어져 왔다. 농림수산물 교역액의 비중 감소는 이 기간 중의 농림어업의 국민경제에 대한 비중 감소와 궤(軌)를 같이 하고 있다(그림 4-6).

농수산물 수입의존적인 무역구조 정착

세 번째 특징은 전체 교역성장은 수출이 주도해 온 반면에 농림수산물 교역성장은 수입이 주도하는 무역구조가 정착되고 있다.

1970년부터 2010년까지의 지난 40년간 국민총소득은 명목가격 기준으로 연평균 16.3%씩 성장해 왔다(실질성장률은 6.9%). 이 기간 동안 수출 주도적인 경제성

그림 4-7 전체 수출입과 농림수산물 수출입의 5년 간격 성장률

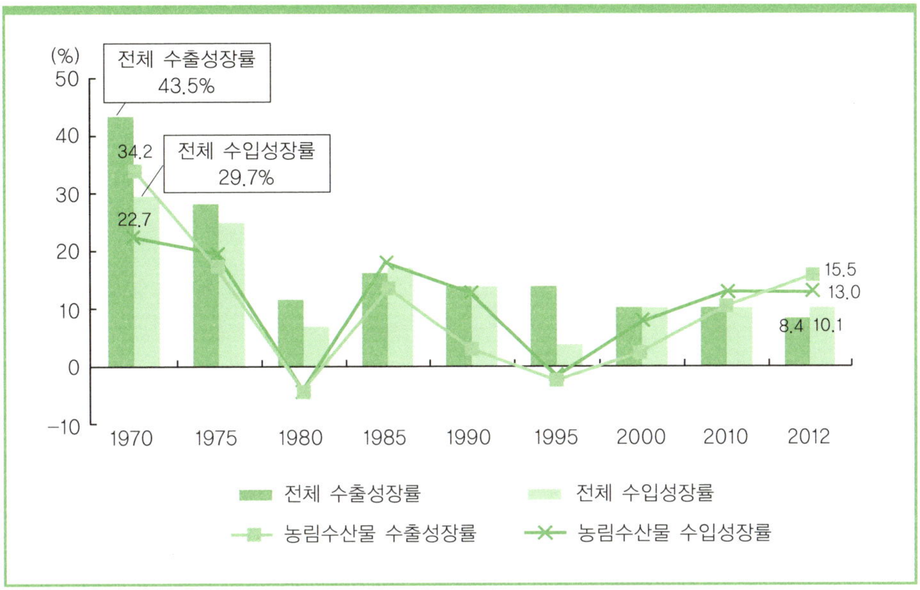

장 정책의 선택으로 전체 교역액은 연평균 15.5%씩(이 중 수출은 17.1%, 수입은 14.4%) 성장하였다. 그러나 농수산물 교역액은 연평균 10.1%씩 성장하였는데, 전체 교역성장 추세와는 달리 수입의 성장률(10.5%)이 수출의 성장률(8.6%)보다 높았다. 5년 간격으로 살펴본 전체 수출성장률은 전체 수입성장률이나 농림수산물의 수입·수출 성장률보다 지속적으로 높았다. 또한 농림수산물 수입성장률 역시 농림수산물 수출성장률보다 높았으며, 1985~1990년 사이에는 전체 수입성장률보다 높았다. 특히, 농산물 수입개방이 본격화되고 난 1990년 이후에는 농수산물 수입성장률이 전체 수입성장률 수준에 필적할 만큼 증가하고 있으며, 특히 2005년 이후에는 농수산물의 수출성장률이 가파르게 높아지고 있음을 알 수 있다.

농수산물의 수입자유화율(수입 자동승인 품목 수/총품목 수)은 1980년의 51.4%에서 UR 협상이 발효된 1995년에는 95.6%로 높아졌고 2010년에는 99.2%로 높아졌다. 쌀을 비롯한 중요한 민감품목을 제외하고는 농산물 시장은 대부분 완전개방 상태로 진입하고 있기 때문에 농산물 수입성장률이 높아지고 있다고 할 수 있다(그림 4-7).

산업 간 차별적인 투융자 정책의 결과, 상대적으로 수익성이 낮은 농업 부문으로부터 비농업 부문으로의 자원(토지, 노동, 자본) 이동이 촉진되어 한국의 산업구조 재편과정에서 농업 부문의 급속한 위축이 이루어졌으며, 농업 부문 내에서도 자본에 의한 노동력과 토지의 대체라는 농업 자원결합 구조조정이 짧은 기간 동안에 빠른 속도로 진행되어 왔다고 요약할 수 있다.

2) 개방화와 농업 · 농촌의 위축

확대되는 국제분업체제와 산업 구조조정 정책의 선택

우루과이라운드(UR) 협상의 타결로 탄생된 세계무역기구(WTO) 체제 하에서 진전되고 있는 시장개방과 지역 블록 또는 국가 간 무역자유화를 지향하는 동시다발적인 자유무역협정(FTA)의 확대 추세에 직면한 산업 정책은 어떤 특징을 가지는가?

자유무역체제는 궁극적으로 국제분업체제를 지향한다. 이를 통해서 상대적으로 값싼 재화와 용역의 교역을 촉진시킴으로써 소비자 잉여와 국민의 생활수준 향상을 기대할 수 있다는 것이다. 선진국들은 높은 기술력과 자본력을 바탕으로 하여 이미 고부가가치 산업에 특화하고 있기 때문에, 비교우위 원리에 입각한 자유무역주의와 시장경제 원리에 바탕을 둔 국제분업체제를 강력하게 추진하고 있다. 그러나 후진국들은 노동집약적인 저부가가치 산업에 특화되어 있기 때문에 국제분업체제 하에서 국민들의 생활수준을 향상시켜 나가기가 어렵다. 이 때문에 현재 추진되고 있는 각종의 시장개방 협상에서 선 · 후진국들 간의 마찰이 계속되고 있으며, 특히 농민단체들의 개방 거부 목소리가 높은 것이다.

시장개방이 불가피한 시대적 대세라는 판단 하에, 각국은 앞으로 비교우위를 확보할 수 있을 것으로 기대되는 유망산업에 치중하는 동태적 비교우위(dynamic comparative advantage) 실현적인 다소 전략적이고 사전적인 산업 정책을 선택하게 된다. 여기에는 전략산업 부문에 대한 사전적인 자원배분뿐만 아니라 산업합리화 조치 등을 포함한 적극적인 시책을 통하여 비교우위를 상실해 가는 산업의 구조조정 정책을 도입함으로써, 사회적 비용부담을 최소화시켜 나가기 위한 정책도 포함된다. 또한 확대되는 국제분업체제 속에서 이미 비교우위를 상실한 경쟁력 취약산업 부문의 실업과 기업의 도산, 지역적인 불황에 대응한 사후적이고 임기응변적(ad-hoc)이며 문제해결적인(trouble shooting) 산업 정책도 포함된다.

농업 및 농가 구조조정을 위한 정책선택의 갈등

본격적인 농산물 시장개방이 진행된 15년간(1995~2010) 전체 농가 수는 150만 1,000호에서 117만 7,000호로 78% 수준으로 줄어들었다. 이 기간 동안에 농가들은 영세농과 대농으로 계층분화(階層分化)하는 경향을 보이고 있다.

농산물 연간 판매액이 500만 원 미만인 농가비중은 47.3%에서 53.1%로 증가하였다. 이와 동시에 연간 판매액 3,000만 원 이상인 농가 비중도 4.5%에서 12.9%로 크게 증가함으로써 상·하위 농가가 같이 늘어나고 있는 것이다.

우리나라는 그 동안의 산업 정책의 성과로 선진국 수준의 경쟁력을 갖춘 반도체 등 전자산업과 자동차산업 및 일부 서비스산업 등 산업 부문과 함께, 여전

표 4-1 농가판매액 분포의 변화

(단위: %)

구분	1995	2000	2005	2010
100만 원 미만	20.5	22.04	23.69	23.22
100~500만 원 미만	26.79	26.19	27.99	29.9
500~1,000만 원 미만	23.56	21.04	16.61	14.73
1,000~2,000만 원 미만	17.53	16.35	13.81	11.96
2,000~3,000만 원 미만	7.16	7.85	7.83	7.28
3,000~5,000만 원 미만	3.58	4.3	5.75	6.17
5,000만 원~1억 미만	0.71	1.67	3.23	4.54
1억~2억	0.14	0.42	0.88	1.48
2억 이상	0.04	0.13	0.41	0.74
총농가 수(호)	1,500,745	1,383,468	1,272,908	1,177,318
500만 원 미만 농가 비율	47.29	48.23	51.68	53.12
3,000만 원 이상 농가 비율	4.46	6.53	10.27	0.92

자료: 통계청 홈페이지, 이태호(2012).

히 열악한 경쟁력으로 시장개방이 확대되면 위축될 수밖에 없는 농림어업 등 산업 분야를 아울러 보유하고 있는 전환기적 경제체제를 갖추고 있다. 이 와중에서 농업 분야는 고수익을 실현하는 대규모 농가들과 소득감소로 고통 받는 다수의 영세소농가로 양극화[5] 현상마저 빠르게 진행되고 있다. 이 때문에 WTO/DDA 협상이나 한 · 미 FTA 협상 등에 대한 산업 간, 계층 간 반응이 제 각각이어서 개방협상에 대한 국민적 합의 형성이 어렵다. 또한 동태적 비교우위 실현적인 미래지향적인 산업 정책보다는, 개방피해 보상과 같은 사후적이고 임기응변적인 시책을 위주로 한 개방대응 대책이 농민반발 무마 차원에서 추진되고 있기 때문에, 농정의 효율성 내지 효과성에 대한 비판이 끊임없이 제기되고 있는 것이다.

정책의 효율성을 높이기 위한 농업 구조조정에 대한 논의도 시장개방의 확대가 진전되는 동안에 간단없이 이루어져 왔다. '문민정부'의 '전업농 육성'과 '국민의 정부'의 '가족농 중심 정책', 그리고 '참여정부'의 '맞춤형 농정' 및 이명박 정부의 '경쟁력 향상에 의한 돈 버는 농업' 등의 정책선택은 농업 구조조정의 필요성에 대응한 정책의 방향 모색을 위한 고민의 결과였다고 이해할 수 있다.

경제이론과 농업 이해

4. 시장수요와 파생수요-지대(地代)는 왜 떨어지는가?

시장경제체제 하에서 소비주체인 개인은 자신의 예산제약 하에서 자신의 효용이 최대화되도록 상품(재화나 용역)을 선택 · 소비한다.

어떤 소비자가 식품(F)과 서비스(S)가 결합된 어떤 조합(combination)을 구매하기로 하였다고 하자. 식품량을 줄이거나 늘리는 대신에 서비스량을 늘리거나 줄임으로써 소비자가 얻게 되는 효용(utility, 만족도)이 같게 되는 무수한 조합을 연결시키는 선을 효용무차별곡선(indifference curve)이라 하는데, 그림①에서 I_2는 효용의 크기가 70이고 I_1은 효용의 크기가 50이므로 I_2의 효용이 크다. 말하자면, 무차별곡선은 원점에서 멀리 떨어질수록 효용이 크게 된다. 그러나 I_1은 소비자의 예산제약선 안쪽에 있고 I_2는 예산제약의 범위 밖에 있다. 그러므로 소비자의 효용이 극대화되는 경우는 예산제약선과 무차별곡선(I_0)이 접하게 되는 e점에서 S_0와 F_0를 구매할 때이고 이때의 효용수준은 60이 된다.

5) 농가소득 상위 20% 계층과 하위 20% 계층 간의 소득격차는 1995년에는 6.3배였으나 2010년에는 11.9배로 확대되어 도시가구의 격차(5.3배)보다 소득의 양극화 문제가 심각해지고 있다.

그림① 무차별곡선과 예산제약선

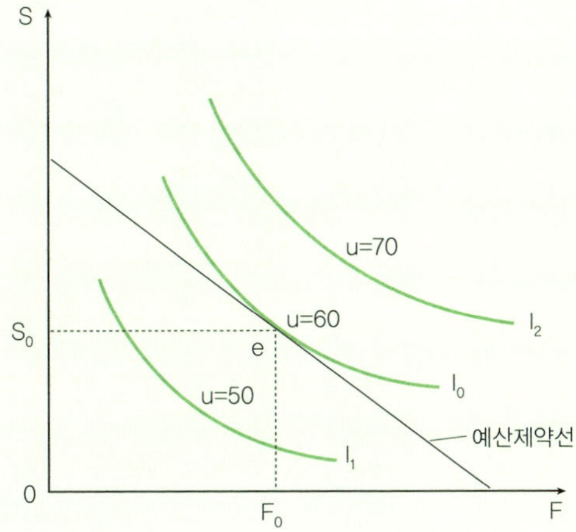

그림② 개별 상품의 수요곡선의 도출

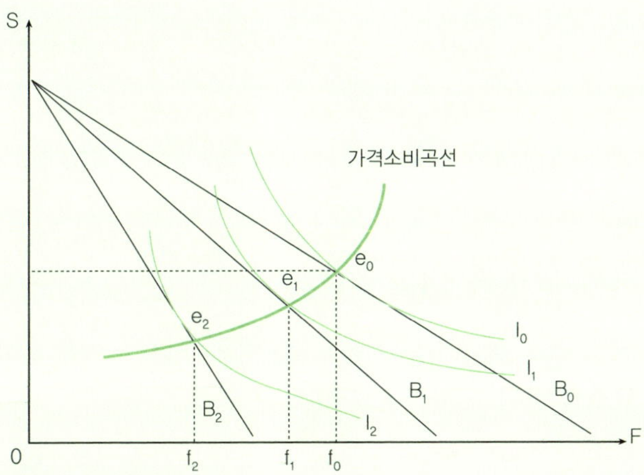

효용이 극대화되는 e점은 식품(F)과 서비스(S) 등 각 상품별 수요곡선으로 나누어질 수 있다. 식품선택의 수요곡선은 서비스의 가격이나 소득을 고정시킨 상태에서 식품 자신의 가격과 수요량만을 표시하면 된다. 만약 식품가격이 오르면 예산제약선은 원점 쪽으로 이동하게 되어 식품구매량을 줄이게 될 것이고, 반대로 식품가격이 내리면 식품구매량을 늘리게 될 것이다.

서비스와 식품의 구매조합에서 서비스의 가격은 일정하고 소득도 일정할 때, 식품의 가격이 오르게 되면 예산제약선은 B_0에서 B_1으로, 그리고 B_2로 변하게 되어 효용수준도 무차별곡선의 안쪽으로의 이동이 진행됨에 따라서($I_0 \rightarrow I_1 \rightarrow I_2$) 점차 줄어들게 된다.

무차별곡선과 예산제약선이 만나는 각점(e_0, e_1, e_2)에서 결정되는 식품구매량도 줄어들게 된다($f_0 \rightarrow f_1 \rightarrow f_2$). 이를 가격소비곡선(price consumption curve: PCC)이라 하는데, 여기에서 가격과 소비량의 관계를 그대로 옮겨 놓으면 수요곡선을 도출할 수 있는 것이다. 어떤 재화의 가격이 상승하면 소비자는 그 가격수준에서 효용을 최대화시키기 위해서 재화의 구매량을 줄이게 된다. 이와 같이 가격의 변화에 따른 구매량의 변화를 나타내는 것이 수요곡선이다. 그러나 개별 소비자의 소득수준이나 기호는 서로 다르므로 무수히 많은 개인별 수요가 있을 것이고, 예산제약 조건 아래 효용을 극대화시키기 위한 무수한 개별 수요곡선을 합하면 시장수요곡선(market demand curve)을 얻을 수가 있다.

파생수요(derived demand)는 1차 수요(primary demand)로부터 유발되는 수요를 말한다.

그림③ 지대의 결정과 파생수요

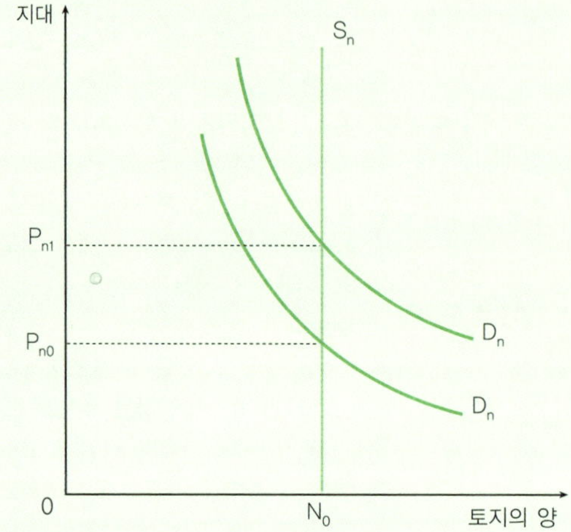

그림③에서 보는 것과 같이 토지의 공급량은 고정되어 있기 때문에 토지공급곡선(S_n)은 수직선이다. 토지에 대한 수요곡선(D_n)은 토지를 이용하여 생산되는 농산물에 대한 수요로부터 나오는 파생수요이다. D_n과 S_n이 만나는 점에서 토지사용 대가인 지대(P_{n0})가 결정된다. 만약 농산물 수요가 증가하여 이로부터 파생되는 토지에 대한 수요가 증가한다면($D_{n0} \rightarrow D_{n1}$) 지대도 상승하게 될 것이다($P_{n0} \rightarrow P_{n1}$). 즉, 지대는 토지의 공급이 일정하게 고정되어 있으므로 농산물에서 파생되는 토지수요에 의해서 결정된다. 우리나라는 도시화의 영향으로 농지가격은 지속적으로 상승해 왔지만, 지대(농지임차료)는 농업 생산의 수익성 약화와 농업 노동력의 노령화 등의 이유 때문에 점차 낮아져 왔다.

농업경제학에 대한 사회적 수요도 우리 사회의 농업에 대한 수요의 크기에 의해서 결정되는 일종의 파생수요라고 볼 수 있다.

3 산업 정책과 정부의 시장개입

1) 산업 정책의 주요 요소와 범위

많은 학자들이 정의하고 있는 정부의 시장개입에 의한 산업 정책의 전형적인 개념요소는 대부분 경쟁력 향상, 자원배분과 산업 구조조정, 시장실패의 보정, 산업발전과 생산성 향상 등이다. 여기에서 말하는 산업이란 제조업을 지칭하지만, 일반적으로 제조업 활동과 관련된 정보산업과 서비스업 등도 포함된다. 그러므로 농업은 전통적인 의미에서의 산업 정책의 대상에서는 제외되었다. 정부가 시장기구에 개입하여 제조업, 특히 제조업 중에서도 수출산업 등 새로운 유망산업으로 국민경제 내의 자원을 집중시키려 하는 것이 전형적인 산업 정책의 모습이기 때문이다.

그러나 경제발전에 따라서 산업 부문 간의 발전격차가 현저해지고, 무역자유화에 대응한 동태적 비교우위 실현을 위한 산업 구조조정의 필요성이 커짐에 따라 산업 정책의 관심범위도 경제 전반으로 보다 확대되고 있다. 산업 정책을 도입하는 다양한 필요성과 목적에 따라서 구분할 수 있는 대표적인 정의는 다음과 같이 정리된다.

시장 실패의 보정(補正)을 위해서

일본 동경대학의 이토 모토시게 교수는 "경쟁적 시장기구가 갖는 결함, 즉 시장실패 때문에 자유경쟁에 의해서는 자원배분 또는 소득분배상 어떤 형태의 문제가 발생할 경우, 국가가 산업 부문 간의 자원배분 또는 개별 산업 내의 산업조직에 개입함으로써 그 나라의 경제적 후생수준을 향상시키려고 하는 정책"이 산업 정책이라고 정의한다(伊藤元重, 1989).

프랑스의 경제학자 자크 드 반트(Jacques de Bandt)는 "사회 · 경제적 목적을 달성하기 위하여 생산체계의 작동과 기능조건에(시장 개입을 통하여) 영향을 미치는 의도적인 정책수단의 집합"이 산업 정책이라 정의한다(Jacques de Bandt, 1980).

산업의 경쟁력 강화를 위해서

"산업 정책은 산업의 발전과 효율성을 증대시키는 정책"이라고 OECD에서는 산업 정책에 대한 최초의 국제 연구보고서를 통해서 정의하고 있다(OECD, 1973).

미국 국제무역위원회(US International Trade Commission)에서는 "특정 산업의 국내 생산자가 보다 경쟁력을 강화할 수 있도록 생산적 자원을 배분하는 통합된 행동"이 산업 정책이라고 정의한다(L. Tyson, 1992).

미국 펜실베이니아 대학의 워튼스쿨(Wharton School)의 아담스와 클라인은 산업 정책을 "성장, 생산성, 국제경쟁력을 향상시키는 것과 같은 경제의 공급 잠재력을 향상시키는 모든 수단"이라고 정의한다(G. Adams and L. Klein, 1983).

미국 클린턴 정부에서 활약한 라이시와 메가지너는 "산업이 경쟁력 있는 생산성을 확보하도록 하기 위한 일관성 있는 공공 정책의 집합이 산업 정책"이라고 정의한다(Ira Magaginer and R. Reich, 1982).

EC의 집행위원회 부위원장을 역임한 독일의 방게만은 "산업 정책이란 산업의 국제경쟁력을 확보하기 위한 정책"이라고 정의하고 있으며, 산업연구원(KIET)의 이경태는 "산업 정책이란 경제성장, 국제경쟁력 강화를 달성하기 위하여 산업에 대한 지원 · 조정 · 규제를 통해서 산업 일반 또는 특정 산업의 생산 · 투자 · 거래활동에 개입하는 경제 정책"이라고 보다 포괄적으로 정의하고 있다(M. Bangemann, 1992).

산업(제조업)발전을 위한 자원배분의 필요성에서 출발한 좁은 의미의 산업 정책은 당초에는 제조업 활동과 관련된 정보산업과 서비스업 등 유망산업의 육성에 초점이 모아졌으나, 점차 범위가 확대되어 구조조정의 대상이 되는 농업을 포함한 전 산업 부문에 대한 지원 · 조정 · 규제 등을 통한 시장개입적 경제 정책으로 확대되고 있는 것이다. 특히, 시장개방의 확대에 따라 국제경쟁력이 상대적으로 취약한 유치산업(幼稚産業)이나 사양산업(斜陽産業) 보호 정책으로까지 산업 정책의 범위가 확장되고 있는 것이다.

2) 산업 정책 선택방향의 역사성

후발국의 정치철학의 산물로 구체화된 산업 정책

역사적으로 볼 때 산업 정책은 선도적 국가(leader)를 따라잡고자(catch up)하는 후발국(follower)의 정치철학에 의해서 강조되었다.

15세기 말 바스코다가마의 인도 항로 및 콜럼버스의 신대륙 발견 등 지리상의 발견을 주도하고, 해외로부터 막대한 금 · 은을 반입할 수 있었던 스페인과 포르투갈이 주도하였던 중상주의는, 당시의 국제 경제질서를 결정하는 기본 이념이었다. 무역을 통하여 많은 금 · 은을 확보하기 위해서 스페인이 양모(羊毛) 수출에 혈안이 되어 있었을 때, 영국은 중상주의를 따르지 않고 국내 모직공업을 육성하기 위해서 양모를 원자재 상태로 수출하는 자를 형사처벌할 정도로 국내 가공산업을 보호하는 정책에 치중하였다. 이 때문에 영국은 산업혁명에 가장 먼저 성공하고 19세기 이후 경제대국의 지위를 누릴 수 있었다. 영국이 세계경제의 선도적 지위를 누리면서 자유무역주의를 주창할 때, 그 당시 후발국이었던 미국, 독일, 일본은 영국이 주도하는 자유무역주의를 배격하고 각국 나름대로의 국내 산업 보호 정책을 선택하였다.

미국의 제2대 재무장관인 해밀턴은 의회에 제출한 「제조업에 관한 보고서」에 의해서 보호주의의 필요성을 최초로 체계화하였다. 즉, 외국과의 경쟁을 극복하고 영국이 누리는 정도의 세계시장을 확보하기 위해서는, 무엇보다도 장려금, 보조금, 고율의 관세 등과 같은 수입제한 정책에 의해 국내 제조업을 적극적으로 보호해야 한다는 것이다.

해밀턴의 국내 산업 보호론은 독일의 리스트(F. List)에 의해서 유치산업보호론으로 발전하였다. 그는 영국 고전학파의 자유무역이론은 각국의 경제발전 단계가 같은 나라 간의 국제무역이 가져올 수 있는 이익만을 강조하고 있으므로, 독일과 같은 후발국이 영국과 자유무역을 한다면 영국적인 세계 지배체제를 용인하고 독일은 완구나 목재 등 정도를 수출하는 2급 국가로 전락할 수 있다고 우려하면서, 자국의 유치산업인 제조업과 농업을 보호하는 정책을 선택해야 한다고 주장하였다.

중상주의 정책과 이론체계

중상주의(重商主義)는 근대자본주의가 산업혁명에 의해 지배를 확립하기까지의 초기 단계에서 자본의 원시적 축적을 수행하는 데 사용된 정책과 이론체계이다.

경제 정책으로서 중상주의의 핵심은 국내시장을 보호하고 국외시장을 개척할 목적으로, 외국제 완제품의 수입금지와 제한, 국내 상품의 수출 장려, 외국산 원료의 수입 장려, 국내 원료의 수출금지 등의 조치를 입법 및 관세 정책으로 실행한 것이다.

당시 유럽은 봉건제 붕괴 이후의 절대군주 중심의 국가운영체제로 상공업이 급속하게 성장하여 시장이 크게 활성화되었던 시기였다. 당시의 지배계층은 국내로 유입되는 금은보화(소위 금전적 부)의 총량을 극대화하는 것이 국가를 부강하게 하는 첩경이라고 보았다. 국부를 키우기 위해서 절대군주와 상공인들 사이의 야합이 이루어지는 가운데 상공업의 육성과 무역흑자 달성에 박차를 가하였다. 노동자에게는 저임금이 강요되었고 차별관세를 비롯한 각종의 보호무역 정책이 과감하게 추진되었다.

국내 상공업을 육성한다는 명분으로 절대군주는 상공업자에게 다양한 독점적 면허를 부여하는 등 정부가 경제에 깊숙이 개입하였다. 중상주의 사상의 주류는 단순히 무역차액이나 산업보호라는 관점에만 그친 것이 아니라, 국내시장 확대와 자본축적이란 관점에서 유효수요(有效需要)의 분석에도 진전을 보였고, 경제이론 발전사적인 측면에서는 페티(W. Petty)의 노동가치설이나 데포(D. Defoe)의 자유무역론까지 포함하고 있다.

애덤 스미스(Adam Smith)는 중상주의 시대의 정부의 폭넓은 시장간섭을 당연시 하는 사회적 분위기를 질타하였다. 그는 『국부론』을 통하여 정부가 쓸데없이 경제에 개입하지 말고 기업의 자율적 활동을 최대한 보장하자는 자유방임론과 최소정부론을 주장하였다.

일반국민의 희생 위에 상공업자들은 막대한 이윤을 챙겼는데, 이들의 이익에 기여하는 것이 곧 국익에 기여하는 길이란 사고방식이 당시의 사회적 분위기였다. 그러나 애덤 스미스는 국부(國富)란 나라 안에 쌓인 금은보화의 총량이 아니라 국민의 복지에 실질적으로 도움되는 재화와 서비스의 총량이라고 설파하였다. 금은보화로 대표되는 돈은 결국 거래를 편리하게 해주는 수단이며 국민의 행복을 위한 수단에 불과하다는 것이다.

단순히 상공업자를 보호하는 것은 국부를 증진하기보다는 오히려 깎아먹는 짓이기 때문에, 기업들을 감싸고 보호하기보다는 이들이 자유롭게 경쟁하도록 내버려 두는 것이 국부를 증진하는 첩경이 된다는 주장을 "보이지 않는 손"의 원리를 이용하여 애덤 스미스는 설명하였다.

프랑스의 부르봉(Bourbon) 절대왕정 하에서 중상주의 정책은 산업 · 무역통제로 유명한 콜베르(Jean-Baptiste Colbert)의 이름을 따서 콜베르티즘이라 하였고, 신성로마제국에 속하였던 18세기 독일의 여러 영방(領邦)의 재정 정책은 관방주의(官房主義)라는 형태를 가진 절대주의적 중상주의적 체계 하에 있었다.

중상주의는 정치적으로는 시민혁명과 더불어 해체되고 이론적으로는 애덤 스미스의 『국부론』(1776)의 출판과 함께 설 자리를 잃게 되었다. 그러나 자본주의가 최고로 발달한 오늘날의 한국에도 애덤 스미스가 경계해 마지않던 중상주의는 생생하게 살아 있다.

재벌이 잘 되어야 국가가 발전한다는 주요 경제단체의 주장은 상공업자의 이익을 국익과 동일시한 중상주의 시대의 그것과 일치한다. 애덤 스미스가 경계해 마지않았던 정경유착과 독과점 현상 역시 여전하다. 기업은 생리적으로 자유경쟁을 싫어하기 때문에 경쟁을 피하기 위해서 경쟁자를 아예 삼켜버리거나 담합(談合)을 통하여 시장의 독과점을 지향한다. 또한 정치권에 기대어 독점적 권한이나 특혜(지대추구)를 따낸다.

애덤 스미스가 추구하였던 것은 선의의 공정한 경쟁이었다. 그러나 현실에서는 선의의 공정한 경쟁보다는 경쟁 자체를 끝장내기 위한 승자독식(勝者獨食)의 무한 경쟁시대가 전개되고 있다. 경쟁 기피 성향 때문에 기업이 승자독식의 아귀다툼 경쟁을 선호한다면 누가 시장에서 선의의 공정한 경쟁이 이루어지도록 보장해 줄 것인가?

애덤 스미스의 대답은 정부다. 정부 역할은 사회질서를 유지하고 선의의 공정한 경쟁이 시장에서 이루어지도록 여건을 조성하는 데 그쳐야 한다는 것이 애덤 스미스의 최소국가이론인 것이다.

이명박 정부는 "재벌기업이 잘 되면 중소기업도 잘 되고 서민도 잘 살게 된다"는 소위 낙수(落水)효과를 약속하였다. 그래서 재벌들의 경제력 집중이 이 정부 치하에서 역사상 최고수준에 도달하였고 부자들은 더 잘 살게 되었다. 그런데 중소기업(농업 포함)과 서민은 더 힘들어졌다.

재벌의 몸짓 불리기에 힘을 실어준 중상주의적 처방으로는 모두가 잘 사는 좋은 나라 만들기에 한계가 온 것이다.

중농주의 정책과 이론체계

국민의 대다수를 차지하는 농민의 희생을 바탕으로 강행되고 있는 중상주의 정책에 반대하여, 국가사회 부(富)의 기초는 농업에 있으므로 농업의 자본주의화(영국형 대농경영제도의 창출) 방식으로 농업 발전을 통해 절대왕정의 재정적 위기를 극복하자는 경제사상이 중농주의(重農主義, physiocracy)이다.

산업혁명이 발흥하고 공업과 상업이 판을 치기 시작하던 시대에 국부의 원천이 농업이라는 주장은 그 당시로는 생뚱맞은 것이었다. 국민 전체의 입장에서 볼 때, 오직 농업만이 투자된 것보다 더 많은 것을 생산해 내는 새로운 가치 창출 산업이고 공업과 상업은 이미 있는 것의 내용이나 모양, 위치 등을 바꿀 뿐 아무런 새로운 가치를 추가하지 못한다는 것이다. 농업만이 새로운 가치를 만들어내는 이유는 순전히 토지의 생산력 덕분이란 것이다.

중농주의자란 "자연의 지배를 주장하는 사람들"이라는 뜻을 담고 있다. 그들은 인위적인 것을 거부하고 자연적인 것, 자연의 질서를 존중하며 모든 것이 자연의 법칙에 따라서 물 흐르듯이 자연스럽게 해결되기를 바랐으며, 이 믿음이 애덤 스미스의 자유방임주의로 구체화되었다.

중농주의자들은 상공업자에 대한 독점권의 부여라든가, 국내 산업 보호 정책 등 모든 인위적 규제는 모두 자연법에 위배된다고 보았다. 이에 따라서 중농주의자들은 중상주의를 배격하게 되었다.

중농주의 창시자로 알려진 케네(F. Quesnay)는 루이 15세의 주치의를 지낸 저명한 의사로서, 경제의 자유와 사유재산을 기초로 하는 사회에서 경비 이상의 잉여(순생산)를 낳는 유일한 생산계급인 농민과, 사회적으로 유용하기는 하나 비생산적인 상공업자, 농민의 잉여를 지대(地代)로 받아가는 3대 계급 사이에서 해마다 총생산물, 즉 부(富)가 어떻게 순환되고 있는지를 체계적으로 파악한 최초의 이론적 분석인 경제표(經濟表)를 작성하였다.

경제표는 200여 년 뒤 하버드대학의 레온티에프(Wassily W. Leontief) 교수에 의해서 산업연관표 개발로 이어져서 오늘날 경제 파급효과와 고용효과 등의 계측에 활용되고 있다.

애덤 스미스의 경제학이 프랑스에 도입되면서 중농주의는 영향력을 잃었고 고전학파 경제학의 성립에 기여한 것으로 시대적 역할이 끝났다. 자본주의가 고도로 발전한 오늘날 중농주의는 각국이 처하고 있는 입장에 따라 다양한 형태로 표출되고 있다.

제1차, 제2차 세계대전을 겪는 동안 세계 각국은 심각한 식량불안 상태를 경험하면서 식량의 중요성을 절감하였다. 이에 따라서 식량안보란 차원에서 국제사회에서 중농주의적인 목소리가 커졌다. 각국의 다양한 식량생산과 유통에 대한 보조 정책의 영향으로 선진국의 식량과잉 재고 문제가 불거지자 식량무역의 자유화가 우루과이라운드 협상을 계기로 추진된 것도 중농주의적 정책의 한 형태이다. 그러나 국제경쟁력이 취약한 식량수입국의 입장에서는, 자국 농업의 지나친 위축을 경계하여 소위 농업의 비교역적 기능(non trade concerns: NTC)으로 대표되는 공익적인 다원적 기능(multi-functionality)의 중요성을 강조하면서, 국내 농업 보호 정책을 강화하고 있다. 이 또한 또 다른 형태의 중농주의적 정책의 출현이라 할 수 있다.

세계 각국의 경쟁적인 물적 성장 정책의 추진결과 지구상의 에너지 등 자원 위기와 기후변화로 대표되는 환경위기가 지구촌의 지속적인 번영을 위협하는 새로운 요소로 등장하고 있다. 이에 대응하여 탄소동화작용에 의한 원천적인 에너지 생산 기능과 함께 자원 재생산과 정화 기능을 가진 농업 생산에 대한 국제적 관심이 커지고 있는 것도 새로운 중농주의적인 사고의 출현이라고 볼 수 있다.

중상주의와 중농주의는 애덤 스미스의 고전학파 경제학의 성립과 함께 시대적 사명을 다하고 설 자리를 잃었지만, 자본주의적 시장경제 시스템의 의해서 지구상의 경제발전이 고도화된 오늘날에도 여러 가지 다양한 형태로 그 모습이 이어지고 있다.

시장주의와 개입주의의 동거(同居)

가장 뒤늦게 산업화에 착수한 일본은, 서구적인 공업화를 국가적 목표로 결정한 1868년의 명치유신 이후 1970년대 중반에 이르기까지 민간기업의 자유로운 경제활동을 보장하면서도, 자원배분 방식은 정부가 의도하는 대로 유도하는 일본식 산업 정책을 선택하였다.

역사적으로 자유방임주의는 케인스(John Maynard Keynes)가 등장하는 1930년대 대공항 이전의 미국과 영국의 일관된 경제 정책의 흐름이었다. 자본주의는 원칙적으로 가계, 기업 등 개별 경제주체들의 자유로운 경제활동에 바탕을 둔 시장경제 원리에 의해서 생산과 배분이 이루어지며, 이에 따라 국민경제의 후생이 극대화된다고 믿기 때문에 기업의 자유로운 경제행위나 시장기구에 정부가 개입하지 않는 자유방임 정책이 최선의 경제 정책이라는 것이다.

대공항 이후 케인스학파에 의해 정립된 신고전학파 종합(neo-classical synthesis)의 입장에서도 재정이나 금융 정책을 수단으로 하는 총수요 관리 정책의 필요성은 인정하지만 정부가 개별 산업에 직접적으로 개입하는 것에는 반대하는 입장을 취하고 있다.

이에 대해서 현실적으로 시장기구가 완벽하지 못하여 시장실패가 발생하는 부분에 대해서 정부가 제한적으로 산업활동에 개입해야 한다는 개입주의는 경제운용을 원칙적으로는 시장기구에 일임하되, 국가적 목적달성을 위한 제한된 범위 내에서 정부 개입의 필요성을 인정하며, 프랑스, 일본, 한국 및 의욕적인 산업화를 추진하고 있는 일부 동남아 국가와 중남미 국가들이 개입주의를 선택하고 있다. 그러나 어떤 국가가 자유주의나 개입주의를 선택하는 동기는 경제이론상의 문제가 아니라 해당국의 특정 산업이 국제 경쟁질서 속에서 차지하는 현실적인 위상에 크게 영향받는다는 것이 역사적 경험이었다. 예컨대, 미국은 영국을 따라잡고자 19세기 동안 강력한 국내 산업 보호 정책을 선택하였다. 그러나 20세기에 들어서 자국 산업의 전반적인 경쟁력이 세계적인 선도자 지위로 향상되자 자유무역주의로 선회하여, 오늘날에는 세계 자유무역을 앞에서 주도하는 역할을 수행하고 있다. 이 과정에서도 1970년대에는 자동차, 철강 등 주요 산업분야에 대해서 산업 정책의 필요성을 강조하여 왔고, 1994년 UR 협정 이후에는 자국 산업 보호를 위한 슈퍼301조를 부활시켰으며, 현재 진행 중인 WTO/DDA 협상에서는 국내 보조금의 실질적인 감축을 거부하면서 협상타결을 지연시키고 있는가 하면, 한·미 FTA 협상에서도 자국의 섬유와 자동차산업 보호 정책을 포기하지 않으려는 완강한 태도 고수로 협상이 지연되었던 것이다.

3) 정부의 시장개입에 대한 입장

자유무역 실현을 목표로 하는 WTO 체제 하에서는 관세율과 보조금의 감축 등 국내 산업 보호를 위해서 시행되어 왔던 전통적인 산업 정책수단들이 정해진 규칙에 따라서 매년 감축되어야 한다. 그러나 이 과정에서도 관세 감축의 예외화와 허용보조(green box)[6]의 설정 등 시장개입적 정책수단은 유지할 수 있도록 되어 있다. 말하자면, WTO 체약국들은 정부의 시장개입적인 산업 정책을 철폐 내지 감축하자는 원칙과 함께, 특정 산업을 보호하기 위한 정책을 계속해야 한다는 원칙에 동시에 합의하고 있는 것이다.

왜 자유주의와 정부 개입에 의한 보호주의는 개방된 경제질서 속에서 공존하는 정책 이념이 되고 있는가?

시장경제 원리를 중시하는 자유주의

자유주의는 시장경제 원리를 신봉한다. 시장기구의 "보이지 않는 손"에 의해서 자원배분이 이루어지면 개인이나 사회의 후생은 극대화된다는 것이다. 개인이나 기업이 시장신호(market signal)에 의한 판단으로 투자와 생산활동을 수행하고, 자유경쟁에 바탕을 둔 시장진입과 한계기업의 시장퇴출이 시장활동의 성과에 의해서 이루어짐에 따라서, 경제 전체의 효율성은 높아지고 사회적 후생은 극대화된다. 그러므로 정부는 시장기구(market mechanism)에 의한 자원배분에 간섭을 하지 않고 중립성을 유지하는 '작은 정부'를 지향하는 것이 최선의 선택이라는 입장이다. 만약 정부가 시장에 개입하여 전략산업에 대한 보조금을 지원하거나 기업 도산을 방지하기 위하여 구제금융 시책을 선택한다면, 시장기구의 자동조절 기능을 위축시키고 사회적 자원배분 기능을 왜곡시키게 된다는 것이다.

6) UR 협정에는 무역자유화에 의한 시장실패의 결과, 과소생산되는 사회적인 가치(환경보전 등 공공재)에 대한 직접지불을 납세자가 부담하도록 하되 생산에 영향을 주지 않는 방향으로의 보조를 허용하고 있다.

그러나 자유주의 하에서도 시장실패에 사후적으로 반응하는 예외적인 시장개입은 허용되고 있다. 즉, 외부효과(externality)가 존재하거나 공공재(public goods)인 경우, 그리고 독과점의 규제, 공해방지 및 산업안전과 소비자의 건강보호 등의 경우에는 정부의 시장개입적 정책은 허용되고 있다.

자유주의 관점에서는 정부 개입은 시장실패가 일어나는 예외적인 경우에 한하여 발생하는 차선(次善)의 선택이며, 경제를 이끌어 나가는 것은 어디까지나 시장기구이고, 정부 개입도 규제지향적이기 때문에 정부가 나서서 어떤 산업을 육성하기 위한 산업 정책에 대해서는 부정적인 시각을 유지하고 있다.

1930년대의 대공황을 겪은 후 세계경제는 정부의 적극적인 시장개입을 중시하는 케인스의 이론에 의해 주도되었다. 그러나 1970년대의 오일 쇼크에 이은 스태그플레이션(stagflation, 경기침체 속에서 물가가 계속 오르는 현상)을 겪으면서 케인스의 수정자본주의는 큰 비판에 직면하게 되었다. 그 이후 담수학파(淡水學派, Fresh water School)[7] 학자들이 주도하는 소위 신자유주의(neo-liberalism)가 거시경제학계의 주류적 흐름을 주도해 왔다. 담수학파 경제학자들은 본질적으로 신고전학파의 논리, 즉 경제주체들이 합리적이며 시장은 완전하다고 믿는다. 이를 바탕으로 경기변동을 완화하기 위한 정부의 시장개입적 재정 정책은 결국 아무런 효과도 없으므로 시장과 민간활동에 대한 정부의 개입이나 간섭은 최소화해야 한다고 주장한다.

특히, 미국과 같은 의회정치가 발달한 나라에서는 다양한 이익집단이 그들의 이익을 정치적인 영향력을 통하여 실현하려고 하기 때문에 정부가 특정 산업에 개입하는 선별적 산업 정책을 선택하면, 이익집단의 영향력에 의해서 경제적 이익을 배분하게 되는 정책실패 현상마저 우려되므로 시장경제 원리를 중시하는 정책을 선택하고 있는 것이다.

7) 담수학파는 미국의 5대호 인근에 위치한 대학들, 특히 시카고대학, 카네기멜로대학(피츠버그 소재), 로체스터대학(로체스트 소재), 미네소타대학(미네아 폴리스 소재) 들이 주도해 왔으며, 신자유주의가 부르짖는 경제적 자유방임주의(laissez-failure)를 근본 논리로 한다.

시장실패의 교정을 중시하는 개입주의

개입주의는 자유주의가 예상하고 있는 시장실패 현상이 훨씬 광범위하게 산업 내 무역, 다국적 기업 활동, 세계 기술시장, 정보의 유통 등에서 발생하기 때문에 체계적인 정부 개입에 의한 산업 정책을 실시해야 한다고 주장한다.

자유무역의 진전에 따라서 경제의 범세계화(globalization)에 의한 국제적 분업질서가 확장되면서 산업의 시장구조는 다국적 기업의 발달에 의해서 규모화되고 독과점적인 형태로 발달하게 되므로 완전경쟁을 기대할 수가 없게 된다. 예컨대, 항공기나 컴퓨터 분야에서는 엄청난 규모의 경제, 학습효과[8]가 작용하기 때문에 완전경쟁이 이루어지지 못하고 세계시장은 몇 개의 기업에 의해서 과점·분할되어 있다. 농산물(주로 식량작물)과 가공식품도 카길, 맥도날드 등 다국적 기업에 의해서 독과점 상태가 강화되고 있는 추세이다. 그러므로 후발국들은 이 같은 독과점산업의 지배력이 강한 산업에 시장경제 원리나 비교우위 원리에 의해서는 시장진입이 어렵기 때문에 개방이 확대될수록 유치산업 등 열세산업의 쇠퇴가 불가피해지는 것이다.

이와 같이 세계시장의 독과점 구조에 의해서 시장실패가 발생한다면 정부가 개입해서 자국기업의 경쟁력을 향상시킬 수 있는 산업 정책을 선택할 수밖에 없다. 따라서 시장에 대한 정부 개입의 범위는 시장실패를 보완하는 시장주의자들이 주장하는 바와 같은 단순하고 소극적인 정부 개입에서부터 시장기구 그 자체의 작동과 운영방향에까지 영향을 미치는 적극적인 개입으로 확대해야 한다는 것이 개입주의자들의 시각인 것이다.

이러한 논리는 거시경제학계의 또 다른 축인 소위 염수학파(鹽水學派, Salt water School)[9] 학자들에 의해서 주도되고 있다.

8) 학습효과(learning curve effect)는 경험효과(experience curve effect)라고도 불리는데, 1968년 보스톤컨설팅그룹(BCG)에서 발표한 이래, 경영전략의 사고에 많은 영향을 끼친 개념이다. 학습효과는 작업자들이 생산과정을 반복하면서 작업효율성을 높이는 방법을 고안하고 낭비와 비효율을 없앰으로써 생산성을 높이기 때문에 발생한다. BCG의 경험법칙에 따르면 누적생산량이 2배로 증가할 때마다 평균 비용은 일정한 비율로 떨어진다는 것이다.

9) 염수학파는 미국 동부 및 서부해안 지역에 위치한 대학들, 즉 UC버클리, 하버드, MIT, 펜실베니아, 프린스턴, 컬럼비아, 스탠퍼드, 예일대학 경제학자들이 주도해 오고 있다.

염수학파 경제학자들은 경제주체들이 완전히 합리적이라는 데 동의하지 않고, 케인즈의 이론에 따라 경기변동의 미세조정(fine-tuning)을 위한 재정 정책의 필요성 및 중요성을 강조하는 등 시장에 대한 정부 개입을 정당화한다.

자유무역 질서는 경제의 세계화를 야기하고 경제의 세계화는 다국적 기업이 주도하는 국제분업 생산체제에 의해서 더욱 촉진되고 있다. 이에 따라서 전통적인 국민경제의 개념은 차츰 퇴색되고 다국적 기업이 주도하는 경제의 세계화 추세 속에서 재화와 자본뿐만이 아니라 생산활동 그 자체가 국가 간에 자유롭게 이동하는 국경이 따로 없는 세계경제체제가 형성되고 있다.

세계경제체제 속에서 자국의 열세산업을 보호하기 위한 개입주의는 자유무역 질서의 국제적인 진전 속에서도 선 · 후진국을 가릴 것 없이 그 중요성이 새삼스럽게 평가되어 내용과 포장을 바꾸면서 시장개입적인 정책기조를 유지하고 있는 것이다.

새롭게 등장하고 있는 신보호주의(neo-protectionism)

제2차 세계대전 이후 1960년대까지 세계무역은 IMF-GATT 체제 속에서 급신장하였다. 그러나 1970년대에 들어서 달러(US$) 신인도(信認度) 저하가 가속화되고 고정환율제도가 변동환율제도로 바뀌는 과정에서 결국 금-달러 체제가 붕괴되었다. 이와 함께 전후 압도적인 경쟁력을 바탕으로 국제경제에서 절대적인 우월적 지위를 누려 왔던 미국이 EU와 일본의 급속한 경제발전으로 지위가 동요되면서 세계경제는 다극화의 양상을 띠게 되었고, 중국의 개방 이후 고도성장이 지속되면서 국제경제 질서는 다극화 체제로 정착되고 있다. 이에 따라 각 국가 간의 이해가 첨예하게 대립되어 그간 범세계적인 자유무역을 추진하였던 분위기는 한 쪽에서는 지역 간 자유무역(FTA)을 추진하면서 다른 쪽에서는 신보호주의를 강화하는 방향으로 바뀌고 있다.

1970년대에 들어서면서 대두된 신보호주의는 수입제한을 중요 취지로 하고 있기는 하나, 19세기 말의 고전적 보호주의와는 성격이 사뭇 다르다.

첫째, 고전적 보호주의는 후발국들이 주도하면서 자국 유치산업의 경쟁력 강화가 주된 목적이었는데 반해서, 신보호주의는 주로 선진국들이 주도하면서 비교우위를 잃고 있는 자국의 사양산업 보호에 초점을 맞추고 있다.

선진국에서 사양화되고 있는 산업은 섬유, 가전(家電) 등 노동집약적 산업이거나 또는 조선, 철강 등 자본집약적 산업인데,[10] 이들 산업을 후발국으로 이전하는 대신에 보다 기술집약적인 산업에 특화하기 위한 산업 정책의 선택은 노동력의 부문 간, 지역 간 이동과 기존 기업의 시장퇴출에 따르는 심각한 사회적 구조조정 비용을 수반한다. 이에 따라 각종 이해집단의 압력을 수용하여 수입수량제한, 수출자율규제 등 신보호주의적인 수입제한조치를 취하게 되는 것이다.

둘째, 고전적 보호주의는 무차별적으로 적용하는 관세를 중요 수단으로 하여 특정 산업에 대한 지원과 같은 미시적인 정책에 치중하였던 반면에, 신보호주의는 관세 감축을 추진하는 WTO 체제에 순응하면서도 선별적이고 차별적이며 은닉성이 강한 비관세장벽을 중요 수단으로 하여 고용방어나 국제수지 개선과 같은 거시적 목표를 추구한다. 이를 통해서 선진국이 공통적으로 직면하고 있는 저성장-고실업의 스태그플레이션 현상과 국제수지의 누적현상을 극복하자는 것이 신보호주의적 정책선택의 배경인 것이다.

셋째, 신보호주의는 세계 전 국가를 대상으로 하는 다자주의(multilateralism)가 아닌 쌍무적인 상호주의에 입각하고 있다. 상대국의 상품, 서비스 및 투자 등에 취하고 있는 대우와 동등하게 대우해 주지 않으면 해당 외국 상품에 대해서 상응한 보복조치를 취하고 있는 미국이 좋은 예가 된다.

넷째, 고전적 보호주의는 주로 제조업 부문에 한정해서 개방 압력이 가해졌으나, 신보호주의 하에서는 금융, 보험, 통신, 지적재산권 등 서비스 부문과 농업 부문으로까지 개방 압력 분야가 확대되고 있다. 특히, 미국은 공산품 무역자유화에 의해서 막대한 무역수지 적자가 누적되고 있고 산업구조 자체가 서비스산업화 되고 있기 때문에, 경쟁력이 상대적으로 강한 서비스와 농업 분야에서의 무역흑자 확대에 관심이 클 수밖에 없다. 따라서 신보호주의적인 시장개방 압력은 내용면에서 고전적 보호주의와는 큰 차이가 있다.

10) 국제 금융시장에서 자유롭게 자금을 차입하여 신기술을 도입할 수 있는 한국과 같은 중진국에 대해서 선진국은 철강, 석유화학, 조선 등 자본집약적 산업에서 더 이상 비교우위를 확보할 수 없게 된다. 이에 따라 이들 산업을 유지하기 위한 선진국의 산업 정책은 보호주의적 산업 정책이 될 수밖에 없다.

신보호주의 하에서 선택할 수 있는 유효한 산업 정책은 산업 내 특화전략이다. 진전되는 자유무역 질서 속에서 각국이 완전특화 형태로 각 산업에 특화하면 이론적으로는 수출 부문과 수입 부문 등 두 가지 부문만이 국민경제 내에서 존재하게 된다. 만약 기존 수출 부문의 경쟁력이 떨어져서 수입 부문으로 전락하게 되면 수출 부문에서의 모든 고용과 생산활동을 포기해야 하는 소위 산업 간 구조조정 문제에 직면하게 된다. 예컨대 만약 한국이 섬유나 신발산업에서 비교우위를 상실하면 엄청난 구조조정 비용을 수반하기 때문에 사양산업에 대한 신보호주의적인 정책을 선택할 수밖에 없다. 그러나 한국이 비교우위를 상실한 일부 저부가가치 생산공정이나 저가품 생산만 후발국(중국이나 동남아 국가)에 넘겨주는 대신에, 비교우위가 있는 고가품 생산에 특화하는 산업 내 특화전략을 선택하게 되면 산업 간 구조조정 문제를 비켜갈 수 있다.

사양산업인 섬유나 신발산업 중에서 고급 의류와 혁제정장화(革製正裝靴)로 산업 내 구조조정을 성공시켜서 세계 제1의 수출국으로 군림하고 있는 이탈리아와, 자국이 비교우위를 보유한 조립 등 일부 생산공정에만 특화하고 그렇지 못한 대부분의 생산공정에서 생산되는 중간재는 해외에서 수입하는 산업 내 특화전략으로 막대한 부가가치를 벌고 있는 프랑스의 항공기산업의 경우가 좋은 예가 된다.

4) 경제학 연구 패러다임의 진화와 농업 정책의 차별화

2012년 1월 25일부터 29일까지 개최된 다보스포럼[11)]에서는 글로벌 경제의 불확실성을 제거하고 위기에 빠진 자본주의를 구제하기 위한 해법으로 긴축보다는 성장과 공생을 추구하는 자본주의 구축 및 청년실업과 관련하여 고용창출과 인재육성(talentism) 등이 강조되었다. 그러나 "대전환을 위한 새로운 모델의 모색"을 주제로 한 2012년의 포럼에서는 현재의 경제위기를 시장의 자기조정 기능을 통해서 극복할 수 있을 것이라는 전망보다는, 20세기를 이끌어 온 자본주의로

11) 매년 스위스의 다보스에서 개최되는 '세계경제포럼' 연차총회의 통칭으로서 세계 각국의 정계·관계·재계의 수뇌부들이 모여 정보를 교환하고, 세계경제 발전방안 등을 논의하는 국제적 영향력을 가진 '살롱'적인 회의이다. 이 포럼에서는 격월간으로 기관지 *World Link*를 발행하며, 매년 『세계경쟁력보고서』를 발간하고 있다.

는 21세기의 새로운 도전을 감당하기 어렵다는 점을 확인하는 우울한 분위기 속에서 폐막되었다.

악화일로에 빠진 세계 거시경제의 건전성, 아직도 리먼 브라더스의 충격에서 헤어나지 못하고 있는 도덕성이 결여된 금융, 기업자본에 대한 비판, 불평등의 심화와 만성적인 실업 확산에 대한 99%의 분노와 패배주의로 인한 기업의 불안감 등 자본주의의 실패에 대한 반성과 대안모색의 필요성이 크게 부각되었다.

경제성장 패러다임의 한계

가장 먼저 거론해야 할 부분은 지구촌 경제의 눈부신 물적 성장효과를 거두었던 경제성장 패러다임의 한계에 관한 것이다.

전통적인 자본주의 경제성장이론은 자원의 투입증가 또는 자원 결합방법에 관한 기술진보와 자본 투입을 늘리기 위한 저축률의 증가에 의해서 경제성장이 이루어진다는 것이 중심 내용이었다.[12] 이러한 성장모형의 암묵적인(implicit) 가정은 경제성장을 위해서 추가적으로 투입할 수 있는 자원부존량이 무한히 존재한다는 것이었다. 그러나 세계 각국이 경쟁적으로 경제성장에 나선 결과, 지구촌 경제는 유사 이래 최대의 번영을 이룩하게 되었지만 지구촌의 개발 가능한 부존자원량이 한계에 처하고 있다는 사실을 인류가 비로소 깨닫게 된 것이다.

또한 성장모형에서 깊이 고려하지 못하였던 환경악화[13]가 경제성장을 위협하는 새로운 변수로 심각하게 대두되고 있다는 사실마저 깨닫게 되었다. 자원위기와 환경위기가 경제의 지속적인 성장을 저해하는 새로운 위협요소라는 인식을 세계인이 공유하게 된 것이다.

자원고갈 현상에 대응하기 위한 새로운 자원(man made capital assets or low quality resource) 개발을 위한 높은 비용이 경제의 안정적인 성장을 위협하는 중요 변수

12) 전통적인 생산함수는 $Y=Af(L, N, K)$이다(Y: 생산, A: 기술, L: 토지, N: 노동, K: 자본). 경제성장(ΔY)은 각 생산요소의 증투(ΔL, ΔN, ΔK) 또는 생산요소의 결합방법에 관한 기술(ΔA)발전에 의해서 이루어진다. 토지를 주어진 조건으로 하는 Solow-Swan 모형($S(Y/N)=(n+\lambda)K/N$)에서도 기술진보(λ)와 저축률(s)의 증가에 의해서 경제성장이 이루어진다.

13) 환경이란 변수는 물론 경제성장모형에서 명시적 함수로 고려되지 않았다. 그러나 크게 보면 환경도 일종의 자원에 포함시켜서 해석할 수도 있다.

로 등장하고 있다. 기후변화로 대표되는 환경악화가 지구촌의 번영을 파괴시킬 수 있는 위협변수로 대두되고 있다. 이러한 위협요소에 대하여 전통적인 자본주의 경제성장이론의 한계와 무력함이 드러난 것이다. 이에 따라 제한된 지구자원(환경 포함)을 현재 세대뿐만 아니라 미래 세대도 같이 이용할 수 있도록 해야 한다는 미래 세대의 이용 몫까지를 고려한 자원의 시간적 배분을 중시하는 지속적인 성장이 지구촌 경제의 중요한 화두(keyword)로 등장하고 있다.

농업은 에너지의 원천적인 제조산업인 동시에 환경친화적 산업의 특징을 가지고 있다. 탄소동화작용을 통하여 태양열을 흡수하여 인류가 이용할 수 있는 에너지로 변환시키는 동시에, 온실가스(CO_2)를 흡수하여 산소로 변환시키는 원천적인 대기정화산업이기 때문이다.

자원 투입비용 대비 산출액의 크기를 기준으로 하여 계측되는 효율성 정도로 평가할 때 농업은 자본주의 경제성장 과정에서 쇠퇴산업(declining industry)의 처지를 감수할 수밖에 없었다. 그러나 지구촌의 자원과 환경위기시대에 대응하기 위한 저탄소녹색산업의 원천산업이 바로 농업 부문이라는 인식의 전환이 바야흐로 이루어지고 있는 것이다.

바이오 매스(bio-mass)[14]를 이용하여 대체에너지(바이오 에탄올과 바이오 디젤)를 제조하는 일에서부터 바이오 매스에서 공업용 친환경 원료를 추출하는 일, 그리고 유휴된 산림지에 대한 조림 등 녹색산업화를 통한 탄소배출권을 확보하는 일 등 저탄소 녹색성장을 주도하는 농업의 역할과 기능 강화가 진화되고 있는 경제성장 패러다임의 핵심 분야가 되고 있는 것이다.

신고전학파 경제학 패러다임의 한계

두 번째로 거론해야 할 부분은 가격신호에 의한 자원배분의 효율화를 중시하는 신고전학파 경제학 패러다임의 한계에 관한 것이다. '보이지 않는 손'에 의한 가격신호는 자원배분과 이용의 효율성을 높여서 지구촌 경제의 번영을 이끈 주역이었다. 경제주체들은 보다 좋은 가격조건의 창출을 위하여 규모화와 분업

14) 광합성으로 이루어진 모든 에너지를 함유하는 식물의 근원인 재료를 통틀어서 일컫는 용어이다.

화에 의한 경영의 효율화를 추구하였다. 그 결과 지구촌의 경제는 물질적인 번영을 이룰 수 있었다.

그러나 경제에 대한 자본지배력의 강화는 '빈부격차의 심화'로 대표되는 경제주체의 양극화 현상을 심화시킴으로써 사회적 갈등을 증폭시키는 원인이 되고 있다. 특히, 세계화의 진행에 따라서 전통적인 규모화 · 분업화에 의한 효율성 실현 위주의 경영전략은 힘을 잃고 있다. 글로벌 경제의 다양한 변수의 돌출과 예측 불가능성을 극복하기 위한 수단으로 기민한 변화 적응성을 확보하기 위하여 국제적 M&A(인수합병),[15] 아웃소싱(외주), 전략적 제휴 등이 새로운 기업경영의 수단으로 다투어 활용되고 있기 때문이다.

경기의 장기 침체를 극복하기 위한 케인즈학파의 저이자율 금융 정책도 세계화 시대에서는 무력함을 드러내고 있다. 저이자율 정책은 투자 확대와 고용 증대에 기여하기보다는 자본의 국외 유출을 유발함으로써 국내 경기 회복에는 무력한 대신에 금융위기로 촉발된 미국발 경제위기를 지구촌 전체로 확산시키는 도미노 효과 등의 부작용을 유발하고 있기 때문이다.

또한 경제와 자원배분의 가장 중요한 평가기준이었던 가격이란 가치의 중요성 대신에 디자인, 브랜드, 친환경성, 건강 지향성 등 비가격적 요소의 시장영향력이 커지면서 가격 신호의 중요성이 반감되고 있다.

비가격적 가치 신호와 농정선택 방향

'우루과이라운드' 협상 이후 시장개방시대로 진입한 한국 농업의 장래는 암울한 것으로 전망되었다. 모든 경제 분야의 연구자들은 '국내외 가격차'에 의해 한국 농업의 붕괴를 점치는 데 주저하지 않았다. 그러나 개방 이후 15년 동안(1995~2010) 한국 농업은 연평균 1.3%의 기대 밖의 실질적인 평균 성장을 해왔다.[16]

신고전학파 경제학의 핵심 개념인 가격 신호가 품질, 서비스 등 비가격적 가치 신호(non-price value signal)에 밀려서 제대로 영향력을 발휘하지 못한 탓이다.

15) 적대적인 M&A는 가격 신호를 무시하는 대표적인 경영전략이다.

16) 1995년의 농림어업 부가가치는 2005년 기준 실질가격으로 23조 4,058억 원이었는데 개방 15년 이후인 2010년에는 28조 4,754억 원으로 연평균 1.3%씩 실질성장하였다(농림수산식품부, 「농림수산식품 주요 통계」, 2011).

한국의 2010년 인구밀도는 490명/km^{2}으로 방글라데시, 대만에 이어 세계 3위국으로 선진국 평균(23명/km^2)보다 21배나 높고 개도국 평균(68명/km^2)보다 7.2배나 높다. 즉, 좁은 땅에서 많은 인구를 부양해야 한다. 이 때문에 농지가격은 세계에서 가장 높고, 임금 역시 지속적인 경제성장 덕분으로 대단히 높은 수준이다.

높은 농지가격과 임금수준 때문에 농산물 생산비는 경쟁상대국(중국, 미국)보다 3~4배나 높을 수밖에 없다. 자원부존 조건의 비교열위성 때문에 생산비가 높아져서 한국 농업의 국제경쟁력 수준은 '가격'기준으로는 절망적일 수밖에 없었다. 그러나 시장개방 15년의 경험은 지나치게 낮은 한국 농산물의 가격경쟁력에 기초하여 형성된 한국 농업의 장래에 대한 패배의식이 크게 잘못된 인식임을 일깨워주고 있다.

농산물을 선택하는 소비자의 기준이 가격조건이 아닌 건강성, 안전성, 맛 등 기호성, 친환경성 등 비가격적인 가치조건을 더욱 중시한다는 사실을 값싼 해외 농산물과의 시장경쟁 과정에서 체득하게 되었기 때문이다. 전 세계적으로 확산되고 있는 웰빙(well-being) 풍조와 한류열풍에 편승하여 한국 농산물의 우수한 품질 등 가치경쟁력을 무기로 하여 새로운 국내외의 틈새시장(niche market)을 개척할 수 있는 여지를 발견하였기 때문이다.

경제 패러다임의 진화에 따라 등장하고 있는 새로운 기준(new normal)에 따라 한국 농업의 가치와 역할에 대해 새로운 평가가 이루어져야 한다. 자원과 식량위기에 대응하기 위하여 식량과 에너지의 원천적 생산업인 국내 농업의 잠재력을 극대화시켜야 한다. 국민의 건강을 지키는 안전한 먹거리를 공급하는 전통적인 식량생산 기능 외에도 친환경에너지와 공산품 소재 생산업으로서, 고령화된 노동력 등 한계적 자원의 고용산업으로서, 전 세계인의 고품질 식생활에 기여하는 신성장동력 산업으로서, 국민경제의 안정적인 성장을 뒷받침할 수 있도록 적극적인 농업 발전 정책을 수립하고 집행해 나가야 할 시점인 것이다.

5. 대체효과와 소득효과, 고품질 농산물로 차별화해야 하는 이유

한 재화의 가격이 변화하면 그 재화에 대한 수요량도 변화하는데, 이를 가격효과라 하고 가격효과는 대체효과와 소득효과로 나누어서 파악할 수가 있다. 소비자가 선택할 수 있는 두 재화의 조합(combination) 중에서 한 재화의 가격이 내린다면 소비자는 가격이 내린 만큼 소득증가효과가 나타나서 그 재화를 더 사게 된다. 또한 상대적으로 비싸진 다른 재화 대신에 값싸진 재화를 더 사게 된다. 이것이 소득효과와 대체효과이다.

그림① 소득효과와 대체효과

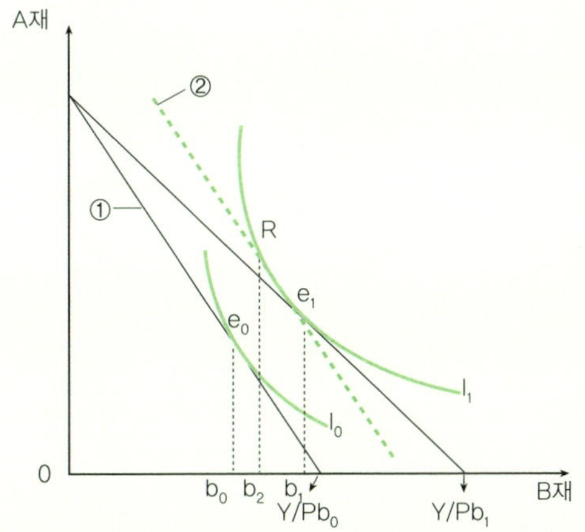

그림①에서 A재의 가격은 일정한데, B재의 가격만이 내렸다고 하자($Pb_0 \rightarrow Pb_1$). 소비자균형점은 e_0에서 e_1으로 변하고 B재의 수요량은 b_0에서 b_1으로 증가할 것이다. 이를 가격효과라고 한다. 새로운 균형점 e_1은 원래의 균형점보다 높은 후생수준($I_0<I_1$)에 존재하므로 실질소득이 증가한 결과가 된다. 소득증가에 따라 소비자가 얼마나 더 수요하는가를 알기 위해서 원래의 예산제약선①과 평행된 예산선②를 그어 새로운 무차별곡선 I_1과 만나는 점은 R이고 R에서의 소비량은 b_2이다. 즉, b_0에서 b_2까지의 소비량 증가는 소득증가효과인 것이다. 그렇다면 동일한 무차별곡선 I_1상의 R에서 e_1으로의 이동, 즉 b_2에서 b_1으로의 수요량 이동은 상대적으로 값이 비싼 A재의 수요량을 줄이는 대신에 값이 싸진 B재의 수요량을 늘리는 대체효과인 것이다. 즉, 가격효과=소득효과+대체효과이다.

정상재(normal goods)일 경우에는 그림①에서 보는 바와 같은 양(+)의 소득효과가 발생하지만, 열등재(inferior goods)는 음(−)의 소득효과가 발생한다. 즉, 열등재의 경우에는 실질소득이 증가하면 수요량은 감소한다. 이러한 현상은 대체효과가 소득효과를 능가하기 때문에 발생하는 것이다.

경제발전에 따른 실질소득이 증가함에 따라 보리쌀의 수요는 급격히 줄었다. 보리쌀 소비 대신에 쌀, 육류, 채소류 등의 대체수요가 소득증가에 따라서 크게 늘었기 때문이다. 오늘날 쌀 소비의 감소 추세도 쌀이 정상재로부터 열등재로 변하고 있다는 신호로 해석할 수 있다.

현재 진행되고 있는 다양한 시장개방 협상에 대응하기 위한 정책선택의 궁극적인 목표는 수출시장 확대를 통한 새로운 성장동력(engine)을 확보함으로써 국민소득을 지속적으로 향상시키자는 것이다. 소득이 증가하면 열등재의 수요는 감소하고 정상재나 우등재의 수요는 증가하게 되므로 소비자가 원하는 고품질 안전 농산물 생산질서로 전환시키는 것이 개방시대의 한국 농업이 가야 할 길인 것이다.

오늘날 국제 농산물의 주된 교역품목은 곡물과 축산물 등의 대규모 농기업에 의해서 대량생산되어 대량유통되는 대량시장(mass market)에 적합한 농산물이다. 그러므로 불특정 다수고객 지향적인 대량시장에서 전혀 승산 없는 경쟁을 벌이기보다는 빠르게 증가하고 있는 고품질 농산물을 취급하는 목표(target)고객 지향적인 국내외 정밀시장(precision market)에서 한국 농업은 새로운 활로를 찾아야 한다.

고품질의 친환경 농산물을 생산함으로써 대량생산체제 하에서 생산되는 해외 농산물과의 차별화를 추구해야 하는 까닭이 여기에 있다.

Chapter 5

농업 정책의 미래지향적 전환방향

1. 시장개방 15년의 영향
2. 개방이냐, 보호냐
3. 농업 보호 정책 선택의 이유
4. 개방농정의 전환방향

농업 정책의 미래지향적 전환방향

1 시장개방 15년의 영향

19세기를 관통하여 20세기 내내 계속되어 왔던 보호무역주의[1)]로부터 보다 자유지향적인(freer trade) 농산물 무역질서를 추구하는 우루과이라운드 협정이 발효된 지(1995) 18년이 흘렀다. 이제는 보다 실질적인 시장개방을 추구하는 WTO/DDA 협상과 거대경제권과의 FTA 협상마저 동시다발적으로 진행되고 있어서 농산물 무역자유화는 거스를 수 없는 시대적 대세인 것으로 인식되고 있다.

시장개방이 본격화된 지난 15년간(1995~2010) 한국 농업에는 어떤 변화가 있었는가?

먼저 농수산물 수입자유화율(품목기준)은 94.5%에서 99.2%로 높아졌고, 농림수산물 수출은 2000년까지는 정체상태였다가 2005년 이후 2010년까지는 연평균 11.5%씩 빠른 속도로 증가하고 있다. 반면에 농산물 수입은 연평균 3.58%씩 증가함으로써 농산물 무역수지 적자는 2010년 현재 199억 달러를 넘어섰다. 전체 무역수지는 수입증가율(6.16%)을 능가하는 수출성장률(9.17%)을 실현하여 1995년의 100억 달러 적자로부터 2010년에는 412억 달러의 흑자로 전환되었으나, 농산물의 무역수지 적자(199억 달러)에 의해서 크게 잠식되고 있다. 이 기간 동안 농수산물 무역에서는 수출은 15년 전에 비해서 24억 달러가 증가하였지만 수입은 6배가 넘는 153억 달러로 증가하였다. 이에 따라 농산물 무역적자는 70억 달러에서 199억 달러로 확대되었다(표 5-1).

1) 영국의 「곡물법」(Corn law, 1846~1873) 폐지로 시행되었던 잠시 동안의 자유무역시대를 제외하고는 지속되어 온 세계 경제침체와 미국의 관세법(1930) 제정 이후 케네디라운드(1967)에서 도쿄라운드(1979)에 이르기까지 열렸던 GATT의 7차례에 걸친 다자간 협상에서도 농산물 보호무역주의는 거의 변함없이 유지되어 왔다.

표 5-1 UR 협정 이후 15년간 수출입의 변화

(단위: 백만 달러, %)

연도	수출		수입		무역수지		무역자유화율	
	전체	농림수산물	전체	농림수산물	전체	농림수산물	전체	농림수산물
1995	125,058	3,469	135,119	10,520	Δ10,061	Δ7,051	98.9	95.6
2000	172,267	3,036	160,481	9,861	11,787	Δ6,825	99.8	98.6
2005	284,419	3,416	261,238	14,276	23,182	Δ10,860	99.9	99.1
2010	466,384	5,880	425,212	25,787	41,172	Δ19,907	99.9	99.2
연평균 증감률	9.17	11.47[1]	7.94	6.16	13.32[2]	0.94		

주: 1) 2005~2010년간 증가율임.
2) 2000~2010년간 증가율임.
자료: 농림수산식품부, 「농림수산식품 주요 통계」, 2011.

주어진 농지에서 부양할 인구가 많은 우리나라의 특성을 고려할 때, 그리고 잘 먹고 잘 살기 위한 성공적인 경제성장에 의한 소득향상으로 '잘 먹기 위해서' 농산물 수입이 증가되고 있는 현실을 탓할 수는 없다.

2010년 현재의 식량 생산 실태는 쌀 430만 톤, 맥류 8만 톤, 두류 20만 톤, 서류 22만 톤, 잡곡 9,000톤 등 480만 톤 정도이다. 이에 비해서 해외에서 도입하고 있는 곡물류는 옥수수 720만 톤, 밀 375만 톤, 콩 120만 톤, 기타 25만 톤 등 1,282만 톤에 달하고 사료용 박류(粕類) 수입량까지 감안하면 1,570만 톤 정도를 수입하여 국내 식량수요를 충당하고 있다. 1,570만 톤의 수입식량을 농작물 중에서 가장 생산성이 높은 쌀 생산증가를 통하여 자급한다손 치더라도 현재의 논면적이 3배로 늘어나야 하는데 이것은 전혀 불가능한 일이다.

그러므로 농산물 수출입상의 무역수지 적자현상은 자원부존 구조의 특성상 어쩔 수 없는 일이므로 UR 협정의 영향을 받은 현상이라고 말하기는 어렵다. 오히려 이 기간 동안에 이루어진 역사상 유례 없었던 농업구조개선사업을 위한 사회적인 투융자사업(1992~2003, 69조 원 사업)[2]에 힘을 입어서 농경지와 농업 취업인

2) 문민정부의 농어촌발전대책에 의한 농업구조개선사업은 1992년부터 1998년까지를 기간으로 하여 시행하였고, 국민의 정부에 의한 농촌투융자사업은 1999년부터 2004년까지를 기간으로 하여 시행되었으며, 참여정부는

표 5-2 UR 협정에 의한 시장개방 이후 15년간 농업 주요 지표의 변화

(단위: %)

구분	1995	2000	2005	2010	연평균 증감률
1. 농업 주요 자원					
농경지 합계(천ha)	1,985	1,889	1,824	1,715	△0.97
(논)	(1,206)	(1,149)	(1,105)	(984)	1.35
(밭)	779	(740)	(719)	(731)	△0.42
농림업 취업인구(천 명)	2,289	2,162	1,747	1,633	△2.28
30세 미만 청년층	103	80	58	62	△3.33
60세 이상 노년층	823	988	994	871	0.38
농가인구(천 명)	4,851	4,031	3,434	3,063	△3.02
농가호수(천 호)	1,501	1,383	1,273	1,173	△1.63
2. 농업 생산성(호당)					
농림업 부가가치	213,825	230,467	237,563	270,091	1.57
(2005년 기준 가격, 억 원)					
자본집약도(천 원/10a)	1,575	2,237	3,138	3,920	6.27
노동생산성(원/시간)	9,387	11,778	12,297	15,698	3.48
토지생산성(천 원/10a)	954	1,050	1,141	1,273	1.94
자본생산성(부가가치/농업 자본)	0.61	0.47	0.36	0.32	△4.21
3. 농가경제(호당, 천 원-명목)					
농가소득	21,803	23,072	30,503	32,121	2.62
(농업 소득)	(10,469)	(10,897)	(11,815)	(10,098)	△0.24
(농외 소득)	(6,931)	(7,432)	(9,884)	(12,948)	4.25
(이전수입)	(4,403)	(4,743)	(4,078)	(5,610)	1.63
농가부채	9,163	20,207	27,212	(27,210)	7.53
4. 국민 1인당 소비량					
쌀	106.5	93.6	80.7	72.8	△2.50
축산물(육류)					
육류(쇠고기, 돼지고기, 가금육)	27.4	31.9	32.1	38.8	2.35
우유	47.5	59.6	62.7	64.9	2.10

자료: 농림수산식품부, 「농림업 주요 통계」, 2011.

2004년부터 2013년까지를 기간으로 하여 농업 · 농촌종합대책 투융자 정책(소위 119조 사업)을 추진 중이다. 참여정부 이전의 투융자사업의 규모는 총 72조 원이었는데, 이 중에서 어업 분야를 제외할 경우 69조 원이 된다(성진근 외, 2004).

구의 지속적인 감소에도 불구하고 토지생산성과 노동생산성의 빠른 향상에 따라 실질 생산액과 농가소득은 증가하였다.

지난 15년간(1995~2010) 농림업 부가가치는 2005년 기준 가격으로 23조 4,000억 원에서 28조 5,000억 원으로 21.7% 증가하였다. 이 기간 동안에 농가인구와 농가호수는 각각 26.9%와 21.6% 줄어들었다. 농림어업 취업인구는 243만 명에서 156만 6,000명으로 35% 줄어들었다. 농업 구조개선을 위한 사회적 투자에 힘입어 자본에 의한 노동대체가 활발하게 이루어져서 자본집약도는 2.5배 증가하였다(호당 157만 5,000원/10a에서 392만 원/10a). 이에 따라 노동 생산성은 1.7배, 그리고 토지생산성은 1.3배 증가하였으나 자본 생산성은 0.61에서 0.32로 감소하였다. 이 기간 동안 쌀 소비량은 32% 줄어들었으나 축산물(육류) 소비량은 42% 늘어났다.

농가소득은 농업소득의 정체에도 불구하고 농외 소득의 1.9배 증가에 힘입어 1.5배 늘어났으나 농가부채는 자본집약도의 상승에 따라 3배나 증가하였다.

급속한 시장개방에 대응하기 위해서 선택한 농업 구조개선 투융자사업의 영향을 받아 농림업 부가가치는 연평균 1.29%씩 실질가격 기준으로 증가하는 성과를 보였고, 농업 부문의 자본집약도와 노동 생산성은 크게 증가하였으나, 이 때문에 농가부채 문제가 심각한 수준으로 악화되고 있다고 요약할 수 있다(표 5-2).

2 개방이냐, 보호냐

자유무역으로부터 얻을 수 있는 이익이야말로 세계경제를 성장과 번영에로의 길로 이끄는 중요한 동기가 된다는 것은 의심할 나위가 없는 사실이다. 짧은 기간 동안에 이룩한 한국의 경제성장 역시 GATT의 자유무역체제에 힘입은 바가 크다는 것은 부인할 수가 없기 때문이다.

그러나 현실적으로 세계 각국은 자국이 처한 입장에 따라서 자유무역을 저해하는 보호주의적인 산업 정책을 선택하고 있음도 사실이다. 세계 각국은 혹은 특정 산업의 국제경쟁력을 강화하기 위하여, 혹은 자국의 특수한 정치 · 경제적인 입장을 반영하여 특정 산업을 예외적으로 보호하기 위한 목적으로 다양한 보호주의적인 산업 정책을 선택하면서 심지어는 무역분쟁마저 야기하고 있기 때문이다.

왜 지구상의 모든 국가들은 자유무역 질서의 확산에 원칙적으로 동의하면서도 특정 산업 부문에 대한 수입제한과 수출촉진을 위한 산업 정책적인 무역 정책을 선택적으로 유지, 또는 강화해 오고 있는가?

그것은 무역으로 인한 이익이 수많은 소비자와 생산자 사이에 광범위하게, 그리고 얇게(thinly) 배분되는 반면에 무역손실(무역이익을 얻기 위한 비용)은 제한된 특정 산업 부문의 노동자, 농가, 기업들에게 집중적으로 배분되는 경향이 있기 때문이다. 또한 무역이익과 손실이 발생하는 범위는 일국의 농업 부문을 비롯한 산업 부문에서의 구조적 불균형(fundamental disparity)이 존재하는 부문에 집중되기 때문이다(James P. Houck, 1992).

역사적으로 세계 각국이 선택해 온 보호무역 정책을 유형화해서 정리하면 다음과 같다.

새로운 산업(new industry) 또는 유치산업 보호를 위해서

주로 관세나 수입할당제 등 정책수단을 통해서 유치산업(infant industry)이 국제경쟁력을 확보할 수 있을 때까지 관세장벽을 강화 · 유지하는 보호 정책이 선택된다. 우리나라가 WTO 체제 하에서도 쌀에 대한 관세화 개방을 유예시키는 정책을 선택한 것이나, 미국이 섬유산업에 대한 긴급구제관세제도를 고수하고 있는 것이 이 범주에 속한다.

국가안보(national security)상의 이유 때문에

자유무역의 진전은 국가별로 생산의 전문화(specialization) 추세를 정착시키게 된다. 이 때문에 특정한 산업 부문이 국가안보 유지 등 전략적으로 필요한 규모 이하로 위축되는 결과가 초래될 것을 우려하여 보험료 지불 차원에서 국내 특정 산업을 유지하기 위한 보호비용을 지불하는 산업 정책을 선택하게 된다. 이러한 산업 부문에는 농업, 섬유, 철강, 무기산업 등이 일반적으로 포함된다.

국민보건을 지키기 위해서

국가 간 자유무역은 국민의 건강상 이유 때문에도 제한받게 된다. 구제역, 광우병, 조류독감 등 인축(人畜) 공동 전염병으로 인한 축산물 수입제한 조치는 국제적으로 일반화된 제도이다. 유전자조작식품(GMO)의 수입제한을 위한 목적으로 EU에서 도입한 우수농산물제도(GAP)와 생산이력제도(traceability)는 신선 농산물의 무역규제 수단으로 일본과 우리나라에서도 확장·적용되고 있다.

불공정한 무역관행에 대응하기 위하여

수출국들이 자국에서 과잉생산된 상품을 처분하거나, 신시장을 확보하기 위하여 자국의 생산비보다 낮은 값으로 국제시장에서 유통시키는 덤핑(dumping)수출의 경우에 대응하여, 교역질서의 왜곡에 따른 국내 산업의 피해를 줄이기 위해서 수입국들은 수입제한 조치를 선택하게 된다. 특히, 농산물 무역에서는 수출보조나 이중가격 구조, 세제상 특혜 등의 정책수단이 주로 동원되는데, 이에 맞서서 수입국들은 이에 상응하는 관세나 수입량 할당 등 수입제한 조치를 취하게 된다.

내수산업 진흥을 통한 경기부양을 위하여

2009년 글로벌 경기침체가 가속화되면서 대다수 국가들은 수입을 줄이는 대신에 자국업체를 우대하는 방식으로 경기부양과 일자리 확대에 치중하고 있다. 국제무역에서 양자(FTA)와 다자간(WTO/DDA) 자유무역협정이 체결 또는 추진되고 있는 와중에서 보호무역주의가 되살아나고 있는 것이다. 신보호주의의 수단으로 동원되는 방법은 직접적인 수입규제에서부터 까다로운 기술인증(표준)의 도입, 원산지 확인 등 통관제도의 강화, 금융보호주의와 국산품 구매 촉진 등 다양하다.

미국이나 EU 등 선진국은 물론이고 중국, 인도 등 거대 내수시장을 가진 국가들이 앞다투어서 자국산 우선주의에 불을 붙이고 있는 것이다.

3 농업 보호 정책 선택의 이유

오늘날 지구상의 거의 대부분의 나라들은 자국 농업 분야에 대하여 소비자의 부담에 의한 가격 지지 정책을 줄이는 대신에 납세자의 부담에 의한 정부지출(직접지불제도)을 늘리고, 비관세장벽을 강화하는 등 시장간섭적인 정책을 시행하고 있다. 그러므로 엄밀한 의미에서 농산물의 자유무역이란 거의 존재하지 않는다라고도 볼 수 있다. 과연 농업 부문의 어떠한 요인이 보호무역적인 정부의 시장개입을 불가피하게 하는가?

그 이유를 정치 · 사회적인 이유와 경제적인 이유로 나누어서 살펴보면 다음과 같다.

1) 정치 · 사회적인 이유

정치 · 사회적인 이유 중에서 으뜸이 되는 것은 어떤 사회에 있어서나 농산물이 국민들의 생존을 위한 절대적인 필수품이란 사실이다. 자국 국민들에게 먹거리를 적절한 가격수준에 충분히 공급할 수 있는 능력을 잃고서도 무난히 통치권을 행사할 수 있는 현대 정부는 생각조차 할 수 없다. 세계대전을 겪으면서 식량부족으로 인해서 받았던 쓰라린 경험 때문에 대부분의 유럽 국가들과 일본이 자국 농업의 생산능력 향상을 위해서 엄청난 재정지원을 계속하고 있는 것이 좋은 예이다.

두 번째는 농촌지역의 정치적인 영향력이 크기 때문이다. 대부분의 선진국에서는 경제발전에 따라 농가인구 비중이 5% 이하 수준으로 감소하고 있다. 그러나 농가인구의 절대적인 비중이 높았을 때부터 시행되어 온 다양한 농업 보호 정책은 크게 축소되지 않고 있다. 그 이유는 땅 문제와 깊은 연관이 있는 것으로 판단된다. 각국의 농업 정책의 기본 정신은 사람과 땅과의 특별한 관계가 그 뿌리가 되고 있다. 물질적 생산의 기초인 농업 생산의 기본적인 생산수단은 땅이었다는 인류사회의 오랜 전통이 배어 있기 때문이다. 땅의 문제가 연관되는 한, 농촌 땅의 전 국토 면적에서 차지하는 비율이 절대적으로 크기 때문에 농촌의 영향력은 클 수밖에 없다.

세 번째는 농촌은 도시민의 정신적인 고향이라는 일종의 사회·문화적 이유이다. 오늘날 대부분의 도시거주자들은 2~3세대 이전에는 모두 농촌 출신이었다고 할 수 있으며, 그들의 친족들이나 친지 일부는 여전히 농촌에서 살고 있기 때문에 농촌의 붕괴를 본능적으로 거부하는 감정을 지니고 있다. 이것이 농업 보호에 대한 일반적인 인식을 주도하는 배경인 것이다.

2) 경제적인 이유

농업이 정부의 공공적인 정책에 의한 중요한 보호대상이 될 수밖에 없는 경제적인 이유는, 첫째 개방화에 따르는 농업 또는 농가의 구조조정에 필요한 유예기간을 확보함으로써, 개방의 충격을 완화시키고 경쟁력 강화를 실현할 수 있는 산업 구조조정의 연착륙(soft landing)에 필요한 기간 동안의 정부 보호적 시책이 필요하다는 전환기적인 이유이다. 둘째, 농가소득 안정화에 의한 농촌지역 사회의 유지와, 셋째 시장가격의 크기로 반영되지 않는 농업의 공공재 생산적인 다원적 기능 확보 등의 이유로 나누어서 살필 수 있다.

(1) 농업 구조조정의 연착륙을 유도하기 위한 전환기적 보호를 위하여

구조조정의 시간을 벌기 위한 일반적 이유

소위 농본사회(農本社會)라 일컬어지는 농업 중심 사회에서 산업사회로 전환되는 과정에서 농업은 점차 쇠퇴하는 경향을 보여 왔다. 이 때문에 농업은 일반적으로 사양산업(declining industry)으로 인식되고 있다.

산업화 과정에서 상대적으로 취약 산업인 농업 부문은 비농업과 농업 간의 산업 부문 간 구조조정과, 농업 내부에서도 경쟁력 있는 경영체와 경쟁력 약한 경영체 간의 산업 내 구조조정 과정을 불가피하게 거치게 되어 있다. 이러한 산업 간 및 산업 내 구조조정이 이루어지는 전환기에는 구조조정의 연착륙을 유도하기 위한 정부의 시장개입이 불가피하고, 이에 따라 농업 구조개선을 위한 시책과 함께 가격지지 또는 소득지지를 위한 농업 보호적 시책이 다양한 정책수단을 통하여 시행되는 것이 일반적이다. 세계 최강의 농업 경쟁력을 갖추고 있다고 평가되는 미국에서도 강력하고 다양한 농업 보호적 시책이 현재까지 형태를 바꾸어 가면서 계속되고 있는 것이 좋은 예이다.[3)]

특히, 현재 진행되고 있는 무역자유화의 진전 추세는 궁극적으로 국가 간 및 산업 간 비교열위산업의 급속한 위축을 불가피하게 할 것이므로, 각 국가별 특성에 입각한 개별 국가 나름의 전환기적인 보호시책이 필요하다는 것이다.

한국 농업이 처한 독특한 여건상의 이유

한국 농업은 대부분의 선진국 농업이 경험하였던 것과는 전혀 다른 독특한 구조조정 환경에 처해 있기 때문에 전환기적인 보호시책의 선택이 특히 필요하다.

첫째, 대부분의 선진국에서 소요되었던 구조조정 기간보다 평균적으로 1/3 수준에 불과한 짧은 기간 동안에 비농업 부문과 농업 부문 간의 산업 부문 간 구조조정이 이루어졌다. 급속한 공업화 경제성장을 위하여 제한된 투융자 재원을 차별적으로 집중하는 과정에서 농업 부문은 구조조정의 연착륙에 필요한 최소한의 보호적 시책은 커녕, '경제발전 기여자'로서의 역할을 당연시 하는 사회적 분위기에서 시장신호에 의한 산업 부문 간 자원이동을 속절없이 강요받았을 뿐이었다. 이 때문에 농업 부문의 성장잠재력은 극도로 취약해졌고 농민들의 패배감도 지나치게 만연된 상태인 것이다.

둘째, 선진국들은 강력한 국경장벽 속에서 국내 산업 부문 간 구조조정의 연착륙에 필요한 다양한 정책수단을 주어진 예산 범위 내에서 비교적 자유롭게 선

3) 미국은 2002년 농업법 개정에서 농가소득보전을 위한 CCP(Counter Cylical Payment) 제도를 새로 도입하였다. CCP는 긴급대책 차원으로 실시해 오던 시장손실지불제도(Market Loss Payment: MLP)를 정식으로 제도화한 것이다. CCP는 기존의 부족분지불제도(deficiency payment)에서의 목표가격(target price) 개념을 부활시켜서 {목표가격-(고정직불+시장가격)}의 차액을 농가에게 직접 지불하여 농가소득을 일정 수준 이상으로 보장하는 효과가 있다. 미국은 MLP 제도가 품목 불특정적이고 농업총생산액(2,000억 달러)의 5% 미만이기 때문에 WTO 협정상의 최소허용보조(de-minimis)로 WTO에 통보한 바가 있으므로 CCP 제도도 MLP와 같은 허용보조 정책으로 처리하고 있다.

택할 수 있었지만, 한국은 WTO 협정의 제약 속에서 보호적 시책의 선택이 강력하게 제한받고 있을 뿐만 아니라,[4)] 경쟁력 강한 외국 농산물과의 시장경쟁 속에서 살아남을 수 있는 보호적 시책까지 추가적으로 필요한 상황이다. 그러므로 선진국과는 다른 차원에서 국내 농업 보호적 시책의 도입이 필요하다는 것이다.

셋째, 농업은 타 산업에서는 고용이 어려운 한계적 자원을 고용하는 산업이다. 아시아몬순기후대에 속하여 해마다 2~3개월 간의 장마철을 겪는 한국의 논(전체 경지면적의 57%에 해당하는 98만 4,000ha)과 2010년 현재 전체 실업인구(80만 8,000명)와 맞먹는 60세 이상의 고령노동자 87만 명 등은 농업 이외의 분야에서 마땅한 일자리를 찾기가 어려운 대표적인 한계적 자원이다. 이러한 한계적 자원을 고용함으로써 실업에 따른 사회적 비용을 절감시키면서 국민경제의 안정적 운용에 기여하는 농업의 역할을 유지 · 발전시키기 위해서 농업 보호적 시책이 필요하다는 것이다.

(2) 농가소득 안정화를 통한 농촌지역 사회 유지를 위하여

일반적으로 농산물 시장은 자원을 효율적으로 사용하거나 소비자의 지출을 효율적으로 관리하기 위해서 요구되는 수준보다는 훨씬 불안정스러운 것이 사실이다. 농업 생산은 생물 생산과 관련된 유기적(有機的)인 생산활동이다. 이 때문에 날씨와 강우량 등 기후조건과 병충해 발생 등 자연적인 조건의 변화에 의해서 생산량이 크게 영향받게 된다. 생산의 풍흉에 따라 농산물 가격도 폭등과 폭락현상이 상당히 큰 규모로 자주 일어나게 된다. 7~10년 주기로 되풀이 되고 있는 국제 식량파동이 좋은 예이다.

농산물은 가격의 변화에도 불구하고 수요량이나 공급량이 쉽게 조절되지 않는 특징, 즉 수요와 공급이 비탄력적인 특징이 있다. 이 때문에 공급량의 조그만

4) WTO 협정에서는 농업 부문 보조를, ① 허용보조(green box), ② 생산제한 하의 보조(blue box), ③ 감축대상 보조(amber box)로 구분하여 규제를 하고 있다. 대표적으로 정부의 쌀 수매 정책은 감축대상 보조인 가격 지지 정책으로 분류되었기 때문에 매년 정해진 감축률만큼 감축되어 왔으며, 2005년부터는 환경보전 목적의 허용보조인 논농업직불제와 함께 쌀 소득보전직불제로 통합되었다. 2006년 쌀 소득보전직불제에 의한 직불금 총액 1조 5,000억 원 가운데 고정직불금 6,000억 원은 허용보조액이었으나 목표가격과 시장가격 간의 격차를 보상하는 변동직불금 9,000억 원은 감축대상 보조액인 것이다.

변동에도 가격은 폭등 또는 폭락하는 일이 상대적으로 더 자주 일어나게 된다. 그러나 공산물을 비롯한 비농산물은 수요와 공급의 탄력성이 농산물의 그것보다는 크기 때문에 가격이 폭등하거나 폭락하는 일이 잘 일어나지 않는다.

농산물의 가격변화율이 크기 때문에 농가소득은 불안정할 수밖에 없다. 농가소득의 불안정성은 농업을 중심 산업으로 하여 영위되는 농촌지역 사회의 불안정성을 초래하게 된다. 농업 생산자를 이러한 불안정성으로부터 보호하기 위한 모든 생산활동 및 유통활동에 관련된 제도들은 안정화(stabilization)와 관련되지 않은 것이 없을 정도로, 세계 각국의 농업 정책은 이 문제를 중시하고 있기 때문에 농업 보호적인 정책기조가 큰 변화없이 유지되고 있는 것이다.

일반적으로 농업의 성장성은 제조업이나 서비스업보다 2~4% 정도 낮기 때문에 농가소득의 장기적 성장률은 비농가의 그것보다 떨어진다. 또한 자연재해 등으로 야기되는 생산의 풍흉에 따라서 일단 피해를 입게 되면 원상태로의 회복이 더디고 어렵다. 소득의 불안정성 뿐만 아니라 낮은 소득성장률 때문에 농가소득은 비농가소득과의 격차가 지속적으로 확대되는 경향을 보이게 된다.

선진국들의 농업 정책은 이러한 소득상의 불균형 격차를 시정하기 위하여 농업 보호적 시책을 유지 · 강화하고 있는 것이다.

(3) 농업 · 농촌의 다원적 기능 유지를 위하여

농업 · 농촌의 다원적 기능의 분류

우루과이라운드 협상을 계기로 하여 농업의 비교역적 관심사항이 협상의제에 공식적으로 포함, 논의되면서 국내에서도 이에 대한 관심이 높아지게 되었다. 즉, 가격의 크기로 환산되지 않는 농업의 공익적인 기능은 시장에서 거래되는 교역재가 아니므로(non-tradable goods) 무역자유화의 범주에 넣어서 논의할 수 없다는 원론적인 입장에서, 이를 별도의 의제로 분리하여 논의하자는 국제적 여론을 조성하고 다원적 기능의 크기를 평가하고 국내 농업 보호를 위한 새로운 명분으로 활용하는 등(성진근, 1995) 다양한 시도가 이루어져 왔다.

그림 5-1 농업 · 농촌의 다원적 기능의 구성체계

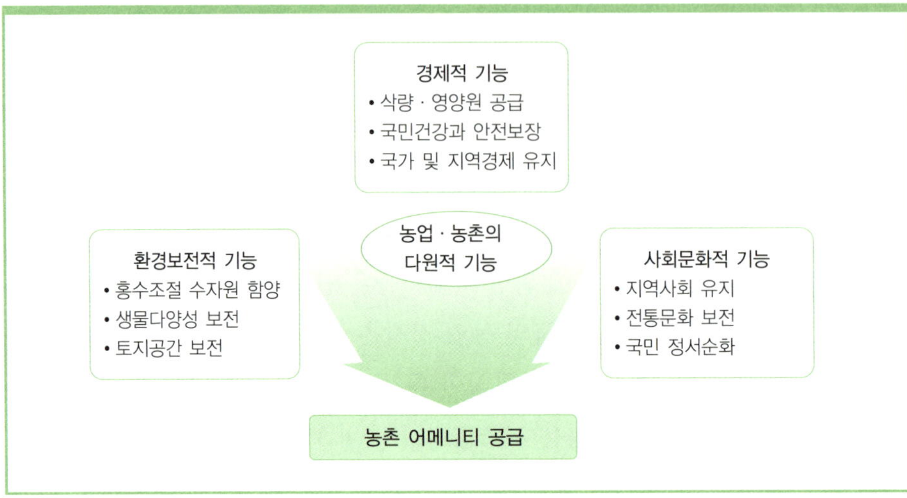

농업의 다원적 기능에 대한 연구는 관심을 가진 소수의 연구자에 의해서 계속되어 오다가 드디어 2006년 한국 농업경제학회의 여름학술대회 토론주제로 선정될 정도로 중요한 관심사가 되고 있다. 각 국가들은 자국이 처해 있는 특수한 사정이 반영될 수 있는 방향으로 농업의 다원적 기능을 유지하기 위하여 다양한 농업 보호적 시책을 강구하고 있으며, WTO 협상에서도 소위 NTC 그룹으로 분류될 만큼 결속력을 보여 왔다.

농업의 다원적 기능은 농산물 생산을 통한 본원적 기능인 경제적 기능과 이에 부수하여 생산되는 비시장재적인 환경보전적 기능 및 사회문화적 기능으로 범주화된다(김창길, 2006).

경제적 기능으로는 농업 생산활동을 통한 식량생산과 연관산업을 통한 국민경제 및 지역경제 유지 기능 등이 대표적이다. 환경보전적 기능으로는 홍수조절과 수자원 함양, 생태계 보전 기능 등을 들 수 있고, 사회문화적 기능으로는 지역사회 유지와 전통문화 보전 및 국민 정서순화 기능을 들 수 있다. 이러한 다원적 기능을 통하여 타 산업 분야와는 달리 국토와 환경을 보전 · 관리하고 농촌지역의 쾌적성(amenity)을 유지 · 공급하는 등 공공재적인 역할을 수행하고 있는 것이다(그림 5-1).

표 5-3 국제기구 및 주요국의 농업의 다원적 기능에 대한 구성요소

(단위: %)

구분	다원적 기능의 세부 구성요소
OECD	① 경관 ② 종·생태계 다양성 ③ 토양의 질 ④ 수질 ⑤ 대기의 질 ⑥ 물이용 ⑦ 경지보전 ⑧ 온실효과 ⑨ 농촌활력 ⑩ 식량안보 ⑪ 문화유산 ⑫ 동물복지
FAO	사회적 기능: ① 도시화 완화 ② 농촌지역 공동체 활력 ③ 피난처 기능 문화적 기능: ④ 전통문화 계승 ⑤ 경관 제공 환경적 기능: ⑥ 홍수방지 ⑦ 수자원 함양 ⑧ 토양보전 ⑨ 생물다양성 식량안보 기능: ⑩ 국내 식량 공급 ⑪ 국가전략적 요청 경제적 기능: ⑫ 공동체의 균형발전과 성장 ⑬ 경제위기 완화
한국	① 식량안보 ② 홍수조절 효과 ③ 수자원 함양효과 ④ 토양유실 경감효과 ⑤ 대기정화 효과 ⑥ 폐기물 처리효과 ⑦ 자연경관 유지 및 생태계 보전 기능 ⑧ 사회문화적 순기능 ⑨ 도시화 완화 ⑩ 공동체 균형발전과 성장
일본	① 국토보전 ② 수자원 함양 ③ 생물다양성 보전 ④ 농촌경관의 창조 ⑤ 전통문화의 유지 ⑥ 휴양처 제공 ⑦ 식량안보
노르웨이	① 농촌경관 ② 문화적 전통 기능 ③ 생물다양성 기능 ④ 휴양처 기능 ⑤ 과학적 교육 기능 ⑥ 식량안보 기능 ⑦ 식량안전 기능 ⑧ 농촌활력 기능
핀란드	① 식량안보 ② 환경보전 ③ 농촌활력화 ④ 동물복지 ⑤ 식품안전 기능

자료: 서동균(2003).

농업 생산과 결합 생산(joint producted)되는 형태로 공급되는 다원적 기능의 구성요소는 국제기구별로, 국가별로 처한 환경에 따라서 상대적 중요성이 달라지고 있지만, 대체적으로 국토와 환경보전 기능과 지역 사회 유지 및 식량안보 기능 등으로 크게 구분할 수 있다(표 5-3).

다원적 기능의 가치에 대한 평가

이러한 농업의 다원적 기능에 대한 가치는 평가방법[5]에 따라 다양하나, 대체로 농업 생산액의 2~4배에 달하는 것으로 추정되고 있다(권오상 1990). 오세익은 식량안보 기능을 1조 7,084억 원, 환경보전 기능을 6조 4,210억 원, 농촌 유지와 활

5) 다원적 기능의 가치를 평가하기 위해서 일반적으로 사용되는 기법은 대체비용법(replacement cost approach), 가상가치평가법(contingent valuation method: CVM), 특성가격법(hedonic price method), 가상순위평가법(contingent ranking method: CRM) 등이 이용되고 있다(권오상, 1999).

력제고 기능을 8,165억 원, 경관 기능을 1조 1,214억 원 등으로 나누어 평가하고 있다. 농촌진흥청에서는 농업의 환경보전 기능만을 16조 5,619억 원으로 평가하고 있고, 안윤수 등은 농촌의 사회문화적 기능을 8조 3,386억 원으로 평가하고 있으며, 유진채 등은 조건불리지역 농업 · 농촌의 공익적 기능을 1조 3,086억 원으로 평가하고 있다.

그러나 농업 생산의 다원적 기능이 아무리 크고 중요하다고 할지라도 그것이 마치 국방이나 치안 등의 일반적인 공공재의 경우와 같이 가격의 크기로 환산되어 시장에서 거래되지 않기 때문에, 시장기구에 방임할 경우 농업 생산이 시장개방 등의 영향으로 위축되면 동반되어 위축될 수밖에 없다. 말하자면, 시장기능이 충분하게 작동되지 않는 시장실패 현상이 일어나게 되는 것이다.

이 때문에 자유교역을 통한 세계경제의 지속적인 발전전략을 논의하는 GATT 체제 하에서 개최된 7차례에 걸친 다자간 협상(round)에서도 농업은 자유교역의 예외 분야로 인정받아 왔으며, 농산물 분야의 자유교역을 논의한 UR 협상에서도 소위 'NTC 분야'만을 따로 분리해서 논의하였던 것이다.

다원적 기능과 사회적 후생의 이론적 효과

농업 부문은 왜 정부의 시장개입적 시책을 통하여 보호되어야 하는 산업인가? 이를 그림 5-2에서 이론적으로 살펴보자.

농산물 시장개방이 시행되기 이전에는 농산물 수요(D)와 공급(S)은 점 a에서 균형을 이루어서 가격(P_0)과 수량(Q_0)이 결정되고 농가소득은 □OP_0aQ_0에서 그리고 소비자 잉여는 △PP_0aD 공간에서 형성되고 있었다. 수입개방 이후 농산물 가격이 국제가격(Pi) 수준으로 낮아지게 되면($P_0 \rightarrow Pi$) 국내 생산은 줄고($0Q_0 \rightarrow 0Q_1$), 수입량($0Q_1$~$0Q_2$)과 소비량은 늘어나게 된다($0Q_0 \rightarrow 0Q_2$). 이 때문에 농가소득은 감소하게 되지만(□$0P_0aQ_0$→□$0PibQ_1$) 소비자 잉여는 △PPicD 공간으로 확장되어 증가하게 된다.

시장개방 이후의 소비자 잉여는 ⏢$PicaP_0$만큼 증가하게 되지만 생산자 잉여는 ▱$PibaP_0$만큼 감소된다. 따라서 소비자 잉여의 증가 부분과 생산자 잉여의 감소 부분의 차이인 △abc만큼 사회적 후생이 순증가하게 되므로, 수입개방은 세계

그림 5-2 농산물 시장개방과 사회적 후생변화

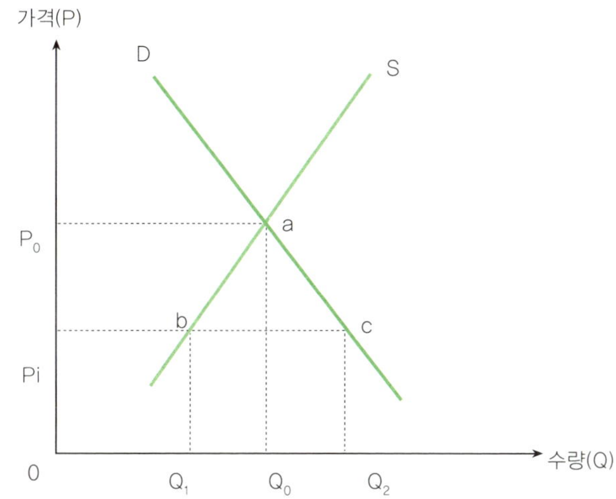

총후생의 증가에 기여하게 된다는 것이 자유무역을 주장하는 측의 논리이다. 그러나 여기에서 우리가 간과해서는 안 될 점이 있다.

첫째, 농업 생산소득의 감소 부분 중에서 비용감소 부분에 관해서이다. 수입개방으로 인한 농가소득의 감소 부분은 ⌐ $PiP_0aQ_0Q_1b$(□$0PoaQ_0$−□$0PibQ_1$)이다. 이 중에서 소비자 잉여 증가 부분인 ▱PiP_0ab는 위의 논의에서 고려되었지만, 비용감소 부분인 ⌂Q_1baQ_0 부분은 고려되지 않았다. 개방론자들은 생산감소에 따른 비용감소는 생산요소의 투입량이 생산감소만큼 줄기 때문에 고려할 필요가 없다고 주장한다. 그러나 농업 생산의 감소로 실업상태에 처하게 될 생산요소 중에서 유휴될 수밖에 없는 한계적 자원에 대한 사회적 보상비용 문제가 미해결의 문제로 남아 있다. 지대와 임금은 농업 총생산비의 70% 이상의 높은 비중을 차지하는데, 개방으로 실업상태에 처할 한계적 농지와 노동력은 다른 산업 부문에 고용당하지 못하고 대부분이 유휴상태에 처하게 될 것이므로 유휴될 자원의 기회소득은 사라지게 된다.[6] 만약 유휴상태에 처할 생산자원의 사회적 보상비용이

6) 생산력이 뒤떨어지는 한계농지와 노령화된 농업 노동력은 농업 이외의 부문에서 고용기회를 찾기가 현실적으로 어렵기 때문에 대부분 유휴화되어 사회적 보상 정책의 대상이 될 수밖에 없다.

◻Q_1baQ_0의 절반 정도만 된다고 가정하더라도 사회적 순후생증가(△abc)가 이론대로 이루어질 수 없음은 자명하다.

둘째, 앞에서 논의한 농업의 다기능성의 축소 부분에 관해서이다. 만약 농업의 다원적 기능의 시장가격 크기가 최소한 농업 생산의 그것과 같다고 가정할 경우, 수입개방으로 인한 농업 생산감소와 동반 축소될 다원적 기능의 크기는 농업 생산소득의 감소액(◻$PiP_0aQ_0Q_1b$)과 같아진다. 따라서 다원적 기능의 감소 부분을 고려한다면 시장개방으로 인해서 발생할 것으로 기대되는 사회적 후생(△abc)의 증가는 설득력이 매우 약해질 수밖에 없다.

따라서 농업의 다기능성 크기를 설득력 높은 방법으로 추정함으로써 국민적 공감대를 확산하고 농업 부문 스스로 다기능성을 강화하고, 이를 내부화(內部化) 시키기 위한 노력을 강화함으로써 농업 보호적 시책에 대한 사회적 공감대를 확산시켜 나가야 할 필요성이 크다.

경제이론과 농업 이해

6. 무차별곡선과 교환, 한국 농산물의 시장확대, 불가능한가?

A, B 두 사람이 있고 X, Y 두 재화의 부존량이 일정하게 주어져 있으며 A, B 두 사람의 효용을 나타내는 무차별곡선지도(indifference curve map)가 주어진 경우에, 두 사람 사이의 교환은 에지워스-보울리의 상자그림표(Edgeworth-Bowley box diagram)를 이용하여 설명할 수 있다.

그림①에서 A라는 사람의 원점(QA)에서 화살표가 가리키는 방향으로 X재와 Y재의 양을 소비하고 있다는 뜻이며, B라는 사람의 원점(QB)에서도 화살표가 가리키는 방향으로 B가 소비하고 있는 X재와 Y재의 양을 잰다.

상자그림표 안의 일정한 점에서는 X재와 Y재의 존재량을 A, B 두 사람이 모두 나누어 가지고 있다. 예컨대, 점 M에서는 A는 X재를 X1만큼, 그리고 Y재를 Y1만큼 가지고 있는 반면에, B는 X재를 X2만큼, Y재를 Y2만큼 가지고 있다.

A의 효용수준을 나타내는 무차별곡선은 QA를 원점으로 하여 (IA)1, (IA)2, (IA)3로 커지며 B의 무차별곡선은 QB를 원점으로 하여 (IB)1, (IB)2, (IB)3으로 이동할수록 효용수준은 높아진다. 점 M이 원래의 A, B 두 사람이 가지고 있는 X와 Y의 분배점이라고 가정할 때, A는 자신이 많이 가지고 있는 Y재(Y1)를 B가 많이 가지고 있는 X재(X2)와 교환하는 것이 쌍방에 모두 이익이 된다는 것을 발견하고 교환을 위한 교섭에 들어가게 된다. 상자그림에서 볼 때 M점에서의 A의 후생수준은 (IA)1이고 B의 후생수준은 (IB)2이므로, 이를 표시하는 각자의 후생수준인 R과 S

그림① 에지워스-보올리의 상자그림표: 교환의 경우

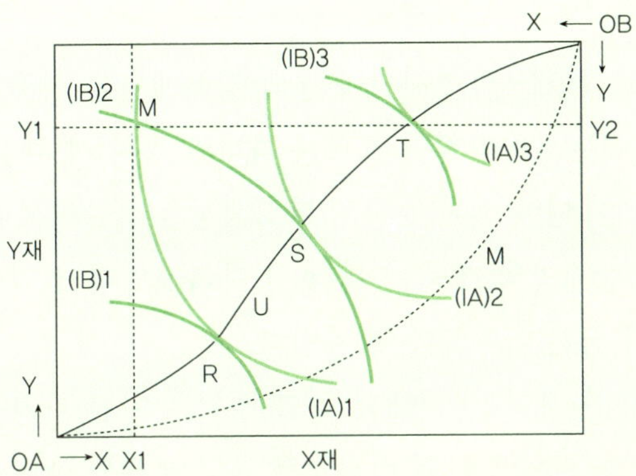

의 중간에 있는 어떤 점 U로의 이동을 의미하는 교환이 성립할 때 두 사람의 후생수준은 커지게 될 것이기 때문이다.

그림①에서 R, S, T 등은 A, B 두 사람의 한계대체율(MRSyx)이 동일한 점을 모두 모아 놓은 것인데, 이 점들에서는 두 사람의 무차별곡선들이 서로 접하고 있으며 이러한 점들을 모두 모아 놓은 것을 계약곡선(contract curve)이라고 한다. 한계대체율(Marginal Rate of Subsititution: MRS)은 소비자가 동일한 수준의 만족을 유지하면서, 즉 어떤 주어진 무차별곡선의 선상을 따라서 이동하면서 X재를 추가로 한 단위(△X만큼) 더 소비할 때의 포기해야 하는 Y재의 양(△Y)의 대체(교환)비율 ($\frac{\Delta X}{\Delta Y}$)을 가리키는데, 이는 X, Y 간의 주어진 무차별곡선의 기울기 $\frac{\Delta X}{\Delta Y}$와 같다. 즉, 한계대체율($MRS_{yx}$)=무차별곡선의 기울기=$\frac{\Delta X}{\Delta Y}$이다.

그림② 무차별곡선과 한계효용

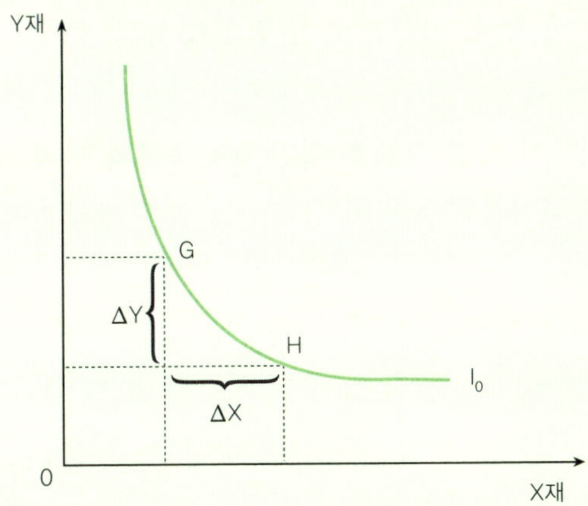

그림②에서 동일한 무차별곡선 I_0 상에서는 점 G와 점 H의 총효용은 같으므로 Y재를 △Y만큼 포기하는 대신에, X재를 △X만큼 추가로 소비함으로써 얻게 되는 총효용의 절대값은 같아야 한다.

즉, $|\Delta Y \cdot MUY| = |\Delta X \cdot MUX|$이 성립되어야 한다. 이 식은 △X/△Y= MUY/MUX로 표시할 수 있다. 따라서 무차별곡선의 기울기는 다음과 같다.

MRSYX=△X/△Y=MUY/MUX

앞의 그림①에서 X재를 우리나라 농산물이라 하고 Y재를 수입 농산물이라 하자. 그리고 X재는 품질에서 비교우위가 있고 Y재는 가격에서 비교우위가 있다고 하자. 만약 우리 농산물의 품질우위적 성격을 성공적으로 차별화시킬 수만 있다면, 소비자들은 소득증가와 웰빙 트렌드의 확산 속에서 값싼 수입 농산물의 소비 확대보다는 값이 비싸지만 품질이 우수한 우리 농산물의 소비 확대를 하는 방향으로의 계약곡선의 변화, 즉 계약곡선 R, U, S, T의 점선(M)으로의 변화를 흔쾌히 수용할 수도 있을 것이다.

4 개방농정의 전환방향

애굽의 노예생활로부터 히브리인을 탈출시켜 40년의 광야생활을 성공적으로 이끈 '모세'의 탁월한 지도력에는 "젖과 꿀이 흐르는 가나안 복지"에 대한 간절한 꿈이 뒷받침되고 있었다. 40여 년에 걸친 경제의 고도성장을 성공적으로 뒷받침해 온 한국 농업, 그러나 시장개방의 태풍 속에서 설 자리(位相)마저 위협받고 있는 한국 농업을 이끌고 나갈 꿈은 어떠해야 할 것인가?

꿈은 정책의 비전으로 형상화된다. 개방시대의 농업 정책은 어떤 가치관과 미래지향성으로 전체 국민들을 설득하고, 어떤 비전으로 농업 부문의 에너지를 결집시켜서 꿈을 현실로 바꾸어 낼 것인가?

국제경쟁력을 갖춘 일(산업)로 농업을 탈바꿈시켜야 한다. 농업을 직업으로 택한 사람(농민)들의 소득을 보장할 수 있어야 한다. 농촌을 국민들의 삶의 터로 선택할 수 있도록 생활환경을 바꾸어 나가야 한다. 무엇보다 농업의 국민경제 속의 설 자리를 축소 지향으로부터 확대 지향으로 반전(反轉)시킬 수 있어야 한다.

한국 농업의 꿈을 실현하기 위하여 농업 정책은 어떤 정책목표와 어떤 정책수단을 갖추고 시장개방의 태풍의 한가운데로 밀려 들어서고 있는 한국 농업을 이끌고 나갈 것인가.

1) 개방시대, 농업 정책의 목표

경제 정책의 한 부분으로서 농업 정책이 추구하는 정책목표는 사회가 지향하는 가치관에 적합하고 경제 여건의 변화방향에 합치하는 미래지향적이며, 시장실패 현상을 완화 내지 교정함으로써 국민후생을 증진시키는 공공성 실현에 충실해야 한다는 조건을 충족시켜야만 사회적 설득력을 높일 수 있다(성진근 외, 2004).

개방시대를 이끌고 나가야 할 농업 정책이 갖추어야 할 요건은 어떠해야 할 것인가?

(1) 바람직한 농정이 갖추어야 할 필수적인 요건

식량안보는 가장 중요한 정책과제이다

전통적으로 세계 각국의 농업 정책은 자국의 식량을 안전하게 확보하고자 하는 가치관을 기초로 하여 구축되었다. 돌발적인 기상변화 등 식량공급 능력의 위축에 따른 사회적 혼란을 방지한다는 차원에서, 일국의 식량공급 잠재력 확충은 치산치수(治山治水)를 정치의 근본으로 삼았던 고대사회 이래 지속되어 온 농정의 기본 가치관이었다.

식량 생산을 늘리기 위한 투자와 보조, 농업 종사자의 소득을 지지하기 위한 가격 지지 정책, 그리고 대외시장으로부터 자국 농업을 보호하기 위한 두터운 국경장벽(높은 관세와 수입규제 조치) 등 정부의 강력한 시장개입적인 시책은 소위 식량안보(food security)라는 이념으로 포장되어 각국 농업 정책을 뒷받침하는 주된 가치관이 되어 왔다. 그러나 1980년대 이후 선진국들의 식량 과잉재고를 둘러싼 농산물 교역분쟁이 심화되면서, 세계 농산물 수급 문제를 각국의 국내적 가치실현을 위한 보호 정책에 위임할 것이 아니라 무역자유화를 통한 상업적 방식으로 안정시켜 나가자는 합의가 이루어졌다.[7)]

자유무역을 지향하는 새로운 농업 질서 속에서 농업 정책의 전통적인 가치관이었던 식량안보는 과연 그 존재 의의가 사라지게 된 것인가?

식량의 해외 의존도가 지나치게 높은 식량 수입국들도 필요한 시기에 필요한 양의 식량을 안정된 가격으로 무역을 통하여 도입하여 자국 국민을 부양하는 소위 식량안보 기능을 자유무역 질서 속에서 보장받을 수 있을 것인가?

7) 1986년 농업 개혁(agricultural reformation)이란 화두를 걸고 출범한 UR 협상이나, 자유교역과 시장경쟁 원리를 농업 개혁에 폭 넓게 도입하자는 선진국 경제협의체(OECD)의 권고안 채택(1987)이 그것이다.

세계 식량수급의 중장기 전망과 식량안보

세계 식량수급의 중장기 전망을 두고 낙관론과 비관론이 크게 엇갈리고 있다. 그림 5-3에서 보는 바와 같이 최근 31년간(1980~2011) 세계 식량 생산량과 소비량은 연평균 1.63%씩 같은 속도로 증가해 왔다. 만약 이러한 추세가 계속된다면 세계 식량의 장기적인 수급균형은 충분히 기대할 수 있다는 것이 식량 수출국들을 중심으로 하여 형성되고 있는 낙관론의 배경이다. 그러나 식량 생산량보다 소비량이 5,000만 톤 내외로 초과하는 해가 몇 년간 계속되는 경우(그림의 ⬭ 부분), 세계 식량 재고량은 적정 재고량 이하로 떨어지게 되고 이 경우 세계 식량가격은 폭등하게 되어 식량 수입국들은 큰 피해를 당할 수밖에 없다는 것이 비관론의 배경인 것이다.

그러므로 식량 수입국의 입장에서는 자유무역 질서 하에서도 국민의 식량을 공급할 수 있는 최소한의 자급능력을 유지하는 일이 중요한 국가 경영전략의 하나로 중시될 필요가 있다. 말하자면, 세계 농정의 전통적인 가치관이었던 식량안보는 돌발적인 전쟁의 위협에서 나라를 지키는 국가안보 능력의 유지와 마찬가지로 개방시대에서도 식량 순수입국 농정의 변함없는 가치관이어야 한다는 것

그림 5-3 세계 곡물의 생산 · 소비 · 재고량 추이

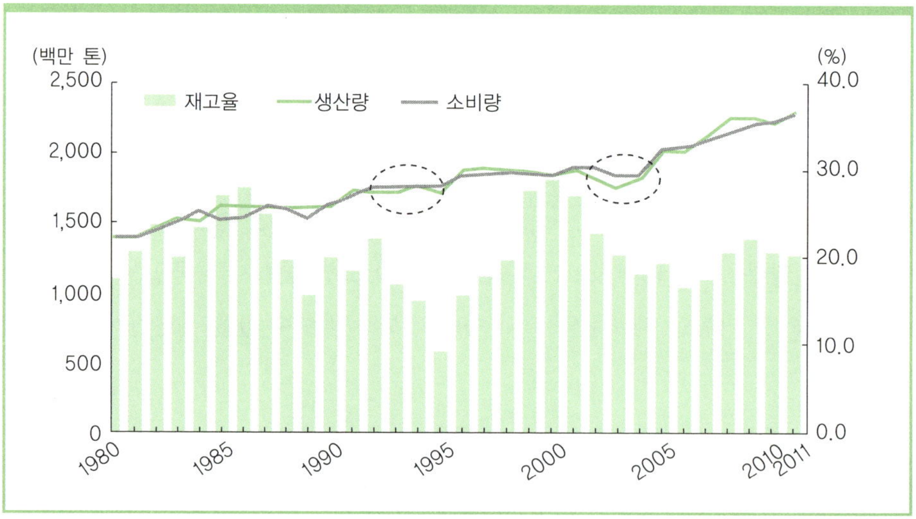

자료: USDA, FAS(http://www.fas.usda.gov/psd), 2012. 1.

이다. 이를 통해서 농정의 존재 이유에 대한 국민적 합의를 형성할 수 있기 때문이다.

비록 장기적인 관점에서는, 기후변화로 인한 풍흉과 과학기술 발전의 효과 등이 작용하여 인구증가에 의한 수요증가와 생산성 향상에 의한 공급증가가 서로 조화되면서 세계 식량수급은 균형을 이룰 수 있다는 낙관론이 성립할 수도 있겠지만, 주요 수출국에서의 수출금지 등 수출제한 조치와 유가(油價) 상승에 대응한 식량의 바이오 연료로의 급속한 전용 등이 계속될 경우, 식량 순수입국의 입장에서는 급격한 곡물가격 상승에 의한 식량위기를 맞게 될 위험성과 불확실성이 더욱 증가하게 된다.

1990년부터 2011년까지 최근 20년간의 식량가격의 변화 동향을 살펴보면, 2002~2004년 가격을 100으로 할 때 1990년부터 2003년까지 식량가격은 정체 또는 하락하는 추세를 보여왔다.

그러나 2003년 이후부터 국제 식량가격은 가파르게 상승 추세를 계속한 끝에 2008년에는 2002~2004년 가격보다 2배 이상 폭등함으로써 국제 식량위기를 유발한 것이다.

주요 곡물가격의 최근 5년간의 변화 추세를 살펴보면, 쌀은 2005년의 톤당

그림 5-4 최근 20년간의 국제 식량가격의 변화

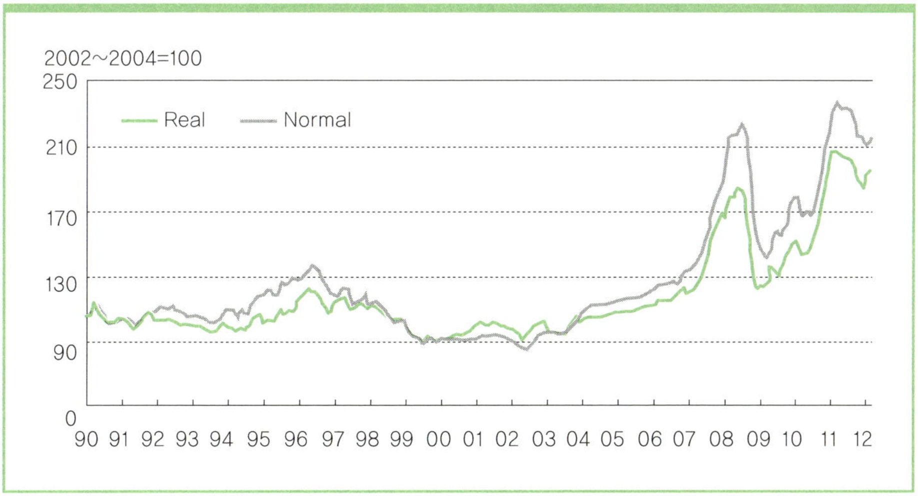

자료: FAO(2013).

300 USD 수준에서 2008년에는 950 USD 치솟았다가 2011년에는 500~540 USD 수준으로 떨어졌다. 그러나 2012년에는 580 USD 수준으로 상승하였다. 밀은 2005년의 150 USD 수준에서 한때 500 USD 수준으로 치솟았다가 2011년 현재 350 USD 수준이고, 옥수수는 100 USD 수준에서 지속적으로 상승하여 2011년 현재 320 USD 수준을 유지하고 있다.

이러한 주요 곡물가격의 폭등은 곡물 소비량의 3/4 해당량을 수입에 의존하고 있는 한국의 입장에서는, 단기적으로는 물가상승에 의한 폐해와 장기적으로는 원하는 시기에 원하는 품질의 식량을 필요한 양만큼 수입하기가 어려워지게 되므로, 국민경제의 안정적 운용에 위협을 받게 되는 것이다.

미래지향적인 비전을 제시할 수 있어야 한다

좋은 정책은 무엇보다 바람직한 미래상(the image of desirable future)을 제시할 수 있어야 한다. 그러나 오늘날의 농업 정책은 미래에 대한 비전 제시에 무력한 반면에 현상대응적인 이른바 갈라먹기식 정책에 치중하고 있다는 비난에 직면해 있다. 좋은 정책이란 현재 세대뿐만 아니라 미래 세대의 후생증진마저 고려하는 세대 간 공정성을 실현하는 정책이란 점에서 희망을 주지 못하는 현재의 농정이 비난받고 있는 것이다.

시장개방의 진전에 따라 해외 농산물의 국내시장 몫이 확대되는 가운데 국내 농산물의 공급과잉 구조는 일반화되고 있고 값싼 수입 농산물 가격 때문에 농산물 가격은 지속적인 정체와 하락 국면을 벗어나지 못하고 있다. 이에 따라서 농가소득의 불안정성과 불확실성은 더욱 커지고 있어서 농민의 불만과 정책에 대한 불신감은 고조되어 농업 정책에 대한 사회적 불신과 회의감마저 확산되고 있다. 농산물 시장개방 폭이 확대될수록 농산물 생산 과잉구조는 심화될 수밖에 없다. 더구나 공급과잉으로 인한 가격하락에 대처하기 위해서 도입된 정부의 소득보전 정책도 지속성을 보장받기를 기대하기도 어렵다.

결국 농업 생산에 고용되어 있는 농지와 인력, 자본 등 생산자원을 다른 용도로 전환시키는 농업 구조조정이 불가피한데, 이에 대한 합리적인 비전은 어디에서도 제시되지 않고 있다.

원천적으로 국제경쟁력 향상이 제약받는 대부분의 영세소농가(2012년 현재 0.5 ha 미만 농가 41.6%, 1.0ha 미만 농가 65.8%)와 노령취업자(60세 이상 노령취업자 60.3%)의 빈곤과 저소득 문제는 어찌할 것인가. 소위 119조 원 사업과 같은 총량적이고 평균적인 시책으로서는 산업 정책으로서의 농업 정책의 정체성과 지속성을 보장받기 어려운 이유가 여기에 있다.

미래지향적 농정의 요건

개방시대의 농업 정책의 요건으로서 미래지향성을 확보하기 위해서는 다음과 같은 조건들이 갖추어져야 한다.

첫째, 정책이 농민들에게 장래에 대한 비전을 주어야 한다. 시장개방의 확대가 피할 수 없는 현실이라는 전제하에서, 신수요 · 신시장 확보전략 등 농업의 신가치 창출 및 신영역 확장방향의 제시 및 해외 농산물과의 차별화를 실현할 수 있는 경영 · 유통 정책과 함께 증가하고 있는 농업 경영의 불확실성에 대한 대응 정책을 강화함으로써, 우리 농업의 발전방향과 가능성에 대한 농업인과 국민의 공감대를 확산시켜야 한다.

둘째, 농업 전 품목과 농업 경영에 참여하는 전 농가를 대상으로 하는 평균적 농정 추진 방식에서 벗어나 경쟁력 향상 정책과 사회부조적인 복지향상 정책으로 정책대상을 차별화하여 정책의 효율성을 확보해 나가야 한다.

셋째, 국민경제의 안정적인 성장을 담보하는 데 필요한 농업의 새로운 역할론에 기초하여, WTO 협정상의 제약범위 내에서 국내 농업을 일정 수준 이상으로 유지 · 발전시켜 나갈 수 있는 정책수단과 급속하게 낮아지고 있는 식량자급률을 향상시킬 수 있는 정책수단을 개발 · 제시함으로써 농업 보호 정책에 대한 국민적 합의를 형성해 나갈 수 있어야 한다.

넷째, 개방 확대로 불가피하게 유휴될 수밖에 없는 농업 자원, 특히 농지와 농업 기술인력에 대한 새로운 고용기회를 창출 · 제시해야 한다.

농업 정책의 공공성이 확보되어야 한다. 국민경제에 대한 한국 농업의 역할을 정당하게 평가하기 위해서는 농업 생산의 외부경제적 효과에 해당하는 공공재 생산 기능을 유지·발전시키기 위한 정책수단을 시장재(농산물) 생산에 못지않게 중시·강화해야 한다.

공공재란 시장기구가 효과적으로 대응하지 못하는 시장실패의 한 형태로서, 국민경제의 후생 저하를 막기 위해서 비시장 기구인 정부가 생산을 맡게 되며 전 국민의 세금 형태로 그 비용을 부담하게 된다(A. M. Freemann III, 1973).

정책의 효율성을 판단하기 위해서는 흔히 정책수행을 위해 투입된 정책비용과 그 결과로 얻어지는 정책효과의 크기를 서로 비교한다. 효과의 크기는 주로 시장가격을 기준으로 하여 계측되는데 시장가격의 크기로 환산되지 않는 공공재의 정책효과를 포함시키지 않을 경우, 농업 정책은 비효율적인 정책의 표본으로 낙인 찍혀서 사회적인 설득력을 잃게 될 수밖에 없다.

농업 생산은 농산물을 생산하기 위한 농민의 사적인 기업활동이긴 하다. 그러나 농업 생산의 결과를 통하여 국민경제에 공급되는 가격으로 표시되지 않는 공공재 생산적인 기능의 중요성 때문에 농업 생산을 시장기구에 방임하고 있는 정부는 지구상에 아예 존재하지 않는다. 왜냐하면 식량안보나 환경보전 그리고 농촌지역 사회 유지 등으로 대표되는 농업 생산의 공공재 생산적인 기능이 위축되어 갈수록 국민 전체의 후생 저하 현상이 초래되기 때문이다.

개방시대의 농업 정책이 갖추어야 할 공공성의 요건은 다음과 같이 요약된다(성진근, 2004).

첫째, 국민에게 안전한 식품을 안정된 값에 공급할 수 있는 식량안보 기능 확보, 둘째 국토와 환경을 보전하고 도시과밀을 예방하는 등 국민 생활환경의 개선 기능 강화, 셋째 다른 산업 부문에 고용될 가능성이 낮은 한계적 자원(토지, 노동)에 대한 고용능력 강화를 통해 농촌지역 사회 유지, 넷째 자연경관과 초록 여가공간을 지속적으로 제공함으로써 국토공간의 쾌적화 및 국민 정서순화 기능의 강화 등이다.

(2) 바람직한 농정 목표

WTO/DDA 협상이 어떤 형태로 결론나든 그리고 동시다발적으로 진행되고 있는 지역 간 자유무역협정(FTA)이 어떤 형태로 확산되든지 간에, 국내 농업 생산 질서는 보다 시장지향적으로 개편될 수밖에 없을 전망이다. 그러므로 닫힌 국내 시장을 전제로 하여 운영되어 오던 농업 정책은 본격적인 개방시대에 처하여 전혀 새로운 목표를 설정하고 한국 농업을 이끌고 나가야 한다.

한국 농정의 새로운 목표는 한마디로 "국민경제의 안정적인 성장에 필요한 최소한의 농업 규모를 시장지향적인 경제질서 속에서 지속적으로 유지해 나갈 수 있는 기반의 구축"이어야 한다.

최소한의 농업 규모는 다음과 같은 중간목표에 의해서 구체화될 수 있다.

첫째, 국내 농업의 식량안보적 기능을 수행하는 데 필요한 최소한의 식량자급률 목표를 달성할 수 있는 농업 규모를 개방 이후에도 유지해 나가고, 둘째 수입 농산물에 의해서 잃게 될 내수시장 몫을 대신할 수 있는 국내외 신수요와 신시장을 개척함으로써 국내산 농산물의 시장을 일정 규모 이상으로 유지해 나가며, 셋째 자연환경과 국토보전 등 농업 생산의 공익적 기능을 국민경제가 필요로 하는 수준만큼 장래에도 유지해 나가며, 넷째 인구유출(流出)이 심한 조건불리지역의 지역 경제를 뒷받침할 수 있는 최소한의 농업 규모를 유지해 나가고, 다섯째 유휴되는 농지에 에너지 작물 등 비식용(非食用) 작물을 도입하고 유능한 농업 인력의 해외 농업 진출 활성화를 통하여 유휴될 농업 자원의 고용기회를 열어서 농가 구조조정을 연착륙시키고, 나아가서 한국 농업의 외연(外延)과 영역을 확장하는 기반구축을 개방시대의 농정목표로 설정해야 한다.

이러한 정책목표는 다음과 같은 세 가지 제약조건을 충족시킬 수 있는 정책수단을 통하여 실현되어야 한다.

첫째, WTO 협정상의 허용조건 범위 내에서 정책수단을 선택하여야 한다.

둘째, 농업의 위축으로 유발될 사회적 비용보다는 농업 보호비용이 훨씬 싸고 효과적이라는 국민적 합의 형성에 성공할 수 있는 정책수단을 개발·선택해야 한다.

셋째, 현재까지의 정부주도적인 공급(생산) 위주의 정책수단을 시장지향적인 수요(소비) 위주의 정책수단으로 전환해야 한다.

2) 농업 정책 시스템의 개혁방향

농정의 근본적인 전환이 필요하다는 사실을 부인하는 사람은 아무도 없다. 그 때문에 정권이 바뀔 때나 심지어는 장관이 바뀔 때마다 농정 개혁(reengineering)은 뜨거운 단골메뉴로 등장해 왔다. 그러나 그 동안의 농정 개혁은 관행적으로 수행되어 오던 농업 정책수단에 대한 근본적인 접근보다는, 수시로 돌출되는 현안 과제를 중심으로 현상대응적이고 현실안주적인 접근에 머물러 왔다는 비판에 직면하고 있음도 부인할 수 없다.

개혁은 고통을 요구한다. 고통을 최소화할 수 있는 구조조정의 방향을 찾기 위해서 좌면우고(左眄右顧)하다 보니, 강화시켜야 할 정책 또는 후퇴시켜야 할 정책의 구분이 희미해지고 농업의 위기는 더욱 가중되고 있는 것이다. 시장경제 논리가 보다 강조되는 본격적인 개방시대를 맞이하여 한국 농업을 지속적으로 유지 · 발전시켜 나가기 위한 바람직한 정책수단은 어떠해야 할 것인가?

개국 이래 농업은 이 땅의 중심산업으로서 실질성장을 계속해 왔다. 그러나 2009년을 고비로 하여 한국 농업은 본격적인 산업 위축의 길로 들어서고 있으며, 한 · 중 FTA는 현재의 위축 추세를 더욱 가속화시킬 전망이다. 이에 따라서 새 정부에서 선택 · 시행될 농업 정책에 대한 관심이 비단 농업계뿐만 아니라 경제계 전체적으로 크게 높아지고 있다. 농업 위축이 가속화되면 농민들이 일차적인 피해자가 되겠지만, 농업의 지나친 위축이 불러올 재앙은 결국 국민경제 전체의 문제로 귀결될 것이기 때문이다.

WTO 체제 하의 시장개방에 대응하기 위해서 추진되었던 소위 개방농정(開放農政)이 그 동안 부분적인 성과를 거둔 것은 부인할 수 없는 사실이다. "개방되면 다 죽는다"라는 농업계의 지배적인 우려에도 불구하고 한국 농업은 개방 15년간 실질적인 성장을 계속함으로써 내수시장의 일정 몫을 굳건히 지켜왔기 때문이다. "개방도 별 것 아니다"라는 자신감마저 형성되는 등 농민들 사이에서 만연되

7. 환경전환점과 지속적인 발전

환경경제학자들은 환경 문제는 경제발전의 어떤 수준에 오면 전환점을 맞게 되리라고 예상하고 있다. 환경전환점 가설에 따르면 경제가 저개발상태일 때에는 환경과 경제성장이 대부분 상충관계에 있으나 경제가 발전하여 환경전환점을 지나면 경제성장과 환경은 상호 보완관계로 바뀌게 된다는 것이다.

즉, 경제성장을 통해서 환경을 개선시킬 수 있으며, 동시에 환경보호를 통해 질적으로 바람직한 경제성장을 계속할 수가 있다는 것이다.

그림① 시장재화와 환경 서비스 간의 생산가능곡선

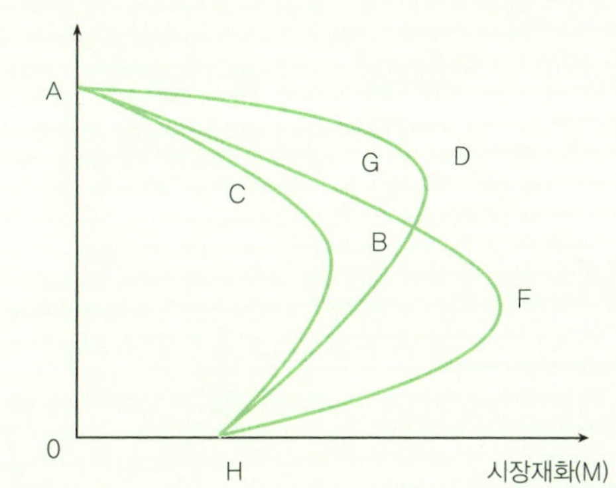

그림①에서는 시장재화가 전혀 생산되지 않을 때 환경은 자연 그대로이므로 환경 서비스의 질은 최고로 좋다. 이때를 A점이라고 하자. 생산가능곡선상의 A점에서부터 B점까지는 마이너스의 기울기를 갖고 있다. 이것은 보통의 생산가능곡선과 같이 시장재화의 생산과 환경 서비스의 생산은 서로 경쟁관계에 있음을 뜻한다. 즉, 시장재화의 생산량을 증가시키기 위해서는 환경 서비스의 악화를 수반해야 하고 반대로 환경의 질을 향상시키기 위해서는 우리가 소비할 수 있는 시장재화의 생산량을 줄여야 한다는 것을 의미한다.

환경 서비스는 시장에서 매매되는 것이 아니므로 아무런 규제도 없고 소비자들이 환경 서비스의 질에 대해 관심을 가지지 않는다면 시장재화를 가장 많이 생산할 수 있는 B점에서 생산이 이루어질 것이다.

B점을 지나면 생산가능곡선의 기울기는 양(+)이 된다. 이것은 B점을 지나서부터 일반재화의 생산증가는 환경오염과 자원고갈을 초래하여 환경의 질은 물론 재화의 생산도 동시에 줄어든다는 것을 뜻한다. 즉, 환경 서비스(E)와 시장재화(M)의 생산이 함께 줄어들 정도로 환경자본이 파괴된다는 뜻이다.

소비자, 기업, 정부 등이 환경 문제에 대해서 전혀 신경을 쓰지 않는 초기의 시장경제체제 상태에서는 시장재화의 생산량이 최대가 되는 B점에서 균형이 이루어진다. 그러나 국민들의 환경개선에 대한 요구에 의해서 정부가 환경 서비스의 공급을 증가시키기 위한 정책을 추진할 경우 생산의 균형점은 B보다 높은 C점 같은 곳에서 이루어진다. 이 경우 재화의 생산은 줄지만 환경 서비스 공급량은 많아진다. 만약 기술혁신을 통하여 생산가능곡선을 우측으로 이동시킨다면 시장재화와 환경 서비스의 동시적 증산과 소비증대가 가능하다. 그림①에서 기술혁신으로 생산가능곡선이 ADH곡선으로 이동하였다고 가정하면 자유방임경제일지라도 D점에서와 같이 종

그림② 환경전환과 지속적 성장경로

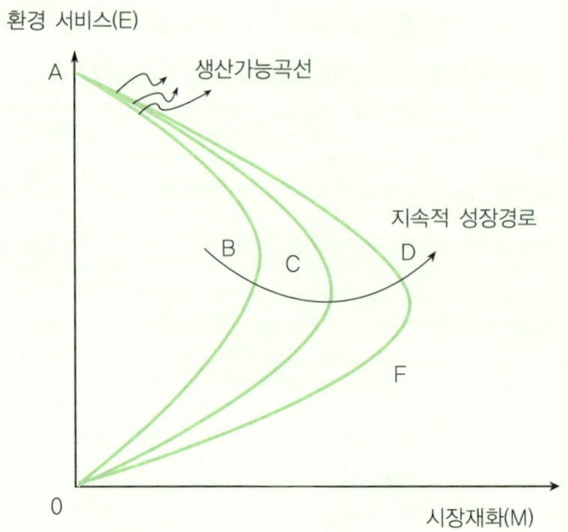

전보다 더 좋은 환경과 더 많은 재화의 소비를 동시에 달성할 수 있다. 그러나 오늘날까지 이루어진 중심적인 기술혁신 내용은 생산가능곡선을 AFH 방향으로 이동시켜 왔기 때문에 경제성장으로 더 많은 재화를 생산·소비할 수는 있었으나, 그 대가로 지구의 환경악화를 가져오게 되었다고 해석할 수가 있다.

만약 국민의 환경개선 요구가 강력하여 정부의 환경개선을 위한 정책이 추진된다면 AF 사이에서 균형이 이루어질 수 있다. 만일 G점 같은 곳에서 균형이 이루어진다면 여기서는 종전보다 더 개선된 환경과 더 많은 재화를 동시에 소비할 수 있다는 것을 의미한다. 이것은 경제성장과 환경개선이 반드시 경쟁적 개념이 아니고 양립할 수도 있다는 것을 설명해 준다.

그림②는 환경우선론과 성장우선론과의 결합으로 표시할 수 있는 지속적 성장경로를 보여준다. 이 성장경로는 경제발전의 단계에 따라 U자형의 모양을 보여준다. 즉, 소득이 낮은 단계에서는 환경이 악화되는 성장경로인 B에서 C로 움직여 환경을 희생하면서 경제발전을 추구한다.

그러나 소득이 어느 정도 달성된 다음부터는 환경보호에 대한 사회적 수요가 점차 커져 시장재화의 수요에 못지않게 환경재의 수요도 증가하기 시작한다. 이에 따라 기술진보의 형태가 생산가능곡선을 동북쪽으로 이동시켜서 균형점이 D에서 형성되면 종전보다 더욱 많은 일반재와 환경재의 소비가 가능해질 수 있다는 것이다.

었던 개방 피해의식도 많이 완화되었기 때문이다.

그러나 최근 들어서 농업 부문의 성장이 본격적으로 위축되고 있다는 점에서 그 동안의 개방농정을 성공적이었다고 평가하기는 어렵다. 정책방향과 개별 정책수단과의 부조화 및 일관성 부족, 단기와 중장기 정책수단 간의 상충과 부조화 등이 농업의 자생력 확보와 성장동력 확보를 저해하여 왔기 때문이다.

우루과이라운드 협상 타결(1993)에 대비한 1990년대의 농정목표는 '구조개선과 경쟁력 향상'이었다. 2000년대에 들어서서는 '소비자와 도시민을 위한 농업·농촌'이라는 새로운 패러다임이 등장하고 이를 실현하기 위하여 종래의 '경쟁력 향상' 이외의 새로운 정책들이 추진되었다.[8] 친환경 농업 장려, 직불제도의 도입, 식품안전성 관리체계의 강화, 농어촌 삶의 질 개선사업 등이 그것이다. 이명박 정부 수립 이후에는 '세계와 경쟁하는 강한 산업으로의 변화'를 목표로 농업 외부의 인력과 자본을 유치하여 대규모 농식품 유통회사 및 영농회사를 중심으로 농업을 재편시키고, 농업을 첨단 산업화하여 경제성장과 수출증대에 기여하는 산업으로 육성하겠다는 의욕적인 계획이 제시되었다. 그러나 이를 실현시킬 수 있는 정책 개혁수단들이 제대로 뒷받침되지 못하였다.

역대 정부의 다양한 개방대응 정책의 추진에도 불구하고 농가소득은 정체상태를 계속하여 도시근로자 소득과의 격차는 더욱 벌어졌다. 농가 간의 소득양극화 추세도 더욱 현저해졌다. 특히, 농가교역조건(판매가격/구입가격) 비율의 악화로 농업 소득의 상대적인 하락현상이 두드러졌다. 농가교역조건이 앞으로 개선되기를 기대하기도 어렵다. EU, 미국 등과의 FTA 협상 발표에 이어서 중국과의 FTA마저 체결되면 농산물 가격은 더욱 심한 하락 압력을 받게 될 것이고, 에너지 등 국제 원자재 가격의 상승 추세는 이어질 전망이어서 농가구입 가격은 상승 추세가 계속될 전망이기 때문이다.

국민경제적 입장에서 농업·농촌의 역할을 변화되는 경영환경에 비추어 재조명하고 현재의 어려움을 극복해 나갈 수 있는 농업 정책 시스템의 개혁에 대한 요구가 커지고 있는 것이다(성진근, 2012).

개방농정을 이끌어 왔던 정책수단들의 한계를 극복해야 한다. 농업 성장의 위축을 유발하고 있는 악순환의 고리를 끊어내야 한다. 악순환의 요인에 효과적으로 대처할 수 있는 새로운 정책수단을 통하여 위축 추세의 농업을 성장으로 반전시킬 수 있어야 한다.

현상 유지에 지나치게 치우쳐 왔던 현재의 농업 정책 시스템을 전면적으로 재조정하는 업무재설계(reengineering)에 나설 때가 온 것이다.

8) 대통령 직속의 농어업·농어촌 특별위원회가 '소비자를 생각하는 농어업', '도시민과 함께 가꾸는 농어촌'을 새로운 활로로 제시하였다.

(1) 총체적인 경쟁력 향상 시스템의 구축

첫째, 우리 농산물의 국제경쟁력을 향상시켜 나갈 총체적인 경쟁력 향상 시스템을 구축할 수 있는 농업 구조 내지 기반을 조성하는 데 초점을 맞춘 시장지향적인 정책수단이 선택되어야 한다.

농산물 공급과잉시대에 처하여 국내외 농산물 수요를 개발·확대하는 정책수단, 생산된 농산물의 상품성을 향상시켜서 대량생산체제에서 생산된 수입 농산물과의 차별성을 강화하는 정책수단, 기존의 생산 위주 정책수단의 후퇴에 대신하여 농업 부가가치를 제고시킬 수 있는 품질과 안전성을 앞세우는 수요 위주의 정책수단, 우리 농산물의 유통경쟁력을 강화시키기 위한 품목별 유통조직체의 육성을 위한 정책수단 및 경영위험 관리와 시장실패 현상을 교정·완화하기 위한 농가소득보전과 안정화를 위한 정책수단 등이 강화되어야 한다.

(2) 경쟁력 강화와 복지향상 정책의 선택적 적용

둘째, 전 품목과 전 농가를 대상으로 하는 평균적인 농정 추진방식에서 벗어나, 농업 정책을 경쟁력 강화를 위한 정책수단과 사회부조적인 복지향상을 위한 정책수단으로 구분하여 차별화된 정책대상에게 선택적으로 적용하는 방식으로 정책수행의 효율성을 확보해 나가야 한다. 특히, 노령화되고 있는 농촌 노동력의 경영 이양을 촉진시키고 복지사각지대에 처한 농촌주민을 위한 차별적인 농촌형 복지 정책수단이 정립·강화되어야 한다.

(3) 식량자급률의 향상을 위한 정책수단 확보

셋째, 식량자급률 향상을 위한 혁신적인 정책수단이 강화되어야 한다. 우리나라의 전체 곡물 자급도는 2005년의 29.4%에서 지속적으로 떨어져서 2010년에는 27.6%, 그리고 2012년에는 23.6% 수준으로 떨어지고 있다. 쌀 한 품목에 의존해 온 곡물자급도가 쌀의 자급도가 떨어지면서(2012년 86%) 전체 곡물 자급도가 크게 떨어지고 있는 것이다.

최근 7년간(2005~2012) 쌀 재배면적과 생산량은 각각 87%와 84% 수준으로 줄어들었고 국민 1인당 소비량도 86% 수준으로 줄어들었다. 쌀의 소비량 감소에 맞춰서 생산량이 줄어든 대신에 축산물(육류) 공급량은 31%, 그리고 1인당 소비량은 26% 늘어났고, 전체 육류 공급량 중에서 국내 육류 공급량은 24%가 늘어났으며 수입 사료곡물은 23%가 늘어났다. 쌀 생산과 소비는 줄어들고 있고 축산물 생산과 소비가 늘어나면서 사료곡물 수입량이 증가하여 식량자급률이 떨어지고 있는 구조인 것이다.

불안한 국제 식량수급 동향에 비추어 식량자급률이 20% 초반으로 떨어지고 있는 현상에 무력한 농업 정책에 대한 국민적 동의를 얻기는 어렵다. 그러므로 쌀자급률 확보에 치중하고 있는 현재의 식량자급률 확보 및 유지 정책을 사료자급률 확보로 전환해야 한다. 이를 위해서는 겨울철에 대부분 유휴되고 있는 논의 사료작물 이모작 활성화 정책수단을 통한 식량자급률 향상 정책이 선택되어야 한다. 이와 함께 사료 자주율(自主率) 향상을 위한 해외 농업 개발사업도 활성화시켜야 한다.

(4) 새로운 농촌소득원으로 녹색관광 활성화

넷째, 농촌지역의 쾌적성과 정주성(定住性)을 강화하기 위한 농촌지역 개발 정책수단을 정비 · 강화함으로써 새로운 농촌소득원(農村所得源)으로서 농촌녹색관광(green tourism)을 활성화시켜 나가야 한다. 이를 위해서는 관광 공급기반의 확충뿐만 아니라, 농촌 관광수요를 효과적으로 개발 · 관리해 나가는 수요확장 중심적인 정책수단이 동시에 강화되어야 한다.

(5) 농산물 수입 · 수출 연계 정책 도입으로 수출시장 확장

다섯째, 시장개방의 진전으로 잃게 될 내수시장의 몫 이상의 수출시장을 확보하는 공격적인 개방대응 정책이 추진되어야 한다. 시장개방 확대에 따라 농업

그림 5-5 시장개방 확대에 따른 농업인들의 개방 피해의식

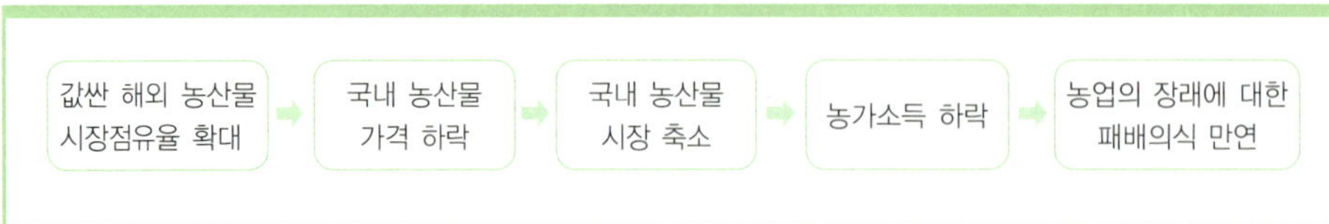

인들의 반발과 패배의식도 만연되고 있다. 농업인들의 개방 피해의식은 값싼 해외 농산물의 수입개방으로 인하여 국내 농산물시장의 상당 부분을 해외 농산물에 잠식당하게 될 것이란 점에서 출발하고 있다(그림 5-5).

농업인들의 패배의식을 잠재우고 농업의 미래에 대한 자신감을 일깨우기 위해서는 잠식당할 내수시장 몫을 대신할 수 있는 수출 신시장을 확보할 수 있는 공격적인 개방대응 대책이 추진되어야 한다. 현재의 한국 농수산물 시장은 인구 2,400만 명을 100% 부양하는 시장규모라 할 수 있다(인구 5,000만 명×영양열량(cal)자급률 48%=2,400만 명). 이 시장규모의 일부를 빼앗기게 될 것이란 점이 개방 피해의식의 본질이다.

중국의 고소득층(1억 원 이상 소득인구 5,000만 명)의 일부와 원전사고 이후 증가하고 있는 일본 고품질 농산물 수요인구 및 K-pop 등 한류열풍의 효과로 한국 농식품(K-food)에 대한 신인도가 높아지고 있는 동남아(ASEAN) 고소득층과 청년층을 대상을 한 적극적인 수출드라이브 정책이 선택되어야 한다.

농산물 수출주체는 민간 부문이고 정부는 이를 지원한다. 수출로 인해서 적자가 예상되면 민간 부문은 정부의 독려에도 불구하고 수출에 나서지 않는다. 반대로 농산물 수입은 돈이 되기 때문에 정부의 유·무형(有·無形)의 간섭에도 불구하고 민간 부문이 다투어 나선다.

수출을 강화하기 위해서는 물류비나 포장비 등을 지원함으로써 민간 부문의 수출비용 절감을 지원하는 정책으로는 부족하다. 수출로 발생한 손실을 수입으로 메꿀 수 있는 기회를 수출이 제 궤도를 찾을 때까지라도 한시적으로라도 민간 부문에 제공하면 된다. 정교한 MX 연계 프로그램(IMPORT-EXPORT linkage program)을 통한 한국형 농산물 수출촉진 정책(export enhancement program)의 선택이 필요하다. 수입 농산물의 공세로부터 '내수시장 지키기'에 올인하고 있는 농업 관련 주체의

시선을 '해외 신시장 확보'로 돌려야 한다. 그래야 한국 농업의 미래가 있다.

(6) 정부와 시장 간의 적절한 역할분담

여섯째, 정부와 시장 간의 바람직한 관계가 설정되어 적절한 역할분담을 유도할 수 있는 정책수단이 선택되어야 한다. 그 동안의 농업 생산과 유통질서가 지나치게 정부 의존적인 형태로 영위되어 왔기 때문에 시장의 여건변화에 대응해서 수요를 개발 · 확대하고, 가격뿐만 아니라 품질이나 서비스 조건 등의 상품성 경쟁에서 비교우위를 확보하는 등 총체적인 경쟁력을 향상시켜 나갈 수 있는 농가의 적응능력은 지나치게 약화되어 있다는 현실을 인정해야 한다. 그러므로 정부는 시장질서의 유지라는 한정적인 기능과 함께 시장실패의 완화를 위한 시장개입으로 그 역할을 축소시켜 나가는 대신에 민간의 시장활동을 촉진시켜 나가는 정책수단을 강화함으로써 정부와 민간 부문 간의 바람직한 역할분담체제를 확립해 나가야 한다.

(7) 농정(農政)의 효율성 강화로 대국민 설득력 확보

일곱째, 막대한 농업 지원 투자액의 성과를 제시할 수 있어야 한다. 2012년 농림수산식품부 예산은 18조 1,322억 원으로 2005년 이후 최근 7년간 연평균 4.01%씩 증가하였다. 기본적 경비(3,451억 원)를 제외하고 예산과 기금에 의해 추진된 주요 사업비 지출액은 13조 6,778억 원이었다. 이 사업 예산의 뒷받침으로 1년간 생산된 농림어업 부가가치는 30조 2,478억 원이었다. 국민(납세자)의 부담에 의한 사업 예산액이 전체 산업 생산액의 45%에 해당하는 것이다. 앞으로 농가소득보전 예산은 더욱 증가해 갈 것이고 농업인들의 세금부담액은 더욱 미미해질 것이다. 그러므로 농정의 지속성을 확보하기 위해서는 납세자의 농업 지원을 위한 세금부담에 대한 광범위한 국민적 합의형성이 필요하다. 이를 위해서는 무엇보다 농업 생산의 부가가치를 획기적으로 향상시키기 위한 농업 관련 주체(농민, 관료, 학자)의 발상 전환과 농업 지원 정책의 혁신이 요구된다.

납세자들은 막대한 재정 투융자의 실증적인 효과를 원한다. 시장개방 폭의 확대에도 불구하고 국내 농업이 식량안보와 국민들의 건강을 담보하는 산업으로, 그리고 공익적인 다기능성을 충분히 공급하는 산업으로 발전하고 있다는 실증적인 성과를 제시할 수 있을 만큼 농정의 효율성이 높아지기를 원한다. 이를 위해서는 무엇보다 농정대상의 차별화[9]가 먼저 실현되어야 한다. 현재와 같은 전체 농가를 대상으로 하는 '갈라먹기' 식의 농정 수행으로는 정책의 효율성 실현을 기대하기 어렵기 때문이다.

또한 농업 부문에 대한 재정 투융자의 가시적인 효과를 실증적으로 제시하는 일에도 관련 주체(정부, 농민단체, 농가)의 힘을 모아야 한다. 소위 "밑 빠진 독에 물 붓기" 식이라는 농업 투융자에 대한 비아냥을 설득시키지 못한다면, 지속적인 투융자 재원의 확보를 기대하기 어렵기 때문이다.[10]

경제이론과 농업 이해

8. 농업의 성장판 고치는 일에 나서자

한강변의 기적을 일구어냈던 한국 경제의 성장판(成長板)이 단단히 고장났다. 2010년 이후 2012년까지 국민총소득(GNI)은 겨우 2% 성장수준을 유지하고 있으며 금년도에도 저성장기조는 계속될 전망이다. 경기둔화로 좋은 일자리를 찾지 못한 청년실업인구는 늘어가고 있고 베이비붐 세대의 은퇴가 본격화되면서 일자리 대란의 우려마저 커지고 있다.

농림어업 분야의 성장위축 현상은 더욱 심각하다. 농림어업 국내총생산(GDP)은 2010년의 −4.4%에 이어서 2011년에는 −2.0%, 그리고 2012년에는 −1.0%로 3년째 내리막길이다. 내수시장 지향적인 국내 농업이 소비 위축과 값싼 해외 농산물의 공세에 밀려서 불에 탄 소가죽처럼 쪼그라들고 있는 형국인 것이다.

새로운 성장동력을 만들어내는 것이 농업 부문의 지상 과제이다. 이를 통해서 농업 부문의 일자리와 소득기회를 창출해야 한다. 이를 위해서는 국내 농산물의 새로운 수요와 새로운 시장을 개척할 수밖에 없다. 농업 분야에서의 새로운 시장은 단연코 친환경, 고품질 농산품에 대한

9) 일본은 연간 농산물 판매액 100만 엔(¥)을 기준으로 하여 판매농가와 지급농가로 구분하고 판매농가의 경쟁력 향상에 초점을 맞춘 농정을 시행하고 있다.

10) 실용주의를 표방하고 출범한 이명박 정부 하에서 농식품부 예산은 2008년부터 2012년까지 연평균 2.43%씩 증가함으로써 전체 예산증가율(8.4%)의 1/3 수준에 머물렀다. 또한 국가중기재정운용계획(2011~2014)에서도 농림수산식품 관련 예산은 기간 중에 전체 예산증가율(4.8%)보다 훨씬 낮은 0.5%씩 증가하도록 계획되어 있다.

국내외(國內外) 시장이다.

토지와 노동집약적인 전통적인 농법(農法)에서 자본과 기술집약적인 경영체제로 전환되지 않으면 고품질과 고효율을 도저히 실현시킬 수가 없고 새로운 시장개척은 어려울 수밖에 없다.

이러한 관점에서 대기업(동부팜화옹)의 농업 진출(화옹간척지의 유리온실 토마토 생산) 문제는 농업계뿐만 아니라 정치권이 나서서라도 슬기롭게 풀어야 할 현안 과제이다.

토마토 생산농가는 쪼그라들고 있는 골목상권(내수시장)에 대기업이 진출하는 것은 있을 수 없는 일이라고 강력 반발하고 있다. 이에 대해 기업측은 생산량의 90% 이상을 수출할 것이므로 큰 문제가 없다고 해명하지만 농가들은 '꼼수'에 지나지 않는다며 대기업의 완전 철수를 요구하였고 드디어 기업측은 사업 철수를 선언하였다.

문제는 여기에서 그치지 않는다. 화옹 간척지보다 규모가 큰 영산강과 새만금 간척지에서도 대기업의 힘을 동원하기 어렵다는 것이다. 대기업의 힘의 정체는 농업 부문에서 절대적으로 부족한 자본력과 경영능력, 특히 마케팅 능력이다.

농업 외부의 참여를 거부하면서 농업 부문이 새로운 성장동력을 갖추기는 어렵다. 전체 농가의 42%를 차지하는 0.5ha 미만의 영세 소농과 전체 농가의 24%를 차지하는 0.5~1.0ha의 소농의 총농가소득 중에서 농업 소득이 차지하는 비중은 각각 7.7%(호당 210만 원)와 18.3%(447만 원)에 불과할 정도로 농업 소득 의존율이 지나치게 낮기 때문이다.

현재의 농업 소득을 두배로 올려주는 것보다는 농업 부문 일자리 확대가 대부분의 농가들에게는 더욱 절실한 문제인 것이다. 그러므로 대부분의 농민과 대기업이 상생할 수 있는 사업모형을 이 기회에 만들어내야 한다.

동부팜화옹은 생산된 토마토를 전량 수출해야 한다. 그리고 수출품 검사결과 남겨진 불합격품을 전량 주스나 케찹 등으로 가공하고 생과는 내수시장에 한 톨도 출하해서는 안 된다. 토마토의 성출하기(6~7월)에 폭락하는 토마토 국내 가격을 지지하기 위해서 일정량을 수매해서 가공품을 만들어 내수와 수출용으로 돌려야 한다. 대부분의 토마토 가공품 소비는 수입품으로 충당되고 있으므로 수입대체를 통한 외화절약 효과도 적지 않다. 농가는 계약재배를 통하여, 그리고 수출용 토마토 농장에 취업하면서 소득기회를 늘려야 한다. 이를 통해서 수출형 농산물 사업모형을 만들어내야 한다.

대기업의 축적된 자본과 경영노하우를 농업 내부로 끌어들여서 쇠잔해진 성장판을 고쳐내지 못한다면, 농업은 국민세금(보조금)으로 겨우 연명해 갈 수밖에 없는 식물산업으로의 길을 밟을 수밖에 없는 현실을 직시해야 한다.

자료: 성진근, 중앙일보 비즈칼럼, 2013. 5. 3.

참고문헌

권오상,『환경경제학』, 박영사, 1999.

김세원 외,『산업 정책론』, 박영사, 2003.

김창길, "농업 · 농촌의 다원적 기능에 대한 사회적 수요,"『2006년 하계공동학술 대회 발표논문집(Ⅰ)』, 한국농업경제학회, 2006.

김호탁 외,『농산물가격론』, 박영사, 2003.

농림수산식품부,「농림수산식품 주요 통계」, 각 연도.

농촌진흥청,『농업의 다원적 기능 연구현황』, 2001.

박기혁 외,『한국 농업경제』, 박영사, 1990.

박정근,『농업발전경제학』, 박영사, 2004.

서동균, "농업의 다원적 기능에 대한 경제적 가치,"『농업경영정책연구』 30-1, 2003.

성진근,『국민경제와 한국 농업』, 을유문화사, 1995.

______, "How to Overcome Global Food Crisis in the 21st Century?," *Global Crisis of Food in the 21st Century-27th International Symposium*, The National Academy of Sciences Republic of Korea, 1999.

______,『새농업경영론』, 도서출판 해남, 2011.

______,『한국 농업 리모델링』, 도서출판 해남, 2012.

성진근 외,『한국의 농업 정책, 틀을 바꾸자』, 삼성경제연구소, 2004.

______,『농업 · 농촌 투융자사업 추진실태 감사자문』, 감사원, 2004. 6.

______,『농업이 미래다』, 삼성경제연구소, 2011. 10. 25.

안윤수 외, "농촌의 사회문화적 공익기능 가치평가,"『농촌사회』 15-1, 2005.

오세익 외,『농업의 다원적 기능의 가치평가 연구』, 농림부, 2001.

유진채 외, "조건불리지역 농업 · 농촌의 다원적 기능에 대한 가치평가,"『농업경제연구』 44-1, 2003.

이경태,『산업 정책의 이론과 현실』 KIET 연구총서 91-7, 1991.

이정우,『소득분배론』, 비봉출판사, 1992.

이정환,『농업구조전환, 그 시작과 끝』, KREI, 1998.

이태호, "농가의 계층분화와 농가소득정책방향,"『농정연구』 제43호, 농정연구센터, 2012.

정갑영,『산업조직론』, 박영사, 1991.

伊藤元重 외,『산업 정책의 경제분석』, 동경대 경제학부, 1989.

Adams, G. and L. Klein, *Industrial Policies for Growth and Competitiveness*, Washington DC, Health and Company, 1983.

Bangemann, M., *Meeting the Global Challenge*, London, Kogan Page, Ltd., 1992.

Freemann III, A. M. *et al.*, *The Economics of Environment Policy*, John Willey & Sons, 1973.

Houck, James P., *Elements of Agricultural Trade Policy*, Reissued by Waveland Press Inc., 1992.

Jacques, de Bandt, *Les Restructurations Industrielles en France*, Paris, Economica, 1980.

Magaginer, Ira and R. Reich, *Minding America's Business: The Decline and Rise of American Economy*, N.Y. Harcout Publisher, 1982.

OECD, *Objectifs et Instruments des Politiques Industrielles*, Paris, 1973.

Tyson, L., "Who is Bashing Whom?," Washington DC. Institute for International Economics, 1992.

USDA, FAS(http://www.fas.usda.gov/psd), 2012. 1.

제3부 농업경제학의 새로운 지평

제6장 경영 여건변화와 연구 패러다임 전환방향
제7장 애그리비즈니스(agribusiness)와 농업경제학
제8장 식품수요의 변화와 농업경제학
제9장 농업 통상과 해외 농업 개발 진출
제10장 환경 · 자원 문제와 농업경제학

앞으로 우리 농업에 가장 중요한 영향을 미칠 요인은, ① 시장개방과 세계화에 의한 경영 · 유통 환경의 변화, ② 악화되고 있는 지구환경 문제에 대응하기 위한 환경 관련 규제 강화, ③ 식품 소비구조의 변화, ④ IT, BT, ET, NT 등 첨단기술의 농업과의 융합 등으로 요약할 수 있다. 이러한 여건변화에 대처할 수 있는 농업경영 혁신과 농업 정책변화(remodeling)를 적극적으로 뒷받침하기 위한 농업경제학 연구영역의 확대가 절실히 필요하다.

농업을 토지와 노동 등 자연자원에 기반을 둔 자원산업(resource based industry)으로부터 자본과 과학기술에 토대를 둔 과학산업(science based industry)으로 전환시켜야 한다. 정밀시장(precision market)시대로 진입하고 있는 농식품 소비구조의 변화에 능동적으로 대응할 수 있는 총체적인 경쟁력을 갖춘 산업으로 농업을 변화시켜야 한다. 지구환경의 악화에 대응하는 친환경적 산업으로, 에너지 위기에 대응하는 에너지 원료 생산산업으로 그리고 경제위기를 헤쳐나갈 녹색 신성장 동력산업으로 농업의 영역을 확대해야 한다.

『손자병법』은 "군대는 물의 모습을 닮아야 한다(兵刑象水)"라고 가르치고 있다. 물의 움직임은 순리(順理)이다. 다가오는 상황을 거부하여 역류하지 않고 스스로 힘을 모아 물줄기를 바꾸듯이 환경의 변화에 맞추어 자신의 모습을 잘 변화시켜야 비로소 이기는 군대가 될 수 있다.

Chapter 6

경영 여건변화와 연구 패러다임 전환방향

1. 농업 경영환경 변화의 메가 트렌드

2. 바이오 경제시대가 열리고 있다

3. 농업의 가치 향상과 영역 확장방향

경영 여건변화와 연구 패러다임 전환방향

1 농업 경영환경 변화의 메가 트렌드

1) 농업 경영환경의 변화

개방농정(開放農政)의 성과와 한계

'農者天下之大本'이라는 개념은 오늘날 농악대의 깃발에서만 존재하는 공허한 개념이 되고 있다. 산업화 · 도시화 과정에서 농업 부문의 급속한 위축이 진행되어 국민경제의 기초 산업으로서의 농업의 존재 가치가 미약해졌기 때문이다. 시장개방 과정에서 막대한 재정 투융자에도 불구하고 산업 위축이 지속적으로 진행되어 이제는 국민경제의 부담 산업으로까지 인식되고 있기 때문이다.

농업 발전을 위한 장기적인 비전 제시에 정책이 실패하고 있다. 이에 따라서 농업의 장래에 대한 농업인들의 불안과 패배의식은 널리 만연되고 있다. 여기에다 농업과 농업 정책의 비효율성에 대한 납세자들의 불신과 불만마저 깊어지고 있다.

단기적이고 현상유지적인 동시에 포퓰리즘(populism)적인 현안 문제해결 방식에 농업 관련 주체(농민, 정부, 학계)들이 매달리고 있는 사이에 농업의 장기적인 발전을 위한 비전이 흐릿해지고 있다. 개방피해보전 등 단기적인 현안 문제해결 치중적인 농업 정책은 당장의 고통을 경감시키는 효과는 인정되지만, 농업 경영 체질을 변화시키기에는 역불급(力不及)이다. 이에 따라 막대한 농업 투융자에도 불구하고 농업 · 농촌 문제는 더욱 악화되어 왔으며, 급기야는 농가 간 소득 양극화 현상마저 심화되어 '1%의 농민만을 위한 농정'이란 포퓰리즘적인 표현까지 공공연히 등장하면서 사회적 갈등은 더욱 증폭되고 있다. 이대로 가다가는 농업은 자생적인 성장의 모멘텀을 잃은 채 정부 보조로 겨우 연명해 가는 식물산업으로 전락할 수도 있다.

시장의 변화, 자원과 환경위기

농산물 시장이 변하고 있다. 글로벌 시장이 통합되고 접근이 자유로워지면서 농산물에 대한 새로운 수요가 창출되고 있고 우리 농산물의 새로운 시장도 열리고 있다. 소득향상과 인구의 고령화가 진행됨에 따라 고품질 농축산물과 건강기능식품에 대한 수요가 크게 증가하는 시장변화가 진행되고 있다(그림 6-1).

세계 농식품의 미래 수요는 주로 채소, 과일, 육류, 유제품, 수산물 등에서 발생하게 될 것으로 전망되고 있다. 또한 농식품의 수요증가는 대부분이 아시아에서 발생하게 될 것이며, 특히 중국이 국제 농식품 수요증가의 43%를 그리고 인도가 13%를 차지하게 될 것으로 전망되고 있다(UN, 2011).

기후변화 및 지구환경의 악화는 석유(화석연료)기반의 기존 경제체제의 근본적인 변화를 요구하고 있다. 물질문명의 발전을 뒷받침해 온 대표적인 에너지 자원과 공업소재 자원은 석유를 기반으로 생산·공급되어 왔다. 그러나 석유 과잉소비는 지구 환경악화를 초래하고 있고 그마저도 가채량(可採量)의 한계에 부딪혀 가격이 지속적으로 오르고 있기 때문이다.

식량안보를 위한 곡물생산의 목적에 치우쳐 왔던 농업에 대한 관심이 채소, 과일 등 고품질 농산물과 바이오 에너지 원료 생산, 그리고 친환경 소재 생산 등의 영역으로 확대되고 있다. 기능성 식의약 소재산업 등 생명산업으로서의 농업의 중요성도 커지고 있다. 이에 따라서 선진국의 유수한 기업들조차 농업을 새로운 성장동력산업으로 선택하고 있다.

무엇보다 농산물 시장개방의 진전 속에서 가격(price)조건을 중시하는 경제학 패러다임 속에서 형성되어 왔던 농업에 대한 패배주의적인 인식이 많이 불식되고 있다. 품질과 서비스를 중시하는 농산물 소비 행태(behavior)의 변화 속에서 새

그림 6-1 품목별 세계 농식품 수요의 현재와 미래

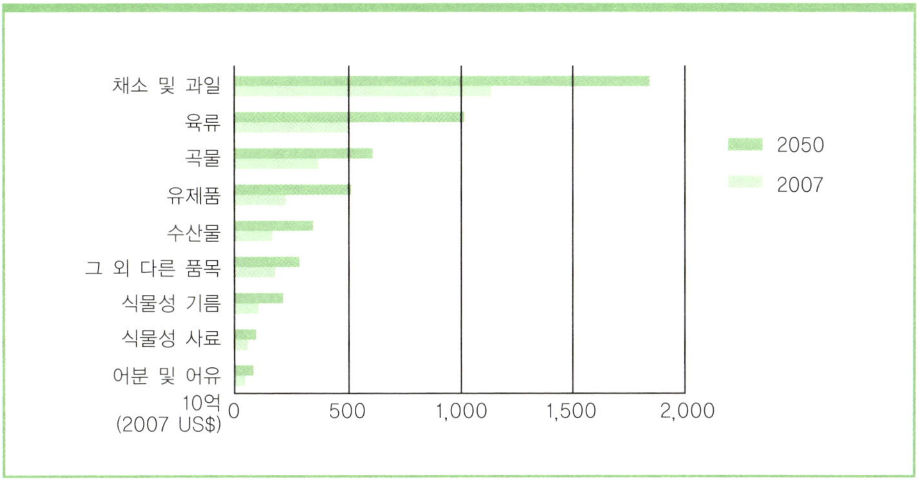

자료: 권대흠(2012. 3).

로운 시장확보 가능성이 커지고 있기 때문이다. 대중시장(mass market) 지향적인 식량작물을 앞세운 수입 농산물과의 가격경쟁에서 소농경영적 한국 농업은 산업적 위축을 감수할 수밖에 없었다. 그러나 품질과 서비스로 차별화되는 정밀시장(precision market)시대가 확장되면서 한국 농산물의 새로운 틈새시장(niche market)이 확장되고 있다.

식량작물의 생산성 향상에 치우쳐 왔던 지난 반세기 동안의 농업 기술 개발도 방향이 전환되고 있다. 농업 생물자원의 고기능성 소재산업화, 생명공학 기술을 활용하는 기능성 작물과 바이오 소재 개발 및 IT, BT 기술을 결합한 안전 농산물 관리기술 등이 그것이다(농촌진흥청, 2012).

2) 농산물 유통환경의 변화

농산물 유통환경의 변화가 눈이 어지러울 정도로 빠르게 진행되고 있다. 유통시장의 개방에다 농산물 시장의 전면 개방이 가시화되면서, 그리고 IT산업의 눈부신 발전에 힘입어 유통정보에 대한 접근성이 크게 개선되면서 똑똑한(smart) 유통과 소비자시대가 열리고 있다.

이러한 환경변화에 대응하기 위하여 생산의 규모화와 산지유통의 규모화가 자생적으로 또는 정부의 지원 정책에 힘입어 진행되고 있다.

농업 생산과 공급의 규모화가 진행되고 있다

농산물 유통환경 변화는 시장개방 폭의 확대가 주도하고 있다. 대규모의 기계화 영농체제 하에서 대량생산된 선진국 농산물의 시장점유율은 갈수록 높아져서 한국 농산물의 입지는 점차 왜소화되고 있다. 농산물 시장개방이 본격화한 지난 17년간(1995~2012) 농업 부가가치는 실질가격 기준으로 연평균 0.99%씩 증가해 왔다. 이 기간 동안 작물재배업은 연평균 0.59%씩 증가해 왔으나 축산업은 연평균 2.88%씩 증가함으로써 농업 부가가치 증가를 견인해 왔다.

그러나 향후 10년간(2012~2022) 농림업 부가가치는 연평균 0.35%씩 감소할 것으로 전망되고 있다. 작물재배업의 비교적 높은 감소율(연평균 -1.25%)과 축산업의 증가율 둔화(연평균 2.60%)가 예상되기 때문이다.

농업 총소득은 지난 17년간 연평균 1.36%씩 감소해 왔는데 향후 10년간에는 연평균 2.02%씩으로 감소율이 보다 높아질 전망이다(표 6-1).

미국, EU 등지에서 대량생산체제에 의해 생산된 식량작물과 축산물의 국내시장진입을 위한 공세는 갈수록 강화될 것이다. 값싼 노동력을 무기로 하는 중국

표 6-1 농업 부문 부가가치와 총소득 추이와 전망(1995~2022)

(단위: 10억 원, 경상)

구분	1995	2000	2005	2010	2012	2017	2022	연평균 변화율	
								2012/1995	2022/2012
농업 부가가치	19,636	21,242	22,259	22,466	23,215	22,389	22,423	0.99	-0.35
재배업	16,702	18,646	16,791	17,424	18,466	16,909	16,284	0.59	-1.25
축산업	2,933	2,596	5,468	5,042	4,749	5,480	6,139	2.88	2.60
농업 총소득	15,714	15,071	15,040	11,885	12,456	10,995	10,161	-1.36	-2.02

주: 1) 농업 부가가치에서 부대 서비스는 제외.
2) 농업 총소득은 호당 농가소득(농업 총수입-농업 경영비)×농가호수로 산출.
3) 2012년 이후 자료는 한국농촌경제연구원의 『농업전망 2012』에서 인용.
자료: 농림수산식품부, 「농림수산식품 주요 통계」, 2011. 8, 한국농촌경제연구원, 「농업전망 2012」, 2012. 1.

표 6-2 농업 경영의 대농집중화 현상

경영규모	농가호수 비율			경영면적(사육두수) 비율		
	1995	2005	2010	1995	2005	2010
논 3ha 이상	2.8	4.9	7.1	14.8	26.4	40.6
밭 2ha 이상	2.5	3.9	13.9	18.0	30.0	27.8
과수원 1ha 이상	13.6	14.6	18.8	42.9	45.8	48.1
시설원예 2,000평 이상	12.4	9.6	28.5	38.3	52.9	55.3
한우 30두 이상	1.7	6.9	15.8	16.6	46.9	61.3
젖소 50두 이상	5.6	49.9	60.7	17.8	71.6	82.8
돼지 1,000두 이상	2.4	24.0	37.2	36.5	77.9	88.4
닭 3만 수 이상	0.3	1.1	4.2	44.0	73.7	81.5

자료: 성진근(2011).

산 원예 농산물의 공세 역시 강화될 것이다. 이에 대응하기 위하여 한국 농업의 경영구조 개선도 진행되고 있다.

시장개방에 대응하여 경쟁력 향상을 위한 정부의 구조개선 시책의 결과 한국 농업 경영도 전업농 중심의 전문화·규모화가 진행되고 있다. 1995년부터 2010년까지 15년간 3ha 이상의 논농사를 짓는 농가들이 전체 논농사 면적에서 차지하는 비율은 14.8%에서 40.6%로 높아졌다. 시설원예면적 2,000평 이상의 대농이 차지하는 경영면적은 전체 시설면적 중에서 55.3%를 차지하고 있으며, 한우 30두 이상의 사유농가가 전체 사육두수에서 차지하는 비율은 61.3%, 돼지 1,000두 이상의 농가가 전체 사육두수에서 차지하는 비율은 88.4%, 닭 3만 수 이상의 농가가 전체 사육규모 중에서 차지하는 비율은 81.5% 등으로 늘어나고 있다. 규모화된 농가호수 비율과 그들의 생산규모가 전체 생산규모에서 차지하고 있는 비율도 크게 증가하고 있는 것이다(표 6-2).

수입 농축산물의 공급 확대와 함께 국내 농업 생산의 전문화와 규모화의 진전은 농산물 유통에 중요한 영향을 미치고 있다.

첫째, 전통적인 도매시장 중심의 유통경로 이외의 소비지 대형유통업체와의 직거래나 전자상거래 등 유통경로 다양화 추세가 보다 확대될 것으로 전망된다.

둘째, 브랜드화, 저장, 포장 등 수확 후 처리기술(post harvest technical)의 적용으로 출하 농산물의 품질 차별화와 브랜드화가 보다 확대될 것으로 전망된다.

셋째, 거래교섭력(bargaining power) 확보를 위한 품목별 유통조직체가 활성화될 것으로 전망된다.

산지유통의 규모화 및 정보화가 진행되고 있다

산지의 공동마케팅 조직과 품목별 유통전문 조직의 활성화를 위해서 정부는 산지유통 활성화 자금을 지원해 왔다. 이에 따라서 2010년 현재 공동마케팅 조직 31개소와 품목별 전문 조직 282개소 등 총 313개소의 산지유통 조직이 운영되고 있다. 정부 지원 APC에서 처리하고 있는 원예 농산물 출하물량도 2010년 현재 총 생산량의 22.3%로 증가하고 있다(표 6-3).

조직화와 규모화된 출하주체일수록 대형유통업체가 원하는 품질과 규격의 농산물을 직거래 형태로 유통시키는 추세가 확대되고 있다.

농협도 소위 신 · 경분리 개혁작업에 따라 산지유통 혁신에 적극적으로 나서고 있다. 2010년까지 조직된 공선출하회 1,327개소를 2015년까지 1,500개소로 확대하여 공동계산금액을 9,000억 원으로 확대할 계획이다. 또한 연합사업 조직을 2010년의 5개소에서 2015년까지 광역품목연합 20개소로 확대할 계획이다. 이에 따라 농협계통 출하가 보다 활성화될 전망이다.

표 6-3 정부의 산지유통 전문 조직 지정과 운영 및 유통활성화 자금 지원 현황

(단위: 개소, 억 원)

연도별	지정 및 운영 누계			산지유통 활성화 자금 지원		
	합계	공동마케팅	전문 조직	계	공동마케팅	산지유통 전문 조직
2006	266	15	251	4,027	1,132	2,895
2007	297	19	278	3,773	1,433	2,340
2008	314	22	292	4,670	2,040	2,630
2009	314	26	288	3,715	1,620	2,095
2010	313	31	282	3,400	1,591	1,890

자료: 농림수산식품부, 「농림수산식품 주요 통계」, 2011.

산지유통 시설이 확충되고 유통전문 조직의 운영이 활성화되면서 산지의 거래교섭력(bargaining power)이 커지고 있다. 농산물 출하주들은 도매시장에서 결정되는 가격을 받아들이는 가격순응자(price taker)의 처지로부터 가격결정자(price establisher)로의 위상으로 빠르게 전환되고 있다.

민간 주도적인 광역 유통주체가 주도하는 농축산물 유통의 수직계열화 추세도 확산되고 있다. 계열화 농가들이 생산한 닭고기를 생산하여 단일브랜드로 유통시키는 (주)하림과, 조합원이 생산한 복숭아를 단일브랜드로 유통시키는 햇사레과일조합유통사업법인, 고구마를 유통시키는 참다래유통사업단, 양파를 유통시키는 전남 서남부채소원협과 문경 신미네유통사업단, 120여 유기농 야채농가의 농산품을 모아서 단일브랜드로 유통시키고 있는 장안농장 등이 좋은 사례이다. 이러한 대규모 산지 유통주체들은 도시의 대형소매업체와의 직거래 유통을 강화시키고 있다.

산지 유통주체와 소비지 유통주체의 직거래 거래물량이 늘어나게 됨에 따라 국내 최대의 가락농산물 도매시장(거래비중 2009년 33.9%)의 거래물량은 지난 10년간(1990~2000)에는 연평균 2.5%씩 증가해 왔으나, 최근 10년간(2000~2010)에는 연평균 -0.7%씩 오히려 감소하고 있는 것이다.

정보통신 기술의 비약적인 발전도 기존의 매스마켓 중심의 유통질서를 무력화시키고 있는 또 다른 요인이다. 스마트폰, 태블릿PC 등 눈부신 IT 기기의 발달로 유통정보에 대한 접근성과 적용능력이 높아지면서, 산지유통 단계에서 가격결정 기능이 확대되어 도매시장의 전통적인 가격발견 기능을 점차 무력화시키고 있다.

농업 경영자의 노령화와 농촌 일손 부족현상이 심해지고 안정적인 농업 생산 소득을 원하는 생산주체가 증가함에 따라 산지 유통인들의 소위 밭떼기(圃前去來)에 의한 산지 출하량도 크게 늘어나고 있다. 자금력과 유통망을 확보하고 있는 산지 유통인들은 농사 개시와 함께 계약금을 지불하고 수확기에 잔금을 지불하는 방식으로 주요 농산물을 포전매매함으로써 산지에 대한 막강한 영향력을 행사하고 있다.

최근 5년간(2004~2008) 총생산물량 중에서 가장 포전거래율이 높았던 품목은 대파(85.2%), 봄배추(81.4%), 봄무(78.4%), 마늘(한지 72.5%), 가을배추(72.4%), 수박(70.2%), 가을무(68.6%), 당근(55.6%) 등의 순이었다. 싹 두 개만 발아하면 절반의 계약금을 받고 수확 때 나머지 잔금을 받는 '밭떼기' 출하방식에 의해서는 품질 차별화는 물론 목표고객 지향적인 농산물 생산이 실현되기는 어렵다.

경제이론과 농업 이해

9. 상품유통과 마케팅

상품이 생산된 뒤 생산자로부터 소비자에 이르기까지의 흐름을 유통이라 한다. 그러므로 유통은 흐름(flowing)과 순환(circulation)의 뜻을 가진다.

유통은 생산자와 소비자 간에 존재하는 장소적, 시간적, 소유권적, 품질적, 수량적인 간격을 좁혀줌으로써 효용을 증대시키고 있으므로 생산적이라 할 수 있다. 유통은 일반적으로 상적 유통(商流), 물적 유통(物流), 정보유통(情報流) 등 세 가지로 구분한다.

상적 유통은 상품의 소유권 이전과 관련된 개념이고, 물적 유통은 수송 · 보관 · 가공 · 포장 등과 같은 상품의 물리적 이동에 관한 것으로, 상류와 물류는 생산자로부터 소비자의 방향으로 흐른다. 반면에 정보유통은 생산자에서 소비자로, 그리고 소비자에게서 생산자로의 양방향으로 흐른다.

마케팅(marketing)이란 상품이 생산자로부터 소비자에게 이르기까지 유통되는 과정에서의 모든 활동을 의미한다. 미국마케팅협회(American Marketing Association)는 "마케팅이란 개인이나 조직의 목적을 만족시키기 위해서 아이디어, 상품 그리고 서비스의 개념, 가격, 판촉 및 유통을 계획하고 수행하는 프로세스("Marketing is the process of planning and executing the conception, pricing to create exchange that satisfy individual and organizational objectives")"라고 정의하고 있다(이훈영, 2004).

마케팅 콘셉트는 물물교환이 이루어지는 원시 단계로부터 현대에 이르기까지 다섯 단계로 발전해 왔다.

생산 콘셉트는 상품의 수요가 공급을 초과하던 공급부족시대에서 생산만 하면 바로 판매로 연결되는 상태, 즉 생산은 바로 마케팅인 개념이다.

품질 콘셉트는 최상의 품질을 가진 상품을 만들면 소비자가 이를 구입할 것이라는 가정 하에서 품질이 마케팅이란 개념이다. 그러나 생산자가 생산하는 품질과 소비자가 인정하고 필요로 하는 품질은 서로 다를 수가 있다는 점에서 한계가 있지만 틈새시장 공략이란 점에서 유효한 개념이다.

판매 콘셉트는 생산자는 적극적인 판매촉진 활동을 수행해야 한다는 개념으로 마치 백과사전이나 보험처럼 그대로 가만히 있으면 소비자는 상품을 구입하지 않는다는 개념이다.

그러나 이미 만들어진 상품을 고객에게 강매하는 식으로 판매하는 것은 엄밀한 의미에서 마케팅이 아니다.

그림① 마케팅 콘셉트의 발달과정

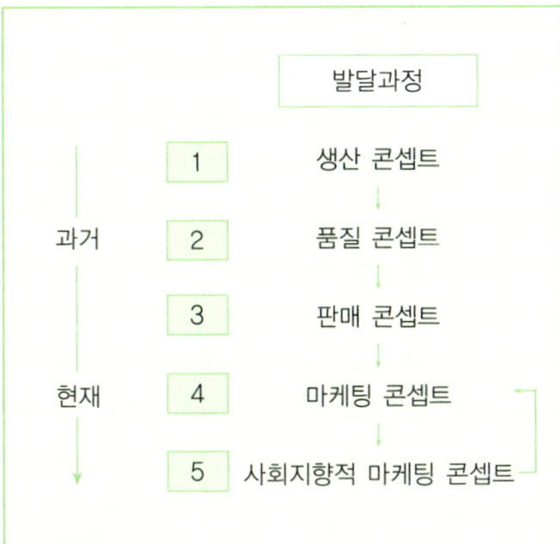

마케팅 콘셉트는 시장 중심적이고 고객 중심적인 개념이다. 전체 시장의 모든 고객을 만족시키기가 불가능하다는 점에 착안하여 고객의 욕구(needs)를 분석하여 시장을 세분화하고(segmentation), 그 중에서 기업이 효과적으로 공략할 수 있는 표적시장을 선정하여(targeting) 상품의 위상을 고객의 마음 속에 효과적으로 각인(positioning)시키는 전략이 바로 시장 중심적인 마케팅의 STP 전략인 것이다.

최근에 들어서 기업들은 상품보다는 고객을 중심으로 모든 경영활동을 계획하고 실행하는 고객만족 경영으로 전환하는 마케팅 활동을 수행하고 있다.

사회지향적 마케팅은 세계경제가 발달함에 따라 환경오염과 자원고갈 등의 문제가 점차 심각하게 대두되고 있으므로, 미래를 지향하는 기업은 사회 전체의 장기적인 복지증진을 생각하는 그린 마케팅(green marketing)적인 활동을 계획하고 추진해야 한다는 개념이다.

마케팅의 중요한 개념 중에 니즈(needs), 원츠(wants), 디맨드(demand)가 있다. 니즈란 기본적인 만족이 결핍된 것을 느끼는 상태를 말한다. 배가 고플 경우 무엇인가 먹어야겠다는 생각이 니즈이다. 원츠는 근본적인 욕구인 니즈가 구체적인 상품으로 표출화된 것을 말한다. 배가 고파서 무엇인가 먹어야 겠다는 욕구가 발생할 경우, 그 무엇이 설렁탕이나 햄버거 등 구체적인 상품으로 표출되는 것이 원츠이다. 특정한 상품으로 표출된 원츠에 구매력이 보장될 때 이것이 디맨드가 된다. 비싼 바닷가재 요리를 먹고자 하는 원츠는 구매력이 뒷받침되지 않으면 디맨드로 변화되지는 않는다.

마케팅은 소비자의 니즈를 찾아서 디맨드로 연결시키는 과정의 모든 활동인 것이다. 한국 농업은 식량절대부족시대를 걸쳐오면서 정부주도적인 증산(增産)제일주의에 길들여져 왔다. 농산물 시장개방이 확대되고 공급 과잉구조가 정착되고 있는데도 불구하고 대부분의 농업 생산자는 여전히 정부의존적이고 생산 콘셉트적인 농산물 마케팅 단계를 벗어나지 못하고 있다.

우리 농산물에 대한 국민의 니즈는 여전히 크다. 그러나 이 니즈를 차별화된 우리 농산물에 대한 욕구로, 그리고 수요로 바꾸어 내는 마케팅 혁신이 필요한 때이다.

유통 정책환경이 변하고 있다.

2013년 3월 출범한 새 정부는 농산물 유통 단계의 축소와 가격 안정화를 핵심 내용으로 하는 농산물 유통개혁을 크게 네 가지 방향으로 나누어 추진하고 있다.

첫째, 농산물 유통경로 간 경쟁을 촉진시키는 방향으로 유통구조를 개선함으로써 농민의 수취가격 향상과 소비자의 지불비용 감소를 도모하겠다는 것이다. 이를 위하여 산지로부터 소비지까지의 유통흐름을 농협 중심으로 수직계열화하고 직거래를 활성화함으로써 유통 단계를 축소시키겠다는 것이다(그림 6-2).

그림 6-2에서 보는 바와 같이 농협은 정부예산사업과 연계하여 산지에서 소비지까지 협동조합 채널을 통하여 유통 단계를 축소하고 농협의 시장점유율을 현재보다 확장하겠다는 것이다(도매점유율 12:28%→ 16:36%, 소매점유율 12:12%→ 16:20%).

둘째, 농산물 가격 안정화를 위한 농산물 수급관리를 체계화하겠다는 것이다. 농산물은 기상조건 등에 따라 공급 변동성이 크므로 수급 불균형에 따른 가격 폭 등락현상이 클 수밖에 없다. 가격 폭 등락현상에 효과적으로 대처하기 위하여 주의, 경계, 심각 등 3단계로 가격 안정대를 설정하고 단계별 정책개입 수단을 매뉴얼화하여 적용하겠다는 것이다. 이를 위하여 민 · 관 농산물 수급조절위원회를 구성 · 가동함으로써 관련주체 간의 합의에 의한 정책개입을 시행하겠다

그림 6-2 농협의 농산물 유통개혁 방향

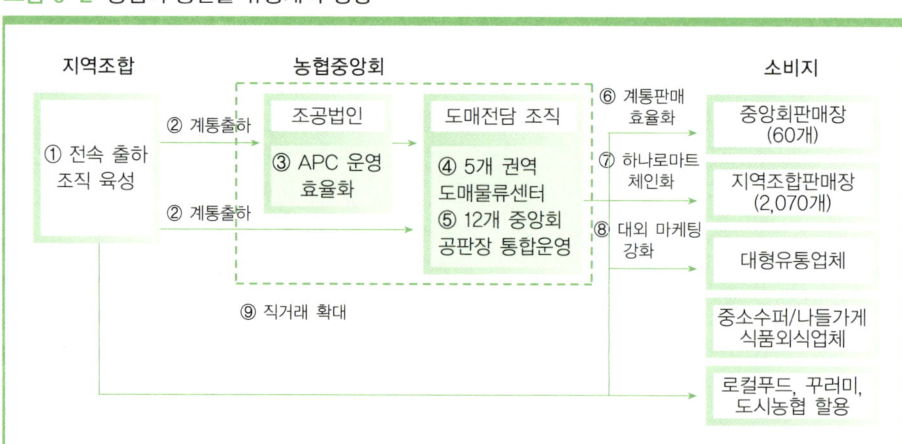

는 것이다.

셋째, 직거래 확대를 통하여 유통 단계를 축소하고 이를 통하여 생산자와 소비자의 다양한 수요를 충족시키겠다는 것이다. 핵가족화와 맞벌이, 1인 가구의 증가에 따라서 농식품 소비 행태(behavior)는 친환경 고품질 농산물에 대한 다품목 · 소량구매 소비가 늘어나는 방향으로 변하고 있다. 이러한 농산물 소비 행태의 변화를 충족시켜 주는 방향으로 직거래장터 개설과 꾸러미와 온라인몰의 택배판매 및 APC 방문판매 등 다양한 직거래를 활성화시키겠다는 것이다.

넷째, 농산물의 주력 유통경로인 도매시장의 유통 효율화를 통하여 과다한 농산물 유통비용을 감축하고 가격 변동성을 완화하며 산지와 소비지 간의 가격 연동화를 촉진시키겠다는 것이다.

현행의 "공정성과 투명성" 확보 중심에서 "거래 안정성과 유통 효율성"을 중시하는 방향으로 도매시장 유통개선을 이끌겠다는 것이다. 거래 안정성을 위해서는 현행의 경매제도의 단점을 보완하기 위하여 정가 · 수의매매를 2016년까지 20%로 확대하기 위한 자금지원과 제도개선을 추진한다. 유통 효율성을 위해서는 도매시장의 저효율 · 고비용 물류체계를 파렛트 출하와 하역기계화를 통해서 물류비를 획기적으로 절감하는 방향으로 물류개선을 꾀한다. 그리고 도매시장의 경쟁력 강화를 위해서는 도매시장 유통주체의 규모화 등 경영체질 강화와 함께 시설 현대화를 통한 현대적인 유통시설을 강화하는 등 시장환경 개선에 적극적으로 나서겠다는 것이다. 또한 지나친 규제 위주로 짜여져 있는 농안법 등 법률과 제도를 유통인 간의 경쟁을 촉진하는 방향으로 개선하고 유통주체들의 경쟁활동을 촉진하기 위한 유인(incentives)적 예산지원도 강화하겠다는 것이다.

농산물 도매시장의 운영 패러다임 변화

농산물 도매시장의 운영 패러다임도 경영환경의 변화에 부응하여 새롭게 변해야 할 필요성이 크다. 급속히 확장되고 있는 경쟁적 유통경로와 경쟁하여 새로운 고객을 확충해 나가지 않으면 농산물 유통의 중심축의 기능을 수행해 왔던 도매시장의 발전을 기약하기 어려운 환경에 처하고 있다. 도매시장의 운영 패러다

그림 6-3 고객만족을 위한 도매시장의 고객관리 혁신

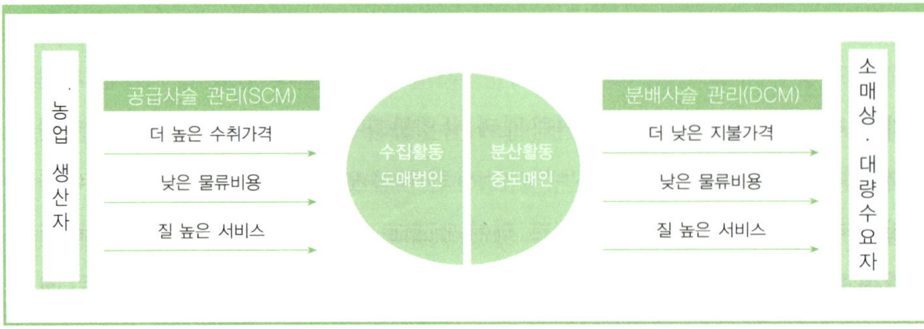

임부터 바뀌야 한다.

"농가가 출하한 농산물(product out)을 남김없이 팔아주는" 역할에 안주해 왔던 도매시장 운영 패러다임을 "소비자가 원하는 상품을 수집해서 공급하는(market-in) 고객만족 가치를 실현하는 시장으로 변화시켜야 한다. 도매시장이 농산물 원물(元物)의 대량유통(mass marketing)에 몰입하고 있는 사이에 급속도로 커지고 있는 고품질 안전 농산물 시장과 식자재 시장 등 차별화된 신흥시장의 고객을 확충해 나가야 한다는 것이다. 고객만족을 실현하기 위한 도매시장의 고객관리 혁신내용은 공급사슬 관리(supply chain management: SCM)와 분배사슬 관리(distribution chain management: DCM) 등 두 가지 방향으로 나누어 동시에 추진되어야 혁신효과를 제고시킬 수 있을 것이다(그림 6-3).

농식품 소비 행태가 변하고 있다

세계의 식품 소비시장이 요동치고 있다. 인구증가와 지속적인 소득수준의 향상과 함께 교역자유화가 확대되면서 세계 식품 소비시장이 양적으로 팽창하고 있다. 고령화가 진행됨에 따라 건강한 식단을 추구하는 추세도 확장되고 있다. 이에 따라 안전한 식품에 대한 수요가 증가하면서 식품소비도 고급화되고 있다. 안전한 고급 농식품에 대한 소비자 선호가 늘어나면서 값싼 농식품보다는 소비를 통한 영양가치 이외의 만족감을 추구하는 다양한 가치 추구적인 소비성향으로 변하고 있다. 이로 인해 세계의 식품 소비시장에서 가격경쟁보다 품질경쟁, 가치경쟁이 더 중요해지고 있다.

식품 소비시장의 팽창과 고급화, 그리고 가치추구가 식품수요의 메가 트렌드(mega trend) 변화이다. 특히, 세계인구의 고령화와 수명 연장은 농식품 수요의 질적인 변화를 가져와 건강식품, 유기농식품에 대한 수요를 크게 늘리고 있다.

미국은 현재 불경기임에도 불구하고 유기농식품 판매가 확대되고 있다. 미국의 대표적인 유기농식품 전문기업인 홀 푸드 마켓(Whole Foods Market)은 2010년 유기농식품 판매량이 69%나 증가하여 대형소매식품업체인 세이프웨이(Safeway)와 월마트(Walmart)의 판매량 증가율 5.3%와 0.9%를 크게 앞질렀으며, 순이익 증가율도 세이프웨이의 1.3%보다 훨씬 높은 8.7%에 달해 유기농상품의 시장점유율이 계속 확대될 것으로 전망하고 있다.[1)]

유럽 지역의 유기농 상품시장도 팽창하고 있다. 독일은 유기농 경작면적이 2010년 94만 7,000ha로 전체 경작면적의 6%를 차지하고 있으며, 유기농 시장규모가 2009년 59억 유로를 기록하고 2010년에도 10% 정도 늘어난 것으로 추정된다. 독일에 이어 프랑스와 영국의 유기농 시장도 확장되는 추세이다.

동북아 시장에는 식문화의 동질성이 높은 14억 5,000만 명(EU의 3배 인구)이 거주하고 있고, 서울에서 비행거리 2시간 내에 인구 100만 명 이상 도시가 60여 개가 존재하며, 중국의 높은 경제성장률의 지속에 의한 소득증가로 동북아 역내 식품무역의 성장 가능성은 매우 높은 편이다.

향후 우리나라가 중국, 일본과 FTA를 체결할 경우에는 동북아와 아세안으로 이어지는 거대 교역시장이 형성되고 역내 농산물 교역구조가 새롭게 재편될 전망이다. 이는 한국 농업에 위협요인으로 작용할 수도 있지만 반대로 새로운 시장 창출 기회로 연결될 수도 있다.

세계경제의 성장과 소득증가, 교역자유화에 따른 식품 소비시장의 증가는 고품질 농산물의 수출기회가 많이 열리게 된다는 뜻이다. 시장조사기관인 데이터 모니터(Data Monitor)에 따르면, 세계 식품시장 규모는 2011년 5조 2,000억 달러에 달하고 농산물 시장규모는 1조 4,000억 달러에 달한다고 추정하였다. 식품

1) 더바이어(The Buyer), 제131호, 2011. 2. 15~2. 28일 기사 단신.

그림 6-4 세계 식품시장 규모 추이

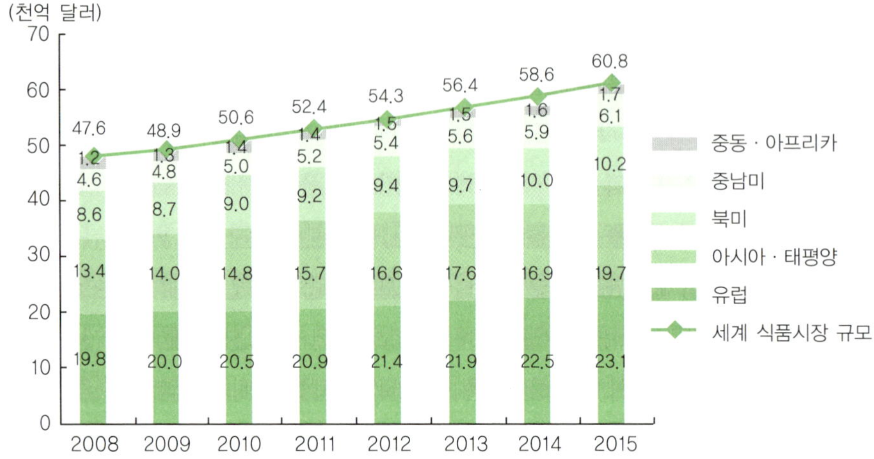

주: 식품, 알코올음류, 비알코올음료, 담배 합계, 2011~2015는 추정치.
자료: Data monitor(www.datamonitor.com(영국 리서치 & 컨설팅기관), 2012. 5.

과 농산물 시장을 합하면 5조 8,000억 달러가 되어 IT 시장 3조 5,000억 달러와 자동차 시장 1조 6,000억 달러를 합한 것보다도 더 크다. 향후 세계 인구와 소득수준이 지속적으로 증가할 전망이어서 농식품 시장규모는 계속 확대될 것으로 전망된다(그림 6-4).

데이터 모니터는 2015년의 세계 식품시장 규모를 6조 달러에 이를 것으로 전망하고 있다. 이는 2011년 이후 연평균 3.8%의 높은 성장 추세에 기인한다. 2015년 세계 식품시장에서 EU는 38%를 차지하게 될 것이고 그 다음이 아시아 · 태평양 지역(32.4%), 북미(16.8%), 중남미(10.0%) 등의 순이 될 전망이다(최지현, 2012).

한국 농식품(K-food)의 브랜드 가치가 K-pop 열풍 등 한류 확산의 영향으로 높아짐에 따라 세계 식품시장, 특히 아시아 · 태평양 지역에서의 한국 농식품에 대한 수출시장 확대가 한국 농업의 새로운 기회가 될 것으로 전망된다.

소비자 식품선택 기준의 변화

우리나라 소비자의 식품선택 기준도 극적으로 달라지고 있다.

첫째, 소비자의 농식품 구매시 식품선택 기준이 크게 달라지고 있다. 국민소득이 증가하고 건강에 관한 관심이 높아지면서 "저렴한 식품"보다는 식품 안전성과 맛, 신선도 등 요인을 식품선택의 기준으로 더욱 중시하고 있다. 소득수준이 높은 일본의 경우, 식품 안전성에 대한 관심이 우리보다 훨씬 높고 가격조건에 대한 관심은 훨씬 낮은 점을 고려할 때 앞으로도 식품 안전성을 갖춘 고품질 농산물에 대한 소비자의 선호는 더욱 커질 것으로 전망할 수 있다(그림 6-5).

둘째, 핵가족화와 1인 가구의 증가에 따라 신선 농산물(원물) 수요가 감소하는 대신에 가공식품과 소포장, 전 처리 농산물 및 외식에 대한 수요가 증가하고 있다(그림 6-6).

이에 따라 원물 농산물을 주로 취급하는 전통시장의 쇠퇴가 가속화되고 있다. 전통시장의 일평균 매출액은 2004년의 6,352만 원에서 2012년에는 4,502만 원으로 연평균 4.21%씩 빠른 속도로 감소하고 있다. 가락시장의 주요 고객인 전통시장의 매출감소에 따라서 가락시장의 거래량 감소도 동반되어 진행되고 있는

그림 6-5 식품에 대한 소비자의 관심사항

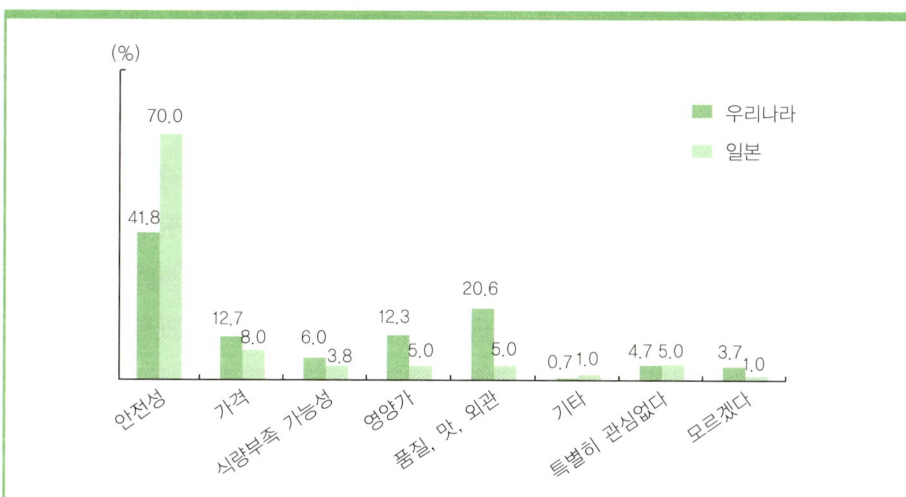

자료: 한국농촌경제연구원(2010. 2), p. 184.

그림 6-6 소비자의 식품구매 지출액의 변화

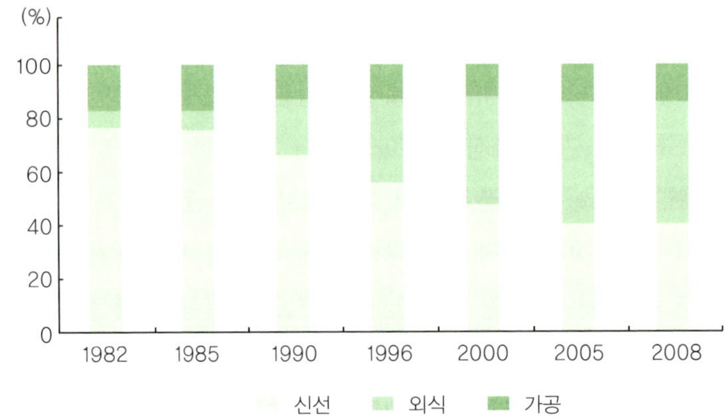

자료: 통계청.

표 6-4 전통시장의 일평균 매출액 추이

(단위: 만 원, %)

구분	2004	2005	2008	2010	2012	연평균 증감률
일평균 매출액	6,352	5,801	5,358	4,980	4,502	Δ4.21

자료: 시장경영진흥원, "재래시장실태조사", 2013. 1.

것이다(표 6-4).

식품 소비시장의 메가 트렌드 변화는 한국 농업의 새로운 지평을 여는 기회 요인으로 작용하고 있다. 기계화된 대규모 경영체제에서 생산된 농산물은 규격화된 표준상품이 대량 거래되는 대중시장에서는 절대적인 경쟁력을 보유할 수 있었다. 그러나 품질과 서비스로 차별화되는 정밀시장시대가 열리면서 경영규모가 작은 한국 농업의 새로운 시장의 확장기회로 작용하고 있기 때문이다.

2 바이오 경제시대가 열리고 있다

1) 바이오산업의 발전

OECD는 바이오 신기술(유전체, 유전학, 단백체학 등)이 타 기술 등과 융합을 지속하여 2030년경에는 글로벌 경제가 바이오 경제(bio-economy)시대로 진입하게 될 것으로 전망하고 있다. 2030년 바이오 기술에 의한 산업 생산액은 OECD 회원국 총GDP의 2.7%를 차지하게 될 것이고 바이오 작물이 농업 생산에서 차지하는 비중은 50%, 그리고 화학제품 생산에서 바이오 공정제품이 차지하는 비중은 35%에 달할 것으로 전망되고 있다.[2)]

바이오산업은 IT/NT 분야와의 융합을 통하여 크게 세 가지 분야로 발전하게 될 것으로 전망된다.

첫째는, 농림수산식품 분야로서 소위 Green BT 분야이다. 기후변화에 따른 영향과 화석연료(석유)의 고갈에 따른 대체연료 수요의 증가에 대응한 GM(유전자변형, genetic modified) 식물재배의 확대 등 농업 과학기술의 변화가 농작물 재배방식의 변화 등 Green BT의 발전을 견인하게 될 것이다.

둘째는, 보건의료 분야로서 소위 Red BT 분야이다. 노령화, 비만 등의 만성질환 및 전염성 질환의 증가로 2020년의 세계 제약시장 규모는 1조 3,000억 달러 규모로 성장하게 될 것으로 예측되고 있다. 이에 따라서 약리, 유전학 정보를 이용한 의약품과 치료제 개발, 줄기세포와 조직공학에 기반한 재생의학적 치료 및 예방의약품과 예방진단 치료방법의 개발이 Red BT 분야의 발전을 견인하게 될 것이다.

셋째는, 바이오산업 분야로서 소위 White BT 분야이다. 환경악화 및 유한한 화석연료를 대체하기 위한 차세대 바이오 연료 생산체제가 구축될 것이다. 또한 합성생물학, 설계 미생물 등 차세대 바이오 연료가 White BT의 발전을 견인하게

2) 바이오 경제란 바이오 기술에 의한 새로운 발견들이 관련 제품의 보급이나 서비스 향상을 통하여 인류에 편익을 가져다주는 다양한 경제활동을 포괄한다.

그림 6-7 바이오 기술의 발전 전망

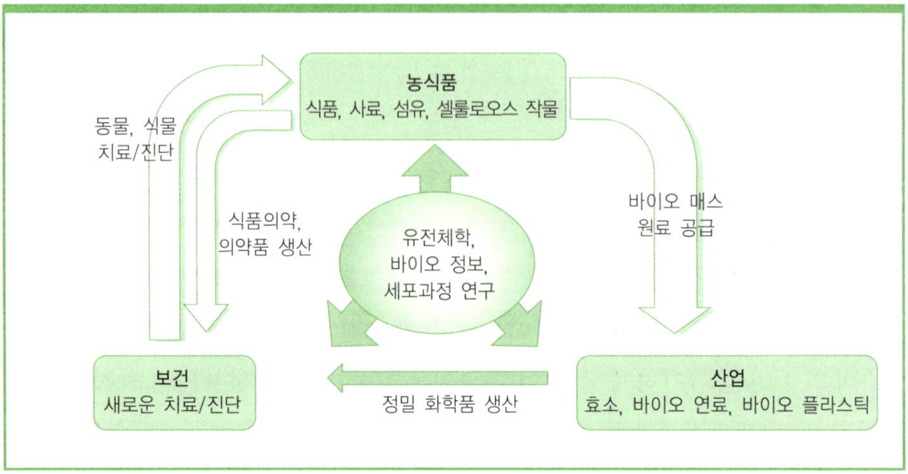

주: *화살표의 폭은 통합의 상대적인 중요성을 표시.
자료: 박영훈(2010. 6).

될 것이다.

바이오 기술은 유전체 정보를 기반으로 하여 유전체, 생물정보학 등을 중심으로 바이오 응용 분야 간의 통합을 지향하며 발전하면서 식량 생산 중심의 농업의 기능과 영역을 크게 확장시킬 것이다(그림 6-7).

바이오 경제시대의 농식품산업

바이오 경제시대가 열리면서 농식품산업도 빠르게 진화하고 있다. 과거의 식품은 농산물, 축산물, 수산물 등을 단순 가공하는 형태로 제조·유통되었지만 현재에는 유기농, 기능성 식품 등을 개발하여 부가가치를 높이는 방향으로 발전하고 있다. 특히, 미래의 식품은 질병의 예방과 치료효능을 보유한 개인맞춤형 식품으로 진화하게 될 전망이다.

농업은 단순한 식량 생산 기능을 수행하는 식량안보적 산업으로만 인식되어서는 안 된다. 앞으로 도래하고 있는 바이오 경제시대의 미래 녹색성장을 이끌 핵심 산업으로서의 그 중요성에 주목해야 한다. 과감한 R&D 투자와 인력양성을 통하여 바이오 경제기반을 강화하고 미래 성장동력 발굴에 국가적 핵심 능력을 집중시켜야 한다.

자원 투입비용 대비 산출액의 크기로 계측되는 효율성 실현을 기준으로 할 때 농업은 자본주의 경제성장 과정에서 쇠퇴산업(declining industry)의 처지를 감수할 수밖에 없었다. 그러나 지구촌의 자원과 환경위기 시대에 대응하기 위한 저탄소 녹색산업의 원천산업이 바로 농업 부문이라는 인식의 전환이 바야흐로 이루어지고 있는 것이다.

바이오 매스(bio-mass)[3]를 이용하여 대체에너지(바이오 에탄올과 바이오 디젤)를 제조하는 일이 대표주자다. 바이오 매스에서 공업용 친환경 원료와 에너지를 추출하는 일, 그리고 유휴된 산림지에 대한 조림 등 녹색산업화를 통한 탄소배출권을 확보하는 일, 생명산업에서 새로운 성장동력을 찾는 일 등이 전 세계적으로 발전유망 분야로 손꼽히고 있다. 이러한 저탄소 녹색성장을 주도하는 농업의 역할과 기능 강화가 진화되고 있는 경제성장 패러다임의 핵심 분야가 되고 있는 것이다.

2) 에너지 원료 생산 신수요의 확장

농업은 바이오 연료 원료 생산업이다

농림어업은 사람이나 가축의 육체적 활동에 필요한 에너지를 제공하는 식료품을 생산 · 공급하는 산업이다. 이러한 본원적 기능 이외에도 화석연료 에너지를 대체하는 바이오 에너지 연료를 생산하는 농업의 기능이 에너지 위기와 연계되어 주목받고 있다.

석유, 석탄 등 화석연료 에너지원(源)의 가채연수(可採年數)가 제한되어 있고, 환경오염 등의 부(負)의 효과에 대한 관심이 높아짐에 따라 대체에너지 개발과 상용화(商用化)가 빠르게 진전되고 있다. 그러나 우리나라의 신재생 에너지 보급률은 1.4%로 OECD 평균 6.7%에 크게 못 미치는 최하위 수준에 머물러 있다.

3) 광합성으로 이루어진 모든 에너지를 함유하는 식물이 근원인 재료를 통틀어서 일컫는 용어.

바이오 에너지는 식물과 동물 자원으로 대표되는 바이오 매스를 에너지원으로 이용하여 생산되는 에너지이다. 휘발유와 경유 등 자동차 연료를 대체할 수 있는 에너지원으로 바이오 연료(bio-fuel)가 석유자원의 고갈에 따라 그 중요성이 커지고 있는 것이다.

자동차의 연료로 사용될 수 있는 바이오 연료는 크게 바이오 에탄올과 바이오 디젤 등의 액체형과 바이오 가스 등의 가스형으로 분류된다. 바이오 에탄올은 휘발유를 대체하기 위한 신재생에너지로 당질계 작물(사탕수수, 사탕무, 옥수수 등)의 발효과정을 통해서 생산된다. 바이오 디젤은 경유를 대체할 목적으로 식물성 기름(유채씨, 해바라기씨, 팜유 등)과 동물성 기름, 폐식용유 등에서 추출한다. 바이오 가스는 목질계 셀룰로이스(나무, 농작물 잔여물과 부산물, 갈대 등에서 추출되는 재료)에서 추출된다.

바이오 연료는 순수한 원액을 사용하기보다는 기존의 화석연료와 혼합하여 사용하는 것이 보편적이다. 전 세계적으로 바이오 에탄올 10%를 혼합한 휘발유가 널리 사용되고 있으며, 바이오 디젤은 5~20% 정도의 혼합 바이오 디젤을 사용하고 있다.

바이오 에너지 생산 전망

2019년의 세계 에탄올 생산량은 에탄올 사용 확대를 위한 개별 국가의 정책 수요의 확대로 2010년보다 1.5배 이상 증가한 1,590억 리터가 될 것으로 전망되지만, 교역량은 그다지 크게 증가하지 않을 전망이다. 에탄올의 국제가격은 50~55달러/100*l* 수준을 유지할 전망이다.

그러나 2019년 바이오 디젤 생산량은 혼합사용 의무화 및 소비에 대한 인센티브 확대로 2010년보다 2배 이상 증가한 410억 리터가 될 것으로 전망되지만, 교역량은 바이오 에탄올과 같이 현재의 수준을 유지하게 될 것으로 전망된다. 바이오 에너지는 주로 내수용 석유대체를 목표로 하여 생산·이용되고 있기 때문이다. 바이오 디젤의 국제가격은 2010년 현재의 두 배 수준인 170달러/100*l* 수준으로 꾸준히 상승하게 될 것으로 전망된다(OECD/FAO 사무국, 2010)(그림 6-8, 그림 6-9).

그림 6-8 세계 에탄올 생산량과 가격 전망

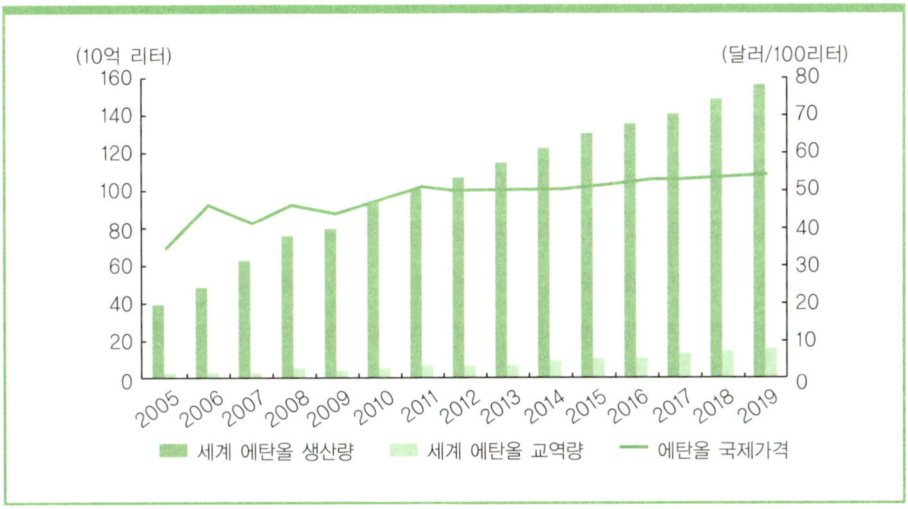

자료: 윤종열(2010. 8).

그림 6-9 세계 바이오 디젤 생산량과 가격 전망

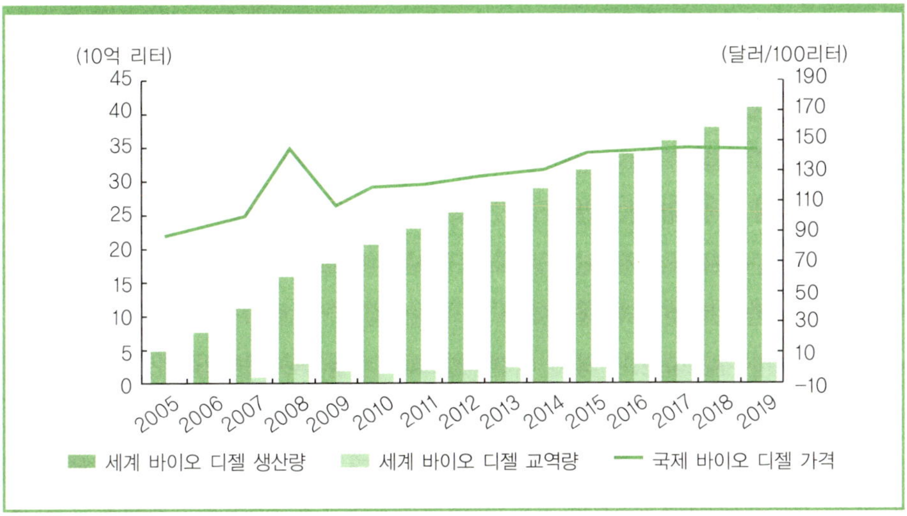

자료: 윤종열(2010. 8).

세계 최대의 옥수수 생산국인 동시에 수출국인 미국에서는 에탄올 생산의 원료로 옥수수를 이용하고 있다. 미국에서는 대부분 10% 에탄올 혼합유(E10% 가스홀)를 자동차 연료로 사용하는데, 2010년 현재 전체 옥수수 생산량의 36% 해당

그림 6-10 용도별 미국 옥수수 소비 추이 및 전망

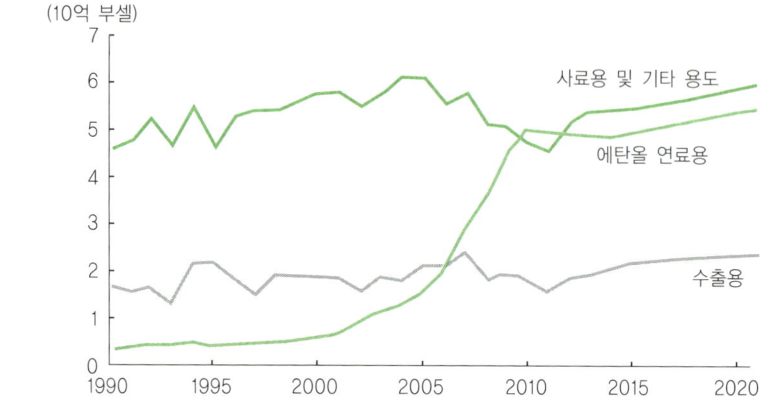

자료: 노호영(2012. 2).

량이 에탄올 생산용으로 사용되고 있다. 옥수수의 에탄올 연료용 미국 국내 소비는 지속적으로 증가하여 앞으로 10년 이내에 생산량의 50%로 사용량이 확대될 것으로 전망되고 있다. 또한 개도국(특히, 중국)의 육류소비 증가에 따른 사료용 옥수수의 국제 수요의 증가에 따라 미국 옥수수 수출은 완만하게 증가하게 될 것으로 전망되고 있다. 그러나 미국의 옥수수 수출량이 생산량에서 차지하는 비중은 에탄올 연료용 소비량의 절반 정도에 머무르게 될 것으로 전망되고 있다 (USDA, 2012)(그림 6-10).

바이오 연료 도입은 고유가에 따른 대응수단의 선택이란 점 이외에도 에너지 안보 강화, 환경 개선, 농가소득 증대 등의 효과를 창출한다. 국산 바이오 연료를 사용할 경우 에너지 해외 의존도를 줄이는 동시에 에너지원 다변화를 통해서 에너지 안보능력의 확충도 기대할 수 있다. 바이오 연료는 화석연료에 비해 대기오염 물질을 적게 배출할 뿐만 아니라 원료재배 과정에서 온실가스를 감축할 수 있다.[4] 원료작물을 국내에서 생산하는 경우 휴경농지와 유휴지를 효율적으로 활용하고 부산물을 사료로 이용할 수 있어 농가소득 향상에도 기여할 수 있다.

4) 연소시 미세먼지, 질소산화물, 일산화탄소 등의 배출량이 적다. 이산화탄소와 같은 온실가스 배출량은 화석연료와 유사하나, 원료작물 재배과정에서 이를 흡수하기 때문에 온실가스 감축효과가 발생한다. 교토의정서에서 바이오 연료의 원료는 재배과정에서 온실가스를 줄이거나 억제하는 흡수원(sink)으로 인정받았다.

특히, 날로 취약해지고 있는 식량안보적 기능에 치우친 국내 농업의 가치영역을 에너지 안보 가치로 확장함으로써 농업에 대한 국민적 관심과 사랑을 다시 모을 수 있게 될 것으로 기대된다.

3) 생명산업 신수요의 확장

소득증가와 생활환경의 변화, 기후변화 등 환경위기와 자원위기 등이 가시화되면서 생명산업으로서의 농업에 대한 신수요가 창출되고 있다. 동식물과 미생물 등 농업 생산활동의 결과물인 생명자원에 대한 가치가 재해석되고 이를 활용한 산업의 중요성이 커지고 있는 것이다.

농림수산물로부터 천연의약품이나 기능성 소재를 추출하거나 기능성 식품을 제조하는 바이오 식 · 의약품 산업 등은 이미 빠르게 성장하고 있다. 농림수산 주 · 부산물에서 친환경 소재나 공업원료 자원을 생산하는 바이오 소재산업 등은 농업 생산의 부가가치 창출을 위한 전략적 중요성이 큰 분야이다. 노령화와 독신가구 증가에 따라 성장하고 있는 반려동물산업과 곤충과 관상자원산업, 융 · 복합화된 과학기술의 결합으로 새롭게 성장하고 있는 종자산업과 천연소재산업 및 미생물산업 등은 대표적인 성장산업 분야이다[5)](농림수산식품부, 2010).

단순한 식량 생산 기능으로만 인식되어 왔던 농림어업은 이러한 생명산업(life industry) 소재를 원천 생산하는 핵심 산업으로 관심을 모으고 있다.

바이오 매스를 이용한 친환경 소재 개발산업

석유는 연료로 사용될 뿐만 아니라 섬유, 플라스틱, 타이어, 신발, 건축자재 등의 다양한 소비재 및 산업용 화학원료를 생산하는 중요한 자원으로 연간 총 57억 배럴의 석유가 화학원료 제조에 사용되고 있다.

그러나 석유는 가채량(可採量)이 제한되어 지속적으로 가격이 오르고 있다.

5) 동 · 식물, 미생물 등 생명자원과 이를 관리 · 활용하여 인간에게 유익한 부가가치제품과 서비스를 창출하는 산업을 생명산업이라고 한다.

그리고 석유 사용량 증가에 따른 온실가스(CO_2) 방출과 대기오염 등 환경악화 문제까지 최근 들어 크게 문제가 되고 있다. 이에 따라서 재생 가능한 식물자원인 바이오 매스를 원료로 하여 공업용 소재를 개발하거나 화학원료를 개발하는 연구가 급진전되어 일부의 상용화(商用化) 성공 실적도 나타나고 있다.

화석연료를 대체하여 탄소중립적인 소재를 생산할 수 있는 자원으로 관심이 집중되고 있는 것이 바이오 매스 자원이다. 동식물 주 · 부산물 자원으로 석유계 원료를 대체하기 위한 연구가 석유화학업계 주도로 활발히 진척되고 있는 사실을 타산지석으로 삼아야 한다.

바이오 기술 활용한 신가치 농산물 생산

인류사회가 직면하고 있는 4대 과제는 보건, 식량, 환경, 에너지 문제이다(로마클럽 보고서, 2004). 이 문제는 바이오 경제의 활성화를 통하여 해결될 수 있다는 전망이 나오고 있다.

세계 인구는 2012년 현재 70억 명에서 2030년에는 83억 명으로 증가하게 되고 증가인구의 97%는 개도국에서 태어나게 될 것이다. 개도국의 경제성장으로 소득은 2030년까지 2005년의 두 배 수준으로 늘어날 전망이다. 소득증가에 따른 식료품 소비증가와 농작물의 비식용수요(에너지 등)의 증가 등으로 농식품 가격은 지속적으로 상승 추세를 유지하게 될 것이다. 개도국 소득증대와 인구고령화에 따른 의료수요가 지속적으로 증가하게 될 것이고 국가 간 질병의 급속한 확산은 이를 더욱 부채질할 것이다. 유가상승 추세가 지속되면서 대체에너지 생산을 위한 농산물의 전용(轉用)수요가 확대될 것이다. 환경규제가 강화되면서 저탄소 녹색성장을 위한 연구개발에 의한 바이오 기술(BT)의 전 산업 분야(농식품, 보건, 산업) 적용이 확대될 것이다.[6)]

OECD 보고서는 바이오 경제 창출을 이끌 혁신기술을 점진적 혁신과 파괴적 혁신 및 급진적 혁신기술로 나누어서 제시하고 있다(OECD, 2009)(표 6-5).

이러한 혁신기술의 뒷받침을 받아서 2030년까지 시장에 모습을 드러낼 가능

6) 이상훈,(2010. 6)에서 발표자는 전문 연구기관들의 예측을 종합하여 글로벌 메가 트렌드를 진단하였다.

표 6-5 2030년 바이오 경제 창출을 위한 혁신기술

<table>
<tr><th></th><th>점진적 혁신</th><th>파괴적 혁신</th><th>급진적 혁신</th></tr>
<tr><td rowspan="3">농업식품</td><td>식량, 사료, 작물의 수확량/품질/스트레스 내성/해충저항성 증대</td><td>동일 유전집단별 맞춤형 식물(식품의약) 개발</td><td rowspan="3">바이오 리파이너리 기반 농식품 생산 및 산업공정 통합(식량, 연료, 소재, 화합물 등 제품 생산)</td></tr>
<tr><td rowspan="2">가축, 양식어류, 곤충의 기능개량종(variety) 개발</td><td>GM 식물/미생물, 목질계 바이오 연료</td></tr>
<tr><td>열대/아열대 기후에 적합한 기능이 향상된 수목 종</td></tr>
<tr><td rowspan="4">보건의료</td><td>동식물, 외래종의 실시간 확인을 위한 저렴한 진단제</td><td>약리유전학 정보를 이용한 의약품 치료제</td><td rowspan="4">예방의학(바이오 마커를 이용한 예방/예측/치료)</td></tr>
<tr><td>기능성 식품의 기능 향상</td><td rowspan="3">줄기세포의 조직공학에 기반한 재생의학 치료</td></tr>
<tr><td>새로운 저분자 의약품, 바이오의약품, 재조합 백신의 개량</td></tr>
<tr><td>자궁 내 위해 유전 돌연변이 발견 만성/전염성 질환의 진단</td></tr>
<tr><td>산업</td><td>산업공정용 효소의 기능 향상</td><td>환경 친화적 바이오 연료와 화합물 생산(당, 목질계)</td><td>고밀도 바이오 연료 및 다양한 화합물 생산(대사공학, 합성생물학을 통해 개발된 미생물/식물을 이용)</td></tr>
</table>

자료: 박영훈(2010. 6).

성이 높은 BT 기술 상품을 분야별로 예측하면 다음과 같다.

먼저, 농식품 분야는 유전자 변형종자(GM) 개발과 이용이 선도한다. 녹말, 유지, 리그닌 함량이 높은 작물종 개발로 산업공정과 전환수율이 향상된다. GM 동식물 생산을 통하여 의약품 등 유용물질이 생산된다. 마커보조선발(MAS)의 이용이 일반화된다. GM과 MAS 등을 이용하여 개발된 생산성 높고 해충 및 스트레스 저항성이 높은 식용·사료용 작물종자가 개발된다. GM 기술을 활용하여 비타민과 영양소 함량이 높은 식량작물이 생산된다. 또한 고가의 동물복제가 현실화되어 상용화된다.

다음으로, 보건의료 분야에서도 획기적인 의약품과 치료방법의 개선이 바이오 기술에 의해서 이루어진다. 다수의 의약품과 백신이 출시되고 치료의 안전성

표 6-6 2030년까지 시장출시 가능성이 높은 BT 기술

농식품	보건의료	산업
마커보조선발(MAS)의 이용 일반화	연간 다수의 의약품/백신 출시	화학산업에서 효소 활용도 증가
녹말, 오일, 리그닌 함량이 높은 GM 작물종(산업공정/전환수율 향상)	임상시험/처방에서 약리유전학 활용 증가	한 번에 많은 화합물을 생산할 수 있는 기능이 향상된 미생물
GM 동식물(의약품 등 유용물질 생산)	치료 안전성/효능 증대(약리유전학 데이터, 의료정보 연계)	바이오 센서(환경오염에 대한 실시간 모니터링)
GM, MAS 등을 이용해 개발된 생산성 높고 해충/스트레스 저항성이 높은 식용/사료용 작물 종, 유전형실 및 질병 진단(가축, 어류 등)	유전적 다중위험인자의 광범위한 스크리닝(관절염 등)	에너지 밀도가 높은 바이오 연료(셀룰로오스, 사탕수수를 바이오 연료로 사용)
고가의 동물복제	BT/NT 융합을 통해 개선된 약물전달 시스템	바이오 플라스틱 등 바이오 소재의 시장점유율 증대
GM 기술을 이용하여 개도국 주식 작물의 비타민과 영향소 함유량 제고	새로운 식품의약(GM 미생물, 식물/해양 추출물 유래)	
	만성질환의 위험인자에 대한 저가의 유전자 검사(관절염, 2형 당뇨병, 심장병, 암)	
	재생의약(당뇨병 관리 개선, 손상된 조직의 대체/치료)	

자료: 박영훈(2010. 6).

과 효능이 증대된다. BT 기술과 NT 기술의 융합을 통해 약물전달 시스템이 개선되고 GM 미생물과 해양추출물에서 유래된 새로운 식품과 의약품이 생산되며, 재생의약과 치료기술이 출현한다.

산업 분야에서도 눈부신 변화가 일어나게 된다. 화학산업에서 효소 활용도가 증가하고 바이오 센서를 활용하여 환경오염을 실시간으로 모니터링한다. 한 번에 많은 화합물을 생산할 수 있는 미생물의 개발과 에너지 밀도가 높은 바이오 연료개발 및 바이오 플라스틱 등 바이오 소재의 시장점유율이 증가하게 된다(표 6-6).

3 농업의 가치 향상과 영역 확장방향

1) 수요변화에 적응하는 농업의 가치 향상

수요변화의 메가 트렌드

지구의 인구는 2030년에 83억 명으로 늘어난다. 인구가 주로 개도국에서 증가하게 되므로 2030년까지 20억 명의 새로운 개도국 소비자들이 글로벌 소비자로 등장하게 된다. 글로벌 소비시장이 재편되고 있는 것이다. 개도국의 인구증가와 중산층 기반 확대는 한국 농업에 새로운 기회로 작용하게 될 것이다. 우리나라와 지리적으로 가까운 중국, 인도, 인도네시아, 필리핀, 태국 등 인구 거대 개도국에서 빠르게 증가하고 있는 고품질 농산물에 대한 수요의 일부분을 흡수하여, 한국 농산물의 수출시장 확대로 연결시킬 수 있는 호기가 바야흐로 눈앞에 펼쳐지고 있다.

그러나 개도국의 중산층 이상의 인구가 증가한다는 사실만으로 우리 농식품의 수출시장 확대가 실현되는 것이 아니다. 더 똑똑하고 까다로워지고 있는 소비자들의 새로운 상품과 서비스에 대한 요구를 충족시킬 수 있어야 한다. 신소비자들의 요구를 충족시키지 못하는 상품은 시장에서 점차 밀려날 수밖에 없다.

소비자들은 농식품 선택에서 어떻게 달라지고 있는가?

21세기 신소비자를 하나의 카테고리로 분류하기는 어렵지만 전체적인 수요변화 메가 트렌드의 특징은 다음과 같다.

첫째, 고령화 추세의 진전에 따라서 건강 지향적, 웰빙 추구적인 농식품 선호체계가 확산된다.

둘째, 정보통신 기술로 무장한 신소비자들은 자신들의 기호에 알맞은 맞춤형 농식품을 선호한다.

셋째, 여성의 경제력이 커지면서 여성의 소비성향에 부합되는 자녀교육과 건강식품에 대한 수요가 커지게 된다.

넷째, 환경위기와 자원위기에 대응하여 지속 가능성(sustainability)에 대한 소비자의 관심을 반영한 농식품 수요가 확대된다.

농식품이 어디에서 생산되고 어떻게 유통되는지, 그리고 생산과정에서 환경친화적인 방법을 선택하고 있는지, 어떤 노동력을 활용하고 있는지, 우수 농산물관리제도(GAP)나 식품이력추적제도(traceability) 등 법적 · 제도적 규제가 신뢰성을 부여할 수 있을 정도로 작용되고 있는지 하는 등의 지속 가능성과 연결된 상품정보가 수요 확대에 보다 큰 영향을 미치게 된다.

다섯째, 편의성(convenience)이 농식품 이용의 새로운 선택기준이 된다. 여성의 사회참여 활성화와 1인 가족(단독가구)의 증가 등의 추세는 식품조리 과정의 편의화와 소량 포장화 등에 대한 요구로 이어지고 있다(그림 6-11).

급속하게 달라지고 있는 소비자의 농식품 선호체계의 변화 추세에 부응하여 신제품과 신서비스를 지속적으로 개발 · 공급할 수 있는 농업 생산과 유통주체만이 시장에서 살아남을 수 있는 새로운 시대가 열리고 있는 것이다.

한국 농산물의 가치 향상 방향

고품질, 안전 농산물의 생산과 차별화된 유통 시스템의 확충이 전면개방시대의 한국 농업 시스템이 지향해야 할 길이다. 소농적 생산방식에 의한 농축산물로 대량생산체제에 의해서 생산된 수입 농산물과의 시장경쟁에서 우위를 확보하기는 어렵기 때문이다.

다행히 소득증가와 인구의 고령화 추세에 따라서 고품질 농식품에 대한 국내외 시장은 빠르게 확대되고 있는 추세이다.

농식품 선택기준이 종래의 가격 중심에서 품질 등 비가격적 가치 중심으로 이동하고 있는 것이 식품소비 메가 트렌드의 핵심이다. K-pop 열풍 등 한류(韓流)붐으로 인하여 발효식품 위주의 슬로우 푸드(slow food)로 구성된 한식 등 한국 농식품에 대한 국제적 인식이 확산되면서 한국 농식품의 브랜드 가치도 높아지고 있다.

수입개방 폭의 확대로 해외 농산물의 국내 도착 가격은 관세감축 폭만큼 해

그림 6-11 한국의 1~2인 가구 수

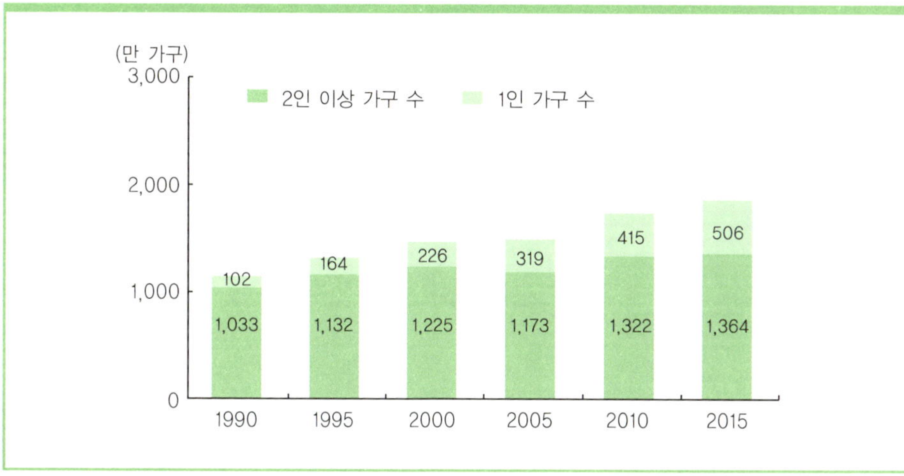

자료: 문화체육관광부(2013).

마다 낮아지게 된다. 농산물 생산비가 높은 땅값과 인건비 때문에 해외 농산물보다 몇 배씩 비싼 한국 농산물로서는 국내시장 점유율의 상당 부분을 수입 농산물에게 내어줄 수밖에 없다. 그 때문에 그 동안의 개방대응 대책은 한쪽으로는 농가의 피해를 보전하면서 다른 한쪽으로는 생산비 절감과 생산성 향상적인 정책수단에 치중해 왔다.

물론 생산성 향상이나 생산비 절감은 대단히 중요하다. 그러나 이를 통하여 현저하게 벌어져 있는 생산비 격차를 해소하여 가격경쟁력의 비교열위를 극복하는 데는 우리나라의 상대적으로 높은 땅값과 인건비 때문에 한계가 너무나 뚜렷하다.

그러므로 이제는 농축산물의 가치혁신 강화활동을 통하여 농축산물의 고부가가치화를 실현하는 상품성(商品性) 향상에 나서야 한다. 전통적인 접근방식이 주어진 시장가격을 전제로 하는 생산성 향상과 절대적인 생산비 절감 방향이었다면, 이제는 농축산물의 상품성 향상을 통한 고부가가치화로 상대적인 생산비 절감과 신시장 확보로 전환해야 한다. 생산비가 더 소요되더라도 생산액 가치가 더 높아진다면 생산자 소득(생산액−생산비)은 더욱 커지기 때문이다(그림 6-12).

가치 향상은 생산과정에서 뿐만 아니라 수확 후 처리, 마케팅, 물류 등 가치

그림 6-12 한국 농산물의 가치 향상과 생산비의 상대적인 절감

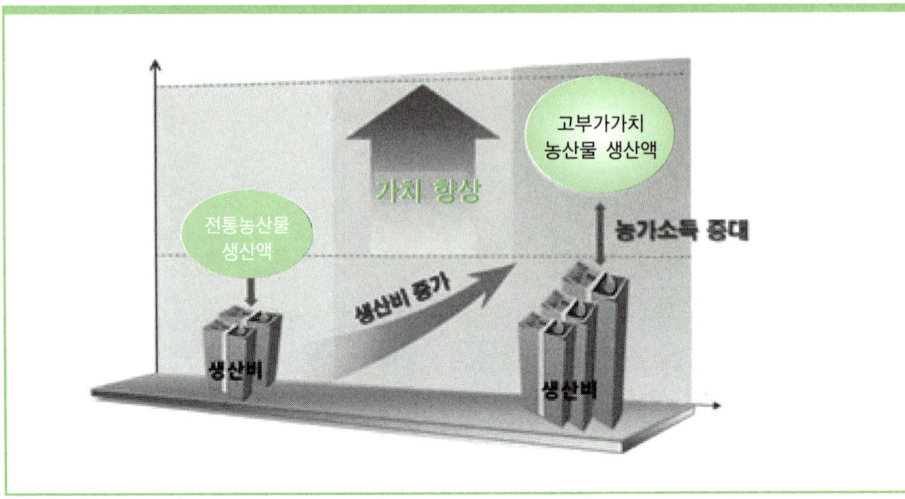

사슬(value chain) 전 과정에서 동시에 조직적으로 수행되어야 한다.

생산과정에서의 가치 향상을 위한 핵심 활동은 경영의 규모화와 우수 농산물 생산방식(GAP) 적용 및 신기술 개발 등이다. 이를 통하여 투입비용 절감과 생산성 향상 및 상품성 향상을 이루어야 한다.

수확 후 처리과정에서는 표준화, 등급화, 예냉 작업 등이 건조 · 선별 · 저장 과정의 효율화를 통해서 상품성 향상과 불량률 절감 등을 이루어내야 한다.

마케팅 과정에서는 이력추적관리 시스템 적용과 브랜드화 및 대량수요처와의 계약재배 등의 방법을 통하여 수입 농산물의 효과적인 차별화를 통한 단골고객의 확보 등 시장확충이 핵심이다. 이를 위해서는 브랜드 광역화와 명품화를 통한 브랜드 인지도 향상 노력이 뒤따라야 한다.

물류과정에서는 적기배송과 공동물류가 핵심이다. 이를 위해서는 물류인프라를 개선하고 공동선별 · 출하를 통하여 대량수요자의 요구를 충족시키고 포장 · 운송비를 절감해야 한다(그림 6-13).

전면개방시대에 처한 한국 농산물의 활로는 값싼 수입 농산물과 확연히 구별될 수 있는 차별화에 의한 변별력의 확보에 있다. 그리고 이 변별력은 품질과 서비스 등 비가격적인 가치경쟁력을 향상시키는 데서 창출된다.

그림 6-13 가치사슬별 농산물 가치 향상 전략

	생산	수확 후 처리	마케팅	물류	
KEY FACT	• 경영의 규모화 • GAP기술 적용 • 신기술 개발	• 표준화 · 등급화 • 건조 · 저장 • 선별 · 예상	• 이력관리 • 브랜드화 • 계약재배	• 물류비용 관리 • 적기배송 • 공동물류	고객
목표	• 투입비용 절감 • 생산성 향상 • 상품성 향상	• 상품성 향상 • 불량률 저하 • 처리비용 절감	• 브랜드 광역화 • 명품화	• 물류인프라 개선 • 공동 선별 · 출하	
수단	• 들녁별 생산체계화 • 정밀영농 • 적정 투입비 관리	• 수확시기 조절 • 파종시기 조절 • 적정 품종 선택	• 교육학습활동 강화 • 기장과 경영진단 체질화 • 선도농가 벤치마킹	• 물류공동화 • 물류비용 절감 • 정보와 고객관리	

2) 농업의 영역 확장 방향

쌀 한 종목의 자급률 확보에 매달려 온 한국의 식량안보적인 농업 가치를 농업의 범위와 영역 확장을 통하여 향상시켜야 한다.

첫째, 경지 이용률 제고를 통한 사료자급률 향상이 실현되어야 한다. 농경지 이용률은 답리작(畓裏作) 면적의 감소로 인해서 1970년의 142%에서 2010년에는 109%로 줄어들었다. 2010년 현재 논면적(98만 4,000ha) 중에서 이모작 가능지는 90%에 해당하는 88만 5,000ha이다. 이 중에서 실제로 답리작 재배로 이용되고 있는 면적은 29%에 불과한 26만ha에 불과하다(국립식량과학원, 2012). 최소한 60만ha의 논이 겨울철에 이용되지 않고 있는 것이다. 만약 겨울철에 유휴되고 있는 논의 절반(30만ha)을 청보리, 호밀, 이탈리안라이그라스 등 조사료 재배지로 활용한다면 건초기준 조사료 210만 톤을 수확할 수 있다. 이를 통해 140만 톤의 배합사료 소비를 대체시킨다면 사료용 곡물 수입량을 10% 정도 감축시킬 수 있다.

또한 조사료의 완전 자급률을 실현하고 조사료로 이용되고 있는 볏짚의 경지환원을 통하여 논의 지력(地力) 향상을 도모할 수 있다. 소 사육두수의 증가(2012

표 6-7 국내 조사료 공급현황과 조사료자급률(2010~2012)

(단위: 천 두, 천 톤, %)

구분	소 사육두수	국내 생산 조사료				수입 조사료	총공급량	자급률
		합계(A)	사료작물	목초	볏짚 등	(B)	(C=A+B)	(A/C)
2010	3,321	4,127	1,597	273	2,257	906	5,033	82.0
2011	3,456	4,606	2,181	273	2,152	971	5,577	82.6
2012	3,479	4,543	2,237	266	2,040	1,120	5,663	80.2

자료: 최기준(2013. 7).

년 347만 9,000두)에 따라 국내 조사료 수요도 빠르게 증가하고 있는데, 2012년 총조사료 공급량(566만 3,000톤) 중에서 국내산 양질 조사료 공급량은 44%, 볏짚 등 저질 조사료는 36%, 그리고 수입 조사료는 20%를 차지함으로써 조사료자급률마저 80% 수준으로 빠르게 하락하고 있기 때문이다(표 6-7).

물론 현재의 주곡 자급기반을 유지 · 발전시키는 것도 중요하다. 왜냐하면 기상이변의 심화 등 기후변화에 따른 글로벌 식량수급 불안정에 대비하여 주식 곡물인 쌀의 적정한 자급률 유지가 필요하기 때문이다. 그러나 국민 식생활 습관(behavior)의 변화에 따라서 증가해 가는 육류소비를 뒷받침해 줄 사료작물의 자급률 확보도 못지않게 중요한 과제이다.

쌀의 이모작 포기로 유휴되는 농경지는 너무나 소중한 우리의 자원이다. 이 자원을 활용하여 사료자급률을 향상시킴으로써 우리 농업의 식량안보 가치를 확장하는 것이 시급한 현안 과제인 것이다.

둘째, 바이오 경제시대를 뒷받침하는 바이오 매스 원료 생산 기능이 농업 분야의 새로운 소득원으로 추가되어야 한다. 친환경 바이오 소재 개발을 위하여 가공적성을 구명하고 생명공학 기술(BT)을 적용하는 등 기술개발(R&D)을 통하여 농작물의 고부가가치화를 이끌어야 한다. 여기에는 식용으로 재배되어 온 농작물의 주 · 부산물 전체와 갈대, 해조류 등 임산물과 수산물 등이 모두 개발 대상으로 이용될 수 있다.

셋째, 기능성 농작물과 맞춤형 치료목적의 동 · 식물 개발로 농업 생산의 부가가치를 향상시켜야 한다. 농식품에 대한 소비자의 요구가 영양에서 맛으로 그리고 기능성으로 변화되고 있다. 또한 소비자 맞춤형 식 · 의약품에 대한 수요도 커지고 있다.

알코올 섭취 경감 소재, 중장년층 노화 지연과 노인병 경감 소재, 대사증후군 예방과 치료 및 위염예방용 소재 등이 쌀 등 농산물을 이용하여 개발되고 있다. 복제돼지 등을 이용한 치료용 장기 생산 연구도 활발하게 진행되고 있다. 이러한 기술개발에 힘입어 농업 생산업은 식용산업으로부터 차기 성장동력산업으로까지 인식되고 있는 것이다.

넷째, 바이오 에너지 원료 농작물 생산이 농업의 새로운 역할로 주목받고 있다. 미국, 브라질 등지에서는 옥수수와 사탕수수를 원료로 하여 생산된 바이오 에탄올이 이미 상용화 단계에 들어서고 있다. EU 지역에서는 유채씨앗에서 추출한 유채유(canola oil)가 디젤과 혼합되어 널리 상용화되고 있다. 우리나라에서는 농경지가 부족하여 대규모의 바이오 연료 농작물을 재배하는 것은 어렵다. 그러나 '유채와 고구마'의 작부체계에 의해서 바이오 디젤과 바이오 에탄올을 생산하는 바이오 연료 농작물 재배의 경제성은 이미 검토된 바 있다(성진근 외, 2006). 억새풀, 갈대, 톱밥 등을 이용한 에너지 생산공정 연구도 현재 활발히 진행되고 있다.

앞으로 국제 유가의 상승 추세가 이어지고, 국내 바이오 연료 최소혼합기준이 상향되면 재생 가능한 녹색유전(綠色油田)이 한국의 농토와 산야에서 일구어질 날도 멀지 않았다. 농업은 '식량과 섬유' 생산업에서부터 '에너지 생산업'으로 영역이 확장되고 있는 것이다.

다섯째, 식량의 해외 공급 능력 확보를 위한 농업 해외 진출이 농업의 외연(外延)을 확장하는 길이다. 개도국의 미이용(未利用)되고 있거나 저수준으로 활용되고 있는 농지를 확보하여 우리의 기술과 자본을 결합함으로써 해외 식량공급기지를 확보하는 일이 2008년의 세계 식량위기를 계기로 하여 적극적으로 추진되고 있다.

정부는 2018년까지 주요 곡물 국내 소비량의 10% 해당 물량을 해외의 안정적인 공급망을 통하여 확보한다는 목표를 세우고 2010년 말까지 총 18개 해외 진출 민간기업을 선정, 자금과 컨설팅 서비스를 지원하고 있다. 또한 식량수입대국(2010년 현재 세계 3위)의 입장에서 안정적으로 수입 곡물을 국내로 반입할 수 있는 식량유통기업의 설립과 운영도 농수산식품유통공사와 민간회사의 컨소시엄 형태로 추진하고 있다.

이러한 농업 해외 진출을 위한 정부와 민간 차원의 투자가 한국의 OECD/DAC 가입(2009)으로 매년 4,000억 원 이상씩 늘어나게 될 공적개발원조자금(ODA)과 효과적으로 연계된다면, 개도국에 대한 공적원조사업과 한국의 해외 식량확보사업의 시너지 효과마저 기대할 수 있다.

국내 식량 생산용 목적으로 운영되어 온 한국 농업이 빈곤개도국의 농업 개발 지원과 함께 해외 식량공급 능력 확보를 위한 산업으로 그 영역이 확대되고 있는 것이다.

경제이론과 농업 이해

10. 생산주체와 공급곡선-농산물 공급의 특수성

시장경제 하에서 생산주체는 기업(firm)이다.

불확실성 아래에서 거래비용(transaction cost)을 줄이기 위하여 기업이라는 생산조직이 탄생되었다고 한다(정갑영, 「산업조직론」, 박영사, 1991, pp.14~15). 기업은 개인기업, 합명회사, 주식회사 등 여러 가지 형태가 있고 농가는 어느 쪽에도 속하기보다는 생산과 소비를 동시에 수행하는 소위 프로슈머(prosumer, producer와 consumer의 합성어)라는 별도의 생산주체로 파악된다. 기업은 대기업과 중소기업으로 분류하기도 하고 민간기업과 공기업(국영기업)으로 나누기도 하며 세계화 추세 속에서 다국적 기업도 출현하고 있다.

완전경쟁상태에서 기업은 이윤을 극대화하기 위하여 한계비용(MC)이 시장가격(P)과 일치되는 점(P=MC)에서 산출량(q_3)을 결정한다.

그림①의 (가)에서 한계비용곡선(MC)은 평균비용곡선(AC)의 최저점을 통과하며, 이윤극대화를 추구하는 완전경쟁기업은 P=MC되는 점에서 생산량을 결정한다. 만약 가격수준 P_4와 MC가 만나는 q_4에서 생산량을 결정한다면, 농가의 총수입량은 $OP_4 \times OQ_4$가 되고 농가의 생산비용은 $OP_3 \times OQ_4$이므로 순이익은 $P_3P_4 \times OQ_4$가 된다. 기업의 생산량은 가격수준과 한계비용(MC)이 만나는 점에서 생산되므로 MC곡선이 단기공급곡선이 된다. 그러나 기업은 평균가변비용(AVC)이 회수되지 않는 점(a) 이하에서는 생산을 중단하게 되므로 a점은 조업중단점(shut-down point)이 되고 a점 위에서부터 기업의 공급곡선이 형성되어 (나)의 점 A, D를 잇는 공급곡선이 형성된다. 따라서 MC곡선은 단기 균형상태에서 기업의 공급곡선이 되고 여러 기업의 공급곡선이 모인 결과가 산업의 시장공급곡선이 된다.

농가는 대부분 가족노동력에 의한 소농(小農)경영체제를 유지하고 있다.

시장개방의 진전에 따라 특정작목의 전업화(specialization)와 규모화의 필요성이 강조되면

그림① 완전경쟁기업의 단기 공급곡선

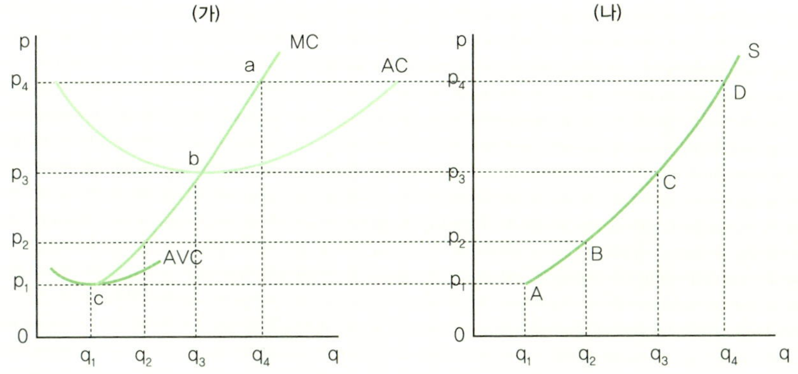

서 개인 또는 법인 형태의 기업농 형태가 출현하고 있기는 하지만, 여전히 농업은 가족노동력에 의한 소농경영적인 형태가 지배적이다. 소농들의 농산물 공급량은 전체 시장 공급량에서 차지하는 비율이 대단히 미미하기 때문에 시장가격에 영향을 미칠 수가 없다. 따라서 소농은 가격순응자(price taker)로서 주어진 가격 하에서 생산량을 조절하여 이익을 추구하게 된다.

농산물 공급의 특징은 농산물 생산 단계와 가공 · 유통 단계로 나누어서 살필 수 있다.

첫째, 농업 생산은 자연조건의 영향을 많이 받는 생물생산적인 과정이므로 생산시기가 계절적으로 편중되어 있고 수확체감의 법칙이 현저하며 가족의 생계(生計) 유지를 위한 가족노동 의존적이고 자본의 회전속도가 낮다. 그러므로 시장수요의 변화에 적응하여 생산이나 공급량을 조절하기 어려운 생산의 경직성(硬直性)이 높다.

둘째, 가공 · 유통면에서 농산물은 중량과 부피가 크고 신선도 유지가 어렵기 때문에 농장에서 최종소비자의 식탁에 이르기까지 품질과 안전성 확보를 위한 수확 후 처리 · 보관 · 운반 과정에서 수집과 분산을 위한 중간비용과 손모율(損耗率)이 상대적으로 크다.

셋째, 소규모 경영체제(소농) 하에서 다양한 종류의 농산물을 일정 시기(수확기)에 출하하기 때문에 상인과의 거래교섭력(bargaining power) 측면에서 취약하다.

이러한 농산물 공급상의 특징 때문에 농산물 가격지지와 농가소득지지를 위한 다양한 정책수단이 도입되고 있는 것이다.

Chapter 7

애그리비즈니스(agribusiness)와 농업경제학

애그리비즈니스(agribusiness)와 농업경제학

1 농산물 국제경쟁력의 정체

1) 자원부존 조건 때문에 유발되는 가격경쟁력의 비교열위

흔히 우리나라 농산물은 종류별로 차이가 있긴 하지만 경쟁상대국(중국, 미국)보다 가격이 몇 배씩이나 비싸기 때문에 시장개방이 확대되면 결국 존립 자체가 불가능해질 것이라는 일반적인 비관론에 마주치게 된다. 가격경쟁력이 취약하다는 이유만으로 우리 농산물의 국제경쟁력을 비관하는 풍조는 과연 온당한가?

우리 농산물의 가격경쟁력이 상대적으로 떨어지는 것은 부인할 수 없는 사실이다. 그림 7-1에서 보는 바와 같이 우리나라 농산물의 평균적인 생산비는 중국과 비교할 때 3배 이상 높다. 작목에 따라 다르겠지만 우리 농산물의 생산비를 100으

그림 7-1 한국과 중국 간의 농산물 생산비 격차

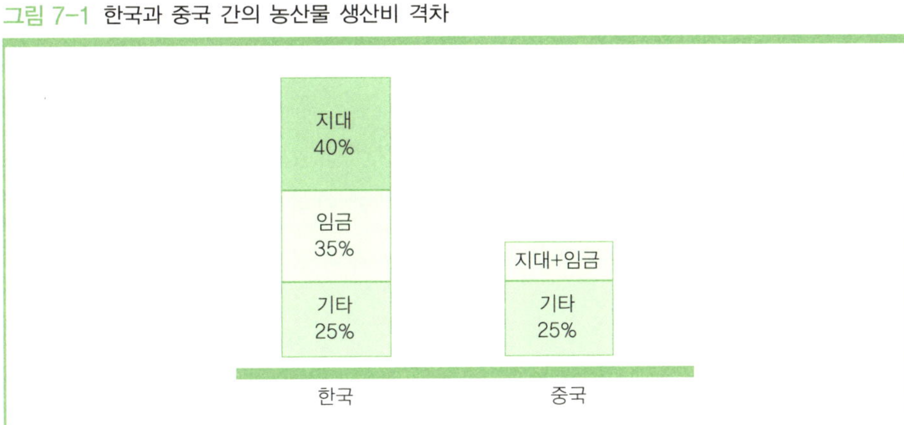

주: 2006년부터 중국은 농업세(토지세)를 전면 폐지함으로써 식량증산에 나서고 있다.

로 볼 때 대체적으로 땅값(地代)이 40%, 노동값(임금)이 35%, 그리고 자본값(이자: 비료, 농약, 종자, 기계, 경영비 등을 충당하기 위한 자본액의 대가)이 25% 정도로 구성된다.

중국의 지대는 23만 원/ha[1]이고 한국의 지대는 300만 원/ha이므로 양국 간의 지대는 13배나 차이가 난다. 그러므로 중국의 지대를 한국 농산물 생산비로 환산하면 40/13%≒3%에 해당한다. 중국의 인건비는 월급기준으로 한국과 비교할 때 3~5배 이상 차이가 난다. 그러므로 중국의 임금도 우리나라의 생산비로 환산하면 10% 수준이다. 만약 비료, 농약, 농기계 등 자본용역에 관한 보수(이자)가 동일하다고 가정하고 여기에다 지대와 임금을 합치면 중국 농산물의 생산비는 우리 농산물의 35~40% 수준에 불과하다. 여기에 유통비용과 이윤을 감안하면 우리 농산물이 2~3배나 비싸지게 되므로 가격경쟁력이 취약하다는 것은 어쩔 수 없는 사실이다. 그러나 가격경쟁력만을 기준으로 하여 국제경쟁력의 크기를 재단하는 것은 현실적인 설득력이 약하다.

2) 경영학적 입장에서 본 국제경쟁력의 결정요인

전통적인 경제이론에서는 생산요소 부존조건의 비교우위성에 따라 국제경쟁력의 차이가 기본적으로 결정된다고 주장한다. 이 때문에 비교우위는 부존자원의 상대적인 양과 질의 차이에 의해서 판가름된다고 쉽게 생각하는 경향이 있다. 그러나 이는 전혀 현실과 다르다. 물론 가격경쟁력이란 요소가 어떤 상품의 비교우위 정도를 결정하는 데 중요한 역할을 수행하는 것은 사실이지만 어떤 상품의 비교우위는 상품의 가격조건뿐만 아니라, 상품에 체화(embodied)되어 있는 품질이나 서비스 조건[2] 등에 의해서도 결정되기 때문이다.

현대 경영이론에서는 생산요소 부존조건뿐만 아니라 경영체의 경영능력이나 관련 산업과 지원산업의 기여도 및 상품의 수요조건 등도 국제경쟁력을 결정

1) 중국은 사회주의 국가이어서 토지는 국가 소유이므로 농민이 농지를 이용하면, 그 대신에 농지이용세를 농업세 명목으로 정부에 납부해야 한다. 그러나 최근 들어서 이농현상이 심해지고 식량부족 문제가 제기됨에 따라 2006년부터 담배 등 특용작물 이외에는 농업세는 면제되고, 오히려 지자체별로 농가당 일정액의(길림성에서는 500元(70,000원 상당) 직접지불제를 도입하고 있다.
2) 일본은 식품의 Traceability(추적 가능성, 즉 농장에서 식탁까지의 전 유통경로에 대한 식품이력제)를 강화하는 서비스 차별화 정책을 통해서 수입 농산물보다 10배나 비싼 자국 농산물의 소비를 촉진시키고 있다.

그림 7-2 한국 농업의 경쟁력을 구성하는 4요소

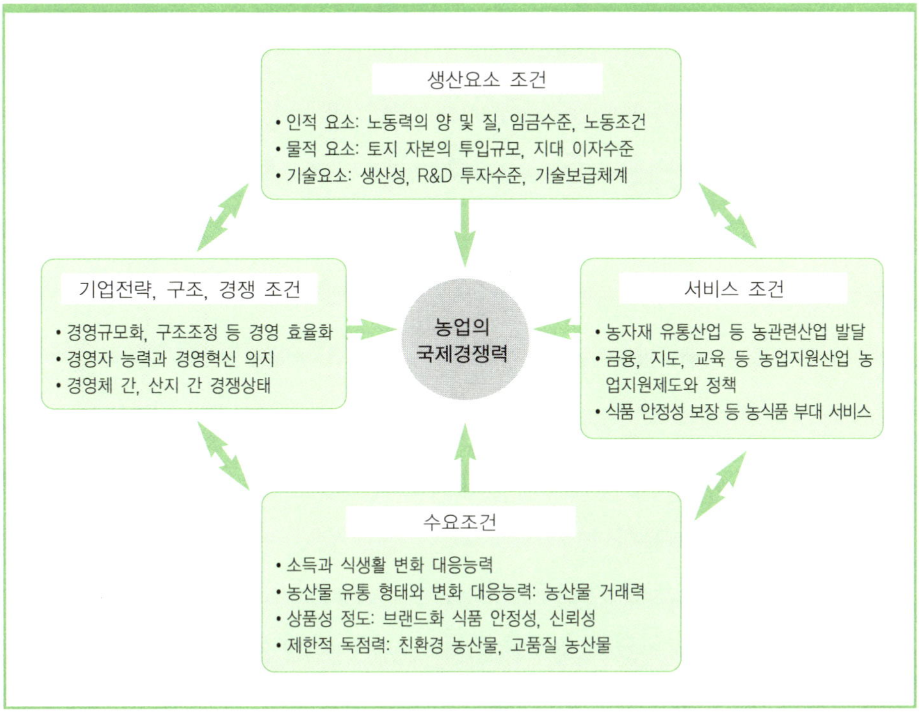

하는 중요한 요소로 파악한다(M. porter, 1998). 우리 농산물의 경쟁력을 구성하는 요인을 마이클 포터(M. Porter)의 다이아몬드 이론에 비추어서 재구성해 보면 그림 7-2와 같다.

3) 한국 농산물 경쟁력 향상의 기본 조건

우리나라 농산물은 생산요소 부존조건이 경쟁상대국보다 열악하기 때문에 생산요소 가격, 특히 지대와 임금이 상대적으로 높아서 가격경쟁력은 국제 수준보다 1/3~1/4 수준으로 낮은 것은 사실이다. 그러나 품질이나 서비스 등 농산물에 체화(体化)되어 있는 상품성을 비교하면 국제 농산물보다 현재 수준에서도 상당수준 경쟁력이 높다고 할 수 있다. 5%의 양허관세율에 의해서 의무수입된 미국이나 중국 쌀이 우리나라 쌀의 절반 가격수준(90,000원/80kg)으로 시장에서 거래

그림 7-3 한국 농산물 국제경쟁력의 현재와 미래

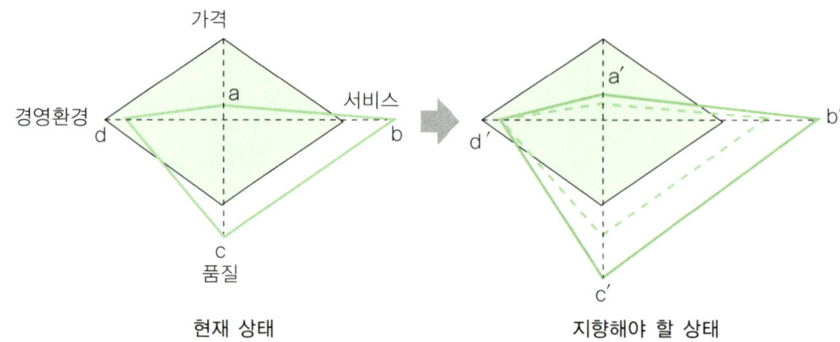

되고 있는 것도 따지고 보면, 소비자들이 가격 이외의 조건을 식품선택의 중요한 기준으로 삼고 있기 때문이다.

농업 생산주체의 경영능력이나 경영환경이 우리와 동일하다고 가정할 경우 우리나라 농산물의 총체적인 경쟁력을 포터의 다이아몬드 이론에 따라 형상화하면 그림 7-3과 같다. 그림 7-3에서 각 꼭지점을 연결한 다이아몬드의 크기를 경쟁상대국(중국 등)의 국제경쟁력 수준이라 할 때, 우리 농산물의 경쟁력 크기는 가격조건에서는 비교열위 수준(a)이지만 품질(c)과 서비스(b) 조건에서는 비교우위적이다. 경영능력과 여건(d)을 서로 같다고 가정한다면 우리의 경쟁력은 ◇abcd로 표시할 수 있으며 중국의 다이아몬드 크기보다 계측하는 방법에 따라 클 수가 있다. 이 때문에 개방 폭의 확대에도 불구하고 일정률의 국내시장 몫을 굳건히 지키고 있다고 할 수 있다.

우리 농업의 경쟁력 향상을 위한 실천적인 전략으로 품질과 서비스 등 우리 농산물의 비교우위 부문인 비가격적인 가치경쟁력을 더욱 차별화시키는 방향으로 개방대응 정책을 선택한다면, 우리 농산물의 경쟁력은 경쟁상대국의 경쟁력 수준(원래의 다이아몬드 크기)보다 커질 수가 있다는 것이다.

우리 농산물의 품질경쟁력과 서비스경쟁력을 해외 농산물과의 차별화가 가능한 수준까지 향상시키기 위해서는 농업 생산과 유통과정에서 농업 관련 산업, 즉 자재산업과 유통산업뿐만 아니라 서비스산업과의 효과적인 연계와 지원활동이 필요하다. 단순한 농업 생산활동(farming)만으로 농산물을 생산하여 유통시켰던 시대는 이미 지난 일이다. 농산물과 함께 서비스와 문화까지 한 묶음으로 상품화하여 국내외 시장에서 경쟁시키는 농산업(agriculture-industry) 경영시대가 성큼 열리고 있는 것이다.

2 국제경쟁력 향상과 애그리비즈니스

1) 가격경쟁력 향상과 애그리비즈니스

요소시장 조건의 변화와 농업 생산성의 변화

우리나라 농산물의 국제경쟁력이 취약하다는 평가는 가격경쟁력이 상대적으로 크게 떨어진다는 인식에 근거해 있으며, 이는 주로 생산요소 가격은 경쟁국에 비해서 상대적으로 비싼데도 불구하고 생산성의 격차는 뚜렷하지 않기 때문인 것으로 이해된다.

지난 40여 년간에 걸친 압축고도성장 기간을 거치는 동안에 노동과 토지의 가격은 빠른 속도로 상승하였으나 자본가격(이자)은 금융시장 개방 이후 한 자리수로 크게 떨어졌다. 이러한 요소시장 조건의 변화에 적응하여 값이 비싸진 노동력과 토지투입을 줄이는 대신에 값싼 자본투입을 늘리는 방향으로 농업 자원의 자본대체라는 구조적 변화가 진행되어 왔다.

이러한 농업 자원 결합구조 변화가 진행되는 과정에서 농업 생산성도 크게 변해 왔다.

지난 20년간(1980~2000) 농업 노동생산성(원/시간)은 연평균 12.0%씩 증가해 왔으나 최근 10년간(2000~2010)에는 2.91%로 그 증가율이 크게 낮아졌다. 또한 자본생산성(농업 소득/농업 자본액)은 1980년의 0.84에서 2000년에는 0.47로 연평균 2.86%씩 낮아졌으나 최근 10년간(2000~2010)에는 연평균 3.77%씩 그 감소율이 더

표 7-1 한국 농업 생산성 지표의 추이

(단위: 원/시간, 원/10a)

연도	노동생산성	자본생산성	토지생산성
1980	1,274	0.84	205,160
1990	4,932	0.70	624,893
1995	9,387	0.61	954,171
2000	11,778	0.47	1,050,677
2005	12,297	0.36	1,140,668
2010	15,698	0.31	1,272,945
변화율(%)			
1980~2000	12.0	△2.86	8.51
2000~2010	2.91	△3.77	1.94

자료: 농림수산식품부, 「농림수산식품 주요 통계」, 2011.

욱 높아지고 있다. 토지생산성(원/10a)은 지난 20년간에는 연평균 8.51%씩 성장하였으나 최근 10년간에는 연평균 1.94%씩으로 향상률이 크게 둔화되었다.

노동생산성과 토지생산성의 향상이 최근 들어서 크게 둔화하고 있는 반면에 자본생산성은 큰 폭으로 낮아지고 있는 것이, 한국 농업 생산성의 현주소인 동시에 만연되고 있는 농업 위기론의 실체인 것이다(표 7-1).

한국의 농업 경영방식이 전통적인 자가노동력 의존적인 방식으로부터 기계와 시설 등 자본재 의존형으로 전환되면서, 중간투입재 비용과 고용임금 상승 등에 따른 고비용 구조로 전환되어 자본생산성의 하락과 농가소득의 악화로 이어지고 있는 것이다.

효과적인 가격경쟁력 향상의 길

한국 농산물의 가격경쟁력은 궁극적으로 노동, 자본, 토지생산성의 지속적인 향상이 이루어질 때 효과적으로 향상된다. 그러나 2000년 이후 농업 생산성의 향상은 침체되고 있다. 농업 생산성 향상을 통한 가격경쟁력 향상을 효과적으로 도모하기 위해서는 농업 관련 산업의 효율화와 농업 부문과의 연계성 강화[3]가

그림 7-4 가격경쟁력 향상과 애그리비즈니스

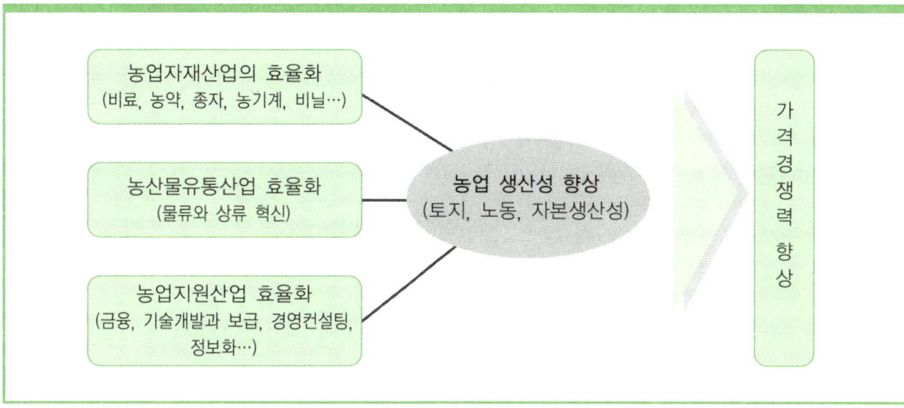

필수적이다.

예컨대, 농업 생산의 기계화 · 자동화를 실현하고 노동능률의 향상을 실현할 수 있는 자재산업의 효율적인 뒷받침이 없이는 노동생산성의 지속적인 향상은 기대하기 어렵다. 또한 농업신용(금융)사업의 효율화에 의한 저리금융(低利金融)의 뒷받침이 없이는 자본생산성의 향상은 기대하기 어렵다. 농산물의 품질과 서비스의 차별화를 실현할 수 있는 저장 · 포장 · 가공 · 수송 등 물류(物流)와 수집 · 도매 · 소매 등 상류(商流) 등 유통산업의 효율화가 뒷받침되지 않으면 농산물의 고부가가치화에 의한 농업 생산성의 지속적인 향상을 기대하기 어렵다.

그러므로 가격경쟁력 향상을 실현하기 위해서는 농업 관련 산업의 농업 부문과의 연계성 강화 및 효율화가 필수적으로 요청되는 것이다(그림 7-4).

2) 품질 및 서비스경쟁력 향상과 애그리비즈니스

품질과 서비스경쟁력 향상이 요체(要諦)다

가격조건만을 기준으로 할 때, 우리 농산물의 국제경쟁력은 대단히 낮은 것

3) 농산물 유통산업 중에서 특히 저장, 가공, 외식산업, 도소매업 등 분야에서는 해외 농산물 취급비중을 늘려나가고 있어서 사회적 지탄을 받고 있다. 특히 가공, 외식산업의 국내 농업과의 연계성을 강화하기 위한 새로운 시책이 강화될 필요가 있다.

이 사실이다. 그러나 농산물은 가격요인뿐만 아니라 신선도, 맛, 안전성 등 품질과 이를 보장하는 서비스 요인 등도 소비자 선택에 중요한 영향을 미치고 있으므로, 우리 농산물의 이러한 비교우위 조건을 극대화함으로써 총체적인 국제경쟁력을 향상시켜 나가야 한다.

소득향상과 웰빙 추세의 확산에 따라 소비자의 식품선택 기준이 가격요인보다는 신선도, 맛, 식품 안전성 등 비가격적인 요인을 보다 중시하는 방향으로 변하고 있다.

따라서 가격경쟁력을 앞세운 수입 농산물의 개방 확대에 맞서 우리 농산물의 시장경쟁력을 확보하기 위해서는, 변화되고 있는 소비자의 농식품 선택기준에 대응하여 품질이나 서비스에서 차별화되는 농산물을 생산 · 유통시킬 수 있는 농업 경영전략의 개발과 선택이 절실하다는 것이다.

우리 농산물에 체화되어 있는 품질과 서비스 조건을 수입 농산물과 차별적으로 강화함으로써 고품질 농산물의 증가하고 있는 수요를 우리나라 농산물에 대한 수요 확대로 연결시키기 위한 전략을 뒷받침할 수 있는 농업 관련 산업의 발전을 위한 효과적인 지원이 필요하다는 것이다.

효과적인 총체적 경쟁력 향상의 길

농산물이 생산된 이후 소비자의 식탁에 오르기까지의 유통 · 가공과정에 관련된 농업 생산의 전방(前方)산업, 즉 포장 · 보관 · 수송 · 가공 · 배분 등 유통 관련 산업의 효과적인 뒷받침이 없이는 고품질 농산물의 지속적인 공급은 기대하기 어렵다. 또한 고품질 농업 질서의 확산을 위한 효과적인 농업 투입자재의 공급과 함께 농산물의 가공기술을 비롯한 수확 후 처리기술(post harvest technical)의 개발과 지원 및 고품질 농산물의 품질인증제도의 확립 없이는 지속적인 소비자의 신뢰를 확보하기가 어렵다.

나아가서 생명공학(BT), 정보기술(IT), 환경기술(ET) 등의 농업 부문 밖에서 발전하고 있는 첨단 신기술을 수용하여 농업 생산과의 융합을 촉진하는 등 지식서비스산업과의 연계체계를 강화함으로써 농산물의 상품성을 지속적으로 향상하

그림 7-5 총체적인 경쟁력 향상과 애그리비즈니스

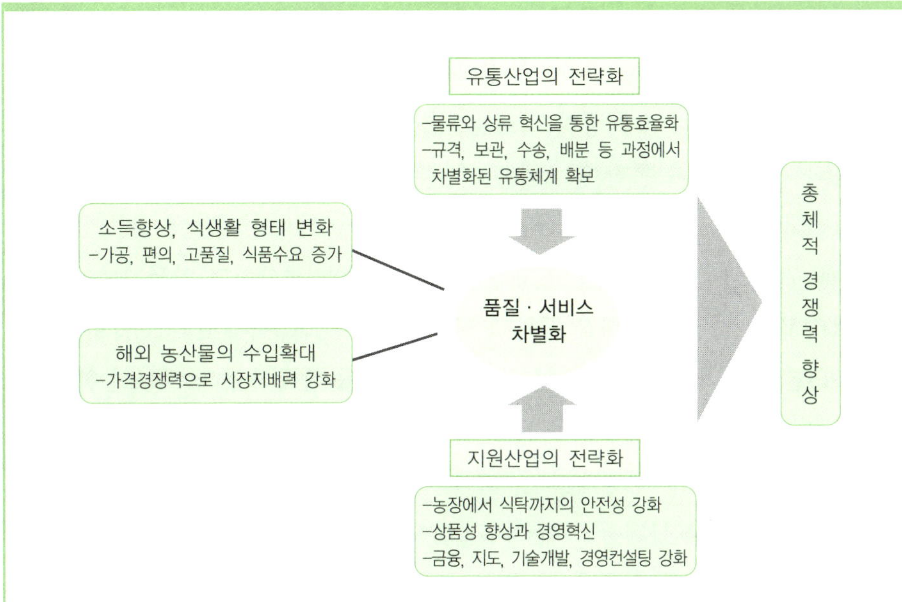

며 고품질 및 기능성 농산물의 실용화를 촉진하고, 효과적인 경영컨설팅 제도의 활성화를 통해서 농업 경영혁신을 촉진해 나가는 등 농업지원산업(agri-service)의 효과적인 뒷받침 없이는 총체적인 한국 농업의 경쟁력 향상을 기대하기 어렵다.

이상에서 논의된 결과를 요약해서 정리하면 그림 7-5와 같다.

농공상 융합으로 신시장 개척

2013년 5월 aT에서 개최된 "대한민국 식품대전 2013"에서는 농공상 융합형에 의한 신제품들이 다수 출품되었다.

누에고치로 만들어낸 인공고막은 5개국에 특허출원 중인데 연간 250억 원의 신수요가 예상된다고 한다. "화염식 밤 박피 시스템" 기술에 성공한 "밤뜨래"사는 깐밤, 냉동밤, 밤양갱 등의 제품 개발에 성공하면서 2012년 19억 5,000만 원의 매출실적을 올렸다.

국내산 쌀과 밀 그리고 김을 원료로 해서 만든 간편식 과자 "해우다미"를 개발한 "강동오 케익"은 2013년에 중국, 일본, 태국, 베트남, 싱가포르 등에 7만 달러의 해외 수출실적을 거두었다.

한약재 두충을 활용한 건강기능성 식품 개발에 나선 "동우당 제약"은 생산자와 계약재배를 통하여 안정적으로 원료를 확보하고, HACCP 인증 등 공인기관의 보증과 옴니허브를 통한 홍보와 마케팅 활동을 통해 2012년에는 101억 5,000만 원의 매출실적을 올렸다.

100% 우리 쌀을 원료로 해서 고품질의 막걸리를 생산하고 있는 "우리술"사는 막걸리 전용 쌀 계약재배를 통하여 원료를 확보하고, 막걸리의 고급화 · 다변화로 2013년 막걸리 2개 제품 특허와 HACCP 인증을 획득하였다. 2011년 한 해 동안 350만 달러의 수출실적을 확보했으며, 일본 시장 이외에도 중국, 베트남, 인도네시아, 독일 등 수출시장 다변화를 꾀하고 있으며 쌀 막걸리 외에도 보리 막걸리, 샴페인 막걸리 등 신제품도 개발하고 있다.

매실과 매실가공 부산물을 가공하여 건강기능성 제품을 개발한 "슬로푸드"사는 미국 FDA 시설 등록을 마쳐 안전성을 검증 받았고, 미국, 호주, 중국, 말레이시아 등지로 수출과 함께 지마켓, 옥션, 11번가 등 오픈마켓과 쿠팡, 티켓몬스터 등 소셜커머스 상품으로 판매하면서 2012년 11억 9,000만 원의 매출실적을 올렸다.

차별화된 감귤 초콜릿 상품을 개발하고 있는 "제키스"사는 감귤 생산농가와의 계약에 의해서 안정적으로 원료를 확보하고 있으며, "감귤 함유량 30%가 넘은 생감귤 초콜릿"을 개발하여 일본, 홍콩 등지에 10만 달러의 수출실적을 올렸으며, 공항 판매장, 토산품 판매장 등을 통해서 내수판매도 진행하고 있다.

씀바귀, 귀리, 익모초, 국우 등 토종자생식물을 활용하여 스트레스를 해소시키는 기능성 식품을 개발한 "주영팜"사는 소규모의 토종자생식물 재배농가와의 원료공급계약을 통해서 안티스트레스, 정동명씀바귀환 등을 생산하여 종근당 제약 등에 납품하고 있으며, 농축음료제품을 호주, 필리핀 등지로 시험수출(2013년 10만 달러)도 하고 있다.

식품산업은 2011년 현재 국민총소득(GNI)의 11.6%와 총취업자의 7.5%[4]를 고

4) 종사자 10명 이상 사업체를 대상으로 한 통계청 제조업 통계자료에 의한 비율이므로 영세 소규모 식료품제조업과 음식점업을 감안하면 총취업자의 17%를 고용하고 있다.

용하고 있으며, 지난 10년간(2001~2011) 명목가치 기준으로 연평균 7.4%씩 성장함으로써 국민총소득 성장률(6.6%)보다 0.8%p 성장률이 높았다. 산업별 취업유발계수는 식품산업이 29.7%로, 전기 · 전자(7.4%)보다 4배나 높았다.

한국 농업이 치열한 글로벌 식품시장에서 경쟁력을 확보하기 위해서는 농업생산과정과 가공 및 유통과정을 통합하는 농공상 융합형 사업모형을 창출 · 발전시키는 데 힘을 모아야 한다.

농식품부는 2012년에 중소기업청과 공동으로 농공상 융합형 중소업체 300개소를 지정하고 R&D, 시설 및 운영자금, 컨설팅 및 마케팅 등 10개 사업에 382억원을 지원하였다. 2013년에도 이 사업지원을 계속하면서 지원 분야를 10개 사업에서 25개 사업으로 확대하고 있다.

식품산업이 성장하면 원료 생산업인 농어업도 동반성장하게 된다. 원물(元物) 생산의 국제경쟁력 향상에서부터 가공 농산물의 경쟁력 향상으로 농업경제학도의 시야를 확대해야 한다.

3 애그리비즈니스의 국민경제적 중요성

1) 농업과 농관련산업의 GDP에 대한 비중 변화

경제성장과 함께 진행된 농업 생산의 상대적인 위축

일반적으로 경제발전에 따라서 농업 생산이 국민경제에서 차지하는 비중은 점차 낮아지게 된다. 우리나라의 경우에도 농업 부문의 국민총소득에 대한 비중은 1970년의 24.5%에서 1980년의 13.5%, 1990년의 7.3%, 2000년의 4.6%, 그리고 2010년에는 2.3%로 지속적으로 낮아져 왔다. 그러나 농업의 국민총소득에 대한 비중이 낮아져 왔다고 해서 농업 생산 자체가 위축되어 왔다는 것은 아니다. 단지 농업을 제외한 다른 산업 부문의 높은 성장률에 비해서 농업 부문이 상대적으로 낮은 저성장을 계속해 왔기 때문에 국민총소득에 대한 농업 비중이 점차 낮아지게 되었다는 사실을 이해할 필요가 있다.

실제로 농림업 생산 부문은 지난 40년간(1970~2010) 연평균 1.86%씩 실질성장해 왔기 때문에 실질가격 기준으로 생산액 자체는 2.1배 정도로 증가하였다(2005년 실질가격 기준으로 1970년의 12조 3,860억 원에서 2010년에는 25조 9,073억 원으로 증가). 그러나 같은 기간 동안 다른 산업 부문의 높은 성장률(예컨대, 광공업은 연평균 10.28%, 건설 · 서비스업은 6.83% 등)에 의해서 국내총소득(GNI)이 연평균 6.87%씩 크게 증가했기 때문에, 농업의 국내총생산에 대한 비중이 상대적으로 줄어들게 된 것이다. 그러나 농업 총생산액이 국내총생산에서 차지하고 있는 비중이 2% 내외로 크게 떨어졌다고 하더라도 농업 생산의 존재 때문에 유발되는 농업 관련 산업(agri-business) 총생산액은, 농업 생산액보다는 2배 정도로 증가하고 있을 뿐만 아니라 국내총생산액에 대한 산업적 비중도 의미 있게 감소하고 있지 않다라는 사실에 유의할 필요가 있다.

농업 생산액 성장률을 크게 상회하고 있는 농관련산업 성장률

애그리비즈니스의 범위를 어떻게 정의하느냐에 따라서 애그리비즈니스의 총생산액 크기는 달라지게 된다.

여기에서는 일본과의 비교가 용이하도록 일본과 유사한 방법으로 산업연관분석을 통해서 농업 관련 산업의 GDP를 분석한 선행연구[5]에 의해서 이를 살펴보기로 한다. 농림수산업의 국내총생산액에 대한 비중은 1990년의 7.67%에서 1995년에는 5.83%로, 그리고 2000년에는 3.99% 수준으로 감소하였다. 그러나 농관련산업의 비중은 1990년의 9.81%에서 1995년에는 8.11%, 그리고 2000년에는 7.47%로 감소해 왔지만, 농림수산업처럼 큰 폭으로 감소하지는 않았다. 1990년부터 2000년까지 10년 동안 농림수산업은 국민총생산의 성장률(7.35%)보다 훨씬 낮

5) 김철민(2004. 9), p. 72. 이 연구에서는 한국은행이 발표하고 있는 1990-1995-2000년 불변산업연관표에서의 352 산업 기본 분류를 이용하여 농업과 관련 산업을 21개 부문으로 통합 · 재분류하여 생산액을 추계하였다. 이 논문은 농관련산업의 GDP를 추정함에 있어 수산업과 그 관련 산업 부문까지를 분석대상으로 하였기 때문에 애그리비즈니스의 총생산액이 다소 과다추정된 것은 사실이나 전체적인 범위를 이해하는 데는 유효하다.

그림 7-6 농산업의 구성과 산업비중 변화

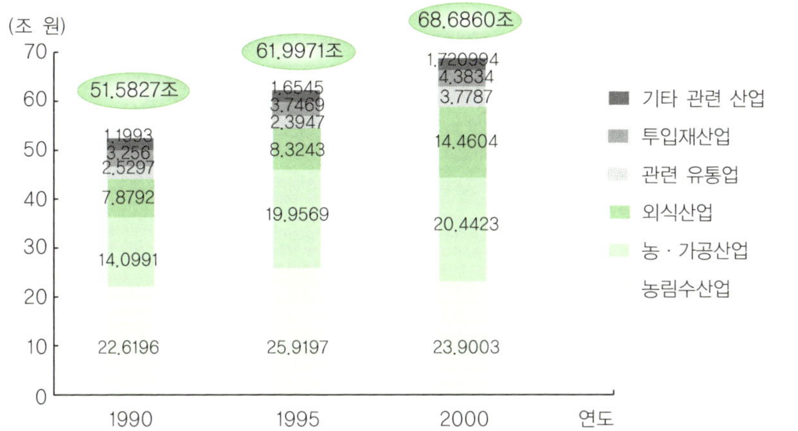

자료: 김철민(2004. 9).

은 저성장(0.55%)을 지속해 왔지만, 농업 관련 산업은 국내총생산보다는 다소 낮은 성장률(4.45%)로 성장해 왔다. 이에 따라 농업 관련 산업의 생산액은 농업 생산액에 비해서 1991년에는 1.53배였으나 1998년에는 2.15배로 확대되고 있는 것이다.

농림수산업 생산과 농관련산업을 합친 농산업의 총생산액은 1990년의 51조 5,828억 원에서 1995년에는 61조 9,971억 원으로, 그리고 2000년에는 68조 6,860억 원으로 추정되었다. 이 중에서 농업 관련 산업은 1990년의 28조 9,635억 원에서 1995년에는 36조 773억 원으로, 다시 2000년에는 44조 7,858억 원으로 성장하고 있는 것이다. 농관련산업 중에서는 농산물가공 및 외식산업의 비중이 가장 컸으며, 그 다음이 농업자재산업과 관련 유통업이었다(그림 7-6).

위의 논문은 농업 관련 산업의 생산액을 추정하는데 있어서 수산업 부문으로부터 연유된 부가가치마저 포함시켰기 때문에 추정치의 설득력이 다소 떨어진다는 것이 약점이다. 그러나 농업 관련 산업은 농업 생산의 전방, 또는 후방산업으로서의 기능을 수행하고 있기 때문에 국내 농업의 성쇠와 깊은 연관성이 있는 것이 특징이다. 농산물 자유무역을 주도하고 있는 미국 정부의 배후에는 카길 등 다국적 곡물유통업체가 적극적인 영향력을 행사하였다는 것이 좋은 예이다.

표 7-2 농업 관련 산업의 GDP와 그 비중, 2000년 불변가격

(단위: 백만 원, %)

연도	부가가치 추정결과(산업연관표)			비율			농림업 주요 통계(2005)*		
	농업 생산업(A)	농업 관련 산업(B)	전 산업 (C)	B/A	B/C	A/C	농림업	국내총생산 (GDP)	비율
1990	195,120	256,627	2,973,165	131.52	8.63	6.56	185,246	3,206,964	5.78
1995	210,680	323,556	4,447,643	156.58	7.28	4.74	207,769	4,670,992	4.45
2000	217,816	359,743	5,996,244	165.16	6.00	3.63	228,751	5,786,645	3.95
연평균 성장률	1.11	3.44	7.27				2.13	6.08	

주: * 농림업 주요 통계에 수록된 자료는 한국은행의 국민계정 자료를 인용한 것임.
자료: 김재훈(2007. 2).

산업연관 분석을 통하여 농업생산업만에 의해서 유발된 농업 관련 산업의 부가가치를 추정한 연구결과[6]에 의하면, 농업 관련 산업의 부가가치는 1990년부터 2000년까지 10년간 연평균 3.44%씩 성장함으로써 성장률이 농업 생산액의 그것(1.11%)보다 3배 이상 높았다. 이에 따라서 전 산업에 대한 농업 생산액의 비중은 지난 10년간 6.56%에서 3.63%로 줄어들었으나 농관련산업의 비중은 8.63%에서 6.00%로 상대적으로 덜 줄어들었다. 또한 농업 관련 산업의 부가가치는 농업생산업의 그것보다 1990년에는 1.31배였으나 2000년에는 1.65배로 확대되었다. 농업생산업과 농관련산업을 합친 농산업의 전 산업에 대한 비중은 1990년의 15.2%에서 2000년에는 9.63%로 줄어들고 있지만, 이 연구에서 자료의 제약으로 계측하여 포함시키지 못했던 농업서비스산업의 부가가치마저 감안할 경우, 농업 생산으로 유발되고 있는 농산업(agro-industry)의 국민경제적인 중요성은 여전히 대단히 크고 중요하다라는 것을 알 수 있다(표 7-2).

6) 김재훈(2007. 2).

2) 국제경쟁력 향상과 농관련산업의 중요성

농산물의 품질과 서비스 차별화 전략에의 기여효과

한국 농산물은 자원부존 조건의 비교열위[7] 때문에 국제경쟁력, 특히 가격경쟁력이 대단히 취약하므로 개방 폭의 확대에 따라 심각한 위기감이 만연되고 있다. 그러므로 한국 농업은 상대적인 비교우위 조건인 품질과 서비스경쟁력을 강화하는 전략을 선택할 수밖에 없다. 이를 위해서는 농산물의 생산과정을 뒷받침하는 투입요소산업의 효율화뿐만 아니라 농산물의 수확 이후에 소비자에게 전달되는 상품화 과정에서 품질과 서비스를 차별화할 수 있는 유통 차별화에 의한 경쟁력 확보가 대단히 중요한 전략으로 인식되고 있는 것이다. 즉, 수확 이후 처리기술(post harvest technical)과 관련된 예냉, 저온저장과 수송, 브랜드화와 규격화 등과 함께 출하시기의 선택과 농산물 안전성을 보장하는 식품이력제(traceability)의 강화 및 고객만족(customer satisfaction)을 지향하는 농산물 유통과정의 효율화 등의 실현을 촉진시킬 수 있는 농산물 유통 관련 산업의 효과적인 뒷받침이 없이는 우리 농산물의 총체적인 경쟁력 강화는 기대하기 힘든 일이다.

차별화된 생산 · 유통질서의 정착과 경영혁신에의 기여효과

최근에 들어서 친환경 농산물을 비롯한 고품질 농산물에 대한 사회적인 수요가 커져가고 있다. 그러나 친환경적인 고품질 농산물을 지속적으로 생산 · 유통시키기 위해서는 친환경 농업 자재의 효과적인 공급체계와 함께 차별적인 유통질서가 뒷받침되지 않으면 전통적인 다비다농약(多肥多農藥)적인 증산 위주의 생산질서를 쉽게 대체시킬 수가 없다. 또한 토지와 노동력 의존적인 농업 경영방식을 자본과 기술 의존적인 경영방식으로 전환시키기 위해서는 값싸고 효과적인 농업 금융 공급체계의 뒷받침이 필수적이다. 농업 경영의 대규모화와 전문화

7) 한국의 높은 지대와 임금수준은 경쟁상대국보다 10배 이상 높기 때문에 한국 농산물의 생산비는 평균적으로 3~4배나 높다.

추세는 경영의 효율성을 향상시키는 대신에, 위험성과 불확실성(risk and uncertainty)도 동시에 증가시키게 되므로 효과적인 경영컨설팅과 함께 자조금(自助金), 공제(共濟) 등 다양한 농업보험제도 등의 뒷받침도 필수적이다. 이러한 농업경영혁신을 뒷받침해 줄 농업서비스산업의 효과적인 지원이 없이는 우리 농산물의 경쟁력 강화는 기대하기 어렵다.

UR 협정 체결 이후 확대되는 시장개방에 대응하여 농업 경쟁력 강화는 피할 수 없는 시대적 과제이다. 그러나 이를 위한 대응 정책의 선택과정에서 농업 생산과정의 효율성 실현에만 지나치게 집중함으로써 경쟁력 향상 정책의 효과가 제한적일 수밖에 없었다는 반성이 필요하다. 왜냐하면 농업 생산의 효율화를 실현하기 위해서 애그리비즈니스 산업 분야의 효율화와 함께 농업 부문과의 연계성 강화가 전략적으로 뒷받침되어야 하기 때문이다.

3) 농가소득 향상과 농관련산업의 중요성

농업 소득향상의 한계 극복

농가소득은 농업 소득과 농외 소득(農外所得)으로 구분되는데 우리나라는 농업 소득에 대한 의존율이 일본, 대만의 경우보다 상대적으로 높다.[8)]

농업 소득은 농업 생산량에 판매단가를 곱하여 얻어지는데 그 동안 주로 생산성 향상에 의한 생산량 증대(증산)를 통한 농업 소득 향상전략이 선택되어 왔다. 그러나 농산물 과잉공급구조 하에서는 증산은 가격 하락으로 이어져서 소득 증가로 귀결되지는 않는다.

그러므로 경쟁시대 하에서는 판매단가를 효과적으로 높일 수 있는 전략이 강구되어야 한다. 이를 위해서는 산지유통의 효율화와 함께 소비지(도시)의 소위 신물류업태 등이 주도하고 있는 농산물 유통질서의 변화에 능동적으로 적응할 수 있는 마케팅 역량이 효과적으로 강화되어야 한다. 따라서 여태까지는 비교적

8) 우리나라와 마찬가지로 호당 경지면적이 영세한 일본과 대만의 농가소득 중에서 차지하는 농업 소득의 비중은 2010년 현재 일본은 26.2%이고 대만은 20.8%이다. 한국은 1990년의 51.8%, 2000년의 47.2%에서 2010년에는 31.4%로 낮아져 왔지만 여전히 상대적으로 높은 수준이다.

관심권 밖에 놓여 있던 수확 이후 상품화 과정에 관련된 유통산업과 농업과의 효과적인 연계와 지원이 농업 소득향상을 위한 필수적인 전략으로 인식되고 있다. 또한 농가의 조직화에 의한 소농협동적 대응이 거래교섭력(bargaining power)을 높여서 판매가격의 향상 내지 안정화를 기할 수 있는 유용한 전략으로 인식되고 있다.

농외 소득 향상과 농업의 6차 산업화

시장개방의 확대를 피할 수가 없다면 농업 소득의 점진적인 위축 역시 피할 수가 없다. 따라서 농외 소득(農外所得)의 효과적인 향상으로 농업 소득의 위축을 극복할 수 있어야 한다.

과연 어떤 부문을 새로운 성장동력(engine)으로 하여 농외 소득을 향상시켜 나갈 것인가?

농업의 6차 산업화로 소득기회와 농촌 일자리 창출

새 정부는 우리 농업에 ICT(정보통신 기술)와 BT(생명공학 기술)의 융합을 통한 기술농업을 지향하면서 경쟁력을 향상시키는 동시에, 농업과 전후방 연관산업의 결합을 통한 고부가가치 산업화와 농촌 일자리 창출을 목표로 하는 농정 과제 실천계획을 발표하였다(농축산식품부, 2013. 10).

이 계획의 성과지표에 따르면 향토자원 융·복합 산업체 수를 2012년의 157개소에서 2022년까지 357개소로 확대하고 마을단위 공동경영체 수를 2,600개소에서 5,000개소를 늘림으로써 농촌 일자리 수를 확대해 나가겠다는 것이다.

농촌의 일손부족 문제는 날로 심각해지고 있는데 무슨 일자리 창출이냐고 말하는 사람도 있다. 그러나 부족한 일손은 농기계작업 등 전문기술이 필요한 분야나, 힘이 드는 농작업 분야 등에서 특히 농번기(農繁期)에 발생하고 있을 뿐이고, 고령화되고 여성화된 농촌 인력이 수행할 수 있는 단순작업 일자리는 크게 부족한 것이 사실이다. 특히, 농업 소득이 농가소득에서 차지하는 비율이 심각할 정도로 낮아지고 있는 영세소농의 소득향상을 위해서 농촌 일자리 창출은 매우 중요한 현안 과제가 되고 있다.

지역 자원의 산업화를 통한 농촌 소득원 개발과 일자리 창출을 위한 농어촌 지원사업은 1980~1990년대의 농공단지 개발사업을 시발로 하여 농어촌 특산단지, 농산물 가공산업 육성, 농촌관광 및 휴양자원 개발 등으로 오늘에까지 이어지고 있다.

그러나 정부지원사업은 외생적 지역 개발이라는 근본적 한계 속에서 지역과의 연계성 부족, 규모의 영세성과 전문성 부족 등의 문제로 기대한 바 성과를 거두지 못한 것으로 일반적으로 평가되고 있다. 국가 균형발전과 지역 혁신역량에 대한 관심이 새로워지면서 지역의 부존자원을 활용한 지역 특화산업 개발사업들이 다양하게 도입되고 있다. 농식품부의 지역 특화품목 육성사업, 지역 농업 클러스터사업, 신활력 추진사업, 향토산업 육성사업 등과 지경부의 지역 연고진흥산업, 지역 특화발전 특구사업 등이 대표적이다. 또한 최근 들어서는 지자체 정부와 지역 농민단체가 주축이 되어 '자치'와 '연대' 및 '합의'를 바탕으로 하는 친환경 로컬푸드 운동이 활성화되어 지역 농산품의 판로 확대와 농촌 주민의 일자리 창출에 앞장서고 있다.

튼튼한 협동조합의 뿌리를 가진 강원도 원주시, 잘 짜여진 계획으로 빠르게 성장하고 있는 전북 완주군, 마을의 내재적 발전역량을 지역 자원과 잘 결합시키고 있는 전북 진안군, 참여와 자치를 바탕으로 한 지역 농업 거버넌스를 구축하고 있는 충북 옥천군, 농산업 클러스터산업으로 지역 농산물의 고부가가치화를 이끌고 있는 경북지역의 감클러스터산업(청도, 상주, 문경), 종묘클러스터산업(경산), 와인클러스터산업(영천) 등이 대표적인 우수사례이다.

이러한 지역 공동체는 지역 농산물의 고부가가치화와 판로 확대를 위한 수단으로 신제품 개발(가공제품, 꾸러미 등)과 신유통경로 창출(대도시 유통업체, 학교급식 등) 등을 도입함으로써 농촌 일자리를 창출하고 있다.

농촌의 관광산업(green touring) 활성화

최근에 들어서 농촌의 쾌적성(amenity)과 농촌성(rurality)의 중요성에 대한 국민적 공감대가 널리 형성되고 있다. 도시민들에게 농촌지역의 쾌적한 환경과 전통문화를 제공하면서 농업 생산활동(특히, 수확활동)을 체험할 수 있게 하는 농촌관광산업이 선진국에서는 이미 중요한 농외 소득원으로 등장하고 있다.

농촌관광산업은 앞으로 성장 전망이 높은 분야인 동시에 일자리 창출효과도 높은 분야이다. 한국 관광산업의 GDP에 대한 비율은 7% 수준으로 선진국 수준(10%)보다 낮고 국내 관광에서 농촌관광이 차지하는 비율도 선진국 수준(25~30%)에 비해서 대단히 낮은 수준(3%)이므로 앞으로 성장 전망이 높다. 관광지출 10억원당 유발되는 취업자 수는 22.9명으로 산업 평균 취업유발인구(13.4명)보다 높기 때문에 고정화되고 여성화된 농촌인구의 일자리 확대에 기여할 수 있다.

농촌의 다양한 경관(景觀)과 농사짓기 과정의 일부를 체험 · 관광상품으로 개발함으로써 농가의 새로운 소득원으로 전환시킬 수 있는 농촌관광산업은 농촌의 새로운 성장동력으로서의 전략적인 가치가 커지고 있다.

농업(agriculture)을 지겹고 힘든 생산활동으로부터 참여해서 즐기는 농업 여가활동(agritainment: agriculture와 entertainment의 합성어)으로 변화시킴으로써, 노령화되고 있는 농촌 노동력에게 새로운 일자리를 제공하고 지역 농산물의 판로를 확대해 나가는 새로운 농외 소득전략으로 녹색관광산업의 중요성이 커지고 있는 것이다.

국민소득의 증가와 주 5일 근무제의 확산 등으로 상징되는 도시민의 여가생활 행태의 변화 등 녹색관광산업에 대한 도시민의 증가하고 있는 수요를 농촌 소득향상으로 연결시켜 나갈 수 있는 연결고리로서, 농촌관광산업의 전략적 중요성은 커지고 있다. 농촌의 풍부한 쾌적성과 고유한 농촌성을 지역 농업 및 농산물과 결합시켜 새로운 상품으로 판매하는 녹색관광산업은 웰빙 추세의 확산과 더불어 앞으로 성장 전망이 큰 애그리비즈니스인 것이다.

또한 가공식품에 대한 소비증가에도 불구하고 가공식품과 국내 농업의 연계성 미흡으로 가공식품산업의 성장이 국내 농업의 발전으로 이어지지 않고 있으며, 가공식품의 수입량이 매년 증가하고 있는 현실에 비추어 농업 생산과 가공산업의 융합산업화를 위한 현장 농가들의 노력은 앞으로 더욱 활성화되어야 할 필요성이 크다[9)](최지현, 2007).

요즘 들어서 농업의 6차 산업화에 대한 논의가 활발하다. 농업(1차)×가공(2차)×관광 등 서비스(3차) 산업을 합친 6차 산업으로서 융합해야 성공적인 농업경영체로 발전시킬 수가 있다는 것이다.

성공한 강소농(强小農)으로 변신하는 여러 가지 유형 중에서, 특히 단순한 농산품 생산 위주의 농업경영체가 자신의 농업 생산과정을 가공업과 관광 또는 체험사업과 융합시키는 소위 6차 산업화 유형이 농업 소득과 농외 소득을 함께 향상시키는 데 괄목할 만한 효과를 거두고 있기 때문이다.

농산물 생산과 판매에만 집중되어 있는 농업경영체를 성공적으로 전환시키기 위해서는 가공과 체험관광산업으로 진입할 수 있도록 도와주는 경영마인드 혁신과 지원 시스템의 강화가 뒷받침 되는 것이 무엇보다 필요하다.

4 애그리비즈니스의 개념과 범위

애그리비즈니스에 대한 국제적인 정의

애그리비즈니스란 용어는 1955년 미국 하버드대학의 데이비스(John H. Davis) 교수에 의해서 처음 사용되어졌다(Donald S. Moore, 1955). 그 이후 1960년대에는 별로 사용되지 않다가 1970년대 이후 중요한 용어로 학계와 산업계에서 널리 회자되기 시작하면서 농업 관련 산업, 농기업, 농산업 등으로 국내에서는 번역되고 있다.

애그리비즈니스에 대한 대표적인 정의는 로이(Ewell P. Roy)에 의해서 이루어졌는데, 그는 "농업 생산자재를 공급하고 농산물의 생산과 가공 그리고 유통을 조정하는 학문(The coordinating science) 분야"라고 정의(1975)했으며, 가장 적절한 정의라는 학계의 지지를 얻었다(Gerald W. Thomas *et al.*, 1975).

9) 식품가공의 원료 농산물 중에서 수입산이 차지하는 비중은 1990년의 16%에서 2003년에는 32%로 확대되고 있고 가공식품의 수입량은 2000년의 264만 톤에서 2006년 371만 톤으로 증가하고 있다.

일부 학자들은 애그리비즈니스를 "농업의 농업 생산 외적 측면(off-farm aspects)"이라고 정의하고 있다(Millton M. Snodgrass and L. T. Wallace, 1975). 즉, 현대 농업은 수많은 비농업 부문의 조직과 기업의 협조와 연계 속에서 발전하고 있기 때문에 농사짓는 것과 애그리비즈니스를 분리하여 생각할 수가 없다는 것이다.

로우린스는 "애그리비즈니스는 농업 생산 부문을 제외한 농업과 관련된 모든 기업과 사람을 포함하는 산업"으로 정의하고 농업 투입재 부문(input sector/resource firms), 농산물 유통 부문(marketing firms), 그리고 농업 관련 서비스 부문(agriservice firms) 등으로 구분하였다(N. Omri Rawlins, 1980). 그러나 도우니와 트록키는 애그리비즈니스에 농업 생산 부문을 포함시켜서 농업투입재산업과 생산물 유통 및 가공 부문 등 3개 부문으로 분류하고 있다(W. David Downey and John K. Trocke, 1981).

미국 농무성에서는 애그리비즈니스 고용통계를 파악하기 위해 사용하는 기준으로 농업 생산 부문을 포함시키고 있다. 즉, 애그리비즈니스 분야를 다음 다섯 가지로 구분하고 있다.

① 농업 생산, 가축 번식, 축산, 임업 생산 등 생산 분야
② 농업 생산과 관련된 서비스의 제공과 농업 투입재의 제조 및 유통 분야
③ 농기계, 설비, 전력 등의 설계, 설치, 수리, 운영 등의 서비스와 농업 생산에 이용되는 건물 건축
④ 농산물의 검사, 가공, 유통과 관련된 활동
⑤ 온실, 종묘(양어)장, 조경 · 원예 분야 등

애그리비즈니스에 대한 국내의 정의

애그리비즈니스에 대한 국내의 체계적인 연구는 김완배 외(2000)에 의해서 처음으로 이루어졌다. 이 연구에서는 애그리비즈니스를 "전통적인 농업 생산 부문을 제외하고 농업 생산과 전 · 후방으로 연관된 산업과 이를 원활하게 하는 서비스 및 지식산업"으로 정의하고 있다. 또한 "농업 생산 부문과 농관련산업을 합하여 농산업"이라 정의하고 있으며, 애그리비즈니스에는 농업뿐만 아니라 어업 ·

임업과 관련된 전 · 후방산업 및 관련 서비스업도 포함시키고 있다(김완배 외, 2000).

이 연구에서는 농업과 관련된 전방산업은 농업 생산 부문에 직접 투입되는 자본재, 중간재 관련 산업을 말하며, 후방산업(post-farm gate industry)은 농업 생산물이 생산되어 최종소비자에 이르는 과정에서 형태 효용(form utility), 시간 효용(time utility) 및 장소 효용(space utility)을 창출하는 모든 산업활동, 즉 식품, 섬유, 목재의 가공 · 유통 관련 산업을 의미한다. 서비스 및 지식산업은 공공 서비스와 민간 서비스로 나누어서 농림수산 생산업을 포함하여 전 · 후방 관련 산업이 효율적으로 기능할 수 있도록 지원하는 산업을 말한다.

위의 연구는 농림수산업과 농업 관련 산업을 합친 개념으로 농산업이란 개념을 도입한 점, 그리고 농업 관련 산업을 농업투입재산업과 농림수산가공과 유통산업 및 농림수산 관련 서비스 및 지식산업 등으로 나누어 파악한 점 등 애그리비즈니스 산업의 구성 범위를 일목요연하게 정리한 점 등 산업적 · 학문적 공

그림 7-7 애그리비즈니스의 범위와 농산업

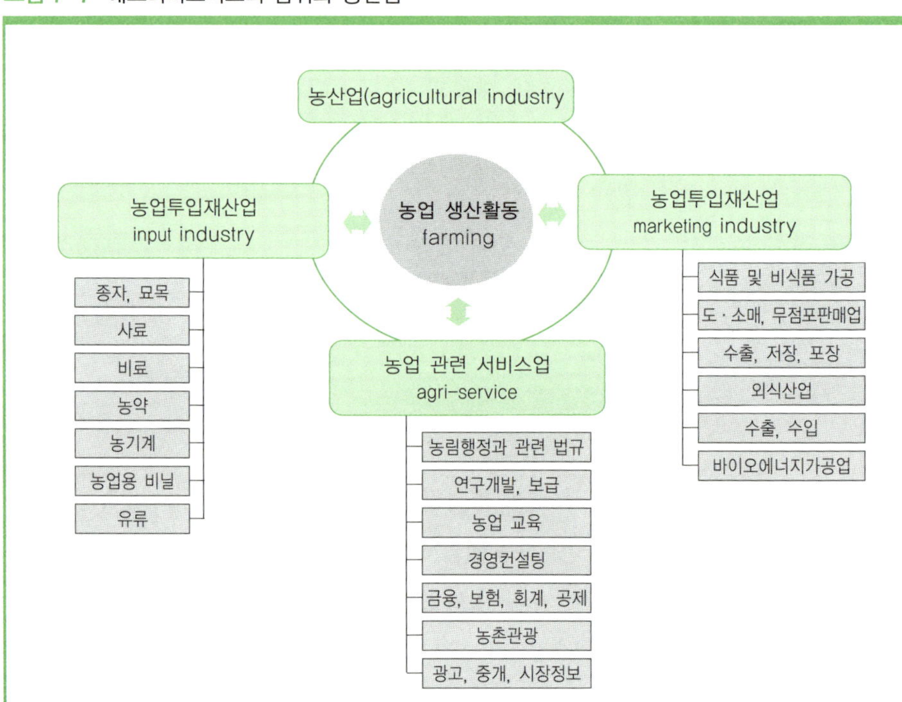

헌이 컸다. 그러나 같은 식품이기는 하지만 농업과는 생산과 유통에서 이질적인 수산업 부문과 수산 관련 산업 부문을 포함시킨 점, 농업 관련 산업과 농림수산업 간, 그리고 농업 관련 산업 간의 연계관계 등이 잘 정리되지 않은 점 등의 이유 때문에 다소 혼란스러운 것이 사실이다.

위에서 검토한 선행 연구결과를 종합하여 애그리비즈니스의 범위를 다음과 같이 정의하는 것이 보다 현실적이고 설득력이 높다(성진근, 2006). 애그리비즈니스는 농업 생산 부문(농사짓기, farming)을 성립·발전시키는 데 관련이 깊은 후방산업(투입재산업, input industry)과 전방산업(유통산업, marketing industry) 및 서비스산업(agri-service industry)으로 구성되며, 이들 산업 부문을 농관련산업으로 정의한다.[10] 그리고 농관련산업과 농업생산업을 합친 개념을 농산업이라고 정의한다(그림 7-7).

애그리비즈니스와 농업경제학

농산업이란 전통적인 농업 생산 분야 뿐만 아니라 농업 투입자재를 생산·공급하고, 농산물을 가공·제조하며, 식료품을 소비자에게 수송·저장·판매하는 사람과 기업에 의한 경제활동을 모두 포함하는 개념이다. 농산업은 시장수요의 변화에 따라 계속 새로운 형태로 전환되고 진화(進化)하고 있으며 구체적인 산업별로 특화되고 있으므로, 앞으로 애그리비즈니스에 대한 정의도 달라질 수가 있다.

최근 들어서 우리는 농업 각 종목별 생산과 경영활동을 일컬어 '산업'이라는 호칭을 자주 사용한다. 개별 농가의 기업활동을 중시해 왔던 전통적인 접근방식이 하나의 산업 전체적 입장에서 여건변화를 분석하고 성장전략을 강구해 나가는 등의 거시적인 접근으로 전환하는 것이 여러 가지 측면에서 중시되고 있기 때문이다. 이에 따라 농업 각 생산종목별로 쌀산업, 사과산업, 양돈산업 등 산업 전체적인 접근방식이 활발하게 이용되고 있다. 특히 사료산업, 비료산업 등 생산자재산업과 도·소매업 등 유통산업, 외식산업 및 농업 경영 서비스산업 등의 경우에는 훨씬 더 자연스럽게 산업계와 학계에서 산업 전체적인 접근방식이 활용되

10) 농업 생산 부문은 애그리비즈니스에 포함되지 않는다.

어 오고 있는 것이다.

현대의 농업은 농업 생산활동에 그치는 것이 아니라 농업 관련 산업까지 포함하는 농산업의 범위로 확장되고 있으며, 농업경제학도 농업 생산만을 대상으로 하였던 소극적인 접근에서부터 애그리비즈니스를 포함한 농산업으로 범위를 적극적으로 확장하여 애그리비즈니스 경영론, 애그리비즈니스 발전론, 식품산업경영과 유통론 등으로 연구와 교육내용을 전환시켜 나가야 한다.

또한 애그리비즈니스에 포함된 산업별로 나누어서 농업투입재산업론, 농산물유통산업론 및 농업서비스산업론 등으로 교육내용을 구체화시켜 나가는 것이 농업경제학의 지평을 넓혀 나가는 일이 될 것이다.

경제이론과 농업 이해

11. 경제학의 발전과 농업 경영의 새로운 지향

산업혁명을 계기로, 특히 20세기 중반에 등장한 새로운 응용과학(applied science)으로서의 경영학은 기업이론(firm theory)을 중심으로 발전하여 왔다. 한 사회나 국가의 발전은 경제발전에 의존하고 경제발전은 기업성장이 주도한다. 그러므로 기업은 풍요한 사회건설에 필요불가결한 경제주체이며, 자본주의적 시장경제의 중심적인 역할을 수행한다.

그러나 제도적이며 정적(靜的, static)인 존재로서의 기업보다는 기업을 운영하는 동적(動的, dynamic)인 존재로서의 경영이 중시되면서 20세기를 흔히 경영의 시대(the age of management)라고 칭하기도 한다.

경영학의 연구는 일반적으로 두 가지 측면에서 접근한다.

하나는 경영관리의 과정(process of management)을 중심으로 하여, ① 계획화(planning), ② 조직화(organizing), ③ 지휘화(leading) 및 통제화(controlling) 등 경영과정을 연구한다.

또 다른 하나는 경영자원의 관리를 대상으로 하여, ① 사람을 대상으로 하는 인적자원 관리(human resources), ② 돈(자본)을 대상으로 하는 재무관리(finance), ③ 물적인 생산을 대상으로 하는 생산 · 운영관리(production/operation), ④ 상품의 흐름을 대상으로 하는 유통관리(marketing) 및 ⑤ 정보관리(information) 등을 연구한다.

초기와 근대적 경영학의 관심이 주로 생산의 효율화란 측면에 치중하였다고 본다면, 현대 경영학은(1950년 이후) 상품과 서비스의 생산뿐만 아니라 상품의 유통(marketing) 분야에까지 확대되는 이른바 전반적 경영관리로 이행되어 왔다.

사실상 제2차 세계대전이 끝나기 전(1945)까지의 세계경제는 공급절대부족시대였다고 할 수 있다. 상품과 서비스의 절대량 부족시대 하에서 기업경영은 주어진 자원조건 하에서 생산의 극대화에 치중하는 것이 이윤을 극대화시킬 수 있는 가장 손쉬운 경영전략이었다. 그러나 전쟁이 끝나면서 상황이 달라졌다. 세계 각국이 부족한 상품의 증산에 매달린 결과 상품의 재고가 쌓이기 시작한 것이다. 특히, 전쟁이 끝나기 전까지 세계의 공장 구실을 해왔던 미국 기업의 입장에서는 생산보다는 쌓여 가는 재고처리를 위한 마케팅이 더욱 큰 문제로 등장하게 되었다.

상품 공급과잉시대로의 변화와 함께 기업경영 환경의 또 다른 큰 변화는 경제의 세계화(globalization)와 정보화(digitalization) 추세이다(성진근, 2011).

국가 간의 시장경계는 앞으로 더욱 빠른 속도로 허물어질 것이고 이에 따라 산업과 경제의 세계화는 더욱 촉진될 것으로 예상된다. 세계화 과정에서 기업은 국가별로 각기 다른 전략을 취하던 자세에서 벗어나서 전 세계 소비자를 대상으로 하는 하나의 시장전략으로 동일한 경영전략을 취하게 된다. 즉, 국경에 따른 시장구분이 더 이상 의미가 없어지고 자유무역의 환경에서 제품, 기술, 서비스가 각국으로 자유롭게 이동하며, 인적자원과 금융자원의 흐름마저 자유롭게 되는 글로벌 경쟁시대가 열리고 있다.

상품의 세계적 경쟁이 진행되는 과정에서 점차 관심이 높아지고 있는 지구환경의 악화를 막기 위한 '환경보전'이란 변수를 중시하는 새로운 조건, 소위 환경협상(green round)이 본격화되면 환경오염을 유발하는 상품의 유통은 크게 제약받게 될 것이다. 또한 정보화 혁명으로 불리우는 디지털(digital)시대로 진입하면서 초고속 정보망의 출현과 사회구조의 변화로 인해 기업 간 경쟁이 세계적으로 가열되고 있고 이에 기반을 둔 e-비지니스 경영이 활성화되는 시대가 열리고 있다. 인터넷 정보기술은 기존 산업의 지리적·업무적 경계를 뛰어넘어 새로운 경제적 기반을 조성하고 있으므로 글로벌 경쟁시대에 처한 기업의 경영관리 관심 범위는 정보화로 외연이 확대되고 있다.

글로벌 경쟁시대의 승자(勝者)로 살아남기 위해서는 하루가 다르게 발표되고 있는 신지식(IT(정보기술), BT(생명공학기술), ET(환경기술), NT(나노기술) 등)을 외면해서는 안 된다. 신기술과 지식을 기업경영의 내부화(內部化)로 전환시키는 기업만이 경쟁력을 지속적으로 유지해 나갈 수 있기 때문이다.

상품의 시장경쟁이 치열해짐에 따라 소비자의 힘(power)도 비례적으로 커지게 되었다. 소비자들은 상품의 가격, 품질이나 서비스에 의해서만 상품을 선택하는 것이 아니라 상품을 생산하는 기업의 사회적 책임까지 고려해서 상품을 선택하게 되었다. 이에 따라 경영의 관심영역도 회사의 투명경영, 도덕성, 사회적 책임 등의 분야로 확대되는 소위 '윤리경영'의 개념으로까지 확장되고 있는 것이다.

즉, 윤리적으로 훌륭한 기업이 생산하는 좋은 상품이 선택받는 시대가 열리고 있는 것이다.

그림① 경영학의 관심영역의 변화

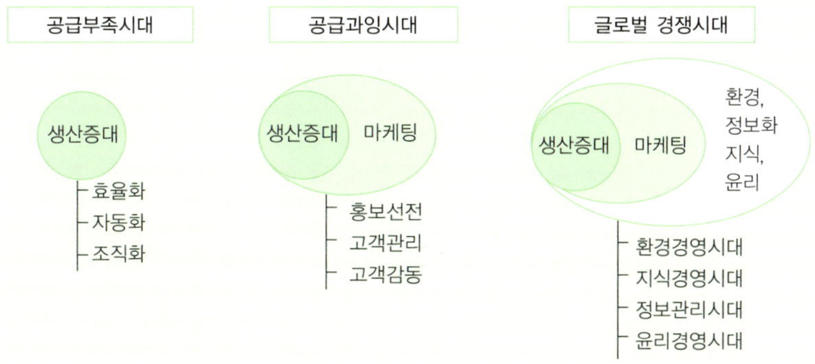

Chapter **8**

식품수요의 변화와 농업경제학

1. 식품수요와 농산물 공급체계의 변화
2. 식품 안전성과 시장의 기능
3. 식품 안전성 확보의 가치와 제도 구축
4. 식품 안전성에 대한 사회적 수요
5. 소비자 행동(consumer behavior)변화와 농업경제학

식품수요의 변화와 농업경제학

1 식품수요와 농산물 공급체계의 변화

1) 변하고 있는 식품수요

식품수요의 변화와 식품산업의 성장

신문을 펼치면 단 하루도 식품(먹거리)에 대한 기사나 광고가 빠지는 날이 없다. 식중독, 유전자조작식품(GMO), 수입 농수산물, 기능성 식품, 향토음식이나 유명 음식점 등 식품에 관련된 이야기거리는 이미 우리 생활의 중요한 부분이 되고 있는 것이다. 식품의 원료공급자로서 농업이나 농촌에 관련된 기사는 특별한 사건이 있을 때만 이따금씩 등장하는데 비해서 식품이 이토록 중요한 국민들의 관심거리가 되고 있는 이유는 무엇일까?

지난 일주일 동안에 우리가 섭취한 식품의 내용을 한 번 생각해 보자. 그 중에서 농가가 생산한 원물 농산물을 스스로 구입한 후 이를 직접 조리하여 섭취한 식품의 종류와 양이 놀랄 만큼 적거나 거의 없다라는 사실을 우리는 쉽게 확인할 수 있을 것이다. 소득이 증가하면서, 그리고 핵가족화와 여성의 사회참여가 증가하면서 우리는 준비된 가공식품(ready to cook, 혹은 ready to eat)을 사서 먹거나 아예 조리 자체를 포기하고 외식을 하는 등의 식생활시대로 들어서고 있다. 이에 따라서 농업의 국민경제에서 차지하는 비중은 줄어들고 있지만 식품산업에 대한 비중은 갈수록 늘어나는 시대에 우리는 살고 있는 것이다.

식품산업은 농수산물을 소비자가 원하는 형태로, 그리고 필요한 시기에 공

표 8-1 식품산업의 시장규모 및 고용 추이(2000~2010)

(단위: 10억 원, 천 명, %)

부문별	2000	2002	2004	2006	2008	2010	연평균 변화율
국민총소득	600,159	720,996	829,327	910,134	1,034,116	1,238,405	6.81
농림어업	24,939	25,408	27,681	25,751	24,686	29,788	1.63
식품산업	69,544	79,431	91,896	95,274	119,924	143,715	6.82
–음식료품제조업	34,072	38,939	43,526	44,381	55,212	70,208	6.79
–음식점업	35,472	40,491	48,370	50,892	64,712	73,507	6.85
고용 부문							
전 산업 취업자	21,156	22,169	22,527	23,151	23,577	24,244	1.25
농림어업	2,243	2,069	1,825	1,785	1,686	1,542	–3.35
식품산업	1,589	1,748	1,716	1,607	1,739	1,860	1.44
–음식료품제조업	158	162	160	157	161	177	1.04
–음식점업	1,430	1,586	1,566	1,450	1,578	1,683	1.49

자료: 농림수산식품부, 「농림수산식품 주요 통계」, 2012, 통계청, "제조업 통계조사(종사자 10인 이상 사업체)," 2012.

급하여 소비자의 효용을 높이고 식품원료산업(농, 수산업)의 소득을 유발시키며, 그 자체가 고용 및 부가가치를 창출하는 중요한 경제활동을 수행하고 있는 국민경제의 중요한 부문이다.[1] 생산자의 손을 떠난 농수산물의 수집, 도·소매업, 운수, 보관, 용기, 포장, 식품제조기계, 외식산업 등이 넓은 의미의 식품산업에 포함된다. 그러나 일반적으로 식품산업은 한국표준산업분류에 의한 음·식료품 제조산업 부문으로 한정된 좁은 의미로 사용되고 있다.

2011년의 식품산업(음식료품제조업과 음식점업) 시장규모는 143조 7,000억 원으로 같은 해 농림어업 총생산액의 4.8배에 달한다. 같은 해 식품산업 종사인구는 전 산업 취업자의 7%로 농림어업 총취업자보다 1.2% 많은 186만 명이었다. 그러나 식품산업 조사결과는 종업원 10인 이상 규모의 사업체를 대상으로 한 조사 자료이므로 영세규모 식품산업의 경우까지 포함시키면 시장규모와 종사자 수는 보다 크게 늘어날 수 있다.

1) 미국 농가인구는 전체 인구의 2%에 불과하지만 식품의 생산·가공·유통 등 식품산업에 관련된 일자리는 전체 고용인력의 23%에 달한다(H. E. Drumond and J. W. Goodwini, 2002).

최근 10년간(2000~2010) 식품산업의 시장규모는 국민총소득(GNI)의 연평균 성장률과 비슷한 크기(6.82%)로 성장해 왔다. 그러나 농림어업의 연평균 성장률은 1.6%였다. 고용의 경우에도 식품산업의 종사자 수는 전 산업 취업자 증가율보다 높은 연평균 1.44%씩 성장해 왔는데 반해서, 농림어업 취업자는 연평균 3.35%씩 감소함으로써 2011년 현재 식품산업 종사자 수는 농림어업 취업자 수보다 20.6%가 많았다(표 8-1).

식품소비 구조와 소비성향의 변화 양태

경제성장에 따른 국민소득 증가와 도시화 · 산업화의 진전에 따라 국민의 식품소비 행태(pattern)도 크게 변화되어 왔다. 식품소비 패턴의 변화는 식품소비 구조의 변화와 소비성향의 변화로 나누어 파악된다. 최근 20년(1990~2010) 동안 식품소비 구조는 크게 변화하여 식량작물은 연평균 1.4%씩, 그리고 특히 쌀소비는 연평균 2.45%씩 감소해 온 반면에, 닭고기(5.04%), 쇠고기(3.9%), 돼지고기(2.5%), 우유(2.1%), 계란(1.7%), 과실류(1.7%), 채소류(0.7%) 등 농산물은 소비가 매년 증가해 왔다. 말하자면, 전분질 위주의 식품소비 패턴이 우유와 육류, 과실, 채소류 등의 소비 패턴으로 다양화 · 고급화 · 서구화하는 방향으로의 변화가 진행되어 왔다(표 8-2).

이 기간 동안 식품소비 성향도 변화되어 왔다. 아파트 주거문화의 확산, 핵가족제도의 진전, 여성의 사회활동 증가 등의 영향으로 편이식품(fast food, ready to cook, ready to eat 식품 등)에 대한 선호가 증가하였으며, 열량(calorie)보다는 맛, 영양 등을 우선시 하는 고급식품 및 기능성 식품에 대한 선호가 증가해 왔다. 또한 건강과 위생에 대한 관심이 고조되어 식품의 안전성이 중요한 식품선택 기준으로 등장하였다. 채소, 육류, 곡물의 최우선적인 선택기준은 안전성(각각 50.9%, 45.6%, 40.6%)을, 과일은 '품질(맛)'이라고 응답함으로써 '가격'은 우선선택 기준에서 뒤로 밀리고 있는 것이다(그림 8-1).

고급화 · 편의화 · 다양화되고 안전성을 중시하는 식품소비 성향의 변화는 식품산업의 고급화 · 다양화 · 편의화를 촉진시켜 식품산업을 한 단계 더 발전시

표 8-2 식품류별 1인당 연간 공급량 변동 추이

(단위: Kg, 개)

구분	1990	1995	2000	2005	2010	연평균 변화율
식량작물	167.0	160.5	153.3	135.5	125.8	Δ1.41
쌀	119.6	106.5	93.6	80.7	72.8	Δ2.45
보리쌀	1.6	1.5	1.6	1.1	1.3	Δ1.03
밀	29.8	33.9	35.9	31.8	31.0	0.20
옥수수	2.7	3.3	5.9	4.9	4.6	2.70
콩	8.3	9.0	8.5	9.0	8.5	0.12
서류	3.3	3.0	4.3	4.2	3.5	0.29
기타	1.7	3.3	3.5	3.8	4.1	4.50
축산물	62.7	75.2	91.1	94.7	103.7	2.55
쇠고기	4.1	6.7	8.5	6.7	8.8	3.89
돼지고기	11.8	14.8	16.5	17.8	19.3	2.49
닭고기	4.0	5.9	6.9	7.5	10.7	5.04
우유	42.8	47.8	59.2	62.7	64.9	2.10
계란(개)	167.0	184.0	184.0	220.0	236.0	1.74
원예작물	174.4	216.0	224.3	208.2	210.8	0.95
채소류	132.6	160.6	165.9	145.5	152.5	0.70
과실류	41.8	55.4	58.4	62.7	58.3	1.68

자료: 농림수산식품부, 「농림수산식품 주요 통계」, 2011.

그림 8-1 농축산물 구매시 중요한 선택요인

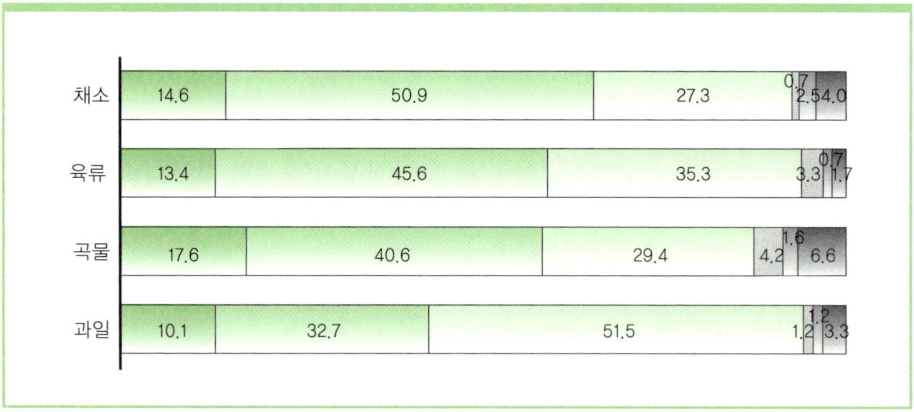

자료: 한국농촌경제연구원(2011. 12).

표 8-3 농림수산업과 식품산업의 부가가치 추이(2005년 기준 가격)

(단위: 10억 원, %)

구분	2000	비중	2005	비중	2010	비중	연평균 성장률
전 산업(GVA)	620,984.7		775,889.6		940,853.2		4.24
농림수산업	24,883.1	47.7	25,853.0	46.7	28,475.4	47.4	1.36
재배업	16,786.5		16,791.4		16,901.7		0.07
축산업	4,884.4		5,467.7		7,768.5		4.75
부대 서비스	249.9		496.5		532.1		7.85
임업	984.2		1,000.7		1,317.1		2.96
어업	1,836.4		2,096.7		2,568.1		3.41
식품산업	27,311.6	52.3	29,527.0	53.3	31,568.4	52.6	1.46
음식료품 및 담배제조업	10,918.9		11,251.2		11,569.2		0.58
음식숙박업	16,392.7		18,275.8		11,999.2		2.01
농식품산업	52,194.7	100.0	55,380.0	100.0	60,043.8	100.0	1.41
농식품산업/전 산업	8.41		7.14		6.38		

자료: 농림수산식품부, 「농림수산식품 주요 통계」, 2011.

키는 계기가 되었다.

최근 10년간(2000~2010) 농림수산업의 부가가치는 연평균 1.35%씩 실질성장하였지만 식품산업의 부가가치는 연평균 1.46%씩 실질성장하였다. 농림수산업과 식품산업을 포함한 농림수산식품산업 부가가치는 2000년의 52조 1,947억 원에서 2010년에는 60조 438억 원으로 전 산업 부가가치 성장률(4.34%)보다 낮은 연평균 1.41%씩 성장하였다. 이에 따라서 전 산업 부가가치(GVA)에서 차지하는 농림수산식품산업의 부가가치는 2000년의 8.41%에서 2010년에는 6.38%로 낮아졌다. 농식품산업에서 농림수산업과 식품산업이 차지하는 비중은 각각 47%와 53% 수준을 유지하고 있다(표 8-3).

도시민의 소비 지출 중에서 식료품비가 차지하는 비중은 1990년의 40% 수준에서 지속적으로 하락하여 2012년에는 26% 수준으로 떨어지고 있다. 그러나 식료품 중에서 외식비의 비중은 지속적으로 증가하여 48.7% 수준에 육박하고 있고, 2011년 현재 우리나라 식품 · 외식산업 시장규모는 133조 원(식품시장 65조 원, 외식업 68조 원)으로, 10년 전인 2001년도에 비해 2배 가까이 성장하였다. 이에 따

그림 8-2 도시가구 소비지출 중 식료품비 지출의 구성 추이

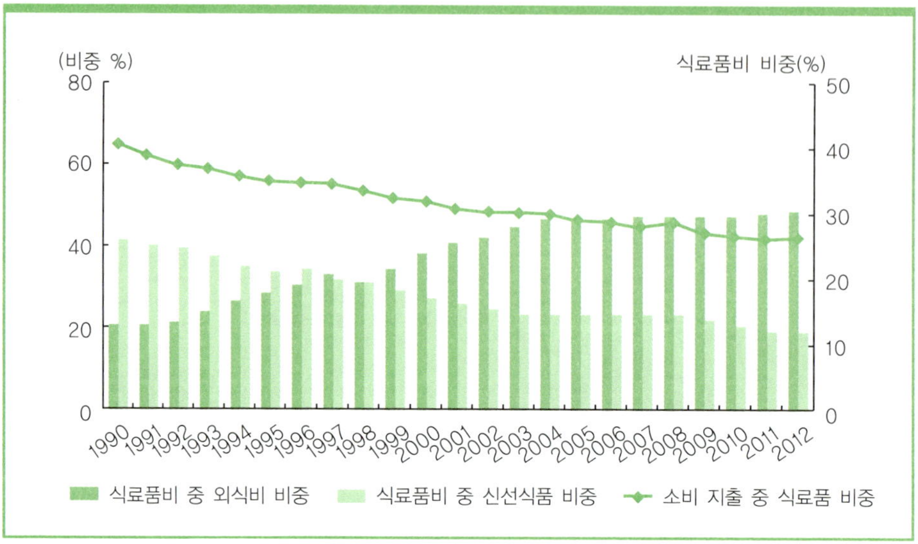

자료: 통계청(2013).

라 외식업체의 반조리/가공식품에 대한 수요는 증가하고 있는 반면 도시가구의 신선식품 소비비중은 지속적으로 하락하여 식료품비의 19.1% 수준으로 떨어지고 있다(그림 8-2).

2) 수요변화에 대응하는 농업 생산체계

농산물 증산시대로부터 시장경쟁시대로

우리 사회가 절대빈곤시대를 거쳐 오는 동안에 농산물 공급은 항상 수요에 미치지 못했다. 이에 따라 정부는 다비다농약적인 기술개발과 보급 및 종자, 비료, 농약 등 농자재의 공급가격 인하를 위한 다양한 보조 정책과 함께 농산물 가격 지지 정책을 통한 증산 정책(增産政策)을 운영해 왔다.

농업 생산자는 크고 많이만 생산하면 소득증가로 연결되었으므로 농산물의 맛, 색깔, 안전성 등 품질조건에는 관심을 기울일 동기(動機) 자체가 거의 없었다.

그림 8-3 식량증산 정책과 농가소득

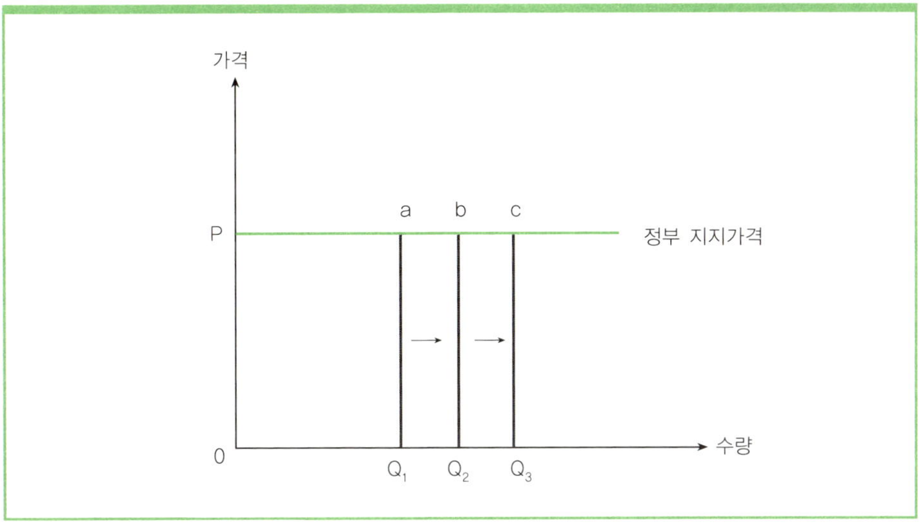

그림 8-3에서 보는 바와 같이 농산물 생산량이 $0Q_1$일 때의 농가소득은 □$0Q_1aP$이었는데, 생산량을 늘릴수록($Q_1 \rightarrow Q_2 \rightarrow Q_3$) 농가소득도 비례적으로 □$0Q_2bP$, □$0Q_3cP$로 증가하기 때문에 농가는 생산량의 증대에만 관심을 집중시키는 것이 합리적인 선택이었다. 그러므로 농산물 공급부족시대 하에서는 증산을 위한 토지생산성 향상만이 최고의 선(善)이었고 소득향상의 길이었다.

농산물 과잉공급시대의 개막과 농산물의 품질 차별화

그러나 해외 농산물의 수입이 확대되면서 신선도 등 이유로 수입 자체가 어려운 신선채소류나, 정부가 가격이나 소득을 보장해 주는 쌀 등 주곡작물로 생산집중 현상이 일어나고 농업 생산성이 지속적으로 향상되어, 농산물의 공급과잉 기조가 정착되면서 증산 위주의 농산물 공급체계는 큰 도전을 받게 되었다.

정부의 시장개입(가격 지지 정책 등)이 사라진 경쟁시대의 농산물 가격은 수요와 공급이 만나는 점에서 가격과 생산량이 결정된다. 그림 8-4에서 보듯이 공급이 증가하기 이전의 농가소득은 □$0P^*aQ^*$였으나 공급이 증가된($Q^* \rightarrow Q_1$) 이후의

그림 8-4 농산물 공급과잉과 농가소득

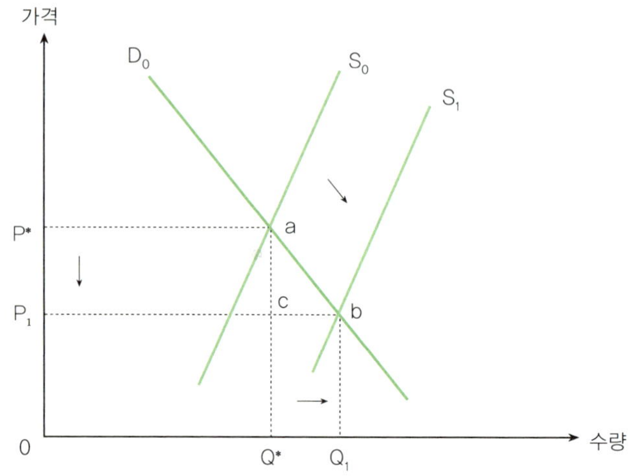

농가소득은 □$0P_1bQ_1$이 되어, 농가소득은 생산의 증가(Q*→Q_1)에도 불구하고 가격 하락(P*→P_1) 때문에 오히려 감소할 수도[2] 있게 되는 것이다.

일부 농산물의 공급과잉 현상이 전체 농산물로 확산되는 가운데, 농산물의 전반적인 소비증가 추세는 날로 둔화되고 있다. 이 와중에서 소득향상과 국민 식생활 변화 추세에 영향을 받아서 건강식품이나 기능성 식품 및 편의성 식품 등 품질과 서비스 기능이 포함된 가공식품에 대한 수요는 빠른 속도로 확대되고 있다.

국경이 따로 없는 열린 시장에서 대량생산체제 하에서 생산된 값비싼 해외 농산물과의 국내외 시장 몫을 확대하기 위한 치열한 시장경쟁을 벌여나가야 하는 한국 농업의 입장에서는 시장과 소비자를 분리하여 차별화된 농산물을 생산함으로써 시장을 확대해 나가는 전략을 선택할 수밖에 없다.

생산요소 부존조건의 상대적인 불리성(높은 지대와 임금 등 조건) 때문에 우리 농산물의 가격을 기준으로 하는 국제경쟁력은 대단히 열악하다. 그러므로 값싼

2) 경제학에서는 이를 풍년기근(豊年饑饉) 현상이라 한다. 즉, 증산으로 인해서 소득이 증가하게 된 부분(□Q*cbQ_1)보다 가격 하락으로 인한 소득감소 부분(□P*P_1ca)가 더 크기 때문에 풍년인데도 불구하고 기근상태가 발생하게 된다는 것이다.

저품질의 농산물 시장의 일정 부분은 해외 농산물에 내어 줄 수밖에 없다. 그러나 농산물은 가격요인뿐만 아니라 신선도, 맛, 안전성 등으로 대표되는 품질과 서비스 요인도 소비자 선택에 큰 영향을 미치고 있으며, 앞으로 소득향상에 따라 그 중요성은 더욱 커질 전망이다. 그러므로 가격경쟁력의 불리성을 품질과 서비스경쟁력의 강화로 대응함으로써 고품질 농산물의 국내외 시장을 확보하고 또한 확대해 나가야 한다.

농산물의 품질 및 서비스경쟁력의 핵심은 안전성(food safety)이다. 한 때는 식품의 선택기준이 가격, 맛, 영양에 초점을 맞추어졌던 시대도 있었다. 그러나 소득향상과 함께 농산물 공급과잉시대가 열리면서 식품선택에 있어서 가장 우선되는 기준은 안전성으로 변화되고 있다. 최근에 실시된 대부분의 실증연구 결과가 이를 입증하고 있으며, 국내외의 식품행정체계도 안전성 강화를 축으로 하여 재편되고 있는 것이다.

3) 시장개방 확대와 로컬푸드체계(local food system)의 발전

시장개방 확대에 대한 지역 농업의 활로를 개척한다는 차원에서 그리고 식품 안전성 확보를 위한 수송거리 최소화 차원에서 최근 들어서 로컬푸드에 대한 사회적 관심이 증가하고 있으며, 성공사례도 우후죽순(雨後竹筍)처럼 여기저기에서 생겨나고 있다.

로컬푸드 운동이란 특정 지역에서 생산된 먹거리를 가능한 한 그 지역 내에서 소비하도록 촉진하는 활동을 일컫는다. 생산지로부터 식탁에까지(from farm to table) 먹거리가 이동하는 물리적 거리를 줄이는 것은 물론, 생산자와 소비자의 관계도 종래의 익명성에서 투명성으로 바꿈으로써 식품 안전성과 가격 안전성을 보장받게 하자는 운동이다.

로컬푸드 운동은 시장개방의 확대에 따라서 국제화되고 있는 글로벌 푸드시장의 급속한 확장에 대응하여 지역 농업이 생산한 농산물의 시장을 지키고 주민의 건강을 지키자는 운동이라 할 수 있다. 대도시의 대형유통매장과 도매시장에서는 가격경쟁력이 높은 해외 농산물의 시장점유율이 높아지고 있어서 글로벌 푸드시장의 한 축으로 변하고 있다. 식품 가공시장, 식자재 시장 및 외식시장도 글로벌 푸드시장으로 점차 예속되고 있다. 이러한 농식품 소비시장의 메가 트렌드(mega trend) 변화에 맞서서 위축되고 있는 지역 농업의 혁신전략으로서의 로컬푸드 운동은 시장의 판도를 바꾸자는 운동으로 이해할 수 있다.

글로벌 푸드시장은 생산과 소비가 확연히 분리되어 생산자는 소비자가 누구인지에 대한 관심이 없고 소비자는 생산자가 누구인지도 알 필요가 없다. 단지 가격이나 품질 등 상품의 고유한 조건만 중시될 뿐 생산영역과 소비영역은 서로 소통될 수 없는 구조이다. 즉, 대기업이 운영하는 가공과 유통 기능이 정하는 방향에 따라서 생산자와 소비자는 단지 순응할 수밖에 없는 구조인 것이다.

반면에 로컬푸드 시장은 생산자인 농부와 소비자가 소통하고 대면하면서 생산한 농산물을 유통하고 생산물을 가공하여 먹거리를 만들어 유통하는 시장이다. 대량생산과 대량유통 실현을 가능하게 하는 물류센터와 매장 설치 및 효율추구적인 유통방식을 경쟁우위 실현의 수단으로 중시하는 글로벌 시장과는 달리, 효율성은 낮지만 생산영역과 소비영역이 소통하고 협력하는 유통방식을 선호하고 가격조건보다는 안전성 조건을 로컬푸드 시장은 보다 중시한다.

이미 다양한 형태의 꾸러미사업과 로컬푸드 직매장, 새벽시장, 학교급식, 로컬푸드 식당과 식료품가게 등이 지역 내에서 만들어져서 매출을 늘려나가고 있다.

로컬푸드 운동은 생산자와 소비자가 참여하는 협동조합, 마을기업 등 지역공동체가 사업주체로 조직되어 '정직한 농산물', '얼굴 있는 농산물', '안전한 농산물'을 생산한다. 로컬푸드 운동은 마을단위에서 시작되어 지역 내의 경종농업과 축산농업이 순환하는 순환농업과 지역 내의 다양한 농업 영역이 네트워크화되는 지역 공동체 농업으로 발전하는 것을 지향한다. 나아가서 전국적으로 산재되어 있는 로컬푸드 운동 추진체와의 네트워킹을 통한 적정한 소비규모 확보도 이루어내야 한다.

로컬푸드 경쟁력의 원천은 지역적 차별성이다. 참여주체의 협력을 통한 혁신역량이 강화되어야 하는 것은 물론 참여주체들의 적극적인 참여에 의한 거버넌스(governance) 체계의 구축도 또 다른 경쟁력의 원천이다. 로컬푸드 시스템의 발전은 다품목 · 소량생산체계 하의 지역 농업이 글로벌 푸드 시스템의 확장에 맞서서 살아남을 수 있는 유효한 개방대응 전략이다. 지역 협동적 로컬푸드 시스템이 소농경제의 대안적 유통질서로 자리잡을 수 있도록 농업경제학의 역량을 집중시켜야 한다.

경제이론과 농업 이해

12. 생산의 이윤극대화 조건-소농의 현실적인 경영목표

기업의 궁극적인 목표는 이윤극대화이다.

투입된 자원으로부터 발생한 총수입(total revenue: TR=Py · Y)과 총비용(total cost: $TC=Px_1 \cdot X_1+Px_2 \cdot X_2+\cdots\cdots+Px_n \cdot X_n$)의 차이가 이윤(profit=$\pi$)이다. 편의상 하나의 생산요소(X)로 하나의 생산물(Y)을 생산한다고 가정할 경우, 이윤함수 π=TR−TC=Py · Y−Px · X로 표현된다.

위의 이윤함수를 X에 관하여 1차 미분하면 이윤극대화 조건을 구할 수가 있다.

즉, $\frac{d\pi}{dX}=Py(\frac{dY}{dX})-Px=0$이고 이를 이항하면 $Py(\frac{dY}{dX})=Px$이며, 이는 $\frac{dY}{dX}=\frac{Px}{dX}$ 또는 dY · Py=dX · Px로 정리된다.

여기에서 $\frac{dY}{dX}$=MPPxY이므로 $Py(\frac{dY}{dX})$는 한계생산물 가치(value of marginal product: VMP)이다. 즉, VMPxy=Px가 생산의 이윤극대화 조건이다.

그림① 생산의 이윤극대화 조건

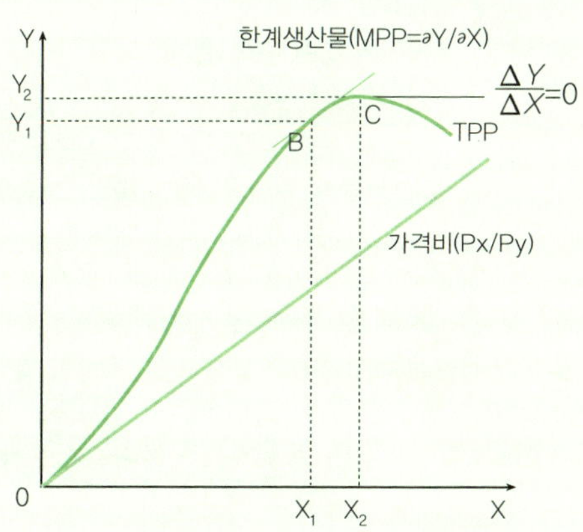

그림①에서 총생산량(TPP)곡선의 접선의 기울기 $\frac{dY}{dX}=0$인 점 X_2에서 투입이 이루어지면 생산은 극대화된다. 또한 접선의 기울기와 생산물 가격에 대한 요소가격의 비율($\frac{Px}{Py}$)이 같아지는 점 X_1에서 투입이 이루어지면 이윤극대화가 이루어진다.

이윤극대화 조건을 찬찬히 음미하면 대단히 상식적인 이치라는 것을 알 수 있다.

추가적인 한 단위생산량(한계생산량, MPP)에 산출물 가격을 곱한 금액(한계생산물 가치, VMP)이 생산요소 투입가격(Px)과 같을 때까지 생산요소를 투입하는 것이 이윤극대화를 실현하는 길이란 것이다. 즉, VMP=Px에서 이윤극대화는 실현된다. 생산요소 투입가격이 그로 인해 생산되는 가치보다 낮으면 더 투입하고, 높으면 생산을 중지하라는 것이다. 이를 다른 말로 해석하면 추가적인 한 단위 생산물의 가치(dY · Py=marginal revenue=MR)가 추가적인 한 단위 생산요소의 가치(dX · Px=marginal cost=MC)와 같을 때까지 생산요소를 투입하라는 것이다. 즉, dYPy=dXPx 또는 MR=MC가 이윤극대화 조건인 것이다.

하나의 생산요소(X)를 이용해서 생산되는 하나의 산출물(Y) 간의 이윤극대화 조건은 여러 생산요소(X_1, X_2, X_3, …… X_n)와 여러 산출물(Y_1, Y_2, Y_3, ……, Y_n)의 관계로 확장할 수 있다.

즉, $VMP_1=VMP_2=VMP_3=\cdots\cdots=VMP_n=Px(1+\lambda)$

여기에서, 라그랑지안 승수(lagrangian multiplier) λ는 총지출이 총자본량을 초과할 수 없다는 제한조건을 의미하는 승수이다. 그러므로 자본이 제한되어 있지 않다면 λ=0의 관계는 성립한다.

경제학에서는 기업들이 장기간의 이윤극대화를 추구한다고 가정하고 있다. 그러나 회계학은 단기 이윤극대화를 추구한다고 가정한다. 이것이 기업의 행동원리를 설명하는 이윤극대화 가정(profit maximization hypothesis)이다. 이에 대하여 경영학에서는 외형(外形, 매상고) 극대화 가설을 가정한다.

현대의 기업들은 소유와 경영이 분리되어 있기 때문에 경영자(CEO)들은 최저이윤만 확보되면 시장점유율을 높이기 위한 매출극대화를 추구하게 된다는 것이다(W. J. Baumol, 1967).

그림② 이윤극대화와 매출극대화

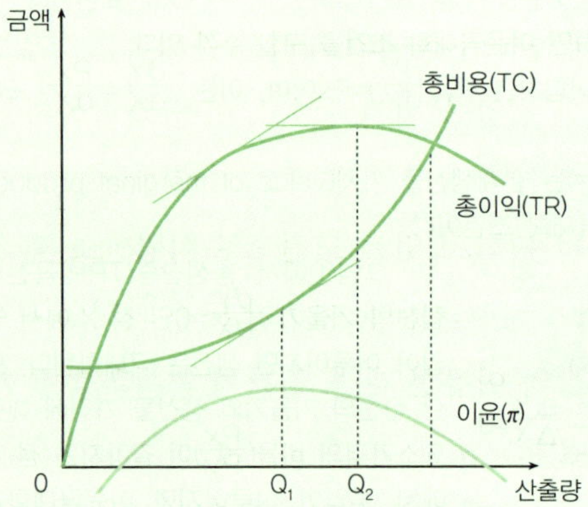

그림②에서 이윤극대화를 실현하는 산출량은 총이익(TR)과 총비용(TC)의 격차가 가장 큰 Q_1을 생산할 때이고, 매출량이 가장 큰 산출량은 Q_2를 생산할 때이다. 경제이론대로 한다면 기업들은 OQ_1만큼만 생산하면 될 것이나 현대 기업들은 주주들이 불만을 갖지 않을 정도의 배당금과 자금조달에 지장을 주지 않을 정도의 최저이윤만 확보된다면 매출향상을 추구하게 되고 그것은 Q_1과 Q_2 사이의 어떤 점이 된다.

매출향상을 추구하는 이유는 매출향상이 부진하면 소비자의 신뢰와 판매망 확보가 어려워지고 금융기관의 평가나 기업에 대한 사회적 인식이 나빠져서 자금조달의 어려움 등 문제가 발생하기 때문이다.

농업 경영의 경우에 있어서도 매출극대화가 암묵적인 경영목표가 되고 있다. 물론 농산물 공급이 절대적으로 부족하던 시대에서는 매출극대화가 바로 소득극대화로 연결되어졌다. 그러나 농산물 과잉공급시대가 열리면서 농산물의 품질과 서비스의 차별화에 의한 시장(판로)의 확보를 위한 치열한 경쟁이 벌어지고 있다. 친환경농업, 우수 농산물(GAP) 생산 등으로 강화되고 있는 생산자의 노력은 농산물 과잉공급시대에 처하여 매출확대가 농업 경영의 중요한 목표가 되고 있음을 보여준다.

특히, 후진국 소농경영자에게는 이윤극대화를 추구하는 것보다 매출극대화를 추구하는 절대량주의가 어느 정도 타당하다. 이는 농업의 불확실성에 대응하려는 소농의 합리적 행동으로 볼 수도 있지만, 이윤추구가 불가능한 현실적 조건을 반영하는 것도 분명하기 때문이다(박정근, 2004).

2 식품 안전성과 시장의 기능

1) 식품 안전성은 사적재(private goods)인가, 공공재인가?

대형화, 국제화되고 있는 식품사고

최근에 일어난 기생충 알 김치 파동이나 양식어류의 발암물질(말라카이트 그린) 파동 등에서 보듯이 대형 식품사고가 연이어서 발생함에 따라, 식품에서 유래된 건강 위험성에 본격적으로 대처해야 한다는 사회적 요구가 높아지고 있다.

1986년 영국에서 발생하여 2000년 전 유럽 대륙으로 확산된 광우병(BSE) 파동을 비롯하여 구제역과 조류독감 등 인축 공통 감염을 유발하는 악성 질병과 O-157과 살모넬라균, 어패류의 장염비브리오균 등 병원성 미생물에서 유래되는 식중독 사고, 다이옥신 등 발암성 화학물질의 체내 축적으로 인한 건강상 위협, 그리고 유전자변형식품(GMO)에 대한 불안과 위협 등 식품에서 연유되는 건강상 위험성에 대한 국민들의 경각심과 관심이 매우 커지고 있는 것이다.

식품사고가 대형화 · 국제화되고 있는 이유는 다음과 같이 요약할 수 있다(성진근 외, 2005).

첫째, 현대사회의 식품생산 · 유통구조가 규모화 · 국제화되고 있기 때문이다. 교통 · 통신망의 발달과 각국의 무역장벽을 낮추고 있는 WTO 체제 하의 자유무역의 진전 등이 현대사회를 대량생산과 대량유통의 경쟁 시스템으로 발전시키고 있기 때문에, 일단 식품사고가 어떤 나라에서 발생하면 바로 지구규모로 확산되어 피해규모가 신속하게 커지게 되는 것이다.

둘째, 식품공급 유통과정은 공산품과 같은 체계적인 관리가 쉽지 않기 때문이다. 농산물을 원료로 하는 식품은 유기물이어서 온 · 습도 등 환경조건의 변화에 따라 쉽게 변질된다. 또한 원료생산에서 가공 · 유통 · 소비되는 여러 단계의 식품사슬(food chain) 전체에 걸쳐서 식품사고가 발생할 수 있으므로 건강상 위해(危害)요인을 파악하고 제어하기 어렵다.

셋째, 식품이나 식품 속에 존재하는 건강상 악영향을 끼치는 위해인자를 완벽하게 배제할 수가 없기 때문이다. 예컨대, 식중독의 원인이 되는 세균은 인간의 피부나 장내에 상존하고 있는 것도 많으므로 이들을 100% 배제하는 것은 어렵다. 또한 검사기술의 정확도나 유전자의 변화 때문에 과학적으로 예측 불가능한 미지의 위해 발생요인도 속출하고 있기 때문이다.

식품유래 위험성을 억제하기 위한 주체별 역할

이와 같이 식품에서 유래된 건강상의 위험성을 완전하게 억제 또는 배제시킬 수가 없기 때문에 위해요인에 대한 제어(control)의 중요성이 더욱 커지게 되었으며, 이를 위하여 '위험'이란 개념을 도입하여 장래의 피해에 대한 과학적인 예측을 근거로 하여 사전에 대응책을 강구하자는 것이 식품 안전성 확보 시스템인 것이다.

식품으로부터 유래되는 위험은 "식중독의 위해로 인해 야기되는 건강에 대한 악영향의 확률과 중독 정도의 함수"[3]로 정의되고 있다.

위험(risk)과 위해(hazard)는 식품 분야에서는 분명하게 구분되는데, 위해란 "건강에 악영향을 가져올 가능성을 가진 생물학적 · 화학적 · 물리적인 작용을 일으키는 식품 속의 물질 또는 식품의 상태"(Codex, 2003)이다. 위해를 완전히 배제할 수 없다는 것은 위험이 언제나 남아 있다는 것이므로 위험관리의 목표를 위험을 사회적으로 허용하는 한도 내로 억제하는 데 있다(新山陽子 편, 2004).

위험을 감소시키기 위해서는 정부, 기업, 소비자 등 각 주체에게 필요한 책임과 역할이 요구된다.

정부는 위험감소와 예방 그리고 위험대응을 위한 적절한 제도와 규제조치를 수집 · 조정 · 시행할 책임이 있다. 농업 생산자나 식품기업은 자신의 생산공정에서 발생할 수 있는 위해요인을 삭감 · 소멸시키기 위한 적절한 과제를 발굴, 지속적으로 관리해야 한다. 소비자는 식품을 소비하는 과정에서 식품을 적절히 취급(가공, 보관)하면서 식품의 생산과 유통과정에서 발생할 수 있는 위험에 대한 지식

3) Codex Alimentarius Commission(2003).

을 습득하여 이에 기초한 균형잡힌 판단이나 행동을 수행할 책임이 있다. 그리고 각 주체들이 식품에서 연유되는 위험을 공유하고 적절히 대응하도록 하기 위해서는 정보의 공유(共有)가 필수적이다.

시장과 식품 안전성

전통적인 경제학에서는 정보의 불완전성만 극복할 수 있다면 안전성은 시장기능에 맡길 수 있다는 생각을 견지해 왔다. 즉, 안전성을 식품의 다른 품질속성과 동일하게 취급하여 개인의 선택을 통한 시장평가에 의해서 식품의 안전성 수준은 결정될 수 있다고 생각하는 것이다. 이를 위해서 안전식품(고품질 식품)에 대한 지불의사액(willingness to pay) 추정을 통해 식품 안전성에 대한 수요가 계측되기도 하였던 것이다.

그러나 빈발하고 있는 대형 식품사고와 관련하여 지불의사나 지불능력의 유무를 떠나 모든 사람들의 건강을 해칠 수 있는 안전하지 않은 식품은 시장에 출하되어서는 안 된다는 입장에서 생각한다면, 식품의 안전성을 일종의 공공재(public goods)로 취급하여 시장 이외의 조직이나 기구를 통해 자원을 배분하는 방향을 새롭게 검토하자는 접근방식이 시장 기능의 한계라는 관점에서 대두되고 있다.

실제로 공급 또는 확보되어야 할 식품 안전성의 수준은 경험적으로 주어지는 것은 아니다. 따라서 허용될 수 있는 위험수준과 위험을 절감시키기 위한 규제조치를 포함한 정책수단의 선택이 사회적인 합의 하에서 결정되는 것이 바람직하다. 이러한 필요성에 의해서 국제사회는 국제식품규격위원회(Codex)가 제시하는 위험분석 절차서(Codex, 2003)를 채택함으로써 식품 안전성 확보를 개인의 문제라는 차원에서부터 사회적 문제로 전환시키고 있는 것이다.

식품 생산자(원료 및 가공품 생산자)가 사회적 합의를 충족시킬 수 있는 식품 안전성 확보를 위한 시스템을 도입하기 위해서는 추가적인 비용이 발생하게 되고, 그 비용을 식품가격에 어느 정도로 전가시킬 것인가 하는 문제가 새로운 과제로 대두하게 된다.

식품 안전성과 농업경제학의 역할

원론적으로 말하면, 식품의 안전성을 공공재로 본다면 사업자가 채택하는 안전대책 비용은 공공적 비용(재정)으로 충당하는 것이 맞다. 그러나 안전성이란 또 다른 특징이 상품에 체화되면, 소비자의 인지도의 상승과 선호의 변화에 따라 매출량의 증가와 가격의 상승효과를 사업자가 누리게 되므로 안전대책 비용의 일부 또는 대부분을 사업자가 감당해야 한다는 주장도 설득력을 가진다. 그러므로 식품 관련 사업자에게 식품안전대책의 채택을 촉진하기 위해서는 경제적 이익을 제공하는 인센티브제도를 도입하는 것과 동시에, 불안전식품의 강제적 시장퇴출을 위한 제도적 장치를 마련하는 것이 효과적일 수가 있다. 그러나 농산물의 경우 완전경쟁적인 생산의 특성상 농업 생산자들은 대부분 가격교섭력이 떨어지는 가격수취자(price taker)의 입장에 서게 된다는 점을 감안한다면, 안전성이란 특성이 포함된 농산물의 생산 적정 소득과 판매확대를 실현시킬 수 있는 적정가격의 설정이 제도적으로 뒷받침되는 것이 필요하다.

왜냐하면 시장점유율을 높이기 위해서 식품(농산물 포함) 생산자는 가격 인하(價格引下) 경쟁을 벌이기 마련이고, 이를 뒷받침하기 위한 투입요소의 양이나 질을 떨어뜨리는 생산비 절감을 위한 노력의 결과가 바로 식품의 건강 위험성을 증가시킬 수가 있을 것이기 때문이다.

안전성이 강화된 식품에 대한 적정 가격의 설정이 시장에서 도덕적 승인을 확보하기 위해서는 품질인증제도의 확립이 필요하다. 왜냐하면 농산물이나 식품의 품질인증제도는 사회적 합의에 기초한 품질기준에 적정한 생산이 이루어지고 있다는 것을 보증함으로써 인증마크에 걸맞은 가격을 확보할 수 있을 것이기 때문이다. 그러므로 식품 안전성 확보를 위한 새로운 제도의 도입과 함께 안전성이 확보된 식품의 가격 조정과 관련된 역할까지 포함하여 농업경제학의 중요한 대상영역으로 포함될 필요가 있다.

농식품 안전성과 위험제어 시스템

식품 안전성 확보를 위해서는 위험을 허용범위 내에서 제어할 수 있도록 식품이 생산 · 유통되는 전 과정에서 '위험제어 시스템'이 확립 · 가동되어야 한다.

이를 위해서는, ① 위험을 예방하기 위한 시스템, ② 사고나 바람직하지 않은 일이 발생하였을 때 이를 확대되지 않도록 하기 위한 대응 시스템, ③ 사고가 커져 긴급한 사태로 전개되었을 경우의 대응 시스템 등이 갖추어져야 한다.

식품 분야에서 위험을 억제하는 것은 위험관리(risk management)라 부르는데 위에서 설명한 ①, ②의 시스템이 이에 해당하고, 심각한 긴급사태로 진행되었을 때의 대응은 위기관리(crisis management)로서 ③의 시스템이 이에 해당된다.

국제적으로 공감대를 이루고 있는 식품 안전성 확보대책에서 행해지고 있는 활동의 수준은, ① 위험 파악과 분석 · 평가에 기초를 두는 것, ② 완성품의 검사에서 제조시 '공정제어(process control)'로 중점을 이동시키는 것, ③ '농장에서 식탁까지(from farm to table)'의 식품사슬(food chain) 전체를 관리하는 총괄적인 조치를 강구하는 것 등이고,[4] 각 수준들을 규정하는 법령, 규범, 조직, 기구들로서 위험제어를 위한 제도적인 틀(frame)이 성립한다고 할 수 있다.

위험분석과 관리 시스템

과학적 분석에 근거한 위험의 실체를 분석 · 평가하고 이를 관리할 수 있는 정책을 입안하여 관계자 간의 정보교환과 의사소통을 실시하는 일련의 절차가 위험분석 과정이다. Codex 영양위원회(Codex Alimentarius Commission)가 절차를 정하고 있으며, 국제적인 식품위생 규범의 작성이나 국가수준의 위험절감 정책에 사용된다.

위험은 화학물질, 미생물, 수의학 분야 등에서 초래되고 있으나 환경조건에 의한 미생물의 변화, 질병의 불확정 요소로 인한 위험의 양적 파악이 어렵기 때문에 평가방법 자체가 국제적으로도 미확립된 부분이 많다. 식품 안전성 확보를

4) 新山陽子, 「상게서」, pp.17~18.

그림 8-5 식품 안전성 확보를 위한 사회적 시스템

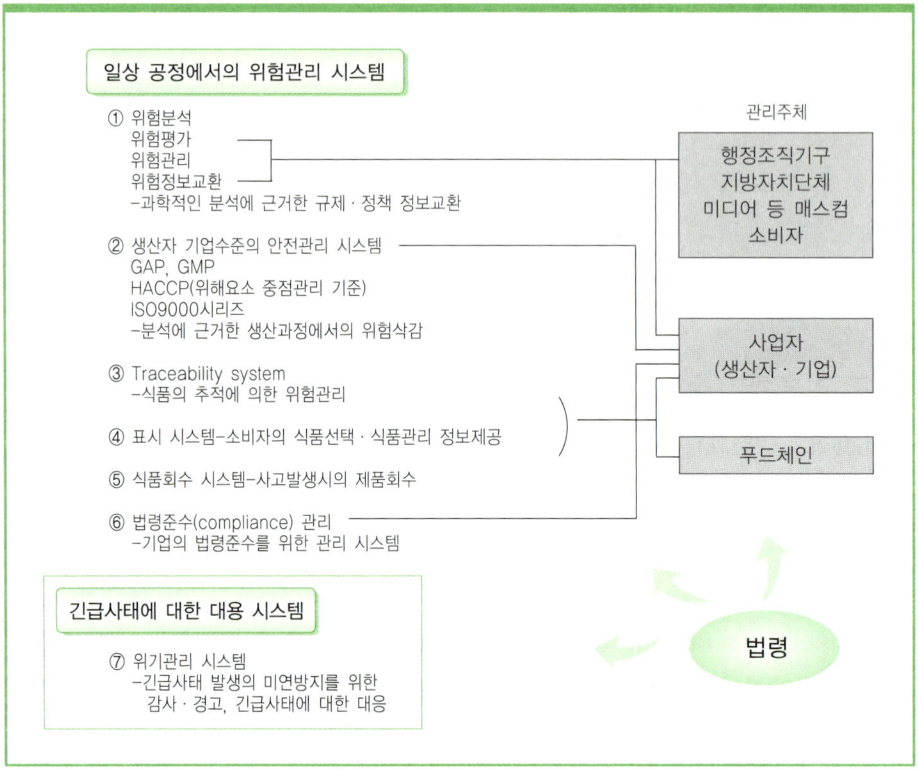

위한 사회적인 시스템은 일상 공정에서의 위험관리 시스템과 긴급사태에 대한 대응 시스템으로 나누어져 작동되는데 그 내용을 정리하면 그림 8-5와 같다.

경제이론과 농업 이해

13. 비용이론과 농업의 규모경제

(1) 비용의 개념

비용(cost) 문제는 자원의 희소성(稀少性) 때문에 발생한다.

자원은 희소하므로 어떤 재화나 용역을 생산하기 위해서는 다른 재화나 용역의 생산을 포기해야 한다. 예컨대, 자동차 1대를 생산하기 위해서는 자전거 15대 생산에 소요되는 노동력, 철강, 자재, 에너지가 소요된다고 하자. 이때 자동차 한 대의 생산비는 자전거 15대의 생산비로 표

시할 수 있다. 일반적으로 X재 한 단위를 생산하는데 드는 기회비용(opportunity cost)은 X재 생산을 위하여 포기할 수밖에 없는 Y재의 생산량 상당액이라 규정할 수 있으며, 다른 말로 표현하면 어떤 자원을 사용함으로 발생하는 기회비용은 이로 말미암아 희생된 다른 어떤 용도에서의 최선의 가치가 된다. 경제학에서 뜻하는 비용은 바로 이러한 기회비용을 말한다.

비용은 사적인 비용(private cost)과 사회적 비용(social cost)으로 구분하여 살필 수가 있다. 사적인 비용은 개인 또는 개별 기업의 입장에서 본 비용이고, 사회적 비용은 사회 전체의 입장에서 본 비용이다.

어떤 기업의 생산활동이 하천을 오염시키고 있다고 할 때, 하천오염은 개별 기업에게는 대수롭지 않은 비용일 것이나 사회 전체의 입장에서는 중요한 사회적 비용을 야기시킨다. 이때 사적 비용이 사회적 비용보다 작은 관계가 성립하면 이 기업은 외부비경제(external diseconomies)를 창출한다고 말한다. 사적 비용이 사회적 비용보다 클 경우 이 기업은 외부경제(external economies)를 창출한다고 한다. 외부경제나 외부비경제 효과가 존재하지 않을 경우 사적인 비용과 사회적인 비용은 동일하며 일반적으로 비용에 대한 논의는 외부경제가 존재하지 않을 경우를 전제로 한다.

비용은 생산요소의 투입량을 변경하는데 소요되는 시간을 기준으로 하여 단기(short run)와 장기(long run) 비용으로 나누어진다. 단기 비용에서는 가변비용(variable cost)과 고정비용(fixed cost)이 구분되나 장기에서는 고정비용도 모두 가변비용으로 바뀌어 진다.

(2) 최적투입과 규모경제이론

총비용(TC=Px · X)은 고정비용(FC)과 가변비용(VC)의 합으로, 생산량의 증가에 따라 체감하다가 체증하는 모습이 일반적이다. 총비용을 생산량으로 나눈 값이 평균 비용$(AC=\frac{TC}{Q})$이고 총비용을 생산량으로 미분한 값이 한계비용$(MC=\frac{dTC}{dQ})$이다.

그림① 최적산출량 결정(완전경쟁시)

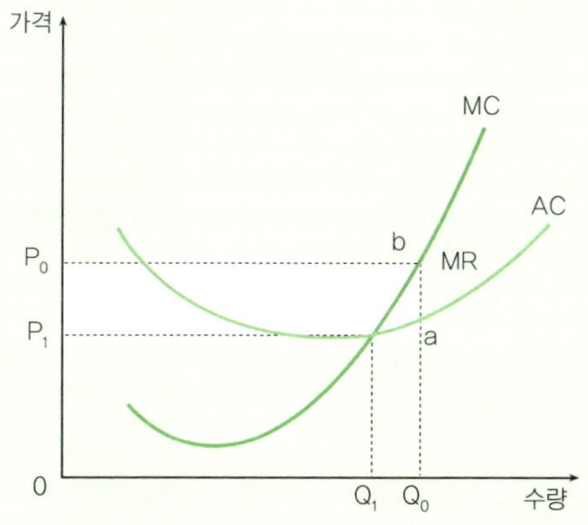

한계비용은 평균 비용의 최저점을 통과한다. 즉, AC가 최저점에 달할 때 AC=MC가 된다. 그 이유는 MC가 AC보다 작을 때는 AC를 끌어내리므로 AC 곡선은 하락하지만, MC가 AC보다 클 때는 AC를 끌어올리기 때문이다.

총이윤 π=TR−TC=Py · Y−Px · X에서 $\frac{d\pi}{dx}=Py\frac{dy}{dx}-Px=0$일 때 이윤극대화가 실현된다. 즉, $\frac{d\pi}{dx}=\frac{dy}{dx}$ 또는 dy · Py=dx · Px, MR=MC의 관계가 성립한다.

즉, $MC=\frac{Px \cdot dx}{dy}=Py=MR$이다.

완전경쟁 하에서는 생산물 가격(Py)이 불변이므로 이는 곧 한계비용이 되고 MR=MC의 관계가 성립한다. 그림②에서 $0Q_0$ 수준의 산출량은 $MR(P_0)$과 MC가 만나는 점이고 이때 이윤이 극대화되는 최적투입 수준이 결정되며 이윤은 $□P_1P_0ba$로 백색 부분이 된다.

그림② 최적산출량 결정(독점적 경쟁의 경우)

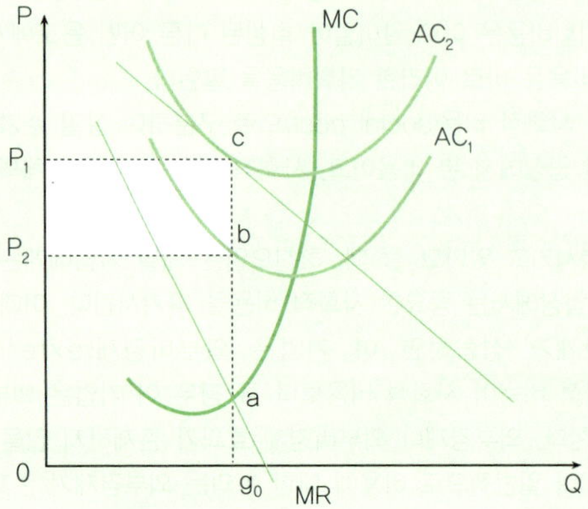

그림③ 단기와 장기비용곡선

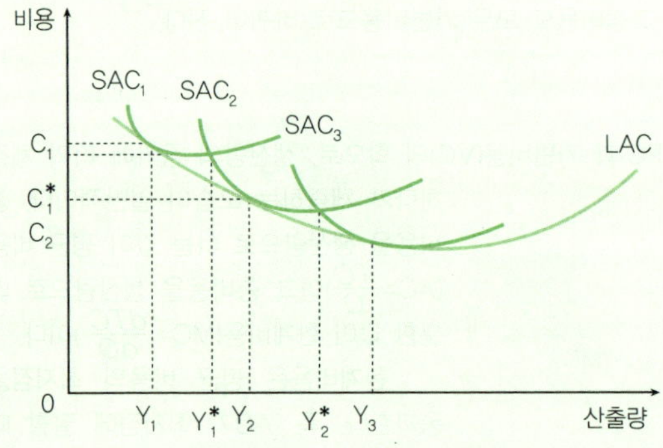

그러나 완전경쟁 상태는 현실 세계에서 존재하지 않으므로 가장 일반적인 독점적 경쟁시장(monopolistic competition, 혹은 imperfect competition)의 경우에는 한계수입곡선(MR)은 수요곡선(D)의 안쪽(기울기 2배)에 존재하므로 MR과 MC가 만나는 점 a에서 극대이윤이 이루어진다. 따라서 가격은 P_1에서 형성되고 독점이윤은 □P_1cbP_2의 백색부분이 된다. 독점이윤의 크기는 평균 생산비곡선(AC)의 위치에 따라서 달라지게 된다. 만약 AC곡선이 상향이동하여 (생산비가 높아지면) AC_2가 되면 독점이윤은 소멸되기 때문이다.

따라서 기업들은 장기계획을 세우고 산출량과 시설규모를 조정함으로써 비용최소화를 위하여 노력하게 된다.

일반적으로 생산규모가 커질수록 평균 생산비는 감소한다. 그림③에서 단기공급곡선 SAC_1에서의 생산비는 C_1이었으나, 생산규모가 커질수록($Y_1 \rightarrow Y_2 \rightarrow Y_3$) 생산비는 하락하게 된다. 장기비용곡선은 수많은 단기비용곡선들을 접하면서 감싸기 때문에 포락선(envelop curve)이라고도 불리운다.

농업 경영에서도 경영의 규모화를 통한 생산비 절감노력이 가시화되고 있다. 일반적으로 생산규모를 확대하여 생산량을 증대시키면 생산비는 하락하게 된다. 이를 규모의 경제(economies of scale)라고 부른다.

규모의 경제는 내부경제(internal economy)와 외부경제(external economy) 효과 때문에 발생한다. 즉, 대규모 설비의 경제성, 기계화, 신기술 도입 등 경영 내부 요인의 개선으로 일어나는 비용상의 유리성과 농자재(사료, 비료 등)의 대량구입과 농산물의 대량유통 등에 의해서 다른 부문에 지불되는 비용의 감소, 즉 기업 외부의 요인 때문에 일어나는 비용상의 유리성 때문에 규모가 커질수록 평균 생산비가 감소하게 된다는 것이다.

3 식품 안전성 확보의 가치와 제도 구축

1) 식품 안전성 확보의 전략적 가치

전통적인 생산의 효율성 향상에 초점을 맞춘 농정 틀을 식품 안전성을 중심으로 하여 품질과 서비스경쟁력 향상 중심적인 농정으로 전환하기 위해서는 이를 정책수단의 변화로 이끌 수 있는 제도 도입이 뒷받침되어야 한다. 또한 새로운 제도 도입은 시장개방 확대에 대응하여 우리 농산물의 총체적인 경쟁력 향상을 실현할 수 있는 전략에 초점을 맞추어야 사회적 공감대를 형성할 수가 있을 것이다. 식품 안전성 관리제도 도입의 전략적 가치는 크게 세 가지로 나누어 설명할 수 있다.

품질과 서비스경쟁력 강화를 위한 제도적 기반

해외 농산물은 대량생산체계 하에서 생산될 뿐만 아니라 농장의 생산 환경조건(토양, 물, 기후 등)이 우리나라와 판이하게 다르기 때문에 소위 신토불이(身土不二)적 관점[5]에서 우리 농산물과 근본적인 품질 차이가 존재한다. 더구나 수입농산물은 여러 지방에서 생산된 농산물을 수집하여 장기간 선적과 운반과정을 추가적으로 거쳐야 하므로 신선도 저하 등 여러 가지 건강 위해요인이 잠복될 가능성마저 크다.

그러므로 우리 농산물이 비록 가격경쟁력 측면에서는 비교열위(比較劣位)적 상태에 처해 있음을 부인할 수는 없지만 품질경쟁력 측면에서는 근원적으로 비교우위(比較優位)에 있음은 명백하다. 우수 농산물 관리제도(GAP)의 도입은 우리 농산물의 비교우위 요인인 품질경쟁력을 제도적으로 강화하기 위한 중요한 전략적 가치가 있는 것이다.

5) "몸과 흙은 둘이 아니다"라는 뜻으로 "자신이 사는 땅에서 생산된 농산물을 먹는 것이 건강에 좋다"는 것이다. 일본에서는 지산지소(地産地消)라고 칭하며, 주로 농산물과 인체의 대부분을 차지하는 물과 관련이 깊은 자국 농산물 애용운동이다.

또한 해외 농산물은 수집, 선적, 운송, 하역, 배분 등 과정에서 추가적으로 발생할 수 있는 건강상 위해요인을 소급·추적하는 것이 훨씬 어렵고 복잡하기 때문에 우리 농산물에 비해서 명백하게 비교열위적이다. 그러므로 소비자의 식품 안전성에 대한 요구를 적극 수용하여 농식품의 생산과 유통과정(소위 식품사슬, food chain)에서 발생할 수 있는 위해요인을 추적관리할 수 있는 제도인 이력추적제도를 통하여 농산물의 서비스경쟁력을 강화하는 것은 우리 농산물의 총체적인 국제경쟁력을 강화하기 위한 효과적인 수단이 되는 것이다.

그러므로 우수 농산물을 생산하고 추적관리를 할 수 있는 제도를 도입하는 것은 우리 농산물의 가격경쟁력상의 비교열위를 품질과 서비스경쟁력상의 비교우위를 강화하는 정책으로 극복해 나가기 위한 전략적 가치가 크다는 것이다.

소비자와 농업인의 불안감 극복을 위한 제도적 기반

대형 식품사고의 빈번한 발생과 연관하여 소비자는 식품 안전성의 정보 불완전과 위험에 대한 우려가 커지고 있다. 특히, 조류독감, 광우병, 구제역 등 외국으로부터 유입되고 있는 식품 위해환경의 증가에 따라 수입 농산물뿐만 아니라 국내 농산물의 안전성에 대한 우려도 크게 커지고 있다.

소비자의 국내외 농산물에 대한 우려는 다음과 같이 대표된다.

과연, 수입 농산물이나 가공품에 비해서 차별화되는 국산 농산물의 식별방법(식품안전을 확인할 수 있는 정보)은 믿을 만한가?

과연, 국내 농축산물과 가공품은 수입 농산물에 비해서 안전성이 높은가?

과연, 농업은 환경을 오염시키지 않는 환경친화적인 산업인가?

이러한 소비자의 불안감을 불식시킬 수 있는 제도적 기반으로 식품 안전성 확보제도의 전략적 가치가 크다는 것이다.

한편, 농업 생산자도 비료·농약 등의 화학 영농자재의 계속적인 사용으로 인한 건강상 피해와 오염된 땅과 물 속에서 영농작업을 계속하는데 따른 우려 때문에 농작업 수행의욕이 크게 떨어지고 있다. 이러한 우려를 우수 농산물 관리제도를 통해서 근본적으로 줄일 수 있는 제도적 기반으로서의 전략적 가치가 크다는 것이다.

농장에서 식탁까지 효과적인 안전성 관리

최근에 논의되고 있는 식품 안전행정체계 개편과 관련하여 '농장에서 식탁까지'의 식품사슬 전 과정에서 발생할 수 있는 식품사고를 '사전에 방지'하고 '발생시 책임 있게 대응'하는 제도적 기반을 정비한다는 차원에서 전략적 가치가 크다.

식품 안전성은 생산에서 소비까지의 전 단계를 체계적으로 관리할 때만이 확보될 수 있으며, 특히 식품의 생산 · 유통 · 소비의 전 과정에서 발견될 수 있는 식품 유해정보가 원활하게 환류(feed back)되어야 효과적인 관리가 가능해진다. 우수 농산물 관리제도와 이력추적제도 시스템은 생산에서부터 소비까지의 식품의 전 유통과정을 일괄관리를 가능하게 한다는 점과 위험발생시 역추적 시스템에 의해서 소비자의 불안감과 불신을 제거할 수 있으며, 단순한 규제에 그치지 않고 지속적인 지도 · 육성을 통한 예방적 안전관리를 강화하는 제도적 기반을 구축한다는 점에서 전략적 가치가 크다.

2) 식품 안전성 확보의 제도적 요건 강화

우수 농산물 관리제도의 확립

식품 안전성 확보를 위해서는 식품의 원료인 농산물의 생산 단계에서부터 최종소비 단계에 이르기까지의 전 단계에 걸쳐서 식품과 환경 위해요인을 관리하고 그 관리사항을 소비자가 알 수 있도록 하는 관리체계가 요구되는데, 그 출발점인 생산 단계에서의 관리가 우수 농산물 관리제도(good agricultural practicies: GAP)이다.[6)]

6) 생산 단계의 식품 안전성 관리(GAP)를 거친 원료 농산물은 처리 · 가공 단계에서는 우수제조관리(good manufacturing practicies: GMP) 시스템을 거쳐서 유통판매 단계에서는 우수위생관리(good hygienic practicies: GHP)를 통하여 그 안전성이 관리된다.

농산물 시장개방이 진전되면서 대량생산체제 하에서 생산되는 값싼 해외 농산물의 시장지배력(market share)이 커지고 있다. 이에 대응하기 위한 농산물 수입국의 입장에서는, 품질이나 서비스 차별화를 통한 경쟁력 강화시책의 도입 필요성이 커지고 있다. 또한 국민소득의 증가에 따른 소비자 선호의 변화, 즉 식품 안전성이나 기능성을 갖춘 농산물을 요구하는 수요의 변화도 농산물의 고품질화를 요구하고 있다.

우수 농산물 관리제도의 도입을 촉진하고 있는 여건의 변화를 요약하면 다음과 같다.

첫째, 식품 안전성을 요구하는 소비자를 만족시킬 수 있는 농산물 생산체계의 구축을 통하여 국내산 농산물에 대한 지속적인 수요를 확보해 나가야 한다.

둘째, 식품 안전성 확보를 위한 Codex, FAO 등 국제기구의 기준안 마련에 대응하여 국내의 채소, 과일류 등의 수출 장애요인을 사전적으로 정비해야 한다. 실제로 우리나라 농식품의 주요 수입국인 일본과 미국 등지로의 수출은 추적 가능성이 뒷받침된 GAP 인증 농산물이 아니고서는 앞으로의 수출 확대는 어렵다.

셋째, 현재 진행되고 있는 WTO/DDA 협상과 동시다발적으로 추진되고 있는 FTA 협상 체결에 대비하여, 값싼 수입 농산물과 대응할 수 있는 우리 농산물의 품질경쟁력 확보를 위한 제도적 기반 마련이 필요하다.

넷째, 농산물 공급과잉시대를 맞이하여 다비다농약에 의한 증산 위주의 농업 생산질서를 저투입 지속적 농업 질서(low input sustainable agriculture: LISA)로 전환시켜 나갈 수 있는 제도적 기반조성이 필요하다.

식품표시 · 인증제도의 개선

식품의 표시는 식품의 품질에 관한 정보를 제공하는 기능을 수행하며, 표시로 제공되는 정보는 소비자가 품질을 식별하고 식품을 선택할 때 중요한 판단 자료가 된다. 그 중에서도 사회적으로 확보되어야 할 식품 안전성에 관련된 표시는 식품으로부터 유래되는 건강에 대한 위험을 회피할 수 있는 중요한 정보가 되기 때문에 소비자를 오인으로부터 보호하고 공정한 거래를 실현시킨다는 점에서 공적인 규제가 필요한 영역에 속한다.

식품의 안전성에 관계되는 표시의 정보 기능에 대한 신뢰성이 공적 규제에 의해서 부여되는 것은 그것이 모든 사람에게 평등하게 영향을 미치고 나아가서 생명이나 건강상태를 좌우하는 등 공공성을 가지기 때문이다. 공적 규제의 영역에서는 주로 표시를 의무화하는 적극적인 규제가 이용된다.

표시정보의 신뢰성을 확보하기 위해서 갖추어야 할 요건을 정리하면 다음과 같다.

첫째, 품질이 표시되어야 한다. 식품표시에 포함되어야 할 품질은 제품에 나타난 품질(즉, 제품의 물성적인 검사로 확인 가능한 형상, 성분, 품질등급 등)뿐만 아니라 프로세스 품질(즉, 완성품의 검사에서 확인할 수 없는 공급의 경로를 포함한 원산지라든가, 약제, 첨가물 등 가공과정과 어떤 기술과 방법에 의해 생산되었는지 하는 등)이 표시되어야 한다.

둘째, 표시된 품질에 대한 검증 가능성이 확보되어야 한다. 정해진 품질관리 방법이 문서화되고 이에 따른 제품관리 상태의 기록이 보존되어 있어야 한다.

셋째, 제3자에 의한 검증을 제도화한 인증제도가 갖추어져야 한다. 품질검증 요건이 확보되었다고 하더라도 개별 소비자를 대신하여 품질에 대한 확인작업을 실시하는 사회적인 검증 시스템이 갖추어져야 한다.

넷째, 알기 쉽고 정확한 표시를 지향해야 한다. 소비자가 식품을 구매할 때 정보를 받아들이는 시간은 한정되어 있으므로 품질에 관계되는 표시의 정보는 알기 쉽고 정확할 필요가 있다. 이런 관점에서 현재 우리나라에서 통용되고 있는 친환경, 전환기, 유기 농산물 등 여러 종류의 품질표시는 GAP 1등급, 2등급, 또는 GAP와 유기 농산물 등으로 단순화시켜 품질표시 마크를 표시하되, 상세한 품질 정보는 기록으로 남기고 마크는 공인기관이 관리하는 방향으로 품질표시와 인증제도의 개선을 검토할 필요가 있다.

이력추적제도 시스템의 구축

국민들의 식품 안전성에 대한 관심도가 최근 들어서 더욱 커지고 있다.[7] 이러한 관심도는 식품과 식품공급자에 대한 소비자의 불신으로 이어져서 해당 상품의 시장 축소와 붕괴로까지 이어지는 위력을 발휘하고 있다. 소비자의 불신을 완화시키기 위해서 식품의 이력과 유통경로의 투명성을 확보하는 수단으로서 식품사슬의 추적 가능성을 제도적으로 확보하기 위한 정부 차원의 노력이 강화되고 있다.

식품의 안전관리를 식품사슬의 전체를 통해서 일관되게 확보하기 위해서는, 농장에서의 식품소재 생산에서부터 가공 단계와 유통 단계를 경유하여 소비자의 손에 전달되기까지, 즉 '농장에서 식탁까지'의 전 단계에 걸친 식품사슬의 이력추적제도 시스템의 확보가 필요하다(표 8-4). 그러나 식품사슬은 다양한 단계로 형성되어 있기 때문에 도중에 흐름이 단절되기 쉽고 적어도 식별코드 등 시스템이 상당한 정도로 표준화가 이루어지지 않으면 체인을 연결할 수가 없다.

ISO9000s나 HACCP에서는 제조이력의 확인은 가능하지만, 그것은 공장 내의

표 8-4 식품 이력추적제도 확립의 목적

Ⅰ. 위험관리의 수단으로
① 제품의 결함원인을 프로세스를 거슬러 탐색하여 바로잡을 수 있도록 한다.
② 목표로 정한 제품의 신속하고 정확한 철거나 회수를 가능하게 한다.
③ 건강에 대한 예측할 수 없는 영향이나 장기적인 영향에 관한 데이터 수집을 용이하게 하여 위험관리 방법의 발전을 돕는다.
④ 생산, 가공, 유통에 관련되는 관계자의 책임을 명확히 한다.
Ⅱ. 제품에 관한 정보의 신뢰성 확보의 수단으로
① 경로의 투명성을 돕는다.
② 소비자와 거래상대, 그리고 관련 기관에 신속하고 적극적인 정보제공을 실시한다.
③ 표시의 입증성을 돕는다.
④ 이상의 목적으로 인해 오인을 방지하고 거래의 공정화에 기여한다.
Ⅲ. 사업자의 제품관리
① HACCP나 ISO9000s 등의 시스템과 결합함으로써 공정의 안전관리, 품질관리를 강화하여 제품의 사용비율을 개선한다.
② 재고관리의 개선

7) 2006년도에 발생한 김치파동은 2005년도의 만두소 파동과 구제역, 광우병 등 축산물에서 비롯된 식품 안전성에 대한 국민들의 관심을 더욱 구체화시키는 계기가 되었다.

공정에만 한정되기 때문에 식품사슬의 다단계의 경로에 걸쳐서 진행되고 있는 원료→반제품→완제품 등으로 모양을 변형시켜 가는 식품을 틀림없이 추적 · 소급하는 것은 기대하기 어렵다. 따라서 개개의 식품사슬에 고유의 식별기호를 부여하여 이것을 완제품과 연결시키는 식품사슬 고유의 이력추적제도 시스템의 필요성이 대두되게 된 것이다.

4 식품 안전성에 대한 사회적 수요

1) 식품 안전성 확보와 식품수요 변화

식품 안전성 확보를 통한 전략적 가치가 앞에서 살핀 바와 같이 아무리 크고 중요하다고 할지라도, 안전성이란 추가적인 상품적 특성을 갖춘 농식품(agro-food)에 대한 현재의 시장수요가 크지도 않고, 앞으로도 클 전망이 작다고 한다면 친환경 농업 직불제 도입 등 정책적 유인에도 불구하고 현재의 생산질서에 대체되어 고품질 안전 농산물 생산질서로의 발전 가능성은 크지 않을 것이다. 그러므로 식품 안전성을 갖춘 농식품에 대한 현재와 장래의 시장수요의 크기를 분석함으로써 식품 안전성 확보에 대한 사회적 수요를 가늠할 필요가 있다.

이론적으로 말하자면 식품 안전성이 확보된 고급식품의 수요는 소득이 증가함에 따라 증가하게 된다. 국민소득이 증가함에 따라서 쌀의 소비는 감소하는 대신에 육류, 과채류의 소비는 증가해 온 우리나라의 경험이 이를 입증한다.

그림 8-6에서 소득이 낮았을 때는 효용 무차별곡선 ①과 예산제약선 A가 만나는 a점에서 소비자 효용은 극대화되고 정상재 X의 수요량은 OX_1 점에서 그리고 식품 안전성이 강화된 우등재 Y의 수요량은 OY_1 점에서 결정되었다. 그러나 소득이 증가함에 따라 새로 형성된 예산제약선 B에서는 무차별곡선 ②와 만나는 b점에서 효용이 극대화되므로, 정상재나 열등재의 수요량은 줄어드는 대신에($OX_1 \rightarrow OX_2$), 우등재의 수요량은 증가하게 되는 것이다($OY_1 \rightarrow OY_2$).

그림 8-6 소득증가와 우등재의 수요량 변화

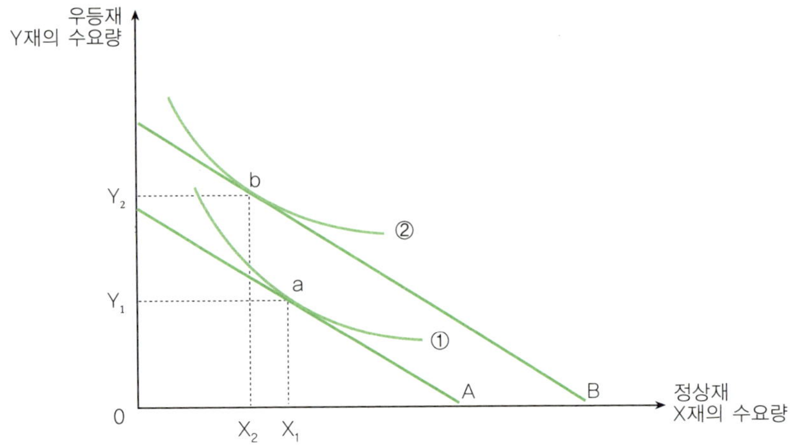

소득증가와 국민의 건강에 대한 관심의 증가로 친환경 농산물의 소비와 생산은 빠르게 증가하고 있다. 이에 따라서 대량생산체제 하에서 대량생산된 수입 농산물의 공세에 맞서서 소농경영 형태의 한국 농업의 지향해야 할 활로의 하나로 고품질, 친환경 농업 진흥의 중요성도 커지고 있다.

친환경 농산물의 상품성 제고와 친환경 농자재 공동구매 및 판매공동화를 실현할 수 있는 생산·출하단위의 조직화 및 고소득층을 대상으로 하는 틈새시장이 상품화되고 있는 친환경 농산물 유통의 효율화를 위한 친환경 농산물의 도매시장 개설 등 시장 저변 확대를 위한 농업경제학도들의 새로운 기여와 역할이 요청된다.

2) 식품 안전성과 농업경제학

소비자 수요 위주의 대체적 농업 질서의 구축

전통적인 농업경제학은 주어진 자원(토지, 노동, 자본)과 국내시장을 대상으로 하여 생산의 효율성을 실현하고 이윤을 극대화하는 생산경제학적인 연구와 강의의 틀 속에서 머물러 왔다. 그러나 급속한 경제발전 과정에서 자본은 풍부해진 대신에 토지와 노동력은 희소자원으로 변하게 되어 이자는 싸지고 지대와 임금은 상대적으로 비싸지게 되는 엄청난 요소시장 가격의 변화가 진행되어 왔다. 또한 국내시장을 보호해 왔던 국경장벽(관세와 비관세장벽)은 해마다 완화되어 해외 농산물과의 치열한 시장경쟁이 불가피하게 되었다.

가격경쟁력상의 비교열위를 품질과 서비스경쟁력상의 비교우위로 극복할 수 있는 제도적 기반을 빠른 기간 안에 갖추지 못한다면, 그래서 이를 바탕으로 하여 우리 농산물의 총체적인 경쟁력을 강화시키지 못한다면, 제어할 수 없을 정도의 빠른 속도로 밀려들고 있는 값싼 해외 농산물의 공세에 대부분의 시장 몫을 내어준 채 한국 농업은 속절없이 위축되어 갈 수밖에 없다.

농산물 시장의 완전개방이 실현될 10년 후에도 현재의 농업 생산종목과 생산방식을 유지·답습하는 것으로 한국 농업을 이끌고 가려는 생각은 이제 버려야 한다.[8] 어떠한 품목도 살아남을 수 있고 사라질 수도 있다. 단지 그 생산방식이 소비자의 선호체계의 변화에 적합한 농산물을 생산하는 방식이냐, 그리고 국제적 유통기준에 적합한 생산방식이냐만 중요할 뿐이다.

소비자의 농식품 선택의 기준이 식품의 안전성에 우선순위를 두는 방향으로 변화되고 있다면, 그리고 국제적인 농식품의 유통기준이 식품의 안전성을 보다 중시하는 방향으로 변화되고 있다면, 농식품의 품질에서부터 안전성 문제를 '농장에서 식탁까지' 관리할 수 있는 사회적 기반(social infra) 조성이 시급하다. 그리고 이 일을 식품영양학계나 보건당국의 소관 업무로 위임한 채 방임할 것이 아니라 농업경제학의 새로운 영역으로 적극적으로 받아들여서 연구역량을 집중시켜야 한다.

따라서 현재의 농업 생산질서를 '안전성 확보'를 화두(keyword)로 하여 혁명적으로 변화시켜 나가는 대체적(代替的) 농업 질서를 농업경제학이 이끌고 나가야 한다. 그러므로 현재의 생산방식을 그대로 유지해 나가는 데 집중되고 있는

8) UR 협상 이후 소위 NTC(non trade concerns) 품목으로는 아예 명함도 못 내밀었던 파프리카, 참다래(키위), 버섯 등이 당당하게 살아남아 수출 농산물로 성장하고 있다.

현상유지적인 모든 정책지원방식[9]의 이론적 뒷받침 역할에 안주하기보다는 품질과 서비스 차별화에 기초한 우리 농산물의 총체적인 경쟁력 향상을 실현할 수 있는 소비자 수요 위주의 정책개발과 교육 · 연구가 농업경제학에 부여된 시대적 과제인 것이다.

식품소비 트렌드의 변화를 새로운 농식품 수요로 연결

한국 농업 경쟁력 향상 목표 달성 여부의 핵심은 수요에 달려 있다. 웰빙을 추구하는 소비 트렌드는 앞으로 식품 안전성 추구로 빠르게 진화(進化)될 것이다. 또한 일본, 중국, 동남아, 중동 등지로 확산되고 있는 한류열풍의 확산속도도 더욱 빨라질 것이다. 웰빙과 한류 트렌드의 진화 방향에 적합하게 안전성을 갖춘 우리 농산물의 공급기반을 확충해 나간다면, 국내외 수요는 기대수준보다는 빠르게 확대될 것이고 한국 농업의 활로도 자연스럽게 열리게 될 것이기 때문이다.

경제이론과 농업 이해

14. 합리적인 생산물 결합(복수 생산물 생산)이론

현실적으로 한 생산과정에서 두 가지 또는 그 이상의 생산물이 생산되는 경우, 기업은 보유하고 있는 자원을 각 생산물의 생산에 배정하기 위해서 합리적인 의사결정을 해야 한다.

하나의 생산요소(X)로 두 가지 생산물(Y_1, Y_2)을 생산하는 경우를 가정하면, 두 개의 생산함수로부터 하나의 생산 가능성 곡선(production possibility curve: PPC)을 유도할 수 있다.

그림①은 하나의 생산요소로 Y_1과 Y_2 두 재화를 생산할 때 제한된 생산요소(X)를 투입하여 생산할 수 있는 생산물 결합점을 연결한 생산 가능성 곡선(PPC)이다. 점 A에서는 주어진 생산요소로 Y_2 재화를 y_{21}만큼, Y_1 재화를 y_{11}만큼 생산할 수 있는 결합점이며, 점 B에서는 Y_1 생산을 y_{12}만큼 줄여서 적게 생산하는 대신에 Y_2를 y_{22}만큼 늘려서 생산할 수 있는 결합점이다.

Y_1 가격을 Py_1, Y_2의 가격을 Py_2라 할 때, 총수입(TR)은 $TR=Py_1 \cdot Y_1+Py_2 \cdot Y_2$에서 결정된다. 이 식을 Y_2에 관해서 정리하면 $Y_2=\frac{TR}{Py_2}-\frac{Py_1}{Py_2}Y_1$가 되고 이 선의 어떤 점에서도 총수입은 같으므로 등수입선(Iso revenue line)이 된다. 생산가능곡선과 등수입선이 C점에서 접한다면 C점은 주어진 자원으로 최대수입을 가능하게 하는 Y_1과 Y_2의 생산물 결합점이 되고, 그림에서는

9) 쌀농사의 식량안보나 환경보전 및 농가소득에서의 중요성 등을 고려하여 쌀농사를 지속시키기 위해 도입된 쌀농가 소득보전직불제 등이 대표적인 정책지원의 사례가 된다.

그림① 최적생산결합조건

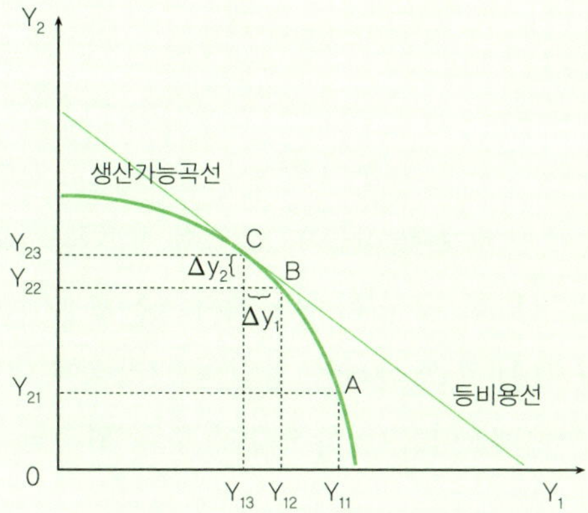

Y_1을 y_{13}만큼, 그리고 Y_2를 y_{23}만큼 생산할 때 최대수입이 실현되는 최적생산물 결합이 이루어진다. C점은 생산 가능성 곡선의 기울기인 생산물 한계대체율(또한 한계변환율, marginal rate of production transformation: MRTC)과 등수입선의 기울기가 같은 점이다. 즉, $MRTS_{12} = -\frac{\Delta Y_2}{\Delta Y_1} = \frac{MPP_1}{MPP_2} = \frac{Py_1}{Py_2}$ 가 최적 생산물 결합조건이 되는 것이다.

Y_1을 농산물이라 하고 Y_2를 공산물이라고 하자. 농산물 시장개방 폭의 확대로 농산물 가격(Py_1)은 큰 폭으로 떨어지지만, 이미 상당한 개방이 진행된 공산물 가격(Py_2)은 거의 변화가 없다고 하자.

그림② 시장개방과 최적생산물

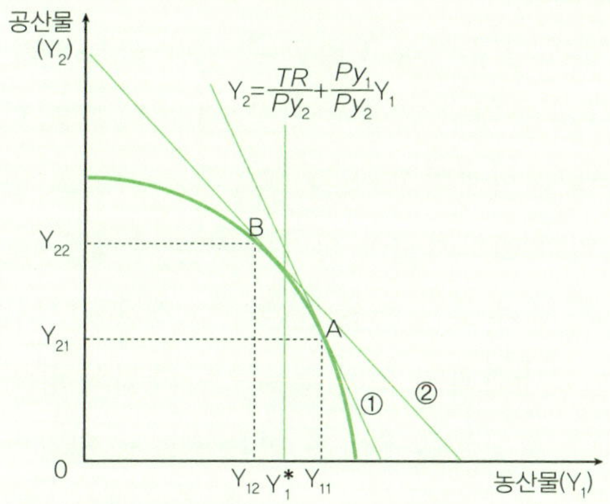

그림②에서 시장개방 이전의 등수입선①은 개방 이후에는 가격조건의 변화($\frac{Py_1\downarrow}{Py_2}$)에 따라 기울기가 작아진 ②의 모습으로 변하게 된다. 이에 따라 최적 생산물 결합점은 A에서 B로 이동하게 되어 농산물 생산은 줄고($y_{11} \rightarrow y_{12}$), 공산물 생산은 늘어나는($y_{21} \rightarrow y_{22}$) 시장선택이 일어나게 된다. 만약 농업 생산의 식량안보나 환경보전 등과 같은 가치를 유지하기 위하여 최소한 Y_1^*만큼의 농업 규모를 개방 이후에도 유지해 나가야 한다는 국민적 합의가 이루어진다면, 농산물의 지나친 가격 하락을 억제 내지 완화시킬 수 있는 정부 시장개입적 정책수단, 즉 가격 지지 또는 가격 지지효과를 볼 수 있는 소득 지지 정책의 도입이 필요함을 이해할 수 있다.

5 소비자 행동(consumer behavior)변화와 농업경제학

1) 변화되고 있는 시장과 고객만족 경영

한국 농업은 현재 시장경쟁의 한 가운데로 밀려들어 왔으며 어떤 농가도 경쟁을 피할 수가 없다. 경쟁의 결과는 당연히 승자(勝者)와 패자(敗者)로 나뉘어져 나타난다. 비단 농가뿐만 아니라 부도를 내고 도산하는 기업들도 최근에 이르러 수없이 나타나고 있다. 그리고 그들의 도산 이유는 한결같이 수요 위축과 가격 하락에 따른 경영적자가 거론된다.

그러나 이러한 변명은 전혀 옳지 않다. 왜냐하면 시장 자체가 없어졌다거나 시장에서 살아남는 기업들이 전혀 없어진 것이 아니기 때문이다. 그러므로 도산 기업은 시장에 진 것이 아니라, 고객에게 진 것이라고 말할 수 있다. 왜냐하면 시장과 고객은 별개이기 때문이다. 아무리 불경기 속에서 시장수요가 둔화되었다고 하더라도 고객만족을 철저하게 추구·확보하고 있는 기업은 살아남고 있기 때문이다. 불경기에 처해서도 성장기업과 패퇴기업이 생기는 것은 이 때문이다.

"시장"이라는 전장(戰場)에서 "고객"의 수요는 항상 변한다. 고객은 경제사회 환경의 변화에 따라서 자신의 효용을 극대화하기 위한 선택으로 재화와 용역의 구매행위를 항상 변화시키기 때문이다. 농산물을 원료로 하는 식료품 시장에서는 어떤 변화가 일어나고 있는가?

식료품 시장에서 진행되고 있는 변화

첫째, 국민의 생활환경의 변화가 급속히 진행되고 있다. 도시화, 정보화, 생활의 24시간화, 여성의 사회진출 활성화 등 경제성장과 소득향상에 따른 농산물 소비자의 생활환경이 엄청나게 빠른 속도로 바뀌면서 소비자들의 농산물 구매 행태 자체를 변화시키고 있다.

둘째, 먹거리(食料)의 선택에 있어서도 양보다는 맛, 안전성, 신선도 등 질을 선호하는 경향이 높아지고 있으며, 대형할인매장을 비롯한 소비지 신물류업태와 외식업체(外食業體)를 통한 농산물 구매량이 증가하는 등 새로운 구매 행태의 변화가 다양하게, 그리고 급속하게 진전되고 있다. 농가의 입장에서 고객이라 함은 상인(유통업체, 가공업체, 외식업체 등)일 수도 있고 협동조합일 수도 있으며, 내가 생산한 농산물을 농민시장(farmers markets)에서 직접 구매하는 소비자일 수도 있다. 그러나 어떤 경우에도 최종 소비자가 존재한다. 이 최종 소비자인 고객의 성향을 정확하게 이해하지 않으면 고객만족은 결코 실현시킬 수가 없다.

미국의 많은 우량기업들은 1980년대에 들어서면서 경영의 핵심 초점을 그 동안의 "품질"에서 "고객"으로 바꾸었다. 그것은 단순히 회사기준의 제품생산이라는 공급자 위주의 생산사고로는 더 이상 다양한 고객의 욕구나 기대를 충족시킬 수 없게 되었기 때문이다. 즉, 이제는 고객의 기대와 욕구에 맞추거나 또는 그 이상의 수준을 제공하는 기업만이 생존할 수 있는 시대가 된 것이며, 이른바 생산만 하면 팔려 나가는 공급의 수요창출시대가 종말했음을 의미한다. 그리고 이러한 인식은 비단 서비스산업뿐만 아니라 미국의 모든 산업에 적용되는 핵심 개념으로 정착되고 있는 것이다.

농식품의 고객만족경영

고객만족(customer satisfaction)이란 "고객이 제품 또는 서비스에 대해서 원하고 있는 바를 기대 이상으로 충족시켜서 고객을 감동시킴으로써 고객의 재구매율을 높이고 그 상품 또는 서비스에 대한 선호도가 지속되도록 하는 상태"를 말한다. 그러므로 고객만족경영(소위 C/S 경영)은 고객이 상품이나 서비스에 들인 비용보다 이를 구입함으로써 얻게 되는 혜택이 많다고 느끼도록 유도하는 경영, 즉 고객의 만족도를 높이는 경영이라고 정의할 수 있다.

일반적으로 상품의 가치는 가격, 품질, 기능, 성능 등 상품 자체가 가지는 고유한 하드웨어(hardware)적인 가치와 포장디자인, 상표명, 사용상의 편의성 등 상품구매와 관련된 소프트웨어(software)적인 가치가 포함되어 있다.

농산물 공급이 절대적으로 부족하고 국민소득이 낮았던 시대에서는 가격과 품질 등 하드웨어적 가치만 높으면 고객은 그것으로 만족할 수 있었다. 그러나 국민소득이 높아지고 농산물 공급과잉시대로 진입하면서 상품의 포장이나 상표, 구매와 이용의 편의성 등 상품의 본질과는 연관이 적은 가치들도 고객은 중시하게 되었다. 값싼 재래시장에서의 채소류 구매보다는 비록 값은 비싸지만 소포장으로 진열되어 있는 반가공 상태의 채소류를 백화점이나 신물류업태에서 구매하는 고객이 늘어가는 것이 좋은 예이다.

고객의 만족도를 지속적으로 확보해 나가기 위해서는, 첫째 농업이 국민의 건강을 지키는 건강기반사업(infra industry for health)으로 우리 농산물이 건강식품을 구성하는 가장 중요한 식자재(食資材)라는 확신을 줄 수 있을 때, 고객만족도는 높아지게 된다.

둘째, 농산물과 관련된 건강정보를 많이 개발하여 상품과 함께 판매하는 것이 고객 만족도를 높이는 길이 된다. 식사할 때 식재료와 연관된 건강정보, 요리법, 식사법 등의 화제는 서로간의 정보교환을 통해서 정신건강을 향상시키게 된다. 먹거리 생산자가 생산하는 정보 발신량이 많을수록 식사의 즐거움이 높아지게 되어 정신건강이 향상된다는 것이다. 그러므로 농산물과 관련된 건강정보를 많이 개발하여 상품과 함께 판매하는 것이 고객 만족도를 높이는 길이 된다.

셋째, 농산물의 문화적 경험가치를 개발하여 상품화하는 전략으로 고객만족도를 높일 수 있다. 사람들의 식생활 행태는 각 지역 나름대로의 풍토적 · 역사적 · 문화적인 가치가 응축된 문화유산으로서 특수한 가치성이 있다. 지역별 산물의 고유성과 특수성이 바로 문화적 가치이며 그것 때문에 "브랜드(brand)"가 형성되고, 또 화제(정보)로도 된다.

IMF 관리체제 하의 불황기 속에서도 해외 브랜드를 가진 고급 외식업체 가운데는 성장을 계속하고 있는 기업들이 많았다. 이들 기업의 대부분은 먹거리의 독자성과 문화성을 상품으로 체화시킨 "문화형 경험가치사업"으로서의 성격을 가지고 있는 것이다. 고급브랜드 식품과 화제의 외식산업체 혹은 히트 농산가공품들은 식품이 보유하고 있는 고유한 문화적 경험의 가치를 상품으로 체화시키는 수단을 통하여 고객의 만족도를 높이고 있는 좋은 예이다.

우리 농산물이 값싼 해외 농산물과의 경쟁에서 고객만족도를 차별화시켜 나갈 수만 있다면 살아남을 수 있다. 이를 위해서는 우리 농업과 농산물이란 이미지를 국민의 건강권 확보와 어떻게 연결시킬 것인가를 고민하고 실천하는 일이 시급하다.

2) 식품 안전성 확보를 위한 바람직한 제도개선

식품 안전성 관리의 체계화와 산업진흥 기능의 분리

2006년도의 김치파동은 현행의 다원화된 식품안전관리체제의 허술함에 기인한 무책임한 행정이 빚은 표준적인 사례이다. 원료 농산물인 배추와 양념채소류의 생산과정에서부터 김치를 제조 · 유통시키는 과정에 이르기까지 식품 안전성이 일괄관리되는 식품통합관리체제가 가동되고 있었다면 도저히 일어날 수 없는 사건이었고, 철저한 원인규명이 이력추적제도에 의해서 신속하게 밝혀졌다면 책임소재와 함께 소비자의 식품에 대한 불신과 불안감도 빠른 시간 안에 해소되었을 것이다.

2013년 정부 조직개편 과정에서 보건복지부 산하의 식품의약안전청은 농림부 산하의 농관원, 수의과학검역원, 식품검역소 등의 식품안전 기능을 흡수하여 국무총리실 산하의 식품의약안전처로 격상되었다. 이에 따라 보건복지부와 농림수산식품부로 분산되었던 식품안전 업무는 일원화된 대신에 식품산업진흥 업무와 식품안전 업무 기능은 분리되었다.

독립된 식품안전처의 지도와 관리 하에서 농업 생산자는 정해진 위생 및 안전재배지침에 따른 영농을 수행하게 되고 모든 영농기록은 공개되는 소위 영농실명제(營農實名制)가 실현되며, GAP 인증 농산물은 일반 농산물이나 수입 농산물과는 차별화되는 가격과 유통경로(직거래나 계약재배)를 통해서 판매되어 고소득을 보장받게 될 것이다. 또한 가공 · 유통업체는 위생적인 시설에서 안전한 식품을 생산하게 되고 모든 식품의 생산과 거래활동 내역이 투명하게 공개되면서 소비자는 공개된 모든 정보에 의한 안전식품 선택주권을 행사하게 될 것이고, 다양한 식품감시 활동에 적극 참여하면서 스스로의 건강권(健康權)을 지켜나가게 될 것이다.

다만, 식품 안전성 확보를 축으로 하는 수요 위주의 정책변화가 영세 소경영으로 대표되는 대부분의 농가에게는 전혀 혁신적인 변화로 인식되어 더디게 받아들여지고 있는 만큼, 참여율을 높이기 위한 유인 제공적인 정책수단의 도입이 적극적으로 검토되어야 한다. 또한 유통업체가 원하는 지속적인 공급능력 강화를 위한 생산단지화와 농산물 산지유통센터(agricultural products processing center: APC) 육성 및 GAP 인증 농산물에 대한 대국민 홍보와 함께 농업인, 제조업체 및 유통종사자들을 대상으로 하는 교육기회의 확대가 이루어져야 한다. 그리고 이러한 분야는 농업경제학의 적극적인 기여를 요구하고 있으며, 이를 통하여 새 제도를 무리없이 정착시켜 나가야 한다는 것이다.

식품 안전성 확보를 위한 주체별 역할

한국 농업 생산질서의 수요 위주의 변화를 위해서는 비단 정부와 학계뿐만 아니라 농업 생산자, 가공 · 유통업체, 소비자 등 관련 주체들도 주어진 입장에서 역할을 제대로 수행해야 한다. 식품 안전성 확보를 위한 관련 주체들의 바람직한 역할을 정리하면 그림 8-7과 같다.

생산자(농가)는 정해진 재배지침에 따른 생산자재를 사용하여 위해요인을 최소화함으로써 안전한 농산물을 생산하고 토양, 용수 등의 환경악화를 막아야 한다. 또한 산지농협과 영농조합법인을 중심으로 하여 자체 안전성 검사체계를 갖추는 것이 바람직하다. 이는 소비자 신뢰확보를 위한 농산물 인증제도의 조기 정착을 위해 중요한 과정인 것이다.

식품가공 및 유통업체는 식품관련법에 근거하여 가공 및 생산지침을 준수하여 생산에 임하되, HACCP, GAP, Traceability 등의 사전예방적인 위생관리기법을 적극적으로 도입하여 효과적으로 식품안전과 위생관리를 실천해야 한다. 이를 위해서 시설의 현대화 등 위생관리 기반을 강화해야 한다. 동시에 원산지 표시나 유전자조작식품(GMO) 등에 관한 소비자의 불안감이 큰 만큼, 식품안전 정보를 소비자에게 정확히 전달할 수 있어야 한다. 이를 통하여 소비자의 신뢰를 얻지

그림 8-7 식품 안전성 확보를 위한 주체별 역할

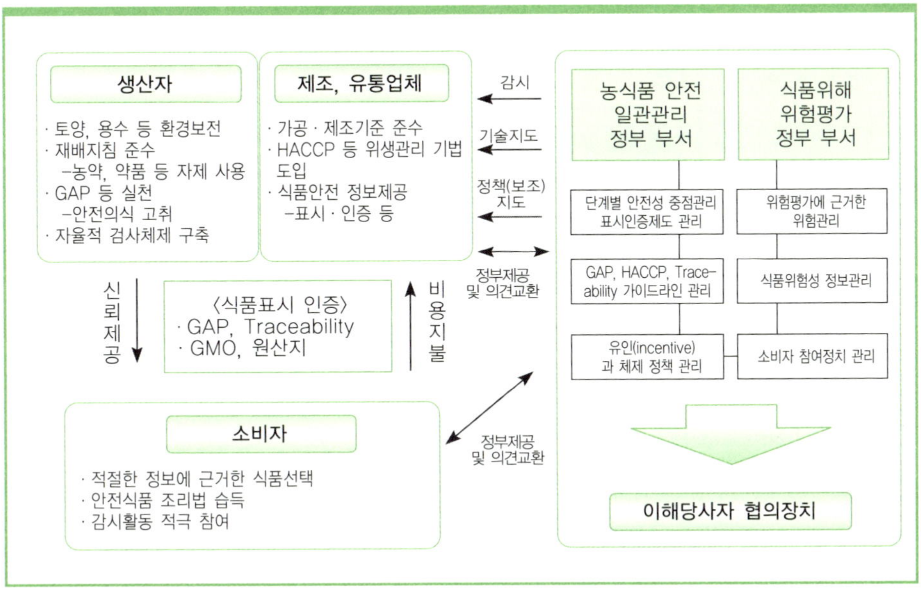

못하는 업체는 시장에서 별 수 없이 퇴출될 수밖에 없음을 경험적으로 알고 있기 때문이다.

소비자들은 식품에 부착된 식품표시 정보를 고려하여 필요한 식품을 구매하고 안전식품에 대한 소비자 교육기회에 적극 참여함으로써 안전식품 구매와 조리방법을 습득해야 한다. 동시에 식품위험성과 안전성을 감시하기 위한 각종 기구에 적극 참여하여 정책감시 기능을 활성화함으로써 안전식품에 대한 소비자 주권시대를 열어가야 한다.

식품 안전성 확보는 우리의 건강을 지키고, 건강한 생활을 유지하기 위해서 모든 관련 주체들이 힘을 모아 수행해야 할 일이다. 그만큼 식품안전의 불확실성이 증가되고 있고 증가되고 있는 세상에서 우리가 생활하고 있기 때문이다. 소위 식량안보(food security)에 초점을 맞추었던 전통적인 식품 정책은 식품의 안전성 확보에, 그리고 성인병과 비만현상에 대한 사회적 관심이 커지면서 식품영양(food nutrition) 문제로 그 관심범위와 정부의 시장개입 범위가 확장되고 있다.

생산의 효율성 실현 위주의 농업경제학 연구의 패러다임(paradigm)을 소비자 선호변화를 축으로 하는 식품의 수요 확대와 관리 위주로 전환시켜야 할 필요성이 여기에서도 발견된다.

경제이론과 농업 이해

15. 우수 농산물 관리제도 확립을 위한 국제적 동향

1) GAP에 대한 국제적인 동향

국제식품규격위원회(Codex)에서는 신선상태로 소비하는 과일, 채소류의 안전생산체계에 대해 생산과 취급기준을 2003년 7월 비준하였으며 축산품(우유 및 유제품과 달걀)에 대해서는 회원국 간의 협의를 진행하고 있다.

FAO에서는 2003년 4월 화학물질, 미생물 등 각종 오염원으로부터 안전한 식품을 소비자에게 공급하기 위한 식품체인 접근법[10]의 도입 필요성을 주장하고 있는데, 이 접근법에 의해서 토양, 수질관리, 농·축산물 생산, 저장, 가공, 폐기물 처리 등을 규정함으로써 우수 농산물 생산체계를 확보하자는 것이다.

EU(유럽연합)에서는 동유럽국가의 EU 가입을 위한 실행조건으로 GAP를 제시하였으며, 생산업체와 유통업체 간의 계약시 GAP를 기준으로 삼고 우수 농산물 우대 정책을 제도화하는 등 농산물 품질관리제도 면에서 가장 앞서 나가고 있다.

미국은 식품 안전성 확보를 위한 제도적 기반을 갖추고 있다. GAP 실행규범을 식품의약청이 제정하고 농무성(UADA)이 규범을 실행하며 연방주검사청(Federal-State Inspection Service)에서 GAP 농산물의 지도와 현장관리 및 표시관리를 담당하는 등 관리체계를 확립하고 있다.

그림① GAP 프로세스 접근도

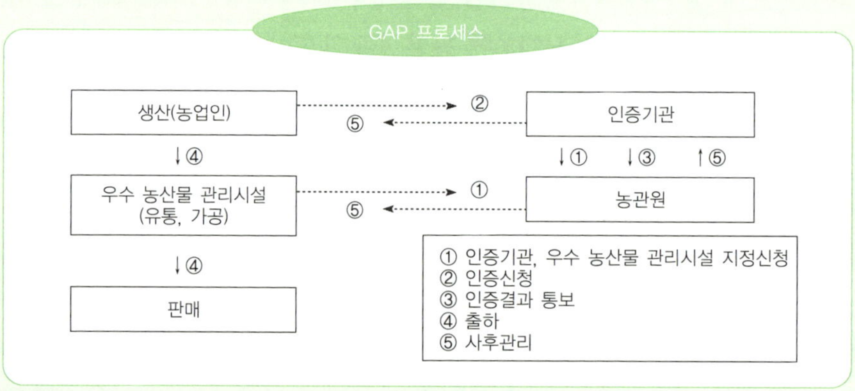

10) 식품의 생산에서 소비까지의 전 단계를 체계적으로 관리하고, 그 관리결과를 투명하게 공개하는 식품안전 예방조치가 식품체인 접근법(food chain approach)의 핵심 내용이다.

우리나라에서는 2002년 9월 GAP 제도 도입을 결정한 이래, 농산물 품질관리법을 개정(2005. 8)함으로써 근거법령을 마련했으며, 과일, 채소, 약용작물 중심으로 3년간(2003년부터 2005년까지) 시범사업을 실시하고 GAP 정착을 위한 세부 기준을 마련하는 등 2006년부터 본격적으로 시행하고 있다. 즉, 2006년 45개 인증품목에 대하여 3,659호의 농가가 1,370ha를 재배하기 시작하여 2011년 현재 인증품목은 89개로 2배, 참여농가는 3만 7,146호로 10배, 그리고 재배면적은 4만 9,548호로 36배로 증가하고 있다.

재배농가와 유통 · 가공 등 관리시설 관리자가 GAP 프로세스에 접근하기 위한 개념도는 그림①과 같다.

2) 이력추적제도 도입을 위한 국제적 동향

국제적인 식품 이력추적제도 확립의 움직임은 1990년대 말경부터 본격화되어 왔다. 가장 적극적으로 추진하고 있는 곳은 유럽연합이지만 북미에서도 도입되고 있다. 유럽연합에서는 광우병(BSE) 대책을 위해 소의 등록과 식별, 쇠고기의 표시 및 유통경로의 투명성 확보를 목적으로 소와 쇠고기에 의무화되었다. 1997년의 규칙제정에 의해 준비가 시작되어 2000년의 규칙이 발효되고(EC No1760/2000) 이에 근거하여 실시되고 있다.

또한 유전자변형식품(GMO)에 이 제도의 도입을 의무화하는 법안이 2000년에 제안되어 2003년 7월에 유럽의회를 통과하였다(규칙(EC)No.1830/2003). 이에 따라 GMO를 원료로 하는 모든 식품에 이력추적제도를 확보하고, 유전자변형식품의 식별과 표시가 의무화되었다. 이 제도 도입의 주된 목적은 건강에 대한 위험정보의 수집, 제품회수, 표시의 신뢰성 확보에 있다.

식품 전체에는 2002년에 채택된 규칙((EC)No.178/2002)의 일반 식품법(동규칙 제2장)에 이력추적제도 조항(제18조)이 설치되어, 2005년 모든 식품과 사료, 식용동물, 식품과 사료의 원료에 도입이 확정되었다. 동 규칙에서는 식품요건에 식품과 사료사업자의 책임으로서 제품회수가 정해져 있으며, 이력추적제도의 확보는 그 담보조치라고 할 수 있다.

프랑스에서는 1999년의 농업지도법 및 소비법전에 이력추적제도 확립을 촉진하는 것이 규정되어 있다. 그 이전에는 농업기술총괄협회와 농산가공기술총괄협회의 실천가이드(ACTA-ACTIA1998)가 있었다. 최근에는 프랑스 공업규격협회(AFNOR)가 의욕적으로 추진하여, '농식품산업을 위한 이력추적제도 가이드라인', 소와 도축장 · 부분육가공장 · 소매점 등의 시스템 규격, 감사 규격 등이 작성되어 있다(AFNOR, 2002).

북미에서는 캐나다의 식품회수 프로그램에 이력추적제도가 도입되어 간결하기는 하지만 명료하게 요건이 규정되어 있다(CFIS&OFS, 2001). 미국은 유럽연합과 같이 식품표시에 이를 도입하는 것에는 반대하고 있다. 미국이 원산국인 GMO 작물에 표시의무가 부가되는 것이 마케팅 전략상 마이너스가 될 수 있다는 점을 경계하고 있기 때문인 것으로 생각된다. 위험관리에 있어서도 이력추적제도는 과도한 예방조치라고 하고 있으나 식품회수 프로그램에는 그에 가까운 요건이 포함되어(USDA, 2000) 있고, 또한 2003년의 바이오 테러리즘법 속에서 농장은 제외되지만 국내 식품사업자의 등록제나 수입식품에 대해서는 부두 도착 전에 제조자, 유통사업자의 정보제시를 요구하게 하고 있다(USDA, 2003).

국제적으로는 ISO(국제 표준화 기구) · TC/34(농업식품소위원회)에 있어서 이탈리아의 작업 초고가 2003년 1월에 채택되어, 식품사슬상의 이력추적제도에 대한 ISO 규격이 2005년 3월까지 제정되었는데, 유럽연합의 일반식품법의 실시를 지켜보면서 이루어진 조치로 보여진다.

식품의 국제적인 위생규범을 정하는 코덱스(Codex)위원회에서는 바이오 테크놀로지 응용 식품 특별소위원회의 2003년 3월 요코하마소위원회에서, GMO의 위험관리 방법으로서 'Trace'를 포함해도 좋다고 결정되었다. 이력추적제도의 도입에 관해 팽팽한 의견대립이 계속되어 왔으나, 최종적으로 캐나다의 제안에서 Trace로 바꾸어 말하는 것에 합의하였다.

그러나 용어가 바뀌었지만 해석에는 다소간 차이가 나타날 것 같다. 일반원칙소위원회에서는 2003년 3월의 소위원회(파리)에서 이력추적제도의 정의 등을 작성하는 작업에 들어가기로 결정되어 프랑스가 문서작성을 담당하였고, 식품표시소위원회에서는 캐나다가 논의 자료를 제출하였다.

Chapter 9

농업 통상과 해외 농업 개발 진출

1. 인류사의 발전과 농업 통상 문제
2. WTO(세계무역기구)와 농업 통상
3. 농산물 자유무역, 왜 제한적으로 수용해야 하는가?
4. 해외 농업 개발 진출

농업 통상과 해외 농업 개발 진출

1 인류사의 발전과 농업 통상 문제

1) 농경질서의 변화 - 탈산업, 지식정보화 사회로

인류가 작물재배와 가축사육을 위하여 일정한 토지를 자연으로부터 분리시켜서 이를 집중적으로 관리하면서 농업이라는 생산활동을 처음으로 시작한 것은 지금으로부터 1만 여년 전 일이었다. 농업을 토대로 농촌이란 정착공간이 만들어졌고 식량조달 문제가 풀리기 시작했으며 농경사회란 정치사회 구조가 탄생되었다.

18세기 중엽의 산업혁명과 더불어 농경사회는 급속하게 산업사회로 변화되기 시작하였다. 산업혁명과 함께 공장제 공업이 등장하면서 공장노동자가 생겨나고 그들의 정주공간으로서 도시가 형성되면서 농경사회적인 모든 질서는 급속하게 해체되기 시작하였다. 이 과정에서 농업경제학은 산업화에 대한 농업의 기여역할을 중심으로 하여 발전되어 왔다.

농업 · 농촌인구의 지속적인 이농(migration)의 진행으로 인구의 도시집중화가 이루어지면서 농촌의 농산물 생산자와 도시의 농산물 소비자란 집단이 나누어지고, 이에 따라 농산물의 생산과 소비자의 거리가 생기게 되었다. 도시 · 공업 중심의 산업사회에서 절대 다수를 차지하는 도시 소비자를 부양하는 방법으로 시장이 형성되었고, 자급자족적이었던 영농이 상업적 영농체제로 전환되면서 시장을 매개로 하여 농촌에서 대량으로 생산된 농산물은 신속하게 도시 소비자의 식탁에 오르게 되었다.

산업혁명 이후 계속되어 왔던 지난 300여 년간의 산업화 혁명은 환경친화적이고 토지 및 노동의존적이었던 농경질서(農耕秩序)를 산업화에 의해서 개발된 기계화 · 화학화 · 자동화 · 공장화된 농업 질서로 선진국 농업부터 바꾸어 가기 시작하였다.

새로 형성된 산업적 농업 질서가 세계 모든 국가에서 시차(時差)를 두고 진행되는 과정에서 국가별로 심각한 변화의 차이가 나타나고, 적응과정의 시행착오를 거듭하고 있는 와중에서 20세기 후반부터 탈산업화(脫産業化), 지식정보화, 세계화라는 변혁의 새 바람이 불기 시작했다. 지식, 정보 · 통신혁명은 지구촌을 하나로 연결시키는 세계화를 촉진시켰고 여기에는 농업 부문도 예외일 수가 없었다.

농업 부문은 식량안보 등 국내적 가치실현을 위한 목적으로 높은 국경조치(관세와 비관세조치)에 의해서 그 동안 강력하게 보호되어 왔으나, 1994년 4월 우루과이라운드(UR) 협상이 타결되면서 농산물 시장의 개방이 본격화되었고, 이에 따라 농업의 시장화 혁명이 시작된 것이다.

2) 세계화와 농업 통상 문제

생산자가 곧 소비자였던 농산물 자급자족시대를 건너서 도시의 소비자를 대상으로 하는 상업적 영농시대에 농업 생산자들이 차츰 적응해 나가는 과정에서 문득 불어닥친 세계화시대의 농업, 즉 국경이 따로 없는 세계인을 대상으로 하는 농업 질서에 빠르게 적응하지 못하면 별 수 없이 도태될 수밖에 없는 시대가 열리고 있다. 빠른 속도로 진화하고 있는 지식정보사회에서는 세계 모든 나라에서 생산되는 정보가 세계인들에게 동시적으로 그리고 실시간으로 공개된다. 이에 따라 세계의 모든 농산물은 정보의 흐름을 따라 세계 모든 지역의 농산물 시장으로 움직이게 되고, 소비자들은 지구적 정보망(network)을 통하여 가격, 품질, 서비스 등 조건에 따라 그들의 효용을 극대화시킬 수 있는 개성화되고 차별화된 농산물을 구매 · 소비할 수 있는 시대가 열리게 된 것이다.

세계화 · 개방화의 물결 속에서 농업 통상 문제의 중요성은 대단히 커지고 있으며 앞으로도 더욱 커지게 될 것이다.

닫힌 국경 속에서 국내 소비자를 대상으로 하여 국내시장에서의 몫을 키우기 위한 농가 간, 지역 간 경쟁에만 매달려 왔던 농업 생산자들은 이제는 활짝 열린 글로벌 시장에서 세계 농산물과의 치열한 경쟁을 통하여 국내외 시장을 지키거나 확대해 나가지 못하면 도태될 수밖에 없는 전혀 새로운 경영환경에 처하게 된 것이다.

농업은 토지와 노동 및 기후조건 등 생산요소의 각 국가별 부존조건(賦存條件) 및 농업 발전을 위한 제도와 산업화의 정도에 따라 큰 영향을 받아서[1] 생산성을 비롯한 효율성이 결정된다. 그러므로 다른 산업 부문과는 달리 여건이 나쁜 나라의 농산물 생산비는 높아질 수밖에 없고 이에 따라 국제경쟁력 격차는 현저하게 벌어지게 된다.

만약 농산물을 완전 자유교역하게 되면 국제경쟁력이 낮은 나라의 특정 품목의 농업은 위축되어 궁극적으로 소멸될 수밖에 없다. 그러므로 세계화의 피할 수 없는 추세 속에서 농산물 시장개방이라는 세계적 흐름을 존중하면서도, 우리 농업과 농촌이 지니고 있는 특수성을 반영할 수 있는 농업 통상 문제의 중요성은 지대한 것이다. 또한 우리나라는 좁은 국토에서 많은 인구를 부양해야 하므로 식량, 특히 사료곡물의 해외 의존도가 숙명적으로 높을 수밖에 없다. 적절한 가격으로 원하는 시기에 필요한 양만큼 최적조건에 의한 식량의 교역, 또는 개발을 통하여 국민경제를 안정적으로 운용하기 위한 지혜로운 농업 통상 협력 문제의 중요성은 두말할 필요가 없다.

K-pop 등 한류열풍의 확산에 따라서 그리고 신흥개도국들의 경제발전에 의한 소득향상에 따라서 우리의 고품질 농산물과 가공품에 대한 수출수요가 빠른 속도로 증가하고 있다. 개도국 농업개발협력사업과 연계하여 한국 농식품의 수출시장 확대를 위한 공격적인 농업 통상 협력 문제의 중요성이 최근 들어 커지고 있는 이유인 것이다.

1) 비옥하고 풍부한 토지조건을 보유한 러시아도 사회주의 제도의 붕괴 등 과정에서 많은 농장들이 도산되면서 식량수입국으로 전락하였고, 석유수출로 벌어들인 재원을 사막지대 농업 개발에 투입하여 농경지화에 성공한 사우디아라비아는 주식(밀) 곡물의 자급에 성공한 것이 좋은 예이다.

2 WTO(세계무역기구)와 농업 통상

1) WTO 체제의 성립과 기본 원칙

GATT의 발효와 우루과이라운드(UR) 협상

제2차 세계대전이 끝나고 연합국의 승리가 확정적인 시점에 이르러 연합국들은 전후 문제에 대한 협의를 진행하는 과정에서 중요한 합의를 일구어 내었다. 제1차 세계대전과 대공황을 거치면서 심화되어 온 보호무역과 블록(bloc)화 경향을 해소하고 자유무역체제를 확산해 나간다는 원칙이 그것이다.

1945년 미국은 국제무역기구(International Trade Organization: ITO)를 설립하여 무역장벽을 낮추고 특혜제도를 없애는 등 자유롭고 무차별한 무역기구 설립을 주장하였지만 폭넓은 공감대를 얻지 못하여 설립이 좌절되었다. 그러나 각국 정부는 기구설립과는 관계없이 1947년 4월 제네바에서 최초의 관세인하 협상을 시작했으며 그 결과를 이행하기 위해 필요한 규정을 정리하여 관세 및 무역에 관한 일반 협정(General Agreement on Tariffs and Trade: GATT)을 만들었고, 1948년 1월 1일 제네바회의에 참가한 22개국 중에서 8개국의 서명을 얻어서 GATT는 정식으로 발효되었다.

GATT는 당초 국제무역기구가 하려던 역할을 수행하게 되었지만 협정문일 뿐 엄밀한 의미에서 국제기구는 아니었다. 사무국 기구, 운영방식, 경비부담에 대한 규정이 GATT 조문에는 일체 없었기 때문이다. 이렇게 설립된 GATT는 4차례에 걸친 관세인하 협상, 1960년대의 딜론라운드(Dilon Round)와 케네디라운드(Kennedy Round), 1970년대의 도쿄라운드(Tokyo Round), 1980년대의 우루과이라운드(Uruguay Round)를 거치면서 자유무역의 확대와 무역장벽의 제거를 위한 중요한 역할을 수행해 왔다.

세계무역기구 출범과 세계무역기구 기본 원칙

우루과이라운드(UR)가 진행되면서 GATT를 중심으로 한 자유교역체제가 더 강화되어야 한다는 필요성에 많은 회원국들이 공감하였고, 1994년 4월 UR 협상의 타결과 함께 세계무역기구(World Trade Organization: WTO)가 탄생함으로써 자유무역체제를 더욱 강화할 수 있는 기틀이 마련되었다.

WTO가 출범한 이후 세계 모든 나라가 WTO의 질서와 규범을 존중하고 있기 때문에 WTO의 국제적 위상이 높아진 것은 사실이지만, 잠재된 문제점 역시 적지 않다.

자유무역이 장기적으로 모든 국가를 이롭게 한다고는 하지만 단기적으로는 특정 국의 유치산업에 결정적인 피해를 주기도 하므로 WTO 회원국 간의 대립, 선진국과 개도국 간의 대립, 수출국과 수입국 간의 대립, 회원국과 사무국 간의 관계, 다른 국제기구와의 영역 충돌 등 갈등요소들이 여러 곳에 잠복해 있기 때문이다.

WTO 출범 이후, 첫 번째 다자간 협상인 도하개발라운드 협상(DDA)도 당초의 협상 세부 원칙(modality)의 타결기한(2004년 말)을 넘기면서 관련국 간의 이해 조정을 위해서 노력해 왔으나, 2006년 7월 드디어 결렬상태로 협상이 중단되어 2013년 현재까지 타결 전망이 불투명한 것이 좋은 예이다.

초기의 다자간 무역협상에서는 다양한 무역장벽 중에서 쉽게 가시적인 성과를 낼 수 있는 관세인하 문제에 관심이 집중되었다. 그러나 진정한 자유무역을 위해서는 비관세장벽도 낮춰야 한다는 주장과 함께 여태까지 예외 분야로 남아 있던 농산물 분야와 금융 · 서비스 분야에 이르기까지 무역장벽을 낮추기 위한 의제들이 포함된 것은 UR 협상 때부터였다.

WTO를 움직이는 세 가지 기본 원칙은 최혜국대우(most favored nation treatment), 양허(concession), 내국민대우(national treatment)이다.

그 밖에 수량제한의 금지도 GATT 전체에 흐르는 일관된 정신이므로 이를 포함시킬 수도 있으나, 앞의 세 가지 원칙은 하위규정을 해석할 때나 분쟁절차에서도 가장 많이 인용되는 원칙이다(배종하 외, 2005).

(1) 최혜국대우

한 회원국이 다른 회원국에게 제공한 혜택은 다른 모든 회원국에게도 차별 없이 제공되어야 한다는 원칙이다.

A국이 B국으로부터 X란 상품을 10%의 관세율로 수입했다면 C국으로부터 수입되는 X상품의 관세율도 똑같이 10%이어야 하며, A국이 B국으로부터 Y란 상품을 수입하면서 C국의 Y란 상품에 대해서 수입을 금지해서는 안 된다는 것이다. 이처럼 회원국에게 제공한 혜택 중 최고의 혜택을 다른 회원국에게도 동일하게 적용해야 한다는 원칙이 최혜국대우 원칙인 것이다.

그렇다면 최근에 많이 이루어지는 국가 간 자유무역협정(FTA)은 분명히 최혜국대우 원칙에 위배되는 것이다. 자유무역협정은 2개국 또는 그 이상의 소수 국가들이 협정을 맺고 그들끼리의 교역을 완전히 자유롭게 하자는 협정으로 FTA 역내 국가와 역외 국가를 차별적으로 대우하기 때문이다. 그러나 WTO는 이를 예외적으로 허용하고 있다(GATT 제24조). 그러나 지역주의에 입각한 자유무역의 확산이 WTO에 의한 다자무역체제를 대체하는 새로운 무역체제로 발전하고 있는 것이 새로운 국제 무역질서의 변화이다.

(2) 양허

WTO의 모든 회원국들은 다자무역협상에 참여하며 협상의 결과는 문서화되어 구속력을 갖는다. 이처럼 각 회원국들이 상품이나 서비스 시장개방에 대해 약속하는 것을 양허(讓許, concession)라고 하고 문서화된 약속을 이행계획서 또는 양허표(country schedule)라고 한다.

양허의 내용 중에서 가장 대표적인 것은 관세양허 또는 바인딩(binding)인데 관세양허는 구속력을 갖는다는 뜻이다. 예컨대, X라는 상품의 관세율을 30%로 양허하게 되면 어떤 경우에라도 관세율은 30%를 넘을 수 없다는 의미이므로 10%나 20%는 될 수 있지만 31%는 될 수가 없다. 그러므로 만일의 사태를 대비해서 관세를 양허할 때 실제 운용되는 관세율(실행관세)보다 훨씬 높게 양허하는 경우도 흔하게 있는 일이다.

관세양허 외에도 보조금을 어떤 수준으로 낮추고 수입쿼터를 얼마까지 늘린다는 약속은 전부 양허에 포함되며, 현재의 수입제한조치를 언제까지 없앤다든지 외국의 지적재산권을 언제부터 보호하겠다는 약속도 넓은 의미의 양허에 포함된다.

(3) 내국민대우

최혜국대우가 회원국 간의 차별을 하지 않도록 하는 원칙이라면 내국민대우(內國民待遇, national treatment)는 외국 상품과 국내 상품을 차별하지 않아야 한다는 원칙이다. 즉, 외국으로부터 수입된 상품도 국내에서 생산된 상품과 똑같이 취급해야 한다는 원칙이다.

세계 각국은 자국산업을 보호하기 위해서 국내 소비자의 기호, 식품 안전성, 원산지 표시 등을 이유로 수입상품에 대하여 교묘한 여러 가지 조건이나 규격을 부여하는 경우가 많다. 예컨대, 자동차의 안전성을 위해 수입되는 자동차에 대해서 국산 자동차보다 엄격한 기준을 요구하는 경우가 있는데, 이는 내국민대우에 위배된다는 지적을 받게 된다.

(4) 수량제한금지(elimination of quantitative restrictions)

수입 수량을 제한하는 것은 무역을 심각하게 왜곡하는 결과를 초래하므로 일반적으로 금지하고 있으며(GATT 11조), 지극히 예외적인 경우만 허용된다(11조 2항과 18조).

수량제한은 순전히 국내 산업을 보호하기 위한 제도로서 선진국들은 UR 이전까지 광범위한 수량제한조치를 취해 왔으며, 개도국은 지금도 많은 수입제한조치를 운영하고 있다. 수량제한은 관세보다 자유무역에 미치는 폐해가 더 크다고 일반적으로 인식되고 있다. 관세는 비록 높게 설정되어 있다고 하더라도 경쟁력을 높이기만 하면 상대국의 시장에 뚫고 들어갈 수가 있지만 수량제한은 아예 시장진입 자체를 제한하기 때문이다. 그러나 개방으로 인해서 수입물량이 급격히 증가하거나 수입가격이 급격히 하락할 경우에는 세이프가드(safeguard) 조치를 발동하여 수량제한 또는 WTO 양허세율 이상으로 관세 인상을 허용하여 피해구제를 할 수 있도록 되어 있다.

2) 농업 협상의 주요 의제

농업 협상의 목표는 농업 협정 20조에 명기된 바와 같이 "농업의 지원 및 보호를 실질적이며 점진적으로 감축하는 것"(substantial progressive reduction in support and protection)이다. 농업의 "지원 및 보조"는 국내 보조(domestic supports), 시장접근(market access), 수출보조(export subsidy) 등 세 분야에 관련된 것으로 일단 정리되었다.

첫째, 정부 예산을 통해서 농업에 이루어지는 지원, 즉 국내 보조를 감축하자는 것이다. 농업 생산에 관한 투자와 농민들의 소득안전을 위한 가격 지지 정책 등이 대표적인 정책수단으로 선진국들이 많이 시행하고 있는 정책이지만 개도국들은 재원의 부족으로 지원이나 보조가 거의 없다. 이를 협상용어로는 국내 보조의 감축이라고도 한다.

둘째, 외국의 농산물이 국내에 들어오지 못하도록 막고 있는 국경조치(border measure)를 감축하자는 것이다. 관세를 높게 설정한다든가 다양한 비관세조치(검역 등)에 의해서 수입을 제한하는 장치들이 여기에 속하는데, 선진국들보다는 개도국이 일반적으로 높은 무역장벽을 갖는다. 이를 협상용어로는 시장접근의 확대라 한다.

UR 협상에서는 관세는 모든 품목을 예외 없이 양허하여 국내외 가격차를 관세화(tariffication)한 뒤(tariffication without exception), 이 관세 상당치(tariff equivalent: TE)를 6년간 36%(개도국은 10년간 24%) 감축하기로 했으며, 갑작스럽게 수입이 늘어나거나 수입가격이 떨어지는 것에 대비하여 특별긴급관세(special safeguard: SSG) 제도를 도입할 수 있도록 하였고, 수입이 없거나 미미한 품목에 대해서는 최소시장 접근(minimum market access: MMA)방식을 통해서 수입국의 시장접근을 허용하는 등의 방식으로 시장접근이 허용되었다.

셋째, 국내의 과잉 농산물을 국제시장에 수출할 때 지급되는 보조금을 감축하자는 것이다. UR 협상에서는 물량은 21%, 그리고 재정지출은 36%를 6년 동안에 감축하도록 되어 있다. 이를 협상용어로는 수출보조라 부르는데, 국제무역을 가장 크게 왜곡시키는 지원 · 보호수단으로 가장 먼저, 그리고 큰 폭으로 감축되어야 한다는 점에 공감대가 이루어지고 있다.

표 9-1 우리나라의 국내 보조 연도별 지급 추이

구분	1995	2000	2001	2002	2003	2004
농업총생산액	267,361	331,295	335,683	334,445	330,163	372,884
AMS 한도(A)	21,826	17,978	17,209	16,439	15,670	14,900
현행 AMS(B)	20,755	16,909	16,316	15,504	14,717	14,584
비율(B/A)	95.1	94.1	94.8	94.3	93.9	97.9
품목특정 DM	334	1,117	1,477	2,870	2,300	1,016
품목불특정 DM*	2,488	4,127	3,981	5,014	4,144	4,372

주: * 품목불특정 최소허용보조에는 수리시설 유지관리, 종자수급관리, 경영자금 이차보전, 비료판매 가격차손 보조 등이 포함.
자료: 송주호(2009. 6).

국내 보조 중에서는 생산제한직접지불(blue)과 감축대상 정책(amber) 및 허용대상 정책(green) 등 신호등 방식으로 정책을 구분하되, 허용대상 정책의 기본 요건은 생산에 영향을 주지 않아야 하고 무역을 왜곡시키지 않아야 한다는 것이다. 또한 감축대상 정책은 총량보조측정장치(aggregate measurement of support: AMS)를 통하여 한도를 정한 뒤 이를 일정률로 해마다 감축해 나가는 방식에 의해서 보조정책을 감축한다. 이 밖에도 보조금액이 미미하여 품목총생산액의 5%보다 적은 경우에는 감축의무를 면제하는 최소허용보조(de-minimis: DM)가 있다.

2009년 1월 현재 우리나라는 2004년까지의 보조금 집행내역을 WTO에 통보했는데, AMS(감축대상보조) 지급실적은 전체 지원한도(1조 4,900억 원)의 97.9%를 지급하고 있으며, 쌀에 대한 AMS가 전체 AMS 사용액의 97%를 차지하는 등 쌀 관련 보조가 압도적이다. 그 밖의 다른 품목 특정적 보조(쇠고기, 우유, 고추, 마늘 등)는 최소허용 기준(생산액 대비 5% 이내) 1.25%를 활용하고 있으므로 최소허용보조로 통보하였다(표 9-1).

우리나라는 이미 AMS 한도를 매년 770억 원씩 감축시켜 나가야 한다는 부담과 DDA에서의 보조금 감축의무[2] 이행을 위해서 보조금제도의 개편이 불가피한

2) DDA 모델리더 4차 수정안(2008. 12)의 국내 보조금 감축내용에 따르면, 선진국의 무역왜곡보조총액(overall trade distorting support: OTDS) 감축률은 EU는 80%, 미국 · 일본은 70%로 되어 있으며, 개도국은 30%를 추가로 감축해야 한다.

실정이다. 바람직한 개편방향으로는 생산과 연계된 감축대상보조에서 허용보조에 해당하는 비연계(decoupled) 보조로, 품목 불특정적인 최소허용보조로 전환하는 방향이 바람직하다.

한 · 칠레 FTA와 한 · 미 FTA 체결에 의한 농업 부문 피해를 보상하기 위한 수단으로 다양한 직접지불제의 선택요구가 커지고 있다. 그러나 국내 보조액은 AMS 한도액을 초과할 수 없으며 또한 허용한도마저 WTO/DDA 협상이 타결되면 줄여나가야 하므로, 직불제의 전면적인 개혁이 검토되어야 할 단계에 이르렀음을 알 수 있다.

경제이론과 농업 이해

16. 경영의 글로벌화를 촉진시키는 요인

전통적으로 글로벌 산업으로 발전될 수 없는 산업으로는 국가마다 시장특성과 정부 규제가 서로 다른 유통산업(도 · 소매업), 보험산업, 은행업 등이 지적되어 왔다. 그러나 최근에 들어서 유통산업과 금융산업에도 외국 기업의 진출이 가속화되어 글로벌화가 빠른 속도로 진행되고 있다.

많은 산업에서 글로벌화가 촉진되는 이유는 다음과 같다.

① 소비자 수요의 동질화와 인터넷 기술의 발달

코카콜라와 Levi's 청바지, McDonald 햄버거, KFC 닭고기 등은 세계인 모두에게 애용되는 상품들이다. 이는 소비자의 수요나 구매 행태가 전 세계적으로 동질화되고 있다는 뜻이다.

소비자의 수요가 동질화되고 있는 것은, 첫째 인터넷을 비롯한 통신기술의 발달 때문이다. 인터넷으로 전 세계 소비자들은 실시간으로 동일한 것을 보고 느끼며 경험할 수 있기 때문이다. 둘째, 전 세계적인 소득수준의 향상이 수요를 동질화시키고 있다. 경제개발을 성공시키고 있는 개발도상국의 소비자들도 선진국 소비자들과 동질적인 상품을 구매 · 소비할 수 있게 되었기 때문이다.

② 자본집약적 생산방식에 의한 대량생산체제의 보편화

전 세계적으로 거의 모든 산업이 보이고 있는 가장 두드러진 추세 중의 하나는 노동집약적인 전통적인 생산방식이 점차 자본집약적인 생산방식으로 전환되고 있다는 것이다. 이에 따라 거의 모든 산업 부문에서 인간의 노동력이 자동화된 기계, 로버트, 컴퓨터로 조작되는 정밀기계로 대체되고 있다. 이러한 경향은 전자, 철강, 화학산업 등에서 더욱 뚜렷하다.

이와 같이 노동비용은 감소하는 반면에 자본비용이 차지하는 비중은 크게 증가함에 따라 막대한 자본재에 대한 투자를 회수하기 위해서는 대량생산체제를 갖추지 않으면 안 된다. 대량

생산체제는 대량소비시장(mass market)을 확보해야 하므로 기업들은 전 세계 시장을 대상으로 하여 홍보와 판촉전략을 구사하게 됨으로써 기업경영의 글로벌화를 촉진시키고 있다.

농업 부문에서도 밀, 옥수수, 콩, 쌀 등 주요 곡물은 기계화에 의한 대량생산체계 하에서 생산되어 무역자유화 추세에 편승, 전 세계의 대량소비시장을 대상으로 대량유통되고 있다.

③ 빠른 기술진보와 막대한 연구개발(R&D) 투자

전자, 통신, 컴퓨터, 의약품 제조 등 첨단산업 분야에서 빠른 기술진보는 이를 뒷받침하는 막대한 연구개발 투자에 힘입고 있다. 연구개발 비용이 많이 소요되는 산업에서는 국내시장 수요만으로는 지속적인 연구개발 투자 조달이 어렵다.

예컨대, 정밀화학 분야의 R&D 투자비용은 총매출액의 9~10%, 의약품산업에서의 그것은 10~15%까지로 높다. 대규모 연구개발 투자를 감당할 수 없는 기업들은 외국의 다국적 기업에 인수되거나, 화학산업 내 기업들 간에 국제적 인수합병(M&A)이 활발히 이루어지는 등 급속도로 글로벌화가 진행되고 있는 것이다.

④ 무역장벽의 완화와 자본의 자유로운 이동

관세와 무역에 관한 일반협정(GATT) 체제 하에서 진행되어 왔던 무역장벽의 완화(관세율의 감축과 비관세 조치의 철폐)는 세계무역기구(WTO) 체제의 출범 이후 더욱 가속화되고 있다. 특히, WTO 체제 하에서 무역분쟁이 신속하게 해소되고 지적재산권에 대한 보호가 강화됨에 따라 기술이전도 훨씬 자유로워졌으며 산업의 글로벌화는 더욱 가속화될 전망이다.

특히, WTO 체제 하에서는 자본시장과 유통시장 등 서비스 시장의 개방이 진행됨에 따라 각국의 법적·제도적 및 문화적 관습 역시 동질화되면서 글로벌화가 촉진되고 있다. 이른바 글로벌 스탠다드(global standard)라는 개념은 자본이 전 세계로 자유롭게 이동함에 따라 투자가들을 유치하기 위하여 회계제도의 투명화, 각국 고유의 규제철폐 등 각종 사회제도 및 법률·관습 등을 글로벌화시키는 것을 의미한다.

3 농산물 자유무역, 왜 제한적으로 수용해야 하는가?

1) 비교우위론과 농산물 자유무역

자유무역이론의 전제조건과 공로

비교우위론이란, 리카도(D. Ricardo)의 국제 비교생산비설에서 출발하여 헥셔(E. Heckscher)와 오린(B. Ohlin)을 거쳐 사무엘슨(P. A. Samuelson)에 의해서 완성되고 있는 오늘날 신고전학파 경제학의 원리 중의 하나로 되고 있는 이론이다. 그러나 이 이론은 엄격한 이론적 전제 하에서 성립되는 것으로서 중요한 전제조건을 정리하면 다음과 같다.

첫째, 완전경쟁, 둘째 기술조건의 불변(수확 불변), 셋째 완전고용, 넷째 국제수지의 항상적 균형, 다섯째 생산요소의 산업 간의 완전한 이동성 등이다(Joan Robinson, 1979).

오늘날 세계 각국의 경제성장과 각국 국민이 누리고 있는 물질적인 풍요는 국제무역이 없었더라면 아마도 이룩되기 힘든 결과였을 것이다. 그러한 관점에서 본다면 자유무역이 인류사회의 후생증진에 기여한 지대한 공로는 아무도 부인할 수 없는 사실이라 할 수 있다.

자유무역이론의 현실적 갈등과 설득력

그럼에도 불구하고 세계 각국이 시행하고 있는 무역 제한적인 각종의 시책들은 왜 완전히 철폐되고 있지 않는가? 왜 세계 무역질서는 분명히 자유지향적 무역(freer trade)으로의 전환에 동의하면서도 조건 없는 자유무역(free trade)의 실현체제로 즉각 개편되지 않고 있으며, 자유무역의 실현을 위한 여덟 번째의 GATT 다자간 협상인 UR 협상은 7년씩이나 계속되는 진통을 겪게 되었으며, DDA 협상은 출범(2001.11)한 지 10년이 지났지만 타결 전망이 불투명한 협상으로 남아 있는가? 구체적으로 자유무역을 가장 먼저 주창하였으며 그 덕분으로 19세기에서 20세기 초반에 이르기까지 "해가 지지 않는 나라"로서의 번영을 구가하였었던 영국이 유럽연합(EU)의 일원으로서 농산물 무역의 조건 없는 자유화에는 왜 반대해 왔는가?

20세기 후반 자유무역으로 가장 큰 덕을 보고 경이적인 성장을 이룩한 나라인 일본 역시 농산물을 포함한 완전한 자유무역의 실현을 왜 완강히 거부하고 있는가?

자본이 상대적으로 풍부한 대신에 노동이 상대적으로 빈약한 미국은 왜 노동집약적인 상품인 농산물을 수출하고 있는가?(레온티에프 역설). 또한 자본이 상대적으로 풍부한 대신에 노동이 상대적으로 빈약한 일본, 프랑스, 독일 등은 왜 상대적으로 노동집약적인 산업인 자국 농업을 보호하기 위하여 농산물의 완전한 시장개방을 완강히 반대해 왔는가?

자원 부존조건이 나빠서(땅에 비해서 인구가 지나치게 많은) 세계에서 가장 큰 식량 수입지역이었던 유럽공동체(EC 12개국)가 어떻게 식량 수출지역으로 변할 수 있었는가? 이와는 반대로 자원 부존조건이 좋아서 식량 수출국이었던 구소련이 어떻게 식량 수입국으로 전락했는가? 사막의 나라 사우디아라비아가 어떻게 십수년 사이에 비교열위를 극복하여 밀 수출국으로 변신할 수 있었는가?

개도국은 상대적으로 노동이 풍부한 대신에 자본이 부족하다. 그러므로 노동집약적인 재화의 생산에 특화해서 이를 수출하게 되고 이에 따라 노동에 대한 분배는 자본에 대한 분배보다 커지게 되어, 노동자의 실질소득은 증가하게 되고 자본가의 실질소득은 감소하게 되는 소위 무역의 소득분배 효과를 유발하게 된다(사무엘슨-스톨퍼 정리).

그렇다면 1970년대 이래 노동집약적인 상품의 생산에 특화하면서 무역을 통해서 경제성장을 거듭해 온 대부분의 개도국에서 자본가의 소득 증가분이 노동자의 소득 증가분보다 오히려 커졌기 때문에 부익부 빈익빈(富益富 貧益貧) 현상이 심화되어 온 사실은 어떻게 설명할 수 있는가?

무역은 국내의 재화가격 비율을 국제 균형 교역조건과 일치시킴으로써 각 국가 간의 재화가격을 균등화시키게 되어 궁극적으로 각국의 요소가격을 균등화시키게 된다(핵셔-오린-사무엘슨 정리).

그렇다면 각 국가 간의 물가수준 격차나 임금 격차는 왜 해소되지 않고 있는가? 예컨대, 미국과 한국 또는 미국과 일본 간의 땅값 격차는 최근 십수년 사이에 오히려 심화되고 있는 현실을 어떻게 설명할 수 있는가? 이러한 이론과 현실상의 괴리는 무엇보다도 복잡한 무역현상을 단순하게 설명하기 위해서 채택한 국제무역이론이 가진 가정(假定)의 비현실성 때문에 비롯된다고 할 수 있다. 또한 이러한 질문에 대한 설득력 있는 해답이 제시되지 못한다면 비교우위론적 입장에서 농산물 무역 자유화를 주장하면서 한국 농업의 한계를 거론하는 것은 대단히 소박하고 사려 깊지 못한 태도라는 비판을 면할 길이 없다.

2) 자유무역이론의 농업 적용상 한계

세계무역기구(WTO) 체제 하에서도 그리고 확산되고 있는 자유무역협정(FTA) 체제 하에서도 농산물 분야의 무역자유화가 원만히 이루어질 수 있을 것이라고 기대하기는 어려운 실정이다.

왜 농산물 무역자유화는 자유무역이 가지고 있는 여러 가지의 이론적인 유리성에도 불구하고 각 국가들 사이에서 현실적으로 수용되기가 특히 어려운 정책이 되고 있는가? 바꾸어 말하면, 국제무역이론은 농산물 분야의 무역에는 일반적으로 적용하기 어려운 특수하고 제한적인 이론일 수밖에 없는가?

만약 그렇다면 순수무역이론은 어떤 점에서 한계를 가지는가?

이상의 의문에 대한 해답을 구하기 위해서는 신고전학파 종합(neoclassical synthesis) 무역이론을 성립시키고 있는 중심되는 이론의 전제조건(가정)과 결론을 농산물 무역자유화와 연관시켜서 하나씩 재검토해 볼 수밖에 없다.

토지 부존조건에 따라 생산비가 영향받는 효과가 간과(看過)되었다

첫째, 신고전학파의 무역이론은 두 나라(A, B)가, 두 개의 재화(X, Y)를 노동(L)과 자본(K)의 두 가지 생산요소만으로 생산한다고 가정하면서 논리를 전개하고 있다. 이러한 가정은 두 나라가 여러 개의 재화를 생산할 때(二國, 多財의 경우), 또는 여러 나라가 두 가지 재화를 생산할 때(二財, 多國의 경우)에도 확장해서 설명이 가능하지만, 여전히 변하지 않는 가정은 노동과 자본 두 가지 생산요소만 존재한다는 가정인 것이다.

과연 노동과 자본 등 두 가지 생산요소만에 의해서 각국 농업의 생산비 또는 비교우위가 설명되고 결정될 수 있는가?[3] 농업 생산은 자연조건의 영향을 가장

3) 물론 토지를 넓은 의미의 자본으로 해석하는 경우도 있다. 그러나 현재의 비교우위이론에서 채택하고 있는 자본은 전통적인 물적 자본(physical capital)의 개념만 포함하고 있을 뿐 토지나 인적 자본 등은 이에 포함시키지 않은 것이다. 현실적으로 볼 때 한국과 중국의 농산물 생산비 격차의 중요한 부분은 땅값 격차에 따른 토지 용역비이고, 아르헨티나와 미국 농산물 생산비 격차의 중요한 부분은 물적 자본의 격차뿐만 아니라 인적 자본의 격차 부분인 것이다. 이러한 결정적인 생산비 격차요인을 무시한 채 추정된 각국 농업 생산의 비교 생산비 또는 비교우위 개념이 설득력을 가질 수 있겠는가?

많이 받는 산업이고, 특히 그 중에서도 농지 부존조건에 깊은 영향을 받기 때문에 각국의 농업 기술 내용이나 각국의 농업 생산비 구성은 크게 차이가 나게 된다.

인구에 비해서 땅이 넓은 미국과 같은 나라는 토지생산성보다는 노동생산성 향상에 보다 관심이 많기 때문에 토지를 조방적으로 이용하는 대신에 노동절약적이고 자본집약적인 생산기술을 발달시킴으로써 노동생산성(1인당 농업 생산액)을 향상시키는 데 주력해 왔다. 그러나 인구에 비해서 경작할 땅이 좁은 한국과 같은 나라는 노동생산성보다는 토지생산성 향상에 보다 관심이 많기 때문에 노동집약적이고 토지절약적인 생산기술을 발달시킴으로써 토지생산성(일정 면적당 농업 생산액)을 향상시키는 데 주력해 왔다.

그러므로 동일한 농산품이란(예컨대, 쌀) 재화를 생산하는데도 불구하고 미국과 한국은 생산요소 결합방법, 즉 생산기술 자체가 서로 다르므로 이론적으로 동일한 재화를 생산하는 것이 아닌 것이다. 그러므로 동일한 재화를 대상으로 하는 생산물의 상대 가격비에 의한 비교우위의 결정과 이에 의한 자유무역이론이 제시하는 바와 같은 무역효과와는 전혀 다른 결과를 초래할 수도 있는 것이다.

더구나 인구에 비해서 땅이 좁은 나라는 땅에 대한 수요가 상대적으로 크므로 땅값이 비싸지게 된다. 즉, 농지의 기회비용(소위 지대: 토지 용역비)에서 땅이 넓은 나라와 땅이 좁은 나라는 현저한 격차가 발생하게 되는데, 이것은 각국의 농업 생산비 격차를 결정하는 또 하나의 원인이 되기 때문에 비교생산비설 자체가 무용하게 되는 것이다.

이러한 토지 부존조건에 따른 생산비의 근본적인 차이가 감안되지 않고서 토지를 주어진 조건으로 하는 노동과 자본의 결합비율이나 토지 부존조건 때문에 이미 왜곡되어 있는 상대 가격비를 기준으로 하는 비교우위의 결정이란 한갓 무용한 탁상공론에 지나지 않는다 할 것이다. 더구나 이 이론에 의한 국제무역의 이익이 무역이론대로 발생하기를 기대하기는 어려운 것이다.

각 나라 소비자의 농산물에 대한 기호와 소비구조는 다르다

둘째, 신고전학파 무역이론에 의하면 소비자의 기호(Preference)는 각 나라에서 동일하다는 가정을 하고 있다. 이 가정을 바꾸어 말하면, 교역되는 상품은 각 나라 소비자의 기호가 같은 동질적인 상품(homogeneous product)이란 뜻이다. 그러므로 양국에서 재화의 상대 가격비가 같다면 두 나라의 소비비율은 같다는 것이다.

그러나 불행히도 이 가정 역시 현실적이 아니다. 특히, 농산물은 땅과 기후조건에 크게 영향을 받으면서 재배되는 유기적인 생산물이기 때문에, 그리고 오랜 세월을 거치면서 형성된 각국 국민들의 식생활 습관 때문에 맛과 건강에 대한 적합성 등에서 크게 차이가 난다. 예컨대, 같은 땅에서 생산되는 쌀이라 할지라도 통일벼와 일반벼에 대한 한국 국민의 기호는 엄청나게 달랐다.[4] 하물며 미국 국민과 한국 국민들의 식생활 습관을 감안할 때, 가령 밀과 쌀의 상대가격이 같다고 해서 양국 간에 밀과 쌀의 소비비율이 이론대로 같아질 수 있겠는가? 더구나 한국인이 즐겨 먹는 단립형(短粒型) 쌀은 세계 총생산량의 14% 정도에 불과하며, 그나마도 교역량은 전체 생산량의(3억 5,000만 톤)의 2~3% 수준(1,500만 톤)에 불과한 얇은 시장(thin market)인 것이다. 만약 단립종 쌀 생산에 이상이 생길 경우 장립종(소위 안남미) 쌀이나 밀로서는 이에 대한 수요를 완전히 대체할 수 없을 것이므로, 식량안보적 측면에서 한국의 쌀 자급을 위한 욕구가 높을 수밖에 없는 것이다. 그러므로 소비자의 기호가 각 나라에서 동일하다라는 가정 역시 현실적이지 않은 것이다.

또한 헥셔-오린 정리는 양국의 소비자 기호(수요구조)가 동일하다는 가정 하에서 양국 간 요소 부존도의 차이가 양국 간 요소가격 비율의 차이를 가져온다고 설명하고 있다. 즉, $(K/L)_A < (K/L)_B \Rightarrow (w/r)_A < (w/r)_B$가 성립하게 된다. 이를 풀어서 설명하면, 만약 노동에 대한 자본의 부존비율(K/L)에서 B국이 A국보다 크다면 지대에 대한 임금의 비율(w/r) 역시 B국이 A국보다 크게 된다는 것이다.

4) 주곡자급을 위하여 개발 · 보급된 통일벼는 정부수매 폐지(1991년) 이후 값싼 보급가격(2만 5,000원/80kg)에도 불구하고 값비싼 일반미(10만 원/80kg)에 밀려서 이 땅에서 자취를 감추었다.

그러나 현실적으로 볼 때 앞의 쌀에 대한 한국 국민의 기호에서 보는 바와 같이, 각국은 자국에 상대적으로 풍부하게 부존되어 있는 요소를 집약적으로 사용하는 재화에 대하여 높은 소비선호를 갖게 되는 경향이 있으므로 두 나라의 소비자 기호는 동일하지 않게 된다.

예컨대, 노동풍부국인 한국에서는 노동집약재에 대한 소비선호의 증가로 노동에 대한 수요가 크게 증가하면 임금이 상승하게 되어 한국은 노동풍부국임에도 불구하고 요소가격의 비율(w/r)이 자본풍부국인 미국보다 높아지게 되는 현상이 발생하게 된다[(w/r)A > (w/r)B]. 이를 소위 수요의 반전(demand reversal)이라고 한다. 만약 수요의 반전현상이 일어나게 되면 한국은 노동풍부국임에도 불구하고 이론적으로는 자본집약적인 재화의 생산에 비교우위를 갖게 되고, 미국은 자본풍부국임에도 불구하고 노동집약적인 재화의 생산에 비교우위를 갖게 되어, 헥셔-오린 정리에 의한 무역 유형과는 서로 다른 무역 유형이 발생되는 것이다.

경제발전 정도에 따라서 각국의 생산요소 집약도와 농업 생산기술은 달라진다

셋째, 헥셔-오린 정리에 의하면 생산요소의 상대가격이 변함에 따라서 요소의 가격비율이 달라지더라도 각 재화의 요소집약도는 바뀌지 않는다고 가정하고 있다. 요소집약도가 같다는 것은 양국의 생산기술이 서로 같음을 의미한다.

그러므로 만약 X재가 Y재보다 노동집약적이라면 어떤 요소 가격비율 하에서도 X재는 노동집약적이어야 하고 A국에서 X재가 노동집약재라면 B국에서도 X재는 노동집약적이어야 한다는 것이다. 즉, 요소집약도의 반전(factor-intensity reversal)은 일어나지 않는다고 가정하고 있다.

그러나 현실적으로 볼 때 단기적으로는 요소집약도가 일정하다고 하더라도, 장기적으로 생산기술이 변함에 따라서 농산물의 요소집약도는 반전되어 온 것이 일반적인 현상이었다.

예컨대, 땅이 넓고 자본이 풍부한 미국에서는 상대적으로 값비싼 노동력을 자본으로 대체하는 기술발전이 급속하게 이루어져 왔으므로 오늘날에는 농업 노동자 1인당 자본액(자본장비율)은 공업 노동자 1인당 자본액보다 높은 것으로 나타나고 있다. 즉, 미국의 농산물은 상대적인 자본재라 할 수 있다. 그러나 인구에 비해서 땅이 좁은 한국이나 자본이 특히 부족한 대부분의 개발도상국에서는 농업 부문의 자본장비율은 공업 부문의 그것보다는 훨씬 낮기 때문에 농산품은 상대적으로 노동집약적인 상품인 것이다.

즉, 미국의 쌀은 자본집약재인데 한국의 쌀은 노동집약재인 것이다. 이와 같이 요소집약도의 반전(反轉)현상이 일어나게 되면 한국은 노동풍부국으로서 노동집약재인 쌀 생산에 특화하는 것이 유리하게 되나 미국은 자본풍부국으로서 자본집약재인 쌀 생산에 특화하는 것이 이론적으로 유리하게 된다. 만약 미국 쌀의 생산비가 현 시점에서 상대적으로 싸기 때문에 비교우위이론에 따라서 국제무역을 통하여 한국 쌀 생산을 줄일 수밖에 없다면, 노동풍부국인 한국의 임금 하락과 실업 문제는 더욱 심각해질 수밖에 없는 것이다.

결국 헥셔-오린 정리에 따른 무역 유형이 요소집약도의 반전이 일어나면 이론과는 달리 전개되는 것이다.[5] 이러한 일은 어떤 재화에 대한 각국의 생산함수가 일정하다는 가정 때문에 유발된 것으로서, 동태적으로 변화되고 있는 농업 생산기술에도 불구하고 일정 시점에서 정태적으로 각국의 비교우위를 판단해서 이를 기준으로 자유무역을 실현하게 되면, 자유무역의 결과가 요소 부존조건과는 달리 왜곡적인 결과로 나타날 수도 있음을 시사하는 것이다.

농산물 시장은 불완전고용과 불완전경쟁이 지배적인 시장이다

넷째, 신고전학파 종합의 무역이론은 완전고용이 실현되고 있으며 재화시장과 요소시장의 완전경쟁을 가정하고 있다. 그러므로 각국의 모든 산업에 있어서 임금과 이자율 등 생산요소 가격은 동일하다는 가정 하에서 이론을 전개하고 있다.

그러나 현실적으로 볼 때 완전고용은 이상일 뿐 현재까지 이를 실현시키고 있는 나라는 지구상에 존재하지 않으며, 재화시장과 요소시장은 정치 · 사회적

5) 레온티에프의 역설현상도 앞에서 말한 수요의 반전이나 요소집약도의 반전 때문에 일어나고 있다고 설명할 수는 있지만, 이에 대한 연구결과는 제시되지 못하고 있다.

인 이유나 경제개발 전략 등 각국의 특별한 사정을 반영한 정부의 적극적인 시장 개입으로 완전경쟁이 실현되지 않고 있다. 따라서 각 산업 부문에서 임금과 이자율 등 모든 생산요소 가격이 동일하지 않는 것이 일반적인 현상이다. 특히, 농산물 시장은 생산과 유통에 따르는 특수성 때문에 소위 다국적 기업에 의한 과점적 시장구조체제를 이루고 있는 대표적인 불완전 경쟁시장(imperfect competitive market)이다.

헥셔-오린 정리에 의하면 양국 간에 무역이 발생하였을 경우 비교열위 부문(예컨대, 농업)에 고용되어 있는 생산요소는 비교우위가 있는 산업(예컨대, 공업)으로 재빨리 이동하게 된다.

그러나 완전고용이 실현되지 않고 있다면 비교우위 부문의 확대는 비교열위 부문이 고용하고 있었던 생산요소를 추가로 고용하는 것이 아니라, 비교우위 부문의 실업상태에 놓여 있었던 생산요소를 우선적으로 고용하게 된다. 더구나 비교열위 부문의 한계적 자원(marginal resources)은 다른 산업 부문으로 쉽게 이동하지 못하므로 잠재적인 실업상태에 놓이게 되는 자원은 더욱 늘어나게 된다. 또한 재화시장은 독점이나 독점적 생산체제 등 불완전경쟁이 지배하는 시장체제이고, 정부의 물가 안정화 시책이나 생산자 보호시책에 의한 시장간섭 때문에 완전경쟁적 조건마저 이루어지지 않고 있는 것이 보다 일반적인 현상이다. 또한 요소시장 역시 정부의 시장개입으로 가격이 크게 왜곡되어 있는 것이 일반적이므로 완전경쟁 시장상태가 아니다. 불완전고용과 불완전경쟁 상태가 지배적인 시장에서 이루어지는 무역 유형에서 발생할 수 있는 효과는, 완전고용과 완전경쟁 상태 하에서 이루어지는 자유무역의 이론적인 유리성과는 전혀 달라지게 될 수밖에 없는 것이다.

차별적인 직 · 간접 정부지원에 의해서 각국 농산물 가격은 왜곡되어 있다

다섯째, 헥셔-오린 정리에 의한 각국의 생산 균형점을 결정하는 중요한 기준인 각 재화의 상대 가격비 (PX/PY)A 또는 (PX/PY)B는 정부의 시장간섭적인 정책의 결과 크게 왜곡되어 있는 상태라는 점이다. 각국은 자국의 중요한 전략산업 육성을 위해서 각종의 직 · 간접 보조를 통해서 특정 재화의 시장가격을 크게 왜곡시켜 왔다.

미국의 대표적인 농업 보조금은 3중의 "농가소득 안전망"에 의해서 지원되고 있다. 즉, 최저가격을 보장하고(marketing loan), 이에 추가해서 일정액의 직접지불금(고정직접지불제)을 지불하며, 시장가격(또는 융자단가)과 직접지불금의 합계액이 목표가격에 미달하면 그 차액도 경기대응 소득보조(counter cyclical payment)에 의해서 3중으로 지불한다. 이에 따라 농가 예산에서 차지하는 정부직불금 비율은 최근 10년간(2001~2010) 소득안정 프로그램 6.9%, 작물보험 프로그램 9.0%, 환경보전 프로그램 7.0% 등 합계 22.9%에 달한다. 만약 이러한 정부의 지원이 없게 된다면 미국 농산물 가격은 정부지원 삭감액만큼 높아질 수밖에 없다. 이러한 시장가격에 대한 직접적인 지원뿐만 아니라 농업 기술개발과 보급 등에 관한 간접적인 지원 역시 생산비에 영향을 미쳐 시장가격을 낮추게 하는 효과를 보이게 되므로, 이러한 정부의 시장간접적인 효과를 배제하면 미국 농산물 가격은 두 배 이상 크게 높아질 것이다. 일본의 2011년 직불금 총액은 9,185억 엔으로 농림수산 예산(2조 7,712억 엔)의 40.4%에 달하는 등 직불제를 통한 개방대응력 강화에 주력하고 있다. 그러나 대부분의 개도국들은 재원의 부족 때문에 농산물 가격 지지 정책을 효과적으로 시행하지 못하고 있는 상태이다. 한국의 경우에는 2010년 현재 농가에게 지불된 직접지불금은 1조 5,940억 원으로 농식품 예산의 15.4%, 농업소득총액의 13.4%에 해당하는 금액이다.

이러한 농산물에 대한 정부의 직 · 간접 지원에 의해서 농산물의 시장가격은 크게 왜곡되어 있는데도 불구하고, 이를 감안하지 않은 채 드러나고 있는 시장가격만을 기준으로 하여 각 재화의 상대가격을 논하고 그에 의해서 비교우위를 결정하여 자유무역을 시행하는 것은, 이로 인한 이익의 분배가 국가 간에 크게 왜곡될 수밖에 없을 것임은 뻔한 이치인 것이다.

시장가격의 크기로 시장에 반영되지 않는 다원적 기능이 무시되고 있다

여섯째, 무엇보다도 시장기구가 가지고 있는 한계에 관한 문제이다. 시장기구는 가격 신호에 따라서 자원배분을 하고 가격의 크기로 나타난 소득에 의해서 경제활동의 성과를 배분하며 가격의 크기에 의해서 손익분석(B/C ratio anaylisis)을 하고 효율성(efficiency) 정도를 판단한다. 무역의 기준도 결국은 국가별로 시장에 반영된 각 재화의 가격이며, 무역으로 인한 이익도 각 재화의 가격을 기준으로 배분된다.

일국의 농업은 가격(시장에 반영된 가치)의 크기로 반영된 가치인 농산물을 생산하고 있을 뿐만 아니라 식량안보, 환경보전 등의 가격으로 표시되지 않은 나라별로 독특한 다원적 기능도 농산물과 동반 생산하여 국민경제에 무보수로 공급한다.

즉, 외부경제적 기능을 시장가격으로 반영되지 않은 형태로 생산하는 것이다. 이러한 농업의 외부경제적인 공공재 생산적인 기능은 그것이 일국의 안녕을 유지하고 안정된 성장을 위해서는 필요불가결한 가치라는 점에 광범위한 합의가 이루어지고 있기 때문에, 선진 각국은 자국의 농업 생산을 보호하기 위해서 적극적인 시장개입을 하고 있는 것이 라고 할 수 있다.

그러나 나타난 시장가격만을 기준으로 하여 시행되고 있는 국가 간의 무역은 가격으로 반영되지 않은 외부경제적인 농업의 다원적인 기능마저 고려하여 실시되고 있지 않기 때문에 결국 시장실패 현상을 일으키게 되는 것이다.

경제이론과 농업 이해

17. 무역 왜곡적인 농업 보호 정책수단

세계의 모든 나라 정부는 농산물의 유통에 있어서, 특히 국제 간 무역에 대해서는 어떤 형태로든지 개입하고 있다. 그 이유는 생산자의 소득보장, 소비자의 식품구입비 안정화, 식량의 자급률(自給率) 확보, 국가의 재정수입 또는 외국의 무역시장 간섭적 시책에 대한 대항수단으로서 등 다양하게 정리된다.

이러한 세계 각국의 시장간섭에 따라 국제 농산물 시장가격은 심하게 왜곡되어 있다. 농산물 국제시장에 영향을 미치는 각국의 농업 부문 보호를 위한 정책수단은 수없이 많은데 이를 유형화해서 정리하면 다음의 표와 같다.

1. 무역에 대한 직접 개입수단
- 관세와 세금(tariffs and taxes)
- 수입과 수출할당제도(import and export quotas)
- 수출보조(export subsidies)

2. 외환율(exchange rate) 관리수단
- 고정환율제도(fixed rates)
- 차별적 환율제도(differential rates)
- 조정환율제도(crawling rates)
- 외환관리제조, 외환취급허가제도

3. 기타의 거시경제변수의 왜곡수단
- 이자율 관리
- 임금관리
- 인플레이션 관리

4. 농산물 시장가격 지지수단
- 국경조치(border measures)와 연계된 국내 가격지지(수입할당 · 수입허가 · 관세 · 변동부과금(varicble levies) · 수출보장제(export restitution) 등
- 이중가격제와 농산물정부수매제
- 가격할증제(price premiums)
- 정부재고관리제도와 상품담보융자제도
- 선물시장가격 안정화 시책

5. 개별 상품에 대한 시장간섭 수단
- 직접지불제도: 부족분(deficiency) 지불 · 재난구호 · 가격안정자금 등
- 생산자 책임부과금(시장활동 · 식부전환 · 경지휴경)
- 비축제도

6. 상품유통에 대한 시장개입 수단
- 운송비 보조
- 판매촉진 지원
- 농산물 검사 용역지원

7. 유동생산비(variable of production) 지원수단
- 비료비 보조
- 연료세 면제와 연료비 보조
- 생산자금에 대한 신용공여
- 관개시설 보조
- 작물보험 보조

8. 장기 농업 생산비 지원
- 기술연구개발비와 기술보급 지원
- 환경보건과 자연자원 보존지원
- 경영규모화 · 경지정리 등 구조개선 지원
- 도로 · 항만 등 사회간접자본 지원

각국 농산품의 국제경쟁력과 무역에 영향을 미치는 정책수단들은 8개 그룹으로 나눌 수가 있는데, 보다 광범위하게 분류해서 관세와 비관세 조치로 나누어서 파악하는 경우도 있고 수입억제를 위한 시책과 수출촉진을 위한 시책으로 나눌 수도 있다. 또한 GATT의 UR 협상을 계기로 하여서 금지 또는 감축대상 정책과 허용대상 정책으로 구분하거나 협상의제와 연관하여 관세이외의 국경조치를 수출보조(export subsidies), 국내 보조(internal support) 등으로 나누어서 파악하기도 한다(Luther Tweeten, 1992).

확대되고 있는 농산물 시장의 개방 추세에 대응하여 필수적인 국내 농업 부문을 보호하기 위해서 국경조치의 완화 내지 철폐가 국내 농업에 미치는 영향과 효과 및 세계 각국이 시행하고 있는 주요 국가의 농업 보호적 시책의 선택과 변화 및 효과를 연구하는 것이 농업경제학계에 주어진 시대적 과제이다. 이를 통하여 국내 정책의 선택방향을 제시할 수 있음은 물론, 각종 통상협상에서 협상자료로 활용하며, 나아가서 한국 농업의 해외 진출을 뒷받침하기 위한 기초적인 자료기반을 구축할 수 있기 때문이다.

3) 한국 농업이 자유무역이론에 의한 완전시장개방을 승복할 수 없는 이유

자원 부존조건이 열악하여 대부분의 식량을 수입할 수밖에 없는 식량 순수입국인 한국 농산물의 국제경쟁력이 현 시점에서 취약하기 때문에, 즉 농업 생산이 가격을 기준으로 할 때 경쟁력이 없기 때문에 국내 농업을 포기할 수밖에 없

다고 가정해 보자.

한국은 식량 수출국들로부터 비록 값싼 식량을 수입할 수 있을지는 모르지만 국내 농업 생산을 유지해 왔기 때문에 공급할 수 있었던 식량안보 기능이나 홍수방지 기능 등 농업의 공공재적 기능은 식량과 동반하여 수입되지 않기 때문에 이러한 기능의 약화를 감수하지 않으면 안 될 것이다.

이 결과는 값싼 식량을 수입하는 대신에 농업 생산이 무보수로 제공해 왔던 공공재적 기능의 상실에 따라서 현재 수준의 국내 농업 보호비용을 초과할 수도 있는 엄청난 사회적 비용을 계속 부담해 가야 할지도 모를 결과로 이어지게 될 것이다.

자유무역을 뒷받침하고 있는 비교우위론은 경제학이 이루어 놓은 훌륭한 이론적 성과의 하나로서, 비단 국가 간의 무역에서 뿐만 아니라 개인의 합리적인 의사결정 기준으로서도 기본되는 원리임은 부인할 수 없다. 그러나 비교우위론만에 의해서 현재의 국제무역을 이해하고 설명하려는 태도나, 이 이론을 간명하게 설명하기 위해서 도입한 전제조건의 제약을 빙자하여 비교우위론 자체를 부정하려는 태도는 둘 다 이 이론을 올바르게 이해 · 적용하려는 자세가 아님은 분명한 사실이다. 특히, 시장실패가 여러 부문에서 두드러지게 나타나는 농산물 생산 부문의 무역자유화에 있어서 비교우위론을 거리낌 없이 적용할 수 없다는 것은 앞의 분석에서 자명해진다.

그 이유는 다음과 같이 크게 다섯 가지로 요약할 수 있을 것이다.

첫째, 국제무역이론을 성립시키고 있는 전제조건인 가정 자체가 지나치게 비현실적이기 때문에 자유무역으로 인한 이익이 교역국들에게 공정하게 배분될 수 없다는 점, 둘째 일국의 농업 생산은 식량안보나 환경보전 등으로 대표되는 공공재적 생산 기능을 시장가격으로 반영되지 않은 형태로 생산하고 있는데도 불구하고 교역에서는 시장가격만을 기준으로 하고 있다는 점, 셋째 각국의 농산물 가격에 체화되어 있는 각국의 시장개입 정도가 지나쳤기 때문에 현존하는 국제 농산물 가격 자체가 엄청나게 왜곡되어 있으므로 국제 간 교역의 정당한 기준이 될 수 없다는 점, 넷째 농산물의 가치는 가격요인뿐만 아니라 맛, 안전성, 신선도 등 품질과 서비스로 대표되는 비가격적 요인의 크기에 의해서 크게 영향 받는다. 그러므로 동질적인 상품을 전제조건으로 하여 가격요인에 의한 국제무역이론상의 시장개방 효과(개방피해 예측 등)는 현실 설명력이 낮을 수밖에 없다는 점, 다섯째 순수 국제무역이론은 정태적인 균형분석에서 도출된 이론이나 현실무역은 경제발전에 따라서 각국의 생산기술 발전과 요소집약도 등 여건이 끊임없이 변화하는 가운데 동태적으로 변하면서 이루어지는 동태적인 과정이라는 점등이다.

그러므로 정태적인 이론의 결과와 같은 무역 유형과는 전혀 틀리는 무역 유형이 현실적으로 존재하기 때문에 국제무역의 이익이 각 국가 간에 이론대로 발생하지 않게 될 뿐만 아니라 무역으로 인한 이익도 각 국가 간에 공정하게 배분되지 않게 될 수도 있다는 것이다.

무역자유화는 경제의 무역의존도가 지나치게 높은 한국의 입장에서는 불가피한 선택이기는 하다. 그러나 국제경쟁력이 취약한 한국 농업의 산업위축을 촉진하는 결과로 이어질 수도 있다. 그러므로 무역자유화의 속도와 폭을 조절할 수 있는 지혜와 능력 함양이 농업경제학도들에게 주어진 시대적 과제인 것이다.

4 해외 농업 개발 진출

1) 왜 해외 농업 개발에 나서야 하는가

식량공급 잠재력의 확대

우리나라는 주어진 농경지 면적에 비해서 부양해야 할 인구가 많으므로 식량의 해외 의존도가 매우 높은 나라이다. 특히, 소득이 증가함에 따라 육류소비량이 증가하게 되면서 해외 사료 의존적인 축산경영이 보편화되었고, 이에 따라 식량자급률은 크게 낮아지게 되었다.

전체 양곡자급률은 1970년의 80.5%에서 1990년에는 43.1%, 2000년에는 29.7%,

그리고 2012년에는 22.8%로 빠른 속도로 떨어지고 있으며, 사료용을 제외한 양곡 자급률도 2010년에는 54.9%로 떨어지고 있다. 이에 따라 농림수산물 무역수지상의 적자폭(수출-수입)도 1980년의 12억 3,400만 USD에서 1990년의 28억 6,900만 USD, 2000년의 68억 2,500만 USD, 2012년의 254억 1,600만 USD로 빠르게 확대되고 있다.

무엇보다 국제 식량의 불안정한 수급상황에 대응하여 식량공급 잠재력 강화 차원에서 해외 농업 개발 진출을 활성화시켜야 한다. 국제 곡물가격은 2000년대 중반까지는 안정적 추세를 보여 왔으나 2007/2008년의 국제 식량위기시에는 2배 이상 폭등하였으며 그 이후 다소 진정되었다. 그러나 2010년 7월과 2012년 7월 간에는 다시 폭등하는 등 국제 곡물의 변동주기가 빨라지고 있다. 이러한 곡물위기가 앞으로 더욱 빈번하게 일어날 가능성이 높으므로 식량수입국을 중심으로 하여 국제시장의 실패, 즉 국제 곡물시장의 불안정성이 국내 경제에 미치는 악영향을 완화시키기 위한 시장개입적 국내 정책의 강화 필요성이 제기되고 있다(그림 9-1).

해외 농업 진출을 통하여 식량의 해외 생산기지를 효과적으로 확보한다는

그림 9-1 연도별 주요 곡물(밀, 옥수수, 콩)의 국제가격 변화 추이

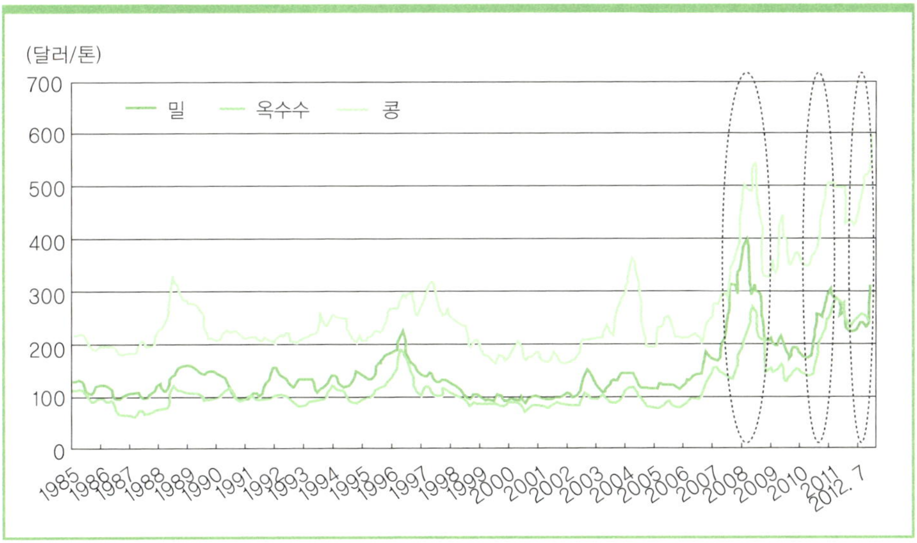

자료: USDA(2012. 8).

것은 다음과 같은 중요한 경제 · 사회적 효과를 기대할 수 있다.

첫째, 곡물의 간접비축 효과로 국제 곡물가격 상승의 충격을 흡수하여 국내 경제의 안정적인 운용을 기대할 수 있다. 둘째, 저렴한 원료 농산물의 안정적인 공급으로 국내 축산업과 식품산업의 경쟁력 강화를 기대할 수 있다. 셋째, 한국 농업의 비교우위 요인인 농업 기술인력과 농자재산업 및 농산물 유통산업 분야의 새로운 고용과 소득기회 창출을 해외 농업 진출을 통하여 기대할 수 있다. 넷째, 만성적인 식량부족 상태에서 허덕이고 있는 북한과의 통일 이후를 대비하는 식량의 잠재적 공급능력 확대를 기대할 수 있다.

개도국의 빈곤 해소에 적극적 기여

2007/2008년의 국제 식량위기는 개도국들에게 가격 급등과 식량원조 삭감이란 이중고(二重苦)를 경험하게 하였고, 국제사회는 개도국들에게 식량원조와 농업 생산능력 배양 등 다양한 지원활동을 전개함으로써 개도국에 대한 식량농업 지원 문제는 바야흐로 글로벌 이슈화되고 있다. UN 식량안보정상회의(2008 .6)에서는 세계 식량위기를 해결하기 위한 기본 원칙과 청사진을 제시하면서 긴급구호 지원 확대, 바이오 연료 정책 검토, 수출제한조치 철회, 공정한 무역 정책의 시행, 제2차 녹색혁명 추진 등 국제적 대응전략을 촉구하였다.

한국은 2009년 11월 25일 경제협력기구(OECD)의 개발원조위원회(Development Assistance Commitee: DAC)의 24번째 회원국으로 가입하면서 개도국의 빈곤 해소를 위한 식량농업 지원에 본격적으로 나서야 할 책무를 지게 되었다.

한국의 ODA(official development assistance, 공적개발원조) 사업은 외교통상부 산하의 한국국제협력단(KOICA)이 집행하는 무상원조와 기획재정부가 관장하는 한국수출입은행의 저리차관원조(EDCF)로 크게 나눌 수 있다.

이 중에서 KOICA의 농어촌 개발 분야 사업은 1991년 이래 총 1,511억 원으로 그 동안 KOICA 사업 실적의 약 5.9%에 해당되는데, 2009년에는 전체 사업의 9%에 해당하는 340억 원으로 점차 증가하고 있는 추세이다. 그러나 KOICA 사업에 의한 농어촌 개발 분야 지원사업은 농어촌 개발 등 프로젝트 지원과 전문가와 봉사

그림 9-2 2010년 KOICA의 농어촌 개발 분야 지원계획

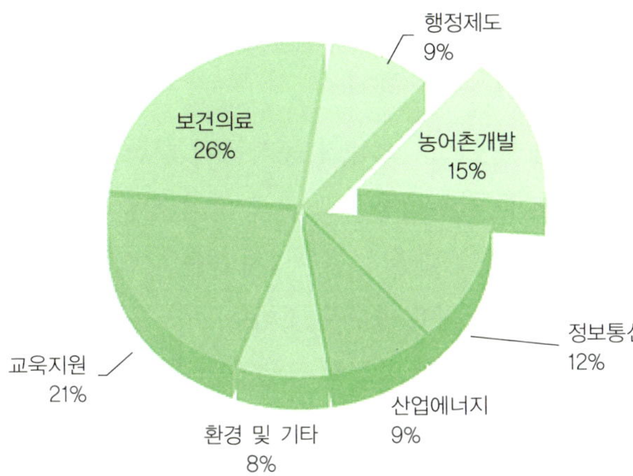

단 파견, NGO 지원 등 수원국의 빈곤 문제 해결을 위한 주변 문제에 치중하여 왔기 때문에, 앞으로 ODA 규모가 커짐에 따라서 개도국의 식량생산 능력의 강화 등을 비롯한 빈곤 문제 해결을 위한 근원적인 접근이 불가피할 것으로 전망된다. 이에 따라서 2010년에는 총사업비의 15%가 농어촌개발사업에 배분되었다(그림 9-2).

해외 농업 진출과 연계하여 국가적 관심사 해결

한국전쟁을 겪으면서 우리나라는 미국의 밀가루와 우유가루 원조를 받으면서 기아상태를 모면하였다. 고마운 일이었다. 그러나 미국의 원조는 자국의 잉여농산물을 해외에서 처리함으로써 국내의 농산물 가격 안정과 농가소득 지지라는 또 다른 국가적 관심사를 해결하기 위한 정책수단이었다는 점을 상기할 필요가 있다.

한국의 개도국에 대한 공적개발원조(ODA) 사업도 우리 사회의 당면 과제인 해외 농업 진출의 연착륙을 지원하는 것은 당연하다. 국제 농업협력사업의 주어진 목표인 개도국의 식량위기 대응능력의 강화와 빈곤해소 문제 등 표면적으로 내세울 수 있는 이유 이외의 국가적인 관심사를 해결하는 유효한 정책수단으로

해외 농업 진출이 활용될 수 있어야 한다.

첫째, 개도국에 대한 국제 농업협력사업을 우리나라의 고급 농산물(축산물, 과채류, 화훼류)과 가공식품에 대한 신시장(新市場) 확보를 위한 교두보 구축의 유효한 전략으로 이용해야 한다.

개도국의 빠른 경제성장으로 고품질 농식품에 대한 수요가 크게 증가하고 있다. 특히, K-POP 확산 등 한류열풍으로 한국 농식품에 대한 국제적 신인도도 크게 호전되고 있다. 개도국에 대한 농업협력사업을 디딤돌로 하여 한국 농식품의 신시장을 적극적으로 개척해야 한다는 것이다.

예컨대, 한-EU FTA 협정 체결 이후의 유럽 고소득 시장에 보다 유리한 조건으로 진입하기 위한 수단으로 우크라이나에 대한 농업 진출을, 그리고 러시아 시장에 대한 접근을 위한 교두보 확보 차원에서 우즈베키스탄에 대한 농업 진출을, 그리고 빠른 속도로 확장되고 있는 중국 시장에 대한 수출생산기지 확보 차원에서 라오스, 캄보디아 등 인도차이나 반도국에 대한 농업 진출을 적극적으로 검토하자는 것이다.

둘째, 해외 농업개발사업이라는 수단을 통하여 자원확보의 길을 열어야 한다. 개도국의 관심은 자국의 농업 개발에 집중되고 있으나 한국의 관심은 소위 '자원외교'로 표방되는 석유와 광물자원의 개발권 확보에 쏠려 있다. 아프리카와 중동아시아 국가들의 에너지자원 확보, 라오스의 수력발전소 건설, 몽골의 광물자원 등은 모두 잠재적 발전 가능성이 큰 사업이므로 선진국들의 사업권을 획득하기 위한 경쟁이 치열한 분야이다. 이러한 자원보유국들의 자원개발권을 농업협력진출사업을 디딤돌로 하여 접근함으로써 국익을 실현해야 한다는 것이다.

셋째, 고려인의 문제해결을 위한 근원적 접근이 해외 농업 진출을 통해서 이루어져야 한다. 고려인은 19세기 말엽부터 20세기 초반까지 러시아 연해주로 이주한 한국의 해외 농업 이민 1세대로서 소련연방 해체 이후, 구 CIS 국가들이 집단농장의 농장원에 대한 농지분배 과정에서 고려인을 민족차별주의에 의해서 소외시킴에 따라, 농지 무소유농가(소작농가 또는 농업 노동자)로 전락하게 되어 어려운 여건 하에서 농업 생산에 종사하고 있다. 2005년 현재 총 55만 명의 고려인

그림 9-3 고려인의 이주와 정착과정

1860년대	1910년대	1937년대	1991년대	2000년대
• 한반도 대기근 –연해주 이전, 정착	• 항일독립운동가 연해주 집결	• 중앙아시아 10여 개 지역 강제 이주	• 독립한 중앙아시아국의 집단농장 해체 →농장 농지분배 과정 차별화	• 약 55만 명의 고려인이 농업 노동자 또는 무국적자로 생활

들이 우즈베키스탄(19만 명), 카자흐스탄(10만 명), 연해주와 모스크바(각 4만 명), 우크라이나와 남부 러시아(각 3만 명) 등 약 55만 명이 주로 구소련 국가에 흩어져서 살고 있다(그림 9-3).

현재까지의 한국의 고려인 지원사업은 양로원 등 복지시설 지원 등에 의한 소규모의 단속적(斷續的)인 지원에 머물러 왔다. 그러나 보다 적극적이고 지속적인 농업협력사업을 통하여 고려인의 농지이용권 확보를 지원하고 이를 통하여 현지 국적 취득기회를 제공하는 등의 고려인의 경제적 지위 향상에 나서야 한다. 이 문제는 선진국으로 진입하는 한국의 국격(國格) 향상을 위해서도 필수적인 과제인 것이다.

국내 잉여 농업 자원의 활용

농산물 시장의 개방 폭이 확대되면, 국제경쟁력이 취약한 농업 생산 분야는 시장퇴출이 불가피해진다. 이에 따라 농업 생산에 고용되어 있던 토지, 노동, 자본 등 생산요소의 실업과 유휴화로 인한 사회적 비용도 증가하게 될 것이다. 이러한 농업 내지 농가 구조조정의 연착륙을 위해서는 실업상태에 처하게 될 생산요소의 활용을 도모할 수 있는 퇴로(退路)가 준비되어야 한다. 유휴될 생산요소 중에서, 특히 농업 인력자원은 좁은 농지자원을 이용하여 주곡자급을 실현시켰으며 계절과 관계없이 신선한 과채류를 공급하는 소위 농산물 주년(周年) 재배의 기술을 보유한 훌륭한 인적 자본(human capital)이지만, 불행하게도 농업 이외의 분야에서는 일거리를 찾을 수가 없으므로 농업 위축에 따라 새로운 실직자가 될 수밖에 없다. 농업경제학의 연구와 강의영역이 해외 농업 분야로 확대되어야 할 또 하나의 중요한 이유가 여기에 있다.

지구상에는 넓고 비옥한 농지를 유휴시키면서도 국민의 식량을 해외 수입에 의존하는 국가들이 의외로 많이 있다. 특히, 국민소득의 증가에 따라 식생활 패턴의 고급화가 진행되면서 채소류와 육류의 수입이 증가하는 개발도상국들이 늘어 가고 있다. 대표적으로 소련은 유럽 남부 흑해에 연한 광대한 흑토지대(크라스노다르(Krasnodar) 주와 로스토프(Rostov) 주)와 한반도와 국경이 접해 있는 연해주의 광대한 농지를 유휴화시키고 있으면서, 식량과 채소류의 큰 수입국으로 전락되고 있다.[6] 대부분의 아프리카 지역과 땅값 및 인건비가 저렴한 동남아 지역 등 농업 개발 여건이 좋은 지역에서도 농업 기술과 자본부족으로 광대한 지역이 덜 이용되거나 농업 생산성이 낮은 지역으로 남아 있다.

잘 훈련된 농업 인적 자원을 유휴 내지 사장(死藏)시킨다는 것은 그 동안의 인적 자본 형성에 투입된 사회적 비용을 매몰시키는 결과가 되므로(sunk cost) 우리 사회의 큰 손실일 수밖에 없다. 한국의 유휴화되거나 남게 될 농업 기술인력과 농업 자본을 해외로 진출시킴으로써 개방 확대에 따라 필연적으로 뒤따르게 될 농가 구조조정의 연착륙을 위한 퇴로를 열어 가는 동시에, 한국 농업의 외연 확장(外延擴張)에 나서야 한다는 필요성 때문에, 해외 농업은 농업경제학의 새로운 영역으로 중시되어야 한다는 것이다.

해외 농업 개발 진출의 중요성

불안한 세계 식량수급의 장기 전망과 낮아지고 있는 국내의 식량자급률, 그리고 통일 이후를 고려한 북한의 구조적인 식량난 등을 고려할 때, 해외 농업 진

6) 러시아는 흑해에 연하고 있는 천혜의 광활하고 비옥한 흑토지대를 보유하고 있으나, 1992년 구소련의 해체 이후 보조금의 감축과 제도적 투자환경의 조성실패 및 사유재산권 확립을 위한 토지제도의 정비 등 구조개혁에 실패했기 때문에 농산물 생산량(2000년)은 10년 전에 비해서 절반수준으로 감소하였다(USDA, Amber Wanes, 2003. 4).

출의 전략적인 중요성은 대단히 크다. 특히, 시장개방 확대로 불가피한 농가 구조조정의 필요성을 고려할 때, 유휴화(遊休化)될 수밖에 없는 농업 자원(인력, 자본)의 효과적인 고용기회를 개척한다는 점에서도 그 중요성과 시급성은 크다. 그러나 해외 농업 개발은 기본적으로 국제경쟁력을 갖출 수 있어야 한다는 필요조건과 한국 농업과의 보완성 내지 연계성을 확보해야 한다는 충분조건이 충족되어야 한다. 그 동안의 해외 농업 개발 시도는 이러한 조건에 대한 검토가 미흡했기 때문에 이렇다 할 성공실적을 내놓지 못하고 있다고 할 수 있다.

우리나라 농업 해외 진출의 역사는 100년이 넘는다. 구한말 한반도 북녘의 대기근을 피하여 연해주(북간도) 지방으로 농민들이 자발적으로 이주한 이래, 박정희정권 시절 아르헨티나(야따마우까 농장) 농업 이민 추진 등 해외 농업 진출을 위한 민간과 정부 차원의 시도는 간단없이 이어져 왔다. 그러나 그 동안의 해외 농업 진출 시도는 현재까지 이렇다 할 가시적이고 실질적인 성과를 거두지 못하고 있다.

해외 농업 개발은 개발 초기에 막대한 자금이 소요되며, 자본의 회임기간(懷妊期間)도 길기 때문에 소규모 민간 부문의 농업 진출로서는 단기적인 수익성 확보를 기대하기 어렵다는 점, 농업 생산활동뿐만 아니라 종자 · 비료 · 농약 등 농업자재산업(input Industry)과 저장 · 가공 · 판매 등 생산된 농산물의 효과적인 유통을 담당할 유통산업(marketing industry)의 효과적인 지원이 없이는 해외 진출 농기업의 성공적인 정착을 기대하기 어렵다는 점[7] 등이 일반적으로 지적되고 있는 해외 농업 진출의 부진 사유이다.

그럼에도 불구하고 국민 식량의 3/4을 해외 수입에 의존하고 있는 세계 3위의 식량수입대국[8]의 처지에서, 또한 만성적인 식량부족 상태에서 헤매고 있는 북한과의 통일을 실현시켜 나가야 한다는 입장에서 해외 농업 개발은 우리에게 주어진 필수적인 선택이라고 할 수 있다.

7) 1995년부터 본격화된 WTO 체제 하의 시장개방 과정에서, 한국 농업이 생산비의 현저한 국내외 격차에도 불구하고 심각한 위축을 겪지 않았던 큰 이유 중의 하나는 농업 생산활동을 전 · 후방에서 지원하는 농업 관련 산업(agri-business)의 눈부신 발전에서 찾을 수 있다.

8) 2009/2010년 곡물수입량을 기준으로 하면 일본의 수입량이 2,390만 톤으로 가장 많고 그 다음이 이집트(1,530만 톤), 한국(1,300만 톤), 사우디아라비아(1,240만 톤), 멕시코(1,180만 톤)의 순이다(USDA 자료).

2) 국제 식량수급의 불안요인은 무엇인가

세계의 식량공급 측면의 불안요인

2008년의 식량위기는 벗어났지만 2011년 국제 곡물가격은 다시 치솟는 등 국제 곡물위기의 재발 가능성에 대한 우려는 여전히 가시지 않고 있다. 세계 식량공급과 수요 측면의 불안요인이 잠복해 있기 때문이다.

첫째, 가뭄 · 태풍 등 기상이변의 증가로 세계 식량의 생산감소 현상이 자주 돌발하고 있다. 세계 식량 생산량은 22억 톤인데 이 중에서 교역량은 12%에 해당하는 3억 톤으로 주요 식량 생산국의 기상이변에 의한 생산감소는 바로 국제 곡물가격 상승으로 연결된다.

둘째, 세계 곡물공급은 물류와 판매 등 가치사슬(value chain)을 장악하고 있는 다국적 곡물 메이저 4대 기업(ADM, Bunge, Cargill, Louis-Dreyfus 등)들이 시장의 80%를 점유하고 있는 과점적 공급구조에 처해 있으며, 우리나라는 수입곡물의 60~70%

그림 9-4 곡물수급 불안정에 따른 주요국 곡물 파동 사례(2007~2008)

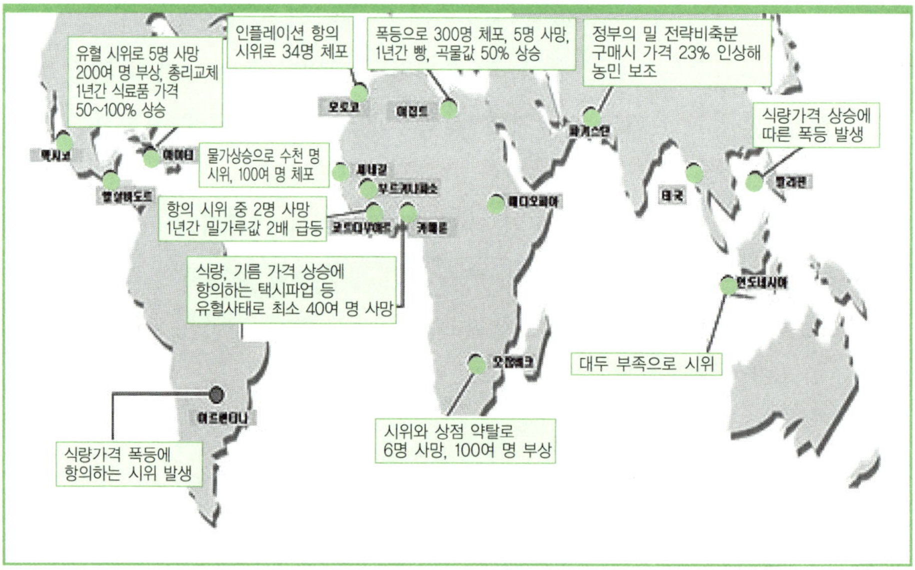

자료: aT농산물유통공사 개혁추진사업단, "국제곡물사업추진계획서", 2010. 3.

를 곡물 메이저로부터 구입하고 있기 때문에 공급자의 담합(談合)에 의한 불공정 거래 행위에 대한 대응능력이 취약하다.

셋째, 국제 투기자본이 원유시장에 이어서 식량시장에도 영향력을 확대하고 있기 때문에 원유가격과 함께 곡물가격의 불안정성이 심화되고 있다.

넷째, 식량 생산의 감소에 의한 국제 식량위기에 대한 징후가 나타나면 식량 수출국들 사이에서 식량수출 제한조치 등 식량자원주의의 발효로 인한 식량수입국들의 곡물확보에 대한 불안정성이 증대하여 사회적 혼란의 발생 가능성에 대한 우려가 커지고 있다.

세계 식량의 수요 측면 불안요인

첫째, 인구증가와 개도국의 경제성장으로 인한 식량의 소비증가 추세가 계속될 전망이다. 세계 인구는 1990년의 53억 명에서 2000년에는 60억 명, 그리고 2010년에는 68억 명으로 증가했으며 2020년에는 76억 명으로 증가할 전망으로 2000년 이후 매년 평균 8,000만 명씩 주로 개도국에서 높은 비율로 증가하고 있다. 특히, 신흥개도국들의 경제성장에 따른 육류소비 확대가 곡물수요 증가를 주도하고 있다. 예컨대, 신흥경제대국인 BRICs(브라질, 러시아, 인도, 중국)의 곡물소비량은 1990년에 6억 9,300만 톤이었으나 2000년에는 9억 6,500만 톤으로 10년 사이에 1.4배로 늘어났다.

둘째, 화석(化石)연료의 고갈로 인한 석유가격의 상승에 따라서 바이오 에너지 생산을 위한 곡물의 식량 이외 용도로의 사용이 크게 증가하고 있다. 세계 바이오 연료는 2000년에 7,000만 배럴이 소비되었는데 2008년에는 4억 9,500만 배럴로 8년 사이에 7배 규모로 늘어나고 있다. 바이오 연료는 식량용 곡물을 원료로 하여 생산된다는 점에서 세계 식량수급의 안정화를 위협하는 새로운 교란요인으로 인식되고 있다. 2009년의 바이오 에탄올 생산에 사용된 옥수수는 2억 5,700만 톤으로 세계 옥수수 소비량(11억 3,900만 톤)의 22.5%를 차지했으며, 앞으로 2018년까지 4억 9,000톤의 옥수수가 바이오 에탄올 생산으로 사용될 전망이다. 또한 바이오 디젤 생산을 위한 콩소비량은 9,700만 톤으로 세계 콩소비량(3억 4,400만 톤)의 28%를 차지했으며 앞으로 2018년까지 2억 1,900만 톤으로 두 배 이상 늘어날 전망이다(OECD-FAO, 2009-2018).

지속적인 세계 식량의 수요증가에도 불구하고 안정적인 식량공급을 위협하는 교란요인이 상존 또는 증가하고 있으므로 식량위기의 재현 가능성에 대한 식량수입국들의 우려가 커지고 있는 것이다.

3) 농작물별 해외 농업 개발 진출국의 전략적 선택

국제경쟁력을 고려한 진출지역이 되어야 한다

식량작물의 성공적인 해외 농업 진출을 위해서는 국제경쟁력을 보유하고 있는 나라 중에서 진출국가를 선정해야 한다. 이를 위해서는 농산물 순수출국 중에서 현재 상태에서 한국으로 농산물을 수출하고 있는 나라를 선정하는 것이 바람직하다. 왜냐하면 이런 나라는 생산비 측면 내지 물류비 측면에서 국제적으로 비교우위 수준을 확보하고 있어서 생산물을 한국으로 반입하는데 따른 장애요인이 적은 나라이기 때문이다.

최근 4년간(2009~2012) 한국의 곡물 전체 수입량은 연평균 6.4%씩, 그리고 수입금액은 연평균 14.1%씩 증가해 왔다. 이 중에서 밀의 수입물량과 수입금액의 증가율이 가장 높았고 콩의 증가율이 가장 낮았다. 2012년 현재 전체 곡물 수입

표 9-2 최근 4년간의 주요 곡물 수입 추이(2007~2010)

(단위: 천 톤, 백만 달러)

명칭	2009		2010		2011		2012		연평균 증감률	
	물량	금액	물량	금액	물량	금액	물량	금액	물량	금액
곡물 전체 (곡물+두류)	14,005	4,255	16,155	4,695	15,757	6,235	16,884	6,316	6.4	14.1
옥수수	7,352	1,647	8,560	2,000	7,778	2,511	8,241	2,617	3.9	16.7
밀	3,878	986	4,458	1,102	4,704	1,667	5,685	1,790	13.6	22.0
대두	1,105	604	1,243	588	1,167	696	1,156	747	1.5	7.3

자료: 농수산물유통공사(2013. 11).

표 9-3 최근 4년간의 주요 곡물 수입 추이(2007~2010)

(단위: 천 톤, 백만 달러)

순위		2010			2011			2012			연평균 증감률	
		국명	물량	금액	국명	물량	금액	국명	물량	금액	물량비중	금액비중
밀	-	총계	4,458	1,102	총계	4,704	1,667	총계	5,685	1,790	100.0	100.0
	1	미국	1,431	377	호주	1,799	634	미국	2,401	764	42.2	42.7
	2	호주	917	254	캐나다	1,511	493	호주	2,293	699	40.3	39.1
	3	캐나다	763	186	미국	1,281	507	인도	509	159	9.0	8.9
	4	우크라이나	674	136	우크라이나	31	6	캐나다	348	123	6.1	6.9
	5	루마니아	155	32	불가리아	25	5	우크라이나	102	28	1.8	1.6
옥수수	-	총계	8,560	2,000	총계	7,778	2,511	총계	8,241	2,617	100.0	100.0
	1	미국	7,282	1,684	미국	6,024	1,937	미국	2,836	931	34.4	35.6
	2	브라질	289	73	남아프리카공화국	896	276	브라질	1,972	587	23.9	22.4
	3	헝가리	285	71	세르비아	464	159	아르헨티나	1,081	329	13.1	12.6
	4	아르헨티나	265	60	헝가리	169	52	우크라이나	897	277	10.9	10.6
	5	남아프리카공화국	238	56	브라질	130	48	세르비아	663	223	8.0	8.5
대두	-	총계	1,243	588	총계	1,167	696	총계	1,156	747	100.0	100.0
	1	미국	734	356	미국	556	326	미국	496	310	42.9	41.6
	2	브라질	447	190	브라질	386	217	브라질	359	209	31.0	28.0
	3	중국	54	36	중국	113	84	파라과이	156	87	13.5	11.6
	4	캐나다	3	2	파라과이	89	49	중국	124	120	10.8	16.1
	5	호주	3	3	캐나다	13	10	인도	10	8	0.8	1.0

자료: 농수산물유통공사(2011. 11).

중에서 옥수수(48.8%), 밀(33.6%), 콩(6.8%) 등 3대 곡물의 수입량이 전체의 89.2%를 차지하고 있고, 금액기준으로도 옥수수(41.4%), 밀(28.3%), 콩(11.8%) 등 3대 곡물이 81.5%를 차지하고 있다(표 9-2). 이에 따라서 한국의 해외 식량농업 진출을 촉진하기 위한 정부의 지원 정책도 옥수수, 밀, 콩 등 3대 작목에 관심을 집중하고 있는 것이다.

최근 4년간 주요 곡물의 수입국별 수입량의 비중은 표 9-3과 같다.

옥수수의 경우 미국으로부터의 수입량이 압도적으로 많았고, 브라질, 인도, 헝가리, 아르헨티나, 우크라이나, 남아프리카 연방, 중국 등 국가들로부터 대부분의 옥수수를 수입하고 있다. 2012년 현재 미국으로부터의 옥수수 수입물량은 전체 수입물량의 85.1%였고, 그 다음이 브라질, 헝가리, 아르헨티나, 남아프리카 연방공화국 등으로부터 각각 3% 내외의 물량을 수입함으로써 수입량의 97.7%를 위의 5개국으로부터 수입하고 있다. 말하자면, 옥수수를 확보하기 위한 목적으로의 농업 진출대상 국가로는 위의 5개국을 포함하여 최근까지의 옥수수 수입국으로 진출하는 것이 가장 확실한 국제경쟁력을 확보할 수 있는 최선의 방법이다.

밀의 경우 미국, 호주, 우크라이나, 캐나다, 루마니아, 러시아, 중국 등 국가들로부터 대부분의 밀을 수입하고 있었다. 2012년 현재 전체 밀 수입량 중에서 미국(32.1%), 호주(20.6%), 캐나다(17.1%), 우크라이나(15.1%), 루마니아(3.5%) 등 5개국으로부터 전체 수입밀의 88.4%를 수입하고 있다. 따라서 밀을 확보하기 위한 목적으로의 농업 진출대상 국가로는 위의 5개국을 포함하여 최근까지의 밀 수입국으로 진출하는 것이 가장 최선의 방법이다.

대두의 경우 브라질, 미국, 중국, 호주, 캐나다, 러시아 등 국가로부터 대부분의 대두를 수입하고 있었다. 2012년 현재 전체 대두 수입량 중에서 미국(59.0%), 브라질(36.0%)로부터의 수입량 비중이 압도적으로 많았고, 그 다음이 중국(4.4%), 호주(0.3%), 러시아(0.2%) 등의 순이었다. 따라서 대두를 확보하기 위한 목적으로의 농업 진출 국가로는 위의 5개국을 포함하여 최근까지의 대두 수입실적이 있는 나라로 진출하는 것이 가장 최선의 방법이다.

그러나 현재까지 식량생산 목적으로 해외 농업 진출을 시도한 기업체들은 토지나 노동력 등 농업 여건이 상대적으로 좋다는 이유 이외에 대상국의 국제경쟁력 수준을 심각하게 고려한 경우가 별로 없었다는 점이, 곡물농업의 해외진출 사업 실적이 부진한 근본적인 요인으로 지적할 수 있다(성진근, 2011).

4) 해외 농업 개발 진출의 성공전략

국내 농업 자원과 해외 부존 농업 자원과의 효과적인 결합

국내의 경쟁력 있는 농업 자원을 우선적으로 진출시켜서 해외 농업 자원과 결합하는 자원결합 방식을 추구해야 한다.

그 동안의 해외 농업 개발은 해외의 미개발지(아르헨티나의 야타마우카, 중국의 삼강평원, 러시아 연해주, 몽골의 동부평원 등)에 대한 개발투자를 통하여 생산된 농산물을 국내로 반입하는 목적의 소위 '개발수입'적인 행태가 주류적인 접근방식이었다. 그러나 WTO/DDA, FTA 등 자유무역협상의 진전으로 국내 농산물 시장의 완전개방이 가시화되고 있으므로 이에 대응하여 중 · 장기적으로 유휴화될 수밖에 없는 국내의 농업 기술과 자본재산업의 새로운 고용과 소득기회의 해외 확보를 통한 한국 농업의 글로벌화를 위한 외연 확대 전략 차원에서도 해외 농업 진출의 중요성이 새롭게 평가되고 있다.

유휴화될 생산요소 중에서, 특히 농업 인력자원은 주곡자급을 실현시켰으며, 계절과 관계없이 신선한 과채류를 공급하고 있는 소위 농산물 주년 재배의 기술을 보유하고 있는 훌륭한 인적 자본이다. 그러나 불행하게도 농업 이외의 분야에서는 적절한 일자리를 찾을 수가 없으므로 농업 위축이 진행됨에 따라 고용기회와 소득기회를 잃게 될 수밖에 없다. 잘 훈련된 농업 인적 자원을 유휴화 내지 사장시킨다는 것은 그 동안의 인적 자본 형성에 투입된 사회적 비용을 매몰시키는 결과가 되므로 우리 사회의 큰 손실일 수밖에 없다.

그 동안 눈부시게 발전한 농업장치산업(농기계산업 포함)과 농자재산업 및 가공 · 유통을 포함한 농업 생산과 유통 시스템을 원예, 축산, 바이오 융합기술 등을 보유한 우수한 농업 기술인력과 동반하여 해외 진출을 유도하는 정책이 강화되어야 한다.

국내에서 과잉상태에 처하고 있는 농업 기술인력과 자본재산업의 해외 진출은 비단 시장개방에 대응한 농업 구조조정과 연계된 퇴로확보란 소극적 의의뿐만 아니라 국내 농업의 비교우위적 자원을 해외의 값싼 인력과 농지 등 비교우위적 자원과 결합시키는 방법에 의한 국제분업체제 구축을 지향한다는 점에서 전략적인 의의가 크다. 이를 통하여 한국 농업의 외연을 확장하고 새로운 농업 성장동력을 창출하겠다는 적극적인 글로벌 경영 정책을 선택하자는 것이다.

한국 농업의 어떤 분야가 개도국 농업 협력지원에 필요한 분야인가?

UR 협정 체결 이후(1993) WTO 체제 하에서 본격적으로 진행된 농산물 시장개방의 진전 속에서도 한국 농업은 우려와는 달리 크게 위축되지 않고 발전해 올 수 있었던 것[9)]은 그 동안의 농업 기술혁신과 농관련산업의 효과적인 뒷받침이 있었기 때문이었다. 좁은 땅에서 비싼 노동력을 고용하여 경쟁력 있는 농업을 실현하고 있는 농업 기술인력이 개도국 농업 협력 진출의 선두로 나서야 한다. 농사를 잘 짓도록 뒷받침하고 있는 농자재산업과 농산물 유통산업도 농업 기술인력과 동반 진출해야 해외 농업 진출의 성공 가능성이 높아질 뿐만 아니라 개도국 농업 협력지원의 성과도 기대할 수 있다.

최근 20여년 간 한국 농업 발전을 견인해 온 혁신기술은 다음과 같이 요약할 수 있다.[10)]

(1) 품종개량 및 재배기술 분야

통일벼 재배기술과 벼 육묘기술 및 고품질 다수확 벼 품종 개발기술 등은 쌀 자급을 달성 · 유지시킨 원동력이었다. 또한 채소공정 육묘기술, 비닐멀칭 재배기술, 조직배양 기술, F_1채소품종 개발기술, 비닐온실 주년 재배기술, 과수대목 및 노동절약적 수형관리 기술 등은 우리 원예 농산물의 경쟁력을 실질적으로 강화시켜 왔다. 이러한 농업 기술 분야는 많은 개도국에 당당하게 이전할 수 있는 한국 농업의 뚜렷한 비교우위 부문인 것이다.

(2) 축산기술 분야

인공수정 기술, 자동착유와 자동급이 기술, 배합사료 기술, 축사위생관리 기술 등 생산 부문 기술뿐만 아니라 육가공 및 유가공기술과 양계와 양돈 분야의 수직계열화 경영기술 등이 한국 축산의 경쟁력을 뒷받침하고 있으며 개도국에 진출하여 성공할 수 있는 분야이다.

(3) 농업 생산기반 조성기술과 토양개량 기술

관 · 배수 등 농업 용수 개발과 물관리 기술, 경지정리와 농로 개설, 저수지

9) WTO 체제에 의한 농산물 개방이 진행된 지난 14년간(1995~2009) 한국 농업은 연평균 1.6%씩의 실질성장률을 보이며 발전해 왔다.
10) 서종혁(2007).

축조와 관리기술 등 농업 토목적 기술 분야 뿐만 아니라 토양분석과 균형시비 기술, 토양개량 기술 등이 개도국의 농업 생산성 향상을 위해서 반드시 필요한 기술 분야이다.

(4) 농산물 유통 관련 기술 분야

농산물 수확 이후 품질과 신선도를 유지시키기 위한 콜드체인 시스템(cold-chain system), 바코드 시스템, 농산물 선별과 자동포장 기술 등 수확 후 처리기술뿐만 아니라 산지의 농산물 수집 · 선별 · 저장 · 포장 등 유통 시스템과 소비지의 경매와 분산에 관련된 도매유통 시스템은 개도국 농업 발전을 위해서 반드시 필요한 분야이다. 특히, 우리 농업의 해외 진출 대상국들은 한결같이 농업 관련 산업이 취약하므로 농산물 유통과 가공 시스템의 동반 진출을 검토하는 것이 실패를 줄일 수 있다.

(5) 농기계산업 분야

경운기, 소형 트랙터, 관리기, 벼 수확기, 이앙기, 곤포사일리지 기술, 동력방제기, 온실철재 및 플라스틱 구축자재, 물 · 온도 자동제어 시스템, 곡물 건조와 RPC 등 도정과 저장 시스템 등에 대한 개도국의 수요가 매우 높다.

(6) 농산물 가공산업 분야

육가공 및 유가공산업 분야와 김치 · 두부제조 분야, 과채류와 과일주스 등 가공산업도 한국 농업 진출에 함께 포함되어야 할 분야이다.

아무리 해외 농업 생산자원의 부존조건이 비교우위적이라고 하더라도 농업 관련 산업의 적절한 뒷받침이 부족하다면 성공을 기약하기 어렵다. 그러므로 농업의 해외 진출은 농업 생산과 유통을 아우르는 농업 시스템의 진출을 통하여 해외 농장경영의 성공 가능성을 높일 수 있다는 것이다.

기후, 용수, 토양, 토질 등 농업 생산조건과 농산물 유통 여건이 전혀 다를 수 있는 해외 농장에서 성공적인 생산을 위해서는 종자 · 비료 등 농자재뿐만 아니라 농용기계와 온실자재 등 농업 시설과 장비의 효과적인 뒷받침이 필수적이다.

또한 생산 이후의 유통 단계에 이르기까지의 저장, 포장, 유통(도매 · 소매) 시스템의 뒷받침이 없이는 성공적인 시장진입이 어려울 수가 있다. 땅값과 인건비만 싸다고 해외 농업 진출이 성공할 수 있는 것은 아니다. 농업 생산과 유통이 원활하게 운영될 수 있도록 뒷받침하는 농업 관련 산업(자재, 유통, 서비스산업)의 적절한 지원체계가 포함된 조직적인 농업 시스템이 동반 진출되어야 성공 가능성이 높아진다. 다시 말하면, 농산물의 생산성뿐만 아니라 생산품의 부가가치를 향상시킬 수 있는 농업 전 · 후방 시스템의 동반 진출이 필수적이라는 것이다.

효과적인 지원 시스템의 구축

민간 부문의 단독 능력으로서는 정보와 경험부족 등 이유로 농장확보와 관련된 교섭과 협상능력이 부족하다. 또한 대규모 농장 개설과 운영에 필요한 초기투입자본(기계와 설비, 시설)을 효과적으로 동원하기가 어렵다. 그러므로 해외자원개발법(지식경제부 소관)에 준한 해외 농업 지원 시스템이 제도적으로 확보되어야 한다.

정부 지원 시스템은, ① 농장확보와 대농경영에의 효과적인 적응을 위한 종합적인 조사와 경영컨설팅 서비스 제공, ② 농장 개설 초기의 장비 · 기계 · 시설 등의 설치와 운영을 위한 장기 저리융자제도 등을 축으로 하여 운영되는 것이 바람직하다.

농림수산식품부는 2009년부터 해외 농업 진출을 위한 지원체계를 정비하고 지원예산을 확보하는 등 구체적인 지원태세를 갖추고 있다. 그러나 지원대상 품목의 지나친 제한(밀, 옥수수, 콩 등 사료곡물로 한정)과 지원대상자 선정기준은 여전히 '개발수입'적인 사고의 틀에 갇혀 있으며,[11] 지원예산규모도 지나치게 작을 뿐만 아니라 크게 유리하지도 않다. 현재 정부가 해외 진출기업에게 지원하는 정

11) 진출지역에서 국제적 비교우위를 확보하고 있는 작물농업에 진출하여 이를 내수 또는 수출로 판매한 뒤, 여기에서 발생한 자금을 이용하여 값싼 다른 나라의 곡물을 수입하는 등 유연하고 탄력적인 해외 농업 진출전략이 필요하다. 예컨대, 필리핀과 캄보디아에서 국제적 비교우위가 있는 바나나와 카사바 생산을 목적으로 하는 농장형 진출기업을 지원한 뒤 바나나와 카사바를 수출 또는 현지에서 내수용으로 판매한 금액으로 미국, 중국 등지의 곡물을 수입하여 한국으로 반입하는 방법도 적극 고려할 필요가 있다.

책수단은 자금의 융자지원이 유일한데 융자조건은 융자금리 2%와 지급보증 2%를 합할 경우 연 4%의 고금리로서 일반은행의 장기 기업융자금리에 비해서 크게 유리한 편이 아니다. 또한 외교통상부와 기획재정부가 관장하고 있는 개도국 지원 및 국제 농업 개발 협력목적의 보조금과 양허성 차관사업과의 긴밀한 연계가 이루어지지 않기 때문에, 대단위 투자가 필요한 생산과 유통기반사업을 수행해야 하는 투자 진출 사업주체와 농업협력사업을 시행해야 하는 개발원조사업의 시너지 효과를 기대하기도 어렵다.

일본은 1973년에 시행된 미국의 대두수출금지조치에 대한 대응 정책의 하나로 식량수입국의 다변화 및 해외 식량기지 건설을 목적으로 하여 일본 국제협력단(JICA)을 통하여 브라질 정부와의 농업협력사업을 시행하였다. 22년간에 걸친 세하도(Cerrado) 농업개발사업으로 브라질은 세계 3위의 대두 생산 국가로 도약하였으며 일본은 콩의 안정적 수입처를 확보할 수 있었다. 브라질 세하도 지역은 앞으로 옥수수와 대두 주산지로 발전할 잠재적 가능성이 크다.

공기업과 민간의 협력방식에 의한 식량농업의 해외 진출 추진

우리나라 정부의 해외 농업 투자에 대한 기본적인 입장은 해외 농업 투자는 FDI(foreign direct investment) 사업의 일환으로 민간기업 주도 하에 추진하되, 정부는 국내와 세계 식량 문제, 특히 개도국의 빈곤 문제 해결에 기여한다는 차원에서 기술, 자금, 정보제공 등의 간접지원을 한다는 것이다.

이에 따라 민간 부문이 수익성 확보와 기업의 성장잠재력 확충 차원에서 수행하는 해외 농업투자사업에 대한 공공적 지원의 조건으로, 식량안보 능력 강화와 해외 신시장 개척 및 자원확보를 위한 통로의 확보 등으로 대표되는 공공성(公共性) 실현이 소기의 목적을 효과적으로 달성하도록 하기 위해서는, 공기업과 민간기업의 협력에 의한 사업방식(소위 public private partnership: PPP)을 적극적으로 도입할 필요성이 크다.

개도국의 빈곤은 주로 낮은 농업 생산성 때문에 유발된다. 최근 들어서 우리나라의 해외 농업 진출국으로 검토되고 있는 주요국의 식량작물의 농업 생산성

경제이론과 농업 이해

18. 일본과 브라질의 세하도(Cerrado) 농업 개발 협력사업 개요

▣ 세하도란 브라질의 중앙고원에 펼쳐진 식생(植生)을 일컫는 말로서 바이어 주, 고이아스 주, 토칸틴 주가 포함.
  - 연평균 기온은 20~28℃이고 연평균 강우량은 1,000~1,500mm이며 우기(4~9월)와 건기(10~3월)가 있음.

▣ 1970년부터 대두 재배를 비롯한 농업 개발이 급속도로 추진
  - 전체 면적은 약 2억ha이고, 현재 개발된 농용지 면적은 4,700만ha이며 개발 가능 면적은 8,000만ha로 보고되고 있음.

▣ 일본과 브라질이 공동으로 실시한 '세하도 농업협력사업'은 약칭으로 '프로디젤사업'으로 불리워지고 있음.
  - 브라질과 일본이 공동출자하여 설립한 농업개발회사(CAMPO)가 사업개발 추진주체로서의 역할 수행
  - 1979년에 개발사업을 시작하여 2001년 3월에 끝난 22여 년에 걸쳐서 진행된 이 사업의 결과, 총 34만ha가 개발되어 600호 이상의 농가가 입식하였음(총투자금액 5억 6,290만 달러).

▣ 일본은 국제협력단(JICA)의 원조자금과 당시의 해외경제협력기금(현 국제협력은행)으로 사업비를 뒷받침
  - 젠노(全農)와 미쓰비시 상사가 주도하는 곡물엘리베이터사업 분야 진출

▣ 일본의 대두 자급률은 4% 수준으로 수입의 미국 의존율이 높으므로 세하도 농업개발사업을 통하여 수입국의 다변화와 안정화 효과를 확보하였음.
  - 일본의 1980년 미국으로부터의 대두 수입량 비중은 96%이었으나 1999년 현재 미국 수입량 비중은 79%로 저하
  - 일본의 1980년 브라질로부터의 대두 수입량 비중은 1% 미만이었으나 1999년에는 12%로 상승

(ton/ha)을 국제 평균과 주요 곡물 생산국의 생산성과 비교한 결과가 표 9-4이다.

2010/2011년도 곡물생산성은, 특히 동남아시아 국가인 캄보디아, 필리핀 등과 아프리카의 탄자니아 등지에서 대단히 낮았으며, 우즈베키스탄, 우크라이나, 브라질 등 나라도 대부분의 주요 곡물생산성이 국제 평균, 특히 주요 식량생산국인 미국이나 중국보다 현저하게 낮았다. 그러나 최근 10년간의 주요 곡물 생산성

표 9-4 주요 곡물의 생산성 비교(2000~2010)

(단위: 톤/ha)

항목	2000/2001				2010/2011				연평균 성장률(%)			
	보리	옥수수	쌀	밀	보리	옥수수	쌀	밀	보리	옥수수	쌀	밀
국제평균(A)	2.47	4.31	3.91	2.67	2.65	5.24	4.30	2.99	0.71	1.97	0.96	1.14
미국	3.29	8.59	7.04	2.82	3.60	10.26	8.07	2.92	0.90	1.79	1.37	0.35
	(133.2)	(199.3)	(180.1)	(105.6)	(135.8)	(195.8)	(187.7)	(97.7)				
중국	3.35	4.60	6.27	3.74	3.88	5.39	6.59	4.67	1.48	1.60	0.50	2.25
	(135.6)	(106.7)	(160.4)	(140.1)	(146.4)	(102.9)	(153.3)	(156.2)				
한국	3.37	4.00	6.71	2.00	3.71	5.00	6.91	3.86	0.97	2.26	0.29	6.80
	(136.4)	(92.8)	(171.6)	(74.9)	(140.0)	(95.4)	(160.7)	(129.1)				
러시아	1.53	1.94	3.35	1.48	1.91	3.67	5.13	2.09	2.24	6.58	4.35	3.51
	(61.9)	(45.0)	(85.7)	(55.4)	(72.1)	(70.0)	(119.3)	(69.9)				
우즈베키스탄	1.60	2.75	2.76	3.00	3.20	4.57	3.83	4.43	7.18	5.21	3.33	3.97
	(64.8)	(63.8)	(70.6)	(112.4)	(120.8)	(87.2)	(89.1)	(148.2)				
우크라이나	1.86	3.01	3.56	1.98	2.23	5.00	6.48	2.95	1.83	5.21	6.17	4.07
	(75.3)	(69.8)	(91.0)	(74.2)	(84.2)	(95.4)	(150.7)	(98.7)				
캄보디아		2.75	2.12			3.89	2.86			3.53	3.04	
		(63.8)	(54.2)			(74.2)	(66.5)					
필리핀		1.81	3.11			2.57	3.85			3.57	2.16	
		(42.0)	(79.5)			(49.0)	(89.5)					
브라질	2.01	3.20	3.25	1.13	3.13	4.00	4.33	2.24	4.53	2.26	2.91	7.08
		(74.2)	(83.1)	(42.3)	(118.1)	(76.3)	(100.7)	(74.9)				
탄자니아		1.00	1.56	0.58		1.16	1.93	1.23		1.50	2.15	7.81
		(23.2)	(39.9)	(21.7)		(22.1)	(44.9)	(41.1)				

주: ( )는 국제 평균 생산성(100.0)과의 격차 수준.
자료: Foreign Agricultural Service, Official USDA Estimates.

은 국제 평균이나 주요 생산국의 그것보다 연평균 성장률에서는 개도국의 성장률이 높았음을 알 수 있다.

예컨대, 2010년의 경우 옥수수의 국제 평균 생산성은 5.24MT/ha인데, 국제 평균 수준보다 미국은 1.9배로 높았으나 러시아는 국제 평균의 70%, 캄보디아는 74.2%, 필리핀은 49.0%, 브라질은 76.3%, 탄자니아는 22.1% 수준으로 낮았다. 그러나 옥수수의 최근 10년간 국제 평균 생산성의 연평균 증가율은 1.97%였으나,

미국은 1.79%, 중국은 1.60%로 상대적으로 낮았지만, 러시아는 연평균 6.58%, 우크라이나는 연평균 5.21%, 캄보디아는 연평균 3.53%씩 국제 평균 생산성 향상 정도보다 상대적으로 높았다.

개도국의 농업 생산성이 낮은 이유는 관·배수 시설을 비롯한 농업 생산기반 자체가 덜 갖추어져 있고, 비료·농약 등 농업용 자재공급이 불충분하며, 종자개량 등 농업 생산기술의 개발과 보급이 부진한 점 등에서 연유된다. 이 때문에 기존 농경지(arable land)의 농업 생산성이 낮을 뿐만 아니라 낮은 농업 생산성 때문에 저수준으로 활용되고 있거나 심지어는 유휴농지(idle land)마저 증가하고 있는 것이 특징이다.

민관(民官)협력 방식에 의한 해외 농업 개발

개도국의 빈곤해소 문제에 보다 근원적으로 접근하고, 나아가서 국내에서 부족한 식량을 해외로부터 안정적으로 공급받기 위해서는 민간 부문과 정부의 협력에 의한 해외 식량기지 확보[12]가 최근에 적극적으로 검토되고 있다. 그 이유는 민간 부문의 단기적인 수익성 확보를 위한 소규모 진출을 통해서는 저발전국의 낮은 농업 생산성을 근본적으로 향상시킬 수 없으며, 식량안보 등 해외 농업 개발에 주어진 공공성의 확보를 기대하기 어렵다는 점에서 찾을 수 있다.

왜 정부 또는 공기업이 해외 농업 개발에 나서야 하는가?

첫째, 민간 부문 주도적으로 시행되어 왔던 소규모적인 농업 해외 진출의 부진했던 사업 성과(成果)의 문제점을 효과적으로 극복해야 한다. 해외 농업 개발은 장기간에 걸쳐서 진행되는 저수익(低收益), 고위험성(高危險性) 사업이다. 그러므로 사업 초기의 막대한 자금동원과 수익성 있는 농장경영 환경을 조성하기 위한 시설과 장비 등의 막대한 고정투자에 대한 정부의 지원이 필요하다. 또한 진출대상국 정부와의 효과적인 협상을 통하여 유휴지 및 개발 가능 농지를 유리한 조건으

12) 최근에 농림수산식품부에서는 민간 부문 주도적으로 추진해 온 상업형 모델의 축적된 경험을 활용하여 해외 농업 개발의 공익형 모델을 검토하고 있다. 정부는 수원국 정부와의 협력 하에 현지 토지를 확보하고 공기업(농어촌공사)은 타당성 검토와 시설계획을 수립하며 정부와 민간기업의 재원분담과 역할분담에 의한 농장 개발과 운영을 지향한다는 것이다.

로 확보하며, 나아가서 다양한 컨트리 리스크(country risk)를 극복하기 위한 협상과정에서 정부의 역할이 필요하다.

둘째, 한국의 해외 식량기지 확보사업에 부여된 공공성을 충실히 수행할 수 있는 기반을 갖추어야 한다. 국제 곡물위기 상황 등의 비상시에 처하여 필요한 종류와 물량의 곡물을 적기에 국내로 반입할 수 있는 해외 농장경영과 운영체계를 제도적으로 확보해야 한다. 또한 정부(공기업 포함)에 의해서 확보된 우량농지의 이용권을 국가적 관심사를 해결하는 방향(한국의 소규모 진출 농민들이나 고려인 등 현지 동포)으로 양도하거나 이용할 수 있는 수단을 확보해야 한다.

셋째, 개도국의 빈곤해소와 환경보전 등 지속적인 농업 질서 구축에 기여할 수 있는 개도국 농업개발사업의 바람직한 모형을 창출해야 한다. 현지 정부의 농업 개발에 관한 관심사항을 충실하게 반영하는 농업 개발계획을 수립 · 추진함으로써 수원국과 투자진출국이 상생(win-win)할 수 있는 지속적이고 친환경적인 농업 개발방식을 선택하고 실행할 수 있어야 한다.

넷째, 해외 농지확보에 대한 국제적인 부정적 시각도 해소 내지 완화시킬 수 있어야 한다. 선진국(정부나 민간)의 해외 농지구입을 신식민주의(neo imperialism) 또는 저발전국의 농지약탈(land grab)로 보는 국제적 경계심이 확산되고 있다. 이에 따라서 FAO 식량정상회의(2009. 11)에서는 일 년 이내에 해외 농지확보와 관련된 국제규범(Code of Conducts for Foreign Land Investment)을 제정하기로 이미 합의한 상태이다.

선진국에 의한 무분별한 개도국 농업 개발을 저지하기 위하여 세계은행(World Bank)은 개도국에 대한 농업 투자 가이드라인을 다음과 같이 제시(2009. 9)함으로써 이 문제에 대처하고 있다.

① 토지 및 자원에 대한 현지의 권리 존중(respecting land & resource rights)
② 현지의 식량안보 확보(ensuring food security)
③ 투자계획의 투명성과 선량한 관리 및 환경관리(ensuring transparency, good governance and enabling environment)
④ 현지인(정부와 농민)의 협의와 참여에 의한 개발(consultation and participation)

⑤ 경제적 실현 가능성과 책임 있는 농업 투자(economic viability and responsible agro-enterprise investing)

⑥ 사회적 지속성(social sustainabillity)

⑦ 환경보전을 고려한 개발(environmental sustainable development)

정부의 해외 원조사업(ODA)과의 효과적인 연계

농업의 해외 진출은 농지확보를 선행조건으로 하여 추진되므로 해외의 경제영토 확장이라는 뜻에서 국제적인 경계심을 완화 내지 해소시킬 수 있는 농지확보와 이용의 차별적인 접근이 이루어져야 할 필요성이 크다.

현재까지의 개도국 농업협력사업은 주로 KOICA 사업에 의한 다양한 형태의 소규모적이고 주변적인 지원에 머물러 왔다. 그러나 앞으로는 개도국의 농업 생산성을 획기적으로 향상시키기 위한 농업 생산기반과 유통기반 조성사업으로 지원범위를 확장함으로써 개도국의 빈곤 문제를 근원적으로 해결하기 위한 농장확보와 개발방식이 요구된다. 특히, 해외 농업개발사업에 참여하고 있는 민간기업의 주된 관심사는 장·단기적인 수익성 창출에 두어져 있다. 그러나 정부가 관심을 두고 있는 곡물농업은 개발 초기에 농장확보와 생산 및 유통기반 조성을 위하여 막대한 고정투자가 소요되는 터에 자본회임기간마저 길기 때문에 단기적인 수익성 확보를 기대하기 어렵다. 또한 식량작물농업은 선진국의 대규모 기업에 의해서 규모경제의 유리성(economy to scale)이 실현되고 있어서 신규 진입한 소규모 경영체가 국제 곡물시장에서 경쟁하면서 수익을 창출하기에는 수익률 자체가 너무 낮은 것도 사실이다. 그러므로 해외 농지확보사업의 추진을 우리 정부의 해외 협력사업인 ODA 사업과 연계하여 추진함으로써 개도국의 빈곤해소 문제에 근원적으로 기여하는 동시에 우리나라 참여기업의 고정투자비용 부담을 줄여주어야 한다. 이를 위해서는 정부를 대표하는 공기업과 민간기업 간의 역할 분담과 협력에 의한 소위 PPP 형식의 해외 농업 개발이 추진되는 것이 바람직하다는 것이다.

공기업과 민간 부문은 어떠한 협력방식을 선택해야 하는가?

그림 9-5 기업과 민간의 역할분담과 협력체계

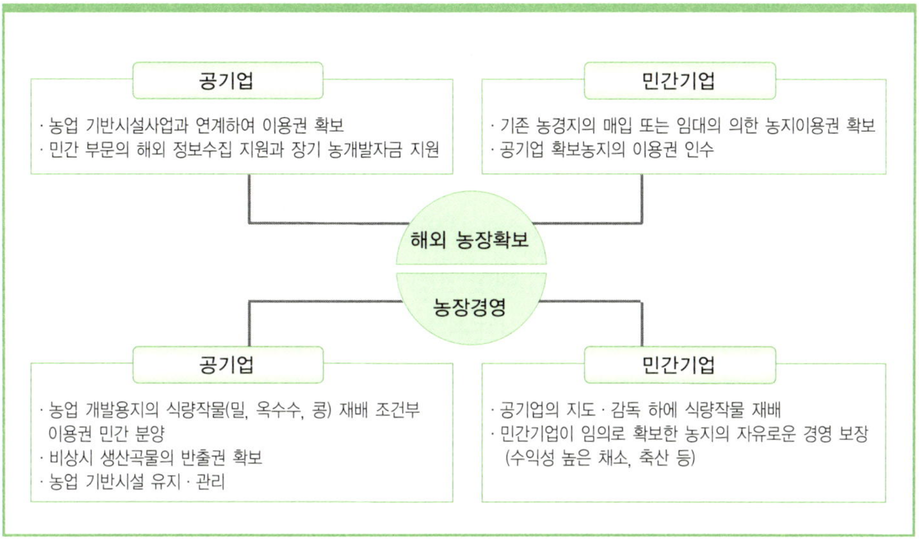

공기업은 진출대상국의 낙후된 농업 생산기반 조성사업[13)]과 연계하여 농지이용권을 장기 임대하는 방식으로 확보하고, 확보된 우량농지 이용권을 한국이 필요로 하는 식량작물(밀, 옥수수, 콩 등)을 재배해야 한다는 조건부로 민간 부문에 분양한다. 민간 부문은 국내의 실수요자인 사료회사 등과 소규모 진출 농민일 수도 있다. 공기업은 민간 부문에 대한 장기 농업개발자금의 지원과 설치된 농업기반시설의 유지 · 관리 책임을 맡고 식량작물의 생산과 유통을 지도 · 감독한다.

민간 부문은 자체능력으로 현지의 기존 농경지를 매입, 또는 임대해서 이용할 경우에는 상대적으로 수익성이 높은 채소 등 원예작물 등을 임의로 재배할 수도 있지만, 공기업이 확보한 농지를 이용할 경우에는 농지이용권 양여조건에서 정해진 식량작물을 재배하고 필요시에 한국으로 반입해야 할 의무를 지게 된다.

이러한 역할분담과 협조체제 속에서 해외 식량기지 조성의 원래 목적이 달성되기를 기대할 수 있는 것이다(그림 9-5).

13) 개도국의 낙후된 농업 생산 및 유통기반 조성사업의 효과적인 추진을 위해서는 개도국에 대한 EDCF 차관을 제공하는 방식으로 개도국 정부를 사업의 파트너로 참여시키는 방법을 강구하는 것이 바람직하다.

진출대상국과 적정 사업모형의 전략적 선택

(1) 진출대상국의 선정기준

진출대상국이 전략적으로 선택되어야 한다. 식량의 생산을 목표로 하는 해외 농업 진출은 좋은 농업 여건(생산과 유통환경)을 보유한 나라를 선택하는 것이 해외 진출기업의 사업경제성을 확보하기 위한 가장 중요한 성공조건이 된다. 해외 농업 진출대상 국가를 선정하기 위한 조건은 다음과 같이 간추릴 수 있다.

첫째, 생산목표 농작물의 국제경쟁력을 보유하고 있는 나라 중에서 진출지역을 선정하는 것이 바람직하다.

둘째, 진출대상국의 인구와 소득규모 등이 반영되어 결정되는 해당 지역의 내수시장 규모가 크고 평상시에도 한국 이외의 농산물 수출시장을 다수 확보하고 있는 나라를 선정하는 것이 바람직하다.

셋째, 농업 부문의 외연 확대 이외의 정치 · 사회적인 목적을 달성할 수 있는 나라를 선정하는 것이 바람직하다.

해외 농업협력사업에 주어진 사명인 개도국의 빈곤해소에 실질적으로 기여함은 물론, 해외의 에너지와 광물자원에 대한 접근통로를 농업 진출을 디딤돌로 이용해서 확보하고 나아가서 해외동포, 특히 고려인의 삶의 질 향상과 경제적 · 사회적 지위향상에 기여하는 등의 부수적인 국가의 현안 과제 해결에 기여하는 등 농업 개발 이외의 정치 · 사회적인 목적을 달성할 수 있는 지역을 선정해야 한다.

농업 해외 진출대상 국가는 그림 9-6에서 Ⅰ, Ⅱ, Ⅲ 지역이 겹치는 부분인 공통지역에 해당하는 국가 중에서 선정하는 것이 최선이고, 그것이 여의치 않을 경우 두 개의 원이 겹쳐지는 국가들 중에서 선정하는 것이 바람직하다.

진출 국가를 잘 선택하는 것은 우리나라 농업의 해외 진출 목표와 사업의 경제성을 확보하는 동시에 해외 농업 진출의 위험을 최소화하기 위한 기본적인 조건인 것이다.

그림 9-6 해외 농업 진출대상 국가의 일반적 선정요건

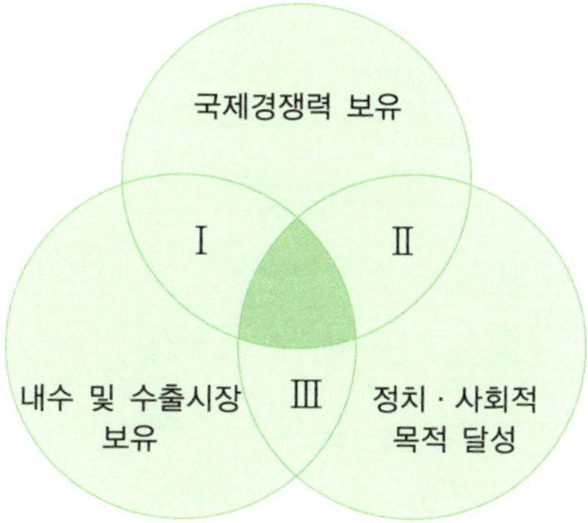

(2) 전략적인 진출지역의 선택

정부는 옥수수, 밀, 콩 등 주요 수입곡물의 안정적인 해외 공급망 확보를 위해서 해외 농업 개발에 나서고 있다. 과연 어떤 나라를 주요 곡물의 해외 생산기지로 선정하여 지원하는 것이 바람직한 일이며, 현재까지 진출했거나 진출을 계획하고 있는 나라는 바람직한 지역 선정기준에 적합한 요건을 갖추고 있는지부터 평가하는 작업이 필요하다.

먼저, 주요 곡물의 수입국으로 진출할 수 있는 방법을 모색한다. 현재 상태에서 곡물을 한국으로 수출하고 있다는 뜻은 곡물의 생산과 수출물류 과정에서 국제경쟁력을 보유하고 있다는 뜻이기 때문이다.

한 국가 내에서도 위치에 따라 생산성이나 수출 물류비용의 차이가 존재하므로 생산성이 높고 물류비 등 측면에서 경쟁력이 높은 지역을 선정한다. 그러나 진출 여건이 좋은 지역일수록 땅값을 비롯한 진출비용이 비싸다는 제약조건을 극복하기 위한 전략적 선택이 필요하다. 현재 상태에서 주요 곡물의 수입국으로 진출하는 것은 국제경쟁력을 확보하는 데는 유리하지만 땅값 등 해외 사업진출 비용이 커진다는 불리성이 있으므로 지역 선정을 위한 전략적 접근이 필요하다 (그림 9-7).

예컨대, 오늘날 브라질의 농업 중심 지역은 1980년대에 개발한 중서부 지역

그림 9-7 주요 곡물 해외 진출대상 국가 선정기준

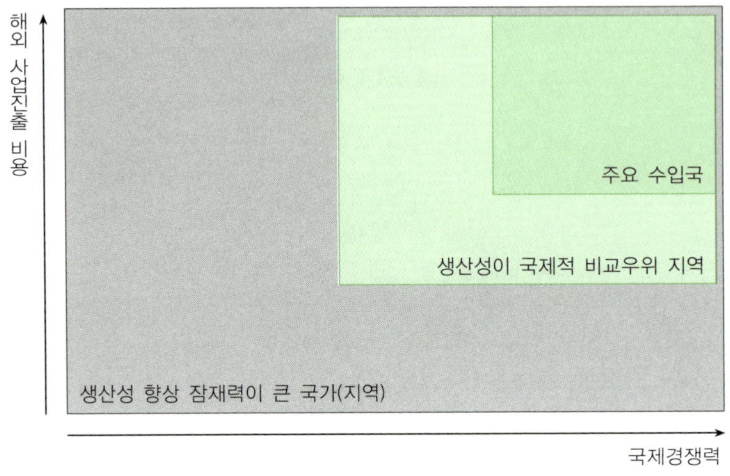

(Mato Grosso 주, Goias 주, Mato Grosso do Sul 주 등)이다(성진근, 2011). 그러나 새로 개발된 중서부 지역은 땅값이 1950년대에 개발된 동남부 및 남부 지역의 절반 이하 수준으로 싼 이점이 있다.

동남부의 상파울로 주나 남부의 빠라나 주의 평균 농지가격은 ha당 7,000~10,000R 달러 수준이지만 중서부의 마또그로수 주나 고이아스 주의 평균 농지가격은 1/3에 불과한 2,000~3,000R 달러 수준이다. 또한 같은 주 안에서도 도시와 가까운 지역의 농지와 도로 접근성이 나쁜 오지의 농지가격은 큰 차이가 난다.

브라질의 땅값은 2005년 5월부터 2008년 3월까지 3년 사이에 평균 35.2% 올랐다. 특히, 2007년 3월부터 2008년 3월 사이의 1년 사이에 16.3%가 올랐다. 2008년 현재 외국인들에 의해 소유되고 있는 농지는 브라질 전체의 사탕수수 재배면적과 맞먹는 550만ha에 이른다고 한다(Globo newspaper, 2008).

다음으로, 현재 상태에서 우리나라로 식량을 수출하고 있지는 않지만 생산성이 국제 비교우위적인 나라를 선정한다. 생산성이 높지만 우리나라로 수출을 못하고 있는 이유를 구명하여 이를 해결할 수 있는 방법을 갖추어 진출하는 전략을 선택하자는 것이다. 또한 현재 상태에서 주요 곡물의 수출국이 아니고, 또한 고생산성을 실현하고 있는 지역이 아니더라도 앞으로 한국에서 진출할 예정인 농업 자원(자본, 기술, 경영 등)과 현지 농업 자원(토지와 인력)의 새로운 결합에 의해서 경쟁력 향상의 잠재력이 높은 지역을 선택하는 것을 차선적으로 모색한다.

라오스에는 방대한 면적의 유휴지 및 잠재삼림지와 함께 메콩강의 풍부한 수자원이 부존되어 있다. 또한 세계 최대 인구보유국으로서 곡물 수입국가인 중국과 북쪽 국경을 마주하고 있으며 중국과 연결되는 남북교통망도 주로 중국 측의 투자에 의해서 건설이 진행되고 있다.

예컨대, 라오스의 방대한 개간 가능지를 식량(사료작물 포함)작물 생산지로 개발하여 일부는 한국의 사료작물 공급지로 이용하고 일부는 북쪽 국경을 통하여 중국으로 수출하는 중국 배후 농산물 생산기지로 이용하는 문제는, 라오스의 국가적 과제인 빈곤탈출 문제에 궁극적으로 기여할 뿐만 아니라 한국 농업의 외연을 확장할 수 있는 중요한 기회를 선점한다는 뜻에서 대단히 중요한 사업이다.

그러나 잠재적 삼림지나 유휴지의 개간사업 및 메콩강의 수자원 이용을 위한 도수로(導水路) 건설과 관 · 배수시설 설치에는 막대한 자금이 소요될 뿐만 아니라 라오스와 한국 정부 간의 정부 차원의 협의가 필요한 부분이므로 공기업 선도적인 농업 개발이 필요하다.

물론 민간기업에 의한 소규모 농지 개간과 수리시설 설치도 부분적으로 추진될 수 있다. 그러나 보다 효과적인 길은 한국 공기업의 계획적인 진출에서 찾을 수 있다. 라오스 정부가 추진하고 있는 메콩강의 수력발전소 건설에 한국의 공기업인 한국전력이 참여하고, 완성된 댐에서부터 도수로를 건설하여 유휴지(잠재삼림지와 초지)에 용수를 공급하면서 개간하여 농경지화하는 일을 농촌공사에서 담당하는 등의 공기업의 역할분담에 의한 우량농지 확보전략이 필요하다.

이를 통하여 확보된 농경지는 정부 간 협약내용에 따라서 라오스 국민과 라오스 진출을 원하는 한국 기업들에게 분배하여 대규모의 사료곡물 생산지로 개발하는 것이다.

중국은 소위 조우추취(走出去, 앞으로 걸어나가다) 전략에 의해서 해외 농업 개발에 적극적으로 나서고 있는데, 여태까지의 투자지역은 동남아시아, 러시아, 브라질, 중남미, 호주 지역이었으나 최근 들어서는 지역 선택의 초점을 중국보다 곡물생산성이 낮은 아프리카 지역과 오세아니아 지역 및 러시아를 포함한 체제 전환 12개국으로 전환하고 있다.

이러한 지역 선정기준의 변화는 농업 선진국의 땅값이 높다는 점과 중국 농업의 비교우위적 자원(기술과 자본)의 진출로 저발전국의 생산성 향상 가능성이 높다는 점을 전략적으로 이용하자는 진출전략을 선택했기 때문이라고 할 수 있다.

이상의 분석결과를 종합적으로 정리하여 국제경쟁력을 보유한 곡물농업의 해외 진출 적지를 선정하기 위한 작업은 다음 각 단계의 치밀한 분석을 거치는 것이 바람직하다.

① 최근까지 한국으로의 곡물수출 실적이 있는 나라 중에서 농업 투자 진출 조건(농지획득 조건 등)이 상대적으로 좋은 나라를 선정한다.
② 곡물수출 실적이 없다고 하더라도 생산성이나 생산비 수준에서 국제경쟁력 향상의 가능성이 높은 나라를 선정한다.
③ 한국의 우수한 기술과 경영능력을 현지의 농업 자원(토지, 노동 등)과 결합시켜서 현지의 선도경영체 수준으로 생산성 향상을 실현시킬 수 있는 가능성이 높은 나라를 선정한다.

(3) 식량곡물 해외 진출의 상생적 투자모형 모색

농업 부문에 대한 투자증가는 많은 개도국의 유휴되는 자원개발과 함께 자본과 기술에 대한 접근기회의 확대를 통한 생산성 향상 및 생산기반 확충을 통하여 개도국 농업 생산력 확충에 긍정적인 기여를 수행한다. 또한 신기술 수용과 가치사슬 개념의 적용, 이력추적 가능성의 강화에 기초한 고품질 농산물 생산기반 확충에 의한 수요 개발, 엄격한 품질기준 등에 기반을 둔 새로운 수요의 창출과 규모화 등으로 개도국 농산물의 국내외 수요기반 확충에도 기여하고 있다. 나아가서 고용창출과 정부 수입증가 및 GDP 증가 등으로 개도국의 경제발전을 견인하는 긍정적인 역할을 수행하고 있다.

실제로 대규모 농업 투자는 현지 사회와의 계약재배나 위탁재배 등 외주(outsourcing) 확대 및 합작기업 추진 등의 형식을 통하여 농지를 구입하는 대신에 장기 임대하여 농업 개발의 사업이익과 위험성을 지역 사회와 공유하는 친현지적인 경영모델을 창출하는 경우도 없지 않다. 반면에 인권이라는 개념이 잘 정의되어 있지 않으며 통치제도가 정비되어 있지 않은 대부분의 개도국에서는 대규모적인 농업 개발 투자가 다양한 형태의 위험성을 야기하고 있다는 증거도 속출하고 있다.

지역민의 추방과 이주 강요, 기득권의 손상과 무시, 부패의 증가와 현지주민의 식량안보적 접근성의 취약화, 사업지구의 환경훼손 등의 위험성이 현실화되고 있는 등의 사례가 그것이다. 나아가서 주민의 토지이용권의 제약에 의한 생계수단에 대한 접근기회의 상실과 이로 인한 빈부격차의 심화 등 사회적 양극화와 정치적인 불안정성의 증가 등의 현상이 심화되고 있는 것도 사실이다. 뿐만 아니라 과거에 시도되었던 수많은 대규모 농장들의 개발실적은 결과적으로 성공적이지 못한 것으로 판명되고 있다. 왜냐하면 새로운 부가가치 창출과 시장과의 연계성 강화보다는 농업 생산의 규모화에 따른 유리성의 실현에 지나치게 의존한 정책선택의 결과는, 결국 경제적 · 사회적 이익 실현에 상대적으로 등한 또는 무력하기 때문에 정부의 보조 의존적인 오늘날의 다수 소농들의 존속과 함께 사회적 양극화의 심화를 초래하였기 때문이다.

과거로 회귀하고 있는 대규모 플랜테이션 사업모델 대신에 기존의 소농과 지역 사회에 기회를 제공하고 투자자에게도 경제적인 사업동기를 제공할 수 있는 대안적인 농업투자사업 모델의 모색이 대단히 중요한 과제로 등장하고 있다. 이를 통하여 대규모 농장 조성과 운영에서 차지하는 지역 사회의 소농들의 위상과 역할도 달라져야 한다.

대규모 경영체와 소규모 농가를 연계시키는 계약영농(contract farming) 사업모형은 지난 수십년간 선진국에 의해서 실제로 운영되어 왔기 때문에 농업 부문에서도 익숙한 형태이다. 또한 개도국의 경제성장에 따른 시민의식의 성숙에 따라 선진국의 대규모 농장체제에 대한 거부감도 점차 강하게 표출되고 있는 추세에 적응하기 위한 선택이기도 하다. 특히, 세계 식품시장의 거대한 집중화 및 수직

표 9-5 수직적 통합의 수준에 따른 비즈니스 모델

수직적 통합의 정도	약한 정도	강한 정도
	가치사슬 단계별 협조	수직적 통합
비즈니스 모델	구매협약, 계약영농, 경영협약	생산과 유통의 완전 통합

적 통합체계의 발전에 따라 아프리카, 브라질, 인도 등지에서 대규모 플랜테이션 경영체제를 운영해 왔던 농기업회사들은 농업 기술개발 분야와 관개시설 공급 분야 및 개량종자(GMO 또는 유기농 종자) 개발 분야, 그리고 가공, 유통 분야로 점차 전환하는 추세를 보이고 있다(표 9-5).

이러한 시장의 변화에 따라 새롭게 등장하고 있는 수직적 통합경영체제에 개발대상국의 소농들은 가치사슬의 각 단계별로 참여하여 협조체계를 갖추거나 아니면 완전한 수직적 통합체계의 구성원으로 참여하게 된다.

5) 해외 농업에 대한 연구 과제

농산물 시장의 개방 폭이 확대되면서 한국 농업도 세계 농업 질서의 한 축으로 포함되는, 즉 한국 농업의 국제화는 피할 수 없는 대세가 되고 있다. 그러므로 닫힌 국경 속에서 식량안보나 환경보전 등 국내적 가치를 어떻게 효율적으로 실현할 것인가? 제한된 국내시장에서 생산된 농산물을 어떻게 효율적으로 유통시킬 것인가? 이 과정에서 농가소득을 도시근로자 소득과 어떻게 균형시킬 것인가? 하는 문제들에 매달려 왔던 한국 농업경제학도 해외 농업으로 관심과 능력을 확장시킴으로써 한국 농업의 외연 확장과 국제화에 효과적으로 기여해야 한다.

우리나라는 해외동포의 규모 측면에서 중국(5,500만 명), 유태인(860만 명)에 뒤이어 600만 명 규모로 세계 3위의 교민대국이다(미국: 210만 명, 중국: 200만 명, 일본: 66만 명, 구소련: 50만 명, 캐나다: 10만 명 등). 또한 해외동포들은 농업 생산 분야 및 농산물 유통산업 분야에 많이 종사하면서 모국의 지원과 함께 연계 강화를 희망하

19. 상생적 투자모형의 국제적 사례

① 베트남의 LUVECO 청과회사

LUVECO 회사는 중국 투자(55%)와 베트남 정부 투자(45%)로 설립된 회사로 채소와 과일 통조림을 러시아 등 10여 개국에 수출하고 있으며 생산량의 20%는 내수용으로 판매된다.

이 회사는 1986년부터 베트남의 Nam Dinh 주의 20개 농민조합과 계약재배 영농을 통하여 원료 농산물을 공급받고 있다. 계약영농 이전에는 농가는 주로 벼재배를 하고 있었는데 오이, 토마토, 단옥수수 등 작물종자를 회사가 도입해서 투입자재와 안정적인 가격 제공 및 기술교육 등을 시행하면서 농가의 작물재배 전환을 유도하였다.

계약영농 방식은 농가에게 보다 높고 안정된 소득과 기술훈련 기회를 제공함으로써 지역 농가로부터 크게 환영을 받았다. 계약영농체제 하에서 회사는 종자, 비료 등 농업 자재를 공급하고 그 대금은 구매가격에서 제외하였다. 회사는 크기, 모양, 견고도 등에 관한 엄격한 품질조사 과정을 거쳐서 생산품을 수매하고 수매규격에 미달되는 상품은 수매를 거부하였다.

이 회사의 계약영농 시스템은 20년에 걸쳐서 지속적으로 확대되어 오면서 성공사례로 손꼽히고 있다.

② 파푸아뉴기니아의 New Britain Palm oil LTD.(NBPOL)

NBPOL은 파푸아뉴기니아에서 가장 큰 팜농장경영자인 동시에 팜오일제조업체이다. 이 회사는 40,000ha의 플랜테이션을 지역 사회와의 경영계약 형태로 경영하고 있다. 파푸아뉴기니아의 지역 사회가 NBPOL과의 농장경영 협약에 참여하기 위해서는 NBPOL의 협력을 받아서 농지합병그룹(Incorporated Land Group: ILG)에 등록하는 절차부터 거쳐야 한다.

ILG는 경영위원회와 분쟁조정기구로 구성되어 있는데, 등록된 농지에 대한 이용권을 조사한 뒤 주정부에게 합의된 기간 동안 등록된 토지의 임대경영 동의서를 제출한다(파푸아뉴기니아의 농지 97%는 지역 공동체 소유이다).

동의서를 받은 주정부는 이를 특별농산업 임대(special agricultural business lease)조건으로 같은 기간 동안 ILG에게 허가한다. 이것이 소위 lease-leaseback 경영협약모델로 지역사회가 농지경영권을 농기업에 이전하는 표준화된 방법이다.

공식적인 협정과정을 거친 후 ILG는 보통 20년의 기간을 가진 농지경영협약을 NBPOL과 체결한다.

ILG에 의한 임대계약의 주요 내용은 다음과 같다.

연간 임대료는 경작면적 ha당 19USD이며 분기마다 선지급하는 조건이고 월별 수확될 생과(fresh fruit)의 NBPOL 몫에 대한 월별 사전적 협상을 통한 분배비율을 결정한다. 또한 NBPOL은 지역 거주자에 대한 고용기회 제공과 다양한 우대조건 등을 제공한다.

③ 말리(Mali)의 Biocarburam, SA(MBSA)사

MBSA사는 말리의 3개 지역에서 4,000 농가 이상의 소규모 자트로파 농가와 함께 일하는 민간기업이다. MBSA는 서부 아프리카 지역 여러 곳에 친환경적인 바이오 디젤 가공공장을 설립 중이며, 농가들의 영농방법 개선을 위해서 현장지도를 통하여 기술지원 서비스를 제공하고

있다. 자트로파는 간작(intercropping) 등의 방법을 통하여 현존 영농 시스템 속으로 파고들어 계열화 영농체제로 자리잡고 있다.

MBSA사의 설립은 Koulikoro 지역의 생산자협동조합에 속한 지방 농가들이 20%의 회사 지분을 보유하면서부터였다. 회사 참여농가들은 생산물의 판매를 통하여 직접적인 이익을 챙겼으며, 나아가서 예상되었던 배당수입에 의한 증가된 지분배당수입도 얻을 수 있었다.

MBSA사는 탄소상쇄계획(carbon offset scheme)에 참여하여 얻은 회사수입의 75%를 농가들의 역량강화 프로그램에 투입하였다. 이 회사는 네덜란드 정부의 신흥시장 협력계획(programm for cooperation with emerging markets)에 의한 자금지원을 받았으며 회사의 주요 주주는 KIT(royal tropical institute), 연금과 기타 현지 생산자 협동조합으로 구성되어 있다(Mali Biocarburant Company profile, 2009(http://malibiocarburant.com)).

④ 인도의 Hariyalli Kissan Bassars 사례

2002년에 설립된 Hariyalli사는 인도 농부에게 one-stop-shops 체인사업을 수행하고 있으며 2007년 현재 Andhra Pradesh, Madhya Pradesh, Uttar Pradesh, Haryana, Uttarkhand, Panjab 주 등지에서 75개의 점포를 개설하고 있다.

이 사업모형은 지역의 농가들에게 생산자재를 구입하고 생산물을 판매하는 과정에서 신뢰할 만한 One-stop-shop 기능을 제공하고 있는 것이다.

판매상품은 비료, 종자, 농약, 농기구, 트랙터 부품, 사료 등이고 판매자는 농업 교육을 받은 전문가로서 특정 상품의 판매촉진과 관련 없는 농업 기술이나 정보를 농가에게 무료로 제공한다. 또한 ICICI은행과 제휴하여 각 점포에 은행지점을 개설하여 작물과 생명 및 일반 보험 업무와 함께 농업신용카드(agricultural credit card)를 발급함으로써 농가의 계절적인 현금수요를 해결할 수 있는 신용(대출)창출 기능도 수행하고 있다. Hariyalli사의 또 다른 제휴업체는 Bharat Petroleum사로서 이 회사는 동사가 운영하는 지역의 각 점포에서 농기계용 연료를 농가에게 판매하고 있다.

Hariyalli사는 세 가지 서로 다른 농산물 구매가격 결정방식을 사용한다. 하나는 쌀, 밀, 콩, 버섯 종자를 생산하는 공인된 개인 상품(private label)에 의한 최고가격의 브랜드 농산물 계약영농 가격이고, 둘은 편이식품업체 공급용 감자 등과 같은 특별 채소품목의 계약가격이며, 셋은 밀과 같은 현장시장 구매품목 가격이다.

대표적인 점포의 연간 수입은 120만 USD에 달하고 개설 이후 현재까지 연간 25%의 성장을 보이고 있다.

이러한 사업방식은 농민들에게 큰 호응을 받고 있지만 지역의 전통적인 사업장들은 위축되어 쫓겨나고 있다.

자료: Asian Development Bank(2005), New Britain Palm Oil Ltd(http://www.nbpol/com.pg), J. Mayers and S. Vermeulen(2002), D. E. Bell, N. Sanhavi, V. Fuller, and M. Shelman(2007).

고 있다. 전 세계 140여 개국에 흩어져 각개 약진하고 있는 해외동포들의 농업 개발 노력에 한국의 우수한 농업 기술과 농사용 자재를 지원하여 그들의 정착과 발전노력을 돕고, 나아가서 이들을 첨병(尖兵)으로 하여 한국 농업의 외연 확장과 한국 농산품의 국제시장 진출기회를 확대시키는 정책선택은 한국 농업의 국제화를 앞당길 수 있는 전략적인 중요성이 크다.

시장개방 확대가 우리 농업에 미치게 될 효과를 분석하고 그로 인한 농가 피해를 비롯한 악영향을 최소화시키기 위한 대응책에 관한 연구도 물론 중요하다. 그러나 시장개방이라는 위기를 한국 농업의 한 단계 도약을 위한 기회로 바꾸어 내기 위한 공격적인 연구가 보다 강화될 필요가 있다. 여기에서 도출되어 집적(集積)될 연구결과는 현재 진행되고 있는 각종 통상협상에서 상대국의 전략을 읽을 수 있는 기초 자료로서의 가치뿐만 아니라 세계 3위의 식량 순수입국으로서 가장 값싸고 안정되게 식량을 수입할 수 있는 잠재능력의 확보, 소득이 증가하고 있는 동남아 국가들과 중국의 고소득층을 대상으로 하여 한국의 고품질 농산품과 가공식품의 수출시장 확대, 나아가서 개방으로 유휴화되거나 실업상태에 처하게 될 한국 농업 자원(인력과 자본)의 해외 진출을 위한 소중한 기초 자료로 활용될 수 있을 것이기 때문이다.

해외 농업의 생산과 경영에 관한 연구

전통적으로 우리나라와 농산물 교역비중이 높은 나라, 즉 미국, 일본, 중국 등의 농업 생산성과 기술, 농업 생산요소의 결합과 이용, 농관련산업(agri-business)과의 연계성, 농가소득 지지를 위한 정책수단의 선택 및 농업 관련 제도의 변화 등에 관한 폭 넓고 사려 깊은 연구를 통해서 교역협상의 전략을 강구하고, 우리 농산물의 국내외 시장을 확대할 수 있는 전략과 방향을 제시한다. 또한 우리 농업이 손쉽게 진출할 수 있는 개발투자의 적지로 판단되는 개도국, 특히 러시아와 동남아 국가들의 농업 자원 이용실태와 농산물 시장 및 농업 관련 제도에 대한 실증적이며, 기초적 연구가 강화되어야 한다. 특히, 투자대상국과 상생할 수 있는 바람직한 사업모형(business model) 개발에 관한 연구도 시급한 과제이다.

해외 농산물의 시장과 유통에 관한 연구

세계 각국은 국민들의 식생활 행태(behavior), 소득, 문화 등 다양한 소비생활 전통에 적합한 고유의 농산물 시장제도를 운영하고 있으며, 특히 과잉 농산물의 처리를 위한 다양한 농산물 수출지원제도와 자국 농산물을 보호하기 위한 다양한 비관세제도를 운영하고 있다. 이에 따라 생산된 농산물의 수확 후 기술체계는 물론 포장, 등급화, 배송 등 체계는 서로 상이할 뿐만 아니라, 식품의 신선도와 안전성을 확보하기 위한 검사체계와 수출입 관련 절차도 복잡하고 다양하다. 또한 곡물을 비롯한 주요 농산물의 경우에는 선물시장(先物市場)을 활용하는 등 미래 가격에 대한 불확실성에 대처하는 능력과 기반이 서로 다르다. 농산물의 국제교역은 가장 고난도(高難度)가 요구되는 농산물 유통 형태이므로 여기에 대한 경험과 연구 자료의 집적이 뒷받침되지 않으면 한국 농업의 국제화로의 길은 시행착오 속에서 느린 속도로 진행될 수밖에 없을 것이다.

해외 농업 진출방법에 관한 연구

해외 농업 개발투자는 박정희대통령 시절의 남미 아르헨티나 진출 시도 이래 국민의 정부 시절의 흑룡강성 삼강평원 개발과 연해주 개발 등 정부, 민간 차원에서 간단없이 추진되어 왔지만, 현재까지 이렇다 할 성공 실적을 찾기가 어렵다. 그 이유는 국가 간 문화와 제도의 차이에 대한 적응(country risk) 극복, 생산된 농산물의 시장확보, 확보된 농경지를 이용할 수 있는 생산자원(노동력, 기계) 조달 등 여러 문제에 대한 어려움과 적응 실패가 중첩된 것으로 분석된다. 그러나 사료곡물의 개발수입과 앞으로 수요가 증가하게 될 에너지작물의 개발수입 등은 우리 농업의 경쟁력과 잠재능력 강화를 위한 보완적 효과가 매우 크고 중요하다. 또한 잉여되는 농업 인력을 포함한 농업 자원을 유럽 러시아 지역을 비롯한 구 CIS 지역으로 진출시켜서 세계수준의 브랜드 농축산물을 만들어 유럽 고급시장으로 진출시키는 것도 전혀 불가능한 일이 아니다. 단지 해외 농업 개발에 대한 정부의 확고한 의지와 이를 뒷받침하기 위한 해외 농업에 대한 체계적인 연구가 부족할 뿐이다.

정부는 해외 농업 개발 10개년 기본계획(2009~2018)을 세우고 민간 주도적인 해외 농업개발사업 지원에 본격적으로 나서고 있다. 정부 지원에 힘입어 2011년 현재 총 20개국에 85개 기업이 진출하는 등 해외 농업 개발이 확대되고 있다. 그러나 해외 농업 개발을 통한 식량곡물의 국내 반입실적은 너무 초라하고 이렇다 하고 내세울 만한 성공실적이 별로 없다. 무엇보다 해외 농업 개발을 성공시킬 수 있는 사업모형 개발에 대한 연구가 뒤따르지 못했기 때문이다.

예컨대, 러시아 연해주는 한반도의 두만강 경계를 하고 있는 고구려와 발해의 고토(故土)로서 2013년 5월 현재 총 9개 기업이 진출하여 10만ha의 농경지를 확보(장기 이용권 임대)하여 진출하고 있다. 그러나 총확보면적 중에서 겨우 30% 면적만 이용하고 있을 정도로 영농상태가 부진하여 일부 한국 기업의 임대농지는 러시아 정부로 환수당할 처지에 놓여 있다.[14)]

왜 이런 일이 일어나고 있는 것인가?

연해주 땅을 인수하여 농사를 짓겠다고 작정한 한국 영농기업들이 의사결정 과정에서 결정적으로 놓친 것이 하나 있기 때문이다. 그것은 왜 러시아인들이 이렇게 값싸고 질 좋은 땅을 놀리고 있는가 하는 생각을 깊이 있게 하지 못했다는 사실이다. 연해주 땅뿐만 아니라 토양이 비옥하고 기온이 온난한 남부러시아 3개 주(로스토프, 크라스노다르, 볼고그라드 등)의 농지도 구소련 연방 시절(1990)의 경작농지를 절반가량 유휴시키고 있다. 구소련 연방으로부터 독립한 연방국(우크라이나, 우즈베키스탄, 카자흐스탄 등)들의 농지 유휴상태도 비슷한 실정이다.

농업 생산의 3대 요소는 토지, 노동, 자본이다. 농업 생산을 늘리기 위해서는 생산의 3요소를 많이 투입해야 하는데, 우리나라는 주어진 국토면적이 좁기 때문에 토지가 생산력 증대의 최대 제약조건이 되어 왔다. 그러나 러시아는 전혀 다르다. 주어진 땅이 넓기 때문에 이를 효율적으로 경영하기 위한 자본(농기계 장비와 농자재 구입비)이 최대 제약조건인 것이다.

연해주로 진출하고자 하는 한국 영농기업들이 제약조건이 전혀 아닌 땅의 확보부터 시작할 것이 아니라 핵심 제약조건인 자본확보에 의한 효율적인 사업

14) 주정부로부터 임대한 농지를 3년 이상 유휴화시키면 주정부는 임대를 취소하고 도로 회수할 수 있다.

모형 수립과 운영방안 모색에 집중했더라면 오늘날의 심각한 경영부진 상태는 발생하지 않았을 것이다.

성공적인 해외 농업 진출을 지원하기 위한 사업모형 개발과 효과적인 경영 컨설팅 분야가 농업경제학의 연구 분야로 떠오르고 있는 이유이다.

선물시장에 관한 연구

선물거래는 선물가격을 통한 미래 가격의 예측으로 정부, 기업, 가계 등 각 경제주체들의 계획적인 경제활동을 가능하게 할 뿐만 아니라 현물과 선물 간의 가격차이를 통한 차익거래 기회를 제공하고, 특히 곡물수입에서는 가격변동 위험에 대처할 수 있는 위험회피 전략으로서 가치가 커지고 있다.

현재 국내 곡물수입은 C&F(cost and freight) 가격조건의 전통적인 공개 입찰방식에 의해서 주로 수행되고 있으나, 가격변동 위험에 적절히 대응할 수 없다는 한계 때문에 최근에 이르러 사료곡물수입의 선물시장 활용 분야에 대한 관심이 커지고 있다. 이러한 사회적 수요에 대응하여 선물시장의 효과적인 헤징(hedging) 전략에 대한 깊은 연구와 체계적인 전문가 육성이 필요하다.

새로운 경제영토 확장을 위한 연구

21세기를 흔히 신유목시대(新遊牧時代)라고 칭한다. 국경이 따로 없는 글로벌 경쟁시대에서 살아남기 위해서는 생산원가(原價)가 싼 상품을 생산하는 길 밖에는 없다. 이 때문에 값싼 땅과 노동력 등 자원을 찾아서 사업장을 옮기는 일이 전 세계적으로 활발하게 진행되고 있다. 말하자면, 한 장소에 정착하면서 운영되어 오던 생산질서가 마치 유목민이 좋은 풀밭을 찾아서 이동하듯이 이곳저곳의 값싼 생산자원을 찾아서 옮겨 다니면서 운영되는 생산질서로 변하고 있는 것이다.

농업 생산질서 역시 경제활동의 신유목 질서로의 변화에 예외일 수는 없다. 우리나라보다 값싼 농지와 노동력 등 생산자원을 찾아서, 그리고 보다 넓고 좋은 시장조건을 찾아서 사업장(事業場)을 기꺼이 이동시키는 열린 경영마인드를 갖추어야 한다. 해외 영토확장에 농업 부문이 먼저 나서야 한다. 이를 통해서 석유, 철강 등 대륙자원 개발의 길을 선도해야 한다.

남북분단(南北分斷)의 역사가 반세기 동안 계속되면서 남한은 대륙과의 통로가 단절된 채, 해양 의존적인 경제성장을 추구해 왔다. 이에 따라 남한의 자원부족 현상은 심화되어 세계에서 가장 자원가격이 비싼 나라로 지속적인 경제성장의 한계를 뼈저리게 느끼고 있다. 냉전시대의 붕괴에 따라 소련은 시장경제체제로의 변화를 가속화시키고 있고, 북한도 대륙 의존적인 폐쇄경제 상태에서 초래된 경제위기를 벗어나기 위해서 남북 화해의 길을 굳이 외면할 수 없는 처지이다. 이에 따라 대륙(중국, 러시아, 중앙아시아)의 방대한 자원에 대한 우리의 접근기회가 확대되고 있다.

땅이 좁은 이웃 일본이 보유하고 있는 해외 농지가 국내 농지면적의 1.9배에 달한다는 사실을 '강 건너 불 보듯' 해서야 되겠는가?

열리고 있는 신유목시대에 적응하여 해외 영토 확장을 통하여 우리 농업의 새로운 미래를 개척하는 일이 농업경제학도에게 주어진 또 하나의 사명인 것이다.

Chapter 10

환경 · 자원 문제와 농업경제학

1. 자원고갈과 환경 문제의 원인
2. 경제성장이론의 아이디어와 그 한계
3. 도전받고 있는 성장(발전)이론
4. 지속적인 발전과 농업경제학
5. 지속적인 발전을 위한 바람직한 정책방향
6. 자원 · 환경 문제와 농업경제학

환경 · 자원 문제와 농업경제학

1 자원고갈과 환경 문제의 원인

지구 환경악화와 자원고갈 현상은 이제 인류사회의 번영을 저해할 수 있는 가장 중요하고 치명적인 과제로 등장하고 있다.

지구온난화(地球溫暖化)로 인해서 더욱 잦아지고 있는 홍수와 한발 등 기상이변과 오존층의 파괴현상, 산성비와 확대되는 사막화, 생물종의 다양성 상실 등 범지구적인 환경 문제는 날로 악화되고 있다.

지난 20년 동안 지구의 허파구실을 하는 열대림 약 2억ha가 사라졌으며 우리나라 경지면적의 60배에 해당하는 1억 2,000만ha의 땅이 사막으로 변하였다. 무분별한 산림파괴와 자연훼손으로 매년 4,800억 톤의 표토(表土)가 유실되고 있고, 매년 수만의 생명종(種)이 지구상에서 사라지고 있으며, 전 세계 생명종의 약 15%가 멸종위기에 처해 있다. 또한 공장과 자동차의 매연으로 인한 산성비로 인해 북반구 삼림면적이 큰 폭으로 사라지고 있으며 온실가스 효과로 인한 지구온난화의 영향으로 기상이변 현상이 전 지구적으로 확산되고 있다.

지구환경은 지구적 공유자산(共有資産)의 특성을 가지고 있기 때문에 어떤 한 나라의 노력만으로는 문제가 해결되지 않는다는 특징이 있다. 국제사회가 환경악화에 대한 적극적인 대응을 주저하고 있는 사이에 지구환경은 광범위한 기상이변과 수질 · 대기 및 토양 악화 추세가 더욱 가속화되어 인류사회의 지속 가능한 발전마저 크게 위협받게 될 것으로 우려하는 목소리가 높아지고 있다.

인류가 수자원(水資源)을 오염시키면서 소비하는 속도가 자연에 의해 물이 정화 · 순환되는 속도를 훨씬 초과하고 있기 때문에 수질오염과 고갈에 대한 우려마저 커지고 있으며, 토양생태계의 파괴는 농업의 장기적인 생산력 확보를 위협하는 수준에까지 이르고 있다. 또한 화석연료의 과다한 사용으로 인한 온실가스(주로 CO_2) 발생량이 삼림과 대기 시스템의 탄산가스 흡수율을 지속적으로 초과하여 지구를 둘러싼 대기층의 상층부에 형성된 온실효과가 확대되고 있기 때문에 지구온난화에 의한 기상이변과 해수면 상승에 의한 피해가 가시화(可視化)되고 있는 것이다.

지구 환경오염은 인류의 경제활동과 불가분의 관계가 있다. 환경오염의 유형을 경제 부문별로 나누어보면 소비행위와 관련되는 경우, 생산활동과 관련되는 경우 및 유통과 국제무역과 관련되는 경우로 대별할 수 있다.

이를 사회 · 경제적 원인과 시장구조적 원인으로 나누어서 살펴보도록 하자(오호성, 2002).

1) 환경악화를 초래하고 있는 사회 · 경제적 원인

환경악화를 유발하는 소비활동

환경악화를 초래하는 인간의 소비활동은 인구증가와 인구집중 현상, 소득증가와 절대빈곤 현상 등으로 설명할 수 있다.

첫째, 세계의 급격한 인구증가 추세가 환경악화를 촉진하고 있다. 인구가 증가하면 의식주를 해결하기 위하여 더 많은 생산물을 필요로 하고 더 많은 자원을 사용하게 된다. 예수탄생 무렵(AD 1년) 세계 인구는 2억 5,000만 명 정도였으나 1,700년경에는 두 배인 5억 인구로 증가하였다. 이로부터 150년 뒤(1850)에는 다시 두 배인 10억 인구로 늘어났으나 다시 100년 이후(1975)에는 4배인 40억 인구로 그리고 50년 이후인 2025년에는 두 배인 80억 인구로 늘어날 전망이다. 이러한 속도로 인구가 증가하게 되면 불어나는 인구를 부양하기 위한 환경악화 정도는 더욱 심각해질 수밖에 없다.

둘째, 인구증가와 함께 특정 지역에 대한 인구집중 현상이 환경 문제를 더욱 악화시키게 된다. 산업화 경제성장에 따라 농촌지역에서 도시지역으로의 활발한 이농현상(migration)은 전 세계적으로 진행된 공통된 현상이었다. 도시지역으로의 과도한 인구집중은 새로운 취업기회, 학교, 주택, 도로문화, 생활 편의시설의 확장을 요구하고 교통혼잡, 수질과 대기오염, 쓰레기 등 환경악화 문제를 야기시키게 된다.

셋째, 소득증가는 의식주 생활에서 과잉소비와 낭비를 초래하여 폐기물과 쓰레기를 양산(量産)한다. 오늘날 선진국의 풍요한 소비생활은 지구의 자원고갈과 환경악화를 초래하는 근본 원인으로 지적되고 있다.[1)]

넷째, 상대적으로 빈곤한 지역에서 발생하고 있는 급격한 인구증가 현상이 지구환경을 악화시키게 된다.

오늘날 지구상에 약 5억 명의 인구가 토양침식으로 황폐한 지역에서 살고 있으며 2억 명이 열대림 지역에서, 8억 5,000만 명이 사막화가 진행되고 있는 건조지대에서 살고 있다. 이들은 이미 생산성이 떨어진 소규모의 농토를 경작하고 오염된 물을 마시며 살고 있다. 땔감과 식량부족이 심각하기 때문에 닥치는 대로 삼림을 베어 내어 개간하고 야생 동식물을 무차별 포획하여 생태계를 파괴시키고 자원을 고갈시킨다. 이는 다시 가난의 원인이 되어 가난에서 벗어나지 못하는 악순환을 초래하게 된다.

농업과 목축업을 중심으로 하는 개도국에서는 환경이 생산과정에서 중요한 생산요소가 된다. 수자원의 부족과 오염된 식수는 각종 수인성 질병(水因性疾病)을 통해 주민들의 건강과 노동생산성을 떨어뜨리고, 산림파괴는 토양침식과 홍수·한발 피해를 증폭시켜 국토를 황폐화시키고 농업 생산성을 하락시킨다. 오늘날 아프리카와 서남아시아의 여러 나라에서 보는 기아와 빈곤의 문제는 자연환경이 파괴된 결과이며, 이런 나라들의 환경은 최악의 상황에 처해 있으면서 빈곤의 악순환의 고리를 벗어나지 못하고 있다.

1) 세계 인구의 4%를 차지하는 미국은 세계 석유소비량의 25%를 소비하고 있는데, 이 양은 가난한 제3세계 국가들의 전체 석유소비량의 10배에 해당한다(P. R. Ehrlich and A. E. Ehrhich, 1990, p. 134).

효율적인 증산 위주의 생산활동

인구가 급속하게 증가하기 시작한 산업혁명 이후 대규모의 공장제 상품생산 체제가 자리잡게 되면서 광범위한 자원개발과 활발한 생산활동이 본격화되었다. 생산활동은 각종 재화를 생산하기 위해 원료의 채취로부터 중간재의 생산, 최종재화의 생산과 저장, 유통에 이르는 과정을 포함한다. 재화와 서비스의 생산은 원료채취 단계에서부터 소비자의 손에 들어가는 유통 단계에 이르기까지 각종 폐기물을 배출하여 환경오염을 일으키고 생태계에 악영향을 준다.

생산활동은 제조공장에서 이루어지므로 재화의 생산과 관련되어 배출되는 각종 오염물질은 대부분 특정 지역에 집중된다. 공단(工團)이나 대도시 지역에서 수질오염, 대기오염, 소음, 분진, 산업쓰레기 등 각종 오염 문제가 심각한 것은 좁은 지역에 산업시설이 많이 모여 있기 때문이다.

첫째, 자원 소모적인 기술혁신이 환경악화를 가속화시키고 있다. 기술혁신은 오늘날의 눈부신 경제발전을 일구어낸 원동력이다. 그러나 대량생산의 효율성 향상을 주도하는 기술혁신이 환경악화를 촉진시키고 있다.

수동펌프 또는 인력에 의한 물통으로 퍼내는 지하수의 양은 미미한 것이나 고성능 모터를 이용한 펌프 양수방식은 지하수층에 다시 물이 충전(充塡)되려면 수년 또는 수십 년이 걸릴 양을 불과 며칠 또는 몇 달 사이에 퍼올린다. 산림을 벌채하는데 이용되는 전기톱과 크레인은 선택벌채(選擇伐採)와 간벌(間伐)을 비경제적으로 만들어 대규모 집중벌채로 산림자원이 보다 빨리 고갈되고 있다.

냉동(冷凍)가공선을 모선(母船)으로 하는 어선단은 물고기가 회유해 오는 때를 기다려 연안에서 잡던 종래의 방식을 완전히 벗어나 일 년 내내 물고기를 쫓아다니며 포획하여 어자원을 크게 감소시키고 있다. 교통수단의 발달로 종전에는 부유층이나 갈 수 있었던 관광과 레크리에이션 장소에 많은 사람들이 몰려들어 자연경관과 태초로부터 보존되어 오던 자연환경을 빠르게 손상시키고 있다.

지하자원의 경우에는 굴착기술, 채광, 제련기술, 수송수단 등이 발달하여 광물자원이 더욱 빠른 속도로 고갈되고 있다. 이에 따른 가격상승은 순도(純度)가 낮은 광석과 깊은 광맥 등의 자원개발도 경제성이 있는 활동으로 변모시키고 있다.

둘째, 무역은 수출국과 수입국 모두의 경제활동을 증가시키고 소비자의 선택범위를 확대시켜 준다. 무역에 참가하는 나라는 수출재화를 생산하기 위해 더 많은 생산요소와 자원을 투입하며 수출품을 팔아 더 높은 소득을 얻으므로 국내 소비지출이 늘어난다.

무역은 무역대상국의 경제발전 정도, 무역의 내용과 무역량에 따라 수입국, 수출국 또는 수출 · 수입국 모두에 상당한 정도의 환경부하(環境負荷)를 일으키게 된다. 대규모 단작경영체제(mono culture system)를 통한 수출농업(아프리카 플랜테이션 농업의 경우)은 생산의 효율성 실현의 대가로 토양과 생태계 파괴를 초래하고 있는 것이 좋은 예이다.

자유무역이 환경보호를 위해 분명히 나쁜 영향을 끼치는 전형적인 예는 지구적(地球的) 공유자원(共有資源)을 개인 또는 한 나라의 입장에서만 보고 이를 무역대상으로 삼는 경우에서 볼 수 있다. 예를 들면, 멸종위기에 처해 있는 동 · 식물 또는 그 가공품을 무역하는 경우가 여기에 해당한다. 코뿔소 뿔, 상아, 호랑이 가죽 등의 무역은 멸종위기에 처한 해당 동물의 자원감소를 촉진하는 것이고 유해폐기물을 무역하는 것도 환경공해를 확산시키는 행위이다.

개발도상국이 선진국에 수출하는 물품은 대부분 임산물과 농수산물, 광물 같은 1차상품인 경우가 많다. 이 가운데 특히 목재를 수출하기 위해 열대림을 남벌하거나 수출광물을 채취하고 농수산물을 재배하기 위해 생태적으로 취약한 지역을 집중 개발할 경우 환경파괴를 가져올 가능성이 크다. 예컨대, 아마존강 유역의 열대림의 파괴는 탄산가스의 증가, 생물종의 멸실(滅失) 등 지구환경에 큰 영향을 끼치게 되므로 국제적 관심을 모으고 있다.

2) 환경악화를 유발하고 있는 시장구조적 원인

시장의 실패

환경 문제를 일으키는 중요한 원인은 인간의 사회 · 경제활동이다. 생산과 소비 등 경제활동은 시장을 매개로 하여 일어난다. 그러나 시장이 제 기능을 발휘하지 못하면 문제가 생긴다. 시장제도적 측면에서 볼 때 시장경제가 적절한 시장신호의 부족으로 제대로 작동되지 못하고 있기 때문에 환경악화 문제가 발생하게 된다.

경제학이론은 시장경제가 완전경쟁 상태에 있으면 자원이 가장 효율적으로 사용된다고 설명하고 있다. 자연환경도 자원의 하나이므로 완전경쟁시장 상태에서 제 값을 내고 사용하면 환경 문제가 일어나지 않는다.

그러나 자연환경이 제공하는 대부분의 서비스는 시장을 통하지 않고 생산·소비되는 공공재적인 성격 때문에 가계와 기업 등 경제주체는 별도의 적정 비용을 치루지 않고 사용하는 비배제적이고 비경합적인 특성이 있다. 다시 말해, 환경자원은 경제적 가치를 갖고 있는 재화임에도 불구하고 기업가나 소비자가 제 값을 내지 않고 남용(濫用)하게 된다. 필요 이상으로 자원을 남용한 결과 환경오염과 자원고갈 문제가 일어난다. 시장이 자원배분을 제대로 하지 못하는 시장실패 현상이 발생하는 것이다.

앞에서 환경오염의 원인으로 지적한 인구의 증가와 도시화, 경제성장의 부작용은 시장의 실패라고 하는 경제적 과정을 통해 환경 문제를 일으키게 되는 것이다.

정부의 실패

환경자원이 일종의 공공재적인 특성을 가진 재화나 서비스라는 차원에서 생각한다면 정부는 공공재의 적정 공급을 위한 관리 정책을 통하여 자연환경의 보존과 함께 환경악화를 막아야 한다. 그러나 세계 각국은 산업화를 통한 경제성장 과정에서 자원 낭비적이고 환경 훼손적인 경제성장의 경쟁체제를 유지해 왔다.

이 과정에서 지구촌의 공유자산인 지구환경은 심각하게 악화되어 왔다. 공공재를 관리할 적절한 정책의 부재, 즉 환경을 생각하는 경제개발 정책의 부재가 오늘날의 지구 환경악화를 초래하게 된 것이다.

2005년 2월 출범한 기후변화협약(교토의정서)은 지구온난화의 주범인 온실가스의 배출을 의무적으로 저감(低減)시켜 나가자는 국제적인 합의로서, 그 동안의 시장과 정부의 실패를 반성하고 대처하려는 국제 간의 노력의 결과이지만 세계 최대의 온실가스 배출국인 미국의 적극적인 참여 거부로 실효성은 여전히 불투명하다. 말하자면, 환경악화를 조장하고 있는 정부의 실패는 여전히 계속되고 있다고 할 수 있는 것이다.

경제이론과 농업 이해

20. 지구환경의 악화-맬서스 함정은 지나친 비관론인가?

1972년 스웨덴의 스톡홀름에서 개최된 인류와 환경 문제 회의(U. N. Conference on Human and Environment)에는 113개국이 참여하여 '하나뿐인 지구'의 환경 문제에 대한 인식을 새롭게 하였다. 이때 관심을 모은 문제는 주로 지구 부존자원(賦存資源)의 한계라는 입장에서 지구자원의 고갈에 대한 토의가 집중적으로 이루어졌다. 유한(有限)한 지구의 부존자원을 현재와 같은 정도로 낭비해 가면 21세기에 이르러서 지구는 자원고갈(資源枯渴)이라는 위기에 곧 부딪히게 될 것이라는 당시의 공통된 인식을 반영한 결과였다.

그로부터 20년이 지난 1992년 6월에 브라질의 리우데자네이루(Rio de Janeiro)에서 열린 유엔환경개발회의(UNCED)에서는 180여 개국 대표들이 모여서 "우리 손으로"라는 구호를 내걸고 더 이상의 무분별한 개발보다는 지구환경이 지탱될 수 있는 범위 내에서 지속적인 개발을 통하여 지구환경의 지나친 악화를 '우리 손으로' 지체 없이 막아야 한다는 데 인식을 같이 하였다. 환경에 관한 인류의 관심범위가 '자원의 한계'에서부터 '환경악화'로 20년 만에 변하게 된 것이다.

유엔환경계획(UNEP)의 지구환경보고서는 공기와 맑은 물의 오염현상이 삼림 파괴, 사막 확대, 농경지 상실 등의 현상과 맞물려 증가 일로에 있으며, 인구증가율도 인류역사상 최고 수준에 이르고 있는 상태임을 지적하고 있다. 이에 따라 현재의 지구환경 파괴현상이 앞으로도 계속된다면 그 속에서 삶을 유지하고 있는 인간들도 결국 멸망의 순간을 맞을 수밖에 없을 것이라고까지 경고하고 있는 것이다.

오늘날의 지구환경 위기는 기본적으로 인류의 급속한 증가와 이를 부양하기 위한 지구자원의 낭비적인 사용과 파괴에 그 원인이 있다고 할 수 있다.

왜 이런 일이 일어나게 되었는가?

그것은 인류가 사용하고 훼손하고 있는 지구자원량보다는 지구가 보유하고 있는 자원의 부존량이나, 인간의 능력을 통해서 또는 스스로 자원을 복원시킬 수 있는 지구의 능력이 더 크다는 막연한 믿음이 있었기 때문이었다. 일찍이 맬서스(T. R. Malthus)는 "인간이 소비하는 양은 지구가 인간의 생존을 위해서 생산하는 양보다 궁극적으로 더 크다(The power of population is indefinitely greater than the power in the earth to produce subsistence for men)" 라고 설파(說破)하기도 했지만, 결국은 지구자원을 개발해 온 인류의 능력이 보다 컸기 때문에

"맬서스 함정(Malthusian trap)"에 빠지지 않고 인류가 번창해 올 수 있었다는 실증적인 경험이 뒷받침된 믿음이 있었기 때문이었다.

이러한 믿음을 바탕으로 하여 지구자원의 무진장한 부존 가능량, 그리고 지구가 가지고 있는 무한정한 복원(復元) 내지 자정(自淨)능력을 암묵적(暗默的)으로 전제하고 있는 자원 낭비적인 경제발전이론이 세계를 풍미하게 되었다. 이에 따라서 경제적 효율극대화의 실현에만 치중한 경제개발 경쟁에 세계 각국은 몰두해 왔던 것이다.

그러나 인류의 엄청난 자원소비와 환경훼손 속도 앞에서는 지구의 자원을 개발해 내는 인간의 능력이나 지구 스스로의 복원능력도 한계에 도달하고 있다는 것을 인류사회는 점차 깨닫게 되었다.

첫째, 인류가 개발할 마음만 먹으면 싼 비용으로 이용 가능했던 지구자원이 거의 바닥나고 있다는 것이다. 맬서스 당시의 인구폭발로 고민하고 있었던 영국은 아메리카라는 신대륙 자원보고(資源寶庫)의 개발을 통해서 그들의 한계를 극복할 수 있었다. 신대륙의 동부에 상륙했던 유럽인들은 개척정신을 발휘하여 서부로, 서부로 계속 진출하였고, 무진장한 자원을 개발하면서 미국을 세계의 부국으로 가꿀 수가 있었다.

신대륙에서의 서부 진출이 태평양에 도달하면서 한계에 이르게 되자, 에너지와 자원의 보고인 중동, 중미, 서남아시아, 극지 등의 개발에 인류는 다투어 나서게 되지만, 상대적으로 높은 개발비용과 국제적인 경쟁관계에 직면하게 된 것이다. 또한 자원개발을 위한 높은 비용에도 불구하고 개발될 수 있는 지구자원이 거의 바닥나고 있다는 사실을 무엇보다도 뼈저리게 느끼게 된 것이다.

둘째, 인류의 지구환경 훼손과 파괴행위가 누적적으로 가중되면서 지구의 자정능력이 한계를 드러내게 되었다. 이에 따라 장래의 번영은 물론 현재의 안녕마저 위협받게 될 정도로 심각한 지경에 이른 지구 환경악화에 대한 공통된 인식이 전 세계적으로 형성되고 있다는 것이다.

사실상 지구능력의 한계라는 입장을 가진 맬서스류의 우려는 증가되는 인구 수(식량을 먹는 입)와 이를 공급할 수 있는 지구의 능력(식량생산 능력)에 관한 문제에 초점을 맞추고 있었다.

더구나 소득이 높고 기술수준이나 식량공급 능력이 충분한 대부분의 선진국 지역은 이미 인구증가율이 둔화되었거나 감소 단계에까지 들어서고 있기 때문에 지구능력의 한계라는 맬서스류의 우려에 대해서 여태까지는 적극적인 관심을 표시하지 않았던 것이 사실이었다. 따라서 아프리카 지역을 비롯한 지구상의 빈국들이 겪고 있는 인구증가와 기아 문제가 지니고 있는 악순환 치유 문제는 '강 건너의 불'일 수도 있었다.

그러나 가난한 나라에서 계속되고 있는 삼림벌채 등 환경파괴 행위가, 결국 지구의 자정능력을 약화시켰기 때문에 온실효과로 기상이변이 일어나고 해수면(海水面)이 높아지게 되어 저지대가 바닷물에 잠길 수도 있다는 인식 등이 확산되었고, 이에 따라 환경악화는 '강 건너 불'이 아닌 선진국 국민의 삶의 문제일 수 있다라는 공통인식이 뒤늦게나마 형성되고 있는 것이다. 여기에다 지구상의 가난한 개발도상국들이 그들의 빈곤과 기아를 극복하기 위해서 선진국들의 경험을 모방하여 환경파괴적인 경제개발 패턴을 계속 추구할 경우에는, 현재의 환경재앙이 더욱 가중되어 인류 전체가 피해를 입게 된다는 측면에서, 가난한 나라의 인구증가와 기아 문제에도 보다 깊은 관심을 기울이게 된 것이다. 왜냐하면 환경파괴적이고 자원소모적인 경제개발이 가속화될수록 지구의 환경 자정능력은 약화되어 환경악화 문제는 더욱 심각해질 것이기 때문이다.

인류와 다른 유기체와의 상호 의존관계에 바탕을 둔 자연순환질서를 무시하고 환경파괴적인 경제개발에 몰두해 온 인류사회의 발전은 지구 환경변화에 따른 값비싼 대가로 인해 점차 '맬서스 함정'으로 빠져들고 있는 것은 아닐까?

지구촌 인류의 공멸(共滅)을 초래할 수도 있는 환경위기에 직면하여 인류사회가 앞으로 극복하지 않으면 안 될 상충되는 입장은 다음과 같이 정리될 수가 있다.

① 환경훼손적인 모든 생산과 경제개발 행위는 억제되어야 하지 않는가? 그렇다면 소득이 낮고 식량이 부족한 가난한 나라들의 빈곤 문제는 어떻게 해결해야 하는가? 또한 이로 인해서 지구촌 전체로 번질 일거리와 먹거리 부족 문제는 또 어떻게 해결해야 하는가?
② 폭발적으로 증가하고 있는 가난한 나라들의 인구 수는 조절되어야 하지 않는가? 그렇다면 무슨 명분으로 그들 나라의 주권행위인 선택을 간섭할 수 있는가? 또 태어날 새로운 생명의 탄생권을 제약할 수 있는가?
③ 여태까지는 물질문명 발달 속에서 진행되어 온 선진국의 과소비(過消費) 추세는 억제되어야 하지 않는가? 특히, 선진국에서 사는 세계 인구의 20%가 세계 자원의 80%를 사용하고 있는 소비의 지나친 불균등 현상은 시정되어야 하지 않는가? 그렇다면 개인의 자유스러운 효용극대화의 추구를 어떻게 제약할 것인가?

자료: 성진근(1993. 11), pp. 214~220.

2 경제성장이론의 아이디어와 그 한계

1) 성장이론 핵심적 아이디어의 변화

자연자원의 이용과 생산력 증대(경제성장)

지구상에 인류가 출현한 이래 오늘날에 이르기까지 끊임없이 추구되어 온 최선의 가치는 보다 나은 물질적인 풍요를 누리는 것이었다. 이에 따라서 인류사회는 물질적인 생산능력의 증대, 즉 경제성장을 추구하고 실현하면서 오늘날에 이르고 있는 것이다. 역사가 흐르는 동안 수많은 철학자와 경제학자들이 보다 빠르고 효과적으로 그들 사회의 생산력을 향상시킬 수 있는 방법을 제시해 왔다. 그들이 제시해 온 방법은 그 사회에 주어진 여건을 고려한 이론이었으므로 여건이 변함에 따라서 끊임없이 수정되고 개선되면서 그 사회의 경제성장을 뒷받침해 온 것이다.

그들이 제시한 성장이론의 아이디어는 한 마디로 그들에게 부여된 자연조건과 자원을 어떻게 극복하고 이용할 수 있는가 하는 데 있었다. 그들은 혹은 노동의 생산성 향상을 통해서, 혹은 분배방법의 개선을 통해서, 혹은 시장수요에 대한 간섭을 통해서, 혹은 노동과 자본의 결합비율 조정을 통해서 사회의 생산력을 가장 효율적으로 증대시킬 수 있는 방법들을 제시해 왔으며, 이들의 아이디어를 받아들여서 인류사회의 경제성장이 이룩되어온 것이다.

그 동안 제시되어 온 경제성장이론의 눈부신 성과는 말할 것도 없이 인류로 하여금 자연조건의 제약을 극복하고 이를 슬기롭게 이용하면서 그들 종족의 번성을 이룩해 온 일이었다. 초기의 인류사회 발전을 제약하였던 대부분의 자연조건은 인류의 슬기로 개발된 새로운 기술로 극복되었고, 오히려 생산력의 증대를 뒷받침하는 자원으로 이용되기 시작하였다. 자연자원의 이용기술이 성공적으로 개발되기 시작하면서 인류는 크게 불어나기 시작하였고, 인구의 증가는 더욱 자연자원 이용의 범위를 확대하여 오늘날에 이르게 된 것이다.

그러나 최근에 이르러 경제성장을 위한 지나친 자연자원의 이용과 훼손이 앞으로의 성장잠재력 내지 성장기반 자체를 훼손하는 정도에까지 이르고 있다는 반성이 제기되고 있다. 왜 이러한 문제가 제기되고 있는가? 그 동안의 경제성장이론의 아이디어에는 어떤 문제가 있는가? 이를 파악하기 위하여 경제성장이론의 아이디어가 어떻게 변화해 왔는지를 우선 개략적으로 검토하고자 한다.

경제성장이론의 핵심적인 아이디어

인류 역사상 최초의 경제이론가들이라고 말할 수 있는 18세기 중엽의 중농주의학자(重農主義學者)들은 경제학을 자연법칙과 관련하여 설명하려고 노력해 왔고, 농업을 대지의 어머니로서 순가치(純價値)의 원천으로 인식해 왔다. 그들은 동 · 식물을 재생산하는 행위만이 국부(國富)를 증식시키는 원천이라고 생각하였다. 돈이란 것도 여러 가지 편의를 제공하지만, 원천적으로 물질을 재생산하지는 않는다는 점에서 그 가치가 무시되었다. 그들은 모든 순가치는 땅에서 산출되므로 농업을 진흥시키는 것만이 국부를 크게 하는 일이라고 믿었던 것이다.

산업혁명 시발기에 있어서 중상주의의 여러 가지 문제점을 파악하고 있었던 고전학파 경제학자들은 노동(labor)을 국부의 원천이라 보고, 이에 따라 분업과 기술수준의 향상을 생산성의 원천이라고 인식하였다. 그들의 가장 큰 관심은 노동으로 얻은 산출물을 이를 생산하는데 관련한 사회계층 사이에 어떻게 분배하느냐 하는 것이었다.

애덤 스미스(Adam Smith)는 소위 "보이지 않는 손, 즉 가격 기구에 의한 경쟁"이 경제를 통제하면서, 각 개인으로 하여금 서로를 개발하게 하고 자신의 이익을 추구하게 하는 과정에서, 사회 전체의 이익도 커지도록 작용해 나갈 것이라고 믿었다. 또한 고전학파 경제학자들은 장기적으로는 인구증가와 수확체감 현상이 계속되면서 모든 경제적 잉여는 지대(地代)로 귀속될 것이며, 사회적 잉여는 사라지고, 경제성장은 멈추게 된다고 생각하였다. 그러나 고전학파 경제학자들의 갈등은 이러한 경제의 장기적인 발전 전망에 있었던 것이 아니라, 당시에 현존하고 있었던 노동자 계급의 비참한 생활에 있었다. 왜냐하면 이러한 현상은 "보이지 않는 손"이 착취에 의한 빈곤마저 효과적으로 해결할 수 있다는 그들의 강한 신념에 배치되는 사건이었기 때문이었다.

노동을 경제적 가치생산의 원천이라고 본 점에 있어서 크게 보아 마르크스(Karl Marx)도 고전학파 경제학자라고 분류할 수 있다. 그러나 그는 각 개인의 활동이 자연적인 조화를 이루게 된다는 고전학파의 견해와는 달리, 지주와 노동자 및 자본가 등 세 계급 사이의 상호 협조관계가 경제를 조화시켜 나간다고 본 점에서는 고전학파와 구분이 된다. 마르크스는 생산수단을 가진 자와 가지지 않은 자로 구성된 두 계급 사이의 갈등은 피할 수 없다고 생각하였다. 생산수단을 소유한 자본가들은 노동자들에게 그들의 최저생활을 유지할 수 있을 정도의 임금(노동의 재생산이 가능한 정도의 임금)만 지불하고 노동의 결과로 인한 사회적인 잉여를 독점하게 된다. 이리하여 가진 자들은 더욱 부유하게 되고 가지지 않은 자들은 더욱 가난하게 되어 계급 간의 투쟁이 시작되는 것이라고 본 것이다.

마르크스주의 경제학의 핵심이 되는 아이디어는 사회적인 생산결과의 분배와 관련하여 각 계급 간에서 유발되는 착취와 투쟁관계에 있었다. 이러한 계급 간의 투쟁은 결국 사회주의 혁명(생산수단의 사회화 혁명)으로 이어지게 될 것이라고 마르크스는 믿었던 것이다. 일찍이 고전학파 경제학자들도 계급 간의 갈등이 일어날 것이라는 점을 인정하긴 했지만, 마르크스는 이를 핵심적인 경제적 요소로 강조한 것이다.

신고전학파 경제학자들은 불완전한 경쟁상태에 대한 분석을 추가하여 계급 투쟁에 쏠린 경제학의 주제(paradigm)를 다시 시장과 개인주의로 전환시켰다. 그러나 그들의 큰 변화는 순가치가 노동의 산물이라기보다는 인간의 물질적인 욕망을 충족시키는 과정에서 나타난 결과라고 인식하게 되었다는 것이다. 다시 말하면, 가치의 개념이 인간활동의 목표가 되는 객체(objectives)로부터 주체(subjectives)로 전환되게 된 것이다(Herman E. Daly, 1980). 따라서 논의의 초점도 계급 간의 분배가 아니라, 가치를 크게 하기 위한 자원배분의 효율성으로 바뀌게 되었다. 즉, 제한된 자원으로 어떻게 만족도를 극대화할 수 있을 것인가, 주어진 부와 소득을 각 경제주체나 사회적 계급 간에 어떻게 효율적으로 분배할 수 있을 것이냐 하는 것 등이 그것이다.

경제성장이론의 가정(假定)의 비현실성

이들의 생각 중에서 경제성장을 결정짓는 요인에 대한 설명 역시 두 가지 중요한 한계를 지니고 있었다고 할 수 있다.

첫 번째는 공급요인만이 경제의 생산능력을 결정짓는 성장의 요인으로 간주하였다는 것이다. 고전학파와 신고전학파의 학자들은, 공급은 항상 그에 따른 수요를 창조한다는 가정(소위 세이의 법칙, Say's Law)을 하여 왔으며, 이에 따라서 총생산의 성장수준을 설명하는 수요요인은 소홀히 다루어지게 된 것이다.

두 번째는 고전학파나 신고전학파적 접근에서는 공급과 수요요인이 서로 독립적이라는 것을 가정하고 있다는 점이다. 물론 이러한 가정도 현실적이 아니다. 왜냐하면 공급과 수요요인은 상호 깊은 의존관계가 있으며, 특히 장기적으로 볼 때 수요요인은 공급요인의 성장에 결정적인 영향을 끼치게 되기 때문이다(R. M. Sundrum, 1990).

이러한 수요측 요인의 중요성을 조직적으로 연구한 첫 번째 학자는 케인스(John Maynard Keynes)이다. 그는 1930년대 초반의 세계 대공항으로 야기된 "보이지 않는 손"에 의한 시장의 실패를 분석하고, 생산과잉과 대규모 실업이 유효수요(有效需要)의 부족 때문이라고 지적하게 된다. 그는 시장기구에 의해서 적정 배분되어야 할 자원이 그렇게 이용되지 않는다는 사실에 주목하였다. 케인스의 이러한 작업은 단기적으로 선진국 경제에서 일어나는 유효수요의 부족에 의한 성장 장애가 시장경제체제의 일반적인 한계라는 사실을 지적함으로써, 개발도상국에서도 수요측 요인이 공급측 요인에 중요한 영향을 끼치게 될 것임을 일깨우게 되었다. 이리하여 수요측 요인은 케인스의 성장 결정요인이라고 불러지게 되었다. 케인스는 수요측 요인을 두 가지 형태로 구분하였다. 그 하나는 소비나 세금, 수입(import)과 같은 내생적인 수요 유발요인이고, 또 하나는 투자, 정부지출, 수출(export)과 같은 외생적인 수요 유발요인이었다.

케인스 이론은 전체 국민의 소득과 성장에 영향을 끼치는 외생적인 수요 유발요인에 대한 현실적이며 이론적인 발상의 전환을 가져오게 했다는 점에서 개도국의 성장모형에 대단히 중요한 역할을 하게 되었다.

이러한 이론의 발전과정을 거치면서 형성된 오늘날의 주류 경제학(main stream economics: Keynesian-neoclassical synthesis)은 거시경제학적인 완전고용과 미시경제학적인 적정 자원배분을 동시에 추구하고 있다.

그들이 추구하는 최고의 선(summum bonum)은 계측할 수 없는 물질적인 욕망의 극대화와 같은 추상적인 개념이 아니고, 매년 총생산되는 실질산출량을 나타내는 지수인 국민총생산(GNP)의 성장률을 높이는 데 두어졌다. 또한 분배보다는 총빵덩어리(pie)의 크기를 늘리는 데 집중하여 그 사회에 소속된 구성원에게 나누어 줄 물질의 분배에 있어서 상대적인 분배 몫보다는 절대적인 분배 자체가 클 수 있도록 주력하였다. 이 결과 실업의 감소와 자원의 효율적인 배분이 이루어지고 실질 국민소득도 증가하게 되었으며, 국민소득의 꾸준한 성장은 다시 완전고용 상태를 유지하는 데 필수적인 요건이 된 것이다.

이리하여 생산능력과 소득에서의 계속적인 성장 추구는 신고전학파 성장이론의 중심적인 주제가 되어 온 것이다.

주류 경제학 성장이론의 발전과 한계

주류 경제학의 중심되는 성장이론을 좀 더 자세히 살펴볼 필요가 있다. 경제학이 발전해 오는 동안 경제성장이론이 모형의 형태를 갖추고 사람들의 관심을 끌기 시작한 것은 해롯(R. F. Harrod)과 도마(E. D. Domer)가 1940년대에 발표한 헤롯-도마 모형이 처음이었다고 할 수 있다. 이 모형에 의하면 자본 생산비율에 노동인구 증가율을 곱한 것과 저축률의 값이 같을 때 경제는 정상상태(steady state)에 이르러 안정적인 성장을 하게 된다는 것이다. 그러나 이 모형은 생산에 있어서 자본과 노동의 대체성, 다시 말하면 인간의 적응능력을 고려하지 않았다는 한계를 지니고 있다.

왜냐하면 인간의 적응능력에 의해서 자본-노동의 비율이 적정 수준에서 조금만 벗어나게 되더라도 경제가 무한히 팽창하거나 수축하게 되는 불안정성을 보이고 있었기 때문이었다.

1956년에 들어서 솔로(R. M. Solow)와 스완(T. W. Swan)은 이와 같은 점을 보완하여 자본과 노동 사이에 대체가 가능한, 바꾸어 말하면 인간의 적응능력을 보다 많이 인정하는 보다 안정적인 성장모형을 해롯-도마 모형에 도입하여 개발해 냈다. 이 모형에 의하면 경제가 정상상태에서 다소 벗어난다 하더라도 경제의 자동조절 작용에 의해 자본-노동 비율이 재조정되어서 경제는 다시 안정적인 성장경로로 되돌아가게 가게 된다는 것이다.[2)]

경제학자들은 이상에서 설명한 두 가지 성장모형을 정상 성장상태를 설명하기 위한 기술적 성장모형(descriptive growth model)이라고 일컫는다. 이와는 달리 경제성장의 법칙을 설명하기 위한 모형이 아니라, 소비를 최대로 하는 최적 정상상태(optimum steady state)에 도달하기 위해서는 자본과 노동의 비율을 어떻게 조절해야 하는가 하는 시간적 자원배분에 관한 모형으로 이른바 적정성장모형(optimal growth model)이 있다. 이 모형은 1920년대 말에 램지(F. P. Ramsey)에 의해서 개발되었으나, 1960대에 와서 발전된 수학적인 기법의 도입으로 완성된 모형이다. 물론

2) 이때 정상상태의 소비수준을 최대로 하는 성장경로를 소위 황금률 성장경로라 부른다(Robert M. Slow, 1956, pp. 65~94).

이 경우에 있어서도 도출된 '최적 성장경로'는 황금률(golden rule) 성장경로와 일치하게 된다.

위에서 살펴본 기술적 또는 적정성장이론은, 요컨대 물적 자본과 인간노동 등 생산요소의 적정한 결합을 통해서 실질산출량을 증가시킬 수 있는 방법을 규명하는 이론적인 틀을 제공한 것이라 할 수 있다. 그러나 솔로-스완 모형에 의해서도 생산요소의 증가가 최종 생산물의 증가를 충분히 설명하지 못한다는 것이 실증적으로 증명되면서 등장하게 된 이론이 소위 인적 자본에 대한 투자이론이다.

슐츠(Theodore W. Schults)는 물적 자본과 인간의 노동시간으로 계측된 투입 증가분을 초과해서 산출된 성장 몫을 인적 자본에 대한 투자의 몫으로 해석하였다(Theodore W. Schults, 1961). 슐츠에 의하면 기술발전과 같은 생산요소에 체화된 진보는 인적 자본의 산출결과이며 생산요소의 질 상승은 일반적으로 생산성을 향상시켜서 경제발전에 기여한다는 것이다. 루카스(Robert E. Lucas)는 솔로-스완의 총산출모형과 성장에 직접적으로 영향을 끼치게 되는 슐츠의 인적 자본에 대한 투자이론이 명백한 연계가 있음을 설명하는 모형을 제시하였다(Robert E. Lucas, 1988). 루카스의 모형은 로머(Paul Romer, 1990), 스토키(Nancy Stokey, 1991) 등에 의해서 실증적으로 보완되고 발전되고 있다.

이상에서 살핀 주류 경제학자들의 경제성장에 대한 아이디어는 총산출규모를 결정짓는 요인으로서 물적 자본과 인적 자본의 적정한 결합비율을 규명하는 과정에서, 특히 인적 자본의 중요성을 강조하는 분위기로 발전하고 있음을 알 수 있다.

그러나 노동과 자본 등 생산요소를 적정한 비율로 투입함으로써 총산출량 규모를 적정한 수준으로 성장시키겠다는 주류 경제학자들의 성장이론의 아이디어는, 이용대상으로 삼아야 할 자연자원의 지나친 낭비와 훼손으로 인한 감소량을 인간이 만든 자본으로 완벽하게 대체하지 못하고 있는데 따른 산출능력의 한계라는 예상하지 못한 새로운 장애에 부딪치고 있다고 할 수 있다. 이것의 오늘날의 자원고갈과 환경악화로 인한 지속적 성장의 현실적인 한계로 나타나고 있는 것이다.

2) 성장지표와 분석기준의 그늘

환경악화와 자원고갈 문제에 대한 경제이론의 접근

19세기 이후부터 본격적으로 추진되기 시작한 세계 각국의 경제발전을 위한 경쟁적인 노력의 결과, 인류사회는 경제 문제들을 정치 · 사회 · 환경적 사안보다 훨씬 중요한 개념으로 인식하여 왔다. 즉, 경제성장, 인플레이션, 국제수지, 생산성, 고용 등의 개념은 경제학도가 아닌 일반인들도 통상적으로 사용하는 상식어가 된 것이다. 그러나 1970년대 이후부터 사람들의 관심은 차츰 환경파괴와 자연고갈이란 측면에도 돌려지기 시작했다. 이에 따라서 성장을 나타내는 각종 지표(指標)와 이를 분석하는 방법이나 도구에 대해서도 의문이나 문제점이 제기되기 시작하였다. 이에 관련된 많은 논문과 연구보고서들이 경제학자, 환경학자, 생태학자들에 의해서 간행 · 발표되고 있고, 땅, 공기, 물, 광물자원의 이용에 관한 투입 산출분석이나 편익-비용 분석이 이루어지고 있으며, 웬만한 경제학 교과서에서도 환경에 관한 쟁점들이 조금씩이나마 다루어지게 된 것이다. 이러한 현상은 환경파괴로 인한 공해(公害)와 자원고갈로 인해서 지속적인 성장 자체가 우려되는 지경에 이르고 있으며, 전통적인 경제이론으로서는 자원고갈과 환경악화를 관리 · 제어할 수 없을 것이라는 일반적인 우려를 반영하는 것이라 볼 수 있다.

전통적인 경제이론(특히, 신고전학파)은 환경악화와 자원고갈 문제를 어떻게 인식 · 설명하고 있는가?

외부경제와 공동소유권에 대응

먼저, 환경오염(environment pollution)에 대한 그들의 설명은 매우 단순하고 직선적임을 알 수 있다. 신고전학파의 견해는 생산요소나 수단의 사적 소유(私的所有)를 기반으로 하는 시장경제체제를 상정하고 있으므로 이기적인 자원 소유자들은 자신의 이익을 위해서 최선을 다하게 되고, 이것이 결국은 타인의 안녕을 위해서도 최선의 결과를 낳게 된다는 것이다. 정부는 단지 반독점법(反獨占法) 등의 수단으로 완전경쟁 조건이 지켜지고 개인의 소유권이 보장될 수 있도록 애쓰기만 하면, 이 조건 하에서 자원은 가장 생산적인 용도에 사용된다는 것이다. 그러나 공기나 소량의 물 등은 자본주의 경제체제에서 이에 대한 소유권 설정이 효율적이지 못하므로 사적 소유가 되지 않는 경우가 많기 때문에 흔히 외부경제(externality)[3]의 문제를 일으킨다.

만약 어떤 지역 사회에 공해 산업체가 가동되어 대기오염이 발생했다고 하자. 앞에서 지적한 바와 같이 깨끗한 대기는 소유권 설정이 불가능하고 시장을 통해서 거래되는 상품이 아니기 때문에, 이로 인해서 피해를 받게 된 경제주체는 시장을 통해서 경제적인 보상을 받을 수가 없다. 또한 오염시킨 산업체도 오염정화를 위한 비용을 정당하게 지불하지 않게 되므로 대기오염은 가중되고 일부 주민의 이익은 나머지 주민의 손실로 전가되게 마련이다. 이에 따라 정부가 외부경제의 관리를 위하여 간섭을 하게 되고, 이 간섭에 의해서 환경오염은 다시 줄어들게 된다는 것이다.

다음으로, 자연자원의 고갈에 대한 그들의 인식도 자원에 대한 소유권과 외부경제 효과에 의해서 똑같이 설명된다. 신고전학파에 속한 자원경제학자들은 자원의 사적 소유상태가 보장되고 자원에 대한 정상적인 시장이 형성되어 있다면, 자원 소유자가 미래에 초래될 자원부족 문제를 예상할 수 있기 때문에, 자원보전 문제는 자동적으로 해결된다고 주장한다. 왜냐하면 자원고갈 현상이 현저하게 나타나게 되면 미래의 자원가격은 더욱 높아질 것으로 예상되기 때문에, 자원소유자는 자원을 현재의 싼 값에 팔려고 하지 않게 되고, 이에 따라 자원소비량이 점차 줄게 되어 자원보전이 이루어지게 된다는 것이다.

그러나 자원소유가 공동의 소유 형태를 띠고 있을 때는 문제가 발생하게 된다. 예컨대, 두 어부가 주인이 없는 연못에서 고기를 낚아 올린다고 하자. 그들은 상대 어부가 고기를 다 잡아가기 전에 자기가 잡은 몫을 늘리기 위해 치어(稚魚)고 송사리고 가릴 것 없이 마구 잡게 될 것이므로 조만간 수산자원 고갈 문제에 부딪치게 된다. 이 경우에 있어서도 앞의 외부경제 효과를 적용하여 공권력의 시

3) 외부경제란 정상적인 시장과정의 외부에서 벌어지는 경제활동의 효과를 일컫는다. 공업 생산으로 인한 대기오염은 일종의 외부불경제 효과인 것이다.

장간섭이 이루어져야 한다고 보고 있다.

신고전학파적인 접근방법의 한계

환경악화와 자원고갈 문제에 대한 신고전학파의 인식과 분석결과로부터 도출된 환경 정책은 모두 외부경제와 공동소유권에 대한 대응이라는 개념으로 이루어지고 있다. 그리고 이 문제에 관련된 외부경제 효과는 유출되는 비용의 부과로 억제할 수 있다는 단순하고 명쾌한 논리를 가지고 있는 것이다.[4)]

그러나 환경 문제에 관한 신고전학파적인 분석에서 중요한 약점으로 떠오르고 있는 외부경제 효과는 브라질의 아마존 유역 열대림 개발 문제를 둘러싼 관련 당사자들 사이의 의견대립에서도 볼 수 있는 바와 같이, 각 사회가 처한 여건에 따라서 외부경제 효과를 평가하는 주관적인 기준이 서로 다르다는 점, 또한 시장에서 가격으로 반영되지 않은 외부경제 효과가 편익-비용 분석(cost benefit analysis)에서는 제외된다는 점 등의 이유 때문에 과소평가될 가능성이 높다는 점에서 적절한 평가와 보상이 이루어지지 않는 경우가 일반적이다. 예를 들자면, 오염은 세탁비, 주거비, 의료비, 질병과 사망 등으로 인한 소득의 감소 등 사적 비용지출을 유발하게 되고 사회적으로는 이러한 문제 치유를 위한 공공적 지출을 늘리게 된다. 그러나 이러한 비용 전부가 편익-비용 분석에 빠짐없이 포함되어 가치의 크기로 나타나기를 기대하는 것은 현실적으로 불가능하다. 그러므로 환경악화에 의해서 유발되는 사회적 비용은 저(低)평가될 수밖에 없었고, 이에 따라서 경제성장의 빛나는 성과에 비례해서 나타나는 지구자원의 고갈과 환경악화 현상은 누적적으로 심화되어 온 것이다. 또한 자연자원에 대체될 수 있는 인간이 만든 새로운 자원의 개발속도는 너무 늦을 뿐만 아니라 개발비용이 너무 많이 들기 때문에, 효과적인 대체가 지연되는 동안 자원의 고갈과 환경악화가 더욱 가속화되어 온 것이다.

4) Pieter A. Victor(1980), pp. 196~197.

경제성장 지표의 대표성과 설득력의 한계

여기에서 경제성장의 성과를 설명하는 용어와 도구들이 자원고갈과 환경악화란 관점에서 어떠한 문제를 가지고 있는지를 검토해 보자.

전통적으로 국민 소득수준을 계측하는 지표로 사용되고 있는 국민총생산(GNP) 또는 1인당 국민총생산이란 지표는 국민들의 경제적 복지수준이나 경제성장 정도를 적절하게 평가하지 못하고 있다는 인식이 최근에 들어서 널리 확산되고 있다.

국민총생산 또는 국내총생산(GDP)이란 주어진 1년 동안의 총경제활동을 화폐 가치로 계산하여 평가한 한 나라의 총생산소득으로, 적절히 계측만 할 수 있다면 경제분석과 정책처방을 위한 가장 긴요한 도구가 될 수 있다. 왜냐하면 이 지표를 통해서 경제활동 수준, 저축과 투자, 소비, 산업구조, 요소의 생산성 등 수많은 정보를 분석 · 관리할 수 있기 때문이다.

그러나 자연자원 고갈과 환경악화 등의 요인이 이 개념에서 무시되고 있다는 점에서, 경제활동의 연간 변화상태를 예측하거나 장기적으로 지속 가능한 성장을 가늠하는 데 있어서 GNP(또는 GDP) 개념은 유용성이 떨어진다고 지적하는 의견들이 최근에 크게 늘어가고 있다. 뿐만 아니라 이 개념은 경제적 후생수준을 나타내는 지표로서도 부적절한 것으로 지적되고 있다. 왜냐하면 후생수준이란 화폐소득뿐만 아니라 화폐로 표시되지 않는 보다 광범위한 개인의 주관적인 문제마저 포함하고 있기 때문이다.[5)]

다시 말하면, GNP를 계측하는데 있어서 땅, 물과 같은 재생 가능한 자원의 훼손이나 석유나 광물자원 등의 재생 불가능한 자원의 고갈을 인정하지 않고 있으며, 개발의 성과만 순소득의 발생으로 평가하고 있다는 것이다.

예컨대, 병충해가 발생하여 농약 생산을 많이 하여 농경지에 이를 살포했다면, 농약 생산 소득과 병충해 방제용역비 등으로 해서 국민 생산소득은 그만큼 증가한 것으로 평가된다. 그러나 농약살포 이전 병충해가 발생하지 않았을 당시에 비교할 때, 농업 생산액 자체는 변동이 없을 것이므로 궁극적인 국민 생산소

5) Salah El Serafy Ernst Lutz(1989), pp. 23~24.

득은 그만큼 증가한 것이 아니다. 더구나 농약살포로 인하여 땅과 물이 오염된 사실은 국민의 후생수준을 장·단기에 걸쳐 명백히 감소시키는 일임에도 불구하고, 이것이 국민 생산소득에 적절히 반영되지 않는다는 것이다. 마찬가지로 석유자원을 채굴하여 경제성장을 이룩하고 있는 중동 지역 국가의 경우에도 국민 생산소득이 증가하고 있는 것은 명백한 사실이지만, 장기적인 관점에서 재생이 불가능한 지하자원의 고갈이 국부의 순감소로 인정되어 적절히 반영되지 않는 한 GNP의 성장이란 숫자놀음에 지나지 않는 무의미한 것이 될 수가 있다. 왜냐하면 자원고갈을 바탕으로 하는 경제개발과 생산증가 노력으로 이룬 성장은 지속성이란 관점에서 전혀 다르게 평가되어야 하기 때문이다. 만약 순자본 형성이 자연자원의 고갈보다 작다면 그 사회의 경제적인 총재산은 감소되고 있는 것으로 평가되어야 하기 때문이다.

그러므로 가격으로 환산되어 반영되고 있지 않은 자연자원의 훼손이나 환경오염에 따른 비용 등이 무시된 현재의 국민총생산을 지표로 하는 경제성장의 추구는 국민의 실질적인 후생수준을 반영하고 있지 못할 뿐만 아니라, 앞으로의 지

그림 10-1 경제적 후생 정도의 계측방법에 따른 비교

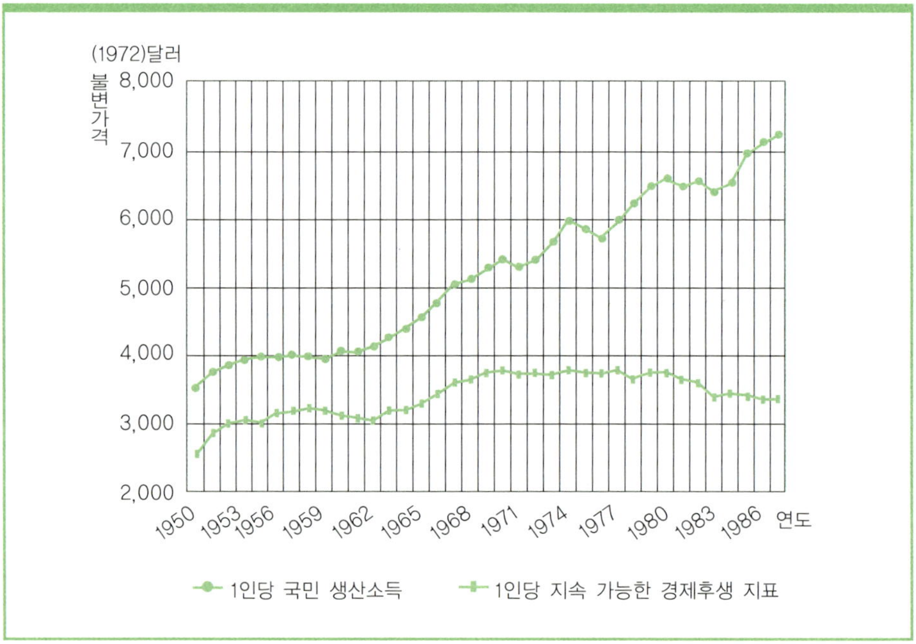

속적인 성장기반의 약화란 관점에서 경제성장의 지표로 사용하기에는 부적절하다고 하지 않을 수 없는 것이다.

실제로 1950년부터 1986년까지의 미국 자료를 이용하여 생산량, 내구재(耐久財)에 대한 지출, 재생 불가능한 자원의 감소, 환경오염으로 인한 장기적 피해 등 21개 항목을 가중치로 만들어서 작성한 "지속성 경제후생 지표(index of sustainable economics welfare: ISEW)"를 계산한 결과에 의하면, 1인당 국민소득은 지속적으로 증가해 왔음에도 불구하고 1980년대 이후의 지속성 경제후생 지표는 점차 줄어들고 있음을 볼 수 있다(그림 10-1).

국내총생산 지표의 환경 관련 과장 평가의 경로

국내총생산이 환경 문제로 인해서 과장되는 현상은 다음 세 가지 경로를 통해 일어난다.

첫째, 환경오염으로 인한 건강·재산의 손실 등을 고려하지 않는 데서 오는 문제이다. 만일 GDP가 일정 기간 동안 경제활동의 결과로 생산된 소득이라면 이 소득을 만들기 위해 일으킨 각종 환경오염과 손실은 비용으로 제외하지 않으면 안 된다.

둘째, 방어적 지출(防禦的 支出)에 대한 이중 계산 문제이다. 환경을 오염시켜 놓고 이것을 다시 원상태로 돌려놓기 위한 투자는 새로운 소득의 창조도 아니고 새로운 후생의 증가도 아니다. 그러나 GDP 계산의 현실은 환경오염이 늘어날수록 오염피해를 줄이기 위한 방어적 지출이 늘어나며, 이것의 상당 부분을 GDP에 포함시키게 되어 있다. 오염개선 투자는 많은 자본을 투자하여 국민복지를 출발선에서 다시 되돌아오게 하는 것과 다름없기 때문이다.

셋째, 자연자본이 다른 자본재처럼 국민소득계정에 포함되어 있지 않아 자연자본의 잠식이 소득으로 계산되고 있다는 점이다. 예를 들어, 산림을 벌채하거나 물고기를 어획하면 소득이 생긴다. 그러나 지나치게 많은 양의 물고기를 어획하여 자원스톡(stock)을 감소시키면 내일의 어획량이 줄어 자본이 소모되는 것과 마찬가지이다.

자연자본의 잠식은 미래 소득의 감소를 초래한다. 잠식된 자연자본의 기회비용은 미래 소득의 감소이다. 자연자본의 잠식으로 인해 포기한 미래 소득을 사용자 비용(user costs)이라고 하는데 GDP는 사용자 비용을 소득으로 포함시키고 있다. 반대로 황폐된 산림의 복구나 농업 생태계의 복원, 파괴된 습지의 복원 등은 자연자본에 대한 투자로 미래 소득의 흐름이 증가한다. GDP의 계산에는 인조자본(人造資本)의 증가만이 계상되며 생태계에 대한 복원은 후생증가로 잡히지 않는다.

뿐만 아니라 자연자본 스톡은 스톡 그 자체가 국민후생을 창출해 내는 특성을 갖고 있다. 산림자원 스톡은 그 자체가 아름다운 경관을 만들고 홍수와 가뭄피해 방지, 대기 정화, 야생 동식물의 서식지 제공 등 다양한 서비스를 생산한다. 그러나 자연자본 스톡의 감소로 인한 현재 세대와 미래 세대의 후생감소 부분은 GDP 추정에 포함되지 않는다.

자원이용에 따른 한계 기회비용의 저평가

다음으로 검토해야 할 것은 자원이용 행위의 경제적 효율성(economic efficiency)에 관해서이다. 앞에서 검토한 바와 같이 그 동안의 경제개발의 모든 성과는 지구상에 부존되어 있는 자연자원을 인간의 노력으로 인간의 용도에 적합하도록 변형시켜 온 행위의 결과였다고 할 수 있다. 다시 말하면, 자연 그대로의 자연자본을 인간이 만들어 낸 인조자본과 결합시켜 온 과정이 바로 경제성장 행위였다고 할 수 있다. 어떻게 이를 결합 내지 대체시키느냐 하는 분석기준이 경제적 효율성이었고, 이를 개념화 하고 계측하는 도구가 "한계기회비용(marginal opportunity cost)" 이론이었다. 한계기회비용은 자연자원을 한 단위 더 소비함에 따른 비용으로서 이상적으로는 자원을 이용하는 이용자가 지불하고자 하는 가격과 같아야 한다. 만약 그 가격이 자원이용의 한계기회비용보다 작을 때는 경제적 합리성에 의해서 자원이용이 촉진될 것이고, 비용이 클 때에는 자원이용이 감소하게 될 것이다.

한계기회비용은 세 가지 요소로 구분할 수 있을 것이다.

첫째는, 현재의 자원이용자가 직접적으로 지불하는 비용이고, 두 번째는 미래에 자원을 이용해야 할 세대를 위해서 유보되어야 하는 자원이용에 따른 편익이며, 마지막으로는 현재와 미래 세대에 끼치는 자원이용의 외부경제적인 영향이 될 것이다(D. Pearse and A. Markandya, 1989).

그러나 어떤 사회의 성장전략의 선택이나 어떤 경제주체의 의사결정에 있어서 일반적으로 첫 번째 부분에 포함되는 한계기회비용 부분, 즉 직접적인 이용비용만이 주로 고려될 뿐, 두 번째와 세 번째에 포함된 비용 부분은 대부분 무시되거나 저평가되어 왔다. 왜냐하면 이 두 부분은 화폐 가치로 환산하기가 어려웠기 때문이다. 이러한 까닭에 자원이용의 기회비용은 상당 부분 실제보다 저평가되어 왔으며, 이에 따라 자연자원은 왜곡된 경제적 합리성에 의해서 지나치게 낭비되어 왔다고 해석할 수 있는 것이다.

이러한 대표적인 성장 지표와 분석도구를 이용하는 전통적인 경제성장이론을 바탕으로 하여 추구되어 온 오늘날의 경제성장은 결국 자연자원의 무분별한 과소비와 고갈로 이어질 수밖에 없도록 되어 있는 것이다.

지속적 성장이론의 한계

최근에 관심을 모으고 있는 지속적 성장(substainable growth)의 개념을 신고전학파적 입장에서 해석하자면, 어떤 사회의 생산능력을 결정하는 노동과 자본이라는 전통적인 생산요소 대신에, 자본을 인간이 만든 자본과 자연이 제공하는 자본으로 분리시켜서 이 세 가지 생산요소의 결합비율을 적절히 조절해야만 비로소 안정된 지속적 성장에 이르게 된다는 것이다. 즉,

$$Y = f(N, Km, Kn) \qquad (10\text{-}1)$$

여기서, Km=인간이 만든 자본(인조자본)

Kn=자연이 제공하는 자본(자연자본)

여태까지 주어진 조건으로 간주해 왔던 자연자본(Kn)마저 생산함수의 독립

변수로 포함시켜서 인간자본과의 대체 및 보완 등을 고려한 적정 비율의 결합이 이루어져야 한다는 것이다.

그러나 이 경우 자연자본의 생산력의 기초가 되는 물, 공기, 태양광선, 초록의 공간, 자연경관 등의 가치는 시장에서 정당한 가격이 형성될 수 있는 가능성이 희박하기 때문에 가격으로 환산된 재화에만 적용되는 수량적 성장이론으로는 다루어지기가 어렵다는 문제점에 봉착하게 된다.

시장에서 형성되는 모든 가격은 정당하다고 믿는 신고전학파적 이론이 지속적인 성장의 개념을 흔연히 수용하지 못하는 것은 이러한 이유가 있기 때문이다.

최근에 이르러 주류 경제학의 입장에서도 생산능력을 결정짓는 독립변수로 자연자본을 포함시키고는 있으나, 인조자본에 의한 생산성이 보다 높은 것으로 편익-비용 분석에서 평가하고 있기 때문에, 인조자본에 의한 자연자본의 대체가 계속되고 있으며, 더구나 앞으로도 기술혁신에 의해서 생산성이 높은 새로운 인조자본의 개발이 계속되어질 것으로 기대하는 낙관론이 우세하다. 따라서 자연자본의 감소는 두려워할 것이 없다고 생각하는 전통적인 성장이론이 지배하는 한 자연자원의 고갈과 환경파괴는 앞으로도 피할 수 없는 숙명적인 귀결인 것이다.

3 도전받고 있는 성장(발전)이론

1) 자연자원과 경제성장이론

인구와 소득이 증가할수록 사회의 물질 소비량은 커지게 마련이다. 따라서 지구상의 모든 국가는 국민들의 증가하는 물질생산 능력을 키우는 일, 즉 경제성장을 추구하게 된다. 그러나 오늘날 세계경제의 모습을 개관하건대, 가장 현저한 특징 중의 하나는 각 국가 간의 경제성장 정도가 엄청난 격차를 보이고 있다는 것이다.

예컨대, 1인당 국민소득이 3만 달러를 넘는 미국, EU 국가, 일본 등 고소득 국가가 있는 하면, 이들 나라의 1% 수준인 300달러에 미달하는 아프리카와 아시아 지역의 절대빈국들이 같은 지구상에 살고 있다는 것이다.

물론 각국이 처하고 있는 위치나 인구, 자원부존 정도, 문화적 배경, 경제제도와 정치적 환경 등에 따라서 국민 1인당 소득은 다를 수가 있다. 그러나 부유한 나라와 가난한 나라 간의 현저한 격차는 최근 2세기 동안에 심화되어 온 현상이라는 사실에 우리는 주목해야 한다. 왜냐하면 비록 2세기 전에도 국가 간에 발전격차가 없었던 것은 아니지만, 오늘날처럼 현저한 차이가 난 것은 아니었기 때문이다. 이러한 오늘날의 발전격차는 지난 2세기 동안에 각 국가 간의 경제성장 속도가 달랐기 때문에 초래된 현상이라고 할 수 있다.

따라서 성장(발전)이론도 성장 정도를 결정하는 요인을 규명하고 이를 설명하는 데 주력하면서 발전해 왔다.

경제발전과 생산 가능성 곡선

경제발전 현상은 생산 가능성 곡선(production possibility curve: PPC)에 의해서 쉽게 설명할 수 있다. 생산 가능성 곡선이란 어떤 사회가 두 가지 재화만을 생산하고 있다고 가정할 때, 주어진 자원 등 기술조건 하에서 두 재화를 생산할 수 있는 각 점의 조합을 연결한 곡선을 말한다.

주어진 생산 가능성 곡선은 각 사회의 경제발전 정도, 자원부존 정도, 사회제도 등에 따라서 서로 다르며, 원점에서 멀리 떨어져 있을수록 생산능력이 보다 큰 사회이다. 또한 생산 가능성 곡선과 두 재화의 가격비가 교차하는 점에서 두 재화의 생산량 수준이 결정될 때 가장 효율적인 생산이 이루어지는 것으로 되어 있다.

그림 10-2에서 두 사회의 부존자원이 같다고 할 때 PPC_1은 PPC_2보다 생산능력이 작은 사회이다. 왜냐하면 같은 수준의 A재를 생산한다고 할 때(a_1), PPC_1에서는 B재가 보다 적게(b_1) 생산되지만 PPC_2에서는 보다 많은 양(b_3)을 생산할 수 있기 때문이다.

그림 10-2 경제발전과 생산 가능성 곡선

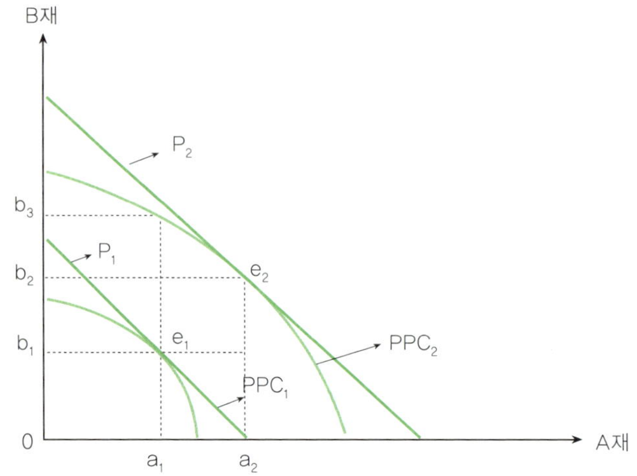

따라서 PPC_1은 개도국의 생산 가능성 곡선이고 PPC_2는 선진국의 생산 가능성 곡선이라고 할 수 있다. 그리고 P_1과 P_2는 A재화의 가격에 대한 B재화의 상대가격 비율을 나타내는 선이다.

만약 A재와 B재의 상대 가격비가 선·후진국에서 일정하다고 한다면 저개발국 국민의 소비수준은 선진국의 소비수준보다 낮을 수밖에 없다. 왜냐하면 A재의 생산능력에 있어서나($a_1 < a_2$) B재의 생산능력($b_1 < b_2$)에 있어서 저개발국의 그것이 작기 때문이다.

따라서 개도국들은 그들 나라의 생산능력을 키우는 일, 다시 말하면 PPC_1을 원점으로부터 멀리 밀어 내어 PPC_2에 이르도록 하는 일에 자국의 노력을 집중시키려는 경제성장에 나서게 된다. 낮은 수준에 머무르고 있었던 생산 가능성 곡선이 보다 높은 수준으로 순조롭게 이동되고 있을 때 이러한 사회를 경제발전에 성공하고 있는 상태의 경제를 경험하고 있다고 말할 수 있다.

2) 도전받고 있는 전통적인 경제성장이론

경제발전을 뒷받침하기 위한 경제성장 또는 경제발전이론은 어떤 사회의 총산출액을 어떤 수단을 통해서 지속적으로 증가시킬 수 있을 것인가, 또는 저개발 상태의 원인은 무엇인가 하는데 치중하면서 오늘에 이르고 있다.

영국의 산업혁명(1776)에서부터 시작된 지난 200여 년간, 각국은 자국의 생산능력을 키우기 위한 경제개발을 경쟁적으로 수행해 왔다. 이 과정에서 각국이 처한 여건에 따라 자본축적, 기술개발, 인조자본 개발 등 모든 수단이 생산능력 증대를 위해서 동원되어 왔으며, 이 결과 인류사회는 인구증가의 압력에도 불구하고 유례없는 풍요와 번영을 구가하면서 오늘에 이르고 있는 것이다.[6)]

그러나 여태까지 계속되어 온 인류사회의 성공적인 경제개발이 장래에도 성공적으로 계속될 수 있을 것이라고 내다보는 의견들은 점차 우리 주변에서 사라지고 있다.

왜 장래의 경제발전이 위협받고 있다고 생각하게 되는가?

경제발전을 뒷받침해 온 성장이론

일정 시점에 있어서 일국의 국민총생산 규모는 그 사회가 보유하고 있는 자원보유량과 기술보유량에 의해서 결정된다. 자원은 노동, 토지 및 자본 등 생산요소로 구성된다.

이를 일반적인 생산함수(生産函數)로 표시하면 다음과 같다.

$$Y=Af(L, N, K) \qquad (10\text{-}2)$$

여기서, Y=국민총생산, A=각 생산요소에 체화된 기술,

L=토지부존량, N=노동부존량, K=자본부존량

6) 물론 부존자원의 제약과 적절한 개발수단의 선택 등에서 실패한 후진국에서는 빈곤과 기아가 계속되고 있는 것은 사실이다. 그러나 지구 전체로 볼 때 엄청나게 증가해 온 인구를 훌륭히 부양해 온 인류사회의 경제개발은 성공적이었다고 할 만하다.

위의 생산함수 (10-2)에서 어떤 사회가 국민총생산 규모를 늘리기 위해서는 (△Y↑) 생산요소의 투입량을 늘리든가(△L↑, △N↑, △K↑), 각 생산요소의 생산성을 크게 할 수 있는 기술수준(△A↑)을 향상시키든가 하는 수단이 강구되어야 한다. 이러한 입장에서 본다면 원시사회 이후에 인류사회에서 발생해 왔던 대부분의 전쟁은 총생산규모를 늘리기 위한 영토 확장(△L↑), 노예 확보(△N↑), 자본 확보(△K↑)를 위한 수단의 하나였다고 해석할 수 있다.

그러나 산업혁명 이후 보다 지혜로워진 인류는 자국에 주어진 생산요소의 생산성을 향상시킬 수 있는 기술수준의 향상(△A↑)에 보다 주력하게 되고, 이 결과 전쟁 없이도 인류의 문명은 보다 번성할 수 있게 된 것이다.

즉, 일정 기간 동안의 국민소득의 증가분(△Y)은 각 생산요소의 부존량의 증가(△L, △N, △K)와 기술수준의 향상(△A) 정도에 달려 있다고 할 수 있다.

$$\triangle Y = \triangle A f(\triangle L, \triangle N, \triangle K) \tag{10-3}$$

이에 따라 어떤 사회가 효과적인 경제발전을 이룩하기 위해서는(다시 말하면, 경제성장률인 △Y/Y를 크게 하기 위해서는), 생산요소의 투입과 산출량 사이의 인과관계를 분석함으로써 가장 효율적인 자원배분을 추구해야 하고, 기술혁신을 통한 생산요소의 생산성 향상을 도모해야 한다는 것이 전통적인 경제성장이론이었고, 이러한 이론을 뒷받침으로 하여 세계 각국의 경제성장은 이루어져 왔던 것이다.

경제성장이론의 발전

오늘날 경제성장이론으로 가장 영향력이 높은 솔로우-스완 모형도 산출(Y)은 생산요소인 물적 자본(K)과 노동(N)의 적정 비율의 구성에 의해서 결정된다고 기본적인 가정을 하고 있다. 여기에서 토지는 주어진 자원으로 간주하며, 노동은 기술요인(A)에 의해서 변한다고 가정한다. 이를 생산함수로 표시하면 다음과 같다.

$Y= f(K, AN)$ (10-4)

여기서, Y=산출량, K=자본량, N=노동량, A=노동생산성에 관련된 기술진보

위의 생산함수를 자본성장률과 저축투자의 관계를 포함한 생산함수 형태로 바꾸면 다음과 같다.

1인당 산출액이 자본장비율의 함수라고 볼 때, 즉

$Y/N= f(K/N)$ (10-5)

이는 저축률과 인구증가율, 기술진보율 등에 의해서 결정된다.

$S(Y/N)=(n+\lambda)K/n$ (10-6)

여기서, S=저축률, N=인구증가율, λ=기술진보율

위의 식에서 경제성장률, 즉 1인당 산출액은 저축률이 높을수록 커지고, 자본장비율은 인구증가율이 낮거나 기술진보율이 높을수록 커지게 되며, 궁극적으로는 이러한 외생변수의 영향을 받아서 자본과 노동의 결합비율에 따라서 경제성장률이 결정된다는 것이다. 이 모형에서 1인당 산출액을 높이기 위해서는 인구증가율을 주어진 것으로 할 때 저축률을 높이거나 기술진보율을 높일 수밖에 없다.

기술변화가 미국의 경제성장에 미친 영향을 실증적으로 추정하기 위하여 이 모형을 검증한 결과 솔로우는 1909년부터 1949년까지 미국 경제성장의 90%가 기술적인 발전 때문에 이루어져 왔다고 추정하고 있는 것이다(R. M. Solow, 1957).[7]

7) 노벨 경제학상(1987)은 솔로의 이러한 공로를 기려서 수여된 것이다.

경제성장이론의 한계와 갈등

그러나 전통적인 성장이론은 최근에 이르러 이론이 가지고 있는 전제조건 때문에 인류사회의 지속적인 발전마저 위협받을 수 있다는 점에서, 심각한 도전에 직면하고 있다.

그 이유는 무엇보다 신고전학파의 성장이론이 가지고 있는 암묵적인 가정(implicit assumption)이 흔들리고 있기 때문이다. 즉, 인류가 노동과 자본을 투입하여 이용대상으로 삼아야 할 지구의 자원은 무한히 부존되어 있다는 암묵적인 가정이 그것이다. 비록 신고전학파 경제학이 자원의 희소성이란 가정에서 출발하고 있는 것은 사실이지만, 그것이 가지는 의미는 “이용할 수 있는 주어진 자연자원은 비록 희소하기는 하나 인류가 생산기술을 변화, 적응시켜서 얼마든지 노동과 자본으로 대체할 수 있는 성질이다”라는 암묵적인 자연자원에 대한 가정이 포함되어 있음을 부인할 수 없는 것이다.

왜냐하면 위에서 본 식 (10-2)와 식 (10-6)의 생산함수 자체가 가지는 의미는 자본과 노동, 토지 등 생산요소의 증투(增投)와 결합비율의 조정을 통해서, 그리고 각 생산요소의 투입방법인 기술수준(A)의 향상을 통해서 지구상에 무한히 부존되어 있는 자원을 최대한 이용함으로써 총생산규모를 증가시키겠다는 전략적인 의미를 내포하고 있기 때문이다.

물론 경제발전이 이루어져서 생산능력이 증가하게 되면 생산요소에 대한 고용이 늘어나게 되어 이에 따른 분배소득이 증가하게 된다. 그러므로 생산능력의 증가에 따라서 국민소득은 커지게 되는 것이다. 그러나 만약 생산함수에 포함된 자본, 노동, 기술 등의 생산요소가 이용대상으로 삼아야 할 지구상의 자원이 제약되어 있거나 지구의 자원재생 능력이 인류의 자원훼손과 소모속도보다 떨어져, 추가적인 자원이용에 대한 비용이 경제개발로 인한 수익보다 커지게 된다면, 생산능력의 증가와는 관계없이 인류의 궁극적인 후생은 감소될 수밖에 없는 것이다. 더구나 종래에는 자유재(free goods)로 여겨 왔던 공기, 물 등의 지구상의 자원이 점차 희소해지거나 오염되어 비용을 요구하는 경제재(經濟財)로 전환되고 있는 것까지 감안한다면, 생산 가능성 곡선의 상방이동, 즉 경제발전에도 불구하

그림 10-3 자연자원 이용에 따른 비용과 수익

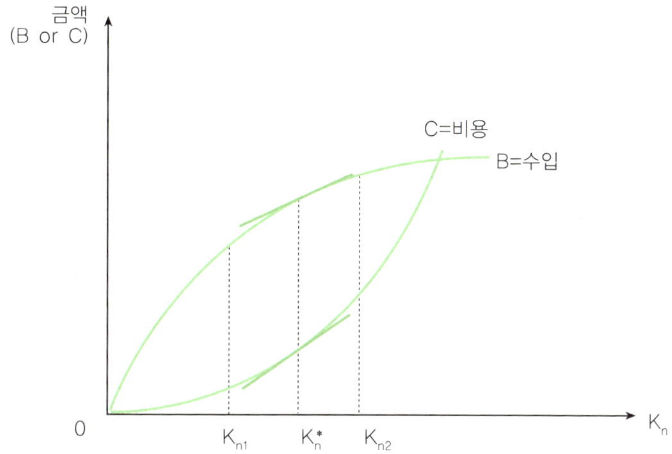

고 국민의 추가적인 비용부담이 불가피하게 되어, 궁극적으로 국민의 후생수준은 저하될 수도 있는 것이다.

이를 그림 10-3에서 살펴보면, 세로축은 편익과 비용의 크기를 나타내고(B: benefit or C: cost), 가로축은 자연자원의 이용량(Kn)을 나타낸다. 비용곡선은 자연자원의 이용량의 증가에 따라서 자원의 재고량이 줄어들기 때문에 자원의 획득이나 자원이용의 비용이 높아지는 모습을 나타내고 있다.

반면에 편익곡선은 자연자원의 사용자나 비사용자의 자원이용으로 얻어진 이익의 합계를 나타내는데, 자원의 이용량이 커질수록 이로부터 얻어지는 수익의 크기는 체감(遞減)됨을 나타낸다.

그림 10-3에서 가장 합리적인 자연자원의 이용량은 K_n^*가 된다. 왜냐하면 그 때에 이르러 자원이용에 따른 순익(편익-비용)이 최대가 되기 때문이다. 만약 자원이용량이 K_{n1}에 머물러 있을 때에는 이용량을 늘리는 것이 순익을 더욱 크게 할 것이고, 반대로 자원 이용량이 K_{n2}에 도달할 때에는 이용량을 줄이는 것이 순익을 더욱 크게 하는 길이 된다.

3) 경제발전 성과에 대한 재해석

자원위기와 경제발전

여기에서 자원이용에 따른 편익을 경제발전에 따른 성과라고 해석하면, 산업혁명을 전후한 18세기 말엽부터 20세기 중반 무렵까지의 자원 이용량은 K_{n1} 수준에 머물러 있었다고 볼 수 있다. 왜냐하면 각국이 자연자원을 경쟁적으로 이용했는데도 불구하고 지구자원의 제약이나 지구 환경악화에 대한 문제 제기가 거의 없었기 때문이다. 이에 따라서 자원 이용량은 더욱 많아졌고 경제발전에 따른 인류의 편익도 더욱 커져 왔다.

제1차 석유위기가 엄습할 무렵에 스웨덴에서 개최된 스톡홀름 환경회의(1972)에서는 비로소 "하나뿐인 지구"의 제한된 자원위기에 대한 문제가 제기된다. 그로부터 20년이 지난 1992년 6월의 브라질 리우환경회의에서는 자원고갈 위기뿐만 아니라 악화된 지구환경을 지체 없이 보호해야 한다는 데 합의하고 있다. 그러므로 20세기 후반 이후로 인류의 자원 이용량은 K_n^* 수준을 넘어서서 K_{n2} 수준으로까지 확대되고 있기 때문에 경제성장의 계속적인 추구가 오히려 인류의 순익(편익-비용)을 줄이게 되는 정도에까지 이르고 있다는 우려를 반영하고 있는지도 모른다.

이를 어떻게 해석해야 할 것인가?

다시 생산 가능성 곡선이론으로 되돌아가 보자. 어떤 사회의 주어진 자연자원(K_{ne})을 가로축에 두고 생산규모인 산출량(GNP라고 해석해도 된다)을 세로축에 두자. 그리고 그 사회의 안정적인 성장을 위해서 필수적으로 유지되어야 할 자연자원 규모를 설정해 두고(K_{n0}) 생산 가능성 곡선을 그리면 그림 10-4와 같다.

주어진 자연자원(K_{ne})을 이용하여 수행된 경제성장의 성과는 기술발전에 따른 생산 가능성 곡선의 변화($PPC_1 \rightarrow PPC_2 \rightarrow PPC_3$)에 따라 궁극적으로는 생산규모의 증가($Y_1 \rightarrow Y_2 \rightarrow Y_3$) 형태로 나타나게 된다.

그러나 생산규모의 증가에 따라서 자원부존량은 점차 줄게 되어($K_{n1} \rightarrow K_{n2}$) 마침내 현 기술수준에서 적정으로 유지되어야 할 자연자원 규모의 수준에 이르게

그림 10-4 자연자원 이용과 경제성장

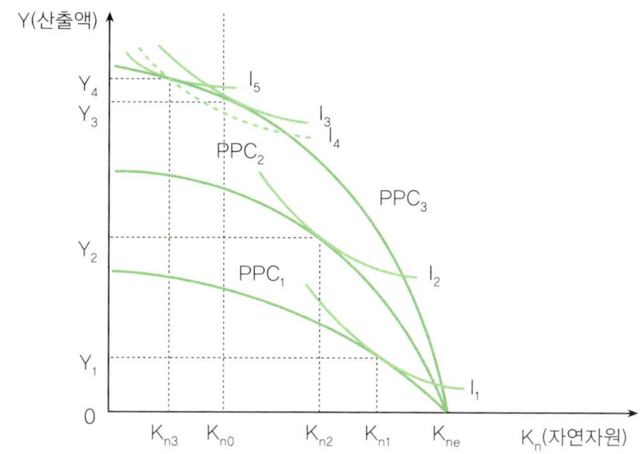

된다(K_{n0}). 이때의 적정 산출량은 Y_3가 된다. 만약 자연자원의 적정 수준에 개의치 않고 산출량을 늘리겠다는 정책이 결정된다면 산출량은 다시 증가할 수 있다(Y_4). 물론 이때의 자연자원 재고량은 적정 수준 이하로 줄게 된다(K_{n3}). 그러나 이 과정에서 국민들의 무차별곡선으로 표시된 후생수준은 떨어지게 된다. 왜냐하면 무차별곡선 I_4는 무차별곡선 I_3보다 낮은 수준에 있기 때문이다. 그러나 문제는 적정의 자연자원 규모의 존재를 신고전학파적인 입장으로서는 수용하지 않기 때문에 무차별곡선이 I_4가 아니라 I_5가 되어서 자연자원은 인조자본에 의해서 대체되고 후생수준은 더욱 높아질 수 있다고 보는 것이다.

그렇다면 왜 이론적으로는 전체 국민의 후생수준이 증가함에도 불구하고 지구자원 고갈과 지구 환경악화를 우려하는 국제회의가 전 인류의 공통관심 속에서 빈번하게 개최되고 있는가?

그것은 자연자원과 인간에 의해서 만들어진 산출물이 서로 대체될 수 있다는 신고전학파적인 접근이 한계에 부딪치고 있음을 의미한다. 다시 말하면, 인간에 의해서 생산되는 자본의 속도보다는 자연자본의 훼손속도가 더욱 빨랐거나, 재생이 불가능한 자연자본의 훼손이 지나쳤기 때문에 이론적인 성장의 혜택보다는 현실적인 비용의 증가가 더욱 커지고 있음을 공통적으로 의식한 결과인 것이다(이것은 Y_4의 경우에 있어서 무차별곡선은 I_5가 아니고 I_4임을 뜻한다).

그 동안 자원이용 방법에 관한 성장이론에 따라 경제발전이 이루어져 보다 많은 인구가 보다 잘 살게 되는 성과를 거두어 왔다고는 하더라도, 지나친 자원이용으로 인한 비용증가분이 앞으로는 더욱 빠르게 증가될 것으로 예상되기 때문에, 인류사회의 장래 후생수준은 이전보다 더욱 떨어지게 될 것이라는 우려가 현실적으로 형성되고 있음을 반영한 결과인 것이다.

따라서 지구자원의 낭비적인 경제성장을 뒷받침해 온 전통적인 성장이론이 한계에 처하게 된 것으로 인식되는 것이다.

물론 이러한 지구의 자원위기에 직면한 경제성장의 한계를 우려하는 입장에 대해서 이견(異見)이 없는 것은 아니다. 만약 인류가 적정 이용량 수준을 넘어서서 자원을 사용하여 인류사회에 위기가 닥친다고 하더라도 인류의 지혜로 만들어진 새로운 자원(man made capital assets)이나 인류가 이용하지 않았던 다른 자원(low quality resources)이 이에 대체될 수 있을 것이기 때문에, 이 위기와 자원의 한계 역시 극복될 수 있을 것이라는 신고전학파 성장론자들의 낙관론이 그것이다.

자연자원 대체의 한계

인류가 걸어온 발자취를 더듬어 보면, 위기에 직면했을 때마다 수없이 많은 발견 내지 발명 등 기술혁신으로 인류는 그 위기를 극복해 왔으므로, 한계에 부딪치고 있는 지구자원을 인류가 만들어 낼 것으로 기대되는 새로운 자원으로 대체(代替)할 수 있다는 믿음은 전혀 허황된 것이 아닐 수도 있으며, 그렇게 되기를 모든 인류는 간절히 바라고 있다.

그러나 여기에는 쉽게 낙관할 수 없는 복병이 도사리고 있다(성진근, 1993).

(1) 자연자원의 대체 가능성에 대한 회의

첫째, 무엇보다도 자연자원이 생명을 유지시키고 있는 다기능적 역할마저 인간이 만든 새로운 자원으로 대체할 수 있겠는가 하는 것이다.

경제학에서 사용하는 분석기준인 "비용-편익 분석"은 시장가격으로 표시된 가치(value)만을 평가기준으로 하기 때문에, 자칫하면 가격으로 표시되지 않는 가치가 무시될 수가 있다. 비용-편익 분석기준에 의한다면 화석연료의 지나친 사용으로 이산화탄소의 발생량이 많아져서 온실효과로 인한 피해가 아무리 심해진다고 하더라도, 농경지에 다시 삼림을 재조림하는 것은 경제적으로 합리성이 없는 행위로 계산될 것이므로, 가격으로 표시되지 않는 환경의 값은 과소평가되고 환경악화는 더욱 심해질지도 모른다. 또한 자연자원의 고갈을 염려해서 이를 대체할 수 있는 새로운 자원을 개발하려고 해도 지구자원의 생명체 유지를 위한 다기능적 역할을 완벽히 대체하기는 힘들 것이다. 왜냐하면 자연환경이 생명체를 유지시키는 여러 가지 신비한 기능을 충분히 모른다는 점, 그리고 자연자원의 기능이 이론적으로는 재생이 가능하다 할지라도 이를 완벽하게 대체할 수 있는 새로운 자원을 만드는 것은 인간의 능력으로는 불가능하다는 점, 또한 일단 손실 또는 소멸된 생태계나 자원 중에는 재생이 불가능한(non-renewable) 것이 많다는 점 때문이다(David Pearce, *et al.*, 1990).

(2) 지속적 발전 가능성에 대한 회의

둘째, 자연자원의 적정 수준 이용은 경제적 효율성에 근거한 개념이나, 자연환경의 보전은 이 밖에도 중요한 사회적 목적을 가진 개념이므로 양 개념은 서로 상충될 수가 있다는 것이다.

가장 결정적인 것은 자연자원을 이용하여 생산능력을 증대시키려는 경제개발 행위는 현재 살고 있는 인류의 후생을 극대화하기 위한 효율적인 행위이다. 그러나 이는 다음 세대가 이용할 수 있는 자원량에 크게 영향을 미치게 되므로, 다음 세대의 입장에서 볼 때는 비효율적인 행위가 될 수도 있다. 왜냐하면 다음 세대는 틀림없이 보다 자원절약적이고 자원재생적인 경제발전 방법을 개발하여 자원을 이용할 것이기 때문이다. 이미 독일은 현재 사용하는 에너지의 80%와 자원의 90%를 절약한다는 목표 아래 다음 세대를 위한 기술개발에 착수하고 있는 것이 좋은 예이다.

인류는 경제발전을 추구해 오던 과정에서 자원의 제약 문제에 부딪치게 되면 그 동안 개발되지 않은 지구상의 다른 지역을 찾아서 자원개발에 나서 왔다. 신대륙의 개발이나 중동 지역 개발, 시베리아와 남극의 개발 등이 대표적인 사례이다.

물론 이러한 자원개발의 성공은 오늘을 사는 인류의 후생증진에 크게 기여해 왔고, 그 성과도 지구 전역에 걸쳐서 공간적으로 널리 배분되어 왔다. 그러나 인류는 자연자원의 이용에 있어서 시간적 배분, 즉 다음에 올 세대의 이용 몫까지를 고려한 자원의 효율적인 시간적 배분에는 적극적인 관심이 없었기 때문에 장래의 성장기반 자체가 위협받고 있는 것이다. 그러므로 오늘날의 경제적 효율성에 근거한 자원이용 방법에 의한 경제성장은 지속적인 발전을 염두에 둔 자연환경 보전과 상충될 수가 있으므로 지속발전 가능성에 대한 회의(懷疑)가 커지고 있는 것이다.

(3) 자원의 적정 이용량에 대한 국가 간의 이해 상충(相衝)

셋째, 비용-편익 분석은 어떤 경제행위로 인한 비용과 편익을 계산함에 있어서, 여기에 관련된 각 경제주체들이 기꺼이 지불하거나 받아들이려는(willingness to pay and willingness to accept) 반응의 합계가 고려되어 계산된 결과이다(E. B. Barbier, 1989).

기초적인 개념으로서 편익이란 사람들이 그것을 획득하기 위해서 기꺼이 지불하려는 비용을 합산하여 계측하는 것이다. 만약 우리가 현재 가지고 있는 자연자원(또는 환경) 자산을 줄이려고 한다면(환경 훼손적 경제개발을 더욱 가속화시키려 한다면) 환경악화로 인해 초래되는 장래의 비용이 발생하게 된다. 이 비용을 기꺼이 지불하려는 금액의 합계가 바로 편익의 경제적인 가치가 될 것이다. 똑같은 방법으로 현재의 자연자원 또는 환경자산의 규모를 늘리려고 한다면 환경악화를 유발하는 개발행위를 억제해야 한다. 따라서 현재의 발전을 기꺼이 포기하기를 받아들이려는 의사(意思)들이 모여져야 비용의 경제적인 가치가 결정될 것이다.

그러나 현실적으로 환경자산에 대한 구체적인 시장이 형성되어 있지 않을 뿐만 아니라, 경제발전 정도, 환경부존 정도 등에 따라서 각 국가 간의 이해와 관심이 서로 다르기 때문에, 기꺼이 지불하거나 받아들이려는 의사가 합치되기 어렵다는 데 문제가 있다. 가장 좋은 예로 브라질의 아마존 유역개발을 위한 산림벌채를 들 수 있다. 브라질은 자국 국민의 생활수준 향상을 위해서 산림벌채를 추진하고 있다. 이에 반해서 미국 등 선진국은 환경파괴를 이유로 이를 막으려 하고 있다. 개도국에 부존되어 있는 열대림의 벌채는 개도국의 빈곤을 해소하는 방안의 하나로 개도국의 주권행위에 속한다. 그러나 열대림의 벌채로 인한 지구상의 녹색감소는 탄산가스를 제거시키는 지구의 능력을 약화시키는 결과로 이어지기 때문에 세계경제의 지속적인 생산능력 유지가 위협받게 되는 것이다.

선진국들은 각종 환경규제의 강화로 이를 막으려 하고 있고, 개도국들은 자국의 자원이용에 대한 정당한 주권행위를 간섭하는 것은 선진국의 환경 제국주의적(環境帝國主義的)인 조치라며 이에 강력히 반발하고 있다.

자원의 적정 이용량에 관한 이해가 상충되고 있기 때문에 이를 기꺼이 받아들이거나 지불할 의사가 시장에서 절충되지 않는 것이다. 그러므로 인류가 현재의 자원이용 수준을 적절하게 조절하거나, 인류에 의해서 새로 만들어질 자원이 지구자원을 완벽하게 대체하기를 기대하는 것은 현실적으로 불가능한 일이라고 하지 않을 수 없다.

이용할 수 있는 지구의 부존자원이 무한히 존재하고 있다는 암묵적인 가정이 허물어지고 있으며, 게다가 인류의 지혜로 개발되기를 바라고 있는 새로운 자원이 완벽하게 지구의 자연자원에 대체되리라는 것은 기대하기도 힘든 입장에서, 인류사회의 번영을 뒷받침하는 성장 정책을 제시해야 한다는 새로운 도전에 성장이론은 직면하고 있는 것이다.

다시 말하면, 애덤 스미스 이래 인류사회의 경제성장을 뒷받침해 온 성장이론은 그로 인해 유발된 지구자원의 한계와 지구 환경악화라는 예상치 못했던 변수를 맞이하여 전면적인 재검토가 이루어져야 한다는 요구에 부딪치고 있는 것이다.

과연 어떠한 코페르니쿠스적인 대전환이 이루어져야 할 것인가? 어떠한 논리와 수단으로 인류사회의 성장이 당면하고 있는 한계를 설명하고, 앞으로의 지속적인 성장을 뒷받침해야 할 것인가?

이는 비단 경제학자들의 사치스러운 사유(思惟)의 문제가 아니라 오늘과 내일을 지구상에서 살아가야 할 인류의 삶의 질에 관한 절박한 문제라고 할 수 있는 것이다.

경제이론과 농업 이해

21. 환경오염과 외부효과– 농약 사용의 경우

외부효과(externality)란 어떤 경제활동과 관련하여 제3자에게 의도하지 않은 혜택이나 손해를 가져다주면서도 이에 대한 대가를 받지도, 지불하지도 않는 상태를 말하며, 시장의 외부에 존재하여 가격이 형성되지도 않고 생산물의 가격에 반영되지도 않으므로 외부성이라고도 한다.

외부효과가 존재하면 시장은 자원을 효율적으로 배분하지 못하므로 시장의 실패(market failure)가 일어난다. 그 이유는 외부효과가 존재할 때 사회적 관점에서 계산된 사회적 비용(편익)과 개인적 관점에서 계산된 사적 비용(편익)이 서로 다르기 때문이다.

이를 농약 사용의 경우를 예로 하여 살펴보자.

그림①에서 농약 사용으로 얻는 개인의 한계적 수익(marginal private benefit: MPB)은 농약 사용량을 늘릴수록 줄어들므로 음(−)의 기울기를 가지고 있으며, 이는 사회적 한계수익(marginal social benefit: MSB)과 같다고 하자. 반면에 농약 사용으로 인한 사회적 한계비용(marginal social cost: MSC)은 개인이 지불한 비용(marginal private cost: MPC)보다 오염관리 비용만큼 높을 것이므로, 이에 상응하는 외부효과만큼 위에 존재한다고 하자.

사회적 관점에서 보면 농약은 Ps만큼의 가격수준에서 Qs만큼만 사용되어야 하는데, 실제로는 외부비경제가 감안되지 않기 때문에 Pp의 가격수준에서 Qp만큼 사용하게 된다. 따라서 농약 사용량은 늘어나게 되어 생태계의 파괴나 환경오염 현상을 가중시키게 되는 시장실패 현상이 나타나게 된다.

사회적으로 적정한 농약 사용수준으로 유도하기 위해서는(Qp→Qs), 외부효과에 상응한 조세(환경세)를 농약에 부과함으로써 개인의 한계수익곡선(MPC)을 사회적 한계수익(MSC)에 근접시키는 것으로 달성될 수 있다.

그림① 농약 사용의 환경오염 효과

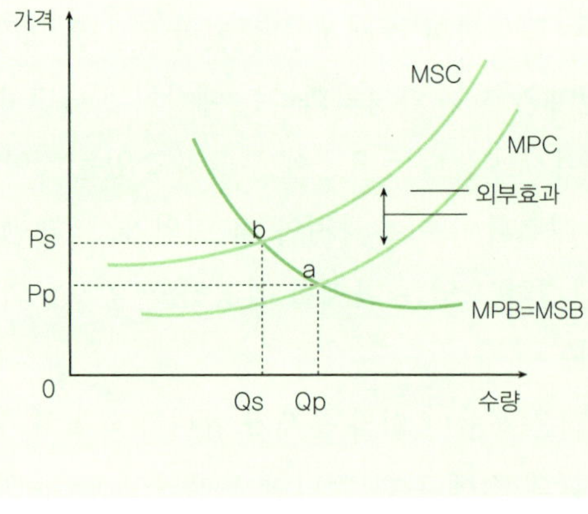

공업화에 의한 경제성장이 진행될수록 심각한 사회·경제적 문제로 등장하게 되는 시장실패 중의 하나는 외부비경제에 의한 환경오염 현상이다. 골프장에서 맹독성 농약을 뿌려 식수원이 파괴되는 일, 공장에서 각종 공해물질과 산업폐기물을 불법으로 방출하여 땅을 병들게 하는 일, 대기오염, 황사현상, 산성비 등의 현상은 생산증대를 위하여 환경오염을 시키는 일이다. 이에 따라 환경정화와 복구를 위한 사회적 비용이 가중되고 있음은 물론 미래 세대의 성장잠재력마저 심각하게 훼손되고 있는 것이다.

4 지속적인 발전과 농업경제학

1) 지속적 발전과 적정 자연자본량

"지속적 발전(sustainable development)"이란 용어는 오늘날 세계적인 유행어가 되고 있는 느낌이다. 이렇게 된 것은 세계 환경과 개발회의(World Commission on Environment and Development, 1987)에서 채택된 우리의 공통된 미래(Our Common Future, 흔히 Brundtland Report라 칭해진다)라는 보고서에서 지속적인 발전을 강조한 이후로 이 용어가 세계인의 관심을 끌기 시작했기 때문이다.

지속적 발전이란 어떤 개념을 지닌 말인가?

먼저 발전(development)이란 용어부터 음미해 보자. 흔히 성장(growth)이란 용어와 발전이란 용어가 혼동되어 사용되고 있으나, 발전은 성장보다 훨씬 넓은 뜻을 포함하고 있다. 즉 '경제성장'은 국민의 후생수준을 나타내는 지표로 어떤 사회의 물질생산 능력인 국민총생산(GNP)의 개념을 중시하는 반면에, '경제발전'이란 물질생산 능력뿐만 아니라 국민생활의 질까지도 포함한 포괄적인 개념이라 할 수 있다. '발전'이 포함하고 있는 뜻은 1인당 실질소득의 증가를 비롯하여 영양상태의 개선, 교육의 질 향상, 자원에 대한 접근도 향상, 소득분배의 개선, 기본적 인권의 향상 등의 내용을 포함한 뜻이라 할 수 있다.

또한 지속적(sustainable)이란 개념은 오늘날의 발전성과를 미래에 있어서도 계속시킬 수 있도록 하기 위한 정책적인 노력이 필요함을 특히 강조하는 말이다(D. Pearce, *et al.*, 1990).

지속적인 발전의 핵심은 자연자본 재고량의 유지이다

그렇다면 발전에 있어서 지속성을 보장받을 수 있는 조건은 무엇인가? 지속적인 발전의 핵심이 되는 조건은 자연자본 재고량의 불변, 즉 자연자원과 환경의 질이 장래에도 일정하게 유지되어야 한다는 것이다. 바꾸어 말하자면, 성장 잠재력인 자연자본의 재고량이 감소되지 않는 조건 하에서 이루어지는 경제성장이 지속적 발전을 위한 기본 조건이 된다는 것이다.

자연자본의 재고량이 장래에도 감소되지 않아야 한다는 조건이 제기되는 것은, 자연자원의 고갈과 환경파괴가 이미 지나칠 정도로 진행되고 있다는 우려가 광범위하게 형성되어 있기 때문이라고 할 수 있다. 다시 말하면, 여태까지의 경제성장을 추구하는 과정에서 자연자본은 재고량이 무한하게 부존되어 있거나, 무한히 재생될 수 있거나, 혹은 인간이 만든 새로운 자원으로 무한히 대체될 수 있다는 가정 하에서 자연자본이 무분별하게 감소되어 왔음을 우려하는 인식이 확산되고 있기 때문이다. 이에 따라서 자연자본의 감소가 더욱 진행되어 갈수록 추가적으로 이용해야 할 자연자본의 비용이 더욱 높아 갈 것이기 때문에, 인류의 경제성장을 위한 노력에도 불구하고 장래의 발전을 기대하기 어렵다는 인식이 높아감을 반영하는 것이다.

이러한 인식의 변화는 전통적인 경제성장이론의 흐름에 비추어 볼 때 가히 혁명적인 사고의 변화라 할 수 있다. 왜냐하면 이러한 인식은 노동과 자본의 결합비율을 조정하거나 이 두 생산요소의 생산성을 높일 수 있는 기술혁신을 통하여 주어진 자연자본을 이용하는 경제적 효율성의 실현에 치중해 온 전통적인 성장이론이 가지고 있는 암묵적인 가정에 위배되기 때문이다. 즉, 자연자본의 감소를 바탕으로 하는 성장의 성과로 해서 얻을 수 있는 편익이 이를 원형대로 보존하여 얻게 되는 편익보다는 크다는 전제조건 하에서 유지되어 온 여태까지의 성장이론이 설 자리를 잃게 되기 때문이다.

브란트란트 보고서에서도 "지구상의 경제성장을 지속적으로 유지해 나가기 위해서는 지구의 자연자본이 보존 내지 강화되지 않으면 안 된다"[8]라고 강조하고 있는 것은 이러한 공감대를 뒷받침하는 것이다.

적정한 자연자본의 재고량

지속적인 발전의 필수적인 조건으로서 "적정한 자연자본의 재고량(some

8) World Commission on Environment and Development(1987), p. 57.

optimum stock of natural assets)"은 어떤 개념의 말인가?

자연자본의 감소는 그것을 대가로 하여 인류에게 새로운 편익과 비용을 제공해 왔다. 예컨대, 열대림의 벌채는 자연자본을 감소시키는 행위이지만, 이로 인하여 농경지가 확장되는 편익이 발생된다. 화석연료의 사용은 효과적인 에너지원으로서 인류의 물질문명을 발달시키는 편익을 제공해 왔다. 그러나 동시에 열대림의 벌채는 생태계의 순환질서나 종(種)의 다양성 유지, 그리고 자연경관이 제공하는 휴양 기능, 나아가서 대기와 물을 정화시키는 기능 등을 약화시켰으며, 화석연료의 사용은 탄산가스 배출량을 늘려서 온실효과로 인한 기상이변 현상 등 미처 예상 못했던 비용을 인류에게 요구하고 있는 것이다.

사실상 인구에 비해서 자연자본의 재고량이 압도적으로 많았을 때에는 자연자본의 이용에 따른 편익이 상대적으로 월등하게 컸기 때문에 자연자본의 이용에 따른 편익과 비용분석이란 별로 의미가 없었던 일이었다. 그러나 인구가 급격히 증가하고 물질문명이 발달하면서 자연자본의 감소에 따른 비용의 문제가 점차 중요시되고 있는 것이다.

즉, "지속적 발전이란 자연자원과 인적 자원을 인간이 만든 물적인 자산과 동등하게 관리하여 장기적인 국부와 복지를 개발해 나가는 전략"이라는 주장이 설득력을 갖기 시작한 것은 자연자본의 감소속도가 지나쳤기 때문에 이로 인한 현재의 비용뿐만 아니라 장래의 비용 문제가 심각해지고 있다는 우려의 공감대가 넓어지고 있다는 사실을 반영하는 것이라 할 수 있다(R. Repetto, 1986). 그러므로 자연자본의 적정한 재고량이란 개념은 자연자본의 이용에 따른 편익과 비용에 대한 비교를 통해서 앞으로의 지속적인 발전을 뒷받침할 수 있는 성장기반으로서 적정한 수준의 자연자본을 유지해 나가야 한다는 개념이라 말할 수 있다.

자연자본의 적정 규모 결정이 어려운 이유

그렇다면 어떤 규모의 자연자본이 적정 규모일 것인가? 이를 구체적으로 계측하여 제시하는 것은 거의 불가능하다고 할 수 있을 만큼 어려운 문제이다. 왜냐하면 이를 제시한다는 것은 관념적으로는 가능할 수 있겠지만, 평가기준, 평가

방법 등과 나아가서 개념적인 정의 문제에 이르기까지 합치된 공통인식이 형성되기가 어려운 문제이기 때문이다. 그 이유는 다음과 같이 요약될 수 있다.

첫째, 자연자본의 감소에 따른 편익과 비용분석이 완벽하게 이루어질 수가 없다는 점부터 지적되어야 한다. 자연자본은 그것을 사용하는데 따른 가치(use value)와 이를 사용하지 않고 보전하는데 따른 가치(non-use value)를 생산하고 있다. 즉, 열대림을 벌채하여 얻게 되는 편익과 그대로 보전함에 따라서 얻게 되는 편익이 바로 그것이다. 그러나 일반적으로 자원이용에 따른 가치(편익)는 시장에서 가격이 형성되지만, 사용되지 않고 보전함에 따른 가치는 정당한 가격이 형성되기 어렵다는 데 기본적인 문제가 있다. 왜냐하면 자연자본을 보전함에 따라서 발생하는 편익은 시간과 공간의 제한을 받지 않고 발생하게 되므로 이에 대한 시장이 형성되지 않아 이를 정당하게 평가할 수 있는 방법이 없는 것이다.

그러므로 이용에 따른 가치와 이용하지 않는데 따른 가치가 정당하게 평가되어 비교될 수 없기 때문에, 자연자본의 총경제적 가치를 올바르게 계측할 수가 없게 되고, 이에 따라 유지되어야 할 적정 수준의 자연자본 규모를 계측하여 제시하기가 어려운 것이다.

둘째, 자연자본의 적정(optimum=most profitable) 수준을 결정하기가 어려운 것이다. 생명을 유지시키는 데 기여하고 있는 자연의 다기능적 역할을 인간의 능력으로 완벽하게 이해하고 이를 평가하기는 힘든 일이다. 더구나 자연자본은 재생이 가능한 부분도 있지만 재생이 불가능한 부분(irreversibility)도 무척 크다. 따라서 자연자본의 가치를 완벽하게 평가할 수가 없는 것이다. 더구나 '적정'이란 개념은 경제학적인 편익-비용 분석에서 도출되는 개념이지만 자연보전의 개념은 다른 사회적인 목적도 함께 지닌 개념이므로 현재의 효율성이란 기준만으로 평가되어서는 안 되는 것이다. 예컨대, 자연자원의 가치를 현재 세대의 효율성에만 입각하여 평가하여 모두 낭비해 버리면 다음 세대의 소비를 위하여 유보되어야 하는 재생 불가능한 부분은 어떻게 배분되어야 하는지에 대한 해답을 제시할 수가 없다.

셋째, 자연자본의 현재 재고량(existing stocks)은 지역마다 다르며 자연자본의 중요성에 대한 평가기준은 그 나라의 경제발전 정도에 따라서 달라진다. 더구나 자연자본 재고량의 감소에 따른 피해는 한 나라에만 국한되는 것이 아니라, 전 세계적으로 확산되는 문제이다. 따라서 이를 이용하거나 보전하는 데 따른 추가적인 비용과 갈등 문제가 야기되기 때문에 지구 전체적으로 볼 때 적정 규모가 계측되었다 할지라도 이를 효과적으로 보전하기가 어렵다는 점이다.

예컨대, 사하라 사막과 그 인근지역 국가들의 경우 자연자본의 재고량은 이미 적정 수준보다 현저하게 떨어져 있는 상태인데도, 식량과 땔감을 구하기 위한 과잉 방목과 삼림벌채가 계속되고 있기 때문에 사막화가 더욱 진전되고 이 지역의 빈곤과 기아현상을 더욱 악화시키고 있다. 이 지역의 자연자본 감소속도를 완화하기 위해서는 현재의 빈곤과 기아 문제를 해결하고 폭발적으로 증가하는 인구증가 추세를 완화시켜야 하며, 나아가서 자연자본 감소에 대체할 수 있는 인간이 만든 새로운 자본이 투입되어야 한다. 그러나 가난한 이 지역 국가들의 능력을 감안할 때 자연자본 감소를 스스로 억제하거나 대체해 나갈 수 있기를 기대하기는 너무나 어렵다. 그렇다고 해서 자연자본 감소로 인해서 피해를 입게 되는 지구상의 어떤 나라가 여기에 기꺼이 개입하여 비용을 치를 준비를 하고 있지도 않다.

자연자본의 적정 수준 유지를 위한 지속성 지표의 조건

자연자본의 적정 규모를 구체적으로 계측하고 이를 보전해 나가는 것은 어려운 일이다. 그러나 자연자본의 적정 규모가 결정되지 않고서는 지속적인 발전을 위한 모든 시책의 기준이나 대상을 확정할 수 없기 때문에 최소한의 바람직한 유지수준에 대한 지표(예컨대, 앞에서 본 지속성 후생 지표)라도 만들어, 이 지표에 의해서 자연자본의 적정 규모가 더 이상 감소하는 것을 억제해 나갈 수밖에 없다.

어떠한 지속성 지표가 만들어져야 할 것인가? 자연자본을 보존하는 목적이 인류사회의 지속적인 발전에 기초하고 있다고 보면, 이는 다음과 같은 조건을 만족시키는 지표가 되어야 할 것이다.

(1) 자연자본의 감소는 사회적 손실이란 관점에서 공정해야 한다

오늘날의 지구자원 고갈과 환경악화는 어떤 지역적인 문제만 야기시키는 것으로 끝나는 것이 아니므로 인류사회 전체적인 입장에서 자연자본 재고량이 검토되어야 하며, 결코 어떤 지역 이기주의적인 입장에서 다루어질 문제가 아니다. 왜냐하면 대부분의 환경자산은 지역적인 공공재(local public goods)가 아니라 지구 전체의 공공재(global public goods)이기 때문이다.

(2) 세대 간의 분배라는 점에서 공정해야 한다

다음 세대도 그 앞 세대와 최소한 같은 정도의 자연자본을 사용할 수 있어야 한다는 것이다. 이 점에 관해서는 자연자본이 인류의 기술개발에 의해서 또는 인간에 의해 만들어진 인조자본에 의해서 대체될 수 있다는 논리가 없지 않으나, 인간이 만든 자본도 결국 자연자본을 일차적(primary) 자원으로 하여 만들어지는 재화라는 점, 또한 인조자본은 자연자본의 다기능적 역할을 완벽하게 재현하지 못한다는 점, 더구나 자연자본에는 대부분 재생이 영원히 불가능한 특성이 있다는 점 때문에 대체가 이루어진다고 하더라도 겨우 부분적인 대체에 불과할 것이라는 점에서, 다음에 올 세대를 위해 최소한의 자연자원에 대한 접근기회를 남겨두어야 공정하다는 것이다.

(3) 자연적인 적응과 회복능력이 최소한 유지되도록 해야 한다

인류는 자연자본의 환경 적응능력을 정확하게 이해하지 못하기 때문에, 인간에 의한 자본으로 이를 대체할 수 있다는 단순한 생각으로 자연자본을 무분별하게 감소시켜 왔다. 이에 따라서 외부적인 충격이 왔을 경우 이를 수습할 수 있는 적응능력이 약화되는 위기를 스스로 초래하고 있는 것이다. 예컨대, 농업 생산력을 높이고 경쟁력을 강화하기 위하여 기계화, 전문화, 단작화(單作化, monoculture)해 가고 있는 농업 질서에 가뭄이나 석유위기 등이 동시에 발생했을 경우를 생각해 보자. 트랙터는 물론 화학비료까지 원유값의 상승으로 충분히 사용할 수 없게 될 것이고 가뭄 등 자연재해에 대응해서 피해를 극소화시키면서 적응할 수 있는 능력이 약화되어 식량위기는 더욱 가중될 것이다.

아프리카 지역의 오늘날 심각한 기아상태는 유럽 식민지 경영의 결과로 빚어진 단작화된 이 지역의 농사질서에도 큰 원인이 있음을 알아야 한다. 우리나라의 경우에도 농산물 수입개방이 진전되어 쌀이 개방될 경우, 쌀 단작화에 치우친 농사구조 때문에 한국 농업 전체의 존립이 위태롭게 되는 위기에 처할 수밖에 없게 되어 있는 것이다.

경제이론과 농업 이해

22. 환경전환점과 지속적 발전

환경경제학자들은 환경 문제는 경제발전의 어떤 수준에 오면 전환점을 맞게 되리라고 예상하고 있다. 환경전환점 가설에 따르면 경제가 저개발 상태일 때에는 환경과 경제성장이 대부분 상충관계에 있으나 경제가 발전하여 환경전환점을 지나면 경제성장과 환경은 상호 보완관계로 바뀌게 된다는 것이다.

즉, 경제성장을 통해서 환경을 개선시킬 수 있으며, 동시에 환경보호를 통해 질적으로 바람직한 경제성장을 계속할 수가 있다는 것이다.

그림①에서는 시장재화가 전혀 생산되지 않을 때 환경은 자연 그대로이므로 환경 서비스의 질은 최고로 좋다. 이때를 A점이라고 하자. 생산가능곡선상의 A점에서부터 B점까지는 마이너스의 기울기를 갖고 있다. 이것은 보통의 생산가능곡선과 같이 시장재화의 생산과 환경 서비스의 생산은 서로 경쟁관계에 있음을 뜻한다. 즉, 시장재화의 생산량을 증가시키기 위해서는 환경 서비스의 악화를 수반해야 하고 반대로 환경의 질을 향상시키기 위해서는 우리가 소비할 수 있는 시장재화의 생산량을 줄여야 한다는 것을 의미한다.

환경 서비스는 시장에서 매매되는 것이 아니므로 아무런 규제도 없고 소비자들이 환경 서비스의 질에 대해 관심을 가지지 않는다면 시장재화를 가장 많이 생산할 수 있는 B점에서 생산이 이루어질 것이다.

B점을 지나면 생산가능곡선의 기울기는 양(+)이 된다. 이것은 B점을 지나서부터 일반재화의 생산증가는 환경오염과 자원고갈을 초래하여 환경의 질은 물론 재화의 생산도 동시에 줄어든다는 것을 뜻한다. 즉, 환경 서비스(E)와 시장재화(M)의 생산이 함께 줄어들 정도로 환경자본이 파괴된다는 뜻이다.

소비자, 기업, 정부 등이 환경 문제에 대해서 전혀 신경을 쓰지 않는 초기의 시장경제체제 상태에서는 시장재화의 생산량이 최대가 되는 B점에서 균형이 이루어진다. 그러나 국민들의 환경개선에 대한 요구에 의해서 정부가 환경 서비스의 공급을 증가시키기 위한 정책을 추진할 경우 생산의 균형점은 B보다 높은 C점 같은 곳에서 이루어진다. 이 경우 재화의 생산은 줄지만 환경 서비스 공급량은 많아진다. 만약 기술혁신을 통하여 생산가능곡선을 우측으로 이동시킨다면 시장재화와 환경 서비스의 동시적 증산과 소비증대가 가능하다.

그림①에서 기술혁신으로 생산가능곡선이 ADH곡선으로 이동했다고 가정하면 자유방임경

그림① 시장재화와 환경 서비스 간의 생산가능곡선

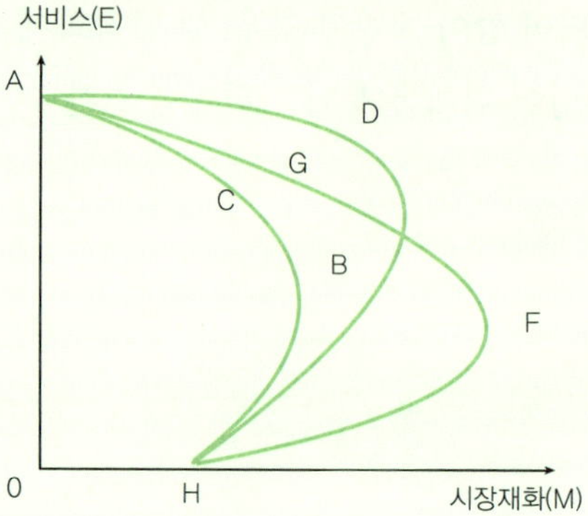

그림② 환경전환과 지속적 성장경로

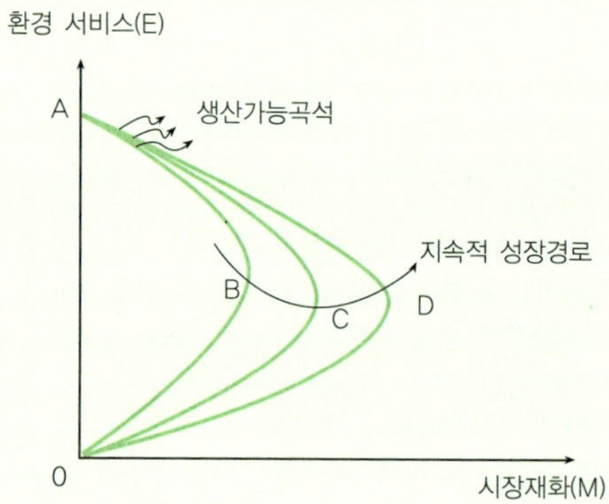

제일지라도 D점에서와 같이 종전보다 더 좋은 환경과 더 많은 재화의 소비를 동시에 달성할 수 있다. 그러나 오늘날까지 이루어진 중심적인 기술혁신 내용은 생산가능곡선을 AFH 방향으로 이동시켜 왔기 때문에 경제성장으로 더 많은 재화를 생산·소비할 수는 있었으나 그 대가로 지구환경의 악화를 가져오게 되었다고 해석할 수가 있다.

만약 국민의 환경개선 요구가 강력하여 정부의 환경개선을 위한 정책이 추진된다면 AF 사이에서 균형이 이루어질 수 있다. 만일 G점 같은 곳에서 균형이 이루어진다면 여기서는 종전보다 더 개선된 환경과 더 많은 재화를 동시에 소비할 수 있다는 것을 의미한다. 이것은 경제성장과 환경개선이 반드시 경쟁적 개념이 아니고 양립할 수도 있다는 것을 설명해 준다.

그림②는 환경우선론과 성장우선론과의 결합으로 표시할 수 있는 지속적 성장경로를 보여준다. 이 성장경로는 경제발전의 단계에 따라 U자형의 모양을 보여준다. 즉, 소득이 낮은 단계에서는 환경이 악화되는 성장경로인 B에서 C로 움직여 환경을 희생하면서 경제발전을 추구한다.

그러나 소득이 어느 정도 달성된 다음부터는 환경보호에 대한 사회적 수요가 점차 커져 시장재화의 수요에 못지않게 환경재의 수요도 증가하기 시작한다. 이에 따라 기술진보의 형태가 생산가능곡선을 동북쪽으로 이동시켜서 균형점이 D에서 형성되면 종전보다 더욱 많은 일반재와 환경재의 소비가 가능해질 수 있다는 것이다.

5 지속적인 발전을 위한 바람직한 정책방향

1) 환경 문제에 대한 국제적인 대응 추이

자원고갈과 환경악화에 대한 우려가 날로 높아지고 있는 가운데 개도국의 높은 인구증가 현상은 계속되고 있으며 자연자본 감소를 불가피하게 하는 경제성장의 추구도 계속되고 있다. 그러나 앞으로 성장잠재력을 유지해 나가야 한다는 입장에서 자연자본의 적정 규모 유지에 대한 세계인의 관심 역시 더욱 높아지고 있다.

이에 따라서 앞으로 환경보전적인 저에너지 이용산업 등 저공해 산업만이 국제경쟁력을 가지고 살아남을 수 있을 것이며, 식량을 비롯한 먹거리의 부족 문제가 보다 현실적인 위협으로 우리 앞에 등장하게 될 것이란 사실이다.

환경혁명이라고까지 표현되고 있는 세계경제의 새로운 질서 개편에 어떻게 대응해 나가야 할 것인가?

'리우 회의' 이후 현재까지 이미 체결되었거나 추진 중에 있는 각종의 환경관련 국제협약은 오존층 보호를 위한 비엔나협약과 몬트리올의정서, 유해 폐기물의 국제적인 이동을 규제하기 위한 바젤협약, 지구온난화 현상에 대응하기 위한 기후변화(교토의정서)협약, 유전자원 보전을 위한 생물 다양성 협약 등 150여 개 종류에 달하고 있다. 이러한 협약들은 적용대상 부문을 구체화하고 각국의 의무사항을 명시하고 있으며, 특히 협약의 실효성을 확보하기 위하여 각종의 무역규제조치를 일반화하고 있다. 따라서 앞으로 지구환경 훼손적인 상품의 국제 간 교역은 크게 제약될 전망이므로 각종 규제조치를 다루게 될 환경협상은 제2의 우루과이라운드 또는 그린라운드(green round)라고 일컬어지고 있는 것이다.

2) 환경 문제에 대한 한국 경제의 대응방향

한국은 내수시장이 규모경제를 실현하기에는 너무나 좁다. 또한 부존자원도 너무나 빈약한 자원빈국(資源貧國)이다. 그러므로 대외의존적인 경제구조를 앞으로도 유지할 수밖에 없는 나라이다. 이에 따라 앞으로 그린라운드를 비롯한 각종의 환경협상이 본격화되면 여태까지의 경제발전을 이끌어 왔던 자원낭비적인 공산품 부문의 수출이 가장 큰 타격을 입게 될 것으로 전망된다.

예컨대, 환경오염 비용이 상품원가에 제대로 반영이 되지 않은 상품에 대해서는 수입국이 상계관세(相計關稅)를 부과하는 등의 방법으로 수입을 규제할 경우를 생각해 보자. 즉, 탄소세, 사전 예치금제, 배출원 규제제 등 환경오염 억제를 위한 시책과 함께 환경오염적인 상품에 대한 각종의 국경조치(國境措置)가 강화되면 우리 상품의 국제경쟁력은 크게 약화될 것이다. 또한 이러한 오염자 부담원칙 외에도 오염흡수원(汚染吸收源) 사용자 부담원칙마저 추가되면, 우리 공산품의 값싼 원료 공급원이었던 유해 폐기물과 해외 원목 도입 등 자원확보의 비용이 크게 높아질 것이기 때문에 전반적인 원가상승 압력을 받게 될 것이다. 그러나 선진국들처럼 환경보전적인 무공해(無公害) 기술개발이 제대로 진척되지 않은 상태인데도 불구하고 선진국의 지나친 견제로 개도국에 대한 기술이전 대상에서 제외될 가능성이 높은 점 등 한국은 국제적으로 불리한 대접을 받게 될 공산마저 높다. 그러므로 환경보전을 축으로 한 국제질서의 개편과정에서 한국은 가장 큰 피해자가 될 가능성이 큰 것이다.

물론 현재의 환경규제 수준은 이제 시작 단계이기는 하다. 그러나 지구환경 파괴속도가 최근에 들어서 급진전되고 있으므로 규제의 내용은 더욱 강화될 것이고, 규제의 속도 역시 더욱 빨라지게 될 것임은 충분히 예상할 수 있는 일이다. 그러므로 환경보전을 위한 신기술 개발 등 환경투자의 확대와 환경보전을 위한 제도의 정비 및 상품의 환경 적합성 제고 등의 측면에서 환경 문제에 대한 세심한 국내외의 대응책이 보다 시급히, 그리고 효과적으로 강구되어야 할 것이다.

환경 문제에 대응하기 위한 한국 경제의 선택은 어떠해야 할 것인가?

첫째, 현재의 에너지 다소비형 산업구조를 에너지 절약형 산업구조로 전환시켜 나가야 한다. 철강, 시멘트, 석유화학 등 에너지 다소비형 산업의 공정개선과 에너지 절약형 기술의 개발 및 설비의 보급을 위한 각종의 투자 유인책이 마련되어져야 한다. 그리고 궁극적으로는 에너지 의존도가 낮은 정밀기기, 전자,

유전공학 등의 분야로 산업구조를 개편해 나가야 한다.

둘째, 무엇보다도 환경보전을 위한 신기술 개발에 국력을 집중시켜 나가야 한다. 즉, 대기 및 수질오염 물질과 폐기물 처리기술 등 공해에 대한 사후처리 기술과 공해대체물질 개발, 저오염 공정기술 및 자원 재이용기술과 신·재생에너지 기술 등 청정기술(clean technology) 개발을 위한 집중적인 투자가 이루어져야 하고, 이를 위한 민간 부문의 적극적인 참여를 유도하기 위한 금융, 세제 등의 제도적인 뒷받침이 시급히 마련되어져야 한다.

셋째, 국내 자원의 안정적 확보를 위한 전략이 장기적인 관점에서 수립되어야 한다. 이를 위해서는 자원부국이면서도 저개발 상태에 있는 소련, 아프리카, 동남아시아 및 남미 국가 등에 대한 개발투자를 강화해 나가야 한다.

넷째, 저탄소 녹색성장동력산업으로 농업을 앞장세워야 한다. 개도국의 방대한 유휴농지의 생산화를 통하여 탄소배출권을 적극적으로 확보하기 위한 해외 농업 개발에 나서야 한다. 동시에 농림수산업 등 국내의 1차 산업을 적정 규모로 유지하고 시장개방 확대로 인해 증가해 갈 유휴자원을 에너지 원료생산 용도로 전환하여 국내의 자원생산 능력과 자연자원을 최대한 보호·육성해 나가야 한다.

이러한 국내적인 대응과 함께 대외적으로는 앞으로 본격화될 각종 환경규제가 국내의 경제와 수출에 직접적인 영향을 끼칠 수 있는 중요한 변수임을 직시하고, 보다 적극적으로 환경외교 능력을 강화하여, 우리나라의 입장이 각종 환경협상에 최대한 반영되도록 최선의 노력을 다해야 할 것이다.

6 자원·환경 문제와 농업경제학

1) 닫혀진 세계관의 윤리

오늘날의 물질문명 발전을 이끌고 있는 서양인의 세계관이 "열린" 것이라면,

한정된 자연자원 속에서 자연과 성쇠(盛衰)를 같이 해야 하는 농업과 이를 뒷받침하는 농업경제학은 "닫힌 세계관"을 가진 대표적인 산업 분야를 대상으로 하는 학문체계를 가지고 있다.

열려진 세계[9]에서는 자연자원의 보존이나 환경악화라는 발상 자체가 무의미하다. 무엇이든 부족하게 되면 열려진 외부 세계로 진출하여 가져오면 되고 훼손된 자연과 환경은 방치하고 다른 데로 이주(移住)하면 되었기 때문이다. 산업혁명 이래 저질러졌던 인간의 자연자원 고갈과 환경훼손은 이러한 열려진 세계관의 대표적인 산물이라고 할 수 있다. 예컨대, 고래기름을 얻기 위해서 고래를 무차별로 포획하여 거의 멸종시킨 행위는 바다는 무한히 넓고 따라서 고래는 무수히 많다라는 생각을 모두 하고 있었기 때문이었다. 더구나 열려진 세계에서는 모두가 한 배에 탄 공동운명체라는 인식이 희박하였기 때문에 공공재적인 성격을 지닌 자연과 자원 등 지구촌의 공유자산에 대한 침탈(侵奪)이나 남용이 경쟁적으로 진행될 수밖에 없었다.

그러나 열려진 세계관은 지구상에 열려 있는 미개척지나 미개발된 자원의 한계를 인식하게 되면서 다시 "닫힌 세계관"으로 돌아올 수밖에 없다. 잦아지고 있는 기상이변 등을 경험하면서 "하나뿐인 지구"를 보호하자는 각종 국제협약들이 제기되고 있는 것이 이를 반영하고 있는 좋은 예이다.

지금 세계는 자원고갈과 환경악화가 진행되면서 급속하게 닫혀져 가고 있다. 자유무역을 표방하는 세계무역기구(WTO) 주도의 다자간 협상이 진행되는 과정에서도 지역 간 경제블록(bloc)화를 지향하는 자유무역협정(FTA)을 위한 협상이 본격화되고 있다. 시장을 전 세계적으로 열어가자는 협상을 진행시키면서도 지역 간에는 장벽을 구축하자는 것이다.

풍부한 농업 자원을 보유하고 있는 미국마저 1985년의 식량안전법(food security act) 제정 이래 지속적인 농업(low input sustainable agriculture: LISA) 실현으로 방향을 전환하고 농지의 생산력 유지에 힘을 모으고 있다. 미래 세대에게도 충분한 식량생산을 할 수 있는 물적 기반을 물려주어서 닥쳐올 식량위기에 대비하자는

9) 16세기 이르러 경쟁적으로 시작되었던 서양의 "지리상의 발견"이나 서부개척시대의 미국 등에서 볼 수 있는 전형적인 유목민(遊牧民)적 세계관이 열린 세계관이다.

생각이 강해졌기 때문이다.

닫혀진 세계에서는 아무리 강대국이라도 미래의 불확실성에 대비하지 않을 수가 없다. 왜냐하면 한정된 공간 내에서는 위기가 닥쳐왔을 때 피할 곳이 없기 때문이다.

농업의 윤리는 땅에 뿌리를 박고 사는 사람들의 윤리이지, 유목민과 같은 나그네들의 윤리가 아니다. 혁명적인 변화보다는 자연환경 변화에 순응하면서 점진적으로 진화(進化)해 나가는 것을 최선으로 내세우는 윤리이다. 물질적 증가가 성공의 기준이 되는 고도산업화 사회의 윤리가 지배하는 사회질서 속에서도 잘 눈에 띄지 않거나 계량화되지 않은 가치를 소중히 지켜나가는 윤리인 것이다. 식량안보적 기능이나 국토와 환경보전적 기능을 무보수로 생산하여 국민경제에 기여하면서 오늘의 소비를 위해서 내일의 생산능력을 희생시키지 않는 윤리를 실천하고 있는 산업이 바로 농업인 것이다.

경제의 고도성장 추구는 정상적인 속도 이상의 성장을 요구하기 때문에 미래의 성장잠재력은 물론 환경훼손마저 피할 수가 없다. 그러나 농업은 자연의 재생산 능력을 최대로 유지 · 보존하는 기본 틀 속에서 생산을 유지하고 있기 때문에 비록 생산성은 뒤떨어질 수도 있으나, 지속적인 성장을 추구하는 산업인 것이다. 사과나무를 뿌리 채 뽑아서 내다 파는 것이 아니라, 전정(剪定)과 수형(樹型) 작업을 통해서 내일의 생산에 대비하는 것이 농업 윤리인 것이다. 그러므로 농업은 '닫혀진 세계'에 적합한 지속적 성장의 열쇠를 가진 산업이라 할 수 있다.

2) 지속적 성장과 미래의 불확실성에 대비하는 농업경제학 이론체계

농업경제학은 자원고갈과 환경악화를 무릅쓰고라도 경제의 효율적인 성장을 추구해야 한다는 논리에 체질적으로 익숙하지 않다. 수출산업의 진흥을 통한 경제성장의 동력을 확보하기 위하여, 농산물 시장을 완전개방하고 국내 농업의 무차별적인 위축을 감수하자는 사회적 분위기에도 불구하고, 우리 사회의 지속적인 발전을 뒷받침하기 위한 필수적 조건으로 최소한의 먹거리 생산능력을 유지하여 자원고갈시대에 대비하자는 주장으로 맞서고 있다.

그러므로 자연자원과 환경을 보존하고 적정 수준으로 이용해 나가자는 자원과 환경경제학은 체질적으로 농업경제학의 중요한 부분이 될 수밖에 없다. 이를 통해서 개방시대 하에서도 국내 농업을 보호해 나갈 수 있는 이론적 토대가 강력해질 수 있기도 하기 때문이다.

국민의 '먹거리' 확보와 관련된 국내 농업의 일정 규모 유지의 문제는 단순한 경제적 효율이나 단기적이고 정태적인 무역자유화 이론으로 쉽게 다루어질 문제가 아니다.

국내 농업은 국민의 식량안보, 국토와 환경보전 등을 비롯한 엄청난 크기의 공익적인 기능을 시장에 반영되지 않은 상태의 가치 형태로 생산하고 있다. 시장가격으로 반영되는 가치의 크기를 기준으로 하여 운영되는 시장기구 하에서는 당연히 가격의 크기로 표시되지 않는 가치의 크기는 무시될 수밖에 없다. 다시 말하면, 소위 농업의 비교역적 특성 때문에 시장의 실패가 일어나게 되는 것이다. 시장이 실패하지 않기 위해서는 원론적으로 완전경쟁(perfect competition), 완전시장(complete market), 완전계약(binding contract) 등의 조건이 선행되어야 한다. 완전경쟁이란 동일한 생산품을 무수히 많은 사람들이 생산·소비하는 것을 말한다. 완전시장이란 모든 현재재(present goods), 미래재(future goods), 공공재, 사적재를 막론하고 그것이 정당한 가격에 거래되는 시장이 존재한다는 것을 말하며, 완전계약이란 모든 거래가 애초에 계획한 대로 성립된다는 것을 말한다.

그러나 농산물의 국제시장에서 공급능력이 충분한 나라는 몇 개 국가에 불과하고, 농산물 시장도 다국적 기업에 지배되고 있는 대표적인 불완전 경쟁시장이다. 또한 농산물 무역에서 거래되는 것은 가격으로 표시된 농산물일 뿐, 국내 농업의 식량안보적 기능이나 환경보전적 기능마저 함께 고려되어 거래되지는 않는다.

바꾸어 말하면, 우리나라의 식량안보나 환경보전 기능은 국제시장을 통해 거래될 수 없는 성질의 것이기 때문에, 국제 농산물 시장은 완전시장이 아니다. 그리고 농업 생산은 기상조건의 변화에 따른 풍흉작(豊凶作)의 변화가 심할 뿐만 아니라, 전쟁 등 다른 요인 때문에 장기적으로 농산물의 국제 간 무역이 안정적으로 운영되기를 기대하기는 힘든 상태에 있다. 소위 "식량 무기화"란 용어는 국제 식량시장이 완전계약 상태에 있지 않음을 구체적으로 표상하는 말이다.

'닫혀진 세계'에서 지속적인 성장을 추구하면서 미래의 불확실성에 대비하기 위해서는 농업경제학이 자원과 환경경제학의 이론으로 새롭게 무장하고 나설 수밖에 없다.

농업은 식량(food)과 섬유(fiber)를 생산하는 산업으로만 인식되어 왔다. 그러나 자원 및 환경위기가 고조되면서 자원 및 환경위기를 극복할 수 있는 전략산업으로서 농업의 가치와 역할이 재조명되고 있다.

농업은 국민의 생존에 필요한 먹거리와 섬유원료를 공급하는 본원적인 역할 이외에도 고갈되고 있는 화석연료를 대체하는 바이오 연료[10](bio-fuel: 에탄올과 바이오 디젤)를 생산하는 에너지 원료 생산 산업으로서의 기능이 점차 중시되고 있다. 또한 농업의 농산물 생산과정에서 동반 생산되는(joint products) 다원적 기능을 통하여 환경에 대한 다양한 양(+)의 효과, 즉 외부경제 효과를 창출하고 있는데 지구 환경위기에 대한 국제적인 우려가 커질수록 농업 생산의 친환경적 기능에 대한 관심이 높아지고 있다.

학문의 고립과 홀로서기는 더 이상 세계적 흐름이 아니다. 응용경제학으로서 정체성이 흔들리면서 위축되고 있는 농업경제학이 홀로서기가 힘겨워지고 있다면 마땅히 학문의 영역을 넓히는 것에서 그 진로를 찾아야 한다. 자원고갈과 환경악화로 인해서 관심도가 높아지고 있는 자원 · 환경경제학 분야는 농업경제학 분야가 체질적으로 쉽게 다가서거나 포용할 수밖에 없는 분야인 것이다.

10) 바이오 연료는 공해물질의 배출이 현저히 낮고 생분해성(biodegradability)이 높아 환경오염 가능성이 낮을 뿐만 아니라 지구온난화의 주범인 이산화탄소의 순증가를 일으키지 않는 탄소중립적인 친환경에너지이다.

경제이론과 농업 이해

23. 경제발전과 농업 문제

일반적으로 경제성장을 위한 전략으로 급속한 공업화를 중시해 왔다. 이 결과 오늘날 거의 모든 개발도상국들이 직면하고 있는 공통되는 과제는 농업 또는 농촌의 침체현상이다.

농업 문제는 산업으로서 농업 문제, 지역으로서 농촌 문제, 농업을 직업으로 선택하여 농촌에서 살고 있는 사람, 즉 농민 문제로 나눌 수 있다.

산업으로서 농업은 공업화를 위주로 하는 경제발전 과정에서 열세산업 또는 사양산업으로 구분되고 있을 정도로 상대적인 위축이 계속되어 왔다. 이에 따라 도시·농촌 간의 발전격차, 생활수준 격차, 소득격차가 확대되어 젊은 층을 중심으로 하는 지속적인 이농의 진행으로 농촌은 공동화(空洞化)되고 농업 노동력은 노령화되어 산업화 이후 사회의 중요한 경제·사회 문제로 등장하고 있는 것이다.

경제발전이란 국민소득의 증가와 이에 따른 구조적인 변화를 의미하는 좁은 의미의 경제성장뿐만 아니라, 빈곤의 제거, 소득분배의 개선, 고용의 증대, 지역 균형발전 등 문제까지를 포함하는 개념의 넓은 의미로 해석하는 것이 보다 일반적이다. 그러므로 농업 발전 문제는 시장에서 수요와 공급에 의한 시장경제모형에 의해서 접근하여 해결되는 문제가 아니라 시장경제와 자연환경과의 순환적 흐름을 파악하는 지속성으로 접근해야 한다. 말하자면, 시장 신호에 의한 자원배분의 효율성만이 아니라 현재와 미래 세대의 사회적 후생증대란 보다 넓은 시각에서 접근되어야 할 문제인 것이다.

오늘날의 농업 문제에 접근하기 위해서는 경제이론의 범위를 보다 확대하고 조정할 필요가 있다. 주류 경제학의 시장경제이론을 체계화한 사무엘슨(P. A. Samuelson)류의 시장경제모형은 생산단위인 기업의 생산활동과 소비단위인 가계의 소비활동이 어떻게 시장에서 순환적 흐름을 형성하고 있는가를 나타낸다.

생산물과 생산요소 시장에서 가격이 결정되면 무엇을, 어떻게, 누구를 위하여 생산할 것인지가 결정되며, 가격에 의하여 자원의 효율적인 배분이 이루어진다. 상품생산의 증가에 의한 경제활동의 증가가 곧 GNP의 증가이며, 이것이 상품 위주의 시장경제모형이다.

그러나 농업 문제에 접근하기 위해서는 상품 위주의 경제계의 순환만이 아니라 경제계와 자연계의 순환적 흐름을 파악하려는 인식의 전환이 필요하다.

기업의 생산을 위한 투입요소는 가계가 아닌 자연환경으로부터 나온다. 기업의 상품생산활동은 산업폐기물도 동시에 생산하여 자연환경으로 되돌려진다. 상품 역시 최종소비자의 소비행위 이후 다시 폐기물이 되어 자연환경으로 되돌아가게 된다. 생산활동과 소비활동에 의하여 만들어진 폐기물이 자연환경으로 환류되는 것을 순환적 흐름으로 파악한 것이 물질균형모형(material balance model)이다.

이 모형에 의하면 경제성장이 반드시 인간의 복지를 증진시키는 것은 아니다. 경제성장이 상품생산의 증가를 통하여 오늘날의 생활수준의 향상과 물질적 풍요를 가져오게 될지는 모르지만 환경을 오염시키고 자연의 생태계를 파괴시켜서 지속적인 발전을 위한 잠재력을 훼손시키기 때문이다.

농업은 생태계와 조화를 이루며 자연자원과 환경을 보전시키는 산업이다. 오늘의 세대뿐만 아니라 다음 세대의 발전잠재력까지 고려하는 보다 질 높은 경제발전을 위하여 지속적인 경제발

시장경제모형과 물질균형모형

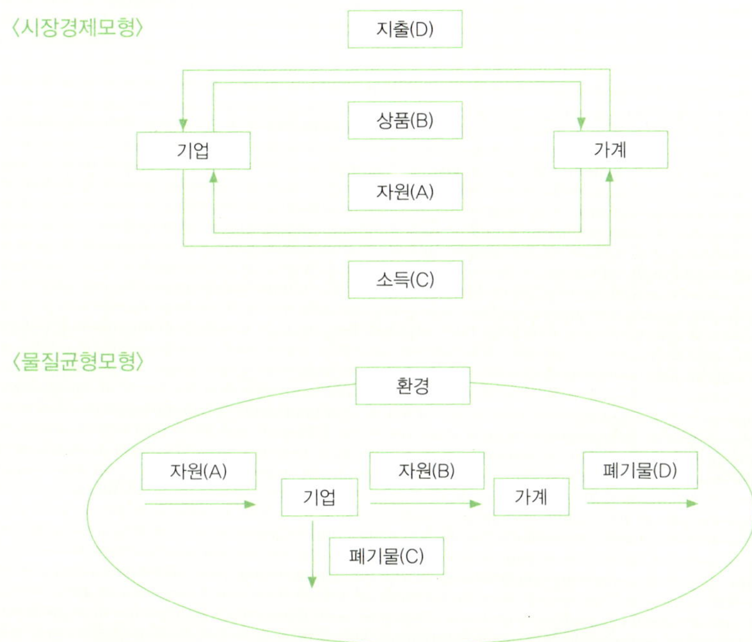

전(sustainable economic development)이 환경과 지속적인 농업을 축으로 하여 추구되어야 할 이유가 여기에 있다.

참고문헌

국립식량과학원, "맥류생산/비용기술 및 연구현황," 2012.

권대흠, "2050년 세계 식품수요 전망," 『세계농업』, 한국농촌경제연구원, 2012. 3.

김경묵 외, 『경쟁론』, 세종연구원, 2001.

김동환 외, 『농산물 유통론』, 농민신문사, 2003. 11.

김완배 외, 『농업 관련 산업의 통계지표 개발』, 서울대 농업개발연구소, 2000. 9.

김재훈, "농업 관련 산업의 부문간 파급효과 추정," 충북대학교 대학원 석사학위 논문, 2007. 2.

김창길, "한국의 유기 농산물 소비성향과 마케팅전략," 『유기상품유통 국제심포지엄 자료집』, 한국농촌경제연구원, 2011. 12.

______ 외, 『2010년 국내외 친환경 농산물의 생산실태 및 시장전망』, 한국농촌경제연구원, 2010. 12.

김철민, "농업 관련 산업의 GDP 추계," 정책연구보고, 한국농촌경제연구원, 2004. 9.

노호영, "미국 농산물 전망," 『세계농업』 138호, 한국농촌경제연구원, 2012. 2.

농림수산식품부, 『농림수산생명산업 2020+발전전략』, 2010. 9.

______, 『농림수산식품 주요 통계』, 각 연도.

농림수산대신관방조사과, 『일본 농업 · 식료관련산업 경제계산』, 각 연도.

농림축산식품부, 『2013~2017 농업 · 농촌 및 식품산업 발전계획』, 2013. 10.

농수산물유통공사, 『주요 농산물 소비패턴 조사분석』, 2005. 2.

______, 농산물무역정보(KATI), 2011. 11.

______, 농수산물무역정보(KATI), 2013. 11.

농정연구센터, 『계간 농정연구』 가을호, 2013. 10.

농촌진흥청, 『농촌진흥청 50주년기념 학술심포지엄 자료집』, 2012. 5.

대우증권리서치센터, 『식자재유통』, 2011. 12.

박영훈, "생명산업 2020 발전방안," 『2010 생명산업D.N.A展 학술대회 자료집』,

농림수산식품부, 2010. 6.
배종하 외, 『현장에서 본 농업통상이야기』, 지니릴레이션, 2005.
서종혁, 『한국 농업기술 이노베이션: 성과와 전략』, KREI 연구총서 25, 2007.
성진근, 『저 흙 속에도 신바람을』, 을유문화사, 1993. 11.
______, 『애그리비즈니스론』, 농수축산신문, 2006.
______, "해외농업협력진출의 전략과 과제," 『2010 농식품생명과학심포지엄』, (사)한국농학계대학장협의회, 2010. 6.
______, 『지구촌의 미래식량기지, 브라질』, 농민신문사, 2011. 1.
______, 『새농업경영론』, 도서출판 해남, 2011. 6.
______, 『강소농에 이르는 길-농업경영우수사례 벤치마킹자료집』 농업경영자료, 농촌진흥청, 2011. 12.
______, "해외농업개발사업 추진전략 개선방향," (사)한국농업경영포럼, 2011. 12.
______, 『한국 농업 리모델링』, 도서출판 해남, 2012. 8.
성진근 외, 『GAP. Traceability제도 장기발전방향』, 국립농산물품질관리원, 2005. 12.
______, 『러시아 연해주 농업개발협력사업에 대한 농협의 참여방향에 대한 연구』, (사)한국농업경영포럼, 2013. 11. 30.
송주호, "WTO에서의 주요국 국내보조비교와 시사점," 『농촌경제』 32-1, KREI, 2009. 6.
시장경영진흥원, "재래시장실태조사," 2013. 1.
오호성, 『환경경제학』, 법문사, 2002. 4.
윤종열, "OECD-FAO 바이오 연료 수급 전망 2010~2019," 『세계농업』 120호, 한국농촌경제연구원, 2010. 8.
이상훈, "생명산업 2020: 10년 후를 준비," 『2010 생명산업D.N.A展 학술대회 자료집』, 농림수산식품부, 2010. 6.
이훈영, 『e-마케팅플러스』, 무역경영사, 2004. 8.
최기준, "국내산 조사료 이용 활성화와 자급 축산의 비전," 『계간 농정연구』 46, 농정연구센터, 2013. 7.
최지현, "세계 가공식품산업 동향," 『세계농업』 제143호, 한국농촌경제연구원,

2012. 7.

통계청,『KOSIS 통계정보시스템』, http://kosis.ngo.go.kr

한국농촌경제연구원,『농어업 농어촌 비전과 전략』, 2010. 2.

______,『2009 식품수급표』, 2010. 12.

______, "2011년 농업 · 농촌에 대한 국민의식조사결과,"『농정포커스』제5호, 2011. 12.

______,『농업전망 2012』, 2012. 1.

한국은행,『2000년 산업연관표』, 2003.

______,『한국은행 경제통계시스템』, http://ecos.bok.or.kr

허용준,『미국의 농업보조금 정책』, CEO포커스 제164호, 농협중앙회, 2006. 10.

新山陽子편,『食品システムの 實踐理論』, 2004. 3.

谷口信和, "日本の食料と農業–その歷史的 地平と今後の 課題,"『농정개혁을 위한 국제 심포지엄 논문집』, 농특위, 2003. 7.

______, Agricultural projection to 2012, 2012.

Asian Development Bank, 30cases of contract farming: An Analytical overview, Mnila, 2005.

Barbier, E. B., *Economics, Natural Resource Scarcity and Development: Conventional and Alternative Views*, London: Earthscan, 1989.

Bell, D. E., N. Sanhavi, V. Fuller, and M. Shelman, *Hariyalli Kisaan Bazzar: a rural business initiative*, Case study N2508012, Havard Business school, 2007.

Codex Alimentarins Commision, Procedual Manual 13th ed., 2003.

Daly, Herman E., *Economics, Ecology, Ethics*, W. H. Freeman and Company, 1980.

David, Downey W. and John K. Trocke, *Agribusiness Management*, Mc Graw-hill. Inc. 1981.

Drumond, H. E. and J. W. Goodwin, *Agricultural Economics*, 2nd ed, 2002.

Ehrlich, P. R. and A. E. Ehrhich, *The Population Explosion*, New York, 1990.

Ewell, Roy, *Exploring Agribusiness*, 2nd ed., Danville, Ⅲ. Interstate Printers and Publishers, 1975.

Joan, Robinson, *Aspects of Development and Underdevelopment*, Cambridge Univ. Press, 1979.

Lucas, Robert E., "On the Mechanics of Economic Development," *Journal of Monetary Economics*, 22 July, 1988.

Luther, Tweeten, *Agricultural Trade, Priciples and Policies*, West-View Press Inc. 1992.

Mali Biocarburant Company Profile, 2009(http://malibiocarburant.com).

Mayers, J. and S. Vermeulen, *From Raw Deals to Mutual Gains: Company-community Partnerships in Foresty*, London IIED, 2002.

Moore, Donald S., "What Agribusiness Means to Dallas," Texas Agricultural Experiment Station Bulletin MP-355, May 1955.

OECD, The Bioeconomy to 2030, 2009.

OECD/FAO, Agricultural Outlook 2010~2019, 2010. 6.

Omri Rawlins, N., *Introduction to Agribusiness*, Prentice hall, 1980.

Pearce, D., E. Barbier, and A. Markandya, *Sustainable Development Economics and Environment in the Third World*, London: Edward Elgar Publishing Ltd., 1990.

Pearse, D. and A. Markandya, "Marginal Opportunity Cost as a planning Concept in Natural Resource Management," *Environmental Management and Economic Development*, A World Bank Publication, 1989.

Pieter, A. Victor, "Economics and the Challenge of Environmental Issues," *Economy. Ecology. Ethics.*, W. h. Freeman and Co., 1980.

Porter, M., "On Competition," 1998.

Repetto, R., *World Enough and Time*, New Haven Conn, Yale Univ. Press, 1986.

Salah El Serafy Ernst Lutz, "Environment and Normal Resource Accounting," *Environmental Management and Economic Development*, The Johns Hopkins University Press, 1989.

Schults, Theodore W., "Investment in Human Capital," *American Economic Review*, 61, March 1961.

Slow, Robert M., "A Contribution to the Theory of Economic Growth," *Q. J. E.* 70, Feb.

1956.

______, "Technical Change and The Aggregate Production Function," *Review of Economics and Statistics*, Aug, 1957.

Snodgrass, Millton M. and L. T. Wallace, *Agriculture, Economics and Resource management*, Englewood Cliffs, N. J. Prentice hall, 1975.

Sundrum, R. M., *Economic Growth in Theory and Practice*, The Macmillan Press, Ltd., 1990.

Thomas, Gerald W., Samuel E. Curl, and William F. Bennett, *Progress and Change in the Agricultural Industry*, Revised Dubugue Iowa: Kendal/Hunt, 1973.

UN, World population prospects, The 2010 Revision, 2011.

USDA, Amber Wanes, "Dynamics of Agricultural Competitiveness: Policy Lessons from Abroad," 『농협조사월보』, 546호, 2003. 4.

USDA, ERS, *Grain: World Markets and Trade*, FG 07-06, July 2006.

World Commission on Environment and Development, *Our Common Future*, Oxford Univ. Press, 1987.

제4부 농업 · 농촌의 새로운 수요와 정책변화 방향

2008년 세계 경제위기를 극복하는 과정에서 글로벌 경제질서가 재편되는 새로운 전환기-뉴 모멘텀이 열리고 있다. 한국 경제가 뉴 모멘텀의 우위를 점하기 위해서는 새로운 신시장을 선점하고 자원과 식량을 확보할 수 있는 길을 열어야 한다. 안정적 성장을 저해하는 북한 리스크도 극복해야 한다.

환경 · 자원위기에 대응하여 신성장동력을 확보하기 위해서는 녹색성장의 원천산업인 농업을 앞장 세우는 발전전략의 선택이 필요하다. 그러나 농업발전을 이끌 농업 내부 역량은 너무 취약하다. 국가적 능력을 결집시켜 시장의 변화를 읽고 새로운 수요를 만들어내지 못하면 한국 농업과 농촌의 내일을 기약하기 어렵다.

이제는 단순한 식량증산이 아니라 안전성과 영양 등 품질과 가치경쟁력을 강화하여 고객만족도 향상을 추구하는 방향으로 농업 생산질서를 변화시켜야 한다. 식량과 섬유 생산 기능으로 한정되었던 전통적인 농업 생산질서를 재생산 가능한 에너지 공급과 생명산업 및 친환경 소재산업 생산 기능으로 확장해야 한다. 또한 농촌지역을 농산물 생산공간으로부터 국민의 정주 휴양공간으로 바꾸어 내야 한다.

농업 · 농촌의 새로운 가치를 창출하고 농업의 신영역을 개척 · 확장하는 일이 농업경제학에 부여된 시대적인 사명이다.

Chapter 11

경제위기와 한국 농업의 새로운 가치

1. 글로벌 경제위기와 주류 경제학의 한계
2. 위기 이후, 한국 경제의 도전 과제
3. 뉴 모멘텀에 대응하기 위한 농업 부문의 당면 과제
4. 신성장 동력산업으로서의 농업의 가치
5. 한국 농업의 부활(르네상스)을 가능하게 하는 징후들
6. 수요에서 활로를 찾자

경제위기와 한국 농업의 새로운 가치

1 글로벌 경제위기와 주류 경제학의 한계

1) 경제위기 발생에 대한 경제학계의 반성

2008년 9월 15일, 미국의 리먼 브라더스(미국의 4대 투자은행 중 하나)의 파산으로 촉발된 금융위기는 순식간에 전 세계적인 금융·경제위기로 연결되었다. 위기의 원인과 대응방안을 모색하는 과정에서 경제학계 내부에서도 강렬한 비판과 자성의 목소리가 쏟아져 나왔다.

2008년 노벨경제학상을 수상한 폴 크루그먼(P. Krugman)은 경제학자들이 글로벌 금융·경제위기의 발생에 대한 예측에 실패한 원인을 크게 세 가지로 꼽고 있다(P. Krugman, 2009).

첫째, 복잡한 수식을 사용하여 근사하게 보이는 경제모형에서 도출된 아름다운 결과를 사실로 착각했다는 점이다. 경제예측모형에서는 각 경제주체들이 미래의 경제변수(금리, 통화량, 인플레이션, 임금, 정부 정책 등)에 대한 기대(예측)를 합리적 기대이론(rational exceptions theory)을 바탕으로 하여 도출한다. 합리적 기대이론에 입각하면 정부가 어떠한 경제 정책을 펴더라도 경제주체들이 그 정책의 영향을 미리 예견하여 합리적으로 행동하기 때문에 정부의 재량적 금융·재정 정책은 무력화되고, 경제주체들은 미래에 대한 완전한 예견(perfect foresight)은 아닐지라도 평균적으로 올바른 예측을 하게 되어 같은 실수를 반복해서 저지르지 않는다는 것이다. 그러나 실제 세계에서는 완전히 합리적인 경제주체는 사실상 존재하지 않을 뿐만 아니라 경제모형에서 간과된 지저분하고 엉망인 사실들이 힘을 발휘하여 예측된 결과를 무력화시켰다는 것이다.

둘째, 금융시장을 과신(過信)하였다는 점이다. 애덤 스미스(A. Smith)의 보이지 않는 손(invisible hand), 즉 시장의 힘을 믿는 신고전학파 경제학자들은 금융시장에 대한 정부의 규제와 간섭을 최대한 배제해야 한다는 자유방임주의(laissez-failure)를 지지하였으며, 그들의 이론적 토대가 된 것은 효율적 시장가설(efficient market hypothesis)이었다. 효율적 시장에서는 모든 과거 정보와 공개된 정보 및 비공개 정보도 바로 시장에 반영되기 때문에 투자자가 시장 평균 이상의 수익을 얻는 것은 불가능하다. "시장은 완전히 정보 효율적일 뿐만 아니라 시장에서 결정된 가격은 항상 옳다"라는 시장지상주의적 견해는 투자자들의 비합리성(irrationality), 자산거품(bubbles)의 발생, 파괴적인 투기거래 등을 도외시하게 만들었고 이것이 결국 금융위기를 초래하였다.

셋째, 주류 거시경제학의 한계가 노정되었다. 1930년대 대공황을 겪은 후 세계경제는 정부의 적극적인 시장개입을 중시하는 케인스의 이론에 의해서 주도되었다. 그러나 1970년대의 오일쇼크와 스테그플레이션(stagflation, 경기침체 속에서 물가가 계속 오르는 현상) 등을 겪으면서 케인스의 수정자본주의는 큰 비판에 직면하였으며, 거시경제학계는 소위 담수학파(fresh water school)와 염수학파(salt water school)로 불리우는 두 개의 큰 축으로 갈리게 되었다.

담수학파 경제학자들은 경제주체들이 합리적이고 시장은 완전하다고 믿는다. 이를 바탕으로 경기변동을 완화하기 위한 정부의 재량적인 정책은 아무런 효과가 없다고 주장하면서 시장과 민간에 대한 정부의 개입과 간섭은 최소화되어야 한다고 주장한다. 그러나 염수학파 경제학자들은 경제주체들이 완전히 합리적이라는 데 동의하지 않고 경기변동의 미세조정을 위한 재정 정책의 필요성과 중요성을 강조하면서, 시장에 대한 정부의 개입을 정당화한다. 크루그먼은 담수학파의 자유방임주의도 잘못된 것이고 염수학파의 중앙은행의 통화 정책을 통하여 거시경제를 관리해야 한다는 주장도 잘못된 것이라고 평가한다.

2) 글로벌 불균형과 경제위기

세계 금융 · 경제위기의 뿌리에는 글로벌 불균형(global imbalance)이라는 근본적인 문제가 자리잡고 있으며, 2011년 서울에서 개최된 G-20 정상회의에서는 이 문제가 핵심 의제로 다루어진 바 있다.

미국은 세계 최대의 경제대국인 동시에 최대의 소비국가이다. 지난 수십 년간 미국 소비자들은 인구가 열 배가 많은 중국, 인도 국민의 소비를 합친 것보다 3배나 많이 소비하였으며, 이러한 소비욕구를 충족시켜 주기 위하여 미국 정부는 천문학적인 무역적자를 감수하였다. 반면 중국, 한국 등 아시아 국가들은 대미수출을 통하여 막대한 달러를 벌어들였다. 미국에서의 과도한 소비와 낮은 저축률 그리고 경상수지의 적자 확대와는 달리 중국, 한국 등 아시아 수출국가들의 경상수지 흑자, 외환보유고 확대, 고저축 등이 맞물리면서 글로벌 불균형 현상은 심화되었다. 1980년대 이후 미국은 경상수지 적자와 재정수지 적자가 동시에 발생하는 소위 쌍둥이 적자(twin deficits)에 빠졌다.[1)]

막대한 경상수지 및 재정수지 적자를 메우기 위해 미국 정부는 국채를 발행하였고 무역흑자로 달러가 남아도는 아시아 국가, 특히 중국은 미국 국채의 최대 보유국으로 등극하였다. 매년 7,000~8,000억 달러 규모의 국채매입자금이 미국으로 유입됨에 따라 미국 내 부동산 가격이 오르면서 자산가격의 거품현상이 일어났다. 그러나 미국 정부는 거품이 폭발할 때까지 시장에 방임함으로써 어느 순간 서브프라임 모기지(sub-prime mortgage) 사태가 터지고 자산거품 붕괴가 시작되었다. 부동산 가격과 주식 가격의 급락에 따라 부실자산이 급증하자 금융기관들은 무차별적인 대출금 회수에 들어갔고, 주택담보대출 원리금 상환채무를 이행하지 못한 가계가 늘어나면서 금융기관들의 부실은 눈덩이처럼 불어났다. 이러한 악순환이 반복되면서 금융기관 파산이라는 최악의 사태가 일어난 것이다.

미국에서 발생한 금융위기는 전 세계적으로 순식간에 확산되었다. 글로벌 금융 · 경제위기 발생 이후 세계 각국은 유례없는 경기부양책을 실시하였다. 금

1) 미국의 2010년도 GDP 대비 누적 재정적자 비율은 93.4%로 2012년에는 100%를 넘을 것으로 예상된다. 그리고 2011년 2월 말 현재 미국의 총부채는 14조 1,300만 달러로 1인당 국가 부채는 4만 5,600달러(한화 5,500만 원) 수준이다.

리를 최대한 낮추고 돈을 무제한으로 찍어내 정부 지출을 늘렸다. 그러나 그 와중에서 재정적자가 과도해지고 국가 부채가 통제불능 상황으로 커지면서 국가부도 가능성마저 일어났다. 국가 재정위기는 먼저 유로(€)화를 단일통화로 사용하고 있는 유로존(euro zone) 국가인 PIGS(Portugal, Italy, Greece, Spain)에서 시작되어 아일랜드(Ireland)가 추가되어 PIIGS로 확대되었고, 급기야 영국(Great Britain)마저 추가되어 PIIGGS로 불리기도 하였다. 만약 경제규모가 큰 스페인이나 이탈리아가 재정위기에 빠지면 EU 경제권 전체의 연쇄적인 국가 부도위기의 가능성마저 배제할 수 없다.

2012년 현재 그리스의 재정위기는 독일, 프랑스 등의 지원으로 급한 불은 끈 상태이지만 과도한 복지 등 방만한 재정운영으로 국가 부채가 감당할 수 없을 정도로 확대된 탓에 유로존 국가들의 경제위기는 여전히 진행 중이라고 할 수 있다.

3) 경제위기 이후의 세계경제의 뉴 노멀

2008년 글로벌 금융 · 경제위기 이후의 세계 경제질서는 뚜렷이 달라진 모습을 보이고 있다.

첫째, 미국이라는 슈퍼 파워와 유일한 기축통화(key currency)인 달러가 지배하던 올드 노멀(old normal) 대신에 G-20으로 대표되는 다극화 체제와 유로(€)화나 위안(元)화 등 복수의 기축통화체제 구축 시도가 뉴 노멀(new normal)이다.

18세기 산업혁명으로 유럽이 잡은 세계경제 주도권이 제1, 2차 세계대전 이후 미국으로 넘어갔다가 금융위기를 계기로 아시아로 넘어오는 형국이다.[2] 이러한 국제 경제 주도권의 이전 양상은 2010년 서울의 G-20 회의에서 미국의 주도권 상실로 극명하게 나타났다.

둘째, 글로벌 경제위기를 몰고 온 자본주의 가치의 위기를 모든 이해관계자

2) 세계경제의 저성장 기조 속에서 경제력의 중심이 태평양 동쪽인 미국과 유로존 국가들로부터 서쪽인 중국, 인도, 아세안 국가들로 옮겨 가는 컨티넨탈 시프트(continental shift)가 가속화되고 있다. 태평양 동쪽 국가들이 전 세계 소비시장에서 차지하는 비중은 2009년의 43.5%에서 2015년에는 42.3%로 줄어드는 반면에 서쪽 지역 국가들은 24.3%에서 30.3%로 늘어날 전망이다.

(stakeholder)에게 초점을 맞춘 화합적이고 도덕적인 자본주의(cohesive and moral capitalism)로 전환하여 극복하자는 움직임도 크게 일어나고 있다. 이익극대화 실현에만 치중한 기업가의 탐욕 추구적 경영방식이 올드 노멀이라고 한다면 경영주체 간의 신뢰회복에 기초한 도덕 추구적 경영방식이 뉴 노멀이다.[3)]

새롭게 형성되고 있는 세계 경제질서인 뉴 노멀에 어떻게 대처하느냐에 따라 한국 경제의 장래 모습이 결정될 수밖에 없다. 한국 경제가 지닌 약점을 보완하고 위협을 극복하면서 장점과 기회를 살리는 데 국력을 모아야 하는 전환기적 뉴 모멘텀(new momentum)에 우리는 직면하고 있는 것이다.

2008년의 세계 금융 · 경제위기를 극복하는 과정에서 세계 각국이 얻은 값진 교훈이 있다. 그것은 이윤 추구를 위한 경제주체의 도덕성 상실이 자본주의 경제체제를 위기에 빠뜨릴 수 있으므로 정의와 윤리라는 가치가 이윤 추구라는 가치와 조화를 이루는 한 단계 진화된 자본주의 질서를 모색해야 한다는 것으로 요약된다. 이를 위해서는 특정한 국가에서 발생한 경제위기가 무차별하게 다른 나라로 이전되는 세계화(globalization)의 폐해를 막기 위한 금융 안전망 강화 등 제도적인 개선과 함께 신자유주의적 정책의 폐해인 양극화 심화로 인한 사회적 긴장의 증가와 사회 안전망(safety net) 구축 등 세계화의 부작용을 치유 · 예방하기 위한 정부의 적절한 시장간섭 정책을 강화시켜야 한다는 것이다.

특히, '부익부 빈익빈'으로 대표되는 자본주의 폐해를 치유하기 위한 소득재분배 정책의 강화는 필요하지만 방만한 재정지출에 의한 소득재분배 정책은 국가의 부실화로 이어져서 경제 시스템 자체를 붕괴시킬 수가 있다. 그러므로 경제 시스템 내에서 경제주체 간의 협력과 신뢰를 바탕으로 상생하는 신경영 시스템을 구축하는 것이 최선의 선택이라는 잠정적인 합의를 형성하고 있는 것이다.

3) 2010년 "더 좋은 세상 만들기"를 주제로 한 다보스포럼에서 룰라 브라질 대통령은 금융 시스템의 빈약한 윤리의식을 비판했으며, 사르코지 프랑스 대통령은 자본주의를 구원하기 위해서는 자본주의에 도덕적인 면을 더 많이 집어넣어야 한다고 주장하였다. 글로벌 위기가 자본주의의 탐욕성 때문에 발생한 측면을 간과할 수 없기 때문이다.

2 위기 이후, 한국 경제의 도전 과제

1) 위기 극복 이후 내습하고 있는 경제 침체

2008년 경제위기를 당하여 내로라하는 세계의 선진국들이 한결같이 죽을 쑤고 있는 와중에서 한국은 신속한 재정투입으로 경제위기 극복의 모범답안을 제시하면서, 2009년 세계 어느 나라보다 먼저 플러스(+) 성장을 했고 2010년에는 6.3%의 놀라운 성장실적을 거두었다. 이 여세를 몰아서 2010년 11월에는 G-20 정상회의를 성공적으로 개최하였다.

G-20 정상회의는 한국의 국제사회 위상을 결정적으로 제고시킴으로써 아시아 대표국가로서 지역 내 경제협력을 주도할 수 있는 계기를 마련했다는 점에서, 나아가서 개도국과 선진국 사이에서 갈등을 조정하는 중재자 역할을 실질적으로 감당하게 되었다는 점에서, 그리고 세계 경제위기 극복을 위한 출구전략과 새로운 금융 안전망 구축을 위한 국제적 공조를 주도하는 나라로 우뚝 서게 되었다는 점에서 한국의 국격(國格)을 한 단계 더 업그레이드 시킨 역사적인 사건이었다.

캐나다 밴쿠버 동계올림픽의 성공(5위), 남아공월드컵 16강 진출, 중국 광저우 아시안게임에서의 압도적 2위 고수 등 2010년의 3대 스포츠 이벤트는 선발개도국 한국의 국제적 위상을 한껏 높였다. 여기에다 2012년 런던올림픽 5위, K-POP 열풍에 이은 싸이 열풍 등은 한국인의 자긍심을 높이면서 한국 상품의 브랜드 가치를 한껏 높여주는 좋은 계기로 작용하고 있다.

이 여세를 몰아서 '코리아 디스카운트'를 '코리아 프리미엄'으로 바꿔놓아야 한다. 일본의 기술 우위를 따라잡고 중국의 추격을 멀찌감치 따돌려야 한다.

산업 인프라는 이미 갖추어져 있다. 정보통신기술(ICT), 자동차, 조선, 플랜트 등 다변화된 산업구조는 세계 최고수준이다. 절대빈곤 상태에서 농촌개발을 성공시킨 '새마을운동'과 시장개방의 진전 속에서도 국내 농업의 일정 부분을 굳건히 지켜낸 한국 농업도 적절한 개방대책만 뒷받침된다면 떠오르는 신시장에서 충분히 통할 수 있는 성장잠재력을 보유하고 있다.

서울 월드컵에서 세계인에게 각인시킨 '붉은 악마'의 'Dynamic Korea'의 열정과 혼을 모아서 재편되고 있는 국제 경제질서의 뉴 노멀에 적극 참여하여 주도권을 잡아야 한다.

그러나 위기극복 이후 세계경제의 침체현상의 영향으로 한국 경제의 성장률도 동반되어 위축되고 있다. 2011년의 경제성장률은 3.7%로 떨어졌으며 2012년에는 다시 2.0%로 떨어졌다. 엔(¥)저의 영향 등으로 2013년의 경제성장률도 2%대에 머물게 될 것으로 전망되고 있다.

경제 침체현상이 장기화되면 일자리 창출이 어렵게 되고 새 정부가 약속한 복지 확대도 어렵게 되어 결국 '국민행복시대'도 실현되기 어렵다. 한국 경제의 침체를 강요하고 있는 내부적 요인은 무엇인가?

2) 고속압축성장이 키워온 한국 경제의 제약조건

지난 60년 동안 한국인들은 전쟁의 참화를 극복하고 개인과 조직의 물질적 성공을 위해서 '일하고 또 일하는 해'를 보내왔다. 그 결과 1인당 국내총생산(GDP) 규모는 50년 사이에 무려 350배나 증가하여 2만 달러에 이르렀다. 2012년 한국은 1인당 국민소득 2만 달러, 총인구 5,000만 명 국가들의 모임인 20-50클럽에 세계에서 7번째로 당당히 가입하였다. 그러나 한국 경제의 앞길은 산업화 고속성장 과정에서 키워온 다음과 같은 암초(暗礁)더미 때문에 결코 순탄치 않을 전망이다.

사회계층 간 갈등 증폭

첫째, 심각한 빈부 격차 문제로 인한 사회계층 간 갈등이 증폭되고 있다.

도시근로자의 월소득은 상위 10%가 평균 935만 원으로 하위 10% 평균 소득(107만 원)보다 9배나 높다. 상위 10%는 우리나라 전체 자산의 절반을 보유하고 있는 반면에, 하위 10%는 매달 27만 원의 가계적자를 기록하면서 빚이 늘고 있다.

도시근로자 소득과 농가소득 간의 격차도 1995년의 95% 수준에서 2011년에는 59% 수준으로 점차 크게 확대되고 있다. 소득이 낮은 계층일수록 도농 간 소득격차가 확대되어 하위 20%의 농가소득은 하위 20% 도시근로자 소득의 40%에 불과한 실정이다. 뿐만 아니라 농가소득의 양극화마저 심화되어 상위 20%의 소득과 하위 20%의 소득은 12배나 그 격차가 벌어지고 있다. 확대되고 있는 빈부 간, 계층 간 갈등이 사회적 갈등의 원천인 것이다.

빈부 간 격차를 줄이기 위해서는 무엇보다 일자리를 늘려야 한다. 부자와 빈자, 경영자와 근로자가 상생(相生)하는 분위기를 진작시켜야 한다. 대기업과 중소기업 그리고 영세기업(농기업) 간의 상생적 협약을 통한 소통과 화합의 길을 힘써 찾아야 한다. 특히, 윤리적 가치에 눈먼 자본주의는 경제 시스템 자체를 파국으로 이끌 수도 있다는 인식을 공유해야 한다.

국민들의 근로의욕 감퇴

둘째, 국민들의 '일하려는 의지(will to economize)'가 사라지고 있다. 『2010년 국가경쟁력 보고서』에 의하면 1인당 연평균 근로시간은 2008년 현재 2,255시간으로 OECD 국가 중에서 가장 많으며 OECD 평균보다 31.7%나 많다(그림 11-1).

한국은 낮은 고용률(62.9%, OECD 20위)과 낮은 경제활동 참가율(65.4%, OECD 25위)을 긴 노동시간으로 보완하면서 국가경쟁력을 유지하고 있음을 알 수 있다.

고용노동부는 2011년도 업무보고를 통해서 연간 근로시간을 2012년까지 1,950시간으로 13.5% 단축할 계획을 밝히고 있다. '더 많은 사람이 일하고 일을 통하여 함께 잘 사는 공정사회' 구현을 위해서 직장 나눔(job sharing) 차원에서 근로시간 단축은 불가피한 선택이라고도 볼 수도 있다.

국가 간 1인당 국민소득의 격차는 노동생산성과 노동투입량의 차이로 나누어 설명할 수 있다.[4)]

2008년 한국의 1인당 국민소득은 미국의 59% 수준으로 OECD 31개 국가 중에

4) 1인당 GDP=GDP/인구=[(GDP/총근로시간)×(총근로시간/인구)]=노동시간당 산출량(생산성)×1인당 총근로시간(노동투입량)

그림 11-1 연평균 근로시간(2009년, 시간)

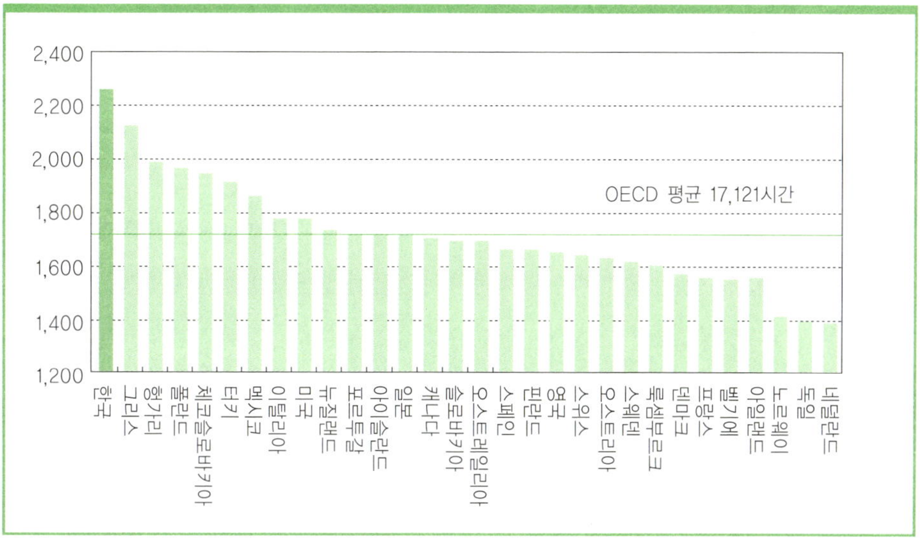

자료: 기획재정부(2010).

서 22위 수준이다. 이를 생산성 요인과 노동투입량 요인으로 나누어보면, 한국의 노동생산성은 미국의 46% 수준인데 노동투입량은 미국의 113% 수준이다. 한국 경제는 낮은 생산성을 상대적으로 많은 노동투입량으로 보완하면서 미국 등 선진국과의 경쟁력 수준을 가까스로 유지하고 있는 것이다. 따라서 노동생산성의 획기적인 향상을 위한 대책이 선행되지 않은 상태에서 노동투입량을 줄이는 선택보다는 국내외의 신규 일자리 창출에 정책적 노력을 집중시키는 것이 보다 합리적인 선택이 될 것이다.

자원도 모자라고 기술도 부족한 상태에서 출발한 한국 경제의 성장동력은 왕성한 근로의욕을 보유한 풍부한 인적 자산이었다는 점을 부인하는 사람은 없다. 그러나 비록 실업률은 3.8%(OECD 2위)로 낮지만 경제활동 참가율, 특히 청년층의 참가율은 대단히 낮아서 OECD 평균(48.4%)의 절반 수준(25.4%)에 불과한 점에 주목해야 한다.

경제활동 참가율이 지나치게 낮은 터에 노동투입량마저 줄일 수밖에 없다는 것은 한국 국민의 '일하려는 의지'가 퇴색되고 있다는 살아 있는 증거다. 이미 3D

업종과 농업 부문의 육체노동 현장은 중국, 동남아시아 등지에서 흘러들어온 외국 근로자가 없으면 제대로 가동을 하지 못할 정도에 이르고 있다.

일본의 연간 근로시간은 1990년에 2,031시간이었다. 그러나 2,000년에는 근로시간이 1,821시간으로 줄어들면서 혹독한 경제의 장기 침체기인 '잃어버린 10년'을 겪어야 했다.

일하지 않고도 잘 살 수 있도록 하겠다는 복지 만능적인 포퓰리즘적 정책선택으로 야기될 수 있는 경제의 장기 침체는 진정 남의 나라만의 일이 아닌 것이다.

수출시장의 경쟁 심화

셋째, 한국 경제를 견인해 오던 수출시장 확대에 빨간 불이 켜지고 있다.

2010년 한국의 수출액은 유럽의 전통적인 공업국가인 이탈리아와 벨기에를 제치고 세계 7위로 올라섰다. 수출입 실적을 합한 무역규모도 2009년보다 한 단계 상승한 세계 9위를 기록하였다(그림 11-2).

그러나 우리의 최대 수출시장(2010년 현재 전체 수출액의 25% 점유)인 중국 시장이 다음과 같은 이유로 크게 흔들리고 있다.

가장 큰 원인은 한국, 중국, 일본의 삼국에 의한 분업구조가 점차 깨지면서 직접적인 완제품의 무한경쟁시대로 접어들고 있기 때문이다. 중국은 기술력을 높이면서 글로벌 강자로 부상하고 있고 일본 기업들은 강도 높은 구조조정과 대규모 R&D 투자로 재도약을 위해 절치부심하고 있다. 한국 상품이 기술력과 품질 경쟁력을 획기적으로 높이지 못하면 중국의 추격과 일본의 견제 속에서 넛크래커(nut cracker) 신세가 될 수도 있다.

한국 경제가 세계 금융 · 경제위기의 충격을 벗어나서 성장기조를 회복하게 된 것은 무엇보다 이웃하고 있는 중국이 앞장서서 돈을 풀고 내수를 부양한 덕이 컸다. 그러나 물가불안 등의 요인으로 중국 시장이 크게 흔들리면서 대중국 수출 확대에 빨간 불이 켜진 것이다.

전통적인 한국의 수출시장이었던 미국, EU 등 선진국 시장은 금융위기 이후

그림 11-2 세계 수출 및 무역 순위

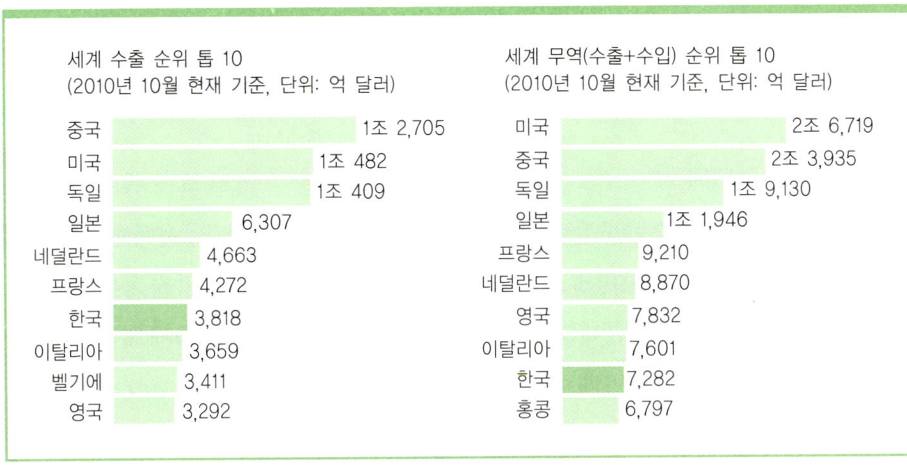

자료: 조선일보(2011. 1. 3).

침체를 계속하고 있다. 일본 아베정권의 통화팽창에 의한 엔저 영향으로 일본 수출도 급속히 줄고 있다. 최대 수출시장인 중국 시장도 어려워질 전망이 커지고 있다.

북한 리스크의 상존

넷째, 인정하긴 싫은 일이지만 '북한 리스크(risk)' 극복 문제이다.

2010년은 천안함 피격과 연평도 포격 등 북한의 도발로 얼룩진 최악의 해였다. 북한은 연거푸 무모한 도발을 저질러도 남한이 '확전(擴戰)이 두려워서' 맞대응하지 못한다는 사실을 확인하였다. 남한은 '햇볕 정책' 10년의 퍼주기 정책이 공염불에 그쳤다는 사실을 확인하였다. 이대로 가다가는 장기적으로 남북한 관계는 우낭(牛狼)관계로 황폐화될 수밖에 없다는 자각도 크게 일어났다. 늑대와 함께 사는 소가 늘 마음을 졸이듯이 북한의 도발 가능성에 전전긍긍하면서 도발하지 말아달라고 돈과 식량을 퍼주면서 평화를 구걸하는 일이 햇볕 정책의 본질은 아니었지 않는가?

그렇다고 '불벼락'과 '핵성전'을 앞세운 북한의 위협이 만 분의 일의 확률에 의해서라도 현실화되어 우리가 이룩한 "단군 이래의 경제적 번영"이 잿더미로 변할 수도 있다는 엄연한 사실을 외면할 수도 없지 않은가?

농업을 앞장 세우는 북한 지원 정책의 혁신

무엇보다 북한의 무력도발 의지를 근원적으로 봉쇄할 수 있는 북한 지원 정책의 콘텐츠(contents) 혁신이 필요하다. 10년 동안의 햇볕 정책 지원대상은 한마디로 북한 정권이었다. 60년째 계속되고 있는 김일성 왕조의 세습체계를 유지하고 통치기반을 강화하는 일에 초점을 맞추고 있는 북한 정권에 대한 경제지원 체계를 이제는 북한 주민의 민생 문제 해결에 초점을 맞춘 정책으로 전환해야 한다.

북한은 심각한 식량난을 겪고 있다. 최소 영양기준을 적용하더라도 연간 100만 톤 이상의 식량이 부족하여 매년 외국의 원조에 의존하고 있다. 중국의 식량 원조를 받기 위하여 나진 · 선봉항구를 장기 임대해 주고 광물자원 개발권을 팔아넘기는 고육책마저 선택하고 있는 것이 북한의 실정이다. 북한 식량위기의 주요 원인은 집단적 농업 경영의 비효율, 비료, 종자 등 농자재의 공급 부족, 농기계 노후화와 농업 기반 낙후 등 구조적 요인과 산림훼손으로 인한 기상재해 대응력의 취약화 등인 것으로 알려져 있다(김영훈 외, 2010).

북한은 농림어업의 국내총생산에 대한 비중이 2010년 현재 20.8%로 한국의 2.6%에 비교하면 매우 높은 농업 국가임에도 불구하고, 곡물 생산성은 ha당 2.67톤으로 한국(4.77톤)의 56% 수준에 불과하다. 특히, 2010년 쌀의 생산성은 ha당 4.77톤으로 한국의 73% 수준이고 옥수수의 생산성은 2.93톤으로 한국의 57% 수준이다(FAS, USDA, 2010).

북한의 총경지면적 191만ha 중에서 186만ha에 이르는 집단농장[5]의 일부를 북한 당국과의 협상을 통하여 남한 측(농기업 및 공기업)의 경영협력시범농장으로 지정하여 농장경영권을 확보하여 생산기반 정비를 비롯해서 농기계와 농자재

5) 북한의 집단농장은 협동농장(170만ha), 국영농장(7만ha), 종합농장(9만ha) 등으로 나누어진다. 협동농장의 생산물은 분배와 국가 수매로, 그리고 나머지 집단농장들은 임금지불과 국가 수매로 분배된다.

지원 및 경영 효율화를 통하여 생산성을 향상시켜서 북한의 식량자급률 향상에 기여하자는 것이다.

북한 농업협력지원사업의 성공으로 북한은 만성적인 식량난 해소와 함께 민생을 안정시키는 효과를 얻을 수 있고, 한국은 북한 주민의 기아 해소에 실질적으로 기여하는 고마운 동포로서의 호의적인 북한 내 여론 조성으로 북한 정권의 무모한 도발의지를 궁극적으로 견제하는 효과를 기대할 수 있다(성진근 외, 2011).

북한 농업의 경영구조 개혁은 시급한 현안 과제이다. 이를 위한 농업 경영혁신(reengineering)을 목표로 하는 북한 지원 정책의 콘텐츠 혁신이야말로 가장 효과적인 북한 리스크 극복대책인 동시에 '통일비용' 절감의 길이다. 북한 정권을 지원하기 위한 용도로 이용될 수 있는 '남북협력기금'이나 '통일세' 논의는 국민적 합의 형성이 쉽지 않다. 그러므로 북한 주민을 직접 수혜자로 하는 뚜렷한 목표를 가진 북한 농업 지원 정책의 개편이 서둘러 추진되어야 할 때다.

북한은 밭이 많고 논이 적다.[6] 그러나 남한은 논이 많고 밭이 적다.

그러므로 남한의 논에서 생산되어 남는 농작물(쌀)은 북한에 주고, 대신에 북한의 밭에서 생산되는 농작물(옥수수) 잉여분은 남한으로 가져오는 물물교환 방식을 부활시켜서 서로 상생(相生)해야 한다.

개마고원의 감자농사 대신에 고랭지 배추농사를 지어서 남한의 남아도는 쌀과 교환하는 방식도 대표적인 상생이다. 인력의존적인 북한 농업의 기계화를 추진함으로써 남게 되는 노동력을 남한의 제조업에 취업시키는 것도 중요한 상생이다. 농업을 앞장세워서 북한을 통일의 길로 유도하는 것이 실패한 햇볕 정책의 부활과 내실화를 기하는 길이다.

6) 2009년 현재 북한의 밭 면적은 130만 1,000ha로 전체 경지면적의 68%이지만 남한의 밭 면적은 72만 7,000ha로 전체 경지면적의 42%이다.

3 뉴 모멘텀에 대응하기 위한 농업 부문의 당면 과제

1) 블루오션 시장 적극 공략

물밀 듯이 밀려들어오는 수입 농산물과의 시장경쟁에서 국내 농산물의 시장 몫을 확보하기 위한 전쟁의 승부결과는 이미 결론이 나 있는 상태나 마찬가지다. 매스마켓 지향적인 대량생산된 수입 농산물은 표준화 · 규격화되어 전 세계 시장에 가장 효율적인 방식으로 공급되기 때문에, 국내 농산물의 시장점유율은 갈수록 낮아질 수밖에 없는 전형적인 레드오션(red ocean) 경쟁시장[7]이기 때문이다.

한국 농업의 가치혁신을 통해서 찾을 수 있는 블루오션(bule ocean)을 어디에서 찾을 것인가? 레드오션 시장경쟁에서 잃게 될 수밖에 없는 새로운 수요를 창출하고 이를 통하여 새로운 수익을 창출할 수 있는 블루오션 시장은 어디에서 커지고 있는가?

국민소득이 증가함에 따라 건강에 대한 관심이 높아지면서 웰빙 트렌드가 전 세계적으로 확산되고 있다. 건강에 좋고 품질 좋은 농식품을 가격조건에 아랑곳하지 않고 선택하려는 식품선호 기준의 변화가 진행되면서 고품질 농산물에 대한 국내외 시장이 빠른 속도로 확장되고 있다.

완전기계화와 자동화된 생산방식에 의해서 대량생산되는 농업 생산 시스템은 필연적으로 인체에 유해한 제초제, 살충제 등 농약과 화학비료 및 성장호르몬 등에 대한 의존성이 높을 수밖에 없으므로 생산성 경쟁에서는 비교우위적이지만 품질 등 비가격적 경쟁에서는 비교열위적일 수밖에 없다.

반대로 자가노동 의존적인 가족농업(family farm) 시스템은 매스마켓 경쟁에서는 비교열위지만 정밀시장에서는 오히려 비교우위를 확보할 수 있는 여지가 크다. 게다가 건강지향적인 식품선호체계의 변화가 정밀시장의 규모 확대를 이끌

7) 레드오션이란 이미 세상에 알려진 경쟁시장 공간이다. 레드오션에서는 산업 간의 경계선이 명확하게 그어져 있어서 기업들은 경계선 안에서 치열한 경쟁을 벌이게 된다. 시장참가자의 숫자가 늘어나면 수익과 성장에 대한 기대치도 점차 낮아진다. 반면 블루오션은 미개척 공간으로서 새로운 수요창출과 고수익을 기대할 수 있는 시장이다.

고 있기 때문에 가격은 다소 비싸더라도 건강에 좋고 환경친화적인 농산물을 선호하는 추세에 힘입어 새로운 국내외 시장이 열리면서, 수입 농산물과 힘겨운 전쟁에 나서고 있는 소농경영 위주로 구성되어 있는 한국 농업의 새로운 기회가 열리고 있다는 뜻이다.

2) 고품질 농산물 위주로 변화되고 있는 내수시장 확보

농식품에 대한 소비자의 선호 우선기준이 가격조건에서 안전성, 신선도 등 품질조건으로 변하고 있다. 상대적으로 비싼 판매가격에도 불구하고 소비 확대가 이루어지고 있는 대표적인 농산물은 친환경 농산물이다.

친환경 농산물 출하량은 1999년의 2만 7,000톤에서 2011년에는 185만 2,000톤으로 12년 사이에 연평균 42.2%씩 성장함으로써 무려 69배 수준으로 시장규모가 커지고 있다. 이에 따라서 2011년 친환경 농산물 생산량은 전체 농산물 생산량의 10%에 이를 정도로 비중이 크게 높아졌다(그림 11-3).

친환경 농산물은 도매시장 중심적인 유통경로에 의존하고 있는 일반 농산물과는 달리 도시의 대형유통업체나 대형슈퍼체인 등 소매업체나 전문매장 및 인터넷 쇼핑몰과의 직거래 판매경로에 대한 의존성이 큰 것이 특징이다. 이 과정에서 친환경 농산물 취급업체는 2000년의 353개소에서 2010년 현재 약 2,000여 개소로 크게 증가했으며, 지역 농협이나 작목반 등 생산자 조직이 산지의 유통주체로 주로 활동하고 있다.

2015년부터 저농약인증제가 폐지되면 무농약과 유기 농산물만 친환경 농산물로 남게 된다. 이러한 제도상의 변화에도 불구하고 친환경 농산물의 시장규모는 2010년의 3조 6,000억 원 규모에서 2015년에는 4조 8,000억 원으로 그리고 2020년에는 6조 9,000억 원 규모로 연평균 6.7%씩의 높은 성장률로 성장하게 될 것으로 전망되고 있다(김창길, 2012).

이에 따라 친환경 농산물은 2020년에는 축산업을 제외한 재배업 예상생산액(25조 4,000억 원, KREI, 농업전망 2010)의 52% 수준을 점유하는 한국 농업의 중심적 생산 부문이 될 것으로 전망되고 있다.

그림 11-3 친환경 농산물 출하량 증가 추이(1999~2011)

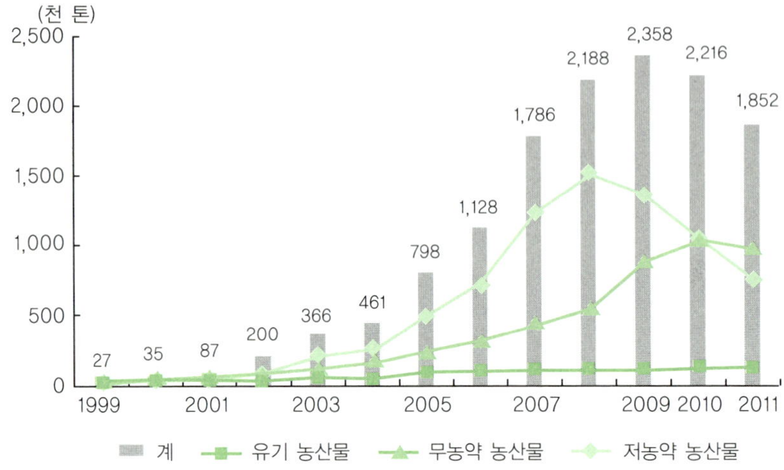

자료: 국립농산물품질관리원(2012. 5).

이제는 값싼 농산물을 대량으로 생산하여 도매시장을 통하여 남김 없이 팔아치우는 시대는 지나갔다. 고객선호도를 충족시킬 수 있는 상품을 생산 · 공급하는 고객 맞춤형 정밀시장이 새로운 신흥시장(emerging market)이다. 성장하고 있는 신흥시장 지향적인 생산과 유통방식의 혁신이야 말로 소농경영 위주의 한국 농업이 살 길이 되고 있는 것이다.

3) 프리미엄급 해외 농식품 시장의 확장

값싼 수입 농산물에 내어줄 수밖에 없는 내수시장 몫 이상으로 해외시장을 확보하는 일만이 한국 농업의 위축을 막고 궁극적으로 성장을 추구할 수 있는 길이다.

한국 농업의 품질 등 비가격적인 비교우위를 앞세워 공략할 수 있는 세계 프리미엄급 농식품 시장은 빠르게 확장되고 있는 추세이어서 한국 농업의 새로운 기회로 성큼 다가오고 있다.

첫째, 친환경 농산물 및 유기농식품의 세계시장이 크게 확장되고 있다. 세계 유기농식품과 친환경식품(eco-labelled foods)의 2010년 매출액은 600억 달러 수준으로 이 중 95% 이상은 북미와 EU 등 고소득 국가 시장에서 차지하고 있다. 그러나 소득이 빠르게 증가하고 있는 아시아, 남미 등지의 기타 시장도 견실한 성장세를 보이고 있다. 이에 따라 앞으로 20년 이내에 친환경 식품시장은 2010년 현재의 시장규모보다 1,000배 이상 증가한 60조 달러 규모로 팽창하게 될 것으로 전망되고 있다(organic monitor, 2012).

인구 거대 개도국의 높은 경제성장률과 소득증가 및 교역자유화에 따른 식품소비 시장의 확대가 고품질 농산물의 수출시장 진출의 기회로 연결되고 있다. 특히, 인구의 고령화와 수명연장 추세는 건강식품, 유기농식품에 대한 시장수요를 크게 늘리고 있으므로 소농경영적인 한국 농업의 새로운 시장을 확보할 수 있는 기회요인으로 작용할 수 있다.

둘째, 기능성 식품의 세계시장이 확장되고 있다. 기능성 식품에 대한 보편적으로 통용되는 세계적 정의는 아직까지 없다. 세계은행(World Bank, 2006)은 "신체의 특정 기능에 영향을 주어 일반 제품보다 영양 및 신체 기능에 더 많은 편익을 제공할 수 있는 식품"이라 정의하고 있다. EU의 기능성 식품과학(FUFOSE) 행동강령에서는 "통상적인 식품 형태를 유지하고 일반적인 식단의 한 부분을 구성하며 일반적인 양이 소비될 때 기능성이 발휘되는 식품"으로 정의하고 있다. 여기에서의 기능성이란, 먼저 특정한 생리적 기능을 개선하거나, 다음으로 질병발생의 위험을 감소시키는 식품의 성질을 말한다.

기능성 식품이란 개념은 1960년대 말 일본에서 처음으로 사용되었으며 미국과 일본 등지에서 시장이 발전되었다. 최근에 들어서는 유럽, 캐나다, 호주 등 선진국은 물론 중국 등 개발도상국에서도 소비자의 관심증가에 의해서 시장이 빠르게 확장되고 있는 추세이다.

현대인의 식생활 구조가 서구화됨에 따라 비만과 성인병 등 만성질환이 빠르게 보편화되고 있고 이에 따라서 의료비용이 크게 증가하고 있다. 이에 대한 반작용으로 전 세계적으로 웰빙 추세가 확산되면서 기능성 식품에 대한 수요가 크게 증가하고 있는 것이 시장확장의 배경이다.

기능성 식품으로서의 위상은 여러 가지 과정을 거쳐서 확보된다. 즉, 기존 농산물(천연식품)에서 바로 기능성 식품의 위상을 얻게 되는 것 외에도 생산과정상의 변화, 개량된 음용방식, 가공기술에 의한 변화, 해악요소의 감소 등의 과정이 그것이다.

기능성 식품의 세계시장 규모는 2000년의 448억 달러에서 2008년에는 738억 달러로 연평균 6.4%씩의 높은 성장률로 성장해 왔고 2013년에는 883억 달러 규모로 성장할 것으로 전망되고 있다(euro monitor, 2008). 한국의 기능성 식품의 시장규모도 2005년도의 6,755억 원에서 2009년에는 9,598억 원으로 연평균 9.2%씩의 높은 성장률을 보이고 있다(식약청, 2010).

일본 시장의 적극적 확대

일본은 2010년 한국의 농림축수산물 총수출액의 32%를 차지하고 있는 최대 수출시장이다. 전통적으로 식문화가 동질적인 점, 한국 농산물 가격 수준이 일본보다는 평균적으로 절반 수준으로 싸다는 점, 지리적으로 가깝기 때문에 수송비가 싸고 신선도 유지 등 측면에서 유리하다는 점 등이 반영된 결과이다. 여기에다 후쿠시마 원전의 방사능 유출사고로 인한 원예 농작물 생산기반의 붕괴가 겹쳐지면서 한국 농식품의 수출기회가 문득 커지고 있다.[8] 지나치다 할 정도로 식품 안전성에 집착하는 일본 국민들의 농식품 선호 행태에 비추어서 일본 내 방사능 유출지역에서 생산된 농산물에 대한 기피심리는 앞으로 상당 기간 동안 지속될 전망이다. 일본의 대표적인 원예 농산물 생산지역(전체의 30% 정도)에서 발생하고 있는 방사능 유출로 인한 공급위축 현상을 한국 농산물의 수출수요의 확대로 연결시키기 위해서는 다음과 같은 전략적 대응이 필요하다.

첫째, 일본의 까다로운 검역조건을 충족시킬 수 있도록 품질관리체계를 강화한 일본 수출용의 전문 농산물 생산단지가 구축되어야 한다.

8) 2011년 3월의 대지진과 쓰나미에 의해서 농업 생산시설과 물류시설에 직접적인 피해를 입은 대표적인 지역은 이와테현, 미야기현, 후쿠시마현, 이바리현 등 4개 지역이었다. 이들 지역과 인접한 아오모리현, 아키타현, 야마가타현 등지에서도 방사능 유출피해로 원예 농산물 생산이 위축되고 있다. 방사능의 반감기간은 최소한 50년이 소요될 것으로 보이는 만큼 일본 내 신선 농산물의 수급상황의 악화는 한국 농산물의 수출확대의 기회로 연결될 수 있다.

둘째, 중국에 진출하여 농산물 생산기지를 구축하고 있는 일본 농기업과의 가격 및 품질경쟁력 싸움에서 이겨낼 수 있도록 생산과 수출의 물류 효율화가 이루어져야 한다.

셋째, 건강지향적인 발효식품을 중심으로 한 차별화된 농식품 신상품을 개발해야 한다.

일본 대지진 여파로 한국의 생수(농심 삼다수, 동원 미네마인 등)의 대일 수출이 크게 늘어났다. 이제는 한국의 안전한 물로서 생산한 고품질의 농산물이 일본 시장 점유율을 높이기 위해서 적극적으로 나서야 할 때다.

중국 고소득 표적시장 공략

"해뜨는 동방의 나라"인 한국은 중국인의 의식 속에 "고품질 · 기능성[9] 농산물이 생산되는 나라"로 자리잡아 왔었다. 과거 중국의 주력 수출품은 비단이었고 한국의 주력 수출품은 인삼과 쌀이었다는 사실이 이를 뒷받침한다.

중국 대도시의 대형유통업체 매장에서 프리미엄급 식품 판매대에는 빠짐 없이 일본산 농식품이 자리잡고 있지만 한국산 농식품은 가뭄에 콩 나듯 발견된다. 값싼 중국산 김치의 수입이 크게 늘어나고 있는 와중에서 값비싼 한국산 김치의 대중국 수출도 늘어나고 있다. 현지의 중국산 시유(fresh milk)보다 1.5~2.0배 정도 비싼 한국산 우유의 수출도 최근 들어 크게 늘어나고 있다. 이러한 이율배반적인 현상은 중국 농식품 시장이 고가의 고품질 식품과 저가의 일반 식품시장으로 양분되어 발전하고 있다는 사실을 뜻한다.

20년 이상 지속된 연간 8~10%에 이르는 경제의 고속성장 덕분에 중국의 고소득층은 크게 늘어났다. 대다수의 중국 국민들은 여전히 값싼 농식품을 선호하지만 고소득층은 가격조건보다는 맛이나 식품 안전성 등의 조건을 갖춘 고품질 농식품을 보다 선호한다. 이 때문에 고가의 고품질 농산물 시장이 빠른 속도로 커지고 있으며 앞으로도 계속적으로 커질 전망이다.

9) 진시황이 불로장생(不老長生)의 약초를 구하러 동자들을 보낸 나라는 해 뜨는 동방의 나라 한반도였고, 최근 들어 급격히 증가하고 있는 중국 관광객의 쇼핑백에는 인삼과 김, 가공식품들이 빠짐없이 들어 있다.

중국인의 한국산 농식품에 대한 선호도가 높다는 점, 중국의 프리미엄급 식품시장을 선점한 일본산 농식품에 대한 관심이 방사능 유출사고 이후 기피심리로 바뀌고 있다는 점, 무엇보다 중국인의 자국산 농식품의 안전성에 대한 불신이 크다는 점 등이 한국산 농식품이 확장되고 있는 중국 프리미엄급 농식품 시장에 대한 진출기회를 확대해 줄 수 있는 좋은 기회요인으로 작용하고 있기 때문이다. 중국의 각 성(省)마다 다른 품질기준 등 통관 및 검역과정에서 작동하고 있는 다양한 비관세장벽을 한 · 중 FTA를 통해서 효과적으로 해소시켜야 중국 수출의 문이 활짝 열릴 수 있다.

증가하고 있는 중국의 고소득층 인구를 목표 고객으로 하여 차별화된 품질과 서비스를 제공하는 프리미엄급 농식품 수출시장 공략이 한 · 중 FTA로 인하여 야기되고 있는 농업 부문의 위기를 기회로 승화시키는 길이다.

동남아와 중동 국가의 신시장 확보

대만, 태국, 필리핀, 베트남, 인도네시아 등 동남아지역 국가들이 수입하는 농식품은 일본산과 중국산으로 주로 구성된다. 이 중에서 고가의 프리미엄급 시장은 일본산이, 중저가의 일반 농식품 시장은 중국산이 지배하고 있다. 동남아 국가들은 일본의 식민지 지배의 영향을 받았기 때문에 일본 농식품에 대한 인지도가 비교적 높다는 점과 이들 국가의 상권(商權)이 대부분 중국계의 화교(華僑)가 지배하고 있기 때문에 중국과의 관계가 밀접하다는 점 등의 이유 때문이다.

그러나 최근 들어서 동남아 국가들의 한국에 대한 인식이 바뀌고 있다.

첫째, 동남아 국가연합(ASEAN) 10개국은 2011년 현재 우리나라의 제2위 교역대상 국가로 발돋움할 정도로 한국과의 교역량이 크게 늘어나고 있으며,[10] 2009년 9월 한 · ASEAN FTA가 발효되면서 경제의 상호 보완 및 의존성이 커지고 있다.

둘째, 일본 원전의 방사능 유출사고 이후 일본산 고품질 농산물에 대한 현지인의 거부감이 커지고 있다.

10) 전체 수출에서 차지하는 비중이 중국(24%)에 이어서 13%를 차지함으로써 일본(7%)의 두 배 정도 규모로 급성장하고 있다.

셋째, 대장금과 K-pop 등 한류열풍의 덕분으로 한국 농식품에 대한 호감도와 관심이 커지고 있다.

동남아 국가들과 한국과의 농식품 교류는 주로 열대과일류와 카사바 가공품(타피오카 등)을 수입하는 대신에 배, 사과 등 온대과일과 삼계탕, 유자차, 김치 등 가공식품을 수출하는 구조이다.

열대과일과 온대과일의 구상무역체제 도입[11] 등 기후적 특성에 따라 품질이 차별화된 우리 농산물의 다양한 교역 활성화, 특히 한류 붐을 이용한 한국 농식품의 판촉 강화 등으로 소득이 빠르게 증가하고 있는 동남아 시장을 개척함으로써 일본, 미국, 중국 등 지역 편중적인 농산물 수출시장의 저변을 확대해야 한다.

중동지역과 동남아지역에 거주하는 무슬림(회교도) 인구는 전 세계 인구의 20%에 육박하지만 우리 농산물의 미개척시장으로 남아 있다. 무슬림지역 시장 진출을 위해서는 이슬람 율법에 따라서 생산 · 처리 · 가공된 식품에만 부여되는 할랄(HALAL) 인증을 취득해야 한다.[12] 이 인증을 취득하지 못하면 이슬람권 국가에 대한 진출이 원천적으로 한계에 부딪히게 되기 때문이다.

중동이나 동남아 국가들은 한국의 기술과 상품에 대한 인식이 매우 호의적이다. 현지의 대형유통업체들과의 적극적인 연계를 통하여 한국 식품의 우수성과 강점을 홍보하면서 K-pop 등 한류의 효과를 딛고 K-food의 새 시장을 열어야 한다.

인구와 소득이 크게 늘고 있는 인도 식품시장도 우리의 전략적 농식품 수출지역이다. 인도는 지난 10년간(2000~2010) GDP 연평균 8%를 실현한 고성장 국가이다. 또한 전체 인구 12억 명 가운데에서 25세 이하의 인구가 절반(6억 명)을 차지하고 있어서 소비의 잠재력마저 높은 나라이다. 종교적인 이유로 인도에서는 채식주의자가 많다. 채식주의자에게 부족한 단백질 공급원으로 우리의 콩가공식품은 특히 유망한 수출식품이다. 인도인의 구미에 알맞은 '냄새가 덜한 된장' 등 우리의 발효식품과 인삼제품 등 기능성 식품을 앞세운 차별화된 수출전략으로 한

11) 필리핀에서는 우리나라와 달리 소과(사과의 경우 70과 이상, 배의 경우 10과 이상, 15kg Box 기준)를 선호하는데, 대부분 주스가공용으로 처리하고 있는 소과의 농장판매가격 이상의 훨씬 높은 가격으로 필리핀 시장에서 판매될 수 있다(성진근 외, 2010).

12) (주)삼왕티엔씨는 2012년 2월 할랄 인증을 획득하여 동남아 시장과 중동 시장에 대한 인삼수출시장 확대에 본격적으로 나서고 있다.

국 농식품의 새로운 수출시장을 열어야 한다.

한 · 미 FTA와 한 · 중 FTA는 농산물 원물 내수시장의 위축을 불가피하게 할 것이다. 그러나 여기에 좌절해서는 안 된다. 차별화되고 우수한 고품질 농산물과 가공 농식품의 수출확대로 한국 농업의 새로운 활로를 개척해야 한다.

고품질 농식품의 수출시장 확대는 한국 경제가 직면하고 있는 불확실성의 터널에서 탈출할 수 있는 새로운 동력(engine)으로서의 역할을 기대할 수 있다. 내수시장을 해외 농산물의 공세로부터 지켜내겠다는 수세적 자세에서부터 급속히 확산되고 있는 한류와 K-pop 열풍에 편승하여 한국의 농식품(K-food)을 세계인의 식탁에 올리겠다는 공격적 자세로의 전환이 이루어져야 할 뉴 모멘텀인 것이다.

2001년 노벨경제학상 수상자인 미국 컬럼비아대 스티글리츠(Joseph E. Stiglitz) 교수는 "세계경제가 굴뚝경제(factory economy)에서 창조경제(creative economy)로 전환하고 있다"고 분석하였다. 상품을 제조 · 판매하던 것에서 연구개발, 마케팅, 서비스 등을 통해서 이익을 창출하는 경제로 전환되고 있다는 것이다. 창조적인 아이디어와 서비스로 새로운 가치를 창출하는 시대로 전환되는 변화의 흐름에 맞추어 연구개발과 마케팅, 새로운 서비스를 농업 생산과정에 부가함으로써 신수요와 신시장을 개척해야만 새로운 발전의 계기를 찾을 수 있다는 것이다.

산업화 과정에서 경제의 부담산업으로 인식되어 뒷방신세였던 한국 농업이 바야흐로 한국 경제의 위기를 극복하고 통일시대를 앞당길 수 있는 신성장 동력 산업으로 등장하는 뉴 모멘텀이 열리고 있다.

경제이론과 농업 이해

24. 농산물 유통환경의 변화

지속적인 경제발전으로 국민소득이 증가하고 생활환경의 도시화가 진전됨에 따라 국민들의 식품에 대한 소비구조가 질적 · 양적으로 크게 변하고 있다.

소득증가와 함께 도시화에 의한 핵가족화(核家族化)가 빠르게 진행되면서 국민들의 식품 소비구조는 종래의 양(量)과 영양(營養)을 추구하던 양적인 소비에서 고급화, 개성화, 간편화, 안전성을 중시하는 건강 지향화 등으로 다양한 질(質)을 추구하는 형태로 변화하고 있다. 이에 따라 종래의 식량곡물 중심적인 소비구조로부터 육류, 채소, 과일 등 신선도와 품질이 중시되는 식품과 가공식품, 편의식품 및 기능성 건강식품 등의 소비구조로 변하고 있다.

주요 식품별 1인당 연간 소비량 변화

(단위: kg)

구분	1970	1980	1990	2000	2010	연평균 증감률(%)
곡류	219.4	195.2	167.0	153.3	125.8	Δ1.38
(그 중 쌀)	136.4	132.4	119.6	93.6	72.8	Δ1.56
채소류	59.9	120.3	132.6	165.9	152.5	2.36
과실류	13.1	22.3	41.8	58.4	58.3	3.80
육류	5.2	11.3	19.9	31.9	38.8	2.75
우유	1.6	10.8	42.8	59.2	64.9	9.70

자료: 농림수산식품부,『농림수산식품 주요 통계』, 2011.

이러한 식품 소비구조의 변화는 농산물과 식품의 구매 패턴도 크게 바꾸고 있다.

첫째, 가공식품의 소비증가와 함께 식생활의 외식화(外食化)가 급진전되고 있다. 도시가구의 가구당 식료품 구입비 중에서 신선식품 구입비는 1980년의 74%에서 2008년 현재 39%로 줄고 있으며, 핵가족화, 맞벌이 부부 증가 등의 영향으로 도시가구의 총식료품비 중에서 외식비 지출비용이 2008년 현재 식료품 지출액의 46.4%에 이르고 있다.

둘째, 농산물과 식품의 구매장소, 구매단위, 구매 행태 등에서도 편의성을 추구하는 경향이 현저해지고 있다. 과거에는 재래시장을 통한 식품구매가 주종을 이루어 왔으나, 쾌적한 쇼핑환경과 다양한 상품을 일괄구매할 수 있는 편리성(one stop shopping)을 갖춘 대형할인점을 이용하는 비중이 높아지고 있다. 또한 구매단위에 있어서도 소포장화와 포장유통의 비중이 증가하는 변화를 보이고 있다. 농산물 유통환경의 변화에 따라서 농산물과 식품의 소비 행태 변화를 요약한 것이 그림①이다.

그림① 도시가구의 식료품 지출구조의 변화(1990~2010)

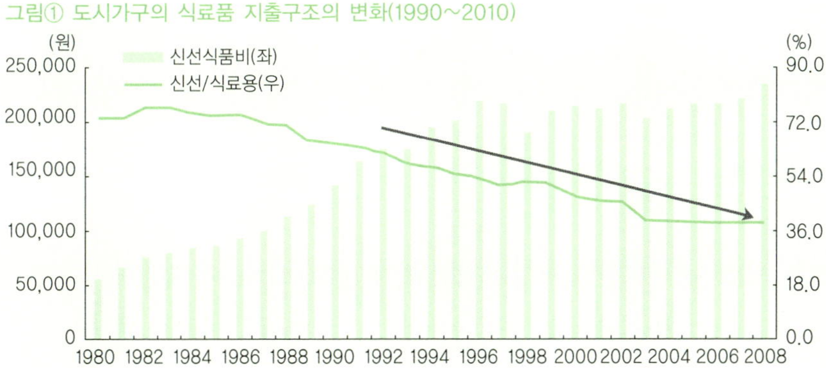

자료: 유화증권,「식자재유통산업」, 2011. 8.

그림② 소비자 선호 및 시장여건 변화와 농산물 소비 행태 전망

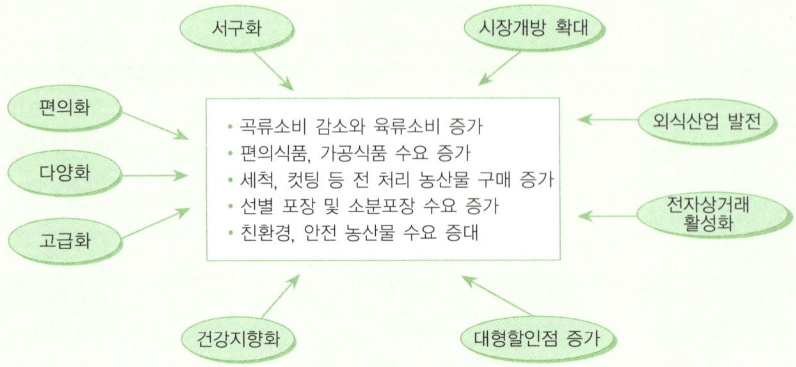

이러한 농산물과 식품의 유통환경 변화는 농산물 생산과 유통구조에도 큰 변화를 요구하게 될 것이다.

농산물 수입증가와 농업 기술의 발달에 따라 농산물 과잉공급구조가 만성화되어 제한된 국내시장을 확보하기 위한 지역 간, 농가 간 경쟁은 더욱 치열해질 것이다.

이를 타개하기 위하여 생산의 전문화와 함께 단지화가 촉진될 것이며, 농산물의 차별화를 위한 표준규격화와 브랜드화가 급진전될 것이다. 또한 농가의 소득안정화를 위한 위험회피적인 수단으로 계약재배 또는 거래약정 등의 수단을 통해서 유통업자와의 수직적 통합을 추구하는 경향도 늘어갈 것이다.

신선도를 유지할 수 있는 수송기술과 예냉 등 저장기술, 선별 · 포장기술 등의 변화와 정보기술의 변화 등을 적극적으로 수용하여 농산물 유통체계를 혁신시키는 데 뒤처지는 농가나 생산자단체 등은 제대로 설 자리를 찾지 못하게 되는 엄청난 유통환경 변화가 진행되고 있는 것이다.

4 신성장 동력산업으로서의 농업의 가치

1) 원천에너지 생산산업으로서의 농업

석유, 석탄 등 화석연료 에너지원의 가채연수(可採年收)가 제한되어 있고, 환경오염 등의 부(負)의 효과도 높아져서 대체에너지에 대한 국제적 관심이 증가하고 있다. 그러나 우리나라의 신재생 에너지 보급률은 1.4%로 OECD 평균 6.7%에 크게 못 미치는 최하위 수준에 머물러 있다.

바이오 에너지는 식물과 동물자원으로 대표되는 바이오 매스(bio-mass)를 에너지원(源)으로 사용하여 생산되는 에너지이다. 휘발유와 경유 등 현재 자동차 연료를 대체할 수 있는 에너지원으로 바이오 연료라는 표현을 많이 사용하고 있다.

바이오 연료 도입은 고유가에 따른 대응 외에 에너지 안보 강화, 환경개선, 농가소득 증대 등의 효과를 창출한다. 국산 바이오 연료를 사용할 경우 에너지 해외 의존도를 줄이는 동시에 에너지원 다변화가 가능하다. 바이오 연료는 화석연료에 비해 대기오염 물질을 적게 배출할 뿐 아니라 원료재배 과정에서 온실가스를 감축할 수 있다.[13] 원료작물을 국내에서 생산하는 경우 휴경농지와 유휴지를 효율적으로 활용할 수 있어 농가소득 향상에도 기여할 수 있다.

선진국들은 이러한 사회적 편익을 고려하여 가격경쟁력이 비교열위적임에도 불구하고 정책적으로 생산과 소비를 장려하는 바이오 연료 관련 정책을 적극적으로 도입하고 있다.

미국은 신재생연료표준제도(The New Renewable Fuels Standard: RFS2)에 대한 최종 법안을 확정하여 바이오 에너지 정책에 대한 근간으로 삼고 있다. 이 제도에서는 가솔린 연료 대비 바이오 에탄올 혼합규정을 의무화하고 있다. 환경보호단체에서는 일반 가솔린과 에탄올 혼합비율을 현행 10%에서 15%로 상향할 것으로 요구하고 있다. 또한 바이오 디젤에 대해서 2012년까지 바이오 디젤 사용량을 38억 리터로 의무화하고 있으며 바이오 디젤 생산자에게 다양한 세금 공제 혜택을 주고 있다.

브라질은 1970년대 1차 및 2차 오일 쇼크를 통해 85%에 달하는 대외 석유 수입의존도를 낮추기 위해 대체에너지 개발을 시작하였다. 브라질 바이오 에탄올 개발의 근간은 1975년 브라질 정부의 농업에너지 다개년 개발 정책이며, 바이오 에너지 사용 촉진을 위한 프로그램으로 전력 대체에너지 인센티브 프로그램(proinfa), 농업 에너지 개발 인센티브법(2000년 법령 9,991호), 사회에너지 인증서(Selo de Combustivel Social) 등이 있다.

유럽연합의 재생에너지 지침(The Renewable Energy Directive: RED)은 2020년까지

13) 연소시 미세먼지, 질소산화물, 일산화탄소 등의 배출량이 적다. 이산화탄소와 같은 온실가스 배출량은 화석연료와 유사하나, 원료작물 재배과정에서 이를 흡수하기 때문에 온실가스 감축효과가 발생한다. 교토의정서에서 바이오 연료의 원료는 재배과정에서 온실가스를 줄이거나 억제하는 흡수원(sink)으로 인정받았다.

수송 부문에서 사용하는 에너지 중 10%를 바이오 연료로 사용하도록 명시하고 있다.

국내에서 바이오 에탄올 원료작물로서 가장 생산성이 높은 전분작물은 고구마이고 바이오 디젤 원료작물은 유채인 것으로 평가되고 있다. 2011년 한국의 바이오 에너지 공급 목표량 1,050천toe[14)]의 10%를 고구마 발효에탄올로 충당한다고 가정할 경우 3만 2,500ha의 고구마 재배면적이 소요되고, 나머지 10%를 유채유(油菜油)로 충당한다고 가정할 경우 8만 5,000ha의 유채 재배면적이 소요되는 것으로 추정된다. 이를 통해서 얻을 수 있는 에탄올 생산량은 31만 3,000톤, 바이오 디젤 생산량은 9만 8,000톤에 이른다.

바이오 에너지의 안정적인 공급기반을 구축하기 위해서는 바이오 에너지 작물의 일관작부체계를 갖춘 바이오 에너지 작물 생산단지의 확보가 검토되는 것이 바람직스럽다. 바이오 작물단지에서는 10월 중순에 유채를 파종하여 이듬해 6월 중순에 수확하고 유채 후작으로 6월 중순에 고구마를 정식하여 10월 중순에 수확하는 일관작부체계를 갖추는 것이 바람직스럽다(그림 11-4).

바이오 에너지 원료작물의 도입은 고유가(高油價)시대에 대비하여 재생산 가능한 친환경적인 국내 유전(油田)을 개발하는 전략적인 중요성이 큰 사업이다. 바이오 에너지 작물을 적극적으로 도입해야 할 이유는 다음과 같이 요약된다.

① 고유가시대에 대비한 에너지 안보능력의 강화와 에너지 수입을 위한 외화 절감
② 식량작물을 중심으로 한 농산물의 과잉공급구조에 미치는 영향을 최소화할 수 있는 효과적인 전작용(轉作用) 대체작물의 확보를 통한 농가소득 향상
③ 휴경농지와 간척농지의 비식용작물 재배지로서의 친환경적 활용
④ 농촌의 경관과 쾌적성(amenity)을 향상
⑤ 축산의 조사료(組飼料) 생산기반 확충 등이다.

14) toe(ton of oil equivalent): 국제에너지기구(IEA)에서 정한 석유 환산 톤으로서 경유 1ton(1,164 l)은 107,088toe이다.

그림 11-4 바이오 에너지 작물(유채, 고구마)의 일관작부체계 모형

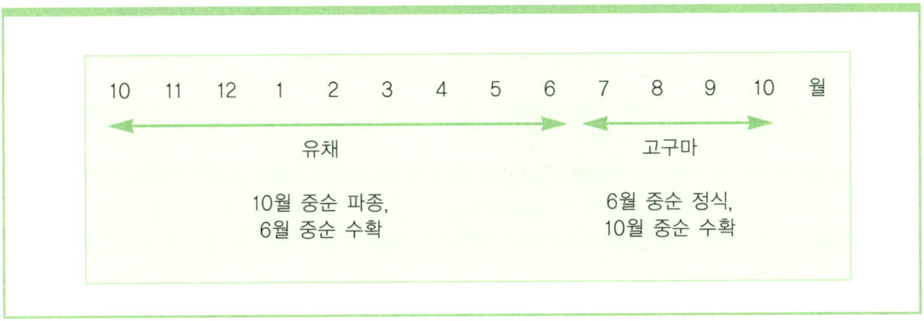

이를 통해서 식량생산산업에서 에너지생산산업으로 농업의 기능을 확장시킴으로써 농업의 국민경제적 위상을 제고시키는 효과도 기대할 수 있다.

바이오 에너지 작물의 생산성 향상과 이를 연료로 전환시키기 위한 정제과정(bio-refinery)의 기술혁신을 통하여 바이오 에너지의 경제성을 향상시켜야 한다. 이를 위해서는 유전자 변형기술을 포함하는 첨단생물공학 기술과 최적화 및 공정합성 기술에 대한 R&D 투자가 강화되어야 한다. 바이오 매스를 바이오 에너지로 전환하는 과정에서 다양한 고부가가치 생산물을 환경친화적으로 전환시키는 총체적인 전환공정이 이루어질 때 바이오 에너지의 경제성이 향상되고 상업화가 앞당겨질 수 있기 때문이다.

경제이론과 농업 이해

25. 바이오 에너지 자급률 향상은 한갓 꿈인가?

정부의 2011년 바이오 에너지 공급 목표량은 1,050toe(1toe: 원유 1톤의 발열칼로리로서 10kcal임)이었다. 이 목표량의 10%를 유채재배를 통한 유채유로 바이오 디젤을 생산한다는 계획을 수행하기 위해서는 총 12만ha의 농경지가 필요하다.

유채 재배지의 90% 면적(10만 8,000ha)에 고구마를 뒷그루작물로 도입하여 바이오 에탄올을 생산한다면 바이오 에너지 공급 목표량의 20%를 추가로 생산할 수 있다. 휴경농지와 간척지 및 벼 생산면적의 일부 전용으로 12만ha의 바이오 에너지 전용 생산면적을 어렵지 않게 확보할 수 있다. 확보된 농지에서(유채+고구마) 작부체계를 선택하여 바이오 디젤 10만 5,000toe

와 바이오 에탄올 41만 8,000㎘를 생산함으로써 바이오 에너지 공급 목표량의 30%를 확보할 수 있는 것이다. 여기에서 한발 더 나아가서 바이오 에너지 재배면적 36만ha를 확보하여 공급 목표량을 완전 확보하는 것도 정책의지만 확고하면 전혀 불가능한 꿈이 아니다.

식량과 섬유 생산 기능에 한정되었던 농업의 기능을 확장시켜서 에너지 자급기반 구축에 기여하는 농업의 신가치를 창출해야 한다.

국내에서 바이오 에너지 작물을 재배함에 따라서 기대되는 경제적 효과는 무척 크다. 가장 뚜렷한 것은 석유수입대체 효과로서 국제유가를 100달러/배럴로 볼 때, 바이오 디젤 10만 5,000toe의 7,790만 달러, 바이오 에탄올 20만 9,000㎘의 1억 7,025만 1,000달러 등 총 2억 4,800만 달러의 외화절감효과로 계산된다. 이 같은 면적에서 얻을 수 있는 외화절감효과는 쌀 생산액의 25%에 해당하고 토지단위당 쌀 생산소득의 43%에 해당하는 금액이다. 이 밖에 온실가스 배출권과 대기오염 감소, 농촌경관 개선, 사료자급률 향상 등 간접효과도 적지 않다.

바이오 에너지 작물재배를 도입, 활성화시키기 위해서는 다음과 같은 정책적 지원이 필요하다.

첫째, 농가가 현재의 식량작물(벼, 보리) 재배 대신에 바이오 에너지 작물(유채+고구마)을 기꺼이 선택하도록 유도할 수 있는 '바이오 에너지작물 직불제'를 도입해야 한다.

둘째, 바이오 에너지 작물의 생산성 향상과 재배기술의 개발과 보급 및 에너지 작물의 수매, 그리고 가공인프라 구축과 정제과정(bio refinery)의 기술 혁신이 이루어져야 한다.

셋째, 에너지 자급률 향상 및 친환경연료 확보를 위한 정부의 바이오 에너지 유통 활성화 정책(바이오 에너지 혼합비율 상향) 및 국산 농작물을 이용한 바이오 에너지에 대한 차별적인 면세 정책 등이 뒤따라야 한다.

한국의 농지를 재생산이 가능한 유전(油田)으로 탈바꿈시키기 위해서는 해외 유전개발을 위한 탐사→시추→경제성 분석→본격 생산→수송→정제→유통 등 과정에 못지않은 치밀한 준비과정을 거쳐야 하고, 이를 위해서 관련 정부 부처의 협력지원도 필수적이다. 뜻을 모으면 꿈은 반드시 이루어진다.

◇ 바이오 에너지 작물재배 확대를 위한 로드맵(road map)

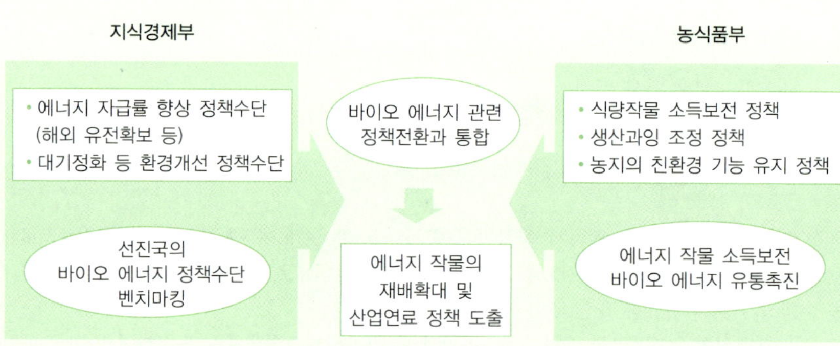

2) 생명산업으로서의 농업

경제 · 사회 · 문화의 조류가 바뀌면서 농업에 대한 새로운 수요가 창출되고 있다. 인구구조 변화, 탈화석 · 녹색성장, 삶의 질에 대한 가치 추구, 과학기술의 융 · 복합 등 시대의 변화가 새로운 산업을 만들어내기도 하고 기존의 산업을 탈바꿈시키기도 한다. 이러한 변화 속에 전통적인 동 · 식물, 미생물 등 생명자원의 가치가 재해석되고 이를 활용한 산업의 중요성이 커지고 있다.

천연의학, 기능성 식품, 고령화 핵가족화에 따른 반려동물산업, 친환경제품 및 바이오 에너지 등 그린산업은 이러한 생명자원의 재해석과 융 · 복합화된 과학기술의 결합으로 새롭게 생성되고 성장하게 된 산업들이다. 이와 같이 동 · 식물, 미생물 등 생명자원과 이를 관리 · 활용하여 인간에게 유익한 부가가치제품과 서비스를 창출하는 산업을 생명산업(life industry)이라고 한다(농림수산식품부, 2010).

농림어업은 이러한 생명산업에 소재를 제공하는 핵심 산업으로, 128조 6,597억 원 규모의 전체 생명산업 시장에서 농림수산식품 분야가 113조 9,087억 원으로 88.5%를 차지하는 것으로 추정되고 있다.

생명산업의 전 영역을 모두 설명할 수 없으나 최근 주목받고 있는 종자, 기능성 · 의약품 소재, 미생물, 동물의약품, 애완 · 관상동식물과 관련된 부분에 한정

표 11-1 생명산업 범위 및 주요 대상(예시)

범위	주요 대상
농림수산물	1차 농림수산물 생산 등
종자산업	농작물, 가축, 임산물, 수산물 등 품종개량 등
바이오산업	바이오 의약, 화학, 식품, 에너지, 공정, 정보
의약품	동물의약품, 제약 등
곤충, 관상자원	애완곤충, 관상어류 · 조류, 분재, 화훼 등
애완동물	애견 등 반려동물 및 펫 용품
산업미생물	효소, 단백질, 항생제, 미생물 제제, 발효가공
식품	식음료품, 발효식품(주류 포함), 건강기능식품 등
천연 소재	천연화합물, 천연조미료, 생분해 소재, 미네랄 등
사료	배합사료, 사료첨가제 등

하여 산업적 현황을 살펴보고 전망해 보자(표 11-1).

종자산업

종자산업의 세계 시장규모는 53조 원 수준으로 연간 10% 정도 지속적으로 성장해 오고 있다. 세계 종자시장은 다국적 기업이 기술력과 마케팅을 앞세워 선점하고 있고 인수·합병(M&A)을 통해 시장지배력을 확대하고 있다. 10대 다국적 기업의 세계 종자시장 점유율은 1996년 14%에서 2007년 67%로 확대되었다.

국내 종자시장 규모는 5,800억 원 수준으로 세계 종자시장의 1.1%를 차지하고 있다. 채소류 종자는 민간 주도로 개발되고 있으나, 식량·과수·화훼·사료작물은 정부 중심으로 품종 개발과 보급이 이루어지고 있는 실정이다. 종축 개량도 정부 주도로 되고 있으며, 수산 종자산업은 초기 단계에 머물러 있다.

채소 종자의 경우, 1997년 외환위기 이후 몬산토, 신제타, 다끼이 등 외국의 다국적 기업이 M&A를 통해 국내 시장에 진출하였으며, 국내 기업인 농우바이오와 동부하이텍까지 합쳐 5대 업체가 국내 종자시장의 80%를 점유하고 있다.

우리나라의 종자 수출은 채소 종자 중심으로 이루어져 2009년에 2억 2,500만 달러였으나, 8억 9,200만 달러의 종자가 수입되어 수입이 수출보다 4배나 많은 적자구조이다.

종자산업은 생명공학기술 등 첨단기술을 활용해 병충해에 강하고(내병성, 내충성), 고온 또는 저온 등 기온변화에 강한(내서성, 내한성) 신품종을 육성하여 고부가가치를 창출할 수 있는 산업이다.

세계적으로 지적재산권에 대한 보호 움직임이 강해지고 있기 때문에 종자산업을 육성하지 않으면 종자의 대외종속성이 커질 수밖에 없다. 반면 종자산업을 적극 육성하여 재적재산권 보호의 혜택을 누린다면 정반대로 세계 종자시장에 대한 영향력이 높아질 수 있다. 향후 종자 부문은 세계 농산물 시장에서 경쟁력을 결정하는 매우 중요한 요소가 될 것으로 전망되기 때문에 종자산업의 성장 가능성도 그만큼 높다.

기능성 · 의약품 소재 산업

세계적으로 건강과 식생활을 통한 질병예방이 중요하다는 인식이 높아져 식의약품에서 기능성 제품의 수요가 크게 늘어나고 있다. 스위스 파마톤사는 인삼에서 추출한 사포닌으로 건강 기능성 식품인 자양강장 캡슐(GINSANA)을 만들어 연간 30억 달러의 매출을 올리고 있다.

기능성 식품의 세계 시장규모는 2000년 448억 달러 규모에서 2008년 738억 달러 수준으로 성장하였고, 2013년까지 883억 달러 수준으로 성장할 것으로 전망하고 있다(Euromonitor, 2008). 국내 시장규모는 수출입을 포함해 2004년 1조 원 규모의 시장에서 2008년도 2조 원대 시장으로 급성장하고 있다.

바이오 의약의 세계 시장규모는 2006년 762억 달러 규모에서 2008년 1,046억 달러, 2010년에는 1,442억 달러 수준으로 성장할 것으로 전망하고 있다(IMS, 2008). 국내 시장규모는 2009년 현재 2조 245억 원으로 성장 추세에 있는데, 국내 의약품 시장에서 바이오 의약품이 차지하는 규모는 2002년 7.6%에서 2008년 14.7%로 2배 이상 성장하였다.

기능성 식 · 의약 소재산업은 BT 등 첨단기술 및 타 산업과의 접목을 통해 미래 성장동력 산업으로 발전 가능성이 높은 분야이다. 즉, 농작물에서의 기능성 소재 발굴은 식품, 의약 등 타 산업으로 파급 잠재력이 매우 크다.

식물자원에 대한 경제적 효용가치를 평가하고, 식물자원으로부터 기능성 신소재를 분리 · 생산하는 연구도 활발하게 수행되고 있다. 버드나무에서 해열진통제인 아스피린을 만들어내고, 주목나무에서 항암제인 탁솔을, 팔각에서 독감치료제인 타미플루를 만들어내는 등 연구 성과들도 활발하게 진행되어 실용화되고 있다.

동물자원을 활용한 유용물질 및 이종장기 생산, 질환동물 모델 개발연구도 활발하게 진행되고 있다. 형질전환 산양, 폐암모델 마우스 개발, 형질전환용 복제미니돼지 개발, 인공고막(누에) 등이 대표적인 사례들이다.

기술혁신 및 소득증대로 개인별 맞춤의료가 유행하고 난치성 질병 등에 대한 관심이 고조되어 바이오 의약산업 규모가 급격히 강화되는 추세이다. 세계 의약산업 중 바이오 의약품 매출은 2000년 208억 달러로 전체 의약산업에서 9% 정도 차지했으나, 2008년도에는 1,080억 달러 규모로 전체 의약산업의 17% 정도를 차지할 정도로 크게 성장하고 있다(IMS, 2009).

농림수산 생물자원은 기능성 식 · 의약 소재 산업을 고부가가치 산업으로 견인할 수 있는 중요한 자원의 보고로 인식되고 있다. 식물에 대한 전통적 식량 개념이 기능성 소재 및 의약 자원 개념으로 확장 추세에 있고, 동물자원을 활용한 유용물질 및 이종장기 생산, 질환동물 모델 개발 등 바이오 신약연구가 경쟁적으로 추진되고 있다. 첨단기술과 농어업 생물자원의 융 · 복합화를 통한 신기능성 생물 소재의 실용화 연구도 활발히 진행되고 있다. 1995년 누에가루, 2000년 실크 화장품, 2007년 피프로인 BF-7(기억력 증진 물질), 2009년 인공고막 등이 대표적인 사례들이다.

국내 농림수산 생물자원의 기능성 소재 발굴 및 제품화를 통하여 농어업 분야의 고부가가치 산업으로 적극 육성할 필요가 있다.[15)]

미생물 산업

미생물은 농업, 식품, 의약품, 화학, 환경, 에너지, 섬유 등 모든 기반산업에서 핵심 소재로 활용되고 있다. 그러나 생물계의 전체 미생물종 중에서 5% 정도만 알려져 있어 미생물 유전자원 확보 및 활용기술 개발을 위한 국가 간 경쟁이 치열하다(그림 11-5).

세계 미생물 산업 시장규모는 페니실린 등 항생제시장 256억 달러, 발효물질시장 95억 달러, 효소시장 42억 달러 등 대략 390억 달러 수준으로 추정되고 있다. 미생물 산업의 국내 시장규모는 효소 410억 원, 항생제 3,862억 원, 단백질 2,482억 원, 농업 미생물 제제 960억 원(미생물 농약 17억 8,000만 원, 미생물 비료 200억 원, 사료용 생균제 500억 원 등) 등으로 대략 7,714억 원 정도로 추정하고 있다.

우리나라의 미생물 보유 건수는 대학, 농진청, 환경부, 민간연구소 등을 합쳐

15) 국내에서 비싼 쌀로 유명한 임금님표 이천쌀은 kg당 4,000원 정도이나 콜레스테롤 저하 기능이 있는 '홍국쌀'은 kg당 2만 5,000원으로 일반 명품 쌀에 비해 6배나 비싸다. 누에고치는 kg당 2만 5,000원 정도이나 집중력과 학습력 향상효과가 있는 '피브로인 BF-7'은 kg당 20만 원이나 되어 8배의 부가가치 향상효과가 있다.

그림 11-5 미생물 산업의 분류

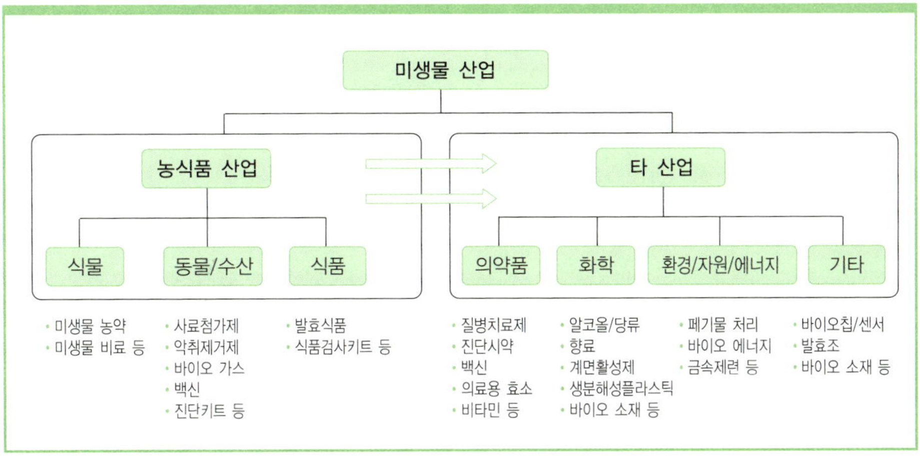

자료 : 농림수산식품부(2010).

약 10만 종 정도로 보유 건수 면에서 세계 경쟁력은 5위 정도이다. 농업 부분에서는 미생물 농약 · 비료, 축산사료용 생균제, 환경정화, 유용미생물 이용 기능성 물질 생산 등으로 산업화 전망이 매우 높다.

동물의약품 산업

동물용 의약품 산업은 축산업 시장의 변화에 큰 영향을 받고 있다. 현재 동물용 의약품 산업은 축산농가의 질병치료보다는 예방을 강화하는 추세에 따라 가축전염병 예방용 백신의 수요가 증가하고 있다. 또한 축산물의 생산성을 제고하기 위해 첨단기술을 이용한 가축질병 진단키트 개발도 새로운 분야로 부각되고 있다.

국내적으로 2011년 배합사료 항생제 사용을 전면 중단하여 시장규모가 축소될 것으로 예상되나, 그 대신 이를 해결하기 위한 방안으로 생약제 및 생균제 등에 대한 대체재 개발이 활발하게 진행되고 있다. 축산물 안전 관련 항생제 사용 규제로 오히려 동물용 의약품 개발이 활성화될 것으로 예상된다. EU의 경우 2006년 사료 내 항생제 첨가 전면금지를 계기로 생약재 등의 항생제 대체물질 개발

연구가 집중적으로 진행되어 왔다.

2009년도 세계 동물의약품 시장규모는 186억 달러로 최근 5년(2005~2009)간 연평균 6.3%씩 성장하였다. 세계적으로 인수공통 전염병의 중요성을 인식하여 예방 및 치료기술 개발을 위하여 예산을 책정하고 시설을 투자하고 있는데, 미국은 동물질병연구센터에 520억 원(2005), 일본은 매년 199억 엔, 유럽은 1조 원(2006)을 책정하고 있다.

2009년도 국내 동물의약품 시장규모는 5,664억 원으로 완제품 시장의 경우 최근 5년간 연평균 4.7%씩 증가해 왔다. 국내시장은 원료를 외국에서 수입하여 제조 · 판매하는 제조회사와 외국에서 제조된 완제품을 수입하여 판매하는 수입상사로 구성되어 있는데, 업계에서는 내수시장 확대에 한계가 있다고 보고 해외시장 개척에 주력하고 있다. 수출상대국은 대부분 동남아시아 및 아프리카에 위치하고 있으며, 수출실적은 2007년 4,900만 달러에서 2009년 7,400만 달러로 성장하고 있다.

애완 · 관상동식물 산업

소득증대, 핵가족화, 고령화 등에 따라 반려동물에 대한 관심과 수요가 급속히 증가하고 있다.

애견시장 규모는 사료 및 식품, 의류 및 용품, 의료 · 미용 · 분양 등 관련 산업을 포함해서 약 1조 원으로 추정된다. 해외 주요 선진국들의 애견시장 규모도 급속히 성장하고 있다. 미국은 1994년 170억 달러에서 2008년 432억 달러로 성장하였으며, 독일은 세퍼트, 도베르만 등 애견 수출로 2005년 기준 연간 2조 원이 넘는 부가가치를 창출하고 있다. 일본의 시장규모는 약 12조 원 정도로 추산되고 있다.

세계 관상생물 시장은 23조 원 정도로 중국, 싱가포르 등을 중심으로 생산 · 수출되고 있으며, 해수관상생물 시장은 6조 원으로 대부분 자연 채집에 의존하고 있다. 총교역량은 45억 달러로 연평균 8% 정도 성장하고 있는데, 주요 생산지는 아시아지역(68%)이며, 주요 소비지는 미국, 일본, 독일, 프랑스, 영국으로 수입액의 67%를 차지하고 있다.

국내시장 규모는 약 3,000억 원 정도로 추정하고 있는데 담수관상어가 80%, 해수관상어가 20% 정도를 차지하고 있다. 담수관상어는 주로 금붕어, 비단잉어, 열대어 중심이며, 해수관상어는 어류, 산호 등이다. 국내 관상어 수출입 현황은 2006년 현재 무역수지는 약 40억 원 적자로 수입물의 80%는 담수열대어가 차지하고 있다.

애완동물과 관상어 등은 관련 용품의 판매 등 관련 산업 파급효과가 크고, 소득증대, 핵가족화, 고령화와 함께 수요가 지속적으로 증가해 발전 가능성이 큰 산업이다.

5 한국 농업의 부활(르네상스)을 가능하게 하는 징후들

1) 절망의 늪에서 움트고 있는 새싹들

산업화 · 도시화 성장 정책의 그늘에서 움트기 시작하여 시장개방으로 증폭되어 농촌 들녘에 만연된 짙은 패배감과 절망의 늪 속에서도 억척스럽게 자라고 있는 희망의 싹들이 보이고 있다.

농가소득 향상을 실현할 수 있는 길이 보인다

농가소득과 도시근로자 가구소득 간의 격차는 1990년의 균형수준(95.8%)에서 2000년에는 80.5%, 2005년에는 78.5%, 2010년에는 66.8% 그리고 2012년에는 58.1% 수준으로 갈수록 벌어지고 있어서 농민들의 패배감을 키우고 있다(그림 11-5).

최근 들어 도시근로자 가구소득과 농가소득의 격차가 확대되고 있는 것은 농산물 판매가격은 정체상태인 데 반해서 농산물 생산비는 크게 오르고 있기 때문이다. 2005년을 100으로 할 때 2010년의 농가 판매가격지수는 108.0인데 반해서

그림 11-6 도시근로자 가구소득과 농가소득의 추이

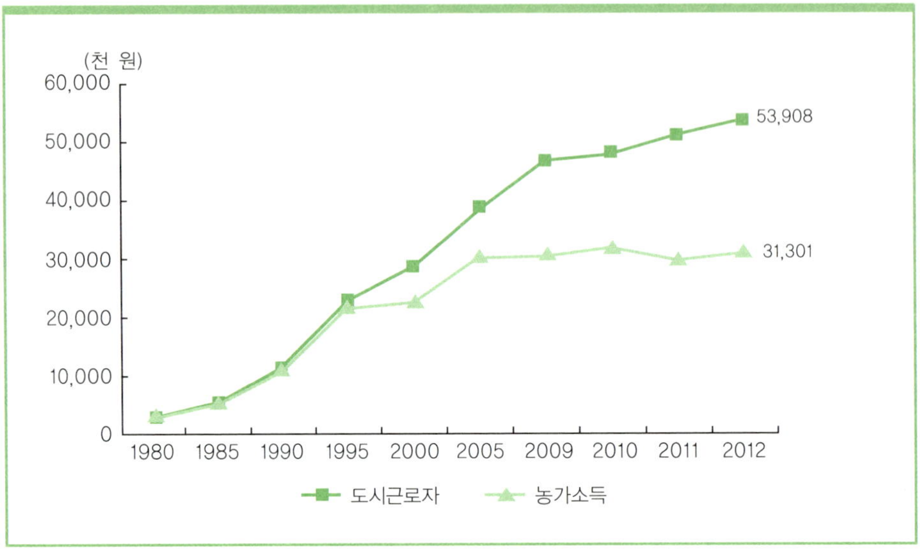

농가 구입가격지수는 122.2로 크게 올라서 농가교역조건은 1999년의 116.6에서 2010년에는 88.4로 크게 악화되고 있다(그림 11-7). 이 때문에 현장 농업경영자들은 "애써 농사지어도 남는 게 없다"라고 한탄하고 있는 것이다.

평균적인 관점에서 보면 농가소득과 도시근로자 가구소득 간의 격차가 확대되고 있는 것은 사실이다(그림 11-6). 그러나 이를 구체적인 특징별로 나누어보면 의미 있는 결과를 읽을 수 있다.

2006년의 농가 평균 소득은 3,230만 원이었고 도시근로자 가구소득은 4,113만 원이었으므로 도·농 간 소득격차는 22.5%로 벌어져 있었다. 그러나 농가소득을 경지규모별로 나누어 보면, 3ha 이상 농가소득은 평균 소득보다 33.8%가 많았으나 0.5ha 미만의 농가소득은 평균 소득의 79.2% 수준이었다.

경영주 연령별 소득수준에 있어서는 40대 연령의 경영주는 평균 소득보다 41.1%가 많았으나 70세 이상의 노령층은 평균 소득의 67.4% 수준이었다. 축산농가의 소득은 평균 소득보다 49.4%가 많았으나, 밭작물과 논벼농가의 소득은 평균 농가소득의 56.4%와 79.7% 수준이었다. 전문농가의 소득은 평균 농가소득보

그림 11-7 농가교역조건의 악화(1999~2012)

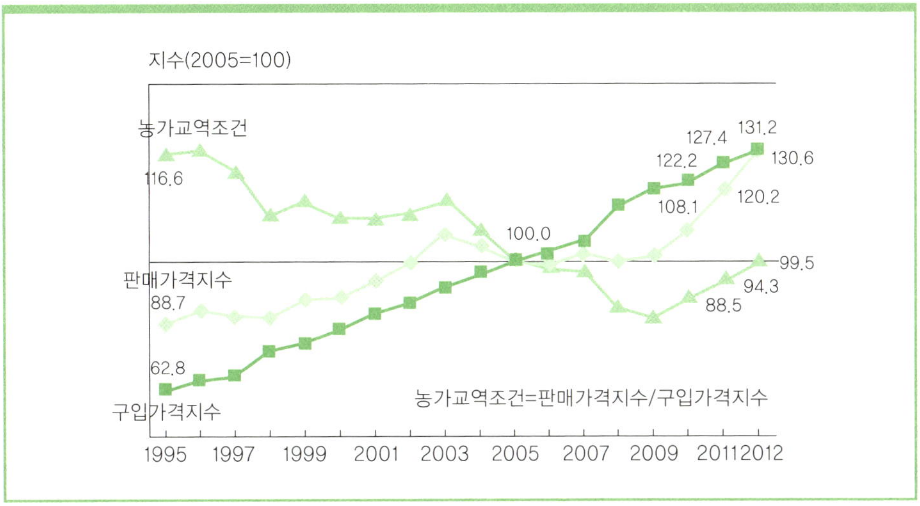

다 27.1%가 많았으나 자급농가의 소득은 평균 소득의 63.9% 수준이었다. 농가의 평균 소득은 도시근로자 소득보다 훨씬 낮은 것이 사실이지만, 이를 몇 가지 특징별로 나누어보면 전혀 절망스런 상태가 아님을 알 수 있는 것이다(그림 11-8).

농가 간의 소득분위별 소득격차도 중요한 단서를 제공하고 있다. 소득 5분위에 의한 각 분위별 소득을 평균 소득과 비교한 결과를 보면 소득 상위 20%(제5분위)의 평균 소득은 전체 농가 평균 소득보다 2.4배나 높았다. 이 중에서 농업소득과 농외 소득은 전체 평균치보다 각각 2.6배와 2.5배 정도로 높았다. 특히, 농업 소득 중에서는 상위 20%의 호당 농업 소득이 전체 평균치보다 3.5배, 토지단위당 농업 소득은 3.1배나 높은 것으로 분석되었다(그림 11-9).

평균적인 시각에서 본다면 한국 농가가 소득 면에서 큰 어려움에 처해 있는 것은 부인할 수 없는 사실이다. 그러나 같은 농업 경영 환경 속에서도 평균 소득보다 2~3배 이상씩 높은 소득을 올리고 있는 농가 수도 전체의 20%를 넘는다는 사실에서, 우리는 희망의 싹을 발견할 수 있는 것이다.

혹자는 전체 농가 중에서 상위 20%가 소득수준이 높다는 것으로 한국 농업의 장래를 낙관하는 것은 지나치다고 비판할 수도 있다. 그러나 선진국인 미국 농업에서도 10%의 대농이 90%의 농산물을 생산 · 수출하고 있고, 나머지 90% 농

그림 11-8 평균 농가소득의 특징별 분산 정도(2006)

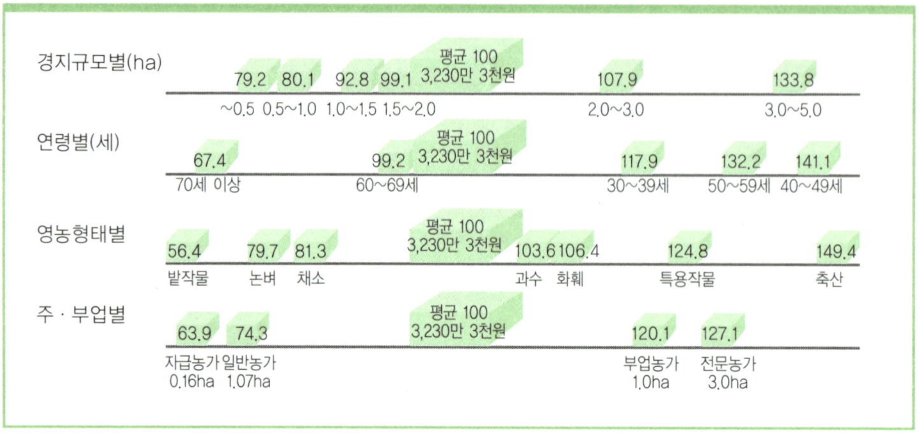

자료: 농림업 주요 통계(2006).

그림 11-9 상위 20% 농가와 평균 소득과의 격차(2007)

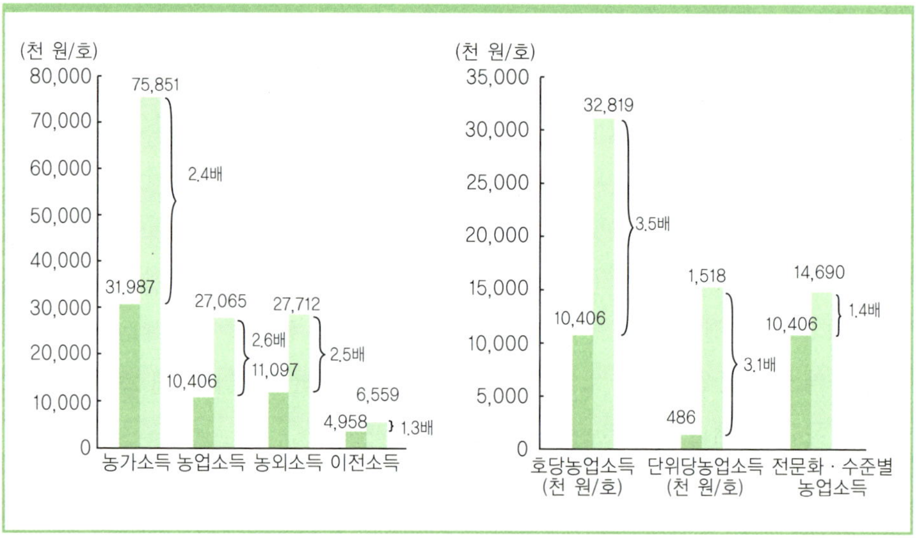

자료: 성진근(2011), p. 141.

가는 소득의 절반 정도를 정부 보조금에 의존하고 있다. 또한 우리가 경쟁하고 있는 수입 미국 농산물 중에서 대부분은 기업화된 대농의 생산품이기 때문에, 수입 농산물과 효과적인 경쟁을 하기 위해서는 우리의 선도농가의 경쟁력부터 향상시키는 것이 올바른 접근 순서인 것이다.

2010년 현재 논 3ha 이상의 경영규모를 가진 농가는 전체 농가의 7.1%이지만 이들이 경작하는 면적은 전체 면적의 40.6%이다. 시설원예 2,000평 이상의 농가는 전체 농가의 28.5%이지만 전체 시설면적의 55.3%를 차지하고 있다. 한우 30두 이상, 돼지 1,000두 이상 사육하는 농가는 전체 농가의 15.8%와 37.2%에 불과하지만 전체 사육규모 중에서 이들이 차지하는 비중은 한우는 61.3%, 돼지는 88.4%에 달하고 있다.

악화되고 있는 농업 경영 여건 속에서 농업인들의 소득이 평균적으로 악화되고 있는 것은 사실이지만, 같은 환경 속에서도 도시근로자 소득보다 높은 소득향상을 실현하고 있는 농가들이 상당수 있다는 사실에서 희망의 끈을 찾을 수 있다.

시장개방의 충격에서 벗어나고 있다

2008년 9월 리먼 브라더스 파산 이후 세계 경제는 몸살을 앓았다. 글로벌 CEO들은 위기 이후 더 강한 기업을 만드는 조건으로 주력업종에 대한 세계적 경쟁력 확보, 고객맞춤형 서비스 강화, 인재육성 등을 제시하고 있다. 특히, GE인터내셔널 팔코(Beccalli Falco) 사장은, 첫째 제일 잘 하는 것에 초점을 맞춰서 더욱 강하게 만들어야 하고, 둘째 기업의 성장원천이 무엇인지 찾아야 한다고 세계지식포럼에서 강조하였다.[16)]

1995년부터 본격화된 WTO 협정에 의한 시장개방은 한국 농업에 큰 충격이었다. 한국 농산물의 생산비는 경쟁상대국(미국, 중국)들보다 3~4배나 높다. 생산비의 80% 내외를 차지하고 있는 지대와 인건비가 경쟁국들보다 몇 배씩 높기 때문이다. 이에 따라서 농산물 출하가격도 몇 배씩 높다. 협정에서 합의한 관세삭감 규칙에 의해서 관세가 매년 일정률씩 낮아지게 되면 수입 농산물의 국내 도착가격은 매년 낮아져서 값비싼 한국 농산물은 시장에서 도태될 수밖에 없다는 것이 농민들의 절망과 패배감의 원인이었다.

16) 매일경제신문사, "세계지식포럼리포트, 수퍼모멘텀 2010", 2010. 1.

가격경쟁력의 절대적인 비교열위를 극복할 수 있는 적절한 방법을 찾을 수가 없는 것이 가장 큰 문제였다. "UR 협상 결사반대"를 외치고 거리로 쏟아져 나오는 농민이나 이들을 설득할 만한 마땅한 방법이 없는 관료나 학자들도 패배감에 젖어 있기는 마찬가지였다.

그러나 본격적인 시장개방 이후 15년이 지난 현재 수입 농산물의 시장점유율(수입물량/국내 총공급물량)은 현저한 가격 차이에도 불구하고 크게 변하지 않았다. 오히려 일부 품목(닭고기, 쇠고기)들은 2002년 경우보다 2008년에는 값싼 수입 농산물의 시장점유율이 줄어드는, 전통적인 경제학 이론으로서는 설명이 어려운 기이한 발생하고 있다(표 11-2).

주곡 자급을 위하여 힘써 개발 · 보급된 통일벼는 정부 수매폐지(1991) 이후 값싼 보급가격(25,000원/80kg)에도 불구하고 값비싼 일반미(100,000원/80kg)에 밀려서 이 땅에서 자취를 감추었다. WTO 협정에 의한 개방 이후 한우 사육두수는 1995년의 259만 4,000두에서 2001년에는 140만 6,000두로 한 때 54% 수준으로 감소했

표 11-2 주요 농산물의 국내외 가격 차와 시장점유율 비중

(단위: %, 배)

순위	품목	2004년 양허관세율)	국내가격 /수입원가	수입/국내 공급량 비중		
				1990	2002	2011
1	미곡	개방유예(5)	-5.7	2.1	3.0	7.1
2	느타리버섯	40.5	4.6	0.0	0.00	0.00
3	수박	45.0	2.8	0.0	0.00	0.01
4	파	27.0	2.0	0.0	1.3	5.1
5	닭고기	18.0	1.6	33.9	24.4	22.3
6	소고기	40.0	2.1	45.1	66.5	57.2
7	사과	45.0	2.1	0.0	0.00	0.03
8	호박	27.0	1.7	0.0	1.1	6.3
9	복숭아	45.0	1.8	0.0	0.00	0.01
10	배추	27.0	1.3	0.0	1.7	14.3
11	상추	45.0	1.4	0.0	0.1	2.3
12	참깨	630.0	1.9	5.1	72.6	86.6
13	콩	487.0	1.8	77.7	92.8	93.7

자료: 한국농촌경제연구원, 『식품수급표』, 2013. 8.

으나, 2012년에는 305만 9,000두로 개방 이전 수준보다 18%가 증가하고 있다.

농산물의 가치는 가격요인뿐만 아니라 안전성, 맛 등 비가격적인 요인의 크기에 의해서 결정된다는 것을 농업 관련 주체(생산자, 관료, 학계 등)들이 깨닫게 된 것이다. 비록 가격경쟁력에서는 뒤쳐질 수밖에 없지만 우리가 더 잘 할 수 있는 품질과 서비스경쟁력에서 비교우위를 확실하게 실현할 수 있다면, 값싼 해외 농산물과의 승부도 해볼만하다는 것이 개방 15년 동안에 체득한 우리의 값진 경험이었다.

농촌현장의 여기저기에서 우뚝우뚝 일어나고 있는 억대소득의 농가들의 성공요인이, 바로 품질과 서비스의 차별화에 의해서 가격경쟁력의 비교열위를 극복했기 때문임을 농민들이 깨닫기 시작한 것이다.

동질적인 상품(homogeneous products)을 전제조건으로 하는 가격요인에 의한 국제무역이론상의 시장개방 효과는 교과서 속에서만 살아 있을 뿐임을 실감하게 된 것은 엄청난 학습효과였다.

한국 농업의 국제경쟁력의 원천은 품질과 서비스경쟁력의 향상에 있다. 지난 시절의 농산물 개방 대응대책이 주로 생산성 향상과 생산비 절감을 통한 가격경쟁력상의 비교열위를 개선하는 데 집중되었다면, 앞으로는 우리가 보다 더 잘 할 수 있는 품질과 서비스 경쟁력 강화에 초점을 맞추어서 우리의 비교우위 요인을 더 강하게 만드는 방향으로 전환해야 한다. 그러므로 앞으로 우리 농산물의 국제경쟁력 향상 정책은 우리 농산물의 상품성(商品性) 향상에 초점을 맞추어서, 우리 농산물의 비가격적인 경쟁력 격차를 더욱 강화하는 방향으로 전환되어야 한다. 이에 따라서 "시장개방도 별 것 아니다"란 자신감이 선도농가들 사이에서 점차 확산되고 있다.

6 수요에서 활로를 찾자

1) 정부를 압도하고 있는 시장의 힘

시장(市場)의 힘이 빠른 속도로 커지고 있다. 시장경쟁 속에서 능률을 실현시키지 못하면 예외 없이 도태되는 시대가 모든 분야에서 열리고 있다. 재벌기업도, 금융기관도 예외가 될 수 없으며 농업 부문에까지 시장경제의 원리에 따라 살아남아야 한다는 흐름이 지배하고 있다.

언제부터인가 세금을 내는 납세자의 목소리도 커지고 있다. 농업 발전을 위한 투자재원의 효과를 보장하지 않는다면 농업 부문에 대한 사회적 투자를 줄여야 한다는 것이다.

"밑 빠진 독에 왜 물을 부어야 하는가?"라는 질문은 도시 산업에서 일하고 있는 신세대들로부터 나오고 있다. 그들은 농촌에서 유년기를 보낸 적이 없는 도시의 1세대들이고, 농업을 다른 산업과 똑같은 기준으로 평가하고 이해하는 시장경제에 익숙한 세대들인 것이다.

과연 시장의 힘은 정부와 비교할 때 어느 정도로 커지고 있는가?

첫째, 농산물 수입과 수출에서 정부는 정해진 관세율 이외의 수단으로 무역을 통제할 수 있는 길은 별로 없고, 관세율마저 WTO 협정에 따라 점차 인하하도록 되어 있다. 과거에는 수입을 막아(수입금지와 수입할당제) 국내 농산물 가격을 높게 유지해 줌으로써 도시 소비자의 소득을 농업 경영자의 소득으로 큰 무리 없이 이전해 줄 수 있었다. 정부가 국경을 막아서 국경 안에서만 농산물이 거래되도록 하였기 때문이었다.

그림 11-10에서 농산물이 수입개방되면 국내 농산물 공급량은 줄고(OQ_d→OQ_1) 농가소득도 가격하락(P_d→P_i)과 공급량 감소(OQ_d→OQ_i)로 인하여 □OP_daQ_d에서 □OP_ibQ_1로 줄게 된다. 그러나 농산물 가격이 국내 보호가격(P_d) 수준에서 국제 가격(P_i) 수준으로 하락하게 됨에 따라서 소비자 잉여는 □P_iP_dac만큼 증가하게 되는데, 여기에서 생산비용 감소 부분을 제외시키면(▱ P_iP_dad) 소비자 잉여

그림 11-10 수입 억제로 인한 소득이전 효과

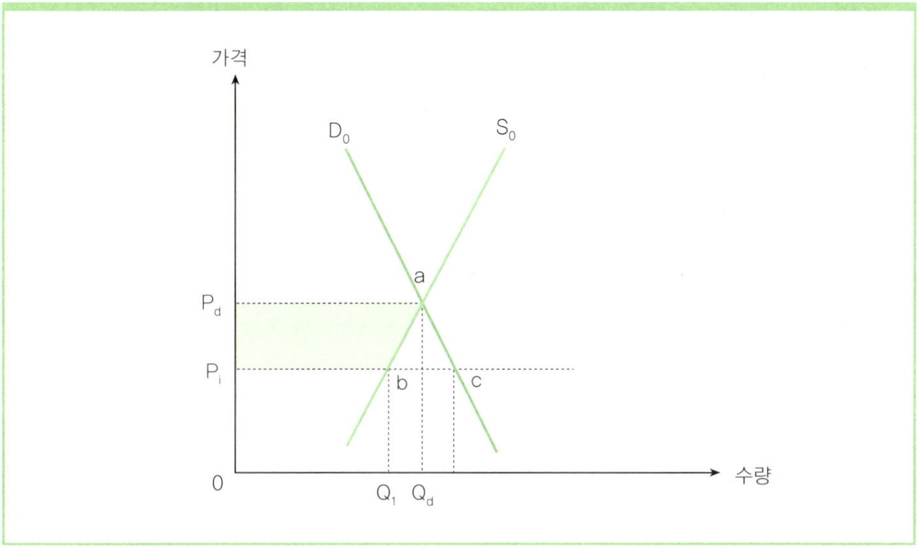

의 순증가분은 Δabc의 크기가 된다. 바로 이 부분이 정부의 수입억제 정책으로 인해서 소비자의 잉여가 그 동안 농가경영 소득으로 이전된 효과인 것이다. 그러나 시장을 닫고 제한하는 일을 더 이상 정부가 임의대로 할 수 없도록 국제 무역질서가 WTO 관리체제로 바뀌게 된 것이다.

국내의 소비자, 상인, 식품가공업자 등 그 동안 닫혀진 시장 속에서 국내 농산물을 구매해 왔던 경제주체들은 이제는 정해진 관세만 부담하면 어느 나라 상품이든지 이익이 되는 방향으로 골라 살 수 있는 세상이 되었고, 정부가 이들을 직·간접적으로 통제할 수 있는 수단은 거의 제한되고 있다. 시장의 힘이 정부를 압도하고 있는 것이다.

이제는 농산물을 사는 사람(구매자)과 파는 사람(판매자)이 시장에서 만나서 가격과 양을 결정하게 되며, 정부가 여기에 간섭할 수 있는 여지는 대단히 제한되고 있는 것이다.

둘째, 농산물 생산비에 중요한 영향(국제적인 용어로는 왜곡)을 미치는 농업용 기자재(비료·농약·농기계 등) 가격에 대한 정부의 통제와 보조 정책도 WTO의 감축대상 정책이다. 현실적으로 농업용 자재의 판매가격에 대한 정부 통제나 보조

제도는 대부분 없어졌다. 이미 농자재 시장은 수입개방된 지 오래이기 때문에 결국 농업 생산자(실수요자)와 농자재 판매자가 시장에서 만나서 거래하는 방향으로 귀결되고 있다.

셋째, 농산물의 유통도 대부분의 경우 상인과 생산자의 자율적인 경쟁을 통한 결정, 즉 시장에 위임되었으며 정부의 영향력은 크게 감소되고 있다.

공영도매시장에서만 농산물을 상장(上場)시켜 왔던 제도도 이미 없어졌다. 최근에는 도시의 신물류업체나 농협이 운영하는 물류센터 등으로 농가의 출하물량이 모여지고 있다. 농산물 판매자의 선택권을 확대함으로써 유리한 시장을 선택하도록 정부가 앞장서서 유도하고 있는 것이다.

쌀에 대해 유지하고 있는 수매제도도 공공비축제로 대체되었다. 수매제도 자체가 WTO 협정상의 감축대상 정책이기 때문이다.

위에서의 논의를 요약하면, 우리 농업에 지대한 영향을 끼쳐 왔던 정부의 힘(정책지원이나 각종 규제)은 시장의 힘에 의해서 약화되고 있고, 앞으로도 시장의 힘이 더욱 커지게 될 것이란 점이다. 말하자면, 정부 정책수단들은 WTO 협정을 비롯한 정책환경의 변화로 과거처럼 쓸 수도 없고 활용하려고 해도 정책효과가 과거처럼 발휘될 수가 없게 되었다. 그 이유는 한마디로 시장이 너무 발달해 버린 것이다. 빠르게 변화되고 있는 시장을 정부가 정책으로 관리할 수 있는 여지는 너무나 제한되어 있는 상태여서, 앞으로 현장의 농업 경영자들은 정부에 대한 의존성을 툴툴 털어내고 시장에서 경쟁을 통하여 살아남는 길을 선택할 수밖에 없는 시대에 접어들게 된 것이다. 우리 농업의 발전을 위한 정부 역할은 물론 대단히 중요하다. 그렇지만 정책이 서야 할 위치와 정책적 수단의 배열 및 우선순위는 현장에서 경쟁하는 농업 경영자의 시장경쟁력 강화에다 초점을 맞추고, 시장의 힘과의 조화를 목적으로 새롭게 편성시키는 일에 농업경제학도들의 역량을 집중시켜야 할 때가 열리고 있는 것이다.

2) 왜 수요가 중시되어야 하는가?

한국 농업의 장래에 대한 위기감이 만연되고 있다. 국산 농산물의 수요기반

그림 11-11 농산물 수요관리의 필요성

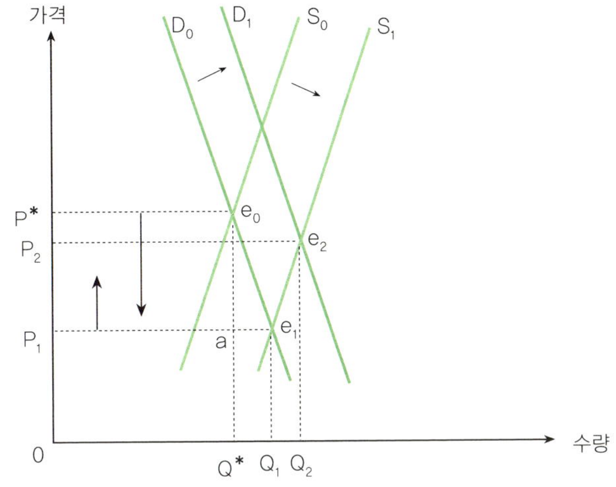

이 수입 농산물에 의해서 잠식되고 있고, 앞으로도 국산 농산물의 시장 몫은 점차 위축될 것이란 전망이 지배적이기 때문이다.

농업 조수입의 성장위축 현상은 주로 국내 농산물의 소비위축 현상 때문에 일어나고 있다. 앞으로 농산물 시장개방 폭이 더욱 확대됨에 따라 수입 농산물 가격이 국내 농산물 가격의 상한 가격으로 결정되는 소위 가격의 천정화(price ceiling) 현상이 더욱 심화될 전망이고, 게다가 일부 성장 품목으로의 생산집중 현상에 따른 과잉생산과 가격폭락 현상 등으로 농산물 가격은 전반적으로 하락하게 되어 농가경제는 더욱 악화될 것이란 전망 때문이다.

그림 11-11에서 보는 바와 같이 시장개방 또는 증산 등의 원인으로 공급이 증가되기 이전의 균형은 수요곡선 D_0와 공급곡선 S_0가 만나는 e_0에서 균형이 이루어져서 농가소득은 □$OP^*e_0Q^*$이었다. 그러나 공급이 증가되면서($S_0 \rightarrow S_1$) 새롭게 이루어진 균형수준(e_1)에서는 공급량은 증가하였지만($Q^* \rightarrow Q_1$), 가격이 하락하여 ($P^* \rightarrow P_1$) 농가소득은 □$OP_1e_1Q_1$으로 결정되게 된다. 생산증가로 인한 소득증가분인 □$Q^*ae_1Q_1$보다 가격하락으로 인한 소득감소분 □$P_1P^*e_0a$가 더욱 커져서 결국 농가소득은 감소하게 되는 것이다.

이런 과정을 거쳐서 과잉공급시대에 처한 한국 농업은 생산증가에도 불구하고 농가소득이 감소하게 되는 소위 풍년기근 현상에 시달리고 있다. 만약 적절한 수요확대 정책에 힘입어 수요가 확대된다면($D_0 \rightarrow D_1$) 농산물 가격은 하락 폭이 둔화되어 ($P^* \rightarrow P_2$) 농가소득의 심각한 위축현상은 피할 수 있게 될 것이므로, 그 동안 관행적으로 시행되어 왔던 생산중심적 농업 정책이 수요관리와 확대를 위한 정책을 중심으로 하여 전환되어야 할 입장에 처하게 된 것이다.

수요가 중시되어야 할 또 다른 이유는 시장개방의 영향을 분석하고 대응책을 합리적으로 수립하기 위한 차원에서도 발견된다.

왜 해외 농산물은 가격경쟁력상의 절대적인 비교우위 조건에도 불구하고 수입이 증가되고 있지 아니한가? 그것은 국산 농산물에 대한 소비자들의 수요가 가격조건에만 의해서는 쉽게 변화되지 않는다는 사실에서 주된 이유가 찾아져야 한다.

2012년 3월 발효된 한·미 FTA에 대응한 우리의 협상대응전략의 모색에서도 수요의 중요성은 변함없다. 농민단체들은 세계 최대의 농산물 수출국인 미국과 FTA를 체결하는 경우, 한국 농업과 농촌은 붕괴될 수밖에 없으며, 그 이유로 미국과 한국 농산물 가격의 심각한 수준으로 벌어져 있는 격차를 지적한다.

그러나 쌀을 제외한 주요 농산물(연간 부가가치액 2,000억 원 이상)의 관세철폐 효과는 수입원가가 15~30% 정도 떨어지는 정도에 불과한 것으로 분석되고 있다(표 11-3).

미국 농산물의 수입원가가 관세철폐로 인해서 15~30% 정도 떨어진다고 해서 한국 농업의 존립을 흔들 만큼 미국 농산물의 수입이 크게 늘어날 것이라고 보기는 어렵다. 왜냐하면 지난 5년간(2001~2006)의 환율하락(2001년: 1,314원→2006년 930원)으로 해외 농산물의 수입원가가 31% 정도 떨어졌는데도 불구하고 농산물 수입은 59%(101억 1,100만→161억 100만 달러)로 늘어났고, 최근 4년간(2006~2010)에는 환율상승(930원→1,135원)으로 수입원가가 22% 정도 상승했음에도 불구하고 농산물 수입은 60%(161억 100만→253억 8,700백만 달러) 정도나 늘어나는 등, 수입원가의 20~30% 등락이 수입량의 증감에 크게 영향을 미치지 않고 있기 때문이다. 단지 축산물 수입선(輸入先)은 호주, 뉴질랜드 등지로부터 미국으로, 그리고 과일·채

표 11-3 주요 농산물 관세철폐 효과 추정

(단위: 원/kg, %)

구분		양허관세 (2004)	양허관세 부과 가격(A)	무관세 가격(B)	수입가격 하락률
채소류	배추	27	316	249	21
	딸기	45	2,230	1,538	31
과일류	사과	45	1,659	1,144	31
	배	45	1,405	969	31
	포도	45	2,466	1,701	31
축산물	쇠고기	40	4,743	3,388	29
	돼지고기	22.5	2,574	2,101	18
	닭고기	18	1,553	1,316	5

자료: 이정환(2006. 10).

소류는 중국으로부터 미국으로 전환되는 소위 무역전환 효과가 나타날 수는 있을 것이다.

수입 농산물의 수입원가가 관세의 감축과 철폐로 인하여 떨어지고 있는데도 불구하고 상대적으로 값이 비싸진 국내 농산물이 일정한 국내시장 점유율을 유지하고 있는 것은, 품질과 서비스 등으로 대표되는 비가격경쟁력에 기초한 소비자의 수요가 쉽게 변하지 않기 때문이다.

실제로 국내산 과일과 채소의 가격은 산지와 등급에 따라 몇 배씩 차이가 날 정도로 소비자는 비가격적 요인인 품질과 서비스에 민감하게 반응하고 있으므로, 관세철폐로 값싸진 수입 농산물이 국내산 농산물을 쉽게 대체하기에는 한계가 있다. 예컨대, 가락동 도매시장 경락가격은 등급 간 가격차이가 10년 전에는 평균 2배 수준이었는데, 최근에는 사과 5.5배, 배 3.6배, 수박 5.6배, 오이 5.2배 정도로 격차가 확대되고 있는 것이다.

이상의 논의를 종합하면 어떠한 방식의 시장개방에도 불구하고 품질이나 안전성 등 비가격경쟁력에 바탕을 둔 국내 농산물의 수요만 확보할 수 있다면, 그리고 줄어들고 있는 전통적인 농산물 수요를 대신하여 안전성과 영양을 갖춘 우리 농산물에 대한 새로운 수요를 개발할 수만 있다면, 한국 농업은 일반적인 우려와는 달리 쉽사리 붕괴되거나 위축되지 않는다는 것이다.

농산물 과잉공급시대를 헤쳐 나가야 하는 한국 농업의 활로를 열기 위한 화두가 바로 수요의 확보와 창출이어야 할 까닭이 여기에 있다.

3) 농업경제학 연구 패러다임의 이전(paradigm shift)방향

원래 농업경제학은 농학과 농업경영학을 통하여 발전하였다. 즉, 기술학으로서의 농학은 식량의 절대부족시대를 타개하기 위한 농업 생산의 증대 필요성에 의해서 발전해 왔다. 여기에 화폐경제적인 요소가 도입되어 단순한 생산증대로부터 경영수지 관계를 따지는 이윤극대화를 위한 생산증대가 중시되었고, 이에 따라서 농업경영학이 발생하게 되었다. 농업경영학이 태동한 미국에서도 초창기에는 농업경영학은 토양학에 속한 분야로 주로 윤작과 시비(施肥)의 경제성 분석에 치중했었다.

농장 경영에서 투입과 산출 간의 문제를 주로 다루었던 농업경영학은 농업 생산에서 상품생산의 비중이 높아감에 따라 상품생산→시장관계→국민경제로 문제 분석의 영역이 점차 확대되었다. 이에 따라 농업 생산에 있어서 생산수단과 관리주체(인간) 간의 기술적 관계를 주로 다루는 농업경영학은 생산수단을 둘러싼 사회적 관계를 보다 중시하는 농업경제학으로 발전하게 된 것이다.

즉, 농업경제학은 국민경제적 관점에서 농업[17]이라는 산업의 생산 · 분배 · 유통 · 소비활동에 있어서 일어나는 사회적 관계를 연구하는 학문으로 발전하게 된 것이다(박기혁 외, 1990).

농업경제학은 한 사회의 기초산업으로서 농업이 어떻게 국민의 후생과 복지 수준을 증진시키는 데 기여할 수 있을 것인지에 대한 합리적 해답과 원리를 밝히는 데 주된 연구목적이 있다.

농산물 공급이 수요에 비해서 만성적으로 부족했던 시대적 배경 하에서 탄생했던 농업경제학의 주요 연구영역은 다음의 몇 가지 범위로 구분할 수 있다.

17) 농업(agriculture: ager, field or soil culture, the care of the tilling)이란 토지에 정착하여 그것을 이용하여 인간이 필요한 식량을 생산하기 위한 식물과 동물을 성장 · 발육시키는 과정이다(E. W. Zimmerman, 1966, pp. 17~29).

즉, 주로 농업 생산력의 향상을 위한 주요 생산요소의 소유와 이용 문제를 다루는 토지경제론(land Economics), 투입과 산출 및 비용과 이용 분석에 입각하여 최대 생산과 최대 이윤을 위한 자원배분 문제를 논의하는 생산경제론(production economics), 생산자로부터 소비자에 이르는 유통과정에 대한 기술적 · 구조적 · 제도적 문제를 다루는 농산물 유통론(agricultural marketing), 농업 생산자 보호와 가격 안정화 문제를 다루는 농산물 가격론(agricultural price) 그리고 농업 문제의 해결과 정책목표의 달성수단을 강구하고 효과를 분석하는 문제를 다루는 농업정책론(agricultural policy) 등이 그것이다.

그러나 도구와 농기계, 종자, 비료, 농약 등 농자재의 발명과 이용기술의 발전 등 수차례의 농업 기술혁명(agricultural revolution)의 영향으로 농산물 공급의 절대부족시대는 극복되고 일부 품목에서는 주요 농업 지역에서 만성적인 공급과잉시대가 열리게 되었다.[18)]

즉, 지역적으로 식량공급 부족지역과 공급과잉지역 간의 불균형을 자유교역을 통하여 해소해 나가자는 움직임이 1990년 후반부터 세계무역기구(WTO) 주도하에서 시행된 것이다.

이에 따라서 농업 생산력 증대에 초점을 맞추어 왔던 전통적인 농업경제학 연구 패러다임도 공급 중심에서부터 수요 중심으로 이전되는 경향이 두드러지고 있다. 공급과잉 농산물을 어떻게 국내외 시장에서 적정하게 처리하느냐가 농업경제학의 중요한 연구범위로 등장하게 된 것이다. 특히, 농산물 시장개방 폭의 확대에 따라 값싼 수입 농산물의 시장점유율 확대로 생산이 위축되고 있는 수입국의 입장에서는 자국의 잉여 농산물을 차별화된 가격으로 판매할 수 있는 새로운 수요창출에 더욱 큰 관심을 둘 수밖에 없게 된 것이다.

한국 농업의 기존 생산물은 기존 시장에서 경쟁력이 뒤쳐져서 상대적인 산업침체의 길을 걸어 왔다. 급기야는 한 · 미 FTA 체결과 한 · 중 FTA 추진 등 경쟁환경의 변화에 처하여 절대적인 산업위축의 위기로까지 내몰리고 있다. 그러므로 새로운 기술과 새로운 유통방식을 도입한 새로운 상품(원물 및 가공식품)을 개

18) 1986년에 개시된 우루과이라운드 협상은 식량의 만성적인 공급과잉 현상을 해소하기 위하여 생산보조를 삭감하고 국경장벽을 철폐하기 위한 인류역사상 초유의 농산물 시장개방 협상이었다.

발함으로써 새로운 수요를 창출하여 새로운 시장확보에 나서야 한다.

한국 농업경제학 연구 패러다임이 수요, 즉 수요관리와 신수요 창출로 전환(shift)되어야 할 이유인 것이다.

4) 농업 · 농촌의 신수요

(1) 신수요, 신시장 개발방향

식량작물을 위주로 하는 전통 농산물에 대한 시장수요는 수입개방 확대 추세뿐만 아니라 소비자 선호체계가 소득향상에 따라서 종래의 가격조건 우위에서 신선도, 안전성 등 비가격조건으로 바뀜에 따라 점차 줄어들 수밖에 없다. 또한 식량생산 공간으로서의 농촌지역에 대한 사회적 수요도 식량생산의 중요성이 감소하고 농업의 국민경제에 대한 기여도가 체감함에 따라 점차 줄어들 수밖에 없다.

따라서 줄어들고 있는 수요에 대신할 수 있는 새로운 신수요(新需要)를 발굴하고 이에 의한 새로운 시장을 열어나가지 못한다면, 한국 농업과 농촌의 장래 역시 어두울 수밖에 없다.

어디에서 신수요를 창출하여 새 시장을 열 것인가?

첫째, 식품소비 패턴의 변화를 수용하고 선도할 수 있는 상품성(商品性) 향상 위주의 농업 생산질서를 지향해야 한다.

둘째, 수요가 팽창하고 있는 에너지 작물과 생명산업적 기술도입으로 식용 농산물의 과잉공급 구조를 해소하고 먹거리 아닌 농산품에 대한 새로운 시장을 열어야 한다.

셋째, 농촌공간의 가치를 식량생산 공간으로부터 전 국민의 휴양과 정주공간(定住空間)으로 확장시키는 농촌지역 개발을 지향해야 한다.

한국 농산품의 수요는 줄어들고 있는가

한국 농업의 위기론의 실체는 국내 농산물의 수요기반이 수입 농산물에 의해서 잠식되어 점차 위축될 수밖에 없다는 점으로 요약된다. 값싼 수입 농산물의 범람으로 국내 농산물의 팔 곳(市場)은 축소되고 농산물 가격은 지속적으로 하락하게 될 것이기 때문에 위기 국면은 점차 가중될 수밖에 없다는 것이다.

과연 현 수준에서 한국 농산물의 수요기반은 어떤 규모인가?

2012년 현재 한국 인구는 5,000만 명을 넘어섰다. 이들이 섭취하는 영양량(칼로리) 중에서 국내 공급 에너지 자급률은 48% 정도이므로 한국 농산품(식품)의 수요기반은 2,400만 명을 100% 부양하고 있는 시장규모라고 할 수 있다. 2,400만 명의 현재 시장규모가 앞으로 2,000만 명 수준으로 점차 축소될 것[19)]이라는 수요위축 전망 때문에 농업 위기론이 만연되고 있는 것이다.

물론 식량작물 위주의 전통적인 농산물의 시장수요는 대량생산체제 하에서 생산된 값싼 해외 농산물과의 경쟁에서 뒤쳐져 이론적으로는 위축될 수밖에 없다고 결론내릴 수가 있다. 그러나 실제로 농산물 생산량은 크게 줄어들지 않았으며, 작물에 따라서는 생산이 최근에 들어서 오히려 늘어나는 경향마저 보이고 있다.

표 11-4에서 보는 바와 같이 전체 식량작물은 지난 20년간(1980~2000) 연평균 0.52%씩 생산량이 늘어났으나, 최근 10년간(2000~2010)에는 주로 미곡의 과잉재고 현상 때문에 연평균 2.07%씩 생산량이 줄고 있다. 그러나 맥류, 두류, 서류는 지난 20년간에는 생산이 높은 속도로 줄어 왔으나 최근 10년간에는 생산량의 감소 속도가 완화하고 있다. 채소류는 지난 20년간에는 연평균 1.94%씩 증가해 왔으나 최근 5년간에는 과잉생산의 영향으로 연평균 2.92%씩 감소하고 있으며, 과실류는 꾸준히 생산량이 늘어나고 있음을 알 수 있다. 특히, 축산의 경우에는 시장개방과는 무관하게 꾸준한 성장 추세를 보여 왔다. 한우는 지난 20년에는 연평균 0.78%씩 생산이 늘어 왔으나 최근 10년간에는 1.86%의 보다 빠른 증가 추세를 보

19) 한 · 미 FTA와 한 · 중 FTA에 의한 국내 농업의 피해를 추정한 연구에서 향후 10년 이후 한국 농업의 위축 정도는 현재의 10~20%로 내다보고 있다. 따라서 240~480만의 국내 농산물 시장수요가 줄어든다는 것이다.

표 11-4 주요 농작물의 연도별 생산량 추이(1980~2000)

(단위: 천 톤, %, 천 두, 천 수)

연도	식량작물					채소류	과실류	축산		
	합계	미곡	맥류	두류	서류			한우	돼지	닭
1980	5,324	3,550	906	266	431	7,676	833	1,361	1,126	23,633
1990	6,635	5,606	417	271	208	8,677	1,766	1,622	1,784	40,130
2000	5,911	5,291	163	134	248	11,282	2,429	1,590	8,214	102,547
2010	4,796	4,295	81	119	216	8,391	2,489	2,922	9,881	149,200
연평균 성장률										
1980~2000	0.52	2.02	△8.22	△3.37	△2.73	1.94	5.50	0.78	10.45	7.61
2000~2010	△2.07	△2.06	△6.75	△1.18	△1.37	△2.92	0.24	1.86	1.86	3.82

여 왔다. 돼지는 지난 20년간에는 10.45%씩의 높은 성장률을 보여 왔으나 최근 10년간에는 1.86%로 성장률이 낮아졌다. 닭 역시 돼지와 비슷한 성장률을 보였다.

높은 국내외 가격차에도 불구하고 국내 농산물 생산량이 식량작물과 채소류를 제외하고는 대체적으로 조금씩이나마 증가해 왔다는 것은, 국내 농산물의 수요가 단순한 가격조건만에 의해서는 결정되는 것이 아니라는 사실을 입증하고 있다.

한국 농산품의 수요성장률을 높일 수는 없는가

시장개방에도 불구하고 한국 농산품에 대한 수요는 우려할 정도로 크게 줄어들지 않았다. 그러나 인구증가와 소득증가 추세를 고려할 때 수요성장률이 거의 정체상태에 머물러 왔음은 분명하다. 물론 소득성장에 따라 가계지출액 중에서 식료품비의 지출비중이 낮아지는 것은 불가피한 현상이므로,[20] 전체 농산물의 수요성장률을 높인다는 것은 불가능한 일이다. 그러나 식료품비의 지출비중이 평균적으로는 꾸준히 낮아지고 있지만 식품종류별로는 곡물류 소비량은 줄

20) 실제로 도시근로자 가구의 엥겔계수(식료품비/소비지출액)는 1990년의 35.0%에서 2000년 29.3%, 2010년에는 26.2%로 연평균 1.44% point씩 낮아져 왔다.

어드는 대신에 육류와 채소, 과일류 소비는 늘어나고 있으며, 특히 고품질, 안전 농산물에 대한 수요는 최근 들어서 현저하게 늘어나고 있다.

그러므로 단순히 많은 수요를 확보하는 데에서 그치지 않고 부가가치가 높은 매력적인 수요를 많이 창출하는 것이 바람직한 수요확대 전략이 될 것이다.

(2) 고품질 안전 농산물에 대한 내수시장의 수요증가

국민소득이 증가함에 따라 고품질 안전 농산물의 소비가 크게 증가하고 있다. 친환경 농산물 생산량은 2010년 현재 전체 생산량의 10%에 해당하는 2조 4,000억 원의 규모에 이르고 있으며, 앞으로도 빠른 증가율을 보일 것으로 예상된다. 다소 가격이 비싸더라도 건강에 좋고 안전한 농산물을 선호하는 농식품 선호 경향이 확대되고 있기 때문이다. 학교급식제도의 확대 추세도 고품질 안전 농산물 수요확대에 큰 기여를 하게 될 것으로 보인다.

친환경(environment-friendly) 농산물은 인력 의존적인 소농생산 방식에서 생산이 가능한 농산물이다. 화학비료와 농약 의존적인 대규모 기업농에서는 친환경 농산물을 지속적으로 생산하기가 어렵다.

한국의 신토불이(身土不二, 사람과 땅은 둘이 아니다) 운동이나 일본의 지산지소(地産地消, 그 땅에서 생산된 농산물을 소비해야 한다) 운동의 근본은 "우리 땅에서 생산된 건강에 적합한 농산물을 애용하자"는 것으로, 제 땅에서 정성들여서 생산된 농산물이 환경에도 유리하고 건강에도 좋다는 것이다.

그러므로 고품질 안전 농산물에 대한 수요가 크게 증가하고 있다는 사실은 우리 농산물에 대한 새로운 수요와 시장이 열리고 있다는 것으로 해석할 수 있다.

단지 저농약 또는 무농약 친환경 농산물보다는 국제표준에 맞는 순수 유기농산물의 생산비중을 높여서 증가하는 국내 수요에 대응하고, 해외 농산물과의 차별화를 가능하게 하는 친환경 농사의 실천이 2011년 9월 남양주에서 개최되었던 제17차 IFOM 유기농세계대회(Organic World Congress)를 계기로 하여 보다 적극화되어야 할 필요가 있다.

K-food에 대한 해외 수요증가

소득이 증가하고 있는 동남아와 중국의 고소득층에서 한국의 프리미엄급 고급 농산물과 가공식품에 대한 수요가 지속적으로 증가하고 있다. 예컨대, 2012년 한 해 동안 연세우유가 중국으로 수출한 시유(fresh milk)는 무려 200만 달러를 넘었다고 한다. 자국산 우유보다 1.5배 비싼 한국산 우유를 선호하는 중국 소비자층의 변화 때문이다.

일본 동북부 지방에서 발생한(2011. 3. 11) 대지진과 쓰나미 여파로 후쿠시마 원전의 방사능 유출 피해는 한국 농산물의 새로운 해외시장 확대의 기회로 작용하게 될 가능성이 높아지고 있다.

대지진으로 농업 생산시설과 저온저장고 등 물류시설에 직접적인 피해를 입은 지역은 이와테현, 미야기현, 후쿠시마현, 이바라키현 등 4개 현으로 일본의 대표적인 농업 주산지이다. 이들 4개 현에서는 쌀을 비롯하여 토마토, 오이, 양배추, 시금치 등 채소류와 과실류를 많이 재배하는데, 채소류는 일본 전체 생산량의 25~30%를 생산하고 있는 것으로 알려지고 있다. 또한 4개 현과 인접하고 있는 아오모리현, 아키타현, 야마가타현 등도 채소류와 과일류의 주산지이다.

방사능의 반감기간(半減期間)은 50년이라 한다. 앞으로 50년간 이 지역 일대의 신선 농산물 생산은 크게 줄어들 수밖에 없다라는 사실은 한국 농산물의 수출 확대 기회로 연결된다. 중 · 장기적으로는 일본의 내수시장뿐만 아니라 대만, 홍콩, 싱가포르 등 동남아 시장과 중국의 고소득층 시장에서, 일본을 제치고 새로운 수출시장을 확보할 수 있다는 기대감마저 커지고 있다. 미국과 EU 등지에서도 방사능 오염을 우려하여 일본 농식품의 수입을 제한하는 조치를 취하고 있기 때문에 일본 농산물과 경합해 왔던 한국 농식품의 수출시장 확대에 청신호가 켜지고 있는 것이다.

일본 농산물 생산의 25~30%가 위축된다는 것은 일본 국민 중에서 3,000만~4,000만 명의 소비자가 앞으로 상당 기간 동안 해외 농산물에 의존할 수밖에 없다는 뜻으로 해석할 수 있다. 증가하게 될 일본 내의 신선 농산물 수요를 한국 농산물이 차지하기 위해서는 까다로운 일본의 검역조건을 충족시켜야 한다는 점과, 중국에 생산기지를 구축하고 있는 일본 농기업과의 가격경쟁력 싸움에서도 이겨내야 한다는 필수조건이 충족되어야 한다.

한국 농산물에 대한 국내외 신수요와 신시장이 창출되고 있다는 사실은 한국 농업의 미래를 열기 위한 뉴 모멘텀의 기회요인임은 분명하다.

신수요 확보를 위한 준비

한국 농산물에 대한 신수요를 확보하기 위해서는 어떤 준비가 필요한가?

첫째, 소비자의 농산물 선호체계의 변화에 적응하는 생산질서로 변화되어야 한다. 식품소비가 영양열량(칼로리) 위주에서 안전성 · 기능성 등 건강지향성과 소포장 · 세척박피 등 편의성을 중시하는 방향으로 변화되고 있다. 이러한 농산물 소비 패턴의 변화에 적응할 수 있는 품질과 서비스를 제공하는 방향으로 상품성 향상 위주의 생산질서가 정착되어야 한다.

둘째, 식품산업의 요구에 부응하는 농산물 공급체계를 지향해야 한다. 핵가족화, 여성의 사회진출 확대 등의 추세에 힘입어서 식품소비 패턴은 종래의 곡류와 신선채소 구입에서부터 가공식품과 외식에 대한 소비비중을 늘리는 방향으로 전개되고 있다. 이에 따라 농산물 가공업체, 대도시 할인점 등 신물류업체 및 외식업소의 농산물 유통에 대한 영향력은 매우 커지고 있다. 그러므로 식품산업 측의 요구, 즉 가격조건뿐만 아니라 규격, 품질, 수량, 재배방법, 배송조건 등을 생산에 반영하는 경영체계를 구축해야 새로운 시장기회를 획득하여 수요성장률을 높일 수 있다.

셋째, 소비자의 신뢰를 확보하여 지속적인 수요확대를 실현하기 위해서는 우수농산물관리제도(GAP)와 식품이력추적제도(traceability)에 적극 동참하여야 한다. 예컨대, 2006년 5월부터 일본은 Positive List(농약잔류식품의 유통금지) 제도를 도입하였는데, 비단 국내 농산물 수요확대뿐만 아니라 수출 활성화를 위해서라도 생산 단계의 안전성 관리가 체계적으로 이루어져야 한다.

핵심 화두는 상품성 향상이다

농식품 소비구조의 변화와 구매 행태의 변화 등 여건변화를 우리 농산물의 수요확대로 연결시킬 수 있는 핵심적인 요소는, 해외 농산물과의 차별화를 가능하게 하는 상품성 향상이다. 이를 통해서 비단 국내 소비자뿐만 아니라 우리 농산물의 해외 수요도 확대하는 길이 개방시대의 한국 농업이 갈 길이 되어야 한다.

최근에 일본, 중국, 동남아 등지로 열풍처럼 번지고 있는 한류(韓流)를 우리 농산물에 대한 해외 수요 확대로 연결시킬 수 있는 기회로 활용할 수는 없는 것인가? 또한 성인병과 비만(肥滿) 퇴치에 골몰하고 있는 서구시장에 저영양, 발효식품으로 구성된 전통 한식을 수출상품으로 가꾸어서 공급할 수는 없는 것일까?

글로벌 경쟁시대에서는 우리나라의 시장만 열리는 것이 아니라 다른 나라 시장도 동시에 열린다. 우리 농산물에 대한 해외 잠재소비자층을 현재화(顯在化)시킬 수 있는 효과적인 수출전략이 농업계의 역량을 모아서 추진되어야 한다.

일반적으로 말할 때, 농산물 수입업자는 이익을 남기지만 수출업자는 신시장 개척을 위한 초기 시장진입 비용 등으로 상당 기간 동안 적자경영이 불가피하다. 그러므로 농산물 수출에 감연히 나서는 민간업자는 희소하다. '돈 안 되는' 수출업자에게 수입제한품목에 대한 수입량 쿼터를 제공하는 등의 '돈 되는' 수입권을 제공하는 수입 · 수출 연계제도(MX Linkage system)라도 한시적으로 시행하는 것이 바람직한 수출촉진 정책이다.

한국 농업은 가족농에 의한 전형적인 소농경영체로 구성되어 있다. 그러므로 밀, 콩, 옥수수 등 대량생산체제가 지배하는 대량소비시장(mass market)에서의 가격경쟁력은 취약할 수밖에 없다. 그러나 품질과 서비스 기능이 요구되는 고급 농산물 시장인 정밀시장(precision market)에서의 한국 농산물의 경쟁력은 오히려 높다. 그러므로 수요가 증가하고 있는 국내외 정밀시장에서 우리 농산물에 대한 새로운 수요를 창출해야 한다.

새로운 수요를 창출하여 고객을 감동시키면서 새 시장을 여는 것이, 곧 한국 농업의 장래를 여는 길이고 농업경제학의 새로운 설 자리를 확보하는 길이다.

경제이론과 농업 이해

26. 신상품 개발과 수요에 대한 경영학적 접근

신상품은 그 상품군(商品群)의 상품을 사용하는 소비자가 새롭다고 인식하는 상품이나 상품 아이디어를 의미한다. 신상품은 참신성 정도에 따라 완전히 새로운 신상품도 있고, 포장이나 새로운 용도 등을 개발한 정도의 신상품도 있다. 따라서 신상품에 대한 정의는 어느 정도 주관적일 수밖에 없다.

기업이 신상품을 개발하는 목적은 다양하나, 이를 요약하면 다음 여섯 가지 정도로 대별하여 볼 수 있다. 우선 상품의 구색을 갖추기 위하여 신상품을 개발하는 경우가 있다. 소형이나 대형 크기의 자동차를 생산하는 기업은 중간 크기의 자동차에 대한 고객들의 요구에 부응하기 위하여 상품라인을 새로이 만들 수 있다. 또한 매출증대나 비용절감을 위하여, 구성원의 사기진작 및 사업부 간의 경쟁을 독려하기 위하여, 경쟁사의 상품에 대처하기 위하여, 신기술 개발이나 생산기술의 변화로 인하여, 혹은 유행 등의 시장요구에 효과적으로 대응하기 위하여 기업은 꾸준히 신상품을 개발하고 있다. 농업 부문의 신상품 개발 요구는 농업·농촌 부문이 생산·공급하고 있는 전통적인 상품과 서비스에 대한 수요가 한계에 봉착하고 있다는 점과 소득향상에 따라 소비자의 선호체계가 변하고 있다는 점에 대응하기 위한 노력으로 이해할 수 있다.

신상품을 효과적으로 개발하기 위하여 다양한 신상품 개발 모형이 고안되었다. 이 중에 대표적인 신상품 개발 모형은, ① 전략적 분석과 계획, ② 시장조사와 기회 파악, ③ 아이디어 창출, ④ 신상품 콘셉트의 개발과 평가, ⑤ 명성 및 상표가 중요한 역할을 한다. 특히, 내용이 복잡하고 무형이며 불확실성이 높은 신상품의 경우에는 더욱 중요하다.

특히, 기업의 이미지와 명성에 부합되지 않는 신상품은 실패하기 쉽다. 기업의 이미지에 부합되지 않는 신상품을 개발하는 것보다는 기존 상품의 부족한 점을 보완하여 가는 것이 더 바람직하다.

신상품 개발과정

전략적 분석과 계획 → 시장조사와 기회 파악 → 어이디어 창출 → 신상품 콘셉트의 개발과 평가 → 신상품 개발과 테스트 → 상품화와 사후 평가

- 상품 특성이 복잡하고, 무형이며 불확실성이 높은 신상품일수록 기업의 이미지와 명성 및 상표 인지도가 중요함
- 자사와 자사 상표에 대하여 소비자들이 가지고 있는 이미지와 인지도 파악
- 공략하고자 하는 시장의 크기와 잠재성장력 파악
- 시장의 규모와 성장성이 신상품 성공 여부를 좌우함
- 신상품 아이디어뿐만 아니라, 기존 상품을 개선하기 위한 아이디어까지 수집함
- 브레인스토밍이나 소비자 면접 등을 통하여 수집함
- 고객접점에 있는 종업원이 중요한 역할을 함
- 신상품 아이디어 창출은 기업의 지속적인 경영활동 중의 하나임

자료: 이훈영(2004. 8).

따라서 기업이 신상품 개발 이전에 가장 먼저 파악하고 있어야 할 일은 자사와 자사 상표에 대하여 소비자들이 가지고 있는 이미지와 인지도를 파악하는 것이다. 이미지와 인지도를 먼저 파악한 후에 이에 부합되는 적합한 신상품을 개발하는 것이 바람직하다.

만약 자신이 잘 알려지지 않은 새로운 분야에 진출하고자 한다면, 기업은 먼저 기존의 명성과 이미지가 새로 시작하려는 분야와 어떠한 점에서 연관성이 있는가를 파악하고, 향후에 기업의 이미지를 어떻게 개발해 나갈 것인가에 대하여 전략적으로 충분하게 분석하여야 한다. 이와 같은 전략적 분석과 계획은 신상품 성공에 있어서 가장 중요한 작업이 된다.

신상품의 수요는 잠재수요, 실현 가능 수요, 실제수요로 분류할 수 있다. 잠재수요는 해당 신상품을 갖고 싶다는 수요, 구매자의 경제적 능력을 고려하지 않은 상품수요를 의미하며, 실현 가능한 수요는 장기적으로 신상품의 수요로 실현될 가능성이 있는 수요를 의미한다. 반면에 실제수요는 신상품 판매 후 일정 기간 내에 실제로 상품을 구매하려는 의향을 가지고 있는 수요를 의미한다.

신상품 수요에 영향을 미치는 요인으로는 크게 상품 공급요인, 정보요인, 경쟁요인, 소비자 요인이 있다. 예를 들어, 상품요인으로는 상품의 성능, 기능, 가격, 용도, 구매 형태, 상품 이미지, 포장 등이 수요에 영향을 미친다. 또한 생산량, 공급량, 공급지역, 판매경로, 유통점유율은 수요에 영향을 미치는 공급요인이다. 수요에 영향을 미치는 정보요인으로는 광고, 영업력, 홍보, 구전효과 등이 있고 경쟁상품과 대체품 또한 수요에 영향을 미치고 있다. 이 밖에도 소비자의 특성과 사회적 환경, 유행, 기후, 공해 문제 등 여러 분야의 다양한 요인이 신상품의 수요에 영향을 미칠 수 있다.

Chapter 12

농산물 유통 개선과 수급안정

1. 농산물 유통의 기능
2. 농산물 유통의 현황과 유통 개선 정책의 성과
3. 농산물 유통 개선의 과제

농산물 유통 개선과 수급안정

농산물 유통 개선에 대한 사회적 요구가 자못 높다. 농산물 가격이 폭등 또는 폭락하는 사태가 거듭 발생함에 따라 소비자나 생산자가 받게 되는 불이익이 커져서 사회적 불안이 높아지고 있기 때문이다. 또한 수입 농산물의 시장점유율이 점차 커지고 공급과잉 현상이 빈발하면서 우리 농산물이 제값을 받지 못하는 일이 잦아지고 있기 때문이다.

농협 개혁을 통하여 판매농협의 기능을 활성화시키겠다는 정책이나, 현행의 유통 단계를 축소시키겠다는 정책공약들은 모두 농산물 유통을 개선하겠다는 정책수단과 관련된 것이다.

농산물 유통은 어떤 기능을 수행하고 있으며 어떤 방향으로 개선되는 것이 바람직한가?

1 농산물 유통의 기능

1) 농산물 유통이 생산하는 효용

인류사회의 번영은 사회적 분업 · 전문화에 의한 생산 효율화와 이를 뒷받침하는 교환 · 교역에 의해서 이루어졌다. 유통이란 분업을 가능하게 하는 사회의 필수적인 서비스 용역을 말한다.

농산물 유통[1]은 농산물을 생산하는 농민의 손을 떠난 시점과 최종소비자들이 이를 구매하는 시점 사이에 존재하는 시간적 · 공간적 · 물리적 간격 또는 장애물들을 수많은 유통 관련 주체들과 시설, 수단들이 개입하여 해결하는 과정, 절차(process)라고 정의할 수 있다(김병률, 2012).

농산물 유통은 생산과 소비 사이의 간격을 중간유통주체[2)]가 수행하는 유통기능을 통하여 해결하면서 소비자들의 효용(utility)을 증대시키는 생산적인 기능을 수행한다.

첫째, 장소적 효용(place utility)을 크게 한다. 소비자들이 원하는 장소에서 손쉽게 구매할 수 있도록 생산지에서 소비지로 운송함에 따라서 발생하는 장소적 효용이 커지게 된다.

둘째, 시간적 효용(time utility)을 크게 한다. 생산 이후 필요한 물량을 저온저장 등을 통하여 보관한 뒤 적절한 시기에 공급함으로써 소비자의 시간적 효용이 커지게 된다.

셋째, 형태적 효용(form utility)을 크게 한다. 소비자들이 원하는 형태로 농산물을 가공하거나 소분 포장하여 판매함으로써 원물상태로 소비할 때보다 소비자의 형태적 효용이 커지게 된다.

넷째, 소유권적 효용(possession utility)을 크게 한다. 농산물의 소유권이 농민으로부터 산지유통인, 생산자 조직, 도매상, 소매상 등으로 이전되어 소비자가 소비하기까지의 위험 및 경비 부담과 최적소유자 탐색과 거래를 통하여 창출되는 소유권적 효용이 커지게 된다.

이러한 효용이 창출되는 과정에서 운송, 저장, 검사, 품질관리 등급화, 가공, 포장, 구색, 품질보증, 리스크 관리, 재고관리, 광고, 판촉, 가격결정 등 수많은 중간유통 기능(활동)이 개입된다. 이러한 중간유통 기능은 상품거래, 즉 상품의 소유권 이전에 직접 참여하는 도매업체, 소매업체, 수출입업체, 중개상, 위탁상 등 직접유통기구와 상품거래에는 직접 관여하지 않지만 수송 · 보관 · 하역 · 포장 ·

1) 유통(marketing)이란 상품이 생산자의 손을 떠나는 기간과 최종소비자에게 도달하는 시간 사이에 일어나는 모든 활동(activities) 또는 기능(function)으로 정의된다.

2) 농산물은 전국에 흩어져 있는 수많은 농가에 의해서 생산되어 소비지의 수많은 소비자에 의해서 소비된다. 이러한 분산된 생산과 소비를 연결시켜 주기 위해 중간유통주체의 역할은 필수적이다. 중간유통주체는 산지유통, 도매, 소매, 직거래 등 다수의 유통 종사자로 형성된다. 2011년 현재 영농(어) 조합법인과 농(어)업 회사법인 1만 500개소에 6만 5,000명이 종사하고 있으며 공영 농산물 도매시장(33개소)에만 2만 3,000명이 종사하고 있다.

가공 등의 물적 기능을 수행하는 운송업체, 창고업체, 하역업체, 가공회사 등과 은행, 보험, 컨설팅, 검역, 검사 등 지원 기능을 수행하는 유통조성기구들로 나뉘어진다.

2) 농산물 유통의 특성

농산물은 생명체로서 공산품과는 다른 생물학적 · 이화학적 특성을 가지고 있다. 이에 따라 농산물은 상품으로서 다음과 같은 특징이 있다.

첫째, 부피와 중량적 특성이다. 일반적으로 농산물은 가치에 비해서 부피가 크고 무거워서 운반과 보관에 비용이 많이 발생한다.

둘째, 계절성이다. 농산품은 기후조건의 변화에 적응하여 일정한 생육기간을 거쳐서 출하되므로 생산 및 출하의 계절성이 크다. 이에 따라 수확기에는 홍수출하가 이루어져 가격이 하락하고 단경기에는 반대로 가격이 오르는 경향이 일반상품과 비교해서 심하다.

셋째, 부패성이다. 농산물은 수분을 많이 함유하는 생물로서 저장성이 낮고 손상받기 쉬워서 부패성이 높은 반면에 소비자는 높은 신선도를 요구하기 때문에 신선도 등 품질에 따른 가격형성 과정에서 차별화가 높다.

넷째, 질과 양의 불균일성이다. 농산물은 품질이나 크기가 불균일하게 생산되므로 등급화 · 표준화가 어렵다.

다섯째, 수요 · 공급이 비탄력적이다. 소득 및 가격 변화에도 불구하고 일정량을 소비해야 하는 생필품이므로 수요의 변화가 작은 반면에 경지면적의 고정성과 일정한 생산기간의 필요성 때문에 가격변화에 대응하여 단기적인 공급조절도 어렵다.

이러한 농산물의 상품적 특성 때문에 농산물 유통에 대한 정부 간섭과 개입 정도가 일반공산품보다 높다. 농산물 유통에는 영세하고 소득이 낮은 농업인과 수많은 영세상인이 참여하고 있다. 또한 국민의 생활과 건강유지에 필요불가결한 필수품이기 때문에 안정적인 가격과 수급체계를 유지하기 위한 정부의 시장개입 정도도 타 부문에 비해서 강하다.

그림 12-1 유통활동의 흐름방향

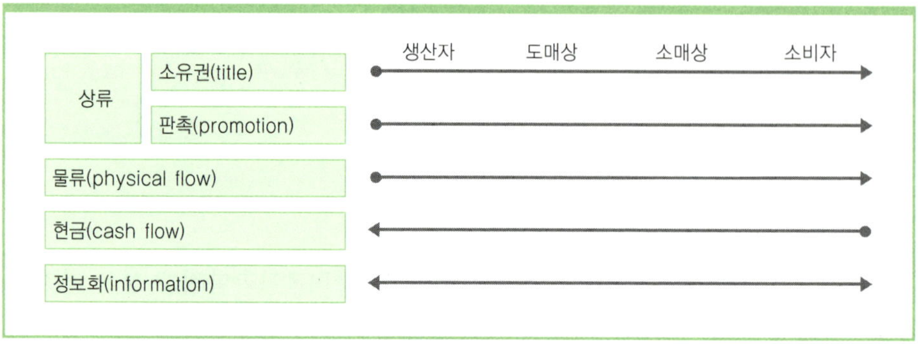

생산자인 농민은 높은 수취가격을 원하는 대신에, 소비자는 낮은 농식품 가격을 원한다. 생산자와 소비자를 연결시키는 중간유통상인들은 두 계층을 연결시키는 과정에서 최대 이윤을 원한다. 목표가 상충되는 경제주체 사이에서 정부가 정책으로 개입하는 것이 농산물 유통 정책인 것이다.[3] 이러한 농산물의 상품적 특성과 농산물 유통을 둘러싼 사회 · 경제적인 환경의 특수성 때문에 농산물 유통은 일반 상품 유통과 다른 독자성과 차별성이 인정되는 것이다.

일반적으로 유통활동은 크게 상적 유통(상류), 물적 유통(물류) 및 정보 유통(정보류) 등 세 가지로 구분한다. 상류는 상품의 소유권 이전(buying & selling)에 관계되는 것으로 판촉, 가격결정 등 마케팅 기능을 포함한다. 상류와 물류는 생산자로부터 소비자 방향으로 흐르고 정보류는 양방향으로 흐르게 된다(그림 12-1).

3) 농수산물 유통 및 가격 안정에 관한 법률 제1조(목적)에서는, 농수산물의 유통을 원활하게 하고 적정한 가격을 유지하게 함으로써 생산자와 소비자의 이익을 보호하고 국민생활의 안정에 이바지함을 목적으로 한다.

2 농산물 유통의 현황과 유통 개선 정책의 성과

1) 농산물 유통 문제의 현실

경제발전에 따른 국민소득의 향상과 함께 농산물 시장의 개방 확대와 유통 등 서비스시장의 개방이 확대되면서, 소비자들의 구매 패턴과 소비구조가 질적·양적으로 크게 변하고 있다.

첫째, 농산물 유통구조의 다각화가 이루어지고 있다. 전통적인 곡물 중심의 농산물 유통 관행은 신선식품 시장의 발달과 대량유통의 확대 단계를 거쳐서 유통경로 다양화와 가공, 편이, 건강식품 등 고도의 상품 차별화 및 도·소매업 대형화, 산지와 소비지의 직거래 확대 등 그 구조와 기능이 크게 변화하고 있다.

도매시장을 중심으로 하는 농산물 거래량이 차지하는 점유율은 2005년의 43%에서 2010년에는 41%로 정체상태인 반면에, 소비지의 대형유통업체의 시장 점유율은 2000년의 7%에서 2010년에는 17%로 크게 높아졌다. 또한 인터넷의 발달에 따라서 전통적인 오프라인 유통경로 외에도 온라인 직거래 유통경로의 비중도 점차 높아지고 있다.

둘째, 수입개방에 따른 작물선택의 쏠림현상과 재배면적의 감소 및 잦은 기상이변 현상에 따른 수급불안으로, 특히 신선 농산물의 가격 등락현상이 심화되고 있다.

최근 20년간 식량작물의 경작면적은 연평균 2.08%씩, 그리고 채소류 경작면적은 연평균 1.28%씩 감소해 왔다. 이에 따라 경작면적은 식량작물과 채소작물을 합하여 연평균 3만 2,300ha씩 감소해 왔다. 생산량 역시 식량작물은 연평균 1.57%씩, 채소작물은 연평균 1.28%씩 감소해 왔다. 주식곡물인 미곡재배 면적은 연평균 1만 7,600ha씩, 맥류재배 면적은 연평균 5,500ha씩 감소해 왔다. 채소작물 중에서도 배추와 고추가 각각 연평균 9,000ha씩 감소해 왔으며, 재배면적이 증가해 오던 시설재배 면적도 최근 10년간(2000~2010)에는 연평균 2,500ha씩 그리고 생산량은 연평균 5만 700톤씩 감소해 왔다(표 12-1).

표 12-1 주요 농산물의 경작면적과 생산량의 변화 추이(1990~2010)

(단위: 천ha, 천 톤, %)

구분		1990	1995	2000	2005	2010	연평균 감소율 (1990~2010)		연평균 감소율 (2005~2010)	
							수량	비율	면적	비율
식량작물 전체	경작면적	1,669	1,346	1,318	1,234	1,095	28.7	Δ2.08	27.8	Δ2.36
	생산량	6,635	5,476	5,911	5,520	4,836	90.0	Δ1.57	136.8	Δ2.61
미곡	경작면적	144	1,056	1,072	980	892	17.6	Δ1.65	17.6	Δ1.86
	생산량	5,606	4,695	5,291	4,768	4,295	65.6	Δ1.32	94.6	Δ2.07
맥류	경작면적	160	90	68	61	5	5.5	Δ5.56	2.0	Δ3.52
	생산량	417	292	163	200	120	14.9	Δ6.04	16.0	Δ9.71
채소류 전체	경작면적	317	403	386	298	245	3.6	Δ1.28	10.6	Δ3.84
	생산량	8,677	10,586	11,282	9,584	8,391	14.3	Δ0.17	238.6	Δ2.62
배추	경작면적	44	40	46	34	25	0.9	Δ2.79	1.8	Δ5.96
	생산량	3,241	2,638	2,869	218	1,615	81.3	Δ3.42	160.4	Δ12.83
고추	경작면적	63	87	75	61	45	0.9	Δ1.67	3.2	Δ5.90
	생산량	133	93	194	161	95	1.9	Δ1.67	13.2	Δ10.01
시설채소	경작면적	40	82	91	78	66	2.5	Δ3.16	2.4	Δ3.28
	생산량	1,017	2,423	3,247	3,219	2,740	50.7	Δ1.68	95.8	Δ3.17

주: *최근 10년간(2000~2010)의 감소량 및 비율임.
자료: 농식품부, 「농림수산식품 주요 통계」, 각 연도.

경작면적과 생산량의 위축 추세는 최근 들어서 더욱 빠르게 진행되고 있다. 최근 5년간(2005~2010) 식량작물의 재배면적과 생산량의 연평균 감소율은 각각 2.22%와 3.22%로 지난 20년간의 연평균 감소율 2.08%와 1.57%보다 유의적으로 높았다. 특히, 채소류의 경작면적과 생산량의 연평균 감소율은 1.94%와 1.61%로 지난 20년간의 연평균 감소율 1.28%, 0.17%보다 현저하게 높았다. 농산물 생산량의 감소는 최근 농산물 가격의 상승원인으로 작용하고 있다. 농림수산품의 연말 평균 물가지수는 총물가지수보다 낮았지만 최근 들어서(2010년 이후) 총지수와 거의 같이 움직이고 있다. 또한 농림수산품의 물가지수 등락 폭은 기상이변 등의 영향을 받아서 총지수보다 더욱 커지고 있다(그림 12-2, 그림 12-3).

셋째, 농업 소득의 하락으로 인한 농가소득의 정체에 대한 농가의 불만감이

그림 12-2 물가 총지수와 농림수산품지수의 변화 추이(2001~2012)

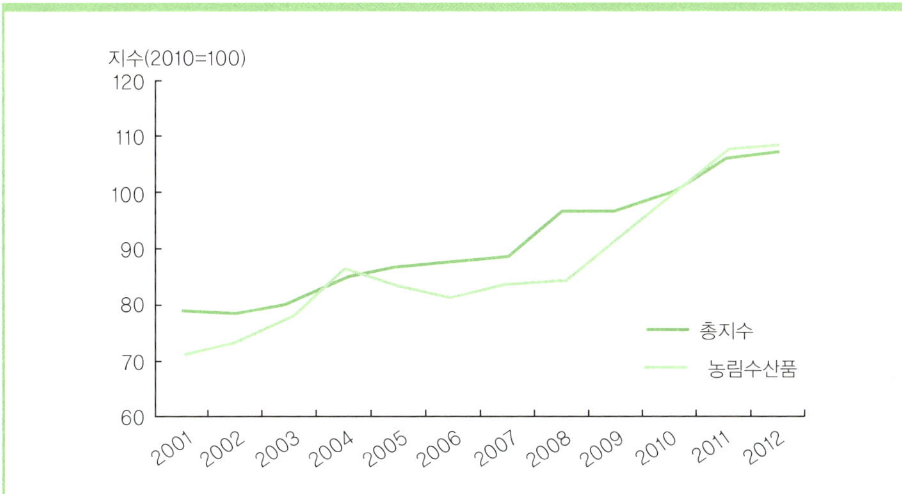

자료: 한국은행(2013).

그림 12-3 반기별 물가지수의 변화 추이(2008~2012)

자료: 상게서.

높아지고 있는 가운데 물가불안에 대한 소비자의 우려마저 커지고 있어서, 농산물 유통 개선을 통한 국민 불안 해소에 대한 사회적 관심이 커지고 있다.

2) 농산물 유통 개선 정책의 성과

정부는 농산물 유통환경의 변화에 대응하며 다양한 유통 개선 정책을 수립 · 시행해 왔으나 정책개선의 효과는 미진한 것이 사실이다.

첫째, 농업 생산자의 거래교섭력 제고를 위하여 산지유통의 조직화와 규모화를 추진해 왔으나 소비지 유통의 규모화 속도에 미치지 못하고 있다. 산지유통전문조직 육성을 통하여 공동출하를 장려하고 산지유통센터(APC) 건립을 지속적으로 추진해 왔으나, 산지유통센터의 물류처리 비중은 2011년 현재 원예 농산물 생산액 대비 17.9%로 여전히 낮다. 특히, 농협 사업 구조개편을 통한 경제사업 활성화를 위한 제도적 기반은 갖추었으나(2012. 3, 농협법 개정) 산지농협의 경제사업 활성화 추진 실적은 여전히 미미한 수준이다.

둘째, 소비지 도매시장의 거래제도 개선 등 유통경로 간 경쟁체제의 구축[4)]을 시도하고 있으나 경매제도와 경쟁할 수 있는 경쟁체제의 확립은 요원한 실정이다.

셋째, 농산물 수급안정을 위한 원예 농산물의 상시 비축제를 도입하고 물가안정을 위한 수입관리에 적극적으로 나서고 있지만, 소비자 물가 위주의 일방적 물가관리란 측면에서 생산자의 반발이 심화되고 있다.

3 농산물 유통 개선의 과제

1) 농산물 유통 정책의 패러다임 변화

농산물 전면개방시대의 개막 등 유통환경의 변화에 적응하기 위하여 유통정책의 패러다임도 변해야 한다.

4) 정가 · 수의매매제도와 시장도매인제도 및 온라인 직거래 시장 활성화 등을 추진하고 있으나 개선 실적과 효과는 미미한 실정이다.

첫째, 수입개방, 정보의 대중화(인터넷 등) 등으로 소비자의 힘이 증가함에 따라 전통적인 생산자 중심적 유통 정책을 소비자 지향적 유통체계로 전환해야 한다. 이를 위해서는 고품질, 안전 농산물의 효과적인 유통체계 구축과 품질관리 시책이 뒷받침되어야 한다.

둘째, 유통경로 다원화에 의해서 생산자의 출하 선택권이 확대되고 있으므로 유통 단계의 축소와 물류 합리화 등에 의한 유통비용 절감을 위해서 유통경로간 경쟁체제를 유도해야 한다. 또한 중심적인 유통경로인 도매시장의 운영 효율성을 강화하고 경매가격의 공정성을 확보하기 위한 보완적 시책이 강구되어야 한다. 이를 위해서는 예약정가거래의 확충과 산지 출하주체(공선회 등)와 소비지 출하주체(슈퍼마켓)를 인터넷 공간에서 연결시키는 B2B 사이버 도매시장 개설도 추진하는 것이 바람직하다.

현행 농산물은 생산자로부터 소비자에 이르기까지 최소한 3단계의 중간유통경로를 거치게 된다. 제1단계는 산지유통 단계로서 산지유통조직과 산지유통인이 담당하고 있다. 제2단계는 도매유통 단계로서 도매시장과 농협도매유통 및 식자재가공업체가 담당하고 있다. 제3단계는 소매유통 단계로서 소매점, 대형유통업체, 외식업체 등이 담당하고 있다. 현행의 도매시장 중심적 유통경로는 대형유통업체나 농협종합유통센터 등에 의한 산지유통 단계와의 직거래 확대나 다양한 전자상거래의 확대로 다원화되고 있는 추세인 것이다(그림 12-4).

그림 12-4 농산물 중간유통경로와 주체별 점유율(2011)

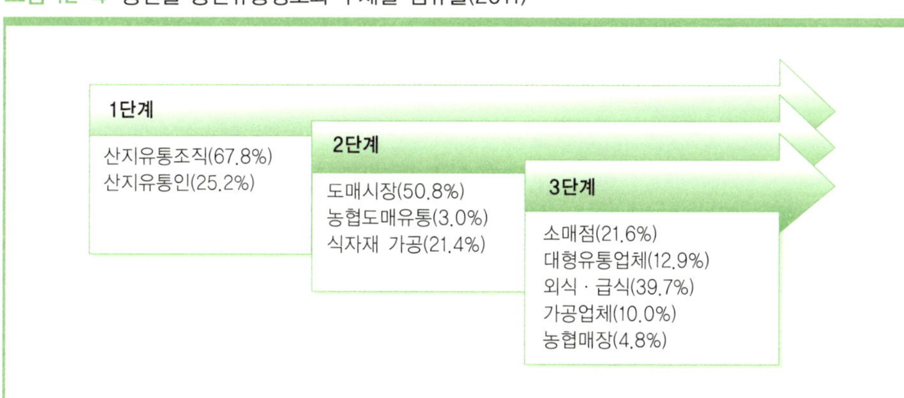

이러한 다단계의 유통경로로 인해서 유통비용이 너무 높다는 것이 일반적인 인식이다. 그러나 2011년 현재, 평균 유통마진율은 소비자 지불가격의 41.8%로서 이는 유통비용 29.3%와 참여주체의 유통이윤 12.5%로 구성되는데, 이는 미국의 신선채소 유통마진 75%와 신선과일 유통마진 72%에 비해서 그렇게 높은 수준이 아니다. 그러므로 물류비 절감 등 유통 효율성을 높여서 농가의 수취가격 향상과 소비자 지불가격의 인하를 실현해야 한다.

셋째, 산지유통 전문조직의 규모화와 활성화를 위한 연합마케팅 조직 등 산지 출하의 규모화와 출하조절 기능을 강화하고 유통주체들의 마케팅 관리 등 경영마인드 강화를 위한 교육, 훈련 및 현장 컨설팅을 강화해야 한다. 유통 참여주체들의 생산성 향상이 없이는 유통의 효율성 확보는 기대하기 어렵기 때문이다.

넷째, 농산물 가격 안정화를 위해서는 정확한 관측을 토대로 하여 효과적인 수급관리체계를 구축해야 한다. 이를 위해서는 주요 농산물에 대한 수급조절 매뉴얼에 따른 정부의 시장개입적 시책을 확립하여 신속하게 대응하는 것이 필요하다. 새 정부의 유통개선 대책에는 이를 위하여 위기 단계별 정책개입 수단을 도입하고 있다. 즉, 품목별 특성에 따라서 가격 안정대를 설정하고 안정대 이내에서는 시장의 기능에 맡기되, 안정대를 벗어날 시에는 주의, 경계, 심각 등 위기 단계별로 정부의 시장개입 시책을 강화함으로써 가격 안정화를 도모하는 정책수단이 그것이다(그림 12-5).

그림 12-5 위기단계별 정책개입 수단

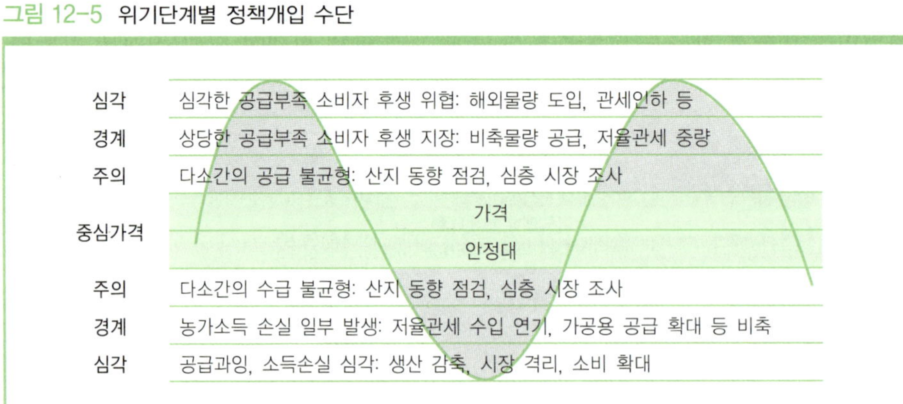

또한 물가안정에 중요한 역할을 수행하는 배추, 무, 양파, 마늘, 고추 등 주요 농작물에 대한 국내 비축의 확대와 함께 중국 등 해외 산지에 비축기지를 설치·운영함으로써 국내 가격 폭등시에 수입 차질과 적기수입 지연에 따른 폐해를 궁극적으로 절감해야 할 필요가 있다.

다섯째, 현재까지의 유통시설 지원 등 하드웨어적인 정책지원에서부터 전자문서교환(EDI), 공급망 관리(supply chain management: SCM) 등 정보기술 등 지식정보화 기반을 활용하는 소프트웨어적인 정책지원을 강화해야 한다.

2) 역대 정부의 농산물 유통 개선 정책의 음미

농안법 파동(1994), WTO 체제 하에서 진행되고 있는 농산물 수입개방과 유통시장 개방(1996)은 농산물 유통 정책의 변화를 요구하는 중요한 환경변화였다. 국민소득 증가와 핵가족화의 진행 또한 농산물 소비 행태를 변화시킴으로써 유통 정책의 변화를 이끌었다.[5)]

유통환경의 변화에 따라 도매시장 중심적인 유통 개선 정책은 유통경로 간 균형적 발전과 경쟁 촉진으로, 거래의 공정성 실현 치중적이었던 유통 정책은 유통주체의 규모화와 물류비 절감 등의 효율성 실현으로 변화되고 있다.

농산물 시장개방이 시작된 이후 현재에 이르기까지(1995~2012), 다섯 번의 정권교체가 이루어졌다. 5개 정부에서 추진되었던 농산물 유통 개선 정책을 주요 정책별로 요약·정리한 결과가 다음과 같다.

산지유통개선 정책

산지유통개선 정책은 산지유통의 규모화에 의한 경쟁력 강화를 위한 산지유통조직의 육성에 초점을 맞추고 진행되고 있다.

5) 1인당 국민소득은 1995년부터 2012년까지 2배(1만 1,735달러→2만 3,708달러)로 증가했고, 가구당 인구는 3.5명에서 2.8명으로 20%가 줄어들었다.

표 12-2 역대 정부의 산지유통개선 정책의 개요

구분	김영삼 정부 (1993~1997)	김대중 정부 (1998~2002)	노무현 정부 (2003~2007)	이명박 정부 (2008~2012)	박근혜 정부 (2013~2017)
주요 정책	• 품목별 전문조직 육성 • 밭떼기 제도화 • 저온저장고, 수송 차량 지원	• 농협의 공동출하 강화 • 산지유통 전문조직 육성 • 산지유통센터 건립	• 브랜드사업 본격화 • 공동마케팅 조직 육성 • 산지유통조직 법인화(조합공동사업법인 육성) • 거점APC 건립	• 시군유통회사 설립 • 대규모 농업회사 선정	• 농협 중심의 산지유통 계열화 • 도매시장 운영 패러다임 전환 • 수급관리 체계화
주요 특징	• 농업 경영체 육성 • 시장개방 대비 농업 경영체 경쟁력 강화	• 산지유통조직 육성 • 지역 농협 통폐합 추진 • 공동계산제 도입	• 산지 브랜드화 사업 확대 • FTA에 대응한 과실 부문 산지 조직화	• 새로운 산지유통조직 육성 • 산지유통 활성화 사업 추진체계 개편	• 계열화의 주체인 농협 역할 강화 • 전국 단위의 산지 유통조직

도매시장 유통 개선 정책

도매시장을 중심으로 하는 거래의 효율화를 위한 시장시설의 확대, 현대화 및 거래의 공정성 확보에 치중해 왔던 도매시장 정책이 정가 · 수의매매 확대와 물류 효율화 등으로 정책역점 부분이 변화되고 있다.

직거래 정책

시장개방에 대비한 영세소농가 지원 수단으로, 도농교류의 유효한 수단으로 생산자(단체)와 소비자의 직거래 활성화 시책이 강화되어 왔다.

수급안정 정책

생산자 단체 주도의 수급안정사업으로부터 농산물 가격 안정화를 위한 정부

표 12-3 역대 정부의 도매시장 유통개선 정책의 개요

구분	김영삼 정부 (1993~1997)	김대중 정부 (1998~2002)	노무현 정부 (2003~2007)	이명박 정부 (2008~2012)	박근혜 정부 (2013~2017)
주요 정책	• 공영 도매시장 조기 건설 • 전 품목 상장거래 실시 • 도매시장 평가 실시	• 공영 도매시장 건설 확대 • 상장예외제도 도입 • 전자경매제도 도입	• 시장도매인제도 도입(강서시장)	• 도매시장 현대화 사업 실시 • 정가·수의매매 부분 도입	• 정가·수의매매 확대 • 대금정산조직 설립 • 농가의 출하 선택권 확대 • B2B 사이버마켓 설치
주요 특징	• 상장경매제 실시 • 농안법 파동 발생	• 전자경매를 통한 거래투명성 강화 • 상장경매제에 대한 비판 대두	• 거래제도 다양화	• 도매시장의 경쟁력 강화방안 논의	• 도매시장의 경쟁력 강화를 위한 거래제도 및 물류 개선 요구 증대

표 12-4 역대 정부의 농산물 직거래 정책의 개요

구분	김영삼 정부 (1993~1997)	김대중 정부 (1998~2002)	노무현 정부 (2003~2007)	이명박 정부 (2008~2012)	박근혜 정부 (2013~2017)
주요 정책	• 직거래 장터 설립 • 생산자 단체의 유통자회사 설립	• 직거래 유통에서 농협 역할 강화 • 산지와 대형유통업체 간 직거래 촉진 • 소비자생활협동조합법 제정	• 1사1촌운동을 통한 직거래 활성화	• 협동조합기본법 제정 • B2B 사이버거래소 설립	• 로컬푸드 활성화 • 직거래 시장 확대
주요 특징	• 지자체, 농협 중심의 도시직판장 건립	• 직거래 범위를 도매시장 외 거래로 확대 • 농협의 역할 강조	• 다양한 농산물 직거래 제도화	• 유통 효율화와 도농교류 차원의 직거래 추진	• 유통 단계 축소와 도농상생수단 강화

의 역할 강화방향으로 변화되어 왔다.

표 12-5 역대 정부의 농산물 수급안정 정책의 개요

구분	김영삼 정부 (1993~1997)	김대중 정부 (1998~2002)	노무현 정부 (2003~2007)	이명박 정부 (2008~2012)	박근혜 정부 (2013~2017)
주요 정책	• 채소수급안정사업 실시	• 과실수급안정사업 실시 • 유통협약 · 명령제 도입 • 농업관측센터 설치	• 자조금사업 확대 • 농업관측정보 내실화	• 수매비축 및 계약재배 도입 • 소비자 가격정보 도입	• 민 · 관수급관리위 설치 • 가격 안정대 설정하고 위기 단계별 시장 개입 시책 도입
주요 특징	• 생산자 단체 주도의 자율적 수급안정 정책	• 자조금제도 도입 • 자율적 수급안정 정책 도입	• 자율적 수급안정 정책 강화	• 배추파동 계기 정부 개입 강화	• 국내 비축물량의 확대

3) 박근혜 정부의 농산물 유통 개선 종합대책의 근간

새 정부는 농산물 유통 개선 종합대책을 발표하였다(2013. 5. 17). 정부는 ① 효율성이 낮은 유통구조(높은 유통비용), ② 높은 가격변동성(가격의 불완전성), ③ 산지-소비지 가격의 비연동성(가격의 비대칭성) 등 3대 과제를 한국 농산물 유통구조의 해결해야 할 과제로 제시하였다. 이러한 유통구조의 문제점을 해소 또는 완화하기 위한 유통구조 개선 정책의 기본 방향을 다음과 같은 3가지로 제시하였다.

① 생산자는 제값으로 팔고 소비자는 더 싸게 사는 건강하고 지속 가능한 유통생태계(流通生態界)를 조성한다.
② 도매시장의 효율화와 신유통경로의 육성으로 유통경로 간 경쟁 촉진을 통하여 유통구조의 효율성을 제고시킨다.
③ 농업 관측, 비축, 계약재배 확대 등 수급관리 강화를 통하여 가격변동성을 완화시킨다.

이를 실현하기 위하여 유통 개선 5대 과제를 제시하였다.

그림 12-6 정부의 농산물 유통 개선 정책의 목표와 추진 과제

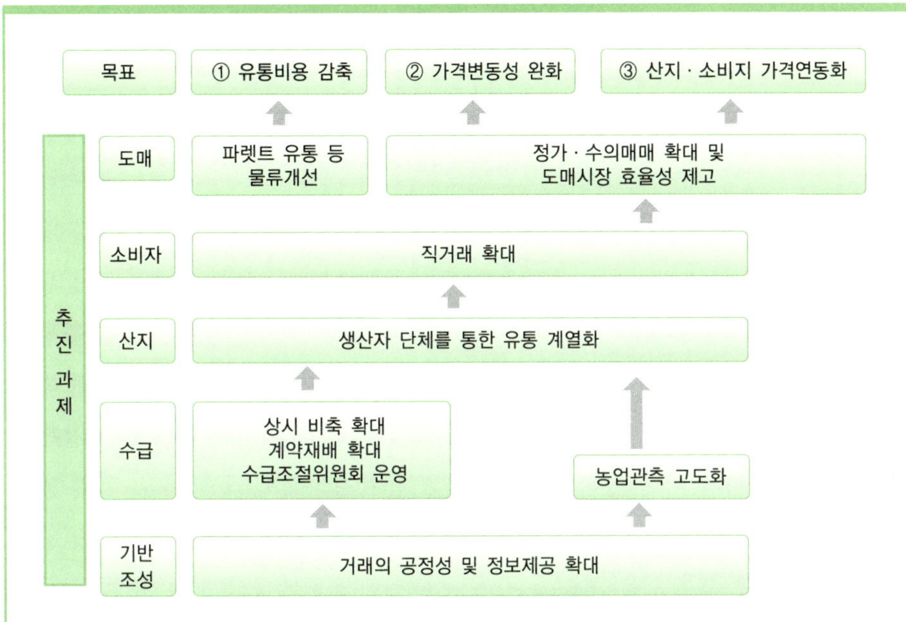

① 도매시장 운영 패러다임 전환

② 직거래 등 대안적 유통경로 확장

③ 생산자 단체를 통한 유통 계열화

④ 수급관리 체계화

⑤ 거래의 공정성 확보 및 정보제공 확대

농산물 유통 개선은 한국 농업의 경쟁력 강화를 궁극적으로 실현시키기 위한 핵심 과제의 하나이다. 이를 위해서는 유통비용을 효과적으로 절감하고 소비자의 편의성을 증가시킴으로써 고객만족도를 향상시킬 수 있어야 한다. 또한 시장변화에 대한 농가의 대응능력을 강화시키는 방향으로 유통 개선 정책이 추진되어야 한다.

구체적으로는 농가에서 생산된(product out) 농산물을 남김없이 팔아 주는 시장으로부터 소비자가 원하는 농산물을 생산 · 유통시키는(market-in) 시장으로의 변화를 이끌어야 한다.

Chapter 13

농촌공간의 시장가치화

1. 급속한 도시화와 수도권 인구과밀화
2. 지역 간 인구편재로 인한 사회적 비용
3. 농촌지역 개발 정책의 선택과 전환방향
4. 농촌지역의 가치와 시장화 전략

농촌공간의 시장가치화

1 급속한 도시화와 수도권 인구과밀화

경제성장이 진전됨에 따라 농촌지역의 인구감소는 세계 모든 나라에서 공통적으로 일어나고 있는 현상이다. 그러나 우리나라에서는 선진국에서의 경험과는 달리 농업 및 농촌인구의 감소가 유례없이 빠른 속도로 진행되어 왔다.[1] 더구나 농산물 시장개방의 확대라는 외생변수의 변화마저 구체화되고 있는 현실에서 이제 농촌지역 사회는 떠나지 못한 고령화된 인구만 살고 있는 활력 잃은 공간으로 남겨질 것인가? 아니면 새로운 가치(value)와 시장(market)에 의한 성장동력을 확보할 수 있을 것이냐 하는 기로에 처해 있다.

농업 · 농촌지역 사회가 직면하고 있는 위기적 상황을 인식하여 역대 정부는 '떠나는 농촌'을 '돌아오는 농촌'으로 바꾸어 나가기 위한 획기적인(?) 농촌 개발 정책을 계속 발표하고 추진해 왔지만, 농촌의 위기적 상황은 여전히 계속되고 있다.

물론 그 동안의 정책으로 농업 생산성 향상과 농촌 생활 환경개선을 위한 물적 기반이 확보되는 등 부분적인 성과가 있었음을 부인할 수는 없지만, 농촌의 새로운 성장동력을 발굴하여 농촌지역의 활력을 되찾게 할 수 있는 콘텐츠(실천적인 내용)가 부족했다는 평가는 피할 길이 없다.

어디에서 위기를 극복할 수 있는 대안적 길을 찾을 것인가?

농촌지역에 부존되어 있으면서도 그 동안 제대로 평가되지 않았던 유 · 무형

1) 국민총생산에서 농업 생산액이 차지하는 비중이 40%에서 7%로 감소하는데 소요하는 기간은 영국 113년, 미국 96년, 일본 73년인데 비해서 한국은 26년이 걸리는 등 우리나라 농업의 상대적인 위축속도는 지나치게 빨랐다(이정환, 1998).

(有 · 無形)의 가치 중에서 사회 · 경제적인 여건이 변함에 따라서 시장에서 새롭게 그 중요성이 평가되는 새로운 농촌의 가치가 등장하고 있다. 그러므로 대안적 길은 새로운 가치에 기초한 새로운 시장에서부터 찾아져야 한다. 왜냐하면 전통적인 농촌의 가치에 기초한 관행적인 농촌지역 개발방식의 한계가 이미 드러났기 때문이다.

1) 농촌지역 인구감소와 도시화

역전된 농촌-도시지역 간 인구거주 비율

지난 40년간(1970~2010) 농촌지역 인구[2]는 1970년의 1,850만 명에서 연평균 2.3%씩 감소하여 2010년에는 876만 명으로 40년 만에 절반 이하 수준으로 줄어들었다. 이 기간 동안 전체 인구는 연평균 1.03%씩 성장함으로써 1970년의 3,224만 명에서 2010년에는 4,858만 명이 되었다. 그러나 도시지역 인구는 1970년의 129만 4,000명에서 연평균 2.9%씩 증가하여 2010년에는 398만 2,000명으로 3배로 늘어났다. 지난 40년 동안 총인구의 지역 간 거주비율의 변화를 살펴보면, 도시인구는 41.2%에서 82.0%로 증가한 반면에 농촌인구는 58.8%에서 18.0%로 감소하여 농촌과 도시 간의 인구거주 비율의 역전(逆轉)현상이 일어나게 된 것이다.

선진국 수준을 능가하고 있는 도시화 정도

농촌지역의 지속적인 인구유출은 급격한 도시화[3]를 진전시켰다. 지난 50년 동안 한국의 도시화 정도의 진전을 살펴보면, 1950년대에는 세계 평균(29.3%)에 미치지 못하는 21.4%이었으나, 1970~1980년대의 고도경제성장기를 거치면서 도시화가 급격히 진전되어 2000년에는 세계 평균(47.6%)은 물론 선진국 평균(75.8%)

2) 농촌지역 인구는 인구 및 주택센서스에서 읍 · 면지역의 인구로 정의하고 있음.
3) 도시화 정도는(도시인구/전체 인구×100)으로 계측된다. 한국의 도시지역은 지방자치법 및 동법 시행령 제7조에 의거하여 인구가 5만 명 이상이고 시가지 내에 거주하는 인구와 상업, 공업, 기타 도시산업에 종사하는 가구의 비율이 각각 60% 이상이며, 1인당 지방세 납부액, 인구밀도, 인구증가 경향 등이 행정자치부령이 정하는 기준 이상이어야 한다고 규정하고 있다.

그림 13-1 국가별 도시화 진전 추이(1950~2010)

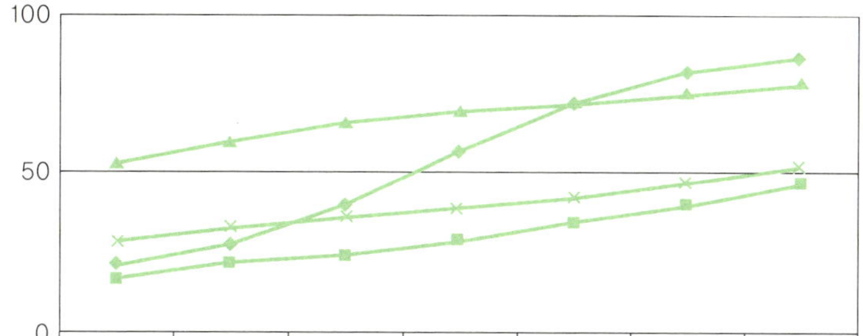

	1950	1960	1970	1980	1990	2000	2010
한국	21.35	27.71	40.71	56.86	72.13	81.62	86.26
개발도상국	16.95	22.16	24.69	28.82	34.31	40.27	46.79
선진국	54.31	60.61	66.59	70.21	72.74	75.78	79.13
세계 평균	29.31	34.19	36.57	39.4	43.1	47.56	52.85

보다도 높은 81.6%수준에 이르고 있다(그림 13-1).

따라서 인구과밀지역인 도시지역에는 인구과밀화(過密化)로 인한 사회적 비용이, 그리고 인구과소지역인 농촌지역에는 인구과소화(過疎化)로 인한 사회적 비용이 발생하는, 다시 말하면 지역 간 인구편재(偏在)로 인한 고비용구조가 정착되고 있기 때문에 이를 바로잡기 위한 적극적인 정책대응이 시급함을 알 수 있다.

2) 지역 간 인구분포의 불균형화 심화

지난 40년간(1970~2010) 수도권[4] 인구는 3.7배, 그리고 지방대도시 인구는 5.4배 증가하였으나, 농어촌 인구(읍, 면 인구)는 40년 전의 23.1% 수준으로 감소하여 1970년의 1,836만 명에서 2010년에는 425만 명으로 감소하였다. 지역 간 인구변화율을 10년 단위로 살펴보면, 수도권 인구는 1970년대에 연평균 5.04%, 1980년대에 4.37%, 1990년대에는 2.49%, 2000년대에 1.49%씩 증가함으로써 증가율이 점차 낮아졌다.

4) 이 자료는 통계청 국내 인구 이동통계 중 수도권(서울, 인천, 경기)에 대한 자료를 별도 집계한 결과임.

그림 13-2 서울, 지방도시 농어촌 인구분포

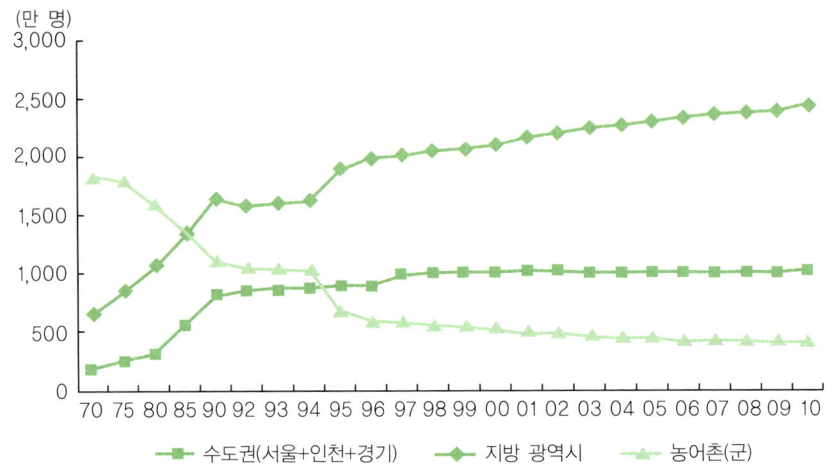

주: 수도권 인구: 서울+경기+인천 주민등록 인구(군민 제외), 지방광역시(부산, 대전, 대구, 울산, 광주 광역시 주민등록 인구), 농어촌: 전국 군 거주민 수.
자료: 통계청, 시군구별 주민등록인구(1992~2010), 통계청, 인구총조사(1925~2010 부정기).

한편, 지방대도시는 1970년대에는 연평균 5.34%씩, 1980년대에는 연평균 10.03%씩, 1990년대에는 연평균 2.11%씩, 2000년대에는 0.05%씩으로 증가율이 낮아졌다. 그러나 농어촌지역은 1970년대에는 연평균 △1.41%, 1980년대에는 △3.50%, 1990년대에는 △6.85%씩 지속적으로 인구감소율이 높아졌으며 2000년대에는 연평균 △2.51%씩으로 감소율이 낮아졌다.

그림 13-2에서 보는 것과 같이 서울수도권(서울 Metro) 인구는 꾸준히 증가하여 왔으나 1995년 이후 둔화되는 경향을 보이고 있고, 지방대도시의 인구는 약간 감소 추세로 꾸준히 증가되어 왔으며, 이러한 추세는 당분간 계속될 것으로 판단된다. 반면 농어촌지역 인구는 꾸준히 감소하고 있으며, 역시 당분간 현재의 감소 추세가 지속될 것으로 판단된다.

2 지역 간 인구편재로 인한 사회적 비용

1) 인구의 도시 집중화에 의한 경제 · 사회적 문제

오늘날 개발도상국을 중심으로 한 거의 모든 나라에서 농촌지역으로부터 도시지역으로의 대규모 인구이동이 진행되고 있는 가운데, 도시지역 인구과밀의 문제는 산업사회의 안정적인 발전을 위해서는 반드시 해결해야 할 과제의 하나로 인식되고 있다.

특히, 우리나라는 중앙집권적 왕권국가로서 전국적인 획일성과 동질성을 강요당해 왔던 오랜 전통 속에서 살아 왔으며, 지정학(地政學)적으로도 4대강 유역권이 국토면적의 64%를 차지하는 대하천 유역권으로 형성되어 있어서 그 자체가 중앙집권적 생활권을 형성하도록 유도해 왔다. 게다가 개발연대동안 채택된 성장거점 위주의 국토개발 정책은 지역 간 불균형을 더욱 심화시켜 왔기 때문에 인구의 이촌향도(離村向都)를 더욱 촉진시켜 왔던 것이다.

왜 지역 간 개발격차는 심화되는가?

첫째, 성장거점 개발로 인해서 일단 지역 간 격차가 현저해지고 나면 낙후지역의 소득이 증가된다고 해도 낙후지역에서 소비되는 선진지역 생산품(상품이나 용역)에 대한 소비증가율이 이를 능가하게 되므로 결과적으로 지역 간 격차는 심화되게 마련이라는 것이다.[5)]

둘째, 선진지역으로부터 일방적으로 선전되는 광고에 의해 낙후지역 주민의 소비 패턴과 수요는 왜곡(歪曲)되어지며 소득향상에 앞질러 선진지역 제품과 서비스에 대한 수요상승으로 낙후지역의 빈곤은 심화되어진다는 것이다.[6)]

셋째, 규모의 경제성(economy to scale)이 선진지역에는 상대적으로 유리하게 그리고 낙후지역에는 상대적으로 불리하게 작용됨에 따라 낙후지역은 산업입지란 측면에서, 그리고 최종소비재 구매가격 수준이란 점에서 더욱 불리하게 된다.

5) A. O. Hirschman(1973), p. 553.
6) Umberto Di Giorgi and Robert Moscarti(1980), pp. 25~30.

즉, 선진지역의 인구과밀은 생산 측면에서 요소(특히, 노동력) 공급에서 유리할 뿐만 아니라 수요 자체가 상대적으로 커지게 되므로, 모든 산업 생산의 원가를 상대적으로 인하(引下)시킴으로써 산업의 집중 자체가 인구과밀을 유발하는 과정과는 달리 인구과밀 자체가 또 다른 산업의 선진지역에 대한 입지집중을 유도하게 되고, 이는 다시 또 다른 인구집중을 유발하게 된다. 한편, 후진지역은 인구과소로 인해 편의시설을 비롯한 서비스 시설 등의 최소한의 규모경제를 이루기가 어려우므로 보다 비싼 재화와 용역을 도시지역으로부터 공급받게 되어서 인구과소지역의 주민은 보다 열악(劣惡)한 재화와 용역을 보다 비싼 값에 구매하게 되므로 더욱 불리해지는 것이다.

우리나라는 그 동안 국토 균형발전을 위하여 다양한 정책을 수립 · 추진하여 왔지만, 국토 정주공간의 수도권 집중성이 좀처럼 완화되지 않고 있는 가운데, 최근에는 오히려 그 집중성이 더욱 강화되는 추세를 보여주고 있다. 거의 모든 지역에서 수도권 도시지역으로 인구가 몰려들고 있으며 서울 대도시의 광역화 추세는 수도권 인접의 강원과 충청지역의 경계를 넘어서 확대되고 있다.

급속한 인구의 도시집중화는 도시와 농촌지역에 다양한 지역 비경제(regional diseconomy) 현상을 일으키게 된다. 먼저 도시지역에는 교통혼잡 비용과 환경오염 문제 및 실업 문제 등을 유발함으로써 사회적 비용부담을 요구한다. 또한 농촌지역에는 농업 생산기반의 취약화와 교육, 의료 등 공공시설과 사회적 편의시설의 입지를 가능하게 하는 최소한의 수요부족으로 인한 입지기피 내지 가동률 저하 현상 때문에 주민의 불편이 가중되고 있고, 이에 따라 이농이 촉진되어 국토공간의 이용효율성 저하와 같은 문제를 유발하게 된다.

인구의 도시집중화 현상이 가중될수록 농촌의 과소화 · 공동화 현상과 도시의 과밀 · 포화 현상으로 인한 사회적 비용은 가중될 수밖에 없다. 이러한 문제는 농촌 문제, 도시 문제 어느 한 쪽에 대한 대응적인 정책처방에 의존해서 해결될 수 있는 성격이 아니라 농촌, 도시 문제에 대한 양방향 처방에 의한 종합적인 접근, 즉 지역 균형발전을 위한 거시적인 정책접근에 의해서만 완화될 수 있는 문제의 성격을 지니고 있다.

2) 수도권 인구과밀로 인한 사회적 비용

선행연구 결과(성진근 외, 2005)에 의하면 수도권 인구가 현재의 추세대로 증가해 갈 경우 수도권 인구는 연평균 1.61%씩 증가하여 2030년에는 2,279만 9,000명으로 증가해 갈 것이다. 인구가 추가적으로 1명 증가함에 따라 추가적으로 발생할 사회적 한계비용은 2004년 현재 공적 비용 394만 원, 사적 비용 1,897만 5,000원 등 합계 2,291만 5,000원으로 추계되었다. 이러한 사회적 한계비용은 연평균 5.13%씩 증가해 감으로써 수도권 인구가 2,279만 9,000명이 되는 2030년이 되면 증가하는 인구 1인당 8,425만 4,000원이 발생하게 될 것으로 추정되었다. 만약 정부가 수도권 인구집중 억제를 위한 다양한 정책을 수립 · 시행함으로써 수도권 잔류율을 1%, 또는 2% 포인트 하락시킨다면, 사회적 한계비용의 증가율은 각각 4.86%와 4.59%로 낮아지게 될 것이다.

수도권 과밀에 따른 사회적 비용 중에서 사적 비용은 취업 및 소득기회의 증가 등으로 대표되는 사적 편익추구의 결과일 것이다. 그러므로 사적 비용이 발생한다고 하더라도 이 결과 발생한 추가적인 편익을 고려한다면 비용 자체의 크기는 결과적으로 큰 의미가 없을 수도 있다. 그러나 인구의 지역 편재로 인한 재정지출액의 효율성이란 측면에서 공적 비용의 정당성은 반드시 검증되어야 할 필요성이 있다. 현수준에서 집행되고 있는 지역별 재정세출액이 인구의 지역 정주에 어떠한 효과를 미치는지를 지역별로 실증적으로 검증함으로써 재정지출액의 효율성, 즉 재정투자의 인구 승수효과를 대표적인 인구과밀과 인구과소지역인 수도권과 농어촌(군부)지역의 인구에 대해서 추정한 선행결과를 요약하면 다음과 같다(표 13-1).

지역별 재정지출액에 대한 지역 인구의 승수효과는 수도권지역은 0.0361이었고 농촌지역은 0.68이었다. 이를 해석하면 재정세출액이 100만 원 증가하면 수도권지역에서는 인구가 0.036명이 증가하지만 농촌지역에서는 0.68명이 증가하게 된다. 이를 인구를 중심으로 하여 해석하면 수도권과 농촌지역에서 인구를 1명 추가로 정주시키기 위한 재정세출액은 각각 2,770만 원과 147만 원이 소요되어 수도권의 재정지출 소요액이 19배나 많다는 것이다.

표 13-1 수도권 인구증가에 따른 시나리오별 사회적 한계비용의 추정 요약

(단위: 천 명, 천 원)

연도	인구			사회적 비용		
	현재 추세	잔유율 1%p 하락	잔유율 2%p 하락	현재 추세	잔유율 1%p 하락	잔유율 2%p 하락
2004	15,068	14,737	14,412	22,912	21,105	19,397
2015	18,384	17,615	16,900	42,664	39,076	34,134
2017	18,940	18,118	17,356	49,055	42,738	37,254
2020	19,874	18,887	18,055	56,003	48,432	42,272
2030	22,799	21,610	20,524	84,254	72,431	62,401
연평균 증가율(%)	1.61	1.48	1.37	5.13	4.86	4.59

자료: 성진근 · 안종운(2005).

3 농촌지역 개발 정책의 선택과 전환방향

1) 중앙정부 주도적인 하향적 농촌개발사업

경제개발시대의 농촌개발사업

산업화 초기 단계였던 1960년대와 1970년대의 한국 농업 정책은 식량증산과 저곡가(低穀價) 유지를 목표로 하는 경지정리, 개간, 간척 등 농업 생산기반 확충 사업에 치중하였다. 이 시기의 농촌지역 개발방식은 소위 '새마을운동'으로 상징되는 농촌의 자조협동적 노력을 기반으로 하여 지붕개량, 농로개설 등 농촌마을 가꾸기 사업이 정부의 지원사업으로 추진되었다.

1980년대에 들어서면서 서울과 지방이라는 단핵구조(單核構造)의 국토공간 형성 추구에서 벗어나서 지역의 다양성을 강조하고 지방의 정체성을 제고시키기 위한 정주생활권 개념이 도입되었다. 그러나 농촌지역 개발을 위한 기본적인 접근방식은 농공단지 조성이나 농어촌 정주권 개발사업 등에서 보는 바와 같이 중앙정부에 의한 하향적 개발방식이 중심이 되어 왔다.

1990년대에는 그 동안 추진되어 왔던 많은 사업들이 농어촌발전특별조치법(1990)의 시행으로 제도화되는가 하면 지방자치제도의 실시(1991) 등 여건의 변화로 농촌지역 개발사업에 지역별 특성을 반영할 수 있는 계기가 마련되었다. 그러나 기획력과 추진력을 갖춘 지역 인적 자원의 부족과 지방정부의 재정능력 취약에 따른 개발재원의 부족 등의 이유 때문에 중앙정부 주도적인 지역 개발이라는 관행적인 정책추진 방식은 크게 변화되지 않았다. 따라서 지역의 특성과 부존자원 의존적이며 지역의 내생적 수요에 의한 농촌 개발과는 거리가 먼 농촌지역 개발이 추진되어 왔다고 할 수 있다.

예컨대, 농촌 휴양자원 개발사업으로 중앙정부의 지원에 의존하여 육성되기 시작한 관광농원사업의 경우, 1998년까지 총 491개소가 지정되었지만 2002년 현재 운영되고 있는 관광농원은 전체의 68%에 불과한 334개소이며, 그나마 운영되고 있는 관광농원의 상당수가 개인 사업화되어 경영위기에 처함으로써 정부지원의 당초 목표가 크게 훼손되고 있는 것이다.

참여정부의 농촌개발사업

참여정부는 그 동안의 제1단계 구조개선사업(1992~2003)의 연장선상에서 소위 119조 투융자사업을 수립하였고, 이 사업의 전면에 내세운 9대 혁신과제 중에서 '살고 싶은 농촌개발'을 실현하기 위한 다음과 같은 계획을 발표하고 있다.

첫째, 농촌거점지역과 주변 마을을 집중 개발하겠다는 것이다. 2013년까지 총 194개 읍 중에서 매년 20개씩을 농촌생활 중심지로 개발하고, 중심지에서 떨어진 마을은 3~5개씩 묶어서 1,000개 권역을 권역당 70억 원씩 지원함으로써 개발해 나간다.

둘째, 농촌 부존자원을 이용한 다양한 일자리를 창출하겠다는 것이다. 2013년까지 1,000개소의 농촌 관광마을을 개발하고, 농공단지를 2003년 현재의 296개소에서 394개소로 확대하며 문화축제 등 향토 지적재산을 산업화하고, 1사1촌운동의 확대 등을 통해서 농촌지역의 다양한 일자리를 늘리겠다는 것이다.

셋째, 농촌지역 개발에 필수적인 사람과 자본의 유입을 유도할 수 있는 제도를 개선하겠다는 것이다. 도시민의 농협 출자를 허용하고 농촌 내집 갖기 운동을 세제(稅制) 개선을 통하여 확대하여 도 · 농교류센터 등을 통하여 도시와 농촌 간의 정보교류를 활성화시키겠다는 것이다.

이명박 정부의 농촌개발사업

참여정부의 국정 아젠다의 하나였던 "살기 좋은 농촌만들기"가 이명박 정부에 들어서도 그대로 계승되었다.

교육 · 복지 · 정주 여건 등 농어촌 주민의 삶의 질 향상을 위한 정책적 지원을 강화하고 농어촌 공공서비스의 질을 향상시키기 위한 정책기조는 계속 유지되고 있다. 특히, 향토자원 산업화와 농어촌 관광 인프라 확충을 통한 농어촌 관광 활성화와 함께 지역 특성에 맞는 맞춤형 농어촌지역 개발체제를 도입한 것이 눈에 띄는 변화라 할 수 있다.

농촌개발 정책은 농림수산식품부, 행정안전부, 국토해양부, 보건복지부, 환경부 등 농촌지역을 대상으로 하는 10여 개 중앙행정기관에 의해서 290여 개의 단위사업을 중심으로 추진된다. 「삶의 질 특별법」에 의거하여 수립 · 추진되는 삶의 질 향상 시행계획에는 11개 중앙행정기관이 관여하여 105개 사업이 포함되어 있고, 균특 회계 지역 개발계정에는 13개 중앙행정기관의 210개 사업이 포함되어 있다.

각 사업마다 해당 정부 부처별 사업지침에 맞추어서 중앙부처-시 · 도→시 · 군으로 이어지는 추진체계를 지니고 있으므로, 지방자치단체들이 중 · 장기 비전에 입각한 통합적인 계획 하에서 사업을 추진하지 못하게 하는 요인으로 작용하고 있으며, 유사한 목적의 사업들이 서로 연계를 이루지 못하고 소규모로 분산되어 추진되기 때문에 지역 개발사업의 시너지 효과를 기대하지 못하는 요인으로 작용하고 있다.

이에 따라서 지역 전체를 아우르는 비전이나 공간구조와 통합되지 않는 개발사업이 다양한 방향으로 추진되고 있고, 심지어는 사업계획 간의 분절, 중복, 부조화 등의 부정적 현상이 나타나는가 하면, 계획만 수립하고 개발행위는 뒤따르지 않는 낭비가 발생하기도 하는 등 기존의 농촌개발사업의 관행이 수정되지 않고 계속되고 있다.

살기 좋은 농촌이란 정주에 필요한 시설 및 서비스가 충분히 제공되는 삶터인 동시에 고용기회가 충분하여 경제적 활력이 있고 일터, 그리고 아름답고 깨끗한 경관을 보유하고 매력적인 지역 자원도 풍부한 쉼터, 마지막으로 주민 구성이 건강하고 공동체적 유대와 참여의 기회가 다양한 공동체 터라고 정의할 수 있다(송미령 외, 2008).

낙후된 농촌개발을 위한 다양한 지역 관련 계획은 여러 경로를 통하여 수립되어 추진되고 있으나 살기 좋은 농촌으로 만들기 위한 목적과 구속력 있게 연계시킬 수 있는 종합계획이나 사업성과 평가체제가 부족한 것이 현실인 것이다.

현재까지 진행되어 온 농촌개발 정책은 한마디로 중앙정부 의존적인 개발이었다는 특징이 있다. 따라서 정책자금 지원주체인 중앙정부 여러 부처의 사업 메뉴와 추진방식에 입각한 공급자 위주의 개발이 진행되어 왔으며, 이 과정에서 지역의 특성에 알맞은 내생적 개발이나, 장기적인 농촌지역의 자생력을 함양할 수 있는 전략적 개발은 상대적으로 소홀히 다루어졌다. 특히, 지극히 도시적이고 중앙집권적인 사고에 입각한 개발계획 수립과 단기적인 개발수입 극대화를 노린 난개발(亂開發)이 진행되어 온 나머지 농촌지역의 정체성마저 크게 훼손되는 위기에 처하게 된 것이라 할 수 있다.

2) 농촌개발 방식의 전환방향

바야흐로 농촌지역은 큰 변화의 소용돌이에 처하고 있다. 밖으로는 본격적인 시장개방의 진전으로 지속적인 농업 소득의 위축현상이 진행되고 있다. 이에 대응하여 농외 소득(農外所得)을 올릴 수 있는 새로운 소득원(所得源)의 개발 필요성이 커지고 있다. 안으로는 교통 · 통신의 발달에 따라 도시와 농촌지역이라는 이분법적 사고에서부터 도 · 농 통합으로 상징되는 도시와 농촌의 통합생활권이 보다 확대되고 있다. 국민소득 증가에 따라 그리고 도시과밀로 인한 사회적 비용이 커짐에 따라 도시인들을 위한 휴양 · 정주공간으로서 농촌지역의 가치도 새롭게 평가되고 있다.

농촌개발 방식에서도 큰 변화가 불가피해지고 있다. 우리나라가 선진국경제협의체(OECD)에 가입함에 따라 환경 친화적이고 지속적인 개발(environmentally sound and sustainable development)이라는 OECD의 농촌개발 방식에 부응해야 하는 상황이 새롭게 전개되고 있는 것이다.

OECD 국가들의 경우, 농촌지역 개발은 국가경제의 균형발전을 위해서 절대적으로 필요하다는 시각에서 출발되고 있다. 이들 국가들의 농촌지역 개발 정책의 목표는 다음의 세 가지로 요약된다(OECD, 1997).

첫째, 농촌지역 개발 정책이 농촌지역의 경쟁력을 강화하여 국가경제의 균형적 발전을 위한 중요한 축으로 형성되도록 하고, 둘째 농촌지역 주민들에게 균등한 삶의 질을 보장하여 인간다운 삶을 영위하도록 하며, 셋째 농촌지역의 자연자원 및 문화유산을 잘 보전함으로써 국가 전체적으로 조화된 발전모습을 가지도록 하는 것이다.

이러한 정책목표를 달성하기 위하여 OECD 국가들은 하향식 개발방식과 상향식 개발방식을 접목하는 새로운 개발전략을 추구하고 있는데, 새로운 개발방식은 다음의 두 가지 방향으로 요약된다.

첫 번째 방향은 중앙정부와 지방정부 간의 역할분담이다. 철저한 지방분권주의를 지향하고 있는 대다수 OECD 국가들의 경우에 있어서도 농촌개발 문제는 중앙정부의 재정지원 및 개발계획 수립과정에서 지도적 역할이 중시되고 있다. 농촌개발 계획의 수립과 집행에 있어서 지방정부가 주체적인 역할을 수행하되 중앙정부의 지원과 지도 하에 민관 간의 협력관계를 체계화함으로써 농촌개발을 추진해 나간다는 것이다.

두 번째 방향은 농촌지역의 중심산업인 농업에 대한 지원과 육성 정책만으로 농촌발전을 효과적으로 도모할 수 없다는 한계를 인식하고 있다. 이에 따라 정보와 통신 분야의 첨단산업을 농촌지역에 구축하는 개발전략(캐나다, 미국, 일본)에서부터 관광산업, 휴양산업 및 실버산업 등 농촌의 수려한 경관을 이용하는 대체산업을 이용하는 농촌개발 전략이 강화되고 있다. 우리나라와 마찬가지로 선진국들의 경우에 있어서도 농촌을 기반으로 하는 지방자치단체의 낮은 재정

자립도는 독자적인 농촌지역 개발의 추진을 가로막는 중요한 애로요인이 되고 있다. 그러나 이러한 한계를 다양한 협력체제의 구축을 통해서 극복하고 있음을 알 수 있다. 스페인은 자치단체 간 협력체계를 근간으로 하는 상향식 협력체계를 통하여 농촌지역 개발을 효과적으로 추진하고 있다. 미국은 정부 간(지방정부 간 및 중앙과 지방정부 간), 또는 민관 간에 다양한 전략적 제휴와 협력체계의 구축을 농촌지역 개발 추진을 위한 필수적 요소로 선택하고 있다.

미국 농촌개발 계획의 수립에 있어서의 특징은 다음과 같이 요약된다(J. M. Halstead and S. C. Deler, 1997).

첫째, 연방정부 주도 하의 협력체계에 의해서 수립되는 국가적인 계획이다. 둘째, 농촌의 환경에 대한 물리적인 개발뿐만 아니라 인적 자원의 개발과 사회개발도 아울러 추진된다. 셋째, 교통 · 도로 · 정보통신 등의 사회기반 시설의 구축에 있어서는 연방정부의 예산사업으로 선(先) 집행된다.

3) 농촌지역 개발 정책의 바람직한 전환방향

농촌지역의 쾌적성(amenity)과 농촌성(rurality)을 유지 · 보존해 나가는 것은 국토공간을 아름답고 균형 있게 가꾸는 일인 동시에 농촌지역을 전 국민을 위한 정주공간으로 활용함으로써 도시 과밀화로 인한 사회적 비용을 궁극적으로 줄여가는 일이며, 농촌주민의 소득원을 다양화할 수 있는 유효한 길이란 인식이 우선 확립되어야 한다. 이를 위한 구체적인 정책수단의 선택방향을 요약하면 다음과 같다.

첫째, 정부 간(중앙정부 부처 간, 중앙정부와 지방정부 간, 지방정부 간) 협력체계가 필수적으로 구축되어야 한다. 개발의 주도적인 역할은 지방정부가 맡아서 지역별 특수성을 최대한 살려 나가되, 안전행정부, 농식품부, 국토 · 환경부 등 중앙정부 부처 간의 협력체계를 구축하여 범부처적인 종합개발이 이루어져야 하며, 지방정부 간의 전략적 제휴도 동시에 추구하는 방향으로 개발주체 간 역할분담과 추진방식의 전략화가 필수적으로 추구되어야 한다.

둘째, 농촌의 경관과 농사짓는 행위 자체를 상품화하는 농촌관광(green

tourism)을 활성화하기 위한 사회간접자본(SOC) 조성 성격의 물적 기반(infra-structure) 조성사업에 대한 중앙정부의 적극적인 투자재원 배분이 강화되어야 한다. 또한 농촌관광에 대한 도시민의 잠재수요를 현재화(顯在化)시킬 수 있는 수요개발과 관리를 위한 통합수요관리 시스템의 구축에 대한 지원도 관광 공급기반 확충에 못지않게 중시되어야 한다.

셋째, 물적 기반에 대한 개발투자뿐만 아니라 농촌지역 개발주체로서의 지역 인력자원 배양을 위한 교육 · 훈련사업도 동시에 강화되어야 한다. 또한 도시자본과 인력의 농어촌 유치를 촉진하기 위한 세제 및 금융상의 동기 부여적인 제도를 강화하고 장애가 되는 각종 규제를 완화해 나가야 한다.

넷째, 인구감소율이 심각한 소위 조건불리지역(less favoured area)에 대해서는 마을과 정부 간의 협정 형태로 지역 개발재원을 재정에서 직접 지원함으로써, 지역민의 내생적인 수요에 의한 지역개발사업을 장려하여 지역 주민의 자조력을 배양해 나가야 한다.

다섯째, 농어촌 교육 여건과 보건의료의 질 및 서비스 체계를 거점도시(도 · 농 통합) 중심으로 강화하고 배후 농어촌지역과의 접근성을 개선함으로써, 도시지역과의 생활환경 격차를 적극적으로 줄여 나가야 한다.

여섯째, 날로 공동화(空洞化)되고 있는 농촌지역 사회의 활력을 되찾는 실천적인 방안이 포함되어야 한다.

농촌지역은 그 동안 진행되어 온 젊은 층을 중심으로 한 이농현상 때문에 인구규모가 줄어들고 게다가 주민의 대부분이 노령화되어 농촌마을 공동체가 스스로 붕괴되는 위기에 처하고 있다. 최소한의 편의시설(구멍가게, 이발소 등)마저 존립에 필요한 기본적인 수요가 모자라기 때문에 문을 닫았고, 병원이나 학교 등 공공시설 등은 이미 없어진 지 오래다. 주민이 없는 면이 7개나 되고 면장이 없는 면도 10개나 된다.

가구 수 20호 미만의 인구과소마을도 2010년 현재 전체 농어촌 마을의 9.5%인 3,100개소로 증가하는 추세이다. 인구가 과소한 수개의 농촌마을을 하나의 중심마을로 이전 · 통합시키는 농촌마을 규모화를 위한 중심마을 종합개발계획이 농촌지역 개발 정책의 중요한 축으로 자리잡아야 한다.

다양한 생활 편의시설과 농산물 저장, 농기계 수리시설 등을 설치함으로써 중심마을이 농촌의 생활과 영농의 중심적 역할을 수행하도록 해야 한다. 인구가 떠난 폐마을은 농촌의 공동체 회사의 작업장이나 체험활동 공간으로 리모델링하여 활용할 수 있는 방안을 모색해야 한다. 마을 안길을 포장해 주고 가로등을 달아 주는 개별 마을 대상의 선심성 마을 개발방식을 이제는 바꿔야 한다.

안전행정부의 마을기업, 고용노동부의 사회적 기업, 농식품부의 농어촌공동체회사, 여성가족부의 농촌 여성 일자리사업 등 동일한 지역을 대상으로 하여 각 부처별로 시행하고 있는 다양한 지역 사업들을 통합적으로 추진할 수 있는 지역 단위의 통합추진 시스템도 구축되어야 한다.

통합화된 중심마을 조성사업을 통해서 농촌의 활력을 되찾게 하는 일이 농촌지역 개발의 바람직한 방향성이다.

4 농촌지역의 가치와 시장화 전략

1) 농촌지역의 가치에 대한 인식변화

산업화 과정에서 농촌지역은 농산물 생산공간으로, 그리고 산업적 개발이 유보된 나머지 땅(residual land) 혹은 떠나지 못한 나머지 사람들이 사는 지역 등으로 인식되어 왔다. 따라서 도·농(都·農) 간의 이농현상(離農現象)은 농촌의 과잉노동력의 존재 때문에 노동의 한계생산성이 대단히 낮은 농촌지역으로부터 상대적으로 높은 도시지역으로의 인구이동 현상이므로 경제성장을 촉진하는 경제활동의 하나로까지 인식되었던 것이다.

그러나 도시지역의 인구과밀화로 인한 사회적 비용이 크게 증가하면서 인구의 도시 집중화 현상을 억제하기 위한 수단의 하나로 농촌지역의 정주환경을 개선하기 위한 농촌지역 개발 정책에 대한 사회적 관심이 높아지기 시작하였다. 특히, 우루과이라운드 협상과정에서 농업의 비교역적 기능(non trade concerns: NTC)이 중요한 협상의제로 등장하면서 농촌의 다원적 기능에 의한 공익적 가치의 중요성에 대한 사회적 인식이 높아지기 시작하였다.

사람들이 지역을 선택할 때(vote on foot) 고려하는 요인은 소득적 환경과 소비적 환경이다. 석탄 캐는 일자리를 찾기 위해 탄광촌에 사람들이 모였던 것은 소득적 환경을 선호하는 행위이고, 부유한 대농(大農)층의 농민들이 도시로 이주하는 것은 보다 나은 교육이나 의료 서비스 등 소비적 환경을 선호하는 행위이다.

경제성장에 따라 소득이 증가하면서 농촌이 제공하는 자연 · 환경적 가치와 사회 · 문화적 가치에 대한 새로운 평가가 시도되기 시작하였다. 주5일 근무제의 확산 등으로 대표되는 여가생활 행태의 변화와 도시지역의 인구과밀화로 인한 사회적 비용증가 및 인구의 고령화 등의 여건변화로 인해서 농촌지역의 가치를 새롭게 인식하기 시작했다는 것이다. 즉, 국민들의 인식이 도시과밀화로 인한 폐해를 치유할 수 있는 대안적인 정주 내지 휴양공간으로서 농촌지역의 가치를 새롭게 재평가하고 있는 것이다.

OECD는 농업을 자연환경 조성, 경지보전, 생물다양성 보전, 지역 사회 활력 등으로 대표되는 식량생산 이외의 공익적 가치를 회원국이 확보해야 할 공동목표로서 선언문에서 채택하고 있다(OECD 농업각료회의 공동선언문 제10절, 1998).

1997년도에 발행된 소위 Buckwell 보고서[7]는 유럽연합(EU) 공통 농업 정책(common agricultural policy: CAP)의 개혁방향을 제시하는 가운데, 정책의 기본 요소로 농촌발전 유인책(rural development incentives: RDI)을 제안하면서 주목할 만한 정책변화 내용을 제시하고 있다. 즉, "농촌지역은 더 이상 농업이라는 산업과 동일시 될 수가 없으므로 새로운 정책에서 채택되어야 할 농촌발전 유인 정책은 농민, 농업, 식량 관련 행위를 넘어서는 정책이어야 한다"는 것이다.

2003년 6월, 새로 발표된 공동농업 정책의 정책개선안은 기존 정책의 추가 개혁안으로 볼 수 없을 만큼 커다란 변화를 담고 있다. 즉, 새로운 농정목표를 현재의 "농산물 증산과 농가소득 증대"에서부터 "농가소득 안정과 지속 가능한 농업"으로 전환하였다. 이를 위하여 지역 농업 자체보다는 지역 농업과 연관되어 있는 모든 활동의 활성화를 위한 농촌산업 분야에 대해서 종합적으로 지원하는

7) European Commission, Directorate - General for Economic and Financial Affairs(1987).

표 13-2 농업 · 농촌의 다원적 기능과 가치

경제적 기능	식량 제공	농산물 생산 및 제공
	자원 제공	생활자원, 산업자원의 생산 및 공급
자연 · 환경적 기능	생태계 유지	생물서식 환경 제공
	홍수 예방	논 · 밭의 지하수 함양
	환경 보전	대기정화, 수질개선, 폐기물 처리
사회 · 문화적 기능	정서 함양	정서적 안정감, 농촌생활의 낭만, 조용함
	전통문화 계승	전통예절, 전통음악, 전통음식, 민속놀이
	휴양공간 제공	어메니티 체험, 농촌관광, 휴식공간
	교육의 장	자연, 환경, 전통문화 체험

정책의 방향성을 확립하였다. 이러한 정책전환은 농업만으로는 농촌지역 사회를 유지해 나가기가 어렵다는 인식 하에서 새로운 농촌개발 정책의 강화를 선택하는 공통농업 정책의 개선방향을 시사한다고 할 수 있다.

농업 · 농촌이 시장재 또는 비시장재의 형태로 생산하여 국민경제에 기여하고 있는 다원적 기능과 가치를 요약하면 표 13-2와 같다. 이러한 다원적 가치를 내부화(內部化)시켜서 시장의 가치로 전환하여 위축되고 있는 농업 생산소득을 대신할 수 있는 농촌의 새로운 성장동력으로 바꾸어 나가자는 것이 새농촌 개발 정책의 핵심이라고 할 수 있다.

2) 새로운 농촌지역의 가치영역

새롭게 평가되고 있는 농촌지역의 새로운 가치영역은 환경 가치와 문화 가치 및 지역 가치로 나눌 수 있는데, 이러한 가치를 통하여 국민들이 안심하고 먹을 수 있는 신선 농산물에 대한 접근기회를 늘리고, 자연 관찰과 체험에 의한 육체적 · 정신적 재충전과 휴양기회를 제공하며, 개성적인 지역 문화와의 만남을 통해서 바쁘게 움직이는 도시생활과는 다른 여유 있는 생활(slow life)을 경험할 기회를 제공한다는 것이다.

환경 · 생명의 가치

안전한 먹거리를 생산하고 있는 공간으로서 농촌지역은 아름다운 경관을 갖추고 있고 자연생태계가 잘 보전되어 있는 지역으로 이를 상징적으로 표현하는 말이 농촌의 쾌적성과 농촌다움이다.

따라서 모든 농촌지역의 개발행위는 쾌적성을 유지하고 농촌다움을 보전하는 방향으로 진행되어야 한다는 제약조건 속에서, 환경 가치를 상품화하여 농촌 소득원으로 활용하는 행위이어야 한다. 그러나 환경 가치를 상품화하는 개발주체는 농촌주민들이므로 사적인 상품화 노력은 환경 가치를 보전해야 한다는 공공적인 목표와의 갈등을 필연적으로 초래하게 된다. 그러므로 직접지불제(direct payment) 등의 정책수단으로 갈등과 저항을 최소화하기 위한 정부 개입적 시책이 필요하다.

문화 · 교류의 가치

농촌공간은 농촌주민의 생활과 경제활동 공간으로부터 전 국민의 휴양과 휴식공간이자, 문화 · 교육공간으로서의 가치가 중시되어야 한다는 입장이다.

농촌지역의 쾌적성과 농촌다움을 누리며 농촌지역에서의 생활을 누리려는 재촌통근자, 전원주택거주자, 은퇴생활자 등 도시생활을 경험한 다양한 국민들에게 농촌지역에서 전승되고 있는 문화를 개성 있는 상품으로 개발하여 즐길거리(볼거리, 먹을거리, 체험거리)로 제공하고, 이를 도시와의 문화교류를 통해서 농촌생활 문화를 한층 더 상향 발전(up-grade)시켜 나가자는 것이다.

이를 위해서 그 동안의 토목기술(土木技術)적인 하드웨어(hardware) 위주의 농촌개발 방식에서 벗어나 전통문화의 재발견과 미래 세대를 위한 문화적 자산을 창조한다는 소프트웨어(software)적인 내용(contents) 중심의 농촌개발 방식으로 전환해야 한다는 것이다.

차별화된 지역 가치

그 동안의 농촌지역 개발방식은 '빵틀개발'이라는 비아냥을 받아왔다. 서로 엇비슷한 개발 메뉴에 의한 붕어빵식 지역 개발이 추진되어 왔기 때문이다. 물론 농촌은 도시에서 조망(眺望)할 때, 서로 엇비슷한 지역이다. 그러나 개개의 지역은 환경이 다르고, 자원이 다르고, 사람이 다르며 문화가 다르다. 이에 따라서 지역마다 독특한 개성이 있다.

그러므로 농촌개발 행위는 차별화된 지역성(locality)을 발굴 · 창조하여 개성 있는 지역 이미지(image)를 부각시킬 수 있는 방향으로 추진되는 것이 바람직하다. 이를 통하여 지역 농특산물의 브랜드 이미지가 높아지고 지역 생산품의 부가가치와 시장 접근기회를 높일 수 있기 때문이다.

3) 농촌사회 활력화를 위한 새로운 접근 통로

농촌사회의 인구구조가 고령화 · 부녀화의 심화로 이어지면서 농촌사회의 침체가 더욱 심각해지고 있다. 이를 벗어나기 위해서 농촌마을이 가진 새로운 성장동력을 찾아 농촌사회를 활력화시켜야 한다는 사회적 공감대가 확산되고 있다.

마을공동체의 육성

마을공동체가 새로운 농정대상으로 떠오르고 있다. 그 동안 농업 경쟁력 강화를 위하여 정부는 작목반을 비롯한 생산자 조직을 육성해 왔다. 그러나 품목별 생산조직만으로 농촌마을이 활력을 되찾는 것은 아니다.

마을인구의 고령화와 농가 간 큰 편차가 이를 저해하기 때문이다. 이에 따라 마을 전체를 조직화하여 공동체로 육성하자는 시도가 농식품부에 의해서 진행되고 있다. 지역 내의 유 · 무형의 향토자원을 이용하여 마을주민이 공동으로 상품과 서비스를 생산 · 판매하는 마을단위 농어촌공동체를 2011년 54곳을 선정 ·

지원한 이래 2012년에는 "색깔 있는 마을" 3,000개소를 육성하겠다는 것이다.

마을단위사업이 추진되면 주민의 일자리가 늘어나고 도시민 방문 등으로 농촌마을의 활력화가 이루어질 것이란 점이 마을공동체 육성 지원 정책의 배경이다.

도 · 농교류의 활성화

2003년 농촌사랑운동이 시작된 이후 도시민의 농촌관광 붐이 일고 있다. 특히, 농협이 주도해 온 1사1촌 자매결연운동은 도시민의 농촌방문을 확대시키는 기폭제 역할을 수행한 것으로 평가된다.

2012년 현재 1사1촌 자매결연마을 수는 총 9,627개소로 확대되었고 녹색농촌체험마을도 총 596개가 조성되었다. 1사1촌 교류금액은 793억 원, 그리고 체험마을 관광매출액은 751억 원이 실현된 것으로 평가된다(표 13-3).

농촌관광을 경험한 사람은 대도시 성인 1명당 2003년의 8명에서 2011년의 14명으로 크게 늘었고, 관광지출 10억 원당 유발되는 취업자 수는 22.9명으로 전체 산업 평균인 13.4명보다 훨씬 높았다(이강욱, 2010).

농촌관광을 농촌지역의 고용증대와 소득증대 기회로 지속시키기 위해서는 다음과 같은 제도적 보완이 필요하다.

첫째, 농촌관광 형태가 숙박을 통한 농촌체험 활동으로 변하고 있는 추세에

표 13-3 도 · 농교류(녹색농촌체험마을, 1사1촌 자매결연) 현황

(단위: 개, 만 명, 억 원, 건)

항목(누계)	2003	2004	2005	2006	2007	2008	2009	2010	2011	2012	연평균 증가율
녹색농촌체험마을 조성	44	76	123	190	274	364	442	539	553	596	29.4
체험마을 방문객 수	–	93	99	134	157	281	363	454	520	611	26.5
체험마을 관광매출액	–	74	111	183	231	374	445	615	681	751	33.6
1사1촌운동 자매결연	–	2,404	8,677	14,498	8,114	7,581	7,712	8,180	8,741	9,627	18.9
교류금액	–	43	418	1,400	553	565	606	615	611	793	44.0

자료: 통계청(2013).

부응하기 위한 시설지원과 세제상의 지원이 필요하다.

둘째, 도시권 학생들의 농촌체험교육을 제도적으로 지원하여 단기적으로는 농촌관광을 진흥시키고 장기적으로 농촌에 대한 이해와 사랑운동이 어릴 적부터 체질화시키는 데 기여해야 한다.

셋째, 귀농 · 귀촌인구의 재능 등 지적자원을 마을개발사업의 추진동력으로 활용할 필요가 있다.

최근 베이비붐 세대(1955~1963년생)의 은퇴가 시작되면서 귀농 · 귀촌인구가 급증하고 있다. 귀농 · 귀촌인구는 농사를 짓기 위해서 또는 전원생활을 즐기기 위해서 농촌을 선택하는 경우가 6:4 정도 비율인 것으로 알려져 있다. 이들은 도시생활을 통하여 IMF 환란 등을 몸으로 체험한 적이 있는 세대로서 농촌주민에게 부족한 경영마인드가 체계적으로 갖추어진 세대이다. 이들의 경험과 재능을 마을공동사업의 경영자원으로 활용하는 지혜가 필요하다. 귀농 · 귀촌가구들이 농촌에 잘 정착하도록 지원하는 정책과 이들이 마을공동체의 일원으로 잘 융합하도록 돕는 대책이 새로운 정책 과제가 되어야 한다.

4) 가치실현 수단으로서의 농촌관광

새로운 농촌소득원을 개발함으로써 도시의 과밀화로 인한 사회적 비용을 궁극적으로 줄이기 위하여 최근에 각광을 받고 있는 대안적 시책의 하나가 농촌관광(green tourism) 육성이다. WTO 협상에서도 농촌의 쾌적성 유지를 위한 정부지원은 허용 정책으로 인정하고 있으므로, 개방시대에 처한 농촌회생을 가능하게 할 수 있는 새로운 대안으로서 농촌관광 활성화를 위한 정부의 지원 정책도 보다 확대될 전망이다.

영국, 프랑스 등 선진국에서는 이미 1960년대부터 정책적으로 농촌관광을 육성하여 전국적인 조직으로 확대하는 등 성공을 거두고 있으며, 일본도 농촌관광 활성화를 위한 정부와 민간의 노력이 도 · 농간 공생 · 교류라는 새로운 라이프스타일의 창조를 축으로 하여 활발히 전개되고 있다.

농촌관광의 성공요인

농촌관광의 현 단계는 농촌 어메니티(amenity)를 신상품으로 해서 농촌지역에 새로운 시장이 형성되는 과정으로 볼 수 있다. 농촌관광이란 신상품은 농촌에서 생산되어 도시에서 소비되는 것이 아니라 도시민들이 농촌지역을 방문, 또는 체류함으로써 농촌에서 소비가 이루어진다는 특징이 있다. 농촌 어메니티 자원소유자(농촌주민)들은 다양한 어메니티 생산 및 유통활동(amenity based industry)을 통해 시장 공급자로 등장하게 되며, 농촌관광이란 상품의 도시 수요자들과 함께 농촌 어메니티 시장 참여자 그룹의 양축을 이루게 된다. 그러므로 공급자가 제공할 수 있는 상품 내용의 다양화·고품질화 등 공급내용 개발과 함께 수요기반 확충을 위한 홍보와 수요자 관리 등 수요개발 전략이 농촌관광의 중요한 성공요인인 것이다.

농촌의 자연경관을 잘 관리하고 우수한 농산물 생산체계를 도입하는 등 도시민들이 선호하는 체험 프로그램과 숙박시설 등 농촌관광의 공급기반을 두루 갖추어 놓아도 고객인 도시민들이 지속적으로 찾아오지 않는다면 농촌관광사업의 성공적인 정착은 기대할 수 없다. 그러므로 농촌관광의 활성화를 위해서는 관광 공급기반 확충사업 등 공급 측 요인에 못지않게 수요를 확대하고 관리해 나가는 수요 측 요인이 중시되어야 한다.

최근 주5일 근무제 확대실시 등 전체 여가시장의 확대와 여가 행태의 변화가 진전되면서, 농촌이 보유하고 있는 자연·문화 자원에 대한 관심이 높아지고 있다. 이를 계기로 단순한 농업 생산공간으로 인식되어 왔던 농촌지역에다 관광 서비스를 접목함으로써 새로운 부가가치를 창출할 수 있는 농촌관광사업은 농촌지역 활성화를 위한 새로운 성장동력으로 부각되고 있다. 그러나 비록 농촌관광에 대한 잠재수요(潛在需要)가 크다고 하더라도 적절한 수요 활성화 전략이 없이는 유효수요(有效需要)로 전환되기 어렵다.

농촌관광에 대한 유효수요의 창출

농촌관광 수요는 '농촌관광 활동에 참여하고자 하는 사람의 수'라고 할 수 있으며, 일반적으로 구매력이 뒷받침된 유효수요와 그렇지 않은 잠재수요로 구분할 수 있다. 농촌관광의 동기(motivation)란 관점에서 수요는 현 거주지에서의 배출요인(push factor)과 목표지로부터의 흡인요인(pull factor) 간의 상호관계에 의해 이루어진다(강신겸, 2003). 배출요인은 도시민의 심리적 · 개인적 경향에 따라 달라지며 여가시간 증대와 도시생활의 스트레스에서 탈출하려는 욕구, 안전한 먹거리에 대한 관심, 자연체험 교육에 대한 관심 등으로 형성되어 농촌관광의 수요로 연결된다. 반면에 흡인요인은 농촌의 오염되지 않은 자연, 잘 보전된 전통문화, 도 · 농교류에 대한 관심 등으로 형성되어 도시민을 농촌으로 유인한다. 단순한 물리적인 조건 이외에도 주어진 사회제도, 개인의 가치관 등의 변화 등 심리적 · 사회경제적 · 문화적인 여러 차원의 문제나 요인들이 종합적으로 연결되어 동태적으로 농촌관광 수요규모가 결정된다.

그러므로 농촌관광에 대한 도시민의 욕구(needs)를 지속적으로 자극함으로써 수요를 창출 · 확대하는 일과 농촌관광의 근원(seeds)으로서 농촌지역의 물적 관광기반을 정비함으로써 농촌관광에 대한 높아가고 있는 잠재수요를 유효수요로 전환할 수 있어야 한다(그림 13-3).

그림 13-3 고객 창조를 통한 농촌관광의 수요 창출

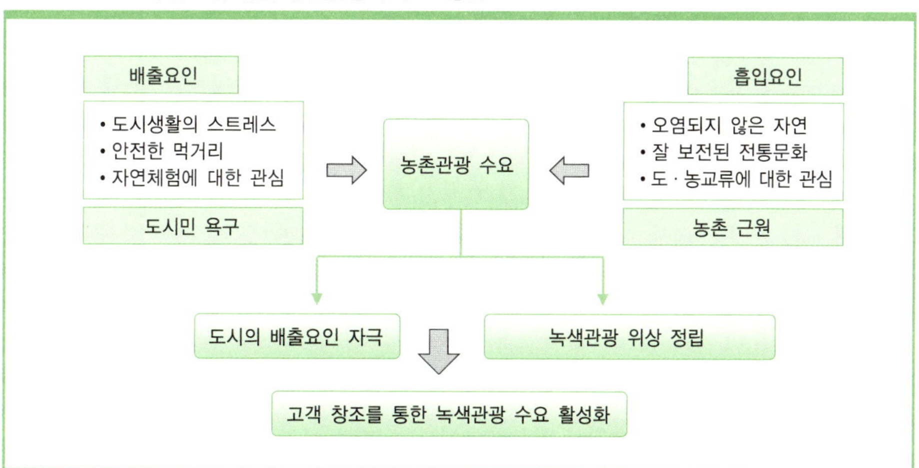

농촌관광의 유형

관광 패턴 또한 점(點)에서 선(線), 선에서 면(面)으로 입체화되고 있다. 즉, 과거 명소(名所) 방문 중심의 주류(周遊)형에서 일정 지역에 체류하면서 다양한 체험을 하는 체재(滯在)형 휴양활동으로 변화하고 있다. 주5일 근무제가 실시되면서 저비용 체재형 여가시설에 대한 수요가 늘어나고, 관광목적지 선택이 전국으로 확대되고 있다. 또한 옥외활동에 대한 관심이 증가하고 있다.

도시민의 향후 농촌관광 의향에 대한 선행연구 결과(농림부, 2004)에서 농촌방문의 주목적은 전원 감상(22%), 일행과의 친목도모(21%), 자연탐방(14%)의 순이었고 신선한 먹거리 구입(7.5%), 농촌생활 체험(6%) 등의 비율은 상대적으로 낮았다. 같은 조사결과에서 농촌관광객들은 당일 여행보다 숙박을 원하는 경우가 보다 많은 것으로 밝혀졌다. 즉, 1박 2일형 관광이 35%, 2박 3일형 관광이 30.0%였으나 당일형 관광은 24.5%였다. 한국농촌경제연구원의 선행연구(박시현, 2004)에서도 농촌관광의 동기로 전원 감상(39.3%), 자연탐방(18.4%), 단체관광 동참(11.4%) 등의 동기가 지적되고 있었으며, 1박 2일형 관광이 36%, 2박 3일형 관광이 21%였으나 당일형 관광은 28%로 보고하고 있다.

농촌관광산업의 경제적 효과

농촌관광산업의 경제적 파급효과를 추정하기 위하여 산업연관 분석기법에 의해서 농촌관광산업의 생산액(2004)에 의한 경제적 파급효과를 추정한 선행연구 결과(성진근 외, 2005)를 요약하면 다음과 같다.

2004년의 농촌관광산업의 직접적 생산효과는 1조 1,632억 원이었으며 관광·교통 분야가 53.1%, 숙박업 19.3%, 소매업 15.5% 등으로 구성되었다. 이를 기초로 하여 연관산업에 미치는 파급효과를 추정하기 위한 관광승수에 의해서 추정된 유발생산 효과는 2조 6,881억 원이었다(표 13-4). 따라서 농촌관광산업의 직접적 생산효과를 유발 생산효과와 합하면 3조 8,513억 원으로 추정되었으며, 이는 같은 연도 농림어업의 부가가치액의 14.7%에 해당한다.

표 13-4 농촌관광산업의 경제적 파급효과

(단위: 억 원, 명)

관광산업 부문	생산	소득	고용	부가가치	간접세	수입
소매업	4,428	934	5,737	2,467	167	265
음식점	1,201	299	4,520	646	81	98
숙박업	5,786	1,386	1,822	3,171	379	461
문화 · 오락 서비스업	2,541	616	3,251	890	74	144
관광교통업	12,925	2,494	12,908	8,856	919	472
합계	26,881	5,729	28,238	16,030	1,620	14,40

자료: 성진근 · 송영수(2005).

농촌관광 수요관리를 위한 기반(infra structure) 구축

도시지역에서 빠른 속도로 증가하고 있는 농촌관광에 대한 잠재수요를 현재화하여 농촌의 새로운 소득원을 형성하고 이를 농촌 활력화를 위한 새로운 성장동력으로 활용하기 위해서는, 효과적인 농촌관광 공급기반을 수요관리를 축으로 하여 갖추어 나가야 한다.

첫째, 농촌관광의 공급은 마을단위 접근에서 벗어나 추진주체와 사업내용을 다양하게 확대하여 연계(네트워크화)시켜야 할 필요성이 크다. 농촌의 문화, 환경 · 생태, 농업 생산활동 등이 모두 농촌관광의 매력이 될 수 있으므로, 다양한 유형의 농촌관광 활동과 이미지를 만들어 마을별 네트워킹(연계화)체제를 강화함으로써 도시민의 증가하고 있는 농촌관광의 잠재수요를 현재 수요화시켜 나가야 한다.

둘째, 수요자의 요구가 시장에 정확하게 반영되지 않은 상태이므로 시장조사 등을 통하여 수요자의 요구사항을 정확하게 파악하고 관련 통계자료를 수집하여 데이터베이스화할 필요가 있다.

셋째, 농촌을 무대로 한 새로운 라이프스타일을 제시하여 확산시킬 필요가 있다. 주5일 근무제 실시의 확대와 함께 저비용 여가공간으로서 농촌관광을 포지셔닝(positioning)함으로써, 도시의 배출요인을 지속적으로 자극할 필요가 있다.

넷째, 도 · 농교류를 활성화하기 위한 추진체계를 정비함으로써 도시에 지속적으로 농촌관광 정보를 제공하고 도시와 농촌의 교류활동을 촉진하며 미디어를 포함한 민간기업, 단체 등과 연계하여 '농촌 가꾸고 사랑하기' 국민운동 차원의 지속적인 캠페인이 필요하다.

농촌관광 활성화를 위한 접근전략

농촌관광은 정부 주도의 관광 공급기반 확충 정책만으로는 성공하기 어렵다. 지금까지 추진되어 온 다양한 농촌개발사업이 중앙정부의 재정지원과 사업메뉴에 의존한 물적 관광기반 확충에 치우친 공급자 위주적인 정책이었다는 점을 깊이 반성해야 한다. 농촌관광은 도시민이 농촌으로 찾아와서 소비해 주어야 하는 상품적인 특성이 있다. 그러므로 공급기반 확충 못지않게 농촌관광에 대한 커져 가는 잠재수요를 현재화시킬 수 있는 수요기반 확충과 관리를 위한 정책이 강화될 필요성이 크다.

국내 농촌관광은 이제 막 시장을 형성하는 초기 단계이다. 도시와 농촌 모두에게 농촌관광의 올바른 활동과 이미지를 정착시키고 효과적인 비즈니스 모델을 확립해야 한다. 초기 단계에서 정부의 역할은 비전을 제시하고 시범사업을 통해 사업의 가능성을 모색하고 나아가 동기를 부여하기 위한 종자돈(seed money)의 지원 등으로 성공사례를 만들어 내면서, 시장을 열고 시장신호를 조성하는 것으로 충분하다. 이후 성장 단계에서는 시장에 의해 공급과 수요기반이 자율적으로 확대되도록 유도하는 것이 바람직하다.

농촌관광은 새로운 라이프스타일의 변화 추세를 농촌이 보유하고 있는 쾌적성 및 농촌성과 연결시켜서 새로운 농촌 소득원으로 전환시키려는 대안적인 산업활동이다. 그러나 개별 마을이 제공할 수 있는 관광서비스 내용으로는 도시민의 다양해지고 있는 관광수요를 충족시키기에 역부족이므로 마을 간, 지역 간의 조직적인 연계를 통한 효과적인 네트워킹체제를 구축하여 농촌관광 수요를 활성화 내지 지속시키는 효과적인 공급전략과 함께 농촌관광 유경험자와 잠재적 고객을 대상으로 하는 종합적인 고객관리 시스템(CRM)에 의한 수요확대와 홍보전략이 추진될 필요가 있다.

농촌 녹색관광을 활성화시켜 정체 내지 위축되고 있는 농업 생산소득에 대신하여 농촌의 새로운 성장동력으로 발전시킬 수 있는 여건은 갖추어지고 있다. 그러나 농촌지역의 관광자원(쾌적함과 농촌다움)을 상업적 자원으로 전환시키기 위해서는 농촌 관광시장을 창조하기 위한 내부 역량의 결집과 강화가 이루어져야 한다.

첫째, 농촌관광 서비스 공급주체인 농가들의 관광 경영능력을 향상시켜야 한다. 농촌공간에서 생산되는 농촌관광 서비스에 대한 도시민의 지불의사를 지속적으로 자극 · 창출할 수 있는 농가들의 능력은 말할 것 없이 취약하다. 그러므로 보다 확실한 관광 공급주체를 체계적으로 육성하는 학습조직 및 교육사업이 강화되어야 한다. 또한 전문가그룹에 의한 체계적인 컨설팅 조직도 갖추어져야 한다. 친목사업은 몰라도 공동수익사업으로 진행될 수밖에 없는 농촌관광사업이 농가들의 능력만으로 성공되기를 기대하기는 어렵다.

둘째, 농촌 관광시장을 열기 위한 조직적인 접근이 필요하다. 농촌관광 수요자인 도시인의 눈높이에 알맞은 관광 서비스를 갖추고 여행 매니아(mania)들을 농촌지역으로 유도하기 위해서는 농가 간, 지역 간의 연계를 통한 조직적인 수요관리와 활성화가 이루어져야 한다.

이를 진행시키는 과정에서 타당성 있는 수익모델을 설정하고 차별화되고 다양한 농촌지역의 관광 공급기반과 도시지역의 수요기반을 연계시키면서 효과적인 농촌관광 추진체계를 개발 · 제시하는 모든 일, 즉 별 볼일 없던 농촌공간을 시장가치를 갖춘 장소로 전환시키는 일이 농업경제학도에게 주어진 새로운 과제인 것이다.

경제이론과 농업 이해

27. 녹색관광의 수익모델

"농촌관광은 농산촌의 풍성하고 깨끗한 자연경관과 지역의 전통문화 · 생활과 산업을 매개로 한 도시민과 주민 간의 체류형 교류활동"이란 정의(강신겸, 2006)에 따른다면, 도시인은 농촌이 보유하고 있는 쾌적성과 농촌다움을 적절한 대가를 지불하면서 즐기는 과정에서 상품, 정보, 서비스, 자본 등이 반복적으로 그리고 지속적으로 교환 · 거래되는 사업이라 할 수 있다.

농업 이외의 뚜렷한 지연산업(地緣産業)이 없는 농촌지역에서 지방정부가 어메니티를 화두로 하여 농촌관광사업 활성화에 나선다는 것은 지극히 당연한 일이다. 즉, "농촌이 경제와 분리된 영역에서 존재하는 것이 아님을 인식시키고 농촌문화를 삶 속에 끌여 들여 단순한 정체성의 확보차원에서 머무는 것이 아닌 그것과 차별화된 상품이 되고 경쟁력을 가진다는 인식의 변환"을 전제조건으로 하여, 어메니티 자원을 활용한 지역 성장 정책이 전국의 지자체 단체들에 의해서 경쟁적으로 펼쳐지고 있다.

바야흐로 지역 (장소)브랜드에 의한 장소 마케팅(place marketing) 시대가 열리고 있는 것이다. 장소 마케팅은 성공적인 수익모델에 의해서 성패가 결정된다. 농촌관광의 성공적인 수익모델이 갖추어야 할 조건은 무엇인가?

첫째, "돈이 되는 고객"을 확보해야 한다. 20:80의 원칙이란 것이 있다. 고객 중에서 20%는 돈이 되는 고객이지만, 나머지 80%는 있으나마나한 고객이란 말이다. 시중은행이 분석한 고객의 수익기여도 자료에 따르면 상위 7%의 고객이 은행 순이익의 80%를 벌어주고 있는 반면에, 전체 고객의 50%는 비용만 증가시키는 적자고객이다. 따라서 제한된 자원과 인력을 흑자유발 고객에게 집중하면 할수록 수익을 높일 수 있다는 계산에서 시중은행들은 고객관리(customer relationship management: CRM) 시스템을 적극적으로 도입하고 있는 것이다.

농촌관광을 즐기는 도시민 중에서도 돈이 되는 고객을 선별하여 고객 서비스를 강화함으로써 이들을 농촌관광의 매니아(mania)로 만들어내는 고객관리 시스템이 관광 공급기반 조성과 동시에 준비되어야 한다.

농촌관광은 새롭게 시작되는 관광의 유형이므로 고객에 대한 풍부한 정보자료(data base)가 현재로서는 갖추어지지 않았다. 그러므로 고급 여행 매니아인 항공사의 마일리지(milage) 고객들을 대상으로 하는 적극적인 판촉활동 등이 돈 되는 고객을 늘릴 수 있는 길이 될 것이다.

둘째, 농촌의 어메니티는 농촌관광의 필수조건일 뿐 충분조건이 아니다. 단순히 농촌의 어메니티를 관광하는 일에 기꺼이 대가를 지불하겠다는 도시인은 없다. 어메니티는 공짜로 구경하는 것이란 인식이 보편화되어 있기 때문이다. 그러므로 농촌관광은 어메니티가 갖추어진 공간에서 농촌적인 즐길거리(rurality)가 제공되어야 돈 되는 관광행위를 유도할 수 있다. 농산물의 수확활동이나 가공활동의 일부를 체험관광 상품으로 바꾸거나, 농촌의 생활방식과 문화예술활동을 상품화시키는 전략이 성공적인 지자체에서 강구되고 있는 것이 좋은 예이다.

셋째, 도시인의 눈높이에 알맞는 다양하고 풍부한 관광 콘텐츠(contents)가 제공될 수 있어야 한다. 제한된 지역에서 제공할 수 있는 관광 서비스, 특히 체험하고 즐길 수 있는 관광거리는 너무 제한적이어서 도시인의 체재시간을 연장시키고 다시 방문하도록 유도하기에는 역부족이다. 그러므로 지역 간 어메니티 자원의 네트워크를 구축하여 관광 서비스 내용을 풍부하게 제공할 필요가 있다. 예컨대, 어떤 지역에서는 낚시질을 즐기고 그 다음 지역에서는 등산을 하고 또 다음 지역에서는 된장을 담그는 등의 다양한 농촌관광 서비스가 고객의 선택에 따라 제공될 수 있는 지역 간 그린투어 네트워크가 조직적으로 가동될 수 있어야 한다는 것이다.

넷째, 농촌관광 활성화를 저해하는 도시기준의 규제(regulation)는 과감히 철폐되어야 한다. 인구의 노령화가 진행되면서 도시인의 농촌 전원생활에 대한 수요는 크게 증가하고 있다. 이를 농촌지역의 정주수요로 전환시키기 위해서 지방정부는 은퇴노인마을(silver complex) 또는 귀향마을 같은 다양한 시도를 추진시키고 있으나, 1가구2주택 중과세 같은 도시 측 사고에 의한 규제가 이를 저해하고 있다.

유럽지역에서는 농촌소재 제2의 주택(second house) 보유자가 도시인의 1/3을 넘는다는 사실을 타산지석으로 받아들여야 한다.

Chapter 14

농가소득 문제와 직접지불제도

1. 농가소득 문제의 현황과 특성

2. 소득직불제도의 개선

농가소득 문제와 직접지불제도

1 농가소득 문제의 현황과 특성

1) 농가소득의 구성변화와 특징

농가소득은 농업 소득과 농외 소득 및 이전소득과 비경상소득을 포함시킨 개념이다. 농업소득은 농산물 생산활동에 의한 소득으로 농업총수입에서 농업경영비를 제외한 금액이다. 농외 소득은 농업 이외의 사업에서 얻은 겸업소득과 임금소득 등 같은 사업 이외 소득으로 구성된다.

이전소득은 사례금, 가족보조금, 타인보조금 등으로 구성된다. 비경상소득은 경조수입, 퇴직일시금 등 농가가 비경상적으로 얻는 소득으로 2003년부터 분리 · 신설된 항목이다.

1990년부터 2012년까지 22년 동안 명목 농가소득은 연평균 4.85%씩 증가하였다. 이 중에서 농업 소득은 연평균 1.76%씩 증가한 반면에 농외 소득은 연평균 7.37%씩, 그리고 이전소득은 연평균 5.0%씩 증가하였다. 농업 소득의 상대적인 저성장의 결과 전체 농가소득 중에서 농업 소득이 차지하는 비중은 1990년의 56.8%에서 2012년에는 29.4%로 낮아졌고 농외 소득의 비중은 43.4%로 농업 소득보다 높아졌다.

최근 12년(2000~2012) 동안에는 농가소득의 증가율이 연평균 2.57%로 훨씬 낮아졌으며, 특히 농업 소득 증가율은 음(−)의 증가율을 보였다(표 14-1).

농가소득 구성상의 변화 특징을 요약하면 다음과 같다.

표 14-1 농가소득의 성장과 구성비율의 변화(1990~2012)

(단위: 천 원, %)

항목	1990	2000	2005	2010	2012	연평균 성장률 (90~12)	연평균 성장률 (00~12)
농가소득	11,026 (100.0)	23,072 (100.0)	30,503 (100.0)	32,121 (100.0)	31,301 (100.0)	4.86	2.57
농업 소득	6,264 (56.8)	10,897 (47.2)	11,815 (38.7)	10,098 (31.4)	9,197 (29.4)	1.76	-1.40
-농업 총수입	9,078	19,514	26,469	27,221	27,589	5.18	2.93
-농업 경영비	2,814	8,617	14,681	17,123	18,461	8.93	6.56
농외 소득	2,841 (25.8)	7,432 (32.2)	9,884 (32.4)	12,946 (40.3)	13,585 (43.4)	7.37	5.15
-겸업소득	589	1,435	2,531	3,467	3,966	9.06	8.84
-사업 이외 소득	2,252	5,997	7,353	9,480	9,619	6.82	4.02
이전소득	1,921 (17.4)	4,743 (20.6)	4,078 (13.4)	5,610 (17.5)	5,614 (17.9)	5.00	1.41
비경상소득			4,725 (15.5)	3,467 (10.8)	2,705 (8.6)		

주: ( )는 농가소득에 대한 비중(%).
자료: 농림축산식품부, 「농림축산식품 주요 통계」, 2013. 8.

첫째, 농업 소득의 명목성장률이 최근 22년 동안에는 1.76%씩 성장해 왔으나 최근 12년 동안에는 -1.4%로 정체·후퇴하고 있다. 물가상승률을 감안할 경우 농업 소득의 실질적인 감소가 1990년 이후 진행되어 온 것으로 해석할 수 있다.

둘째, 농업 소득의 정체 내지 감소는 농업 총수입의 성장률(5.18%)보다 훨씬 높은 농업 경영비 증가율(8.88%)에 기인한다. 이 기간 중에 농가 판매가격 총지수는 1990년의 60.3%에서 2010년에는 108.1%로 증가한 반면에 농가구입 가격지수는 1990년의 47.4%에서 2010년에는 127.4%로 증가함으로써 농가교역조건이 악화되어 왔기 때문이다.

셋째, 농외 소득은 겸업소득과 산업 이외 소득의 빠른 성장에 힘입어서 농업 소득 증가율보다 3배나 빠른 속도로 증가함으로써 농가소득의 중심 소득으로 자리잡고 있다. 이러한 현상은 농가 경영주의 고령화 추세와 관련해서 앞으로도 계속될 전망이다. 따라서 고령화된 농가 노동력의 일자리 창출과 소득향상 문제가 앞으로 더욱 중요해질 전망이다.

넷째, 소득보전을 위한 직불제 강화 등 정책변화에 힘입어서 이전소득이 빠른 속도로 증가하고 있다. 이에 따라서 이전소득(이자소득과 비경상소득 합계)이 전체 농가소득 중에서 차지하는 비중은 1990년의 17.4%에서 2012년에는 26.5%로 높아지고 있다.

2) 심각한 농가소득의 하락 현상

농가 평균 소득은 2000년대 중반 이후 정체 내지 감소하는 경향을 보이고 있다. 최근 10년간(2002~2012) 명목 농가소득은 연평균 2.49%씩 증가해서 물가상승률을 감안하면 실제 소득은 감소하고 있다. 같은 기간 중에 전국 가구소득이나 도시근로자 가구소득이 각각 연평균 4.86%와 4.87%씩 상승한 것과 비교하면 농가소득 향상의 부진 문제가 심각함을 알 수 있다.[1)]

이에 따라서 농가소득과 전국 가구소득 간의 격차는 2004년의 86.7%에서 2012년에는 65.4%로, 그리고 농가소득과 도시근로자 가구소득 간의 격차는 2002년 73.0%에서 2012년 58.1%로 급속히 확대되고 있다(표 14-2).

호당 농가소득은 2000년대 중반까지는 증가 추세를 유지하다가 2006년을 정점으로 하여, 정체 · 내지 감소하는 추세를 보이고 있다. 이는 주로 농업 소득이 2006년 이후 지속적인 감소 추세를 보이고 있기 때문이다.

반면에 농외 소득(겸업 및 사업 이외 소득)은 지속적으로 증가 추세를 유지함에 따라서 2007년 이후부터는 농가소득 중에서 가장 기여도가 높은 소득으로 부상하고 있다. 이에 따라서 2012년 현재 총농가소득 중에서 농외 소득은 43.4%를 차지하고 있으며, 그 다음이 농업 소득으로 29.4%, 이전소득이 26.5% 등을 차지하고 있다(그림 14-1).

농가소득에 대한 농외 · 이전소득 비율[2)]은 소농경영체제가 지배적인 동양 3

1) 농가는 생산수단을 보유하면서 근로하는 사람이므로 자신의 노동에 대한 보수를 받는 도시근로자 가구와 비교하기보다는 도시 부문에 광범위하게 존재하는 자영업자와 비교하는 것이 이론적으로는 바람직하다.

표 14-2 농가, 도시근로자, 전국 가구 평균 소득의 추이(2002~2012)

(단위: 천 원, %)

연도	농가소득 (A)	전국 가구소득 (B)	도시근로자 가구 (C)	격차	
				A/B	A/C
2002	24,475	-	33,509	-	73.0
2004	29,001	33,462	37,360	86.7	77.6
2006	32,303	36,460	41,329	88.6	78.2
2008	30,523	40,689	46,807	75.0	65.2
2010	32,121	43,581	48,092	73.7	66.8
2012	31,301	48,923	53,908	64.0	58.1
연평균 성장률	2.49	4.86	4.87	-	-

자료: 농림축산식품부, 「농림축산식품 주요 통계」, 2013. 8.

그림 14-1 농가소득 구성의 변화 추이(2001~2012)

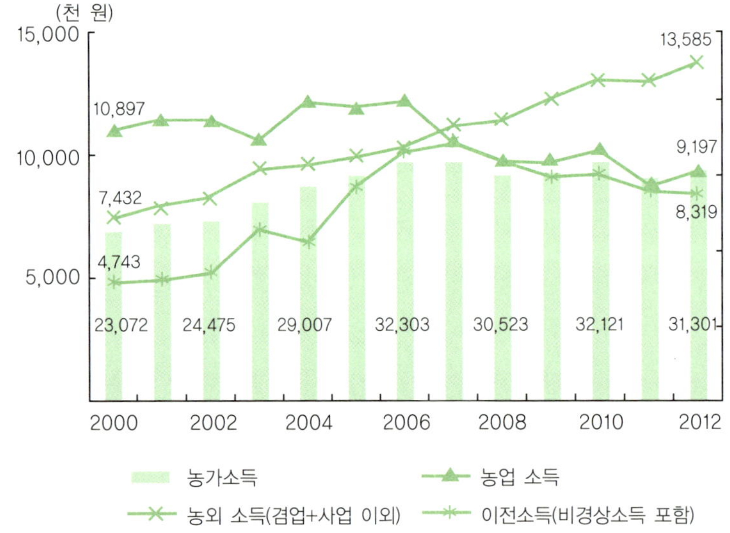

주: 이전소득에는 비경상소득(경조수입과 퇴직일시금 등)을 포함시킴.
자료: 농림수산식품부, 「농림수산식품 주요 통계」, 2012.

2) (농외 소득+이전소득)/농가소득의 비율

국에서 대단히 높은 것이 특징이다. 2010년 현재 한국의 농외 · 이전 소득비중은 68.6%였는데, 일본은 73.6%, 대만은 78.3% 등이었다.

농가소득의 정체 및 하락현상은 농업 소득의 하락 및 불안정성이 주도하고 있다. 농업 소득의 하락은 소득률의 감소와 농업 노동시간의 감소 및 시간당 수입의 감소 등으로 나누어서 살필 수 있다.

첫째, 농업 소득률[3)]은 2000년의 55.8%에서 2005년에는 44.6%, 그리고 2012년에는 33.1%로 크게 떨어지고 있다. 농업 소득률의 하락률은 농가교역조건의 악화가 주도하고 있다.

둘째, 농업 노동시간(10a당 영농시간)은 2004년의 1,513시간을 고비로 하여 2012년에는 1,034시간으로 8년 만에 68% 수준으로 줄어들고 있다. 같은 기간 동안 노동 생산성(농업 부가가치/영농시간)은 영농시간 감소율(32%)보다 약간 높은 39.2%가 증가하였다. 이에 따라 노동시간당 농업 수입은 다소 증가하였다. 농업 노동시간의 감소는 고령화와 노동의 자본대체 및 농업 노동력의 농외 이용 등이 복합적으로 작용한 결과로 해석할 수 있다. 요컨대, 최근의 농업 소득의 하락현상은 농산물 가격의 정체와 투입재 가격의 상승으로 인해서 농가 소득률이 하락했으며, 이에 따라 농가가 농업 노동 투입시간을 줄임에 따라서 발생하고 있는 현상이라 할 수 있다.

3) 심화되어 가는 농가소득의 불안정성

농가소득의 정체 및 하락현상에 못지않게 중요한 것이 커지고 있는 소득의 불안정성이다. 표 14-3은 경지규모별 평균 농가소득과 농업 소득에 대해 지수적 성장을 가정한 추세선에서 각 연도 소득이 이탈하고 있는 농가비율의 절대값 평균치이다(이명헌, 2012).

표 14-3에서 보는 바와 같이 규모가 큰 3ha 이상의 농가들의 평균 이탈률이 농업 소득이나 농가소득의 경우에 같이 높으며, 1ha 이하의 영세규모 농가의 경

3) 소득률= $\frac{P_y - W_x}{P_y} = 1 - \frac{W}{P} \cdot \frac{x}{y}$ 이다. 여기에서 p: 농산물 가격, w: 투입재 가격, y: 산출량, x: 투입량이다.

표 14-3 경지규모별 농가소득과 농업 소득의 성장률과 평균 이탈률(2003~2011)

(단위: ha, %)

경지규모	농가소득		농업 소득	
	연평균 성장률	평균 이탈률	연평균 성장률	평균 이탈률
평균	1.2	3.7	-3.2	5.7
~0.5	2.7	2.7	-4.8	16.0
0.5~1.0	2.4	7.0	2.1	16.1
1.0~1.5	1.8	4.1	0.6	6.8
1.5~2.0	0.3	3.7	-3.2	6.2
2.0~3.0	0.2	3.7	-3.7	7.7
3.0~5.0	1.6	7.1	-1.1	8.3
5.0~7.0	1.1	9.7	2.1	11.1
7.0~10.0	2.3	8.1	2.1	15.3
10.0~	3.3	12.1	2.0	5.9

자료: 이명헌(2012).

우에도 평균 이탈률이 상대적으로 높은 것으로 나타나고 있다. 연평균 성장률이 비교적 안정적인 1~3ha 농가의 경우에는 평균 이탈률도 상대적으로 작다. 즉, 경영규모가 작아서 이미 소득 문제가 노출되고 있는 소규모 농가들과 경영규모가 상당히 커져서 기업적 규모로 성장한 대규모 농가들이 소득불안정 문제에 더 크게 노출되어 있다고 할 수 있다.

4) 농가 간 소득의 불균등성 확대와 빈곤농가의 증가

2011년 기준으로 농가경제조사의 원자료 분석에서 최저생계비에 미달하는 소득을 올리고 있는 빈곤농가 수는 전체의 23%였다.[4)]

빈곤농가 비율은 경영주 연령이 70대 이상인 경우(31.0%)이면서, 특히 학력이 낮을 때(무학: 35.4%, 초졸: 33.5%) 높게 나타났다. 그러나 40, 50대의 경우에는 21.7%

4) 보건복지부 기준 최저생계비는 월 기준으로 2인 가구는 90만 7,000원, 3인 가구는 117만 3,000원, 4인 가구는 143만 9,000원이다.

표 14-4 빈곤농가의 비율(2011)

(단위: %)

연령별 \ 학력별	무학	초졸	중졸	고졸	전문대 이상	계
30	-	-	10.0	16.7	16.7	21.1
40	-	-	22.7	20.4	27.8	21.7
50	10.5	18.2	15.4	19.0	8.8	16.9
60	14.3	18.8	14.0	18.3	17.5	7.1
70	35.4	33.5	23.8	25.2	20.7	31.0
계	30.5	25.7	17.8	20.4	18.6	23.0

자료: 이명헌(2012).

와 16.9%로 나타나고 있어서 단순히 고령화, 저학력 문제뿐만 아닌 다른 요인이 농촌빈곤 문제를 야기하고 있다고 볼 수 있다(표 14-4).

5) 농가의 계층분화가 진행되고 있다

농가소득 또는 농업 소득의 정체 내지 감소와 관련해서 야기되고 있는 현상 중의 하나는 농가의 양극화 현상의 진행이다. 현재 농가 수는 1995년의 150만 호에서 2010년에는 117만 7,000호로 지속적으로 감소하고 있는 가운데 연간 500만 원 미만 판매농가 비율은 47.3%에서 53.1%로, 그리고 연간 3,000만 원 이상 판매농가 비율은 4.5%에서 12.9%로 늘어나고 있다. 한국의 농가들이 영세농과 대농이 증가하는 방향으로 계층분화 현상을 보이고 있는 것이다(이태호, 2012).

2010년 현재 전체 경종농가 수는 116만 4,000호이었다. 이 중에서 0.5ha 미만 농가 수는 47만 3,000호로 전체의 40.6%이었고, 0.5~1.0ha 농가는 288호로서 전체의 24.7%였다. 말하자면, 전체 농가의 65.3%가 영세한 소규모 경영농가인 것이다. 가장 핵심적인 문제는 전체 농가의 7할에 육박하는 영세농가 총소득 중에서 농업 소득에 대한 의존율이 지나치게 낮다는 데 있다.

0.5ha 미만 농가의 농가소득 중에서 농업 소득이 차지하는 비중은 7.7%(2,817만 원 중에서 210만 원)에 불과하고, 0.5~1.0ha 규모의 농가소득 중에서 농업 소득 비중은 18.3%(2,438만 원 중에서 447만 원)에 불과하다는 것이다(그림 14-2).

그림 14-2 경종농가의 규모별 농가소득의 구성(2011)

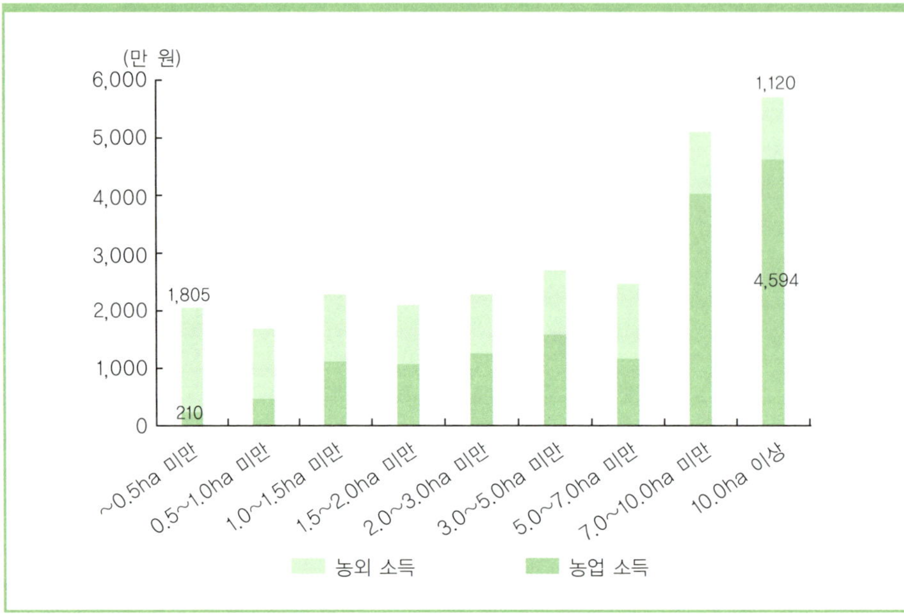

자료: 통계청(2011).

전체 농가의 65%를 차지하는 영세소농가(1ha 미만)의 농지점유율은 대단히 낮고 노령 경영주에 의한 농지점유율은 심각한 상태로 높다. 2010년 농업 총조사 결과에 따르면, 전체 농가의 41.3%를 차지하고 있는 0.5ha 미만 농가가 경영하고 있는 경지면적은 전체 농지면적의 9.0%에 불과하다. 또한 40세 미만의 농업 경영주가 전체 농업 경영주에서 차지하고 있는 비율은 2.8%에 불과한 대신에, 60세 이상 노령 경영주의 비율은 60.8%나 된다(그림 14-3).

가장 심각한 문제 중의 하나는 전체 농가의 68%는 연간 1,000만 원 이하의 농산물을 판매하고 있다는 것이다. 그 중에서 연간 500만 원 미만 판매농가의 비중은 2000년의 48.2%에서 2010년에는 53.1%로 늘어나고 있다. 그러나 연간 3,000만 원 이상 판매농가의 비율도 같은 기간 동안에 6.5%에서 10.9%로 늘어나고 있다(표 14-5).

대부분의 영세규모 농가들은 자가소비(자녀 선물 포함)를 주목적으로 하여 좁은 농지에서 농업 생산활동을 영위하고 있는 것이 일반적인 모습이다. 전체 농가수의 65%를 차지하고 있는 소규모 농가들이 소유 · 경영하고 있는 면적은 전체

그림 14-3 농가 규모별 · 연령별 농지경영 규모

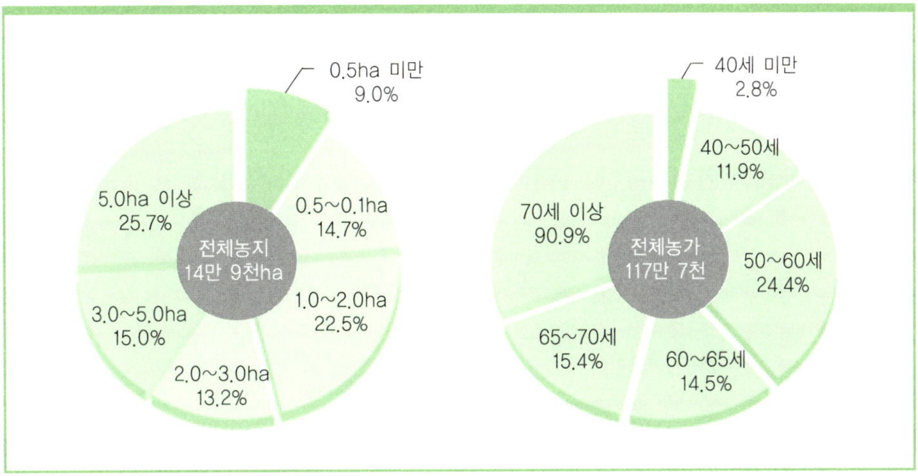

표 14-5 농가 판매액별 분포의 변화(1995~2010)

(단위: %)

구분	1995	2000	2005	2010
100만 원 미만	20.50	22.04	23.69	23.22
100~500만 원 미만	26.79	26.19	27.99	29.90
500~1,000만 원 미만	23.56	21.04	16.61	14.73
1,000~2,000만 원 미만	17.53	16.35	13.81	11.96
2,000~3,000만 원 미만	7.16	7.85	7.83	7.28
3,000~5,000만 원 미만	3.58	4.30	5.75	6.17
5,000만 원~1억 미만	0.71	1.67	3.23	4.54
1억~2억	0.14	0.42	0.88	1.48
2억 이상	0.04	0.13	0.41	0.74
총농가 수(호)	1,500,745	1,383,468	1,272,908	1,177,318

자료: 통계청, 이태호(2012).

농지의 23.7%에 불과하다. 더구나 소규모 농가소득 중에서 농업 소득이 차지하는 비중이 지나치게 낮기 때문에 농업 성장에 대한 관심은 낮고, 이들의 농업 소득을 획기적으로 향상시키기도 어렵다. 게다가 농업 성장과 경영혁신을 주도해야 할 40세 이하의 청년층 경영주의 비율도 전체의 2.8%에 불과한 실정이다.

막말로 전체 농가의 41%를 차지하고 있는 0.5ha 미만의 영세소농은 현재의 농업 소득(연간 210만 원)을 두 배로 올려주지 않아도 개방 이후 굳건히 살아남는다. 시장 판매보다는 자가소비가 생산의 주목적이기 때문이다. 그러므로 40% 영세농을 포함한 65%의 소규모 경영농가들은 농업 생산의 성장을 통한 소득향상에는 큰 관심이 없다고 할 수 있다. 또한 생산과 유통의 효율화 실현은 물론 지속적인 고객확보를 위한 고객감동이란 용어 자체도 먼 나라 일일 뿐인 것이다.

2 소득직불제도의 개선

농업 정책은 궁극적으로 모두 농업 소득에 영향을 미치게 된다. 그러나 이 절에서는 농가의 소득지지와 안정화를 정책목표로 하는 직접지불제를 중심으로 하여 현황과 문제점을 살펴보기로 한다.

1) 한국의 직접지불제도의 현황과 문제점

쌀 위주의 소득보전직불제 운용

우리나라에서 직불제는 1997년도에 도입된 경영이양직불제가 효시였다. 그 이후 친환경농업직불제(1999)가 제한적으로 도입되었으며 논농업직불제가 도입(2005)된 이후 다양한 형태의 직불제가 농가소득보전을 위한 핵심적인 정책으로 자리잡고 있다.

정부의 농산물 가격지지가 WTO의 감축대상 보조 정책으로 규정되어 지속가능하지 않기 때문에 농가소득을 보전할 수 있는 대안으로서 직불제가 선택될 수밖에 없었던 정책전환의 배경은 충분히 수긍된다.

그 동안의 직불제를 위한 정부 예산은 2003년부터 2007년까지 연평균 33.5%씩 증가함으로써 4년 동안 3배 이상 증가했으나, 그 이후 감소하기 시작하여 2011년 현재 2007년의 59% 수준인 1조 700억 원 규모로 줄고 있다(표 14-6).

표 14-6 종류별 직불금 예산의 추이(2003~2011)

(단위: 억 원)

연도	쌀소득보전		친환경 농업	경관 보전	조건 불리 지역	FTA 이행지원		경영 이양	쌀생산 조정 보상	합계
	고정*	변동				피해 보전	폐업 지원			
2003	4,809	–	30	–	5	–	–	43	810	5,697
2004	4,810	–	113	–	100	–	–	141	810	5,974
2005	6,025	1,376	127	6	123	–	–	286	791	8,734
2006	6,986	9,096	172	6	523	–	–	175	–	16,958
2007	7,171	9,501	175	10	523	10	603	113	–	18,106
2008	7,116	5,330	263	26	432	1,000	1,000	300	–	15,467
2009	7,088	676	423	96	336	400	500	845	–	10,364
2010	5,951	665	520	157	417	250	300	699	–	8,959
2011	7,993	620	379	139	388	250	300	623	–	10,692
	(74.8)	(5.8)	(3.5)	(1.3)	(3.6)	(2.3)	(2.8)	(5.8)		(100.0)

주: 2003년과 2004년 쌀소득보전직불제의 고정직불금은 '논농업직불제'로 지불된 것임.
자료: 농림수산식품부, 『예산개요』, 각 연도.

2011년 현재 총직불예산 중에서 쌀소득보전을 위한 직불금 예산이 고정직불금 74.8%와 변동직불 5.8% 등 모두 80.6%를 차지하고 있어서 우리나라의 직불금은 주로 쌀 한 품목에 집중되고 있음을 알 수 있다.

직불제는 식량안보 기능을 주로 담당하고 있는 쌀농가의 소득보전에 효과적으로 기여하고 있는 동시에, 2000년대 중반 이후 동시다발적으로 추진되고 있는 FTA 협상 대응책으로서 농가의 충격과 반발을 완화시키는 데 크게 공헌하고 있는 유효한 소득보전 정책이었음은 부인할 수 없는 사실이다.

그러나 직불제의 개편요구도 커지고 있다.

직불제의 개편요구 이유

최근 몇 년간 지속적으로 감소하고 있는 농업 소득 및 농가소득의 감소와 도농 간 소득격차의 확대에 대응하기 위해서는 직불제 확대가 불가피하다는 농민단체의 요구가 커지고 있기 때문이다. 이를 위해서는 생산비 상승을 반영하여 쌀 목표가격을 올리고 고정직불금을 현행의 70만 원/ha에서 100만 원/ha으로 올려야 한다는 주장이다. 그러나 현행 제도 하에서는 목표가격을 올리면 생산유발 효과가 나타나 산지 쌀값이 하락하는 부작용이 초래될 수도 있다. 또한 생산량에 연계되는 변동직불금이 증가하면 감축대상보조총액(AMS) 한도를 소진해서 다른 작물의 소득보전 정책수단의 선택이 어려워지는 부작용도 초래될 수 있다. 현행의 쌀 한 품목에 치우친 직불제는 다음의 이유로 인하여 획기적으로 개편될 필요가 있다.

첫째, 직불제의 중심대상 작물인 쌀의 장기적인 경쟁력 확보에 역행하기 때문이다(사공용 · 설광언, 2005). 쌀 생산농가가 시장상황 변화에 생산량의 일부분(15%)만 적응하게 한다는 점, 미래지향적인 작물을 선택하기 위한 효율적인 농업 자원이동을 막아서 자원배분의 왜곡을 초래하게 된다는 점, 현실적으로는 목표가격이 국제 시장가격의 변화나 쌀 생산비의 변화 등 상충적인 여건변화를 모두 반영하기 어렵기 때문에 농가의 불만과 함께 쌀산업 구조조정을 저해시키는 효과 등이 쌀산업의 장기적인 경쟁력 확보를 저해하게 된다는 것이다.

둘째, 특정 품목의 생산과 연계된 직불제는 농업의 시장대응력을 한층 더 약화시키고 농민의 정부 의존성을 키움으로써 자생력 약화를 초래하기 때문이다(한국농촌경제연구원, 2010).

농가소득에 기여하는 긍정적 효과보다는 농업 생산구조를 왜곡시키는 부정적 효과가 컸다는 점(쌀 편중적인 농지이용체계와 쌀의 과잉과 식량자급률 저하 간의 모순), 재정부담의 증가와 쌀 과잉생산 간의 악순환이 유발되었다는 점, 영세고령농가의 농업 잔존으로 규모화 정책과의 상충 문제가 발생하고 있다는 점, 사업집행(자금배분과 사업관리) 과정의 비효율성으로 도덕적 해이를 만연시키고 있다는 점이 그것이다.

2) 직불제의 바람직한 개선방향

직불제는 전면적 시장개방에 대응할 수 있는 효과적인 정책수단의 하나로 발전시켜야 한다. 이를 위해서는 전체 농가를 대상으로 하는 평균적인 소득보전을 위한 정책으로서의 기능을 뛰어넘어야 한다. 농업 경쟁력 향상과 농가소득 안정화 및 사회적 부조의 필요성이 큰 영세규모 농가의 복지향상을 실현시킬 수 있는 차별화된 시행체계로 현행의 직불제는 하루라도 빨리 개편되어야 한다.

현행의 직불제는 경작면적을 지급기준으로 삼고 있기 때문에 소득보전의 필요성이 높은 영세소농에 대한 소득보전의 효과는 미세한 반면에 대농에 집중 지불되는 구조적인 단점이 있다. 잦아지고 있는 기상재해 등으로 인한 소득불안정에 노출되어 있는 대농에게는 소득보전보다는 소득안정화를 지원할 수 있는 소득보험제도의 강화가 더욱 절실하기 때문이다.

현행의 직불제는 크게 두 가지 방향으로 개선되는 것이 바람직하다.

첫째, 전체 농가를 대상으로 하는 평균적인 직접지불제를 대신하여, 농업 소득에의 의존율이 지나치게 낮은 1ha 미만의 영세소농을 대상으로 하는 사회부조적인 농가소득보전 정책과 소득 면에서는 성장하고 있지만 소득위험에 더 크게 노출되고 있는 경영규모가 큰 농가들을 대상으로 하는 소득보험제도 강화 정책으로 구분하는 것이다.

둘째, 직불제 소요예산을 경쟁력 향상과 복지향상 목표로 구분해서 운용하는 것이다. 현행의 직불제 소요예산의 일부로 전용하여 이를 금융이자로 하는 저이자율 또는 무이자의 농업 경쟁력 향상기금을 조성하고 이를 경쟁력 향상대상 농가의 시설 현대화와 확충 용도 등 한국 농업을 자본과 기술집약형으로 전환시키기 위한 구조혁신 지원자금으로 이용하자는 것이다.[5)]

3) 선진국의 직접지불제도 개선 동향

직접지불제 제도의 개편 쟁점

직접지불제도가 농가소득지지를 위한 중요한 정책수단으로 세계적으로 채

5) 현행의 직불제 운영을 위해 소요되는 재정(2011년 현재 총 1조 700억 원)의 30%를 줄여서 이를 이자로 하여 조성할 수 있는 경쟁력 향상기금은 6조 원 규모가 된다. 매년 6조 원의 무이자 융자금을 10년 만 계속해서 경쟁력 향상을 위하여 지원함으로써 한국 농업을 네덜란드나 덴마크의 경우와 같은 자본과 기술집약적인 농업으로 탈바꿈시키는 것은 결코 어려운 일이 아니다.

택 · 활용되고 있다. 또한 정책환경 변화에 대응하여 제도의 개편도 빈번하게 이루어지고 있다.

미국은 2012년 농업법 제정과정에서 고정직불제(DP), 가격보전직불제(CCP), 수입보전직불제(ACRE) 등을 축소하거나 폐지하는 대신에 새로운 방식의 경영안정제도의 도입을 검토하고 있다. EU는 소득보상직불제에서 단일직불제로 전환한 이후 과거의 실적에 근거한 직불제에 대해 지불근거를 둘러싼 논의가 진행되면서 직불제의 감축을 검토하고 있다.

반면에 일본은 미국이나 EU와는 달리 농산물 수입국 입장에서 직불제의 확대를 통한 경영안정을 강화하고 있다. 그 동안 직불제가 확대되어 온 배경에는 몇 가지 이유가 있다.

첫째, 생산과 연계되어 과잉 문제를 발생하는 가격지지제도를 폐지하는 대신에 가격 결정은 시장에 맡기되 가격 하락 부분을 농가에게 직접 보전하여 경영안정이나 소득지지를 도모하는 동시에 소비자 후생을 높이는 효과를 기대할 수 있다는 특징이 있기 때문이다. 이러한 효과를 기대하는 것이 경영 안정형 직불제이다.

둘째, 직불제는 이행조건(cross compliance)과 연계하여 지불되는 점을 살려서 일정한 이행조건을 설정, 이것의 준수를 조건으로 지불함으로써 특정 정책목적을 실현할 수 있다. 예를 들면, 친환경직불제나 경관직불제 등 농업이 가지는 환경부하 경감이나 환경편익 증진 등의 기능을 적극적으로 실현할 수 있다. 또한 직불제는 토양유실 방지나 농지 · 수리시설 등 농업 자원 보전에 활용되기도 한다. 이러한 성격의 직불제를 공익형이라고 한다.

셋째, 농업은 경영개선 노력에 관계없이 입지조건에 따라 그 성과가 크게 좌우되는 특징이 있다. 평지지역에 비해 고도가 높은 산간 등의 지형이나 기온, 서리, 안개 등 기상조건 등의 요인에 기인한 조건불리지역에서 농업을 유지하여 지역에서 일자리와 소득을 창출시키기 위하여 직불제가 기여할 수 있다. EU, 일본, 한국 등의 조건불리지역 직불제가 이러한 기능을 한다.

넷째, 글로벌화가 진전됨에 따라 농산물 수출국과 수입국 간의 영향은 정반대로 나타난다. 시장개방이 확대될수록 수출국은 수출이 확대되어 농업 소득이 높아지는 반면에 수입국은 국내산 농산물의 가격 하락과 소득감소의 영향을 점차 강하게 받게 된다.

수입국에서 이러한 시장개방의 영향을 완화하여 농업의 지속적인 유지를 지원하는 직불제가 우리나라의 FTA 피해보전직불제, 일본의 호별 소득보상제도 등이다.

직불제를 유형화하는 경우 상기 첫째와 넷째를 '경영 안정형'이라고 한다면, 둘째와 셋째를 '공익형'이라고 할 수 있다. 이와 같은 다양한 형태의 직불제가 실시되면서도 그 성과와 문제를 둘러싸고 몇 가지 공통된 쟁점이 있다.

첫째, 생산과 연계할 것인가 아니면 생산중립적인 제도로 설계할 것인가.

둘째, 대상자를 일정 규모 이상으로 한정할 것인가 아니면 전체 농가를 대상으로 할 것인가.

셋째, 지불요건을 농지 등의 생산요소에 연계할 것인가 아니면 생산물에 연계할 것인가.

넷째, 직불제는 구조개선의 필요성이 요구되는 국가에서 구조개선을 저해하는가 등이다.

한편, 글로벌화가 진전되면서 미국, 캐나다, EU 등 대규모 농업국에 대항하여 우리나라를 비롯하여 일본, 중국 등과 같은 영세규모의 농업국은 자국 농업의 지속적인 발전이라는 관점에서 직불제를 어떻게 설계할 것인가도 중요한 쟁점이 되고 있다.

일본의 직접지불제 개편

일본의 현행 직불제는 다음과 같이 3가지 유형의 7개 제도가 있다. 경영 안정형 직불제로는 호별 소득보상제도(쌀 소득보상직불제, 논 활용 소득보상직불제, 밭작물 소득보상직불제)가 중심이다. 또한 이를 보완하는 제도로서 종전의 품목횡단적 경영안정 대책 중에서 기준 판매수입과 당년도 판매수입과의 차액을 보전하는 수입보전직불제가 존속하고 있다(표 14-7).[6]

호별 소득보상제도는 시장개방 확대와 생산비 상승에 유래하는 농가의 소득

표 14-7 일본의 직접지불제

유형	제도	비고
경영 안정형 직불제	호별 소득보상제도 쌀 소득보상직불제 논 활용 소득보상직불제 밭작물 소득보상직불제 수입보전직불제	품목횡단적 경영안정대책 중 일부 존속
공익형 직불제	환경보전형 직불제 농지물보전관리 직불제 중산간지역 직불제	
품목별 경영안정 대책	전분가격조정제도 고구마, 감자 대상	사탕가격조정제도 사탕무, 사탕수수 대상

자료: 김태곤(2013).

감소를 비롯하여, 쌀 과잉문제의 해소, 논농업과 밭농업의 활성화, 그리고 자급률 향상 등을 목적으로 2010년 쌀을 대상으로 한 모델사업을 거쳐 2011년 전면 도입되었다.[7)]

호별 소득보상제도의 특징은 논에서 '쌀을 감산하는' 동시에, 논과 밭에서 '전략작물을 증산하여' 자급률 향상을 도모하고 있다는 점이다. 전략작물은 수요가 늘어나고 일본 국내에서 증산이 가능한 작물로서 ① 맥류, 대두, 사료작물, ② 신규 수요미(사료용 쌀,[8)] 가루용 쌀, 연료용 쌀, 청벼, 가공용 쌀), ③ 메밀, 유채, ④ 사탕무 등이다.

일본의 호별 소득보상제도는 다음의 3가지 직불제로 구성된다(표 14-8). 일본

6) 수입보전직불제는 품목횡단적 경영안정대책 중 일부가 존속되고 있는 제도로서 쌀, 밀, 보리, 사탕무, 전분용 감자 등을 대상으로 하되, 기준 연도와 당년도 판매수입을 농가별로 합산하여 그 차액의 90%를 보전하는 제도이다. 단지 쌀 소득보상직불제의 변동지불과의 중복지불은 회피하고 있다.

7) 호별 소득보상제도는 정치적인 요인에 의해 법률을 제정하지 못하고 '농업자 호별 소득보상제도 실시요강'(2011. 4. 1)이라는 농림수산 사무차관 통지에 근거하여 실시하고 있다. 매년 예산활동을 해야 하는 애로사항이 있다.

8) 쌀의 사료화 추진에 중점을 두고 있다. 과잉 문제를 안고 있는 쌀에 대해 주식용과 사료용으로 용도를 구분하여, '주식용은 감산' '사료용은 증산'하여 논농업을 활성화하는 동시에 자급률을 향상한다는 목적으로 실시하고 있다.

그림 14-4 품목횡단 경영안정대책의 수입보전직불제 개요

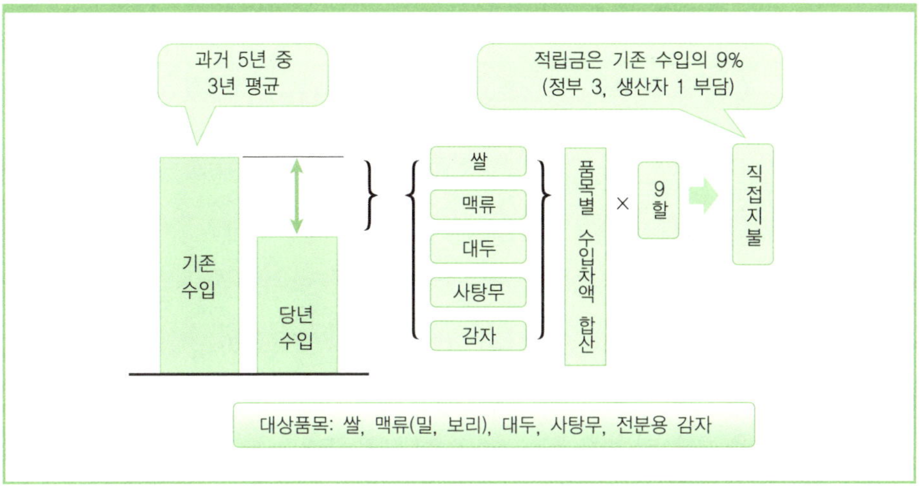

자료: 김태곤(2013).

이 새로운 직불제로 도입하고 있는 호별 소득보상제도는 다음과 같은 특징이 있다.

첫째, 농산물 수입국 입장에서 생산과 연계한 직불제를 통하여 농가경영 안정과 식량자급률 향상을 동시에 도모하고 있다.

둘째, 대상농가를 한정하지 않고 판매농가 전체, 마을영농 등 다양한 농가를 대상으로 하고 있다는 점이다. 종전의 품목 횡단적 경영안정 대책은 '효율적인 경영체' 육성이라는 관점에서 일정 규모 이상의 농가를 대상으로 하였으나 호별 소득보상제도는 '다양한 경영체' 육성으로 구조 정책의 노선이 전환되었다는 것을 의미한다. 전체 농가를 대상으로 하여 총생산을 늘리는 것이 자급률 향상에 기여하는 동시에 조건불리지역에서 농업의 유지가 지역 활성화와 지역에서의 고용창출에 기여한다는 것이다.

셋째, 쌀 문제의 해결에 적극적이다. 종전의 쌀감산 정책에서 전략작물 증산 정책으로 전환하고, 쌀생산 조정을 폐지하여 작목선택의 자율성을 제고하는 등 호별 소득보상제도의 실시와 함께 생산조정제도도 개편하여 농가의 작물선택의 자유도를 높여주고 있다.

표 14-8 일본 호별 소득보상제도 개요

구분	쌀 소득보상직불제	논 활용 소득보상직불제	밭작물 소득보상직불제
목적	• 쌀농업 적자보전 • 쌀농가 경영안정	• 전략작물 생산증대 • 쌀수급 조정	• 밭작물 경영안정 • 자급률 향상
대상자	• 쌀생산 수량 목표달성자 • 판매농가, 마을영농	• 대상작물 생산자 • 판매농가, 마을영농	• 대상작물 생산자 • 판매농가, 마을영농
대상작물	• 주식용 쌀	• 맥류, 대두, 사료작물 • 가루용 쌀, 사료용 쌀, 청벼 • 메밀, 유채, 가공용 쌀 • 지역 특산물	• 맥류, 대두 • 사탕무 • 전분용 감자 • 메밀, 유채
보전방법	• 생산비 · 판매가격 차액 • 고정지불, 변동지불	• 주식용 쌀과의 소득균형 • 작물별 단가	• 생산비와 판매가격 자책 • 작물별 단가 • 면적지불 수량지불
대상농지	• 논	• 논	• 밭, 논
가산조치	• 품질(밭작물만), 규모 확대, 재생이용, 녹비작물, 마을영농법인화		

자료: 김태곤(2013).

종전의 쌀생산 조정제도는 쌀의 감산을 유도하는 정책이었으나, 수요가 증가하면서 자급률 향상에 기여하는 전략작물을 증산하는 방향으로 전환하였다. 특히, 쌀 용도를 '주식용'과 '신규 수요용(사료용, 가공용, 가루용, 청벼 등)'으로 구분하여, 주식용은 감산하는 대신 신규 수요용은 전략작물로 설정하여 생산을 장려하는 등 논농업의 높은 생산력을 활용하고 있다는 점이 특징이다.

넷째, 호별 소득보상제도의 효과와 관련하여 쌀농업의 경영안정을 도모하면서, 논에서 쌀을 대체하는 전략작물을 육성한다는 의도가 내재되어 있다. 직불제 단가를 쌀은 가족노동비의 80%를 보전하나 전략작물은 가족노동비의 100%를 보전하는 등 단가를 차별화하여 전략작물로의 전환을 유도하고 있다는 점도 흥미로운 점이다.

다섯째, 직불제와 구조개선과 관련하여 호별 소득보상제도는 '규모확대 가산'을 비롯하여 '품질 가산'과 '마을영농법인화 가산' 등과 같이 구조개선을 유인하는 요소를 가미하고 있다는 점도 직불제를 통하여 시장개방에 대응하여 구조

개선을 도모한다는 의도이다. 미국이나 EU의 직불제에서는 볼 수 없는 특징이다.

전반적으로 농림수산 예산이 감소하는 제약 속에서 2011년도 직불제 예산은 농림수산 예산의 40.4%로 대폭 확대되었다. 확대된 배경에는 두 가지 상충되는 의미가 있다.

하나는 앞에서 언급한 바와 같이 시장개방의 영향으로 나타나는 피해를 보전하여 경영안정을 도모하고 자급률을 향상한다는 의도이다. 다른 하나는 환태평양경제동반자협정(TPP)이나 한 · 중 · 일 FTA 등 추가적인 시장개방에 대비하여 경영안정을 위한 조건을 정비해 둔다는 의미도 겸하고 있다(김태곤, 2013).

EU의 직불제 개혁안

EU 집행위원회는 2013년 이후의 공동농업 정책의 개혁을 준비하는 작업으로 2011년에 그 구상을 구체적으로 반영한 법안을 제시하였고, 이를 입법화하는 과정을 거쳐 2014년부터 발효시킬 계획이다.

이 정책구상에 따르면 EU 농업이 직면하고 있는 도전으로 식량안보, 환경과 기후변화 및 지역적 균형유지 문제 등이 제시되었다. 이러한 도전 과제와 관련하여 현행의 직불제 개선원칙으로 분배상의 형평성 개선, 정책의 녹색화를 통한 목적지향성 개선 및 단순화를 제시하고 있다.

우선 '기본 지불(basic payment scheme)'은 현행의 단일지불제도보다 완화된 대응의무 하에서 지급되는 지불이다. 여기서 개혁을 통해서 달성하고자 하는 중요한 변화는, 지역적 · 국가적 편차가 큰 단위면적당 지불단가를 균등화하는 방향으로 조절하는 것이다. 위에서 언급한 것처럼 현재 직불단가는 2003년 이전 각 농지에 지급되던 지급액을 기초로 한 것이므로 농가 단위 또는 지역 단위로 서로 다르고, 그 결과로 국가 간에도 그 평균치가 큰 차이를 보인다. 개혁안은 이 편차를 줄이도록 되어 있지만, 현재 존재하는 차이를 일거에 없애지는 못하고 부분적으로 완화하는 내용만을 담고 있다.

다음으로 '녹색지불(green payment)'은 기본 지불에 추가하여 기후와 환경에 기여하는 활동에 대하여 추가적으로 면적당 일정액을 지급하는 정책이며, 이번 개혁안에서 가장 크게 부각되고 많은 논쟁을 불러일으킨 정책이다. 우선, 각 회원국은 배정받은 직불 및 시장개입 예산 –즉, 이른바 '제1지주(支柱, pillar)'라 불리는 '유럽 농업 보증예산' –의 30%를 이 프로그램에 할당하게 되어 있는데, 이것은 농업의 친환경 기능과 관련한 EU의 예산을 획기적으로 증대시키는 것이다. 현재의 체계에서도 이른바 '제2지주'로 불리는 '유럽 농촌개발 예산'의 틀 속에서 농업환경 수단(agri-environmental measures)에 대한 예산이 있지만 그 규모가 연간 30억 유로에 그치는 것이었다. 반면 개혁안에 제시된 것과 같이 제1지주의 30%라고 하면 연간 128억 유로가 되는 것으로, 이것은 EU 공동농업 정책에서 적어도 예산 배분의 측면에서 농업의 환경 기능 중요성이 획기적으로 커지는 것으로 볼 수 있다. 이러한 녹색지불의 지원대상이 되는 활동은 세 가지, 즉 작물다양화, 항구적 초지유지, 그리고 생태초점구역(ecological focus area)의 관리이다.

또한 단순 지불(simplified scheme)은 소규모 농가를 대상으로 면적과 무관하게 정액(定額)의 지불금을 단순화된 대응의무 하에서 받을 수 있도록 하는 제도이다. 그 액수는 500~1,000유로 범위에서 결정되며, 국가별로 지급대상자의 평균 수급액 또는 ha당 평균 지급액의 3배에 연계된다. 이와 같은 단순 지불이 제안된 배경은, 현재 직불제의 수급농가가 전체 지원대상의 1/3에 이르지만, 이들의 점유면적은 전체 지원대상 면적 중 3% 미만이라서, 제도 시행을 통해서 얻는 사회적 편익에 비해서 행정비용을 과도하게 유발하고 있다는 점이다(이명헌, 2013).

미국의 직불제 개혁안

미국은 대략 5년마다 농업법(Farm Bill)을 한시적으로 제정하여, 전반적인 농업 정책과 식품 정책에 적용하고 있다. 가장 최근의 법률인 2008년 미국 농업법[9] 은

9) 「2008년 농업법」의 정식 명칭은 「2008년 식품·보존·에너지법」(Food, Conservation, and Energy Act of 2008)이며, 공법 110-234(P.L. 110-234), 의회 의결번호 6124(H.R. 6214)로서 이 법은 2012년까지 5년간 연방정부의 농업 및 농촌 관련 사업에 관해 규정하고 있다. 하지만 법안 명칭에는 농업이나 농촌을 의미하는 단어를 전혀 사용하지 않고, 식품과 환경보존, 에너지만을 나타내고 있으며, 기본 골격은 「1996년 농업법」에 비해 농업 보호를 강화한 「2002년 농업법」과 유사한 내용을 갖추고 있다(USDA ERS, 「2008 Farm Bill Side-By-Side」 "2008 Farm Bill Overview" August 20, 2008). 2008년 미국 농업법에서 농업에 대한 정부의 지원은 낙농업, 설탕, 농업 프로그램 작물(farm program crops)이라 불리는 작물에 집중되고 있으며, 그 밖의 나머지 부분인 주요 육류 및 원예 산업은 비교적 적은 지원을 받고 있다. 게다가 농산물 프로그램들과 농업법은 보존, 교역, 식품영

2008년부터 2012년까지 시행되었으며, 이를 2013년부터 대처할 새로운 법안인 2012년 미국 농업법이 미국 상원(Senate)과 하원(House)에서 제안되었다. 그 중 상원에서 제안한 「농업개혁 및 식품, 일자리 법」(Agriculture Reform, Food, and Jobs Act of 2012) 입법안은 2012년 6월 21일 미국 상원을 통과하였지만, 하원에서 제안한 입법안은 계류 중에 있다. 만약 미국 하원의 입법안이 하원에서 통과된다면 양원의 협의회에서 두 입법안의 견해 차이를 조정한 후 새로운 미국의 농업법으로 2013년부터 2017년까지 시행하게 된다.

여기에서는 상원의 농업법 입법안을 중심으로 하여 새롭게 재편된 농가소득 지원제도의 주요 내용을 정리한다.

기존 2008년 농업법에서는 핵심 농가지원 보조금 제도로 고정직불제(direct payments: DP), 가격보전직불제(counter-cyclical price payments: CCP), 수입보전직불제(average crop revenue election: ACRE), 마케팅론제(marketing loan: ML)를 규정하여 시행하였으며, 농가는 소득보전직불제와 수입보전직불제 중에서 택일하여 지원받을 수 있었다.

미국 상원 농업위원회에서 승인된 2012 미국 농업법에서는 고정직불제, 소득보전직불제, 수입보전직불제를 폐지하였으며, 농업 프로그램 작물에 대한 마케팅론제만을 유지함으로써 전통적인 품목 프로그램에 대한 농가지원이 재편되었다. 이를 통해 절감된 500억 달러[10]는 새로운 수익 프로그램을 위한 사업예산과 작물 재배보험(제11장)을 강화하는 데 사용될 계획이다. 옥수수, 밀, 콩, 면화, 쌀, 땅콩 등 전통적인 품목을 재배하는 생산자와 토지소유자를 지원했던 직접지불금은 정부 지출액의 대부분을 차지하였다.

본 법안은 농작물의 재해에 따른 손실을 보장하기 위한 새로운 농업위험보장직불제(agriculture risk coverage: ARC)를 신설하였다. 단, 전통적인 품목 중 면화는 다른 보장 프로그램(작물보험)을 통해 지원받기 때문에 신설된 프로그램의 품목 대상에서 제외되었다.

양, 신용, 농촌개발, 연구, 산림, 에너지, 원예 그리고 작물보험 등을 포함한 다른 활동의 범위를 포함하고 있다. 회계 연도 기준 2008년에서 2012년의 농업법의 총지출은 4,010억 달러로 추산되며, 이 중 식품영양 프로그램의 지출이 전체의 78%를 차지하고 있다(Monke and Johnson, 2010).

10) 미국 의회예산처 추정치.

상원 법안의 교역 부문은 미국의 국제 식량지원 및 농산물 수출촉진 프로그램을 다루는 2017년(회계 연도) 법률을 통해 개정되었다. 본 법안에서는 평화유지를 위한 식량지원법(Food for Peace Act)을 통해 제공되었던 대규모 비상 또는 정규 식량지원을 포괄하는 모든 국제 식량지원 프로그램이 개정되었다. 또한 지원되고 있는 식량의 품질 향상(특히, 영양)을 골자로 하는 식량지원법에 대한 개정 내용도 포함하고 있다.

상원 법안의 '식품영양 부문'에서는 2008 식품영양법과 다른 법률에서 승인된 영양 프로그램에서 다루고 있는 영양 프로그램 정책(the nutrition program policies), 의무 지원금 및 자유재량에 의한 지원금을 유지하였다.

제6조 '농촌 개발' 부문에서는 농촌지역 프로그램의 광대역 통신서비스망 구축, 원격 교육 및 의료 프로그램을 포함한 1936년 농촌전략법에 의한 다양한 프로그램의 보조금을 재편하였다. 개정된 법안은 농촌지역 프로그램의 광대역 통신서비스망 구축 및 현재 대출담보 프로그램을 위한 새로운 지원 프로그램을 수립하였다.

'에너지' 부문은 2002년 농업법에 처음 도입되었고, 2008년 농업법에 의해 연장 및 확대되었다. 미국 농무부(USDA)의 신재생에너지 프로그램은 연구 · 개발 및 태양, 풍력, 혐기성 소화 관련 신재생에너지 사업 선정을 장려하는 데 활용된다. 미국 농무부의 신재생에너지 프로그램은 미국의 바이오 연료 생산과 소비를 촉진하는 것을 골자로 한다. 옥수수 전분이 주원료인 에탄올은 미국의 바이오 연료 산업을 장악하고 있다. 하지만 2008년 농업법에서는 비(非)옥수수 원료를 활용한 미국 바이오 연료 정책 사업에 중점을 두었고, 이를 위한 핵심 프로그램으로 바이오 매스 작물지원 프로그램(The Biomass Crop Assistance Program: BCAP)을 신설하였다.

상원 법안은 연방작물보험법(the Federal Crop Insurance Act)에 의해 영구히 승인된 연방작물보험 프로그램을 개정하였다. 연방작물보험 프로그램은 개별 농가의 생산량 손실, 농작물 판매수입, 농가수입 등을 보호하기 위한 지원 프로그램이다.

제1조의 농업위험보장 프로그램(Agriculture Risk Coverage: ARC)의 지원대상에서

제외된 면화는 새로운 프로그램인 Staked Income Protection Plan(STAX)에 의해 지원을 받게 된다. 대상 농업인은 혼자 작물보험에 가입할 수 있으며, 추가적으로 다른 작물에 대해 보험에 가입할 수 있다. STAX로부터 지급되는 보험금은 개별 프로그램에서 규정하고 있는 공제액의 일부 또는 전부가 지급된다. STAX의 수입 보장은 예상되는 주 지방 수입에 기초하여 설정된다. 다른 작물의 경우, 이와 유사한 프로그램인 추가보장옵션(supplemental coverage option: SCO)으로 보장받을 수 있다. 이 프로그램은 주 지방의 농산물 생산량 또는 수입에 기초하여 보장금을 설정하고 있으며, 상원 법안에 의해 제공되는 작물보험 관련 추가적인 정책이다. 농가에게 지원되는 작물 보험료의 비중은 STXA의 경우 80%, SCO의 경우 70%로 설정된다.

미국의 농업법은 개별적인 사안으로는 법안이 되기 어려운 일련의 정책들을 종합적으로 정리하여 입법화 과정을 통해 법안으로 구체화시킨 것이다. 또한 동법은 이해집단 간의 갈등을 줄이고, 농민들이 실질적인 혜택을 받을 수 있도록 지원해 주는 데 그 목적을 두고 있다. 따라서 미국 농업법은 현재 미국 농업이 나아갈 방향과 농업인들의 목소리를 담고 있는 대표적인 농업 정책의 지침이 되는 것이다.

이와 같은 맥락에서 미국의 2012년 농업법은 기상이변과 가격폭락 등 위험 손실에 대한 보상을 강화하는 쪽으로 직불제를 개편하기 위해 농가의 보험료 부담을 덜어주는 방식으로 기존의 작물보험 정책을 강화해 산출량과 가격변동에 따른 손실을 보전하고, 보전받지 못한 손실에 대해서는 새로운 직불 형태인 '농업위험보장직불제와 추가옵션제'를 통해 보전하도록 한 것으로 평가되고 있다(이병훈, 2012).

참고문헌

강신겸, "그린투어리즘 수요활성화 방안," 한국농업정책학회 2003 하계 심포지엄, 2003.

______, "농촌공간의 부가가치 창출의 길," GSnJ 심포지엄논문집, 2006. 10.

국립농산물품질관리원, 『친환경인증통계정보』, 2012. 5.

권기욱, "과밀부담금제도의 평가와 개선 방안에 관한 연구," 서울대학교 행정대학원, 2002.

기획재정부, 『국가경쟁력 보고서』, 2010.

김영훈 외, 『KREI 북한농업동향』 제12권 제3호, 한국농촌경제연구원, 2010. 10.

김창길 외, "국내외 친환경 농산물의 생산실태와 전망," 『농정포커스』 제14호, 한국농촌경제연구원, 2012. 4.

김태곤, "일본의 직접지불제(1), 호별소득보상제도의 성과와 특징," 『세계농업』 제149호, 한국농촌경제연구원, 2013.1 .

농림부 국정홍보처, 『농촌관광에 대한 도시민의 선호도 조사보고서』, 2004.

농림수산식품부, 『농림수산식품 주요 통계』, 각 연도.

______, 『예산개요』, 각 연도.

______, 『농림수산생명산업 2020+발전전략』, 2010. 9.

농림축산식품부, 『농림축산식품 주요 통계』, 2013. 8.

박기혁 외, 『한국 농업경제: 이론과 정책(韓國農業經濟: 理論과 政策)』, 박영사, 1990.

박시현 외, 『우리나라 농촌관광 발전방향 및 방안』, 한국농촌경제연구원, 2003. 2.

박정근, 『농업발전경제학』, 박영사, 2004. 7.

산업자원부, 『제2차 신 · 재생에너지 기술개발 및 이용 · 보급 기본계획』, 2003. 12.

성진근, "농업 경영개선 지원사업 발전방안," (사)한국농업경영포럼, 2013. 12.

______, 『한국 농업 리모델링』, 도서출판 해남, 2012. 8.

성진근 · 송영수, "농촌관광의 경제적효과와 수요활성화,"『농업경영정책연구』 32-2, 2005.

성진근 · 안종운, "수도권 과밀화로 인한 지역간 사회적 비용의 효과분석,"『농업경제연구』 46-1, 2005. 3.

성진근 외,『원예농산물 구상무역을 통한 농가소득 증진방안』, (사)한국농업경영포럼, 2010. 4.

______,『농업이 미래다』, 삼성경제연구소, 2011. 10.

송미령 외,『살기좋은 농촌만들기를 위한 정책 재편 방안(2/2)』, 한국농촌경제연구원, 2008. 11.

식품의약품안전청,『식품의약품통계연보』, 2010.

안종운,『도 · 농간 인구이동의 사회적 비용과 농촌개발정책의 방향』, 충북대 대학원 박사학위논문, 2006. 2.

이강욱,『관광산업의 경제효과 분석』, 한국문화관광연구원, 2010. 11.

이명헌, "최근 농가소득문제와 정책과제,"『농정연구』 제43호, 농정연구센터, 2012.

이병훈, "미국농업법 개정동향,"『세계농업』 148호, 한국농촌경제연구원, 2012. 12.

이성현, "건설교통부 감사자료"(국회 예산결산위원회), 감사원, 2003.

이정환,『농업의 구조조정 그 시작과 끝』 연구총서 21, 한국농촌경제연구원, 1998.

______, "세계화와 한국 농업의 동거: 비전과 전략," GSnJ 인스티튜트 심포지엄 자료집, 2006. 10.

이태호, "농가의 계층분화와 농가소득정책방향,"『농정연구』 제43호, 농정연구센터, 2012.

이훈영,『e-마케팅플러스』, 무역경영사, 2004. 8.

차동득,『교통혼잡과 사회적 비용, 그 대응전략』, 교통개발연구원 연구논문, 2001.

최세균, "시장개방 대비 우리나라 주요 농산물 선정," 농촌경제연구원, 2006.

최진호, "인구분포와 국내 인구이동,"『한국의 인구』, 통계청, 2002.

통계청, 『도시가계연보』, 각 연도.

______, 『인구 및 주택총조사 보고서』, 각 연도.

______, "농가경제조사," 2011.

______, "도농교류현황," 『e-나라지표』, 2013.

한국농촌경제연구원, "쌀 생산조정제 평가 및 개편방안," 2005. 4.

______, 『2020 농어업 · 농어촌 비전과 전략』, 2010. 12.

______, 『식품수급표 2011』, 2013. 8.

한국농촌공사, "대단위사업처," 2006. 5.

한국은행, 경제통제시스템/통계표/물가, 2013. 4.

Canola Council of Canada, *Energy Information Administration, from Farm to Fuel*, 2006.

Euromonitor, "International Research Reports," 2008.

European Commission, Directorate-General for Economic and Financial Affairs, "Toward a Common Agriculture and Rural Policy for Europe," *European Economy*, No. 5, 1987.

EU stratage for biofuels, http://ec.europa.eu/agriculture/biomass/biofuels/index_en.htm

Friedman, J., "The Spatial Organization of Power in the Development of Urban System," *Development and Change*, Vol. 4, 1974.

Halstead, J. M. and S. C. Deler, "Public Infrastructure in Economic Development and Growth: Evidence from Manufactures," *Journal of Community Development Society* 28, 1997.

Hirschman, A. O., "The Changing Tolerance for Income Inequality in the Course of Economic Development," *Quaterly Journal of Economics*, Vol. 87, No. 4. 1973.

Krugman, P., "How did Economists Get it so Wrong?", 〈The Newyork times〉, 2009. 6.

Methanol Institute and International Fuel Quality Center, *A Biodiesel Primer*, 2006. 4.

Myrdal, G., *Economic Theory and Underdeveloped Regions*, London: Duchworth,

1957.

OECD, "OECD Reviews of Rural Policy: Partnership in the United States," 1997.

Rabo Bank, *Energy Policies of IEA Countries 2001 Review*, 2001.

Rechardson, H. W., *Regional Growth Theory*, New York: Mcmillan, 1973.

_______, *Regional Economics*, Urbana: Univ. of Illinois Press, 1979.

Umberto Di Giorgi and Robert Moscarti, "Migration as a Matter of Policy," CERES Sep-Oct., 1980.

World Bank, "Health Enhancing Foods," 2006.

Zimmerman, E. W., *The Nature of Agriculture Getting Agriculture Moving*, Vol. 1, 1966.

찾아보기

[ㅇ]